普通高等教育“十四五”规划教材

环境土壤学

主　编：曾广娟　赵美微

副主编：杨　卓　吴　舒　郭艳杰

赵忠宝　冯　阳

中国环境出版集团·北京

图书在版编目（CIP）数据

环境土壤学 / 曾广娟，赵美微主编．—北京：中国环境出版集团，2023.1

普通高等教育“十四五”规划教材

ISBN 978-7-5111-5291-6

Ⅰ.①环… Ⅱ.①曾… ②赵… Ⅲ.①环境土壤学—高等学校—教材 Ⅳ.① X144

中国版本图书馆 CIP 数据核字（2022）第 161072 号

出 版 人 武德凯
责任编辑 宾银平
装帧设计 彭 杉

出版发行 中国环境出版集团
（100062 北京市东城区广渠门内大街 16 号）
网　址：http: //www.cesp.com.cn
电子邮箱：bjgl@cesp.com.cn
联系电话：010-67112765（编辑管理部）
010-67112739（第二分社）
发行热线：010-67125803，010-67113405（传真）

印　刷 北京中科印刷有限公司
经　销 各地新华书店
版　次 2023 年 1 月第 1 版
印　次 2023 年 1 月第 1 次印刷
开　本 787 × 1092　1/16
印　张 25.25
字　数 646 千字
定　价 88.00 元

前 言

土壤是人类赖以生存和发展的基石，是保障人类食物与生态环境安全的重要物质基础，是人类的生命线。然而，当今世界，人类面临的各种各样的严峻问题（如全球气候变化、粮食不安全、生物多样性减少、环境污染、人体健康受损等）均与土壤密切相关，尤其是我国土壤资源退化，已构成对经济、生态、社会可持续发展的最大威胁之一。越来越多的事实警醒人们，保护土壤就是保护人类的未来，健康土壤带来健康生活。只有认真践行“绿水青山就是金山银山”理念，从全新的科学角度认识土壤，维护土壤健康，才有可能创造一个“青山、绿水、净土、洁食”的健康环境。

环境土壤学就是在认识和解决土壤环境问题的过程中发展起来的，是土壤学与环境科学交叉融合的一门新兴综合性学科。作为一门新兴的交叉学科，新的时代赋予了环境土壤学全新的内容。首先，坚持立德树人，在教材编写过程中对融合“课程思政”内容进行了有益的尝试，构建了知识传授与价值引领相统一的内容体系。其次，“One Health”（同一健康，又译为全健康、大健康）理念下的土壤－植物－人群（动物）连续体中的土壤健康和微生物循环的最新研究成果、土壤修复技术及技术集成等内容亟须补充进环境土壤学教材中。因此，本教材将基础内容与新研究结果相结合、经典内容与现代内容互补，充分把握了当前环境土壤学的前沿热点。最后，“新工科”背景下创新型人才的培养促使环境土壤学的内容更加强调实用性和综合性。本教材充分体现了环境土壤学的基本理论与实践应用的有机结合，充分体现了土壤学知识与环境科学、生态学知识的交叉融合，增加了实验教学模块和实践教学模块，强调职业性、实践性和开放性。

本教材的编写老师均来自教学和生产一线，他们长期从事环境土壤学的教学及科研工作，有着比较丰富的理论基础和实践经验。在编写过程中，参阅了大量教材、专著和相关文献，力求教材内容与时俱进。

本教材共分 8 章，由河北环境工程学院、河北农业大学和企美实业集团有限公司共同完成。各章的分工如下：第 1 章和第 8 章由河北环境工程学院杨卓执笔，第 2 章和第 3 章由河北环境工程学院赵美微执笔，第 4 章和第 7 章由河北环境工程学院吴舒执笔，第 5 章 5.1 节由河北环境工程学院曾广娟、赵忠宝执笔，第 5 章 5.2 节、5.3 节由河北农业大学郭艳杰执笔，第 6 章由曾广娟执笔，实验教学模块由曾广娟、赵美微和企美实业集团有限公司冯阳负责，实践教学模块由杨卓负责。

本教材的顺利出版，得到了河北环境工程学院耿世刚教授的大力支持、中国环境出版集团的鼎力相助及全体编写人员的积极配合，在此一并表示感谢！

由于编者水平所限，书中疏漏和错误之处在所难免，恳请读者批评指正！

编者

2022 年 2 月

目　录

第1章 绪 论

环境土壤学研究人类活动引起的土壤环境质量变化以及这种变化对人体健康、社会经济、生态系统结构和功能的影响；探索调节、控制和改善土壤环境质量的途径和方法。土壤是环境要素之一。从生产的角度看，土壤能为绿色植物提供肥力（水分和养料）；从保护环境的角度看，土壤具有同化和代谢进入土壤中的污染物的能力。因此，土壤是人类不可缺少的自然资源。环境土壤学是环境问题出现以后在土壤学基础上发展起来的新兴学科，是环境地学的一个分支。本章介绍了土壤、土壤圈、土壤环境的概念及其与农业生产、环境保护和人体健康之间的关系；详细阐述了土壤在环境中的地位与作用，介绍了环境土壤学的产生背景、环境土壤学的发展、研究内容及研究前沿，展望了未来环境土壤学的发展趋势。通过本章的学习，学生应具备爱土护土的意识，了解到良好土壤环境质量的重要性以及对环境土壤学有一个总体的认识。

土壤是人类赖以生存和发展的基石，是保障人类食物与生态环境安全的重要物质基础。土壤作为重要的环境组成要素，具有农业生产和生态服务等多方面的功能，土壤是人类的生命线。越来越多的事实警醒人们，认真践行“绿水青山就是金山银山”理念，从全新的科学角度认识土壤，做到爱土护土、合理用土，保护土壤资源是建设天蓝、水碧、土净的“美丽中国”的必然要求。

1.1 土壤概述

土壤是地球陆地表面能维持植物生长的疏松表层，是地球系统中大气圈、水圈、生物圈和岩石圈共同作用的产物和它们的交汇界面。可以说，土壤是地球的“皮肤”，是维系全球陆地生态系统最重要的部分。

1.1.1 土壤和土壤圈

1.1.1.1 土壤

（1）土壤的概念

早在二三千年以前，我国劳动人民就对土壤的含义作了明确的描述。《周礼》记载：“万物自生焉则曰土，以人所耕而树艺焉则曰壤。”其所谓“土”（万物自生）代言了现称的“自然土壤”，其所谓“壤”（以人所耕而树艺）代言了现称的“耕种土壤”，即农业土壤、耕作土壤。这个古老的土壤含义既指农业土壤，也包括自然土壤。

不同学科的科学家由于认识土壤的角度不同，对土壤的定义和理解也各不相同。生态学家从生物地球化学观点出发，认为土壤是地球表层系统中，生物多样性最丰富，生物地球化学的能量交换、物质循环（转化）最活跃的生命层。土壤是一个重要的环境介质，是环境污染物的缓冲带和过滤器。工程专家把土壤看作承受高强度压力的基地或工程材料的来源。农业科学工作者认为土壤是植物生长的介质，更关心影响植物生长的土壤条件、土壤肥力供给、培肥及持续性。地质学家则认为土壤是地球陆地表面的一个疏松的薄层，主要是近代地质作用所形成的地壳风化产物。

土壤学家一般将土壤（soil）定义为"地球陆地表面能生长绿色植物的疏松表层"。这一定义是建立在俄国土壤发生学派创始人 B. B. 道库恰耶夫提出的成土因素学说及著名学者 B. P. 威廉斯的统一形成学说基础上的。该定义概括与总结了土壤所处的位置在地球陆地的表层；最主要的功能是能生长绿色植物，具有生物多样性；其物理状态是疏松多孔。事实上，土壤概念的发展与人类在开发利用土壤中深化对土壤功能的认识是密不可分的。不同学科提出不同的土壤定义，其实质是不同学科视野对土壤功能的认识不同。

（2）土壤的特性

尽管不同地方的土壤千差万别，但都有以下几个方面的特点：

1）土壤是一个独立的历史自然体。土壤是母质、生物、气候、地形、时间等自然因素和人类活动综合作用的产物，具有独立的发生、发育过程和规律，有特殊的形态、组成、结构和层次构造。因此，土壤被称为考古学和古生态学信息库、自然史（博物学）文库、基因库的载体。

2）土壤是多孔、多相系统。土壤自然体是一个包含固（矿物质、有机物质等）、液（水）、气（空气）三相、多组分、开放的物质系统。空气和水主要存在于复杂的土壤孔隙中。

3）土壤具有垂直分层性。土壤发育过程中往往形成不同的层次，使土壤在垂直方向的物质组成和颜色发生分异，形成不同的发生层。土壤厚度差异较大，山区土壤厚度只有几十厘米，而平原土壤厚度可以从几米到几十米。

1.1.1.2 土壤圈

（1）土壤圈的概念

土壤圈（pedosphere）的概念由瑞典学者马特松于 1938 年首先提出。土壤圈是指岩石圈最外面一层疏松的部分，其表面或里面有生物栖息。土壤圈是构成自然环境的五大圈层（大气圈、水圈、岩石圈、土壤圈和生物圈）之一，其覆盖于地球表面，处于其他四大圈层的交界面上，是各个圈层相互作用的产物。土壤圈的平均厚度为 5 m，面积约为 1.3 亿 km^2，相当于陆地总面积减去高山、冰川和地表水所占有的面积。

（2）土壤圈的功能

在地球表层系统中，土壤圈具有特殊的地位与功能，它对各圈层的能量、物质流动及信息传递起着维持和调节作用（图 1-1）。土壤圈是联系地球各个圈层的重要纽带，是能量转化与迁移、物质转化最为频繁的圈层，也是联系有机界和无机界的中心环节。

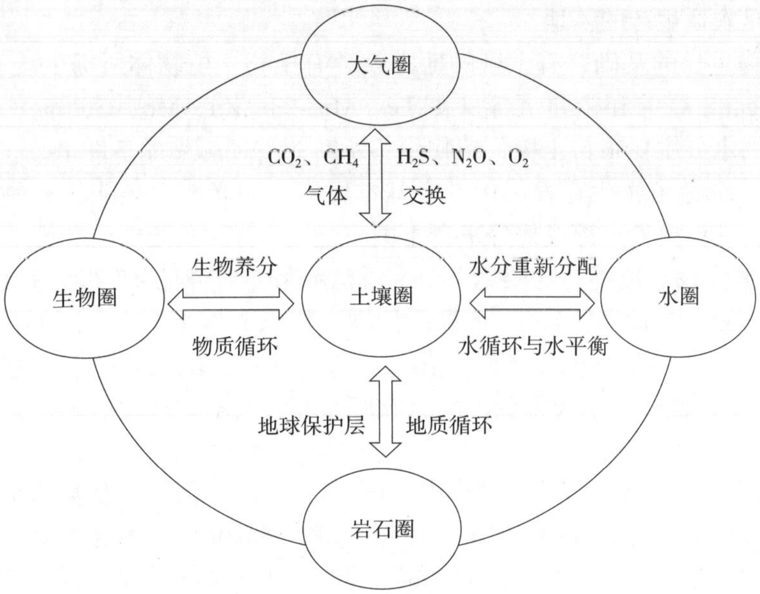

图 1-1　土壤圈的功能

1）土壤圈与生物圈。土壤圈支撑和调节生物过程，提供植物生长的养分、水分与适宜的物理和化学条件，决定自然植被的分布与演替；影响元素的生物地球化学行为；保持生物多样性；但土壤圈的各种限制因素对生物也会产生不良影响。

2）土壤圈与大气圈。土壤圈与大气圈在近地球表层进行着频繁的水、热、气交换和平衡。一方面，土壤吸收 O_2，释放 CO_2、CH_4、H_2S 和 N_2O 等，是重要的碳源；另一方面，土壤固碳功能相当强大，全球土壤每年可固定 4 亿～12 亿 t 碳，是地球表层生态系统最活跃的碳库之一，其固定的碳含量是大气碳库的两倍左右。稳定的土壤碳库维持着大气中 CO_2 的浓度，保证了全球气候的稳定。

3）土壤圈与水圈。土壤圈影响降水在陆地和水体的重新分配；影响水分平衡、分异、转化及水圈的化学组成；对地表水和地下水的水质有重要影响。

4）土壤圈与岩石圈。作为地球的“皮肤”，土壤圈对岩石圈有一定的保护作用，可减少各种外营力的破坏。

1.1.2　土壤在环境中的作用与地位

土壤是自然地理环境的重要组成成分，是地球陆地生态系统的基础。土壤是人类生产、生活不可或缺的一种自然资源，与人类福祉休戚相关。土壤是“万物之本、生命之源”，是农业生产基地，支撑着人类粮食安全，全球约 95% 的食物直接或间接产于土壤。土壤可以吸收陆地上近 25% 的碳并调节着温室气体排放，对于减缓全球变暖起着重要作用。健康的土壤能够涵养水源、净化水质，具有重要的生态服务功能。土壤是生命的摇篮，是土壤生物的栖息地，被称为土壤生物的大本营，土壤中的生物多样性占地球生物多样性总量的 25% 以上。土壤是未来生物技术发展的重要基因库。

（1）土壤是农业生产的基地

土壤是植物生长的基础，有土壤的地方就会有植物。植物体所需的大量元素（如 N、P、K、Ca、Mg、S 等）和微量元素（如 Fe、Mn、B、Zn、Mo、Cu 等）主要靠土壤提供，植物所需的水分主要来自土壤，植物生长所需的空气与支撑条件也靠土壤颗粒结构进行调节。总之，绿色植物生存发展的 5 个基本要素——光能、热能、空气、水分和养分中，除光能外，其他要素全部或部分来自土壤。

良好的土壤应该使植物“吃得饱”（养分充足）、“喝得足”（水分充足）、“住得安”（空气通畅，温度适宜）、“站得稳”（根系伸展，机械支撑牢固）。土壤中这些因素与条件都是随自然与人为环境影响而不断变化的。人类的任务就是要把握住这种“平衡与调节”，使土壤健康，使植物生长繁茂，确保农产品质量安全，持续地满足人类生存与发展的需要。

“民以食为天，食以土为本”“食物由土壤捏合而成”。因此，食物的可供性取决于土壤，健康的土壤是粮食安全和营养的重要保障，是实现高品质食物的根本。

但是，在农业生产上，为了提高农产品产量，人们过多地依赖农药、化肥等化学品，长此以往，使土壤环境不同程度地遭受到了污染，农田生态平衡失调，病虫害越治越多，农产品产量和质量下降等问题也日益严重。农药的过量使用导致农产品农药残留超标率和检出率很高。化肥的过量和不合理施用已使粮食增产出现了边际负效应，导致土壤环境退化，如有机质含量降低、有机污染物积累、养分失衡和环境负效应等问题。自 2015 年以来，农业部（现农业农村部）组织开展化肥、农药使用量零增长行动，经过 5 年的实施，截至 2020 年年底，我国化肥、农药减量增效已顺利实现预期目标，化肥、农药使用量显著减少，化肥、农药利用率明显提升。2021 年的“中央一号文件”（《关于全面推进乡村振兴 加快农业农村现代化的意见》）明确表示，2021 年要持续推动化肥、农药负增长，扩大有机肥替代化肥应用范围，要提高农产品质量和竞争力，坚持并确保农业绿色发展。然而，当前有机肥种类众多，品质参差不齐，特别是未经无害化处理的有机肥，过量施用会造成土壤重金属、有机污染物和有害微生物污染。同时，残留地膜会分解形成塑料碎片甚至微塑料（被称为土壤中的“$PM_{2.5}$”），在土壤中不断积累，破坏土壤结构，使微生物活性受到影响，阻碍植物根系生长发育和水肥运移，使土壤环境恶化，造成农作物减产，成为土壤污染的极大隐患。

因此，应坚持走农业可持续发展道路，协调农业生产与土壤环境的关系，加强规范人类生产和生活对土壤环境造成危害的行为，积极研究土壤环境污染的控制与修复技术，使农业发展走向节约资源、高效率、少污染、生产安全无公害农产品的绿色农业发展之路，确保粮食生产安全和农产品食用安全。

日月丽乎天，百谷草木丽乎土

——像呵护皮肤一样呵护土壤

“中国人的饭碗任何时候都要牢牢端在自己手上”

——习近平总书记重视粮食安全的故事

民为国基，谷为民命。习近平总书记高度重视粮食安全问题。一次次考察，他常常揭开贫困户家的锅盖，了解老乡吃什么；一次次调研，他深入田间地头，看庄稼长势、听农民心声；对于浪费粮食的问题，他高度重视，多次作出重要指示。百姓吃饭大于天。

一把麦子一碗米，在习近平总书记心里有着特殊的重量。

悠悠万事，吃饭为大。

对粮食不能犯“健忘症”。“总体看，我国粮食安全基础仍不稳固，粮食安全形势依然严峻，什么时候都不能轻言粮食过关了。”习近平总书记指出，保障粮食安全，关键是要保粮食生产能力，确保需要时能产得出、供得上。

党的十八大以来，我国树立大农业观、大食物观，着力走质量兴农之路。2020年7月，在吉林省梨树县，习近平总书记语重心长地要求，采取有效措施切实把黑土地这个“耕地中的大熊猫”保护好、利用好，使之永远造福人民。“在吃饭问题上不能得健忘症，不能好了伤疤忘了疼。”几十年来，习近平总书记一直在思考和实践。他指出，粮食生产根本在耕地，命脉在水利，出路在科技，动力在政策，这些关键点要一个一个抓落实、抓到位，努力在高基点上实现粮食生产新突破。

2020年，新冠肺炎疫情给世界粮食市场带来了不小的挑战。越是面对风险挑战，越要稳住农业，越要确保粮食和重要副食品安全。

坚持以我为主、立足国内、确保产能、适度进口、科技支撑，各地深入贯彻落实习近平总书记关于粮食生产的重要指示，抓早抓实各项举措，大国粮仓迎来了历史性的“十七连丰”。

资料来源：于文静．“中国人的饭碗任何时候都要牢牢端在自己手上”——习近平重视粮食安全的故事[J]．黑龙江粮食，2021(7): 1–2.

（2）土壤是地球陆地生态系统的基础

在陆地生态系统中，土壤作为最活跃的生命层，是一个相对独立的子系统。在土壤生态系统中，绿色植物是其主要的生产者（producer），它通过光合作用，把太阳能转化为有机形态的贮藏潜能，同时又从环境中吸收养分、水分和二氧化碳，合成并转化为有机形态的储存物质。消费者（consumer）主要是草食或肉食动物，如土壤原生动物、蚯蚓、昆虫类、啮齿类动物（如草原地区的鼢鼠、黄鼠、兔子，农田中的田鼠），它们用现有的有机质作为食料，经过机械破碎、生物转化，这部分有机质除小部分的物质在破碎和转化中消耗外，大部分物质仍以有机形态残留在土壤动物中。土壤生态系统中的分解者（decomposer）主要指生活在土壤中的微生物和低等动物，微生物有细菌、真菌、放线菌、藻类等，低等动物有鞭毛虫、纤毛虫等，它们以绿色植物与动物的残留有机体为食料从中吸取养分和能量，并将它们分解为无机化合物或转化成土壤腐殖质。

土壤是地球表面各种物理、化学、生物化学过程及界面反应、物质与能量交换、迁移过程等最复杂、最频繁的地带。这种特殊的空间位置，使得土壤具有抗外界温度、湿度、酸碱度等的缓冲能力。对进入土壤的污染物，土壤系统能通过土壤生物进行代谢、降解、转化、清除，起着过滤器和净化器的作用，为地上部分的植物和地下部分的微生物的生长繁衍提供了一个相对稳定的环境。

（3）土壤是最珍贵的自然资源

土壤资源是具有农、林、牧业生产性能的土壤类型的总称，是人类生活和生产最基本、最广泛、最重要的自然资源，是人类不可出让的赖以生存和发展的宝贵资源，属于地球上陆地生态系统的重要组成部分。人类消耗的 80% 的热量、75% 以上的蛋白质以及大部分的纤维，都直接来源于土壤。所以，土壤资源和水资源、大气资源一样，是维持人类生存与发展的必要条件，是社会经济发展最基本的物质基础。

土壤资源与光、热、水、大气资源一样，被称为可再生资源，因为从土壤质量上看，只要科学地对土壤“用养结合”，不断对土壤进行“补偿和投入”，就可以使土壤“永续利用”。同时，研究表明，在地球表面形成 1 cm 厚的土壤，一般需要 300～500 年；石灰岩发育的土壤，需要 1 000 多年。所以，从土壤数量上看，土壤资源又是有限的，是不可再生的。

我国人口约占世界人口的 1/5，但耕地仅 1.3 亿 hm^2，人均耕地仅为世界人均的 1/3。我国的土壤资源并非取之不尽、用之不竭。特别是在人为影响与破坏条件下，土壤肥力一旦下降，质量一旦“退化”，例如水土流失、土地沙漠化、土壤盐渍化、石质化及土壤污染等，就会使土壤失去生产力，给社会与人类带来严重后果。因此，从这个意义上讲，土壤数量是有限的，保护土壤资源是全社会乃至全人类义不容辞的责任。

（4）土壤对环境污染物具有一定的缓冲、净化作用

当污染物通过各种不同途径进入土壤后，土壤自身会通过一系列过程，如物理净化、物理化学净化、化学和生物化学净化等作用，使污染物的数量、浓度或形态发生变化，活性、毒性降低或降解消失。物理净化是通过稀释、物理吸附、挥发和扩散等方式，使污染物在土壤中的浓度降低。物理化学净化是通过土壤胶体与污染物之间发生离子交换吸附作用，使污染物在土壤溶液中的浓度降低，危害相对减轻的过程。化学净化是污染物进入土壤后，通过发生化学反应（如凝聚与沉淀反应、氧化还原反应、络合和螯合反应、酸碱中和反应、水解反应等）使污染物转化成难溶性、难解离的物质，使其活性和毒性降低，或者通过化学反应把污染物分解为无毒物质。生物化学净化主要是指进入土壤中的有机污染物，可在土壤微生物的作用下，最终被降解为简单无机物的过程。土壤对环境污染物的缓冲、净化作用，对维持土壤生态平衡起着重要的作用。从全球角度看，土壤是全球最大的环境缓冲净化系统。

尽管土壤对环境污染物有一定的缓冲、净化作用，但是，其自净能力是有限的。当进入土壤的污染物数量一旦超过土壤环境容量，就会造成严重污染，影响人类健康。

1.1.3 土壤－食物－环境－健康关系

食物生长在土壤里，土壤健康关系食物健康，食物健康关系人体健康。土壤特性和过程的缓慢变化会影响食物和环境质量，从而通过生物地球化学级联反应影响人类健康和福祉。

“One Health”理念是随着近年来人畜共患病等新型流行性传染病的不断出现而逐渐在西方兴起的。该理念是指通过跨学科、跨部门、跨地区协作来预防新发传染病，保障人类健康、动物健康和环境健康，这是国际上最新的有关公共卫生的理念，是一个针对人类、动物和生态环境的各个方面健康的跨学科协作和交流的全球战略。由于全球面临着严重的公共卫生危机，为应对不断出现的新型挑战，“One Health”理念已受到全球的广泛关注。我国高校从 2014 年开始主办“One Health”研究国际论坛以及与国外大学合作共建“One Health”联合研究中心，国内高校开始引入“One Health”理念。“One Health”理念作为一个致力于人、动物和生态环境整体健康的新兴理念，正与我国建设生态文明、建设美丽中国的目标及多部门合作共同应对现存和新兴的医学挑战目标相符合。“One Health”理念的提出，传播了一种万物一体、万物健康的新理念。而土壤健康是生态环境健康的基础，是人类健康的基础，土壤污染会降低作物养分与农产品硒、锌、铁等微量元素含量，引发食物质量变化，致人体“隐性饥饿”，最终影响人体健康。由此可见，“土壤－植物－人群（动物）”连续体中的土壤健康是实现“One Health”理念的核心。如果说过去土壤承载的是“食以土为本”的功能，那么现代土壤承载的就是“万物健康”的使命。传统土壤学往往以肥力为中心，而如今土壤健康的概念已经与食品健康、万物健康联系在一起，有必要建立“土壤－食物－环境－健康”耦合关系来保护土壤和促进可持续发展。

1.2 土壤质量及土壤环境问题

1.2.1 土壤质量

20 世纪 70 年代后，随着人口对土地压力的增大，人类对土地资源的过度开发、利用导致了土壤资源的严重退化，并对农业可持续发展以及生态环境造成严重威胁，使人们更加深刻地认识到合理利用土壤资源和保护土壤环境对保护人类生存环境的深远意义，进而促使人们从环境科学的角度去深入研究和认识土壤。美国土壤界首先提出了土壤质量（soil quality）的概念，即土壤在生态界面内维持植物生产力、保障环境质量、促进动物与人类健康行为的能力或在自然或人工生态系统中，土壤具有维护动植物持续性，保持和提高水质、空气质量以及支撑人类健康生活的能力。随着时代的发展和科学技术水平的提高，土壤质量的概念在不断地发展变化。

1.2.1.1 土壤质量和土壤健康

土壤健康是土壤作为一个重要的生命系统，在生态系统和土地使用的界限内，维持动植物生产力，保障大气和水环境质量，促进动植物健康的能力。一般认为，土壤健康概念是从土壤质量演变而来的，尽管这两个概念有许多相似之处，但实际上土壤健康是在土壤质量概念难以涵盖现代农业发展的背景下，耕地退化、土传病害增多、连作障碍、污染物含量升高、对环境影响增大等诸多问题出现的前提下，才开始被研究者关注的。因此，不能仅把土壤健康看作土壤质量概念的延伸。土壤质量的范围通常侧重于与人类相关的生态系统服务；而土壤健康强调土壤在社会、生态系统和农业中的作用或功能，健康的土壤可以源源不断地为人类带来环境、经济和社会方面的效益，如为人类提供健康的食品及优美的环境等。土壤健康是一个颇具生态文明色彩的词汇，因为它将土壤当作一个有独特生命力的客体对待，而不仅仅是服务于人类的工具，这是具有进步意义的。

2013 年 12 月，第 68 届联合国大会正式通过决议，将 2015 年定为“国际土壤年”，主题为“健康土壤带来健康生活”。在 2020 年 9 月召开的中国土壤学会第十四次全国会员代表大会上也将“守护土壤健康，助力高质发展”确定为大会主题。由此可见，土壤健康问题已经受到学界的高度重视。

1.2.1.2 研究土壤质量的意义

土壤质量的定义超越了土壤肥力以及土壤环境质量的概念，有更加深远的内涵和外延，与人文社会等因素联系更为紧密。土壤质量的定义包括土壤形成因素决定的内在性质和人类利用管理影响的土壤动态性质两方面的土壤特性。土壤质量主要是依据土壤的功能进行定义的。土壤的功能在于它作为食物的主要生产者，是清洁空气和水的环境过滤器，是地球表层生态系统物质循环利用的场所，是生物多样性的庇护地。土壤功能与土壤质量密切相关，土壤功能优良的土壤其质量一定很高；反之，土壤功能很差的土壤其质量一定很低。

1.2.1.3 应用

土壤质量的含义因利用土壤的人的目的不同而表现出不同的侧重点。土地管理者或作物生产的咨询者主要关心的是土壤肥力高低，以维持或提高土壤肥力并获取最大的经济效益。土地保护者主要关心的是土壤环境质量好坏，保护环境并使土壤资源能维持生产。农业生产的消费者主要关心的是土壤的健康功能，使土壤能生产出丰富、健康和廉价的食物。环境工作者主要关心的是能在一个生态系统中保持或提高生物多样性和水的质量，促进养分循环，提高生物的生产力。

1.2.2 土壤环境背景值

背景值（background value）指在不受外源物质影响的情况下，环境组成的各要素，如大气、水体、岩石、土壤、植物和人体组织中各种化学元素的含量及其基本的化学成分，为背景含量的统计特征值。土壤背景值主要包括土壤地球化学背景值（pedo-geochemical background value）和土壤环境背景值（soil environmental background value）两种。土壤地球化学背景值为土壤地球化学背景含量（pedo-geochemical concentration）的统计特征值，指不受任何人为活动影响的条件下，由自然地质过程和成土过程产生的土壤中物质的含量。土壤环境背景值为土壤环境背景含量的统计特征值，指在一定时间条件下，仅受地球化学过程和非点源输入影响的土壤中元素或化合物的含量。

土壤环境背景值一般包括两类：一是区域尺度土壤环境背景值，即某区域土壤的环境背景含量；二是地块尺度土壤环境背景值，即具体地块附近未受地块生产活动污染，与具体地块土壤理化、地质等特性相同或相似背景参考区域的土壤物质含量。

土壤环境背景值在环境管理上具有重要作用，主要应用于土壤环境标准制定、农用地土壤可持续管理、污染地块判断、土壤修复目标确定和土壤资源化利用等方面。

1.2.3 土壤环境质量问题

土壤环境质量问题涉及土壤资源、土壤肥力、土壤生态、土壤污染、土壤酸化等诸多问题。狭义而言，土壤环境质量是土壤污染及危害程度的指示，土壤环境质量问题也就是土壤污染问题。我国土壤环境质量问题大致可以分为以下几个类型。

（1）水土流失

我国是世界上水土流失最为严重的国家之一，由于特殊的自然地理和人类对土地不合理利用破坏了地表植被和稳定的地形，水土流失成为主要的环境问题。全国水土流失动态监测结果显示，2020 年全国水土流失面积 269.27 万 km^2。从分布看，我国水土流失呈现“西高东低”格局，以黄土高原水土流失最为严重。水土流失严重破坏土壤资源，导致可耕地的肥力下降，以及土地面积减少；同时，流失的泥沙进入江河、湖泊、水库，造成大量淤积，从而给相关的地表径流带来泥石流、山体滑坡等一系列的严重后果；尤其是长期水土流失可导致土地荒漠化，同时带来沙尘暴等其他形式的自然灾害。

（2）土地荒漠化

不合理的自然因素与人为因素相互作用导致土地荒漠化。我国荒漠及荒漠化土地分布较广，目前，全国约有 245.62 万 km^2 的荒漠化土地，主要分布在北部以及西北部，尤其是农牧交错地带较多，大多是过度开垦、过度放牧或砍伐等导致生态失衡所造成的。严重的土壤荒漠化可能导致土地生产能力部分或者全部丧失，不能耕种，进而导致生态环境的恶化，并且对国内的农业生产造成极其恶劣的影响。

（3）土壤盐碱化

土壤盐碱化主要发生在干旱、半干旱区域。我国盐碱化土壤面积较大，约为 3 660 万 hm^2，其中受盐碱化影响最大的耕地主要分布在淮海平原、东北平原、西北内陆等地区，总面积达 644 万 hm^2，约占全国土地总面积的 9%。国内的盐碱耕地中，多数属轻度盐碱化，对农业生产影响不大；少数为中强度盐碱化，对农业生产影响较大。

（4）土壤贫瘠化

土壤退化的最基本特点之一是土壤贫瘠化。造成土壤贫瘠化的主要原因是土壤中营养元素含量的减少。在过去几十年的时间中，我国为了增强土壤肥力，增加粮食产量，消耗了土壤中大量的营养物质。这些基本的营养物质被带出土壤，降低了土壤营养，进而导致土壤贫瘠化。

（5）土壤污染

目前，国内一些地区土壤污染严重，重度污染工业密集区、工矿开采区、城市以及城郊地区均出现了土壤重污染。土壤污染类型多种多样，呈现出新老污染物并存、无机有机复合污染共生的不利局面。土壤污染途径多，原因复杂，控制难度大，对其治理困难，农产品质量安全问题以及群体性事件逐年增多。

土壤污染——埋藏在环境保护中的定时炸弹

——修复土壤污染，任重道远

全国土壤污染状况调查公报（摘录）

（2014 年 4 月 17 日）

环境保护部　国土资源部

根据国务院决定，2005 年 4 月—2013 年 12 月，我国开展了首次全国土壤污染状况调查。调查范围为中华人民共和国境内（未含香港特别行政区、澳门特别行政区和台湾地区）的陆地国土，调查点位覆盖全部耕地，部分林地、草地、未利用地和建设用地，实际调查面积约 630 万 km^2。调查采用统一的方法、标准，基本掌握了全国土壤环境质量的总体状况。主要数据成果公布如下：

全国土壤环境状况总体不容乐观，部分地区土壤污染较重，耕地土壤环境质量堪忧，工矿业废弃地土壤环境问题突出。工矿业、农业等人为活动以及土壤环境背景值高是造成土壤污染或超标的主要原因。

全国土壤总的点位超标率①为 16.1%，其中轻微、轻度、中度和重度污染②点位比例分别为 11.2%、2.3%、1.5% 和 1.1%。污染类型以无机型为主（镉、汞、砷、铜、铅、铬、锌、镍 8 种无机污染物点位超标率分别为 7.0%、1.6%、2.7%、2.1%、1.5%、1.1%、0.9%、4.8%），有机型次之（六六六、DDT、多环芳烃 3 类有机污染物点位超标率分别为 0.5%、1.9%、1.4%），复合型污染比重较小，无机污染物超标点位数占全部超标点位的 82.8%。

从污染分布情况看，南方土壤污染重于北方；长江三角洲、珠江三角洲、东北老工业基地等部分区域土壤污染问题较为突出，西南、中南地区土壤重金属超标范围较大；镉、汞、砷、铅 4 种无机污染物含量分布呈现从西北到东南、从东北到西南方向逐渐升高的态势。

注：①该公报中点位超标率是指土壤超标点位的数量占调查点位总数量的比例。②土壤污染程度分为 5 级：污染物含量未超过评价标准的，为无污染；在 1 倍至 2 倍（含）之间的，为轻微污染；2 倍至 3 倍（含）之间的，为轻度污染；3 倍至 5 倍（含）之间的，为中度污染；5 倍以上的，为重度污染。

资料来源：https://www.mee.gov.cn/gkml/sthjbgw/qt/201404/t20140417_270670.htm。

1.3　环境土壤学的形成与发展

1.3.1　环境问题的产生与环境土壤学的兴起

当今世界环境问题已成为人类面临的重大挑战之一，但环境问题并不是现在才有，而早在古代就产生了，只是在世界人口数量不多、生产规模不大的时候，人类活动对环境的影响相对较小，环境问题不具有普遍性和全球性，没有引起社会的重视而已。产业革命后，随着社会生产力的发展，人口的急剧增加，人类对自然资源开发规模和强度不断扩大，环境污染与生态破坏的不良影响也在不断扩大，如震惊世界的“八大公害事件”。这些公害事件导致成千上万的人生病，严重的甚至导致死亡。“八大公害事件”为人类敲响了警钟，痛苦的经历使人类认识到环境问题已发展到非常严重的程度，威胁到人类的生存与发展。1962年，美国科普作家蕾切尔·卡逊在《寂静的春天》一书中发出了人类反对环境污染的呼声；1972年，罗马俱乐部出版的《增长的极限》指出，如果不大幅度控制人口增长、减少自然资源的消耗，人类将遭受全球性灾难；同年6月，联合国人类环境会议发表《人类环境宣言》，宣告“保护和改善人类环境已经成为人类的一个迫切任务”。至此环境问题已经成为世界各国共同关心的全球问题。环境科学是伴随着环境问题的产生而逐步形成和发展起来的。环境科学与土壤科学的交叉萌生了环境土壤学这一门新的边缘学科，实际上它是在研究土壤环境问题中诞生和发展的，这既拓宽了传统土壤科学的研究领域，也为发挥土壤科学在保护人类环境中应有的作用找到了切入点，与此同时业已遍及全球的土壤环境问题也推动了环境土壤学的形成和发展。

2015年11月，在“世界土壤日”前夕，由中国科学院南京土壤研究所龚子同、陈鸿昭、张甘霖3位著名土壤学家共同创作的国内首部大型土壤科普著作《寂静的土壤》出版。被我们踩在脚下并不起眼的薄薄一层土壤，与人类的关系极大。土壤是人类的“摇篮”，是农业之本，也是粮食安全、水安全和广泛的生态系统安全的基础。这3位长期从事土壤科学研究的科学家，根据自己对土壤和土壤科学的认识、反思和感悟写成此书。此书内容分为三部分：第一部分，土壤的前世今生，从叙述土壤的生产功能、环保功能、生物基因库功能等8大功能开始，解析土壤形成的多样的自然条件和复杂的社会环境；第二部分，土壤学的历史文化，论述土壤学历史上的成功经验、失败教训及其在土壤学发展过程中淀积的文化内涵；第三部分，我们的土壤梦，从我国实际情况出发，提出当前土壤面临的挑战和美好的未来。该书的出版在社会上引起了强烈的反响，推动了土壤科学的发展。

1.3.2 环境土壤学的发展

1.3.2.1 环境土壤学的发展历程

环境土壤学这一学科概念虽然在20世纪80年代初就已经提出来了，但对其缺乏深入的研讨。近年来，随着研究工作的深化与发展，对环境土壤学的认识无论在理论还是实践上都有所拓展。环境土壤学从环境科学和土壤圈物质循环的角度与观点出发，着眼于土壤环境质量的保护、利用和改善，研究土壤和环境的协调关系及土壤的可持续利用。环境土壤学涉及土壤质量与生物品质，即土壤质量与生物多样性以及食物链的营养价值和安全问题；涉及土壤与水和大气质量的关系，即土壤作为源与汇（库）对水质和大气质量的影响；涉及人类居住环境问题，即土壤元素丰缺与人类健康的关系；涉及土壤与其他环境要素的交互作用，即土壤圈、水圈、岩石圈、生物圈和大气圈的相互影响；涉及土壤质量的保护和改善等土壤环境工程的相关研究及应用。因此，环境土壤学的主要任务是研究人类活动引起的土壤环境质量变化，以及由此对农业生产、生态环境、人体健康等产生的影响，并探索调节、控制与改善土壤环境质量的优化途径、有效防治技术与治理方法。主线是土壤的环境功能（土壤与环境的质能交换）和土壤环境行为（背景值、环境容量、污染与修复机制、生态优化）。

回顾环境土壤学科的发展，至今只有几十年的历史，但环境土壤问题却早已遍及全球。我国是对土壤环境保护工作较重视的国家之一，古代有兴修水利、保持水土等优良传统，现代则有各种类型的土壤污染治理工作。我国环境土壤学的发展历史虽然短暂，但也经历了认识—实践—提高的过程，按时间顺序大体可划分为以下 4 个阶段。

（1）萌芽阶段（20 世纪 50—60 年代）

萌芽阶段为环境土壤学萌生初期，主要应用传统土壤学的研究方法对出现的土壤环境问题寻求解决办法，如城市污水的农田灌溉、工业废渣的农业利用（研制钢渣磷肥、施用粉煤灰）、土壤污染物分析测试方法探索及局部土壤污染的治理等，这时的环境土壤学尚未形成完整而独立的科学体系。

（2）起步阶段（20 世纪 70—80 年代）

进入 20 世纪 70 年代，环境土壤学研究内容日趋丰富，从土壤环境背景值研究起步，分析元素由最初的几种主要有毒重金属元素扩展到 60 多种化学元素，研究区域从若干重点城市到主要农业区，“七五”期间发展到全国 30 个省份，并注意了背景值获取和实际应用的结合。同时开展对主要土壤的环境容量、污染承载负荷、污水土地处理系统研究、土壤环境质量评价、土壤污染发生机制、各种污染物在土壤中的迁移转化行为与危害、控制土壤污染的工程技术与方法等方面的研究。

（3）快速发展阶段（1990—2000 年）

环境土壤学研究的深度和广度有了大的扩展，以土壤重金属污染研究为例，宏观上扩展到大范围省际的分布、迁移规律和动态变化；微观上研究重金属对生物的毒害机理，从个体水平、组织水平、细胞水平发展到分子水平。在继续研究污染物在土壤 - 植物系统迁移转化和累积规律的同时，开始关注污染物累积所引起的土壤环境质量的变化，以及这一变化对生态系统结构、功能和人体健康的影响，开始涉及多种元素多种污染物的交互作用和复合污染，土壤环境与温室气体排放的关系研究取得进展。在污染物迁移转化方面开始重视土壤胶体的影响和作用，包括：①对土壤背景值的影响；②对土壤负载容量的影响；③对酸雨危害的影响；④对污染物化学行为的影响等。这一阶段高校的农业环境保护专业和环境科学专业开始开设“环境土壤学”课程，各级各类服务于土壤污染问题解决的科研项目逐渐增多。原西南农业大学的牟树森、青长乐主编了《环境土壤学》教材，于 1993 年由中国农业出版社出版。

（4）日趋完善阶段（2000 年以后）

进入 21 世纪，随着土壤环境污染问题的不断出现，从学术界到政府再到社会公众，都提升了对土壤环境问题重要性的认识。环境土壤领域的科学研究空前繁荣，主要表现在两个方面：一方面环境土壤学科研项目资助强度和数量显著增加，科技部的“973”计划和“863”计划都有土壤质量演变与污染土壤修复的项目，国家自然科学基金委在地学部专门增设了土壤环境研究领域；另一方面从事环境土壤学研究的队伍迅速壮大，不仅传统的农科院校和中科院相关研究所研究队伍不断扩大，而且许多综合性大学、工科院校、师范院校及省级农业科学院系统也有许多学者涉足环境土壤学相关研究领域，中国土壤学会学术年会有关环境土壤学研究报告和论文也是最多的。土壤环境专业委员会的年度学术会议，也由20世纪40～50人增至200多人。从政府层面看，国家开始真正重视土壤环境的保护工作，国家环境保护总局牵头的全国土壤污染调查工作于2006年全面启动，采样点数量4万多个，分析指标包括重金属和有机污染物60多个。我国政府十分重视土壤污染治理和修复工作。2008年，国家环境保护总局升格为环境保护部（现为生态环境部），并在生态司专门设立土壤处。2016年，国务院印发《土壤污染防治行动计划》，拉开了土壤污染治理飞跃式发展的帷幕。2019年，《中华人民共和国土壤污染防治法》正式实施，标志着土壤治理与修复进入了有法可依的阶段。从科研层面看，研究的深度和广度都有很大的拓展，生物修复特别是植物修复理论与技术研究空前高涨，在重金属超累积植物筛选的同时，开始研究收获植物的处置，特别是分子生物学的技术方法在环境土壤学领域的应用不断深入。与此同时，土壤中多种新型污染物（如内分泌干扰物、全氟化合物、微塑料、药物及个人护理品）正成为全球关注的热点。从课程设置与人才培养的层面看，开设环境土壤学课程的专业和学校不断增加，专业涉及环境生态工程、环境科学、环境工程、农业资源与环境、生态学、资源环境与城乡规划、地理学、水土保持等，学校类型包括农林院校、综合性大学、工科院校和师范类院校。此外，有关环境土壤学的专著每年都有两三部正式出版，涉及环境土壤学内容的硕士、博士学位论文的数量增幅明显。

1.3.2.2 环境土壤学与土壤学的区别与联系

（1）环境土壤学与土壤学的联系

环境土壤学是一门新兴的土壤学与环境科学交叉融合的综合性学科，是在近代环境问题日益严重、土壤污染日益引起世界各国人民关注的情况下发展起来的新学科。环境土壤学是现代土壤科学发展的产物和重要组成部分，其研究主体是土壤，是土壤学的分支学科。环境土壤学在学科上归属于土壤学，其对提高土壤学的学科地位、维系土壤学的生存与发展、发挥土壤学在环境中不可替代的作用至关重要。环境土壤学又是环境科学的重要组成部分，是完善环境科学教学与科研体系的关键学科之一。环境土壤学是以建设优良的土壤生态系统与提高土壤功能为宗旨，以土壤科学、环境科学和生态科学的理论与技术为手段，研究土壤保育及修复技术，环境土壤学领域的相关研究在很大程度上促进了现代土壤学的蓬勃发展。近年来土壤学各分支学科都在扩充环境方面的研究内容，从而也丰富和发展了环境土壤学的研究范畴。二者研究的最终目标都在于提高土壤环境质量，维护生态环境健康，实现人类的可持续发展。

（2）环境土壤学与土壤学的区别

1）内涵不同。

土壤学是研究土壤性状、土壤发生、土壤分类和分布的科学，也是研究土壤调查、利用和改良的科学。其主要阐述土壤的物质组成和性质、土壤肥力和土壤管理、土壤资源分布、类型、性质以及评价与开发利用等方面的原理和方法。

环境土壤学是研究自然因素与人为条件下土壤环境质量变化规律、影响因素及修复与调控的一门学科。其主要阐述人类活动引起的土壤环境质量变化，及由此对农业生产、生态环境、人体健康等产生的影响，并探索调节、控制与改善土壤环境质量的途径、有效防治技术与治理方法。

2）研究的侧重点不同。

土壤学主要是解决生态保护、农林业生产中土壤利用、改良、保护等相关问题。一是侧重研究土壤肥力发生演变的规律，在此基础上因土制宜地采取提高土壤肥力的有效措施，为培育高产、稳产土壤以及改良低产土壤提供科学依据；二是研究土壤的各种物理、化学和生物学属性，了解各种属性与植物生长发育和各种人为生产措施的关系，采取各种具体措施，为植物创造一个丰产优质的土壤条件，最终使有限的土壤资源成为人类用之不竭的生产资料和财富；三是研究不同尺度土壤退化的时空变化，为监控和治理提供对策，以实现土壤资源的可持续利用。

环境土壤学从环境科学和土壤圈物质循环的角度与观点出发，以土壤环境为研究范畴，更侧重人类活动与土壤环境质量的关系研究，特别是土壤质量发生改变后对人体健康、社会经济、生态系统结构和功能的影响研究，继而探索调节、控制和改善土壤质量的科学依据与有效途径。例如，土壤中典型污染物的迁移转化规律研究、土壤生物修复技术研究、土壤的净化功能研究、土壤环境与人体健康研究、污染土壤的生态毒理学诊断与预警研究等。

1.3.3 环境土壤学的研究内容

环境土壤学是一门新兴学科，其处在土壤学与环境学的交叉点，承袭了近代土壤学、生态学、生物地球化学、环境化学和生物学等学科的理论研究基础和方法论，并具有自己明确的研究内容和任务。

1.3.3.1 土壤环境的现状及其演变

对土壤环境现状的研究十分重要，因为这是检验过去和预测未来土壤环境演化的基础资料，包括土壤、植物的元素背景值、有机化合物的类型与含量、动物区系、微生物种群及活性等，在原始资料大量积累的基础上建立土壤环境资料数据库，可保证研究资料的系统性、完整性、准确性和可比性。

1.3.3.2 污染物质在土壤－植物－动物（微生物）－人类系统中的反应行为

主要包括化学物质在该系统中的迁移、转化、毒性、归属及其影响因素的研究。土壤是重要的环境舱，高负载容量的土壤与低负载容量者相比，能够容纳更多的某一特定的污染物。土壤中毒害物质的生物有效性依赖于它们在环境中的反应行为和归宿。控制土壤中化学物质归宿的过程包括静电作用、吸附、解吸、沉淀、溶解、氧化、还原、络合、催化、水解、异构化、光化学反应和生物过程等，研究这些过程及其影响因素有助于加深对土壤环境（负载）容量研究的理解。例如，在研究中应重视黏粒矿物的表面效应，土壤组分和性质与污染物迁移、转化、危害的关系，有机污染物的化学结构与土壤降解的关系，污染物之间的交互作用和反应动力学等。在综合研究的基础上确立土壤环境质量的指标体系和迁移、转化的数学模型。

1.3.3.3 土壤环境与人体健康

土壤中许多微量元素同动物营养、人类的健康密切相关，土壤异常与地方病的关系，土壤因素与人类和动物健康有关的疾病和营养问题之间，均与土壤地球化学和矿物学有关。近年来，有学者开始关注并探讨生物制剂在土壤中的运输及其去向与人类健康问题之间的关系，研究土壤荒漠化及土壤微粒对人体健康造成的影响，研究土壤对水质的作用、土壤和环境质量的关系，以及与人类健康存在的间接关系，研发有效的土壤污染治理、修复技术，并取得了相应进展。

1.3.3.4 人为活动对土壤环境的冲击及修复

通过研究土壤管理方式与温室效应和全球变化的关系、经济开发与土壤生态环境的演变、工矿开发和重大工程对土壤环境质量的影响、污染对持续农业的潜在冲击、土壤环境质量监测、废水和固体废物的土地处理等，并提出防治措施。

1.3.4 环境土壤学的研究前沿

我国土壤环境保护科研工作虽起步较晚但发展较快，主要表现在以下几个方面：①深入开展了土壤圈及其边界环境中污染物的迁移转化、归宿和反应动力学的研究；②开展了人工合成有机化合物对土壤的物理、化学、生物特性的生态毒理、反应动力学模型以及宏观生态环境效应研究；③开展了土壤－植物系统及其边界环境污染引起急性中毒对可更新资源永续利用、生物主生产力的生态毒理研究；④土壤－植物系统主要污染物（特别是有机污染物）的净化功能及其作用机理与反应动力学研究等方面也均有一定成绩及可喜发展。

土壤环境问题是未来土壤科学和环境科学研究的重要课题，保护自然环境，与自然相协调地利用土壤资源，防止土壤污染与退化，提高土壤肥力与土地生产力，从而促进农业持续发展是未来环境土壤学研究的中心问题，下列几个主题应给予足够的重视：

1）继续探讨土壤环境保护研究在整个环境保护中的作用与地位。

2）土壤－水体－植物系统中的元素循环与环境质量的关系。

3）经济开发对土壤生态环境的破坏与重建。

4）土壤与水质和大气环境质量相互关系的研究。

5）污染土壤的改良和污水土地处理等实用技术的研究。

6）土壤生态优化的一般原理与应用技术。

7）污染物在土壤－植物－动物－人类食物链的传递与危害机理。

8）以土壤为中心的农业资源污染控制技术。

在现代新技术革命的背景下，应特别注意引入高新技术，提高环境土壤学研究的技术水平，如利用计算机信息技术对土壤环境质量进行动态监测，利用基因工程等现代生物技术培育能降解塑料薄膜等污染物的特效微生物和生物固氮技术等，在选题上既要注意将研究工作与经济发展的需要相结合，又要将基础研究工作放在应有的位置上，这样才能充分发挥环境土壤科学研究的作用，最终促进经济与环境协调发展。

展望未来，下列相关研究方向可能会成为未来的研究热点。

1）有关环境土壤学的相关理论、概念、原理的不断补充和完善。如土壤环境质量评价框架及指标体系的建立，进一步认识土壤在环境中的地位和作用，尤其是一些微生物驱动地球元素循环机制与生态效应的深入研究。

2）开展土壤污染现状的调查与确定工作，厘清土壤环境质量总体状况，为防治土壤污染提供基础数据和准确信息，实现土壤污染实时监测。2022 年 1 月 29 日，国务院发布《关于开展第三次全国土壤普查的通知》，按照党中央、国务院有关决策部署，为全面掌握我国土壤资源情况，国务院决定自 2022 年起开展第三次全国土壤普查。

3）土壤污染修复技术（尤其是绿色可持续技术）和修复产品的研发和应用等。

4）更加注重综合的系统分析。如以前只关注污染物在土壤 - 植物系统中的研究一个方面，目前要开展土壤 - 水体 - 大气 - 植物 - 人体等的整个系统的耦合关系与协调机制等。

5）土壤生态系统的微观研究，运用土壤组学技术如基因组学和蛋白组学耦合研究揭开土壤生物的黑箱，破译微生物形态、表型和功能的演化规律等。

6）与时俱进，对新兴污染物的重视与研究及其在土壤 - 植物 - 人体的转化与归趋。

7）污染物监测和测定技术设备研发。如微塑料、抗生素等一些新污染物目前相应分析测试手段亟待成熟和完善，同时亟须研发敏感度高、干扰少的仪器设备。

8）土壤环境质量预测模型的开发，实现对土壤环境质量的预测评估以及通过大数据分析开展全球范围内土壤质量的预测等。

思考题

1. 土壤、土壤圈的概念及土壤圈的功能是什么？
2. 土壤与农业生产的关系怎样？
3. 土壤肥力要素的重要性表现在哪些方面？
4. 土壤环境与人体健康的关系如何？
5. 如何理解土壤质量和土壤健康？
6. 土壤质量的组成要素有哪些？
7. 研究土壤质量的意义有哪些？
8. 土壤环境背景值的应用有哪些？
9. 我国土壤环境问题大致有哪几个类型？
10. 土壤环境研究在环境科学中的作用有哪些？
11. 环境土壤学的发展大体可划分为哪几个阶段？
12. 环境土壤学的研究内容是什么？

拓展训练题

1. 请通过文献检索，谈谈我国在环境土壤学方面取得的主要科研成果及未来的发展方向。

2. 请谈谈你学习本门课程的体会及你感兴趣的章节及内容。

第 2 章　土壤的形成与分类

本章首先简要介绍了土壤发生学理论，然后详细阐述五大自然成土因素对土壤形成和发育的影响，之后介绍了主要的成土过程、主要的土壤发生层、土壤分类的相关概念、中国土壤分类系统、中国土壤系统分类以及我国土壤分布概况等。

2.1　土壤形成

2.1.1　土壤发生学理论及其发展

土壤是怎么形成的？土壤的形成与哪些因素有关？土壤发生学理论可以回答这些问题。土壤发生学理论是土壤学重要的理论基础，其可以全面、正确地解释土壤的起源，预测或预控土壤的发展方向，在生产实践上也具有重要的意义。

早在 19 世纪末，俄国土壤学家 B. B. 道库恰耶夫创立了土壤发生学理论。道库恰耶夫通过对欧亚大陆土壤的大范围调查，认为土壤是气候、母质、生物、地形和时间五大成土因素综合作用形成的。道库恰耶夫肯定了土壤是一个独立的历史自然体，土壤与环境是统一的，与环境有不可分割的密切关系。他认为，土壤是地理景观的一部分，又是地理景观的一面镜子，这面镜子清晰地反映出水分、热量、空气、动植物对母质长时间综合作用的结果。

道库恰耶夫认为，所有的成土因素始终是同时地、不可分割地影响着土壤的产生和发展，这些成土因素在土壤的形成中起着同等重要和相互不可替代的作用。另外，应该分析和判明各个成土因素与土壤之间有规律的相互关系，必须注意成土因素是有地理分布规律的。成土因素的变化制约着土壤的形成和演化，土壤分布由于受成土因素的影响而具有地理规律性。因此，研究土壤时一定要考虑土壤地理分布的规律性。

此后，俄国土壤学家 B. P. 威廉斯提出了土壤形成的生物发生学观点。他认为，土壤的本质特征是具有肥力，而肥力是高等植物和微生物在土层中进行生命活动的结果。因此，从土壤肥力发生、发展的角度出发，土壤是在以生物为主导的各种成土因素综合作用下形成的。

20 世纪 40 年代，美国著名土壤学家汉斯·詹尼补充和发展了道库恰耶夫的成土因素学说，提出了土壤形成因素函数的概念：

$$S=f(\mathrm{Cl}, O, R, P, T\cdots)$$

式中，S——土壤；

Cl——气候；

O——生物；

R——地形；

P——母质；

T——时间。

另外，汉斯·詹尼对威廉斯的生物起主导作用的学说作了补充修正。他认为，生物主导作用并不是到处都一样的，不同地区、不同类型的土壤往往是某一成土因素占优势。

1973年，柯夫达提出地球深部因素对土壤形成作用的学说。他认为火山喷发、地震、地质构造运动等地球内生性地质现象，以及矿体和石油矿床局部地貌变化都会影响土壤的形成、发育方向和分布，但这种局部自然现象对全球土壤的形成和发育不具有普遍意义。人类活动是土壤发生、发展的重要因素，可对土壤性质、肥力和发展方向产生严重影响，甚至起着主导作用。

为什么我的眼里常含泪水，因为我对这土地爱得深沉

——顺应自然，敬畏土壤

北京中山公园社稷坛的五色土

北京中山公园的社稷坛，是明清两代皇帝祭祀社（土神）稷（谷神）的祭坛。社稷坛建于明永乐十八年（1420年），距今已有600多年的历史。社稷坛是一座三层的方坛，用汉白玉条石砌筑，自下而上逐层收缩。坛面对角线中间为“社主石”，上锐下方，象征“江山永固”。围绕“社主石”中央为正方形展布的黄土；以黄土分布的正方形边长为梯形顶边，坛边为梯形底边，构成东南西北展布的4个梯形，梯形中铺设4种不同颜色的土：东青、南红、西白、北黑，加上中黄，称“五色土”。

以五色土建成的社稷坛，包含着古人对土地的崇拜。那么，社稷坛上铺垫的五色土都是怎么形成的呢？这和本章要学习的知识有关，我们先来了解一下：东方的青土，是在排水不良或长期被淹的情况下，土壤处于缺氧还原状态，土壤中的氧化铁常被还原成浅蓝色的氧化亚铁，土体便成了灰蓝色；南方的红土，是我国南方土壤在高温高湿的气候条件下，土壤中的矿物质风化作用强烈，分解彻底，易溶于水的矿物质几乎全部流失，只剩铁铝氧化物等矿物质残留在土壤上层形成的；西方的白土，是在西北干旱气候条件下（降水量小，蒸发量大），形成的含有较高的镁、钠等盐类的盐土和碱土；北方的黑土，是在温带湿润或半湿润气候草甸植被下形成的，由于温度低，限制了有机物的分解，积累的腐殖质多，所以土体颜色较黑；中央的黄土，代表我国黄土高原的土壤，呈黄色，是土壤中有机物含量较少的缘故。

资料来源：

①吕金波．北京中山公园社稷坛的地质学分析[J]. 化石，2020(4): 62-67；

②郑艳梅．五色土与社稷坛祭祀[J]. 紫禁城，2000(4): 27-29。

2.1.2　土壤形成因素

2.1.2.1　母质因素

地壳表层的岩石经过风化作用，变为疏松的堆积物，称为风化壳。风化壳在地球陆地上有广泛的分布。风化壳的表层就是形成土壤的重要物质基础——成土母质。所以，可以这样说，成土母质是地表岩石经过风化、搬运、堆积等过程在地表形成的一层疏松的、地质历史上最年轻的矿物质层。

母质是形成土壤的物质基础，土壤是母质在不断地同动植物和大气进行物质和能量交流或交换过程中产生的。母质与土壤之间存在血缘关系，母质的一些特性会遗传给土壤。母质在土壤形成中的作用主要表现在以下几个方面。

（1）对土壤矿物组成的影响

由不同的成土母质发育而成的土壤，矿物组成往往也就不同。如在基性岩（如辉长岩、玄武岩）母质上发育的土壤，含辉石、角闪石、黑云母等深色矿物较多；而在酸性岩（如花岗岩、流纹岩）母质上发育的土壤，含石英、正长石等浅色矿物较多。以上正是导致土壤原生矿物组成产生差异的原因。对于次生矿物而言也是如此，母质不同也可产生不同的次生矿物。例如，在相同的成土环境下，基性辉长岩风化物形成的土壤常含有较多的蒙脱石，而酸性花岗岩风化物所形成的土壤常含较多的高岭石。

（2）对土壤理化性质的影响

不同成土母质所形成的土壤，其养分情况有所不同。例如，在温暖湿润的气候条件下，花岗岩风化形成的土壤含石英多，含铁锰矿物少，土壤盐基离子少。由闪长岩及辉长岩等中性岩或基性岩风化形成的土壤，一般富含钙和磷，盐基含量较为丰富。另外，土壤质地也与成土母质密切相关。例如，辉长岩和玄武岩上发育的土壤质地较黏重；花岗岩和片麻岩等富含石英的酸性岩上发育的土壤质地居中（粗细颗粒的分布比较均一）；而在砂岩、石英岩上发育的土壤质地多偏砂。

（3）对成土过程的影响

不同母质因其矿物组成、理化性状的不同，在其他成土因素的制约下，直接影响成土过程的速度、性质和方向。例如，花岗岩风化形成的土壤含石英多，盐基离子少，在强淋溶下，盐基离子极易完全淋失，使土壤呈酸性反应；而玄武岩风化形成的土壤，盐基含量较为丰富，抗淋溶作用较强。同一地区，因母质性质的差异，其成土类型也可发生差异。例如，在我国亚热带地区，石灰岩发育的土壤，因新风化的碎屑及富含碳酸盐的地表水源流入土体，延缓了土壤中盐基的淋失，则发育成为石灰岩土；而在酸性岩母质上则发育成红壤。

（4）母质层次的不均一性也会影响土壤的发育和形态特征

母质的层次性可长期保存在土壤剖面构造中，并影响土壤剖面质地构型。如冲积母质的砂黏间层所发育的土壤就是砂黏间层，而且容易在砂土层之下、黏土层之上形成滞水层。

一般来说，成土过程进行得越久，土壤与母质的差别就越大，但母质的某些性质仍会顽强地保留在土壤中。

2.1.2.2 气候因素

气候是影响土壤形成和发展的重要因素，是土壤形成的能量源泉。气候决定着成土过程的水、热条件。水分和热量不仅直接参与母质的风化过程和物质的地质淋溶过程，而且它们在很大程度上控制着植物和微生物的生长，影响土壤有机质的积累和分解，决定着养分物质生物小循环的速度和范围。

（1）气候影响土壤有机质的含量

气候对土壤有机质含量的影响主要表现在两大方面：首先是温度的影响，在降水量和其他成土条件不变的情况下，温带地区土壤有机质含量随着温度的增加而减少。例如，我国温带地区从北至南发育的土壤（棕色针叶林土—暗棕壤—褐土），有机质含量逐渐减少。其次是降水的影响，在温度和其他成土条件类似的情况下，随着降水量的减少，土壤有机质含量随之递减。例如，我国中温带地区自东向西发育的土壤（黑土—黑钙土—栗钙土—棕钙土—灰漠土），有机质含量逐渐减少。

（2）气候对土壤黏土矿物类型的影响

组成岩石的原生矿物，其风化演化一共可分为 4 个阶段（脱钾、缓慢脱盐基、迅速脱盐基和脱硅）。某地岩石中原生矿物的风化程度与风化环境条件（气候条件）有关，例如，在我国温带湿润地区，硅酸盐矿物缓慢风化形成的黏土矿物以伊利石、蒙脱石等 2∶1 型黏土矿物为主；而在亚热带的湿润地区，硅酸盐矿物风化迅速形成的黏土矿物就以高岭石等 1∶1 型黏土矿物为主。

（3）气候直接影响土壤形成过程的强度和方向

在寒冷地带，土壤中的化学风化作用较弱，植物生长也较缓慢，有机质形成少，土壤生物活动不旺盛，因而土壤中的养分转化也很缓慢。相反，在湿热的地区，土壤中养分转化速度就快。

此外，气候中的降水量与土壤的盐基饱和度、酸碱度以及盐分累积等都密切相关。

2.1.2.3 生物因素

土壤形成的生物因素包括植物、动物和微生物。生物在五大成土因素中起主导作用，严格地说，母质上出现了生物后，才开始具有真实意义的成土过程。

（1）植物

植物在土壤形成中最重要的作用是其在生长发育过程中，能利用太阳辐射能，将分散在母质、水体和大气中的营养元素有选择地富集吸收，合成有机物质组成自己的躯体，其凋落物及死亡后的残体以有机残体和腐殖质的形式累积于土壤表层，形成土壤有机质层，有机质分解所释放出来的养分也留在表土层中。生物循环往复进行，就逐渐把植物生理需要的养分元素有选择地累积到表土中来，逐渐调整了各种营养元素的适当比例，为植物生活创造了有利条件。另外，植物在生长发育过程中，其根系的分泌物（有机酸、糖类等）可通过溶解增加、增强根际微生物数量、活性，在土壤中引起一系列化学和生物化学作用等，促进土壤养分的活化。同时，根系分泌物和根系的伸展穿插也有利于土壤团粒结构的形成。

绿色植物中的木本植物和草本植物对土壤形成的影响是不同的。木本植物的残落物在地面堆积，形成疏松多孔的地面覆盖层。木本植物下的土壤，有机质积累主要来自木本植物地上残落物质的分解，形成的腐殖质层较浅薄，表层以下土壤有机质锐减，腐殖质中以富里酸较多。木本植物中的针叶林和阔叶林对土壤形成发育的影响有一些差异。针叶林的残落物含单宁、树脂较多，会产生多种酸性较强的物质。这些酸性物质一方面抑制细菌活动，另一方面对矿质土粒进行酸性浸提，使其中的钙、镁、铁、铝等盐基离子淋溶，从而使土壤亚表层变为灰白色。整个土壤呈酸性或强酸性，矿质养分贫乏。阔叶林的残落物含单宁、树脂较少，而含有较多的钙、镁等灰分元素，因此凋落物分解产生的有机酸少，且多被盐基中和，削弱了酸性淋溶过程，所形成的土壤含有一定的盐基，酸性弱，甚至呈中性。

草本植物大多是一年生植物，每年归还给土壤的有机物质数量较多，不仅有枯枝败叶残留在地表，还有数量巨大的死亡根系残留于土壤内。无论是一年生还是多年生草本植物，每年进入土壤的有机残体均以死亡的根系为主，所以草本植物有机质的积累以地下积累为主，形成的土壤具有比较深厚的腐殖质层。草本植物下形成的土壤，有机质在腐烂分解过程中产生的活性酸较少，并很快为盐基所中和，有利于细菌繁殖生长，所以其有机质分解以细菌分解为主，所形成的腐殖质以胡敏酸为主，品质较好。另外，草本植物根系发达，根系的伸展穿插、根系分泌物及大量土壤腐殖质等因素的综合作用，有利于团粒结构的形成。草本植物下形成的土壤肥力一般较森林植物下土壤肥力高。草甸植物环境湿润，形成深厚腐殖质层；草原植物气候干燥，腐殖质层浅，有机质含量少，但矿质养分丰富。

自然植被和水热条件的演变，引起土壤类型的演变。例如，我国东部沿海由北向南的森林分布依次为针叶林、针叶阔叶混交林、落叶阔叶林、落叶及常绿阔叶林、常绿阔叶林、雨林及季雨林，相应的土壤分布由北向南依次为棕色针叶林土、暗棕壤、棕壤、黄棕壤、红黄壤、赤红壤、砖红壤。

（2）动物

土壤动物区系的种类多，数量大，在土壤形成发育过程中起着重要作用。其主要作用如下：①土壤动物死亡后，其残体是土壤有机质的来源；②参与土壤腐殖质的形成（一些土壤动物能将枯枝落叶、植物根茎、动物粪便、尸体等有机残体进行粉碎，然后与微生物一起将残体碎片进一步分解，成为可利用的营养物质，与土壤混合后形成肥沃的腐殖土）；③分解土壤有机质（如鞭毛虫、轮虫等能分解土壤有机质）；④动物的活动可疏松土壤，提高土壤的通气性、透水性，促进团粒结构的形成。

（3）微生物

微生物作为地球上最古老的生物体，已存在达数十亿年，它是最古老的造土者。微生物在土壤形成和肥力发展过程中的作用是非常复杂和多种多样的。首先，微生物在成土过程中起着非常重要的作用，母质上着生微生物是成土过程的第一步，其为成土过程的“开路先锋”。其次，从生物化学的角度来看，土壤微生物的功能是多方面的，其在土壤能量和物质的生物学循环中起着极为重要的作用。

微生物对土壤形成的作用可概括为：①分解有机质，释放各种养分，为植物吸收利用；②合成土壤腐殖质，发展土壤胶体性能；③固定大气中的氮素，增加土壤氮素含量，在碳、氮、磷等元素的形态转化中起主导作用；④促进土壤物质的溶解和迁移，提高矿质养分的有效度（如有的微生物能促进云母中钾素的释放，铁细菌能促进土壤中铁的溶解移动）；⑤促进土壤团粒结构的形成。

2.1.2.4 地形因素

在五大成土因素中，地形与母质、生物、气候等因素的作用不同，它不提供任何新的物质，主要是通过影响其他成土因素（如母质、水分）对土壤形成起作用，其作用主要表现在以下 3 个方面。

（1）地形对水分的再分配

地形支配着地表径流，影响水分的重新分配。在相同降水条件下，地形不同，导致地表面的水分状况不同，其成土过程也就有所差异。地形对山地土壤发育的影响尤为明显，如在丘陵顶部或斜坡上部，部分降水受到径流的影响，从高处流向低处，土壤中的物质易遭淋失；在地形低洼地段，地下水接近表土，甚至有局部积水或滞涝现象，腐殖质较易积累。

（2）地形对热量的再分配

在山地和丘陵，南北坡接受的光照、热量不同，导致土壤温度、湿度及地表植被状况等均有较大差异，所以南坡和北坡土壤发育程度、土壤类型都有所不同。

（3）地形对母质的再分配

在山地的不同部位，径流对母质的冲刷、搬运、沉积作用不同，从而使山地的不同部位常分布有不同的母质。例如，在山地上部或台地上的母质主要是残积物，坡地和山麓地带的母质多为坡积物，在山前平原的冲积扇地区母质多为洪积物。母质不同，其上发育的土壤也就不同。

2.1.2.5 时间因素

时间和空间是一切事物存在的基本形式。母质、气候、生物、地形都是土壤形成的空间因素，时间作为成土因素则是阐明土壤形成发展的历史动态过程。母质、气候、生物、地形等对成土过程的作用随着时间延续而加强，时间越长，土壤性质和肥力的变化越大。

关于土壤形成的时间因素，威廉斯曾提出土壤的绝对年龄和相对年龄的概念。绝对年龄是指从该土壤在当地新鲜风化层或新母质上开始发育时算起，直至目前所经历的时间，通常用年表示。相对年龄则是指该土壤的发育程度或发育阶段。在一定的区域内，土层分异越明显，土壤的发育程度也越深，相对年龄就越大。

以上是五大自然成土因素对土壤形成的影响，由于各成土因素的作用具有本质的差别，所以，这五大成土因素是同等重要，相互不可代替的。它们之间也是相互作用、相互影响的。正是这种相互作用的关系，土壤的发生条件更趋于多样性和复杂性，使一些大的土壤类别产生了某些属性的分异，形成了各式各样的土壤。

除上述自然成土因素外，人类的耕种使自然土壤转变为农业土壤，人类活动直接影响着土壤的肥力性状。人类为了提高土壤生产力，积极地控制自然成土因素，使之向着对生产力有利的方向发展。例如，通过精耕细作、合理施肥、合理灌溉与排水、平整土地等各项改良土壤的措施，来改善土壤的肥力性状。当然，人类不合理开发、利用土壤资源（如毁林开荒、不合理灌溉、过度利用等），也造成了对土壤资源的极大破坏，使土壤肥力下降。

2.1.3　土壤形成过程

2.1.3.1　土壤形成过程中的地质大循环和生物小循环

土壤形成是一个综合性的过程，是地质大循环与生物小循环矛盾统一的结果。地质大循环是指地面岩石的风化产物经过淋溶与搬运，到海洋、湖泊中沉积下来，再经过成岩作用形成次生岩，并随着地壳的上升，又回到陆地上来，这是地球表面周而复始的地质大循环。而生物小循环是指植物营养元素在生物体与土壤之间的循环，植物从土壤中吸收养分，形成植物有机体，一部分作为营养物质供动物食用的需要，而动、植物死亡后的有机残体又回归到土壤中，在微生物的作用下转化为矿质养分供植物吸收，促进土壤肥力的形成和发展。地质大循环涉及的空间大、时间长，仅有养分的释放，而养分不能有效积累。生物小循环涉及的空间小、时间短，可促进植物养分元素的积累和循环使用，使土壤中有限的养分元素发挥无限的作用。

地质大循环和生物小循环的共同作用是土壤发生的基础，无地质大循环，生物小循环就不能进行；无生物小循环，仅有地质大循环，土壤就难以形成。在土壤形成过程中，两种循环过程相互渗透和不可分割地同时同地进行着，它们之间通过土壤相互联结在一起（图 2-1）。

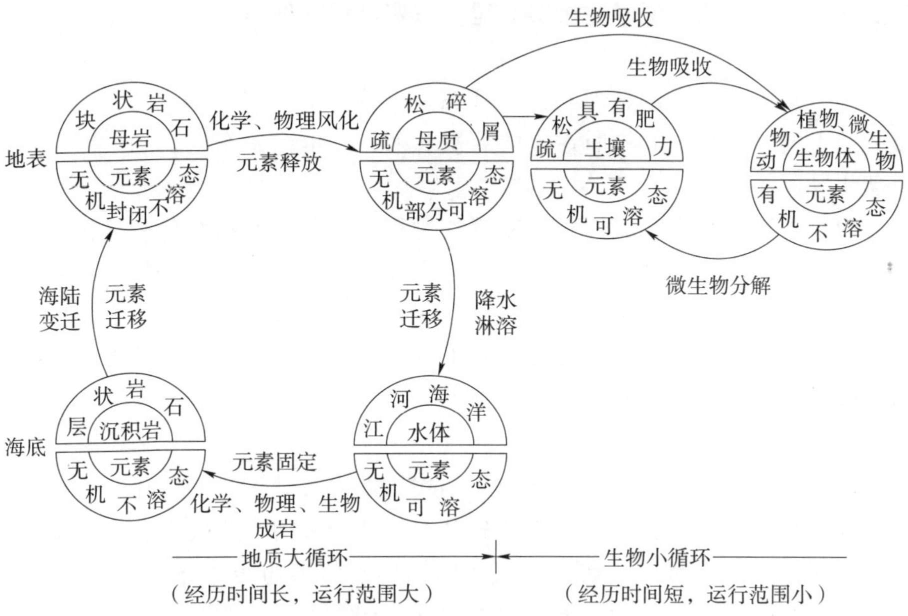

图 2-1　土壤形成过程中大、小循环与土壤形成过程

资料来源：吕贻忠，李保国 . 土壤学 [M]. 北京：中国农业出版社，2013。

2.1.3.2 主要的成土过程

在一定的环境条件下，土壤形成过程中有其特定的基本物理化学作用和生物化学作用，它们的组合使普遍存在的基本成土作用具有特殊的表现，因而构成了各种特征性的成土过程。土壤中主要的成土过程如下：

（1）原始成土过程

从岩石露出地表着生微生物和低等植物开始，到高等植物定居之前形成土壤的过程，称为原始成土过程。根据原始成土过程中生物的变化，可分为3个阶段：①“岩漆”阶段，原始成土过程开始的明显标志，出现的生物为自养型微生物（绿藻、硅藻等以及与其共生的固氮微生物），将许多营养元素吸收到生物地球化学过程中。②“地衣”阶段，各种异养型微生物，如细菌、黏液菌、真菌、地衣组成的原始植物群落，着生于岩石表面与细小孔隙中，通过生命活动促使矿物进一步分解，不断增加细土和有机质，为苔藓植物的着生提供了物质基础。③“苔藓”阶段，苔藓类植株较大、生长较快。苔藓植物的着生一方面增加了有机质与细土的含量，另一方面提高了拦蓄细土与保持水分的能力。此阶段使岩石的生物物理与化学风化作用进一步加强，细土层不断增厚，并且形成了有机质累积层，为高等植物着生创造了条件。在高山冻寒气候条件下的成土作用主要以原始成土过程为主。

（2）有机质积聚过程

有机质积聚过程是在木本或草本植被下，有机质在土体上部积累的过程。这一过程在各种土壤中都存在。根据成土环境的差异，我国土壤中有机质的积聚过程可分为漠土有机质积聚过程、草原土有机质积聚过程、草甸土有机质积聚过程、林下有机质积聚过程、高寒草甸有机质积聚过程和有深厚泥炭层的泥炭积聚过程6种类型。

（3）淋溶－淀积过程

淋溶作用是指土壤物质以悬浮态或溶液态由土壤中的一层移动到另一层。下行水滞留或停止移动的土层，溶液中的物质在此层淀积下来，产生淀积作用。

（4）黏化过程

黏化过程是土壤剖面中黏粒形成和积累的过程，可分为残积黏化和淀积黏化。残积黏化是土壤中原生矿物风化分解形成的黏粒，没有向深土层移动，而是就地积累，形成一个明显黏化或铁质化的土层。淀积黏化是风化和成土作用形成的黏粒由上部土层向下悬迁和淀积的过程。残积黏化过程多发生在温暖的半湿润和半干旱地区的土壤中，而淀积黏化则多发生在暖温带和北亚热带湿润地区的土壤中。

（5）钙积与脱钙过程

钙积过程是干旱、半干旱地区土壤中的碳酸盐发生移动积累的过程。在季节性淋溶条件下，易溶性盐类被降水淋洗，钙、镁部分淋失，部分残留在土壤中，土壤胶体表面和土壤溶液多为钙（或镁）饱和，土壤表层残存的钙离子与植物残体分解时产生的碳酸结合，形成重碳酸钙，在雨季向下移动。当向下淋溶到一定深度，土壤脱水或二氧化碳分压降低的情况下，下述反应式向左进行，溶液中的重碳酸钙转化为难溶的碳酸钙在土壤剖面的中部或下部淀积，形成钙积层，其碳酸钙含量一般为10%～20%。碳酸钙淀积层的形态有粉末状、假菌丝体、眼斑状、结核状或层状等。

$$CaCO_3+H_2O+CO_2 \rightleftharpoons Ca(HCO_3)_2$$

在我国草原和荒漠地区，土壤中常发现有石膏的积累，这是另一种钙积过程的形式，此种过程与极端干旱的气候条件有关。

与钙积过程相反，在降水量大于蒸发量的生物气候条件下，土壤中的碳酸钙转变为重碳酸钙从土体中淋失，称为脱钙过程。

（6）盐化与脱盐过程

盐化过程多发生在干旱、半干旱或滨海地区，是指地表水、地下水以及母质中含有的盐分，在强烈的蒸发作用下，通过土壤水的垂直和水平移动，逐渐向地表积聚的过程，或是已脱离地下水或地表水的影响，而表现为残余积盐特点的过程。前者称为现代积盐作用，后者称为残余积盐作用。根据盐分累积特点，现代积盐过程又可分为 3 种：①海水浸渍下的盐积过程，发生在滨海地区；②地下水与地表水双重作用下的盐积过程，多见于北方平原地区及湖泊洼地周围；③地下水影响的盐积过程，多见于冲积、洪积扇末端或扇缘地带。残余积盐过程多见于漠境地区的山前平原上部。

盐化土壤中的盐分主要是一些中性盐，如 $NaCl$、Na_2SO_4、$MgCl_2$、$MgSO_4$。土壤中氯化物含量为 0.1%～0.6%、硫酸盐为 0.2%～2%，对作物生长产生危害，形成盐化土壤；氯化物含量大于 0.6%、硫酸盐含量大于 2%，作物难以生长，形成盐土。

脱盐过程是指土壤中可溶性盐通过降水或人为灌溉洗盐，结合开沟排水、降低地下水位等措施，所含的可溶性盐迁移到下层或排出土体。

（7）碱化与脱碱过程

碱化过程是交换性钠或交换性镁不断进入土壤胶体的过程，也称钠质化过程。碱化过程可使土壤呈碱性甚至强碱性，pH 一般大于 9.0，引起土壤胶体分散，物理性状极差，作物生长困难，但含盐量一般不高。

脱碱过程是指通过淋洗和化学改良，土壤碱化层中钠离子及易溶性盐类减少，胶体的钠饱和度降低。在自然条件下，碱土因 pH 较高，可使表层腐殖质扩散淋失，部分硅酸盐被破坏后，形成 SiO_2、Al_2O_3、Fe_2O_3、MnO_2 等氧化物，其中 SiO_2 留在土表使表层变白，而铁锰氧化物和黏粒可向下移动淀积，部分氧化物还可胶结形成结核。这一过程的长期发展可使表土变为微酸性，质地变轻，原碱化层变为微碱性，此过程是自然的脱碱过程。

（8）富铝化过程

富铝化过程，又称脱硅或脱硅富铝化过程，是指在热带、亚热带高温多雨并有一定干湿季节的条件下，由于土壤矿物的高度风化形成弱碱性条件，随着可溶性盐、碱金属和碱土金属盐基及硅酸的大量流失，而造成铁铝在土体内相对富集的过程。因此，该过程包括两方面的作用，即脱硅作用和铁铝相对富集作用（简称富铝化作用）。

富铝化作用一般使土壤呈酸性、黏重、大多呈红色，土壤肥力相对较低。我国南方大面积的地带性土壤都具有不同程度的富铝化作用，如红壤、黄壤、砖红壤。

（9）灰化、隐灰化和漂灰化过程

灰化过程是在寒温带、寒带针叶林植被和湿润的条件下，在土体上部，特别是亚表层中二氧化硅残留，而在剖面下部（B 层）是二氧化物、三氧化物及腐殖质淀积的过程。由于针叶林植被残落物富含单宁、树脂等多酚类物质，经微生物作用后产生酸性很强的富里酸及其他有机酸。这些酸类物质作为有机络合剂，不仅能使表层土壤中的矿物蚀变分解，而且能与金属离子结合成络合物，使铁铝等产生强烈的螯迁，到达 B 层，使亚表层脱色，只留下二氧化硅相对富集的灰白淋溶层，称为灰化层，在剖面下部形成棕褐色的腐殖质和铁、铝等富集的淀积层。

若灰化过程未发展到明显的灰化层出现，但已出现铁、铝、锰等物质的酸性淋溶及有机螯合淀积作用，则称为隐灰化（或准灰化）。

漂灰化是灰化过程与还原离铁、离锰作用及铁锰腐殖质淀积多现象的伴生者，漂白现象主要是还原离铁造成的，而矿物蚀变则是在酸性条件下水解造成的。在形成的漂灰层中铝减少不多，而铁的减少量大，黏粒也无明显下降。该过程在热带、亚热带山地的凉湿气候下常有发生。

（10）潜育化和潴育化过程

潜育化过程是土壤长期渍水，有机质嫌气分解，而铁锰强烈还原，形成灰蓝－灰绿色土体的过程。有时由于“铁解”作用，土壤胶体破坏，土壤变酸。该过程主要出现在排水不良的水稻土和沼泽土中，往往发生在剖面下部。当土壤处于常年淹水时，土壤中水、气比例失调，土体几乎完全处于闭气状态，其氧化还原电位较低，一般在 250 mV 以下，因而发生潜育化过程，形成潜育层。

潴育化过程实质上是一个氧化还原交替过程，指土壤渍水带经常上下移动，土体干湿交替明显，湿时土壤中易变价的铁锰物质被还原为低价态，溶解度增大，可以随水移动；干旱时铁锰又被氧化，发生淀积。由于土体中氧化还原反应的交替发生，结果在土体内出现锈纹、锈斑、铁锰结核和红色胶膜等物质。该过程又称为假潜育化。在草甸土、部分水稻土等土壤中有潴育化成土过程发生。

（11）白浆化过程

白浆化过程是在季节性还原淋溶条件下，黏粒与铁锰的淋淀过程。该过程的实质是潴育淋溶，与假潜育化过程类似，国外称为假灰化过程。

白浆化过程多发生在较冷的湿润地区，由于某些原因（如心土层质地黏重、冻土层顶托等），大气降水或融化的冰雪水常阻滞于表土层，这时表土层的铁锰被还原成可溶性强的低价铁、锰，与黏粒随水侧向或向下移动，其结果是土壤表层中有色矿物（如氧化铁、氧化锰）逐渐减少，并使该土层逐渐脱色形成一个灰白色的白浆层。白浆土的主要特征是腐殖质层薄，腐殖质层下为粉砂含量高（含有大量 SiO_2 细小颗粒）、铁锰贫乏的白色淋溶层（白浆层，片状结构），在剖面中下部为铁锰和黏粒富集的淀积层。

该过程的发生与地形条件有关，白浆层养分贫乏，紧实僵硬，植物根系难以穿透，在生产上是一个影响土壤肥力的障碍层。我国东北三江平原上分布有面积较大的白浆土，其是一种低产土壤。

（12）熟化过程

土壤熟化过程是在耕作条件下，通过耕作、培肥与改良，促进水、肥、气、热诸因素不断协调，使土壤向有利于作物高产方向转化的过程。简单地说，熟化过程就是为人类定向培育土壤的过程。通常把旱作条件下定向培肥土壤的过程称为旱耕熟化过程，而把淹水耕作在氧化还原交替条件下培肥土壤的过程称为水耕熟化过程。

（13）退化过程

土壤退化过程是指因为自然环境不利因素和人为利用不当而引起的土壤物质流失、土壤性状恶化、土壤肥力下降、植物生长条件恶化和土壤生产力减退的过程。1991 年，赵其国把土壤退化分为 3 类，即土壤物理退化（包括坚实硬化、铁质硬化、侵蚀、沙化）、土壤化学退化（酸化、碱化、肥力减退、化学污染）、土壤生物退化（有机质减少、动植物区系减少）。

2.1.4　土壤发育和土壤剖面

2.1.4.1　土壤发育

从成土母质上经受原始成土过程开始，经过物质与能量的转化与迁移，并使土体构造发生变化，到形成目前状态下的土壤，这中间的过程就是通常所说的土壤发育。

土壤的发育速度取决于成土条件，如果成土条件对土壤发育有利，则有机质可以在表面逐渐累积，而风化和淋洗及胶体的迁移都很微弱，在剖面上形成了淋溶层，并与下面的母质层区别开来，母质可以在较短的时间内转变为“幼年土”。随着时间的推移，土壤的发育逐渐加深，淋溶层所淋溶的盐基、有机质和胶体物质在其下面的土层中淀积起来，逐渐形成了淀积层，随着淀积层的发育，土壤达到“成熟土”的阶段。“成熟土”继续发育，最终可以变为土壤剖面层次高度分异的土壤，在淋溶层与淀积层之间，形成了一个舌状的漂白层，这时土壤进入“老年土”阶段。

上面所描述的幼年土→成熟土→老年土的土壤发育阶段，只是一种理想的发育模式。实际上，由于成土条件的差异和母质性质的变化，不同地区土壤的发育阶段都有其自身的特点。例如，寒温带的苔原土壤，由于气候严寒，风化与成土作用非常微弱，土壤长期停留于幼年土阶段。一些老年土则由于遭受侵蚀，上部土层被剥离，下部土层又重新开始发育。所以土壤发育被认为是土壤与其所处环境相平衡的过程，而发育模式则因地而异，并具有多样性的特点。

2.1.4.2　土壤剖面、发生层和土体构型

土壤在各种成土因素的作用下，发育成为具有不同属性的土壤。这些土壤属性内在表现为土壤物质的转化（矿物的风化、黏土矿物的形成、有机质分解等）和迁移（淋溶、淀积等）。这些属性的内在特征综合表现为土壤肥力，而这些内在特征的外在表现，则反映于土壤剖面形态和土体构造上。

土壤剖面是指从地面向下挖掘而暴露出来的土壤垂直切面，其深度一般是指达到基岩或达到地表沉积体的一定深度。土壤发生层是土壤发育过程中在剖面上形成的具有不同特征的土层。作为一个土壤发生层，至少应能被肉眼识别，其不同于相邻的土壤发生层。识别土壤发生层的形态特征一般包括颜色、质地、结构、新生体和紧实度等。

土壤剖面中各种发生层的排列形式就是土体构型，也称土体构造。不同的土壤类型有不同的土体构型，因此土体构型是识别土壤的最重要特征。土壤剖面构型的一般综合图式见图 2-2。

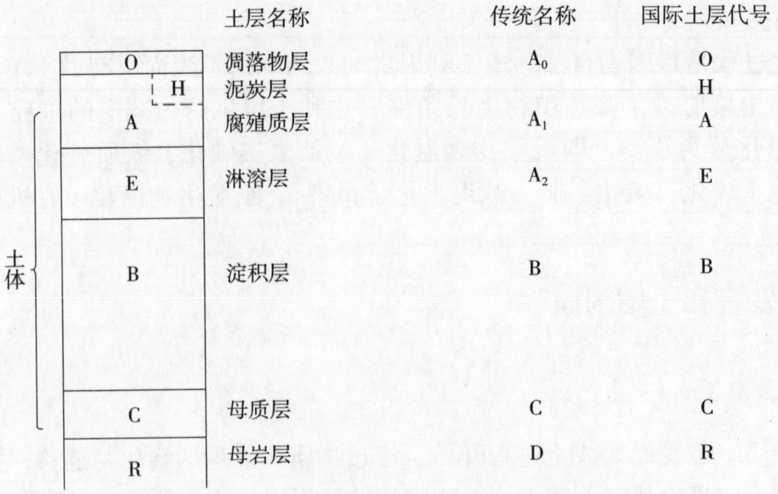

图 2-2　土壤剖面构型的一般综合图式

资料来源：张乃明．环境土壤学 [M]. 北京：中国农业大学出版社，2017。

下面结合图 2-2 介绍主要的土壤发生层。

（1）有机质层

有机质层处于土体最上部，又称为表土层。本层生物活动最为强烈，进行着腐殖质的合成和有机质的矿化过程。本层是土壤剖面中最为重要的发生学土层。依据有机质的聚集状态，可将土壤有机质层细分为 3 层：①凋落物层，用大写字母 O 表示，为有机物质表层，植物凋落物堆积，有机物不能完全分解并在地表累积而形成；②泥炭层，用大写字母 H 表示，在长期水分饱和的条件下，湿生性植物残体在表面累积，是泥炭形成过程中形成的发生层；③腐殖质层或受耕作影响的表层，用大写字母 A 表示，是一种矿质表土层，层内有机质腐殖化，常以细颗粒形式分散于矿质颗粒中，或者与矿质颗粒形成有机无机复合体，有机质含量高于下伏层。

（2）淋溶层（E 层）

淋溶层，或称漂白层，用大写字母 E 表示。该层由于硅酸盐黏粒、铁、铝等单独或一起淋失，是抗风化能力强的石英砂粒和粉粒相对富集的土壤发生层。E 层以较低的有机质含量和较浅淡的颜色而区别于 A 层；它以较高的亮度和较低的彩度或较粗的质地，或兼有这些特征而区别于下伏的 B 层。该层通常与灰化过程有关，过去也用 A_2 表示该层。

（3）淀积层（B 层）

淀积层，用大写字母 B 表示，是土壤物质的淀积层或聚集层。淀积的物质既可以来自土体的上部，也可来自下部地下水的上升。黏粒、铁、铝或腐殖质在此层淀积或积累。次生黏土矿物形成，具有核状、块状或棱柱状结构，颜色变棕或棕红、红等。

（4）母质层（C 层）

母质层，用大写字母 C 表示，指风化产物没有受到成土过程影响的层次，较上面土层紧实。

（5）母岩层（R 层）

母岩层，用大写字母 R 表示，指最下部坚硬的岩石层。

除上述主要发生层外，还有一些过渡土层兼有两种主要发生层的特性，其代号用代表两个发生层的大写字母连写表示，如AB、AE、BA等，其中第一个字母表示占优势的主要土层。例如，AB层表示该层性状更接近A层。此外，为更确切描述土壤发生层的发育特征，常用小写英文字母作为下标表示该发生层的主要性状。例如，B_t表示该淀积层有明显的黏粒聚积，B_k表示该淀积层有明显的碳酸钙聚积。用来修饰主要发生层的常用小写字母及其含义如下：

a：良好的腐殖质层。

b：埋藏或重叠土层。

c：结核状物质聚积。常与表明结核化学成分的字母连用，如B_{ck}表示碳酸钙结核淀积层。

g：反映氧化还原过程所形成的土层，有锈纹、锈斑或铁、锰结核，如B_{tg}表示该淀积层不仅有黏粒聚积，还有氧化还原过程。

h：自然土壤中有机质的聚积。这里要注意的是：只有在自然状态下未被人为耕作扰动或人类其他活动扰动的土层，才会用h修饰。

k：碳酸钙的聚积，与钙积过程有关。

m：指被胶结、固结、硬化形成的硬盘土层，不易用手掰开。m常与表示胶结物的化学性质的字母连用，如B_{mk}表示碳酸钙胶结的石灰结盘层，B_{ym}表示石膏结盘层。

n：钠的聚积，B_{tn}表示碱化层。

p：经耕作或其他措施扰动的土层，如A_p表示耕作层。

q：次生硅聚积层。

r：地下水引起的强还原作用产生蓝灰色的潜育化过程。

s：二氧化物和三氧化物聚积，如铁锰氧化物的聚积。

t：黏粒聚积的土层，如B_t表示黏化淀积层。

x：脆盘层，胶结形成，但未形成硬盘，用手可以掰开。

y：石膏聚积层。

z：可溶盐聚积层，如A_z表示盐化表土层。

2.2　土壤分类

土壤分类就是根据土壤的发生发展规律和自然性状，按照一定的分类标准，把自然界的土壤划分为不同的类别。通过土壤分类，可以快速了解土壤的发生演化规律，另外，还可以根据不同土壤类型的特点进行开发与利用。可以说，土壤分类是认识土壤的基础，是研究土壤的一种基本方法，也是进行土壤调查、土地评价、土地利用规划和农业生产的依据。

随着土壤科学的发展，土壤分类也在不断完善和发展。土壤分类从古代朴素的土壤分类阶段，经俄国道库恰耶夫的土壤地理发生分类和20世纪50年代“三派”（地理发生分类、形态发生分类和历史发生分类）鼎立的阶段，目前已跨入了定量的系统分类阶段。在国际上，现代土壤分类中比较有影响的是美国的土壤系统分类。目前我国的土壤分类现状是两个分类系统并存：一是定性的中国土壤分类系统，它属于土壤发生分类体系；二是定量的中国土壤系统分类，它属于土壤诊断分类体系。从发展趋势来看，土壤系统分类已成为国际土壤分类的主流。

2.2.1 土壤分类的基本概念和要求

2.2.1.1 土壤分类的基本概念

（1）土壤分类

土壤分类就是建立一个符合逻辑的多级系统，每一个级别中可包括一定数量的土壤类型，从中容易查询各种土壤类型，将有共性的土壤划分为同一类，即根据土壤性质和特征对土壤进行分门别类。

（2）土壤鉴定

土壤鉴定是指借助已有的土壤分类系统去命名土壤。土壤命名包括土壤命名的制度和方法，以及各种命名规则的建立、解释和应用。

（3）土壤分类单元

土壤分类单元是指在所选用的作为土壤分类标准的土壤性质上相似的一组土壤个体，并且依据这些性质区别其他土壤个体。

2.2.1.2 土壤分类的要求

土壤分类的要求主要有以下几点：①土壤分类应采用多级分类制。例如，我国土壤分类系统由上向下共设土纲、亚纲、土类、亚类等共 7 级分类单元。②各分类级上各个分类单元应有明确的定义，定义是从土壤分类中归纳起来的。③区分土壤类型的标准是土壤属性，而且这些属性是可以观察测定的。④在进行土壤分类时，由低级到高级呈宝塔状。⑤土壤分类是土壤这个大家庭的统一体系，因此每一个土壤都可在该体系中有一个位置，而且只有一个位置。

2.2.2 土壤分类系统

2.2.2.1 中国土壤分类系统

（1）中国土壤分类系统的形成和发展

我国的土壤分类是在借鉴国外土壤分类制的基础上不断发展和完善的。20 世纪 30 年代借鉴的是美国马伯特土壤分类，1954 年开始采用苏联的土壤地理发生分类制，1958 年首次在全国范围内开展土壤普查，对农业土壤进行了广泛的研究，并以土壤农业性状为基础，提出了全国第一个农业土壤分类系统。1979 年开始第二次全国土壤普查，土壤普查从试点到全面开展后，不断发现新的土壤类型，1984 年拟定了《中国土壤分类系统》（修订稿），划分了土纲、土类、亚类等单元。1992 年经过反复讨论，最后确定了《中国土壤分类系统》（全国土壤划分为 12 个土纲、28 个亚纲、61 个土类、233 个亚类）。为满足农业及环境等领域的实际应用，1998 年中国国家标准化管理委员会首次发布《中国土壤分类与代码》（GB/T 17296—1998），该标准以第二次全国土壤普查的研究成果为编制基础，并于 2000 年和 2009 年进行了两次修订。《中国土壤分类与代码》（GB/T 17296—2009）包含 12 个土纲、30 个亚纲，60 个土类，229 个亚类，详见表 2-1。

表 2-1　中国土壤分类系统

土纲	亚纲	土类	亚类
铁铝土	湿热铁铝土	砖红壤	典型砖红壤、黄色砖红壤、砖红壤性土
		赤红壤	典型赤红壤、黄色赤红壤、赤红壤性土
		红壤	典型红壤、黄红壤、棕红壤、山原红壤、红壤性土
	湿暖铁铝土	黄壤	典型黄壤、漂洗黄壤、表潜黄壤、黄壤性土
淋溶土	湿暖淋溶土	黄棕壤	典型黄棕壤、暗黄棕壤、黄棕壤性土
		黄褐土	典型黄褐土、黏盘黄褐土、白浆化黄褐土、黄褐土性土
	湿暖温淋溶土	棕壤	典型棕壤、白浆化棕壤、潮棕壤、棕壤性土
	湿温淋溶土	暗棕壤	典型暗棕壤、白浆化暗棕壤、草甸暗棕壤、潜育暗棕壤、灰化暗棕壤、暗棕壤性土
		白浆土	典型白浆土、草甸白浆土、潜育白浆土
	湿寒温淋溶土	棕色针叶林土	典型棕色针叶林土、灰化棕色针叶林土、表潜棕色针叶林土
		灰化土	灰化土
半淋溶土	半湿热半淋溶土	燥红土	典型燥红土、褐红土
	半湿暖温半淋溶土	褐土	典型褐土、石灰性褐土、淋溶褐土、潮褐土、埁土、燥褐土、褐土性土
	半湿温半淋溶土	灰褐土	典型灰褐土、暗灰褐土、淋溶灰褐土、石灰性灰褐土、灰褐土性土
		黑土	典型黑土、草甸黑土、白浆化黑土、表潜黑土
		灰色森林土	典型灰色森林土、暗灰色森林土
钙层土	半湿温钙层土	黑钙土	典型黑钙土、淋溶黑钙土、石灰性黑钙土、淡黑钙土、草甸黑钙土、盐化黑钙土、碱化黑钙土
	半干温钙层土	栗钙土	典型栗钙土、暗栗钙土、淡栗钙土、草甸栗钙土、盐化栗钙土、碱化栗钙土、栗钙土性土
	半干暖温钙层土	栗褐土	典型栗褐土、淡栗褐土、潮栗褐土
		黑垆土	典型黑垆土、黏化黑垆土、潮黑垆土、黑麻土
干旱土	干温干旱土	棕钙土	典型棕钙土、淡棕钙土、草甸棕钙土、盐化棕钙土、碱化棕钙土、棕钙土性土
	干暖温干旱土	灰钙土	典型灰钙土、淡灰钙土、草甸灰钙土、盐化灰钙土

续表

土纲	亚纲	土类	亚类
漠土	干温漠土	灰漠土	典型灰漠土、钙质灰漠土、草甸灰漠土、盐化灰漠土、碱化灰漠土、灌耕灰漠土
		灰棕漠土	典型灰棕漠土、石膏灰棕漠土、石膏盐盘灰棕漠土、灌耕灰棕漠土
	干暖温漠土	棕漠土	典型棕漠土、盐化棕漠土、石膏棕漠土、石膏盐盘棕漠土、灌耕棕漠土
初育土	土质初育土	黄绵土	黄绵土
		红黏土	典型红黏土、钙积红黏土、复盐基红黏土
		新积土	典型新积土、冲积土、珊瑚砂土
		龟裂土	龟裂土
		风沙土	荒漠风沙土、草原风沙土、草甸风沙土、滨海风沙土
	石质初育土	石灰（岩）土	红色石灰土、黑色石灰土、棕色石灰土、黄色石灰土
		火山灰土	典型火山灰土、暗火山灰土、基性岩火山灰土
		紫色土	酸性紫色土、中性紫色土、石灰性紫色土
		磷质石灰土	典型磷质石灰土、硬盘磷质石灰土、盐渍磷质石灰土
		粗骨土	酸性粗骨土、中性粗骨土、钙质粗骨土、硅质岩粗骨土
		石质土	酸性石质土、中性石质土、钙质石质土、含盐石质土
半水成土	暗半水成土	草甸土	典型草甸土、石灰性草甸土、白浆化草甸土、潜育草甸土、盐化草甸土、碱化草甸土
	淡半水成土	潮土	典型潮土、灰潮土、脱潮土、湿潮土、盐化潮土、碱化潮土、灌淤潮土
		砂姜黑土	典型砂姜黑土、石灰性砂姜黑土、盐化砂姜黑土、碱化砂姜黑土、黑黏土
		林灌草甸土	典型林灌草甸土、盐化林灌草甸土、碱化林灌草甸土
		山地草甸土	典型山地草甸土、山地草原草甸土、山地灌丛草甸土
水成土	矿质水成土	沼泽土	典型沼泽土、腐泥沼泽土、泥炭沼泽土、草甸沼泽土、盐化沼泽土、碱化沼泽土
	有机水成土	泥炭土	低位泥炭土、中位泥炭土、高位泥炭土
盐碱土	盐土	草甸盐土	典型草甸盐土、结壳盐土、沼泽盐土、碱化盐土
		滨海盐土	典型滨海盐土、滨海沼泽盐土、滨海潮滩盐土
		酸性硫酸盐土	典型酸性硫酸盐土、含盐酸性硫酸盐土
		漠境盐土	典型漠境盐土、干旱盐土、残余盐土
		寒原盐土	典型寒原盐土、寒原草甸盐土、寒原硼酸盐土、寒原碱化盐土
	碱土	碱土	草甸碱土、草原碱土、龟裂碱土、盐化碱土、荒漠碱土

续表

土纲	亚纲	土类	亚类
人为土	人为水成土	水稻土	潴育水稻土、淹育水稻土、渗育水稻土、潜育水稻土、脱潜水稻土、漂洗水稻土、盐渍水稻土、咸酸水稻土
	灌耕土	灌淤土	典型灌淤土、潮灌淤土、表锈灌淤土、盐化灌淤土
		灌漠土	典型灌漠土、灰灌漠土、潮灌漠土、盐化灌漠土
高山土	湿寒高山土	草毡土	典型草毡土、薄草毡土、棕草毡土、湿草毡土
		黑毡土	典型黑毡土、薄黑毡土、棕黑毡土、湿黑毡土
	半湿寒高山土	寒钙土	典型寒钙土、暗寒钙土、淡寒钙土、盐化寒钙土
		冷钙土	典型冷钙土、暗冷钙土、淡冷钙土、盐化冷钙土
		冷棕钙土	典型冷棕钙土、淋淀冷棕钙土
	干寒高山土	寒漠土	寒漠土
		冷漠土	冷漠土
	寒冻高山土	寒冻土	寒冻土

资料来源：《中国土壤分类与代码》（GB/T 17296—2009）。

（2）中国土壤分类系统的分类原则和依据

中国土壤分类系统的基本原则主要有以下几点：①土壤分类的发生学原则。土壤分类必须严格贯彻发生学原则，即把成土因素、成土过程和土壤属性（土壤剖面形态和理化性质）三者结合起来综合考虑，但这3个因素中土壤属性最为重要，应以土壤属性作为分类的基础。②土壤分类的统一性原则。耕种土壤是在自然土壤的基础上，通过人类的耕垦、改良、熟化而形成的，两者有着发生上的联系性或统一性。在进行土壤分类时，必须把耕作土壤和自然土壤作为统一整体来考虑，综合分析自然因素和人为因素对土壤的影响，揭示两者在发生上的联系和演变规律。

中国土壤分类系统从上至下设土纲、亚纲、土类、亚类、土属、土种和亚种共7级分类单元。其中土纲、亚纲、土类、亚类为高级分类单元，土属为中级分类单元，土种为基层分类的基本单元，亚种是土种的辅助分类单元，以土类和土种最为重要。中国土壤分类系统分类等级如下：

1）土纲。土纲是对土壤重大属性差异的归纳和概括，反映了土壤不同发育阶段中，土壤物质移动累积所引起的重大属性的差异。例如，铁铝土是在湿热条件下、在脱硅富铁铝化过程中产生的黏土矿物以1∶1型高岭石和二氧化物、三氧化物为主的一类土壤，把具有这一特性的土壤（砖红壤、赤红壤、红壤等）归结在一起成为一个土纲。全国土壤共划分为12个土纲。

2）亚纲。亚纲是在同一土纲中，根据土壤形成的水热条件和岩性及盐碱的重大差异划分的，它反映了控制现代土壤形成过程方向和强度的成土条件。例如，铁铝土纲分成湿热铁铝土和湿暖铁铝土2个亚纲，两者的差别在于热量条件，一般地带性土纲可按此划分；盐碱土纲分为盐土和碱土两个亚纲，两者的差别在于土壤属性上。

3）土类。土类是高级分类的基本单元。它是根据成土条件、成土过程和由此发生的土壤属性三者的统一和综合进行划分的。同一土类的土壤，成土条件、主导成土过程和主要土壤属性均相同，如红壤是一类在湿润亚热带生物气候条件下，干湿季交替明显的气候环境中，地形较高、排水良好的条件下，经脱硅富铁铝化作用形成的，它们具有黏化、黏粒硅铝率低，矿物以高岭石为主，酸性、肥力低等特性。

每一个土类均要求：①具有一定的特征土层或其组合，如黑钙土不仅具有腐殖质表层，还有碳酸钙积累的心土层；②具有一定的生态条件和地理分布区域；③具有一定的成土过程和物质迁移的地球化学规律；④具有一定的理化属性和肥力特征及改良利用方式。

4）亚类。亚类是土类的续分，除反映土壤形成主导过程以外，还有其他附加的成土过程。一个土类中有代表它典型特性的典型亚类，即它是在定义土类的特定成土条件和主导成土过程作用下产生的；也有表示一个土类向另一个土类过渡的亚类，它是根据主导成土过程之外的附加成土过程来划分的。如红壤土类中，红壤亚类是代表典型红壤的一个亚类，而黄红壤则是由红壤向黄壤过渡的一个亚类。

5）土属。土属是根据成土母质的成因、岩性及区域水分条件等地方性因素的差异进行划分的。它是基层分类的土种与高级分类的土类之间的重要“接口”，因此在分类上起了承上启下的作用。对于不同的亚类，土属划分的指标是不一样的，如浙江省红壤亚类根据成土母质的差异分为黄筋泥土属（Q_2 红土发育的）、红松泥属（变质岩发育的）等。

6）土种。土种是土壤基层分类的基本单元，它处于一定的景观部位，是具有相似土体构型的一群土壤。同一土种要求：①景观特征、地形部位、水热条件相同；②母质类型相同；③土体构型（包括厚度、层位、形态特征）一致；④生产性和生产潜力相似，而且具有一定的稳定性，在短期内不会改变。土种主要反映了土属范围内量的差异，而不是质的差别。如山地土壤可根据土层厚度、黏粒含量或砾石含量划分土种，盐土可以根据盐分含量来划分土种。

7）亚种。亚种（又称变种）是土种的辅助分类单元，根据土种范围内耕层或表层性状的差异进行划分。如根据表层耕性、质地、有机质含量和耕层厚度等进行划分。亚种经过一定时间的耕作可以改变，但同一土种内各亚种的剖面构型一致。

该分类系统的高级分类单元反映了土壤发生学方面的差异，而低级分类单元则较多地考虑了土壤在生产利用上的差别。

2.2.2.2 中国土壤系统分类

中国土壤分类系统属土壤地理发生分类，地理发生分类虽有中心概念，但边界不明确，缺乏定量指标，而且难以建立信息系统，更不能进行分类的自动检索，这些与现代信息社会不相适应。同时，也不便于进行国际学术交流。为此，我国开始土壤系统分类的研究。从 1984 年开始，由中国科学院南京土壤研究所主持，38 个大学和研究机构协作，进行了长达 20 多年的中国土壤系统分类研究，经过多次研究讨论、修订和完善，从 1985 年到 1991 年先后提出《中国土壤系统分类》的初稿、二稿、三稿和首次方案，1995 年提出《中国土壤系统分类》（修订方案），之后出版了专著《中国土壤系统分类——理论、方法、实践》（1999）、《中国土壤系统分类检索》（第三版）（2001）、《土壤发生与系统分类》(2007),使中国土壤分类学发展步入到定量化、可检索的谱系式分类的新阶段,而且对国际土壤分类做出了贡献,其中对人为土分类有重要创新,已被国际土壤分类组织所采用。

(1)中国土壤系统分类的特点

中国土壤系统分类具有4个特点:①以诊断层和诊断特性为基础,定量化为特点;②以发生学原理为指导,考虑了相对稳定的历史发生,同时又考虑了在田间易于鉴定的形态发生;③与国际接轨,尽可能采用国际上已经成熟的诊断层和诊断特性,自行创新的诊断层和诊断特性也是依据同样的原则和方法来划分的;④具有中国特色,对人为土、干旱土、富铁土和铁铝土以及均腐土等重点土纲进行了深入研究,并取得了丰硕成果。

(2)诊断层和诊断特性

诊断层和诊断特性是现代土壤分类的核心。土壤分类从朴素的形态分类到发生分类是一个进步。土壤不同于生物,因为土壤没有固定的"系统发育"规律,所以,所谓"发生",常是根据成土因素和所掌握的土壤性质作出的推断。认识上的差别造成土壤分类的不确定性。因此,土壤分类不能只根据景观条件划分,也不能把它建立在发生假设的基础上。同样,基于属性的土壤分类,不能只考虑单一的土壤性质,也不是单纯考虑属性数据机械地进行"数值分类",而是应用具有发生意义的综合性质。正是由于上述原因,美国土壤学家在20世纪60年代就提出了以土壤属性为依据的诊断层和诊断特征的概念,并以此作为土壤分类的基础,使土壤分类的面貌为之一新。

凡是用以鉴别土壤类别在性质上有一系列定量规定的土层称为诊断层。土壤诊断层是土壤发生层按定量指标的划分或重组。两者既有联系,又有区别。一些诊断层与发生层同名,如盐积层、石膏层、钙积层、盐磐、黏磐等,有的诊断层与发生层相同但名称各异,如雏形层相当于风化B层。有的由一个发生层派生若干个诊断层,如作为发生层的腐殖层,按其颜色、有机质含量、盐基饱和度和土层厚度等定量规定分为暗沃表层、暗瘠表层和淡薄表层共三个诊断层。有些诊断层由两个发生层合并而成,如水耕表层包括(水耕)耕作层和犁底层,干旱表层包括孔泡结皮和片状层。

如果用于分类的不是土层,而是具有定量规定的性质(形态的、物理的、化学的),则称为诊断特性。诊断层通常有特定的位置,而大多数诊断特性是泛土层的,如潜育特征可见于A层、B层或C层,也可见于某一层或两层甚至全剖面各层。诊断特性常重叠于某个或某些诊断层中,如铁质特性可见于同一单个土体中的雏形层和黏化层;或构成某些诊断层的物质基础,如人为淤积物质与灌淤层、草毡有机物质与草毡层等。有些则是非土层的,如土壤温度状况、土壤水分状况等。

(3)中国土壤系统分类的诊断层和诊断特性

中国土壤系统分类是以诊断层和诊断特性为基础的系统化、定量化的土壤分类。该系统分类中设立了11个诊断表层、20个诊断表下层、2个其他诊断层和25个诊断特性。

1)诊断表层。诊断表层是指位于单个土体最上部的诊断层。这种表层用epipedon表示,表明是单个土体的上部层段。它并非发生层中A层的同义语,而是广义的"表层"。既包含狭义的A层,也包括向B层过渡的AB层。在中国土壤系统分类中共设置11个诊断表层:有机表层、草毡表层、暗沃表层、暗瘠表层、淡薄表层、灌淤表层、堆垫表层、肥熟表层、水耕表层、干旱表层和盐结壳。每个诊断表层都有其相应的诊断特征，如有机表层的特征是：经常被水饱和，泥炭状有机碳极高的诊断表层。根据矿质部分黏粒含量不同，有机碳含量至少≥120 g/kg 或若其上部为耕作层，则至少≥80 g/kg。如无人工排水，该层至少被水饱和 30 d，若为枯枝落叶表层，其有机碳含量至少≥ 200 g/kg。

2）诊断表下层和其他诊断层。诊断表下层是在土壤表层以下，由物质的淋溶、迁移、淀积或就地富集等作用所形成的具有诊断意义的土层。诊断表下层包括发生层中的 B 层和 E 层。在土壤遭受严重侵蚀的情况下，可裸露于地表。中国土壤系统分类共设置了 20 个诊断表下层及 2 个其他诊断层。20 个诊断表下层为漂白层、舌状层、雏形层、铁铝层、低活性富铁层、聚铁网纹层、灰化淀积层、耕作淀积层、水耕氧化还原层、黏化层、黏磐、碱积层、超盐积层、盐磐、石膏层、超石膏层、钙积层、超钙积层、钙磐和磷磐。每个诊断表下层都有其相应的诊断特征，如舌状层的特征是：其上层土层或为漂白层，或其他土层，但本层内漂白物质的舌状淋溶延伸深度必须≥5 cm，舌状层厚度至少为 5 cm；舌状漂白物质占土层体积的 15%～85%。

2 个其他诊断层包括盐积层和含硫层，它们既可出现在表层，也可出现在表土以下。盐积层的简要特征为一含较高次生易溶盐的土层。厚度变异大，但至少为 15 cm。干旱区含盐量≥20 g/kg，其他地区≥10 g/kg。盐分含量（g/kg）× 厚度（cm）>600。含硫层的简要特征为富含硫化物矿物或含硫有机质土壤排水后受氧化而成的土层。其厚度也超过 15 cm，pH<4.0，有黄钾铁钒斑块，色调为 2.5Y 或更黄，明度≥ 6，水溶性硫酸盐≥0.5 g/kg 或全硫≥3 g/kg。

3）诊断特性。中国土壤系统分类共设置 25 个诊断特性：有机土壤物质、岩性特征、石质接触面、准石质接触面、人为淤积物质、变性特征、人为扰动层次、土壤水分状况、潜育特征、氧化还原特征、土壤温度状况、永冻层次、冻融特征、*n* 值[①]、均腐殖质特性、腐殖质特性、火山灰特性、铁质特性、富铝特性、铝质特性、富磷特性、钠质特性、石灰性、盐基饱和度及硫化物物质。每个诊断特性都有其特征，如有机土壤物质的特征：经常被水分所饱和，具高有机碳的泥炭、腐泥等物质，或被水分所饱和时间很短，具极高有机碳的枯枝落叶物质或草毡物质。有机土壤物质可细分为纤维有机土壤物质、半腐有机土壤物质、高腐有机土壤物质、落叶有机土壤物质和草毡有机土壤物质。

4）诊断现象。中国土壤系统分类把在性质上已经发生明显变化、尚不能完全满足诊断层或诊断特性规定的条件，但在土壤分类上具有重要意义的土壤性状，作为划分土壤类别依据的称为诊断现象，如碱积现象、钙积现象、变性现象等，主要用于亚类一级。

（4）中国土壤系统分类的分类原则

中国土壤系统分类为多级分类，共六级，即土纲、亚纲、土类、亚类、土族和土系。前四级为高级分类级别，后二级为基层分类级别。

1）土纲。土纲为最高土壤分类级别，根据主要成土过程产生的或影响主要成土过程的诊断层和诊断特性进行划分，共划分为 14 个土纲，详见表 2-2。

---

① *n* 值指在田间条件下含水量与无机黏粒和有机质含量之间的关系。

表2-2　中国土壤系统分类土纲划分依据

土纲名称	主要成土过程或影响成土过程的性状	主要诊断层或诊断特性
（1）有机土	泥炭化过程	有机表层
（2）人为土	水耕或旱耕人为过程	水耕表层、耕作淀积层和水耕氧化还原层或灌淤表层、堆垫表层、泥垫表层、肥熟表层
（3）灰土	灰化过程	灰化淀积层
（4）火山灰土	影响成土过程的火山灰物质	火山灰特性
（5）铁铝土	高度铁铝化过程	铁铝层
（6）变性土	土壤扰动过程	变性特征
（7）干旱土	干旱水分状况下，弱腐殖化过程，以及钙化、石膏化、盐化过程	干旱表层、钙积层、石膏层、盐积层
（8）盐成土	盐渍化过程	盐积层、碱积层
（9）潜育土	潜育化过程	潜育特征
（10）均腐土	腐殖化过程	暗沃表层，均腐殖质特性
（11）富铁土	富铁铝化过程	富铁层
（12）淋溶土	黏化过程	黏化层
（13）雏形土	矿物蚀变过程	雏形层
（14）新成土	无明显发育	除有淡薄表层外，无剖面发育

资料来源：黄昌勇，徐建明．土壤学 [M]. 3版．北京：中国农业出版社，2010。

2）亚纲。亚纲是土纲的辅助级别，主要是根据影响现代成土过程的控制因素所反映的性质（如水分状况、温度状况和岩性特征）来划分。

按水分状况划分的亚纲：人为土纲中的水耕人为土和旱耕人为土；火山灰土纲中的潮湿火山灰土；铁铝土纲中的湿润铁铝土；变性土纲中的潮湿变性土、干润变性土和湿润变性土；潜育土纲中的滞水潜育土和正常（地下水）潜育土；均腐土纲中的干润均腐土和湿润均腐土；淋溶土纲中的干润淋溶土和湿润淋溶土；富铁土纲中的干润富铁土、湿润富铁土和常湿富铁土；雏形土纲中的潮湿雏形土、干润雏形土、湿润雏形土和常湿雏形土。

按温度状况划分的亚纲：干旱土纲中的寒性干旱土和正常（温暖）干旱土；有机土纲中的永冻有机土和正常有机土；火山灰土纲中的寒性火山灰土；淋溶土纲中的冷凉淋溶土和雏形土纲中的寒冻雏形土。

按岩性特征划分的亚纲：火山灰土纲中的玻璃质火山灰土；均腐土纲中的岩性均腐土；新成土纲中的砂质新成土、冲积新成土和正常新成土。

此外，个别土纲中由于影响现代成土过程的控制因素差异不大，所以直接按主要成土过程发生阶段表现的性质划分，如灰土土纲中的腐殖灰土和正常灰土，盐成土纲中的碱积盐成土和正常（盐积）盐成土。

3）土类。土类主要是亚纲的续分。土类类别多根据反映主要成土过程强度或次要成土过程或次要控制因素的表现性质来划分：①根据主要成土过程强度的表现性质划分，如正常有机土中反映泥炭化过程强度的高腐正常有机土、半腐正常有机土、纤维正常有机土土类；②根据次要成土过程的表现性质划分，如正常干旱土中反映钙积、石膏积聚、盐积、黏化等次要过程的钙积正常干旱土、石膏正常干旱土、盐积正常干旱土、黏化正常干旱土等土类；③根据次要控制因素的表现性质划分，如反映母质特征的钙质干润淋溶土、钙质湿润富铁土、钙质湿润雏形土和富磷岩性均腐土等。

4）亚类。亚类是土类的辅助级别，主要根据是否偏离中心概念，是否具有附加过程的特性和是否具有母质残留的特征来划分。代表中心概念的亚类为普通亚类；具有附加过程特征的亚类为过渡性亚类，如灰化、漂白、黏化、龟裂、潜育、斑纹、表蚀、耕淀、堆垫、肥熟等；具有母质残留特性的亚类为继承亚类，如石灰性、酸性等。

5）土族。土族是土壤系统分类的基层分类单元。它是在亚类范围内，主要反映与土壤利用管理有关的土壤理化性质发生明显分异的续分单元。同一亚类的土族划分是地域性（或地区性）成土因素引起土壤性质在不同地理区域的具体体现。不同类别的土壤划分土族的依据及指标各异。供土族分类选用的主要依据是剖面控制层段的土壤质地分组（颗粒大小级别）、与此种质地组别相对应的土壤矿物质组成类型、土壤温度状况、土壤酸碱性、盐碱特性、污染特性以及人为活动赋予的其他特性等。

6）土系。土系是土壤系统分类级别最低的分类单元，由自然界中性态相似的单个土体组成的聚合土体所构成，也是直接建立在实体基础上的分类单元。其性状的变异范围较窄，在分类上更具直观性。杜国华等提出特征土层的概念，用于作为土系划分的依据。同一土系的土壤组成物质、所处地形部位及水热状况均相似。在一定垂直深度内，土壤的特征土层种类、性状、排列层序和层位，以及土壤生产利用的适宜性能大体一致。例如，第四纪红色黏土发育的富铁土，由于所处地形或受侵蚀及植被状况的影响，其单个土体的不同特征土层如低活性富铁层、聚铁网纹层、铁锰胶膜斑淀层以及泥砾红色黏土层等的层位高低和厚薄不一，土壤性状均有明显差异。按土系分类依据标准，可分别划分相应的土系单元。

（5）中国土壤系统分类的分类系统和命名

中国土壤系统分类把全国土壤分为 14 个土纲、39 个亚纲、138 个土类和 590 个亚类。表 2-3 为该系统的土纲、亚纲和土类的分类单元表。

表 2-3 中国土壤系统分类（土纲、亚纲和土类）

土纲	亚纲	土类
有机土	永冻有机土	落叶永冻有机土、纤维永冻有机土、半腐永冻有机土
	正常有机土	落叶正常有机土、纤维正常有机土、半腐正常有机土、高腐正常有机土
人为土	水耕人为土	潜育水耕人为土、铁渗水耕人为土、铁聚水耕人为土、简育水耕人为土
	旱耕人为土	肥熟旱耕人为土、灌淤旱耕人为土、泥垫旱耕人为土、土垫旱耕人为土
灰土	腐殖灰土	简育腐殖灰土
	正常灰土	简育正常灰土
火山灰土	寒性火山灰土	寒冻寒性火山灰土、简育寒性火山灰土
	玻璃火山灰土	干润玻璃火山灰土、湿润玻璃火山灰土
	湿润火山灰土	腐殖湿润火山灰土、简育湿润火山灰土

续表

土纲	亚纲	土类
铁铝土	湿润铁铝土	暗红湿润铁铝土、黄色湿润铁铝土、简育湿润铁铝土
变性土	潮湿变性土	钙积潮湿变性土、简育潮湿变性土
	干润变性土	钙积干润变性土、简育干润变性土
	湿润变性土	腐殖湿润变性土、钙积湿润变性土、简育湿润变性土
干旱土	寒性干旱土	钙积寒性干旱土、石膏寒性干旱土、黏化寒性干旱土、简育寒性干旱土
	正常干旱土	钙积正常干旱土、盐积正常干旱土、石膏正常干旱土、黏化正常干旱土、简育正常干旱土
盐成土	碱积盐成土	龟裂碱积盐成土、潮湿碱积盐成土、简育碱积盐成土
	正常盐成土	干旱正常盐成土、潮湿正常盐成土
潜育土	永冻潜育土	有机永冻潜育土、简育永冻潜育土
	滞水潜育土	有机滞水潜育土、简育滞水潜育土
	正常潜育土	有机正常潜育土、暗沃正常潜育土、简育正常潜育土
均腐土	岩性均腐土	富磷岩性均腐土、黑色岩性均腐土
	干润均腐土	寒性干润均腐土、堆垫干润均腐土、暗厚干润均腐土、钙积干润均腐土、简育干润均腐土
	湿润均腐土	滞水湿润均腐土、黏化湿润均腐土、简育湿润均腐土
富铁土	干润富铁土	黏化干润富铁土、简育干润富铁土
	常湿富铁土	钙质常湿富铁土、富铝常湿富铁土、简育常湿富铁土
	湿润富铁土	钙质湿润富铁土、强育湿润富铁土、富铝湿润富铁土、黏化湿润富铁土、简育湿润富铁土
淋溶土	冷凉淋溶土	漂白冷凉淋溶土、暗沃冷凉淋溶土、简育冷凉淋溶土
	干润淋溶土	钙质干润淋溶土、钙积干润淋溶土、铁质干润淋溶土、简育干润淋溶土
	常湿淋溶土	钙质常湿淋溶土、铝质常湿淋溶土、简育常湿淋溶土
	湿润淋溶土	漂白湿润淋溶土、钙质湿润淋溶土、黏磐湿润淋溶土、铝质湿润淋溶土、酸性湿润淋溶土、铁质湿润淋溶土、简育湿润淋溶土
雏形土	寒冻雏形土	永冻寒冻雏形土、潮湿寒冻雏形土、草毡寒冻雏形土、暗沃寒冻雏形土、暗瘠寒冻雏形土、简育寒冻雏形土
	潮湿雏形土	叶垫潮湿雏形土、砂姜潮湿雏形土、暗色潮湿雏形土、淡色潮湿雏形土
	干润雏形土	灌淤干润雏形土、铁质干润雏形土、底锈干润雏形土、暗沃干润雏形土、简育干润雏形土
	常湿雏形土	冷凉常湿雏形土、滞水常湿雏形土、钙质常湿雏形土、铝质常湿雏形土、酸性常湿雏形土、简育常湿雏形土
	湿润雏形土	冷凉湿润雏形土、钙质湿润雏形土、紫色湿润雏形土、铝质湿润雏形土、铁质湿润雏形土、酸性湿润雏形土、简育湿润雏形土

续表

土纲	亚纲	土类
新成土	人为新成土	扰动人为新成土、淤积人为新成土
	砂质新成土	寒冻砂质新成土、潮湿砂质新成土、干旱砂质新成土、干润砂质新成土、湿润砂质新成土
	冲积新成土	寒冻冲积新成土、潮湿冲积新成土、干旱冲积新成土、干润冲积新成土、湿润冲积新成土
	正常新成土	黄土正常新成土、紫色正常新成土、红色正常新成土、寒冻正常新成土、干旱正常新成土、干润正常新成土、湿润正常新成土

资料来源：黄昌勇，徐建明．土壤学 [M]. 3 版．北京：中国农业出版社，2010。

中国土壤系统分类采用分段连续命名。高级单元即土纲、亚纲、土类、亚类为一段，土族是在此基础上由颗粒大小级别、矿物组成、土壤温度状况等构成，而其下的土系则是单独命名。

中国土壤系统分类高级单元的名称是以土纲名称为基础，其前叠加反映亚纲、土类和亚类性质的术语，以分别构成亚纲、土类和亚类的名称。土壤性质的术语尽量限制为 2 个汉字，土纲名称一般为 3 个汉字，亚纲为 5 个汉字，土类为 7 个汉字，亚类为 9 个汉字。个别类别由于性质术语超过 2 个汉字或采用复合名称时可略高于上述数字。各级类别的名称一律选用反映诊断层或诊断特性的名称，部分选用有发生意义的性质名称或诊断现象名称，而不用森林土、草原土、高山土等景观名称。例如，有机土土纲分为永冻有机土和正常有机土亚纲，永冻有机土亚纲又分为落叶永冻有机土、纤维永冻有机土和半腐永冻有机土 3 个土类，正常有机土亚纲分为落叶正常有机土、纤维正常有机土、半腐正常有机土和高腐正常有机土 4 个土类。再如，雏形土土纲可分为寒冻雏形土、潮湿雏形土、干润雏形土、常湿雏形土和湿润雏形土 5 个亚纲，其中潮湿雏形土亚纲又分为叶垫潮湿雏形土、砂姜潮湿雏形土、暗色潮湿雏形土和淡色潮湿雏形土 4 个土类。

土族命名采用土壤亚类名称前冠以土壤主要分异特性进行连续命名，例如，石灰淡色潮湿雏形土（亚类），其土族可分别命名为黏质蒙脱温性石灰淡色潮湿雏形土、黏质蒙脱混合型温性石灰淡色潮湿雏形土、壤质云母温性石灰淡色潮湿雏形土等。土系命名可选用该土系代表性剖面（单个土体）点位或首次描述该土系的所在地的标准地名直接定名，或以地名加上控制土层的优势质地定名，以地名命名的，如宣城系、五指山系、伊春系、老黑山系等。

（6）中国土壤系统分类的检索

土壤系统分类的各级类别是通过有诊断层和诊断特性的检索系统确定的。使用者如能按照检索顺序，自上而下逐一排除那些不符合某种土壤要求的类别，就能找出它的正确分类位置。因此土壤检索既要包括各级类别的鉴别特性，又要列出它们的检索顺序。

供高级分类级别用的鉴别特性（诊断层和诊断特性）是指由成土过程产生的或影响成土过程的、可量度或可观察的土壤性质。土纲类别一般采用关键的或主要的鉴别性质确定（表 2-4），土纲以下各级类别多采用次要的或附加的鉴别性质确定。检索顺序就是土壤类别在检索系统中检出的先后次序。建议根据以下原则制定土壤检索顺序：

1）最先检出有独特鉴别性质的土壤。

2）若某种土壤的次要鉴别性质与另一种土壤的主要鉴别性质相同，则先检出前一种土壤，以便根据它们的主要鉴别性质把两者分开。

3）若两种或更多土壤的主要鉴别性质相同，则（或）按主要鉴别性质的发生强度或对农业生产的限制程度检索。

4）土纲类别的检索应严格依照本方案规定的顺序进行，否则可导致错误结果。

5）各土类下属的普通亚类中在资料充分的情况下尚可从中细分出更多的亚类。

表 2-4　中国土壤系统分类 14 个土纲检索简表

诊断层和（或）诊断特性	土纲
土壤中有机土壤物质总厚度≥40 cm，若容重＜0.1 mg/m^3，则≥60 cm，且其上界在土表至 40 cm 范围内	有机土
其他土壤中有水耕表层和水耕氧化还原层，或肥熟表层和磷质耕作淀积层，或灌淤表层，或堆垫表层	人为土
其他土壤在土表下 100 cm 范围内有灰化淀积层	灰土
其他土壤在土表至 60 cm 或至更浅的石质接触面范围内 60% 或更厚的土层具有火山灰特性	火山灰土
其他土壤中有上界在土表至 150 cm 范围内的铁铝层	铁铝土
其他土壤中土表至 50 cm 范围内黏粒≥30%，且无石质接触面，土壤干燥时有宽度＞0.5 cm 的裂隙和土表至 100 cm 范围内有滑擦面或自吞特征	变性土
其他土壤中有干旱表层和上界在土表至 100 cm 范围内的下列任一诊断层：盐积层、超盐积层、盐磐、石膏层、超石膏层、钙积层、超钙积层、钙磐、黏化层或雏形层	干旱土
其他土壤中土表至 30 cm 范围内有盐积层，或土表至 75 cm 范围内有碱积层	盐成土
其他土壤中土表至 50 cm 范围内有一土层厚度≥10 cm 且有潜育特征	潜育土
其他土壤中有暗沃表层和均腐殖质特性，且矿质土表下 180 cm 或至更浅的石质或准石质接触面范围内盐基饱和度≥50%	均腐土
其他土壤中有上界在土表至 125 cm 范围内的低活性富铁层，且无冲积物岩性特征	富铁土
其他土壤中有上界在土表至 125 cm 范围内的黏化层或黏磐	淋溶土
其他土壤中有雏形层；或矿质土表至 100 cm 范围内有如下任一诊断层：漂白层、钙积层、超钙积层、钙磐、石膏层、超石膏层；或矿质土表下 20～50 cm 范围内有一土层（≥10 cm）的 n 值＜0.7；或黏粒含量＜80 g/kg，并有有机表层，或暗沃表层，或暗瘠表层；或有永冻层和矿质土表至 50 cm 范围内有滞水土壤水分状况	雏形土
其他土壤仅有淡薄表层，且无鉴别上述土纲所要求的诊断层或诊断特性	新成土

资料来源：龚子同，张甘霖，等．土壤发生与系统分类 [M]. 北京：科学出版社，2007。

2.3 我国土壤分布概况

土壤是各种成土因素综合作用的产物，成土因素中的生物、气候以及地质因素都具有特定的地理规律性，因此土壤类型在地理空间的分布与组合也必然呈现规律性的变化，这就是土壤分布的地理规律，也称土壤分布的地带性。在全球和大陆尺度上土壤与广域的生物气候条件相适应，表现为土壤的广域水平分布规律（纬度地带性和经度地带性）和垂直分布规律。在区域尺度上，土壤与大的地质构造、地形、水文、成土年龄等因素相适应，表现为区域、中域、微域的土壤分布规律。

2.3.1 纬度地带性分布规律

土壤纬度地带性分布规律，主要是指土壤带与纬度基本上平行的分布规律。土壤纬度地带性的形成与热量自赤道向两极逐渐递减有着密切关系。由于热量的南北差异，天然植被必然随着自赤道向两极呈现有规律的更替，使土壤的形成和发育也沿南北方向出现规律性的变化，从而表现为土壤的纬度地带性分布。我国东部沿海为湿润海洋性地带谱，土壤分布为典型的纬度地带性分布，从南向北依次为砖红壤（南岭以南，包括台湾地区）、赤红壤、红壤（长江以南）、黄棕壤（江苏、安徽、江西、河南西部、湖北、湖南等）、棕壤（辽宁及山东半岛）、暗棕壤（黑龙江、吉林），见图 2-3。

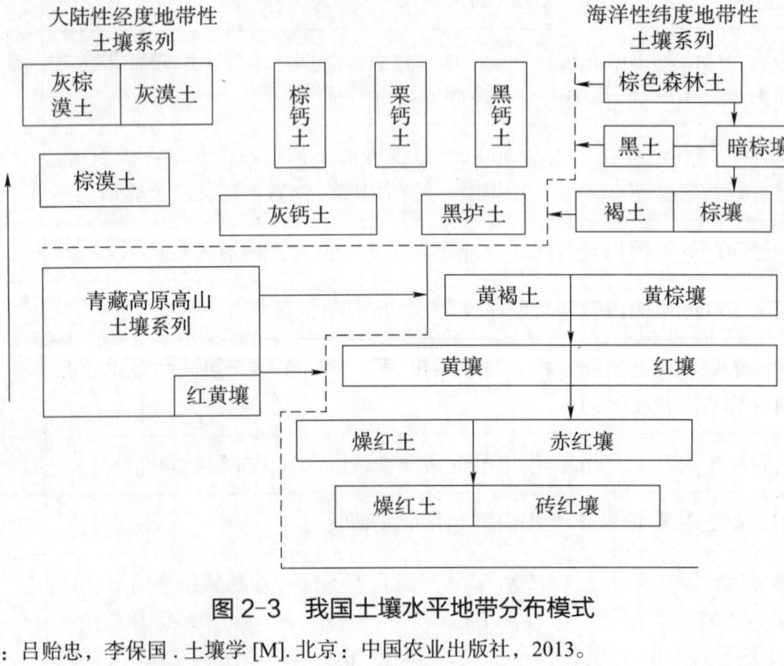

图 2-3 我国土壤水平地带分布模式

资料来源：吕贻忠，李保国. 土壤学 [M]. 北京：中国农业出版社，2013。

2.3.2 经度地带性分布规律

土壤经度地带性分布规律，是指土壤带随经度不同而出现的变化。在类似的热量条件下，距离海洋远近、山脉的走向、风向等因素的差异引起土壤类型的地方性差异，从而使土壤分布表现出经度地带性。我国温带地区，自东向西的土壤分布规律表现为大陆型特点，为经度地带性分布，依次为黑钙土（内蒙古东部、大兴安岭两侧）、栗钙土（内蒙古、宁夏一部分）、棕钙土（甘肃）、灰钙土与漠土（河西走廊、新疆及宁夏一部分）。

在我国东部沿海的湿润海洋性地带谱与西部的干旱大陆性地带谱之间，自黄土高原向东北到大兴安岭西麓则是由褐土、黑垆土、灰褐土、灰黑土与黑土构成的过渡性土壤地带谱。

2.3.3　垂直地带性分布规律

土壤的垂直地带性分布规律，是指土壤分布随地形高度不同而出现的变化，与地势起伏、生物气候带的变化密切相关。处于不同地理位置的山地土壤，由于基带生物气候条件的差异，土壤的垂直地带谱类型也不相同。一般来说，这种垂直带谱由基带土壤（山体下部的水平地带性土壤）开始，随着山体升高，依次出现一系列与所在地区向极地分布的土壤类型相适应的土壤。山体越高，相对高差越大，土壤垂直带谱越完整。另外，山体坡向对垂直带谱结构也有很大影响。例如，秦岭的南坡、北坡因气候、生物条件的明显差异，其垂直带谱明显不同（图 2-4）。秦岭南坡的基带土壤为黄棕壤，随着海拔高度的升高，其上依次为山地黄棕壤、山地棕壤、山地暗棕壤和山地草甸土；而在北坡，基带土壤为褐土，随着海拔高度的升高，其上依次为山地淋溶褐土、山地棕壤、山地暗棕壤和山地草甸土。

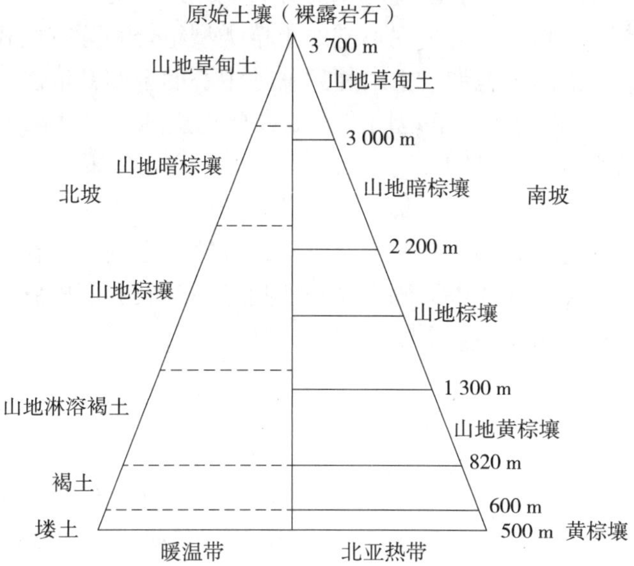

图 2-4　秦岭南、北坡土壤垂直带谱

资料来源：吕贻忠，李保国．土壤学 [M]. 北京：中国农业出版社，2013。

2.3.4　土壤的垂直 - 水平复合分布规律

土壤的垂直 - 水平复合分布规律，是指在垂直地带基础上出现水平分布规律，而在水平地带基础上又出现垂直分布规律。这是高原面上土壤地理分布的重要特点，我国的青藏高原土壤的垂直 - 水平复合分布规律表现最为明显。

我国的青藏高原是世界海拔最高的高原，号称“世界屋脊”，高原面海拔为 4 000～5 200 m，面积辽阔，高原面东西横跨 31 个经度，南北纵贯 13 个纬度，面积 250 余万 km^2，占我国陆地总面积的 26.8% 以上。青藏高原因海拔高，其四周分布着一系列土壤垂直带谱，例如，其南侧受印度洋季风影响，地处南亚热带，其垂直带谱由下至上为黄色砖红壤—黄色赤红壤—山地黄壤—山地黄棕壤—山地酸性棕壤与山地漂灰土—亚高山灌丛草甸土与亚高山草甸土。青藏高原面积辽阔，在高原面上，同生物气候的地带性分异一致，土壤出现明显的水平地带性分布，例如，从高原面的东南向西北依次出现亚高山草甸土、高山草甸土、亚高山高原土、高山高原土、亚高山漠土和高山漠土共 6 个土壤带。在辽阔的高原面上，耸立着一系列的山脉，高原上的中低山地，因气候严寒，土壤垂直分异不明显，而在较高山地，出现土壤垂直变化。例如，位于青藏高原南部的念青唐古拉山，其基带土壤为亚高山草甸土，随着海拔升高依次出现高山草甸土与寒冻土，再上即为冰川与雪线。在高原的谷地中，随谷地位置、深度不同又出现不同类型的土壤下垂谱，如在雅鲁藏布江大拐弯附近，高原面海拔在 3 900～4 000 m，河谷下切到海拔 1 500 m，在谷地上土壤的下垂谱依次为亚高山草甸土和亚高山灌丛草甸土—山地漂灰土—山地暗棕壤—山地黄棕壤—山地黄壤。

2.3.5 土壤的区域性分布

土壤除受生物气候因素制约而呈现广域的分布规律外，受区域内地形、水文、地质条件不同以及人为因素的影响，也会呈现不同的土壤类型组合和分布模式，称为土壤的区域性分布规律。例如，在荒漠土地带，由山麓到盆地中心的土壤常依次为灰棕漠土（或棕漠土）、草甸土、盐土等；在较小的盆地周围，如在栗钙土地带，从高处向湖泊周围依次分布有栗钙土、碱土和盐土。在四川、贵州、广西以及云南东部一带，有大面积石灰岩山地，大多发育形成石灰土，如黑色石灰土、棕色石灰土和红色石灰土等；在四川盆地有大面积紫红色砂质岩出露地表，形成紫色土及紫泥田。这些土壤与所在地的地带性土壤均有显著差别。在珠江三角洲、长江中下游平原与四川平原等农业历史悠久的地区，都集中分布着大片的潮土、水稻土以及各类旱作土壤。

思考题

1. 名词解释：风化壳、母质、有机质积聚过程、淋溶作用、淀积作用、富铝化过程、灰化过程、潜育化过程、土壤剖面、土壤发生层、诊断层、诊断特性、诊断表层、诊断表下层。

2. 简述土壤的五大成土因素。

3. 简述母质在土壤成土过程中的作用。

4. 简述植物在土壤成土过程中的作用。

5. 主要成土过程有哪些？

6. 简述土壤成土过程中的钙积过程和脱钙过程。

7. 土壤主要发生层有哪些？简述各发生层的特点。

8. 什么是土壤分类？简述土壤分类的要求。

9. 什么是土壤纬度地带性、土壤经度地带性、垂直地带性分布规律？请举例加以说明。

10. 什么是土壤的垂直－水平复合分布规律？请举例说明。

拓展训练题

1. 查找资料并结合所学的知识，说明盐化、脱盐过程及我国土壤盐渍化现状，主要分布区及治理措施。

2. 运用所学的土壤分类知识结合调查实践，运用中国土壤系统分类对你所熟悉的土壤进行分类。

第 3 章　土壤物理性质及其环境意义

土壤的物理性质主要是指构成土壤的物质组成、形态以及土壤三相物质的存在状态与关系。本章介绍的主要内容有土壤的物质组成，土壤颗粒，土壤质地及土壤结构，土壤密度、容重及孔隙性质，土壤水分，土壤空气和土壤热量等。

3.1　土壤物质组成及三相关系

3.1.1　土壤的物质组成

土壤是疏松多孔的，它由许多固体颗粒堆集而成，在颗粒与颗粒之间有各种大小和形状不同的孔隙。在孔隙内充满着水分和空气。所以，土壤是由固体、液体和气体三相物质所组成的（图 3-1）。

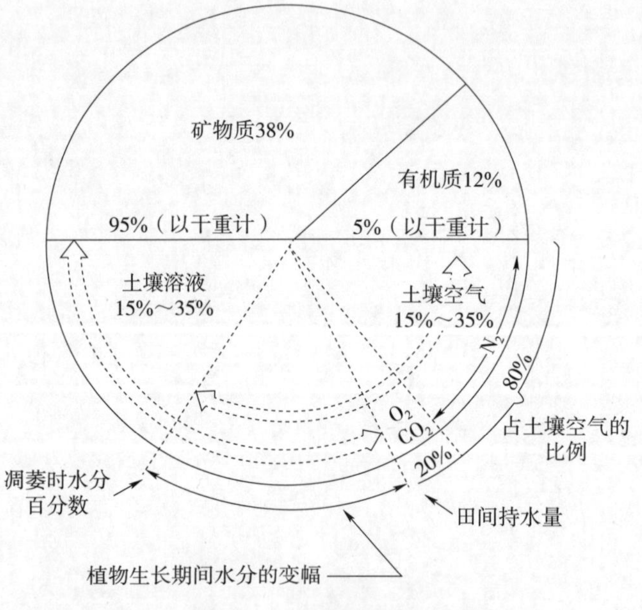

图 3-1　土壤物质组成

资料来源：吕贻忠，李保国 . 土壤学 [M]. 2 版 . 北京：中国农业出版社，2020。

土壤固相部分是由矿物质、有机质和土壤生物组成。其中，土壤矿物质是主体，一般占土壤固相质量的 95%（以干重计）以上，构成土壤的“骨架”。有机质一般只占土壤固相质量的 5% 左右，它似土壤的“肌肉”，紧紧包被在矿物质的表面，是土壤肥力的精华。土壤生物种类繁多，包括各种昆虫、蠕虫、原生动物、藻类及微生物，特别是微生物种类多、数量大、繁殖快，起着分解土壤有机质，活化土壤物质，并释放有效养分的作用。土壤液相部分主要是外界水分通过降水或灌溉进入土壤，被土壤的分子吸持力和毛细管引力保存在土壤中，成为土壤水分。土壤水分是三相物质中最活跃、变化最大的物质，在土壤中不断地运动，恰似土壤的“血液”。气相部分是指土壤空气，它充满在未被水分占据的孔隙内，孔隙内水分与空气相互消长。大气进入土壤，被保持于土壤孔隙中，形成土壤空气，其成分与大气基本相似，但是各种气体含量与大气相比差异很大。组成土壤的这些物质，不是简单地、机械地混合在一起，而是相互联系、相互制约地构成一个统一体。

中国科技再创新高

——见证历史，带着月壤高速返回地球

嫦娥五号月壤取样任务顺利完成及月壤研究

2020年11月24日凌晨4时30分，嫦娥五号探测器搭乘长征五号遥五运载火箭离开地球，踏上探月之旅。嫦娥五号肩负着前所未有的使命：首次在月球表面自动采样；首次从月面起飞；首次实现月球轨道无人交会对接；首次带着月壤高速返回，再入地球大气层。一句话——去月球“挖土”，并带回地球。2020年12月17日凌晨，经历23天旅途的嫦娥五号返回器成功降落在内蒙古四子王旗，嫦娥五号“挖土”任务顺利完成，此次任务共带回约1 731 g月壤样品。中国也因此成为世界上继美国、苏联之后第三个完成月球取样返回的国家。

那么，什么是月壤？我们为什么要耗费大量的人力物力去取月壤？月壤的物质组成和地球表面的土壤一样吗？月壤上能种植植物吗？我们来了解一下。月壤是指月球上所特有的土壤，是月球上的岩石经过太阳暴晒和小行星撞击形成的。与地球上大部分富含微生物和水分的“土壤”不同，月壤非常干燥且不含任何有机养分，一般都呈粉末状。根据阿波罗系列探测任务、月球探测任务、嫦娥探月计划得到的数据分析结果，月壤及月岩的化学组成主要是硅、镁、铝、钙、铁、锰、镍等14种元素的氧化物。月壤的密度约1.5 g/cm^3，月壤中的矿物碎屑主要为橄榄石、斜长石、辉石、钛铁矿、尖晶石、玄武岩、斜长岩、橄榄岩、苏长岩、角砾岩碎屑、熔融岩、微角砾岩、撞击玻璃、火成碎屑玻璃等。由以上可知，月壤的化学成分、岩石类型和矿物组成非常复杂。

另外，与地球土壤不同，月壤中富含一种神奇的物质——氦-3。氦-3作为氦的一种同位素，在能源、科学研究和国防安全等领域具有重要应用价值。100 t氦-3核聚变产生的能量即可供应全球使用1年，而且氦-3核聚变过程无中子二次辐射危险，更加清洁和可控。氦-3作为燃料，是一种理想的未来能源。另外，氦-3是获得极低温环境的关键制冷剂，是超导、量子计算、拓扑绝缘体等前沿研究领域的必需物质。然而，地球上氦-3储量只有0.5 t左右，远远无法满足现有需求。在地球上稀缺的氦-3，在月球上储量巨大。探索月球资源，特别是氦-3的含量、分布和开采，已经成为当前国际深空探测的必然趋势和主要任务。

地球上的土壤能生长出绿色植物，那么，月壤上能种植植物吗？在太空时代早期，美国多项阿波罗任务曾将月壤带回地球，送进实验室利用最先进的设备进行研究。几十年过去了，这些样本中的3个已经被用来成功种植出了植物。在一项最新的研究中，科学家首次利用月壤种植出了耐寒且得以广泛研究的拟南芥。但是，与在地球土壤上种植拟南芥相比，拟南芥的种子在阿波罗月壤样本中发芽的速度与在地球土壤中相同，但当地球土壤中的植物继续发育根和茎，并长出叶子时，阿波罗样本中的幼苗却出现发育不良的情况。并且研究认为，与成熟度高的月壤相比，更不成熟的月壤才是幼苗生长的有效基质。

研究月壤具有重要的意义，人们除了研究如何利用月壤种植植物外，如何从月壤中提取氦-3、如何利用月壤中一些成分作为人工光合催化剂制取氧气、氢气等都是科学家们研究的热点问题。

资料来源：

①鲁暘筱懿，和卓琳．深度科普——月壤到底有何珍贵价值？说一说这稀有的“无价之土”[Z/OL]. 中国数字科技馆，2021-03-29. https://www.cdstm.cn/gallery/zhuanti/ptzt/202103/t20210330_1045086.html;

②郑永春．我为什么要研究模拟月壤[J]. 中国科技教育，2021(8): 74-75；

③蒋雨彤．用1克月壤找到氦-3提取的“秘密”[N]. 中国青年报，2022-07-11（8）；

④ Takeko. 科学家首次成功用月壤种出植物[J]. 军事文摘，2022，(18)，32-35；

⑤林宽雨．你不熟悉的月球“土特产”[J]. 新教育，2022(24): 22-23；

⑥张晴丹．用了0.2克月壤他们发现重大秘密[N]. 中国科学报，2022-05-17（1）。

3.1.2 土壤三相关系

土壤三相关系是指土壤中固相、液相和气相的数量关系。土壤三相之间的关系常用质量或容积为基础的一些参数来表达。土壤固体部分通常以土粒的形式存在，按容积计算一般约占50%，其中矿物质占38%，有机质占12%。土壤水分和空气的容积之和约占50%，水分和空气的含量常在15%～35%的容积范围内相互消长地变动着。按重量计算，土壤矿物质一般占土壤总重量（以干重计）的95%以上，有机质只占土壤重量（以干重计）的5%左右。

3.2 土壤颗粒

3.2.1 土壤颗粒及类型

土壤颗粒（土粒）是在岩石、矿物的风化过程及土壤形成过程中形成的碎屑物质，它是构成土壤固相的基本物质。

根据土壤颗粒的成分，土粒可分为矿质土壤颗粒和有机土壤颗粒两种类型。矿质土壤颗粒是由岩石、矿物风化而形成的无机矿物质土壤颗粒，如石英、长石、高岭石、蒙脱石等土粒。矿质土壤颗粒的数量在土壤中占绝对优势，其数量和性质都比较稳定，是土壤固相的主要组成成分。通常所说的土壤颗粒，指的就是矿质土壤颗粒。有机土壤颗粒是有机残体在降解过程中形成的有机物碎屑，其数量少，容易被动物、微生物分解，在土壤中存在的时间短，主要存在于土壤表层。

按土粒的存在形式可分为单粒和复粒两种类型。在土壤固相中单个存在的矿质土壤颗粒，称为单粒。在缺少有机质的砂质土壤中，单粒占绝对优势。许多单粒相互聚集在一起就形成复粒。在质地黏重和有机质含量高的土壤中，以复粒形式存在的土壤颗粒就会很多。在大多数土壤中，单粒和复粒都会同时存在。要了解土壤基本颗粒的本来面目，就要采用一定的方法把复粒分散为单粒。

3.2.2　土壤颗粒的大小与分级

自然界中形成的土壤颗粒大小、形状差异很大。土壤颗粒的大小不同，其矿物组成、化学元素组成及性质往往也就不同。为了认识和研究的方便，按土粒大小和其特性将土壤颗粒区分为若干组，称为土壤粒级（粒组）。由于土壤颗粒的形状多是不规则的，有的土粒确实难以直接测定其真实粒径，另外，实际工作中也不可能去测定每个土粒的粒径。为了按土粒大小进行分级，往往采用土粒的当量粒径或有效粒径来代替。

一般用与某粒级土壤颗粒沉降速率相同的圆球直径代表土壤颗粒的大小，称为当量粒径。当量粒径一般是根据司托克斯定律（Stokes Law）来定义的，其表达式如下：

$$V=\frac{2}{9}\frac{(\rho_S-\rho_W)\ gr^2}{\eta} \tag{3-1}$$

式中，V——土粒（圆球）沉降速率；

ρ_S——土粒（圆球）的密度，各级土粒密度可实测之，或取常用密度值 2.65 g/cm^3；

ρ_W——水的密度；

η——水的黏滞系数；

g——重力加速度；

r——土粒（圆球）半径。

司托克斯定律是按光滑实心圆球的沉降得到的，把各级土粒都当作光滑实心圆球，这与实际情况相差甚远，但在土壤学、土工学研究及应用中这种圆球堆积的“理想土壤”沿用已久。

土壤粒级的划分目前尚无统一的标准，国内外常见的土壤粒级制见表 3-1。

由表 3-1 可以看出，这 4 种土壤粒级制的分级标准虽有所不同，但主要的粒级范围大致相近，几种粒级制粒级的基本级别都有石砾、砂粒、粉粒和黏粒四级（四组）。石砾是指直径大于 1 mm（或 2 mm）的土壤颗粒；砂粒的粒径范围是在 0.05～1 mm（或 0.05～2 mm、0.02～2 mm）；粉粒的粒径范围在 0.002～0.05 mm（或 0.001～0.05 mm、0.002～0.02 mm）；而黏粒的粒径小于 0.002 mm（或 0.001 mm）。土壤颗粒大小差异很大，最大与最小的土壤颗粒粒径相差可大于 4 个数量级。

上述粒级的划分虽然是人为的，但都有充分的科学依据。各个粒级间的界限值正是大小单粒之间的成分或理化性质发生突变的地方。

表 3-1 常见的土壤粒级制

<table>
<tr><th>当量粒径 / mm</th><th>中国制（1987）</th><th colspan="3">卡钦斯基制（1957）</th><th>美国农业部制（1951）</th><th>国际制（1930）</th></tr>
<tr><td>3～2</td><td rowspan="2">石砾</td><td colspan="3" rowspan="2">石砾</td><td>石砾</td><td>石砾</td></tr>
<tr><td>2～1</td><td>极粗砂粒</td><td rowspan="4">粗砂粒</td></tr>
<tr><td>1～0.5</td><td rowspan="2">粗砂粒</td><td rowspan="7">物理性砂粒</td><td colspan="2">粗砂粒</td><td>粗砂粒</td></tr>
<tr><td>0.5～0.25</td><td colspan="2">中砂粒</td><td>中砂粒</td></tr>
<tr><td>0.25～0.2</td><td rowspan="3">细砂粒</td><td colspan="2" rowspan="3">细砂粒</td><td rowspan="2">细砂粒</td></tr>
<tr><td>0.2～0.1</td><td rowspan="3">细砂粒</td></tr>
<tr><td>0.1～0.05</td><td>极细砂粒</td></tr>
<tr><td>0.05～0.02</td><td rowspan="2">粗粉粒</td><td colspan="2" rowspan="2">粗粉粒</td><td rowspan="4">粉粒</td></tr>
<tr><td>0.02～0.01</td><td rowspan="3">粉粒</td></tr>
<tr><td>0.01～0.005</td><td>中粉粒</td><td rowspan="6">物理性黏粒</td><td colspan="2">中粉粒</td></tr>
<tr><td>0.005～0.002</td><td>细粉粒</td><td colspan="2" rowspan="2">细粉粒</td></tr>
<tr><td>0.002～0.001</td><td>粗黏粒</td><td rowspan="4">黏粒</td><td rowspan="4">黏粒</td></tr>
<tr><td>0.001～0.000 5</td><td rowspan="3">细黏粒</td><td rowspan="3">黏粒</td><td>粗黏粒</td></tr>
<tr><td>0.000 5～0.000 1</td><td>细黏粒</td></tr>
<tr><td><0.000 1</td><td>胶体</td></tr>
</table>

资料来源：朱祖祥．土壤学（上册）[M]. 北京：农业出版社，1983。

3.2.3 土壤颗粒的特性

3.2.3.1 土壤颗粒的矿物组成

（1）原生矿物

原生矿物是指土壤形成过程中未改变化学成分组成的原始成岩矿物。土壤中含有的原生矿物种类可达数百种，而常见的只有几十种。土壤中的原生矿物主要有石英、长石、云母和少量的角闪石、辉石，此外还有橄榄石、磷灰石、赤铁矿（Fe_2O_3）等。石砾、砂粒几乎全部由原生矿物组成，且多以石英、长石为主。粉粒绝大多数也是由石英和原生的硅酸盐矿物组成的。岩石中抗风化能力较强的矿物往往成为土壤颗粒中原生矿物的来源，如花岗岩风化形成的土壤中石英颗粒就较多。土壤中的原生矿物有效养分贫乏，吸持水分的能力也很差，其对土壤肥力贡献较小，但可以作为土壤颗粒形成的骨架。

（2）次生矿物

次生矿物是由原生矿物经过化学变化形成的新矿物。土壤中的次生矿物，主要包括次生铝硅酸盐矿物（高岭石、蒙脱石、伊利石、绿泥石等）、氧化物和水合氧化物以及磷酸盐、硫酸盐矿物等。次生矿物的颗粒较细，主要存在于土壤黏粒组分中，是黏粒的主要成分。次生矿物养分含量高，胶体特性强，对土壤肥力有重要的影响。

不同粗细的土壤颗粒中原生矿物和次生矿物的组成及比例不同（图 3-2）。一般粗颗粒中原生矿物较多，细颗粒中次生矿物较多。砂粒的主要矿物成分是石英，还有少量的原生硅酸盐矿物。黏粒的主要矿物成分是次生铝硅酸盐矿物和硅、铁、铝的含水氧化物。

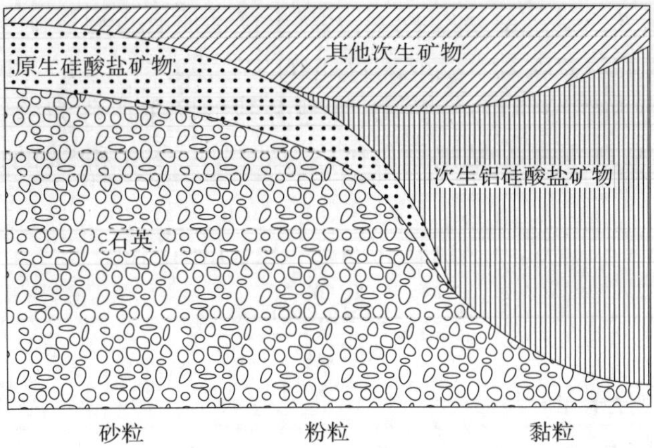

图 3-2　土壤颗粒的矿物组成

资料来源：吕贻忠，李保国 . 土壤学 [M]. 2 版 . 北京：中国农业出版社，2020。

3.2.3.2　土壤颗粒的化学组成

土壤颗粒的化学组成十分复杂，地壳中几乎所有的元素都可以在土壤中找到。主要的元素有氧、硅、铝、铁、钙、镁、钾、钠、钛、碳、氮、磷、硫以及一些微量元素，且多数以氧化物的形式存在。SiO_2、Al_2O_3、Fe_2O_3 三者之和占土壤矿物质部分的 75% 以上，是土粒的骨干成分。

各粒级土粒的矿物组成不同，其化学成分必然存在差异。土壤矿物质中元素的分布规律：土粒越粗，往往含 SiO_2 越多，含 Al_2O_3、Fe_2O_3、CaO、MgO 等养分元素越少；反之，土壤颗粒越细，含 SiO_2 越少，而养分元素含量越高（表 3-2）。

表 3-2　两种代表性土壤各粒级的化学组成

粒级 /mm		化学组成（以干重计）/%									
		SiO_2	Al_2O_3	$Fe2O_3$	TiO_2	MnO	CaO	MgO	K_2O	Na_2O	P_2O_5
灰色森林土	0.1～0.01	89.90	3.90	0.94	0.51	0.06	0.61	0.35	2.21	0.81	0.04
	0.01～0.005	82.63	8.13	2.39	0.97	0.06	0.95	1.94	2.77	1.45	0.14
	0.005～0.001	76.75	11.32	3.95	1.34	0.04	1.00	1.05	3.32	1.30	0.25
	＜0.001	58.03	23.40	10.19	0.73	0.17	0.44	2.40	3.15	0.24	0.46
	全土	85.10	5.96	2.46	0.53	0.12	0.92	0.68	2.38	0.75	0.11
黑钙土	0.1～0.01	88.12	5.75	1.29	0.45	0.04	0.74	0.29	1.99	1.21	0.02
	0.01～0.005	82.17	7.96	2.73	1.00	0.02	0.94	1.19	2.31	1.84	0.12
	0.005～0.001	67.37	17.16	7.51	1.38	0.03	0.75	1.77	3.04	1.38	0.23
	＜0.001	57.47	22.66	11.54	0.66	0.08	0.38	2.48	3.17	0.19	0.39
	全土	71.52	13.74	5.52	0.70	0.18	2.21	1.73	2.67	0.75	0.21

资料来源：吕贻忠，李保国 . 土壤学 [M]. 北京：中国农业出版社，2006。

土粒的骨干成分（SiO_2、Al_2O_3、Fe_2O_3）对土壤性质有重要影响。在粒径的化学组成中，有两个比较重要的参数就是土壤或黏粒部分的硅铝铁率（Saf）和硅铝率（Sa）。

土壤或黏粒部分 SiO_2 和 Al_2O_3、Fe_2O_3 质量分数的摩尔比称为硅铝铁率（Saf）。土壤或黏粒部分 SiO_2 和 Al_2O_3 质量分数的摩尔比称为硅铝率。Saf 和 Sa 的计算方法如下：

$$\mathrm{Saf}=\frac{\mathrm{SiO_2(\%)}/60}{\mathrm{Al_2O_3(\%)}/102+\mathrm{Fe_2O_3(\%)}/160} \tag{3-2}$$

$$\mathrm{Sa}=\frac{\mathrm{SiO_2(\%)}/60}{\mathrm{Al_2O_3(\%)}/102} \tag{3-3}$$

式中，60——SiO_2 的分子量；

102——Al_2O_3 的分子量；

160——Fe_2O_3 的分子量。

硅铝铁率可以反映土壤母质的化学风化程度。化学风化程度越深，硅铝铁率越小；化学风化程度越浅，硅铝铁率越大。硅铝铁率还可以反映土壤的保肥能力和成土过程。

3.2.3.3 土壤颗粒的理化特性

土粒大小不同，其理化性质也有明显的差异，主要表现在水分物理性质与表面性质上的变化。颗粒越细，比表面积越大，表面能越高。而固相颗粒的表面能的增加，使吸附力增强；土粒由大变小，粒间孔隙越小，则吸水数量越多，透水性越差，持水性、湿胀性、可塑性、黏结性、黏着性均明显增强（表 3-3）。例如，黏粒是土壤中最细小的部分，其颗粒小，比表面积大，具有很高的表面能，吸附能力强，是储藏养分的仓库；粒间孔隙小，吸水易膨胀；有较强的黏结性、黏着性、可塑性。而石砾和砂粒是土壤颗粒的粗骨部分，粒径大，其比表面积就小，无黏结性、黏着性、可塑性；不吸水，没有胀缩性；不带电荷，没有胶体特性，对土壤肥力贡献较小。粉粒的粒径大小介于黏粒与砂粒之间，粉粒的许多性质也介于黏粒与砂粒之间。

表 3-3 各级土粒的水分物理性质

土粒大小 / mm	最大分子持水量 /%	毛细管水柱上升高度 /cm	渗透系数 /（cm/s）	膨胀性（以最初体积计）/%	塑性值（上限－下限）/%	阳离子交换量 /（cmol/kg）
3.0～2.0	2	0	5	—	不可塑	
2.0～1.5	7	1.5～3.0	2	—	不可塑	
1.5～1.0	8	4.8	12	—	不可塑	
1.0～0.5	9	8.7	0.72	—	不可塑	
0.5～0.25	0	20～27	0.56	—	不可塑	
0.25～0.10	1	50	0.30	5	不可塑	
0.10～0.05	2.2	91	0.05	6	不可塑	

续表

土粒大小 / mm	最大分子持水量 /%	毛细管水柱上升高度 /cm	渗透系数 /（cm/s）	膨胀性（以最初体积计）/%	塑性值（上限－下限）/%	阳离子交换量 /（cmol/kg）
0.05～0.01	3.1	200	0.04	16	不可塑	1
0.01～0.005	15.9	—	—	105	40～28	3～8
0.005～0.001	31.0	—	—	160	48～30	10～20
＜0.001	—	—	—	405	87～34	35～65

资料来源：谢德体，等 . 土壤肥料学 [M]. 北京：中国林业出版社，2018。

3.3 土壤质地与土壤结构

3.3.1 土壤质地及分类

3.3.1.1 土壤质地

土壤是由不同粒级土粒组成的。土壤的不同级别颗粒的含量分布称为土壤机械组成。土壤各粒级的相对含量（颗粒组成）的测定称为土壤的机械组成分析。

在土壤学中，按土壤颗粒组成进行分类，将颗粒组成相近而土壤性质相似的土壤划分为一类并给予一定的名称，称为土壤质地。或者说，土壤质地是在土壤机械组成基础上的进一步归类。

土壤质地是土壤最基本的物理性质之一，也是一种十分稳定的自然属性。土壤质地概括地反映了土壤内在肥力特征，因此，在说明和鉴定土壤肥力状况时，土壤质地往往是首先考虑的项目之一。土壤质地对土壤的各种性状，如土壤的通气透水性、保水保肥性、养分含量、有毒物质富集能力等都有很大的影响，是评价土壤肥力和作物适宜性的重要依据。所以，在制定土壤利用规划、进行土壤改良和管理时必须考虑其土壤质地特点。

3.3.1.2 土壤质地分类

与土壤粒级的划分一样，土壤质地分类目前世界上也无统一的标准，这里介绍国内外几种使用多年的土壤质地分类制：国际制、美国农业部制、卡钦斯基制和中国制。尽管这几种土壤质地分类方法有所不同，但这些分类制都将土壤粗分为砂质土、壤质土和黏质土 3 类，它们的基本性质不同，因而在利用、改良、管理或工程施工上有很大差别。

（1）国际制

国际制是 1930 年第二届国际土壤学会上通过的土壤质地分类，是根据黏粒（＜0.002 mm）含量多少，把土壤质地分为砂土类、壤土类、黏壤土类和黏土类四大类，其界限分别为 15%、25%、45% 和 65%，然后再依据砂粒、粉粒和黏粒 3 种粒级的数量（%），细分为 4 类 12 级。

表 3-4　国际制土壤质地分类

质地类别	分类质地名称	各级土粒重量 /%		
		黏粒（＜0.002 mm）	粉粒（0.02～0.002 mm）	砂粒（2～0.02 mm）
砂土类	砂土及壤质砂土	0～15	0～15	85～100
	砂质壤土	0～15	0～45	55～85
壤土类	壤土	0～15	30～45	40～55
	粉砂质壤土	0～15	45～100	0～55
	砂质黏壤土	15～25	0～30	55～85
黏壤土类	黏壤土	15～25	20～45	30～55
	粉砂质黏壤土	15～25	45～85	0～40
	砂质黏土	25～45	0～20	55～75
	壤质黏土	25～45	0～45	10～55
黏土类	粉砂质黏土	25～45	45～75	0～30
	黏土	45～65	0～35	0～55
	重黏土	65～100	0～35	0～35

资料来源：熊顺贵 . 基础土壤学 [M]. 北京：中国农业出版社，2001。

（2）美国农业部制

美国土壤质地分类标准是由美国农业部制定的，采用三角坐标图解法来表示（图 3-3）。等边三角形的三条边分别代表黏粒（＜0.002 mm）、粉粒（0.002～0.05 mm）及砂粒（0.05～2 mm）的含量（%）。根据砂粒、粉粒、黏粒 3 个粒级的比例，划定 12 个质地名称。

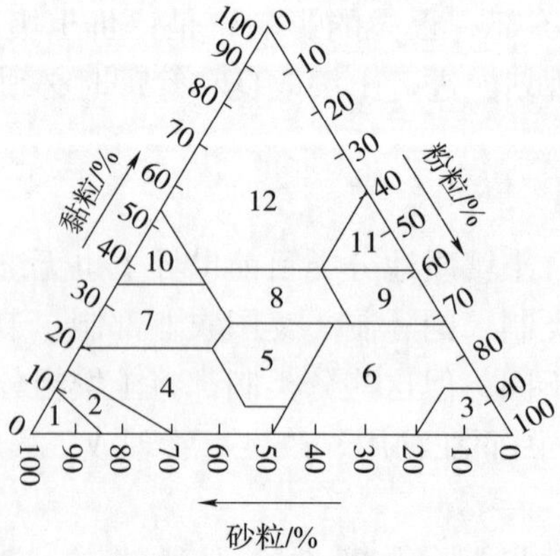

1—砂土　2—壤砂土　3—粉土　4—砂壤　5—壤土　6—粉壤

7—砂黏壤　8—黏壤　9—粉黏壤　10—砂黏土　11—粉黏土　12—黏土

图 3-3　美国农业部制土壤质地分类三角图

资料来源：黄昌勇，徐建明 . 土壤学 [M]. 3 版 . 北京：中国农业出版社，2010。

（3）卡钦斯基制

卡钦斯基土壤质地分类制是二级分类制，把土壤颗粒划分为物理性砂粒（0.01～1 mm）和物理性黏粒（<0.01 mm）两部分，根据物理性砂粒和物理性黏粒的含量，并参考土壤类型划分，把土壤质地分为三大质地类型 9 种质地，通过查表 3-5 确定。我国通常采用这种质地分类方法，对一般土壤可按其分类制中的草原土及红黄壤类的标准确定质地类别。

表 3-5　卡钦斯基土壤质地基本分类（简制）

质地名称		物理性黏粒（<0.01 mm）含量 /%			物理性砂粒（>0.01 mm）含量 /%		
		灰化土类	草原土及红黄壤类	碱化及强碱化土类	灰化土类	草原土及红黄壤类	碱化及强碱化土类
砂土	松砂土	0～5	0～5	0～5	100～95	100～95	100～95
	紧砂土	5～10	5～10	5～10	95～90	95～90	95～90
壤土	砂壤土	10～20	10～20	10～20	90～80	90～80	90～85
	轻壤土	20～30	20～30	15～20	80～70	80～70	85～80
	中壤土	30～40	30～45	20～30	70～60	70～55	80～70
	重壤土	40～50	45～60	30～40	60～50	55～40	70～60
黏土	轻黏土	50～65	60～75	40～50	50～35	40～25	60～50
	中黏土	65～80	75～85	50～65	35～20	25～15	50～35
	重黏土	>80	>85	>65	<20	<15	<35

需要注意的是，在分析工作中，不包括大于 1 mm 的石砾，这一部分含量需另行计算，然后按表 3-6 的标准，确定其石质程度，冠于质地名称之前。

表 3-6　土壤中所含石块成分多少的分类

大于 1 mm 的石砾含量 /%	石质程度	石质性类型
<0.5	非石质土	根据粗骨部分的特征确定为：漂砾性的、石砾性的和碎石性的石质土 3 类
0.5～5.0	轻石质土	
5.0～10.0	中石质土	
>10.0	重石质土	

资料来源：张慎举，卓开荣．土壤肥料 [M]. 北京：化学工业出版社，2009。

（4）中国土壤质地分类制（试用）

中国土壤质地分类制也是根据砂粒、粉粒、黏粒含量进行土壤质地划分（表 3-7）。凡是黏粒含量大于 30% 的土壤均划为黏质土类，而砂粒含量大于 60% 的土壤均划为砂质土类。

表 3-7 中国土壤质地分类制

<table>
<tr><th rowspan="2">质地组</th><th rowspan="2">质地名称</th><th colspan="3">颗粒组成 /%</th></tr>
<tr><th>砂粒
（1～0.05 mm）</th><th>粗粉粒
（0.05～0.01 mm）</th><th>细黏粒
（<0.001 mm）</th></tr>
<tr><td rowspan="4">砂土</td><td>极重砂土</td><td>>80</td><td rowspan="4">—</td><td rowspan="8"><30</td></tr>
<tr><td>重砂土</td><td>70～80</td></tr>
<tr><td>中砂土</td><td>60～70</td></tr>
<tr><td>轻砂土</td><td>50～60</td></tr>
<tr><td rowspan="4">壤土</td><td>砂粉土</td><td>≥20</td><td rowspan="2">≥40</td></tr>
<tr><td>粉土</td><td><20</td></tr>
<tr><td>砂壤</td><td>≥20</td><td rowspan="2"><40</td></tr>
<tr><td>壤土</td><td><20</td></tr>
<tr><td rowspan="4">黏土</td><td>轻黏土</td><td rowspan="4">—</td><td rowspan="4">—</td><td>30～35</td></tr>
<tr><td>中黏土</td><td>35～40</td></tr>
<tr><td>重黏土</td><td>40～60</td></tr>
<tr><td>极重黏土</td><td>>60</td></tr>
</table>

资料来源：熊毅，李庆逵．中国土壤 [M]. 2 版．北京：科学出版社，1987。

中国土壤质地分类制目前尚不十分完善，主要有以下几个方面：①主要质地分类中使用的黏粒是细黏粒（<0.001 mm），与粒级制中的黏粒划分不统一；②采用三元制（三个粒级含量）的原则，但中国制的三元制粒级互不衔接，不能构成三角图，故不便查用；③中国制难以反映黏质土受粗粉质影响的问题。中国质地制在实际应用中还需进一步补充与完善。

3.3.1.3 土壤质地与土壤肥力的关系

土壤质地对土壤肥力的影响是全面而深刻的，它常常是决定土壤水、肥、气、热的重要因素。

（1）砂质土

以砂土为代表，也包括缺少黏粒的其他轻质土壤（粗骨土、砂壤），其砂粒很多而黏粒很少，有一个松散的土壤固相骨架。砂质土主要分布于广大的北方地区，如新疆、青海、甘肃、宁夏、内蒙古、北京、天津、河北等省（自治区、直辖市）山前平原以及各地沿江、沿河或沿海地带。

砂质土粒间孔隙大，毛细管作用弱，保水性差；保持养分能力低；通气透水性强。砂质土矿物养分贫乏；好气性微生物活性强，有机质分解较快，供肥性强但持续时间短。砂质土热容量较小，土温不稳定，昼夜温差大；早春土温容易升高，有热性土之称。砂质土疏松易耕，耕性好，植物也容易扎根。砂质土生产上常表现出“发小苗不发老苗”的现象。

（2）黏质土

包括黏土和黏壤等质地黏重的土壤，此类土壤的细粒（尤其是黏粒）含量高而粗粒（砂粒、粗粉粒）含量极少，常呈紧实黏结的固相骨架。黏质土主要分布于全国地势相对较低的冲积平原、山间盆地、湖洼地区。

黏质土颗粒细小，粒间孔隙很小，通气透水性差，易积水而涝；黏质土保肥性好。矿质养分丰富；好气性微生物活性较弱，有机质分解较慢，供肥表现前期弱而后期较强。黏质土热容量大，温度稳定，在早春土温上升慢，有冷性土之称。黏质土比较紧实，容易板结，耕作阻力大，宜耕期也短，耕性差。黏质土生产上常表现出“发老苗不发小苗”的现象。

（3）壤质土

壤质土广泛分布于黄土高原、华北平原、松辽平原、长江中下游、珠江三角洲等冲积平原上。壤质土在北方被称为二合土，兼有砂质土和黏质土的优点，无论通气透水性能、保水保肥能力，还是耕性都好。养分丰富，有机质分解速度适当。土温稳定，水分和空气比例协调，有利于植物出苗和后期生长发育，兼有“既发小苗又发老苗”的特点。适宜种植各种作物，是农业生产上比较理想的土壤质地。

3.3.1.4 土壤质地的利用与改良

（1）不同质地土壤的利用

1）根据土壤质地类别，种植适宜的作物。如砂质土壤适于种植生育期短、耐贫瘠，要求土壤疏松、排水良好的作物，如薯类、花生、西瓜、芝麻等；黏质土壤适于种植生育期长、需肥量大的作物，如水稻、小麦、玉米等。

2）黏土在整地时需要做成深沟高畦，以利排水通气，降雨或灌溉后，适宜耕作时间短，必须选择宜耕期进行操作，并注意整地质量。早春要采取增温措施提高地温。

3）砂土在整地时不需要做成深沟高畦，灌水时畦幅可较宽，但畦不宜过长，否则因渗水太快而造成灌水不均，甚至畦尾无水。在增施有机肥作基肥的基础上，还必须适时追肥，并且要少施、勤施。晚秋采取措施防止温度下降过快，防止作物遭受冻害。

（2）改良途径和措施

1）客土法。客土法即砂掺黏、黏掺砂的办法。从需要改良地块的异地搬运来质地不同的土壤进行掺混，以改良土壤质地的方法称为客土法。利用各种运输车辆或人力进行搬运。搬运来的客土掺混方法有撒掺、条掺和穴掺3种。客土的材料若掺黏宜用河泥、塘泥，由于富含有机质，不仅改良质地也培肥土壤。掺砂不宜用河滩地的粗砂，应用粉粒多的“潮砂”。

2）土层混合法。有的土壤不同土层质地差异很大，砂土层下有黏淤层，或黏土层下有砂土层，可采用深翻使砂黏混合。也可将表层的砂土或黏土翻到一边，把下层的黏淤土或砂土翻到表层，再使两层混合，以改良土壤质地。

3）引洪放淤和引洪漫砂法。此法就是在面积大、有条件放淤或漫砂的地区，利用洪水中的泥沙改良砂土或黏土。

引洪放淤就是使水中的黏粒进入需要改良的砂土地，引洪时要注意提高进水口，以减少砂粒进入。引洪漫砂就是使引入水中的砂粒进入需要改良的黏土地，引洪时应降低进水口，以引入较多的粗砂。在引洪淤漫过程中，注意边引边排，做到留砂留泥不留水。

4）施用有机肥料。施用有机肥料可以克服砂土过砂或黏土过黏的缺点，既可改良砂土，也可改良黏土，是改良土壤质地最简便和最有效的方法。

5）种植绿肥植物。种植绿肥植物也能够改善黏质土或砂质土的不良性状，达到改良质地、培肥土壤的目的。

3.3.1.5 土壤质地与污染物的迁移与转化

土壤质地不同，对环境污染物的截留、迁移和转化产生不同的效应。黏质土类，颗粒细小，比表面积大，通气透水性差，能把水中的悬浮物阻留在土壤表层。由于黏土类富含黏粒，吸附能力和离子交换作用强，会把进入土壤中污染物质的有机离子和无机分子、离子吸附到土粒表面保存起来，增加了污染物转移的难度。砂质土类，对进入土壤中的污染物吸附能力弱，污染物易随水淋溶、迁移，有可能污染地下水。壤土，其性质介于黏土和砂土之间，其性状差异取决于壤土中砂粒、黏粒含量比例，黏粒含量多，性质偏于黏土类，砂粒含量多则偏于砂土类。

初步研究表明，进入土壤的砷污染物，因土壤质地不同，转化的砷的类型不同，对生物的毒性也不同。土壤质地越细，黏粒越多，转变成五价的铁锰氧化物所包被砷 O–As 的数量越多，转化成水溶性砷越少，而三价的 O–As 的转化率与黏粒含量关系不大。

3.3.2 土壤结构

3.3.2.1 土壤结构的概念

土壤颗粒通过不同的堆积方式相互黏结而形成土壤结构。土壤结构一词实际上包含两方面的含义，一是各种不同的结构体的形态特性；二是泛指具有调节土壤物理性质的“结构性”。土粒在胶结物（有机质、碳酸钙、氧化铁等）的作用下，相互团聚在一起形成大小、形状、性质不同的土团称为土壤结构体。土壤中单粒和复粒的数量、大小、形状、性质及其相互排列和相应的孔隙状况等综合特性，称为土壤结构性。一般所说的土壤结构的好坏主要是指土壤结构性的好坏。

3.3.2.2 土壤结构体的种类与特性

土壤结构体分类是依据它的形态、大小和特性等进行分类，最常用的是根据形态和大小等外部性状分为片状结构体、板状结构体、块状结构体、柱状结构体、核状结构体、团粒结构体等。

（1）片状、板状结构体

横轴远大于纵轴，呈扁平状结构体。在雨后土壤表面结壳或老耕作土壤的犁底层多形成这种结构体。根据其厚度划分，大于 3 mm 者为板状，小于 3 mm 者为片状。往往由流水沉积作用或某些机械压力造成，常出现于森林土壤的灰化层、碱化土壤的表层和耕地土壤的犁底层。在雨后或土壤灌溉后所形成的地表结壳或板结层，也属于片状结构体。

旱地犁底层过厚，对作物生长不利，影响扎根和上下层水、气、热的交换以及作物对下层养分的利用。种植水稻的土体中有一个具有一定透水率的犁底层很有必要，它可起到减少水分渗漏和托水保肥的作用。

（2）块状结构体

立方体型，即结构体的纵轴和横轴大体相等，边面不明显，内部紧实。熟化度较低的表层土壤或缺乏有机质而黏重的底土多为块状结构。根据其大小可进一步划分为：大块状结构，直径大于 10 cm；小块状结构，直径 5～10 cm。

块状结构体间相互支撑，形成较大的空洞，加速土壤水分丢失，漏风跑墒；同时还会压苗，导致幼苗不能顺利出土；块状结构体内部孔隙太小，不能存水，也不能透气，微生物活动微弱，有效养分不易释放。农民常说"麦子不怕草，就怕坷垃咬"，坷垃就是块状结构体的土壤。

（3）柱状结构体

纵轴大于横轴成直立形，俗称"立土"。棱角不明显的叫作圆柱状结构体，棱角明显的叫作棱柱状结构体。大多出现在黏重的底土层、心土层。柱状结构是碱化土壤的标志特征，常在干旱、半干旱地带的底土出现。根据横断面的直径进一步划分为：大柱状结构，直径大于 5 cm；柱状结构，直径 3～5 cm ；小柱状结构，直径小于 3 cm 。

这种结构体大小不一，坚硬紧实，内部无效孔隙占优势，根系难以伸入，通气不良，微生物活动微弱。结构体间常出现大裂缝，造成漏水漏肥。

（4）核状结构体

立方体型，边面明显的多棱角碎块，也称"蒜瓣土"。内部紧实，泡水后不易散碎。在黏重的心土层或由氢氧化铁胶结土粒后形成核状结构。根据其大小进一步划分为：大核状，直径大于 1 cm；核状，直径 7～10 mm；小核状，直径 5～7 mm 。

（5）团粒结构体

上述几种结构体按其性质、作用均为不良结构体。团粒结构体是农业生产中最理想的结构体。

团粒结构包括团粒和微团粒。团粒结构是指在腐殖质等多种因素作用下形成的近似球形，疏松多孔的小土团，直径小于 10.00 mm，其中直径小于 0.25 mm 者为微团粒。团粒结构一般出现在耕层，多在有机质含量较高、质地适中的土壤中出现。水稻土中多为微团粒结构。

团粒结构特点：①具有一定的大小和形状，直径小于 10.00 mm，为圆球状；②具有较高的稳定性（包括水稳性、机械稳定性和生物稳定性）；③孔隙粗细搭配合理。内部小孔隙多，团粒间大孔隙多。

有团粒结构的土壤肥力水平高。团粒结构在肥力上的作用与其良好孔隙性密切相关。有团粒结构的土壤，不仅多孔，而且孔隙度大小适中，毛细管孔隙与通气孔隙并存，并有适当的数量和比例，这种孔隙状况为土壤的水、肥、气、热的协调，创造了良好的条件。团粒结构在肥力上的作用具体来说主要有以下几点：①能协调土壤水分和空气的矛盾，有团粒结构的土壤，其水分、空气可以兼蓄并存；②能协调土壤有机质中养分的消耗与积累的矛盾，有团粒结构的土壤保肥、供肥性能良好；③能稳定土温、调节土壤热状况，有团粒结构的土壤，能使土温变幅减小；④能改善土壤耕性和有利于作物根系伸展，有团粒结构的土壤疏松多孔，耕作阻力小，同时也有利于植物根系固着和支撑。

3.3.2.3 土壤结构的改良措施

在农业生产实践中常采取的土壤结构改良的措施主要有:

(1)增施有机肥料

增施有机肥料提高土壤有机质的含量,腐殖质、多糖类、蛋白质等都是良好的土壤胶结剂。在有机物质参与下形成的团粒,一般品质较好,均具有水稳性和多孔性。连年施用有机肥才能不断补充有机质的消耗和供给形成团粒结构的物质。不少丰产田的耕层均具有良好的团粒结构和较高的肥力。据测定,丰产田中>5 mm团粒的数量要比一般的平产田高出10%以上。

(2)合理轮作倒茬

合理轮作倒茬对恢复和培育团粒结构有良好的作用。一般来讲,禾本科或豆科作物生长健壮,根系发达,都能促进土壤团粒形成。多年生牧草每年提供土壤的蛋白质、糖类及其他胶结物质比一年生作物多、作用大。一年生作物因耕作频繁,土壤有机质消耗快,不利于团粒的保持。近年来,一些国家推行的少耕免耕法的目的之一,就在于减少有机物质的消耗。

实行牧草与农作物轮作,对改良土壤结构、培肥地力具有重要作用。我国农民利用豆科牧草与农作物轮作的历史悠久。水稻与冬季绿肥(紫云英、苜蓿等)轮作、稻麦水旱轮作等对增加土壤有机质的积累,培育水稻土的团粒结构,提高土壤肥力都是行之有效的途径。

(3)合理耕作

合理的耕作有利于破除土壤板结、破碎块状与核状结构、疏松土壤、加厚耕作层和增加非水稳性团粒结构。耕作时应在适耕期内进行耕作,尤其在土壤有机质含量少而土质较黏的土壤上更应如此。如耕作不当,反而会破坏原有团粒结构,使土壤板结。

(4)合理灌溉、晒垡、冻垡

灌水方式对土壤结构影响很大,大水漫灌冲击力大,容易破坏结构并使土壤板结;沟灌、喷灌或地下灌溉效果较好。灌后要适时中耕松土,防止板结,有助于恢复结构。

晒垡、冻垡是充分利用干湿交替与冻融交替作用,既可促使土块散碎,又有利于胶体的凝聚和脱水。在此基础上进行精细整地,能使土壤结构性得到改善。

(5)调节土壤酸碱性(施用石灰或石膏)

在酸性土壤上施用石灰,在碱性土壤上施用石膏,不仅能改善土壤的酸碱度,还有改良土壤结构的效果。其机制是利用石灰或石膏中的Ca^{2+}促进土壤胶体的凝聚,这种凝聚作用形成的团粒稳定性较大。

(6)土壤结构改良剂的应用

土壤结构改良剂按其原料的来源,可分为人工合成的高分子聚合物制剂[乙酸乙烯酯和顺丁烯二酸共聚物(VAMA)、水解聚丙烯腈(HPAN)、聚乙烯醇(PVA)和聚丙烯脱酰胺(PAM)等]、自然有机制剂(醋酸纤维、芦苇胶、树脂胶、胡敏酸盐类等)和无机制剂(硅酸钠、膨润土、沸石等)。

上述制剂中,人工合成制剂中的PAM因价格较为便宜,改土性能也较好,有一定的应用前景。自然有机制剂与合成改良剂相比,用量大,形成的团聚体稳定性较差,持续的时间也较短,难以在生产上广泛应用。无机制剂是利用它们的某一项理化性质来改善土壤的结构性，如利用膨润土能吸水、膨胀性强的特性，施入水田来减少水分的渗漏。

3.4　土壤密度、容重及孔隙性质

土壤是一个极其复杂的多孔体系。土壤中土粒与土粒、土团与土团、土团与土粒之间及土团内部的各种间隙（空隙），称为土壤孔隙。

土壤孔隙是容纳水分和空气的空间，是土壤中物质和能量贮存和交换的场所，是众多土壤动物和微生物活动的地方，也是植物根系伸展并从中获取水分和养料的介质。土壤中的孔隙有粗有细，其作用各不相同。为了满足植物生长的需要，要求土壤（尤其是耕作层）不仅要有适当的孔隙数量，而且要有适宜的大小不同孔隙的搭配比例。由于土壤的孔隙状况极其复杂，实践中难以直接测定，通常用间接的方法，即根据土壤的密度和容重计算，所以先来了解土壤密度和容重。

3.4.1　土壤密度

土壤密度是单位容积固体土粒（不包括土粒间孔隙容积）的质量，单位是 g/cm^3 或 t/m^3。土壤密度用于计算土壤孔隙度、三相比例和各级土粒的沉降速度，估计土壤的矿物组成等。土壤密度与水密度（4℃）之比，叫作土壤比重，量纲一。土壤密度和土壤比重的数值相等。

土壤密度值的大小，是土壤中各种成分的含量和密度的综合反映，其大小与土壤矿物质组成、有机质含量有关。土壤固相组成不同，其密度也不同（表3-8）。多数土壤的有机质含量低，土壤密度值的大小主要取决于各种矿物的密度。对于矿质土壤来说，土壤中各种矿物密度的平均值就是土壤固相颗粒的密度值。多数土壤的密度为 2.6～2.7 g/cm^3，故土粒密度一般取平均值 2.65 g/cm^3，称为常用密度值。砂质土壤接近于石英的密度，铁、锰含量较高的土壤，密度值较大。有机质含量高的土壤密度较小。一般土壤表层有机质含量较高，土壤密度稍低，在土壤剖面的一定湿度范围内，随土层深度的增加有机质含量降低，土壤密度增加。

表3-8　土壤中常见组分的密度

组分	密度 / （g/cm^3）	组分	密度 / （g/cm^3）
石英	2.60～2.68	赤铁矿	4.90～5.30
正长石	2.54～2.57	磁铁矿	5.03～5.18
斜长石	2.62～2.76	三水铝石	2.30～2.40
白云母	2.77～2.88	高岭石	2.61～2.68
黑云母	2.70～3.10	蒙脱石	2.53～2.74
角闪石	2.85～3.57	伊利石	2.60～2.90
辉石	3.15～3.90	腐殖质	1.40～1.80
纤铁矿	3.60～4.10		

资料来源：黄昌勇，徐建明．土壤学 [M]. 3 版．北京：中国农业出版社，2010。

3.4.2 土壤容重

土壤容重，曾称假比重，是指单位容积（包括孔隙在内）的原状土壤的干重，单位为 g/cm^3 或 t/m^3。

多数土壤容重为 1.0～1.8 g/cm^3，适宜植物生长的土壤容重值为 1.14～1.26 g/cm^3。土壤容重的大小，受土壤质地、结构和松紧度的影响。疏松多孔的土壤，容重低于较紧实的土壤。有团粒结构或刚刚翻耕耙碎的表土，土壤容重可降至 1.0～1.1 g/cm^3。砂质土颗粒接触紧密，虽然孔隙较粗，但总孔隙度小，其容重较大；相反，黏质表土颗粒排列不是那么紧密，这是由于土粒团聚得比较好，团聚化作用有助于创造一个疏松多孔的土壤条件，其容重值就较低。

土壤容重是一个十分重要的指标和基本数据，在实际工作中用途较广，以下举例说明。

1）根据实测的土壤容重与密度，计算土壤孔隙度。

2）计算土壤质量和各组分的含量。如测得土壤容重为 1.2 g/cm^3，则 1 hm^2 耕层土壤（深度 20 cm）的质量为：1.20 $t/m^3 \times 10\ 000\ m^2 \times 0.2\ m = 2\ 400\ t$。

3）计算工程土方量。如在土地整理工程中，有 2 000 m^2 的面积应挖去 0.2 m 厚的表土，其容重为 1.3 t/m^3，则应挖去的土方量为：$2\ 000\ m^2 \times 0.2\ m \times 1.3\ t/m^3 = 520\ t$。

4）计算灌水或排水定额。如耕层土层厚度为 0.2 m，土壤实际含水量为 10%，容重为 1.2 t/m^3，要求灌水后土壤含水量达到 20%，则 1 hm^2 耕层土壤所需的灌水量为：$10\ 000\ m^2 \times 0.2\ m \times 1.2\ t/m^3 \times (20\% - 10\%) = 240\ m^3$。

5）反映土壤的孔隙度，判断土壤的松紧程度。

疏松的土壤容重小，紧实板结的土壤则容重大（表 3-9）。一般耕层土壤，由于人为的频繁耕作、灌溉、施肥等措施，容重较小；耕层以下的土层土粒排列紧密，土壤容重较大。

土壤的松紧状况是土壤重要的物理性质之一，它直接影响土壤肥力状况和植物根系的发育。过松的土壤使植物根系难以扎稳，保水能力差，易漏风跑墒，土壤养分也容易随降水或灌溉水流失。过紧实的土壤，土壤通气透水性差，一是容易产生地面积水或地表径流；二是土壤中空气缺乏，影响微生物活动和养分转化；三是影响耕作质量、幼苗出土和植物根系的正常发育。

表 3-9 容重、孔隙度与土壤松紧度的关系

松紧程度	容重 /（g/cm^3）	孔隙度 /%
最松	＜1.00	＞60
松	1.00～1.14	60～56
适合	1.14～1.26	56～52
稍紧	1.26～1.30	52～50
紧	＞1.30	＜50

资料来源：吕贻忠，李保国．土壤学 [M]. 2 版．北京：中国农业出版社，2020。

3.4.3 土壤孔性

土壤孔性（土壤孔隙性质）是指土壤孔隙总量、大小孔隙的比例及其在各土层中的分布状况等的总称。孔性良好的土壤，不仅孔隙数量较多，而且大小孔隙的搭配比例适当，既有大的通气孔隙，也有小的蓄水孔隙，具有协调土壤通气、透水、蓄水和供水的能力，满足植物生长的需要。

3.4.3.1 土壤孔隙度和孔隙比

土壤孔隙数量一般用孔隙度来表示，是描述土壤孔隙状况的重要指标，常用于农业和土壤物理工作中。土壤孔隙度是指在自然状态下，单位土壤容积内各种大小孔隙容积所占的百分数。这里的孔隙包括土壤中各种大小孔隙的总和。在土壤三相关系中，土壤孔隙度决定土壤气相和液相两相的总量。如果单位容积的土壤，土壤孔隙所占的容积为 55%，那么，土壤空气和土壤水分所占的容积之和即为 55%，土壤固相（土粒）所占的容积就为 45%。

土壤孔隙度通常不是直接测定，而是通过土壤密度和容重计算得到，计算公式如下：

$$\text{土壤孔隙度}=\left(1-\frac{\text{容重}}{\text{密度}}\right)\times 100\% \tag{3-4}$$

式（3-4）中，土壤容重可通过试验获得，土壤密度通常取常用密度值 2.65 g/cm^3。从上式可以看出，土壤孔隙度与容重呈负相关，容重越小，孔隙度越大，反之则相反。土壤孔隙度一般在 40%～70% 变动。

土壤孔隙数量也可用土壤孔隙比这一指标来表示。孔隙比常用于土工和土力学工作中。土壤孔隙比是土壤中孔隙容积与土粒容积的比值，计算公式如下：

$$\text{土壤孔隙比}=\frac{\text{孔隙容积}}{\text{土粒容积}} \tag{3-5}$$

如前所述，土壤孔隙容积为 55%，土粒容积为 45%，则土壤孔隙比为 55%/45%≈1.22。

3.4.3.2 当量孔径

土壤孔隙度和孔隙比只能说明土壤孔隙的数量，不能说明土壤孔隙的大小及大小孔隙的搭配比例，而后者对土壤肥力的影响更大，决定其通气、透水、蓄水和供水的能力。

由于土壤颗粒、土壤结构体极不规则，因此，土壤孔隙的形状也极不规则，很难按其真实孔径来研究。目前普遍是用当量孔径来代替土壤的真实孔径。如果把土壤孔隙看成毛细管，那么这些毛细管的孔径就是土壤孔隙的当量孔径。当量孔径是指与一定的土壤水吸力相当的孔径。

当量孔隙最早由美国学者理查兹（L. A. Richards）提出，计算公式如下：

$$h=\frac{\alpha\sigma\cos\theta}{\rho g r} \tag{3-6}$$

式中，h——水在毛细管中的上升高度，cm；

α——表面张力系数；

σ——水的表面张力；

θ——水与土壤孔隙壁间的接触角；

ρ——水的密度；

g——重力加速度；

r——毛细管半径，mm。

当测定时水的温度为20℃时，上式可简化为

$$h=\frac{3}{d} \tag{3-7}$$

式中，d——当量孔隙直径，mm；

h——土壤水分吸力，以cm水高表示。

由式（3-7）可以看出，毛细管内水分上升的高度与其孔径有关，在一定的范围内，毛细管的孔径越小，毛细管内水分上升的高度越大。

3.4.3.3 土壤孔隙的类型

按当量孔径对土壤孔隙进行分类，目前国内外尚无统一的分类标准。下面主要按土壤孔隙的功能（通气、保水以及水分有效性）进行分类，据此可把土壤孔隙分为非活性孔隙、毛细管孔隙和通气孔隙。

（1）非活性孔隙

非活性孔隙又称微孔隙、束缚水孔隙和无效孔隙。非活性孔隙是土壤中最细小的孔隙，其当量孔径一般小于0.002 mm。由于孔隙细小，土粒表面吸附的水膜几乎将其充满，植物的根毛难以伸入，微生物也不能进入，孔隙内部的腐殖质分解非常缓慢。非活性孔隙中保持的水分受土粒表面吸附力的作用，不能移动或移动极其缓慢，难以被植物吸收利用的称为无效水。

一般土壤质地越黏重，非活性孔隙越多，而在砂质及结构良好的土壤中这种孔隙则较少。

非活性孔隙容积占土壤容积的百分数，称为非活性孔度。

（2）毛细管孔隙

毛细管孔隙比非活性孔隙粗，这种孔隙具有毛细管作用。试验证明：在当量孔径为0.002～0.02 mm的土壤孔隙中，毛细管水活动强烈。土壤供水时，借助毛细管作用保存在毛细管孔隙中的水，称为毛细管水。毛细管水在土壤孔隙中可以自由流动，全部是有效水，能被植物吸收利用，是农业生产中最有价值、最宝贵的水分。一般在土壤有机质丰富的壤质土中毛细管孔隙较多。

毛细管孔隙容积占土壤容积的百分数，称为毛细管孔度。

（3）通气孔隙

通气孔隙粗于毛细管孔隙，其当量孔径大于0.02 mm，孔隙内主要充满空气。这种孔隙不具有毛细管作用，水分不能在其中保持，会在重力作用下排出，成为通气的通道，因而称为通气孔隙。一般砂质土壤通气孔隙较多，通气透水性强，但保水保肥性差。

英国研究者托马森（A. J. Thomason，1978）将孔径大于 0.06 mm 的土壤孔隙称为通气孔隙，孔径在 0.06～0.002 mm 的土壤孔隙称为有效水孔隙，孔径小于 0.002 mm 的土壤孔隙称为无效水孔隙。

通气孔隙容积占土壤容积的百分数，称为通气孔度。

3.4.3.4　土壤孔性与植物生长

一般来说，适于植物生长发育的耕层土壤孔性指标为：土壤孔隙度为 50%～60%，通气孔度应大于 10%，毛细管孔度与通气孔度的比值在 2∶1～4∶1 比较好，非活性孔隙应尽量减少，毛细管孔隙应尽量增加。

同一土体内比较理想的孔隙垂直分布应为“上虚下实”，即上层土壤比较疏松，有适当数量的通气孔隙，有利于通气透水和植物种子发芽、出苗；下层土壤稍紧实，毛管孔隙占优势，有利于保水保肥和植物扎稳根系。

3.4.3.5　影响土壤孔性的因素

（1）土壤质地

砂质土由于土粒粗大，土粒间的孔隙较大，通气孔度较高，但总孔隙度小，一般为 30%～40%。无结构的黏质土或紧实的黏重土壤，通气孔隙较少，非活性孔隙和毛细管孔隙较多，总孔隙度大，一般为 45%～60%。壤质土总孔隙度居中，一般为 40%～50%，大小孔隙搭配比较适宜，既有一定量的通气孔隙，也有较多的毛细管孔隙，水、气比例较为协调。

（2）土壤结构

土壤颗粒聚集在一起形成的土壤结构体不同，土壤的孔隙状况也就有所差异。团粒结构较多的土壤，疏松多孔，土壤孔隙度较高，土壤孔隙状况好。团粒结构内部，大部分为毛细管孔隙；团粒结构与团粒结构之间，大部分为较大的通气孔隙，大小孔隙搭配适宜。而块状、片状、柱状等不良结构，土粒排列紧实，含有这种不良结构的土壤，总孔隙度会降低，通气孔度大幅降低，而非活性孔隙度会增加。

（3）土壤有机质含量

腐殖质是良好的胶结物质，能促进土壤团粒结构的形成，同时腐殖质本身疏松多孔。所以，采取措施提高土壤有机质的含量（施用有机肥、秸秆还田等），特别是黏质土，可明显改善土壤的孔隙状况。

（4）土壤耕作

适时的耕作可使土壤疏松，改善土壤结构状况，调节土壤孔隙状况。

3.5　土壤水

土壤水主要来源于大气降水和灌溉水。土壤水是土壤重要的组成部分之一，是植物生长发育所需水分的主要来源。土壤水并非纯水，而是稀薄的溶液，不仅溶有各种溶质，而且还有胶体颗粒悬浮或分散于其中。土壤水也是自然界水循环的一个重要环节。土壤水处于不断变化运动中，是三相物质中最活跃、变动最大的物质，参与土壤内许多物质转化过程，影响植物生长和土壤中许多理化、生物过程。通常所说的土壤水实际上是指在105～110℃条件下可从土壤中被驱逐出来的水分。

3.5.1 土壤水的类型及有效性

大气降水或灌溉水进入土壤后，水分受土粒吸附力、毛细管力或重力的作用，保持在土壤中或发生渗透流出土体。根据土壤水受力情况不同可分为吸湿水、膜状水、毛细管水和重力水等类型。

3.5.1.1 吸湿水

吸湿水是指固相土粒主要借助其表面的分子引力从大气中吸收的那部分气态水。吸湿水受土粒的吸引力极大（最内层可达 10^9 Pa），不能自由移动，不能溶解其他物质。这种水不能被植物吸收利用，为无效水。吸湿水要在105～110℃条件下烘干7～8 h，才能从土粒表面分离出来。

吸湿水量受土粒比表面积、质地、空气的湿度所决定。在饱和水汽中，干燥土粒吸附的水分子达到最大量时，称为最大吸湿量（或吸湿系数）。不同质地土壤最大吸湿量的大致范围不同，它们的排序为黏土（50～65 g/kg）＞壤土（20～50 g/kg）＞砂土（0.5～10 g/kg）。实验室制备的风干土中含有一定量的吸湿水，所以在土壤分析计算时，要测定风干土的吸湿水量。

3.5.1.2 膜状水

吸湿水含量达到最大后，土粒还有剩余的分子引力，能吸附动能较小的液态水，这样在土粒吸湿水的外围形成的一层连续水膜，称为膜状水。膜状水受到的吸引力，一般在（3～6）$\times 10^5$ Pa，远小于吸湿水，因此可以移动，其能从水膜厚的土粒缓慢移动到水膜薄的土粒表面。膜状水的外层所受土粒吸引力小于 1.5×10^6 Pa 的那部分水，可以被植物吸收利用。

虽然植物可以利用部分膜状水，但由于其移动速度太慢，不能及时补给，在可利用水还未消耗完时，植物就会因其补给不及时而发生萎蔫。当植物发生永久萎蔫时的土壤含水量，称为萎蔫系数（或凋萎系数）。一般土壤质地越黏重，其萎蔫系数就越大，详见表3-10。萎蔫系数是植物可利用土壤有效水的下限，土壤含水量低于此值，植物将枯萎死亡。

表3-10 不同质地土壤的萎蔫系数

单位：%

土壤质地	粗砂土	细砂土	砂壤土	壤土	黏壤土
萎蔫系数	0.96～1.1	2.7～3.6	5.6～6.9	9.0～12.4	13.0～16.6

资料来源：吕贻忠，李保国．土壤学[M]．北京：中国农业出版社，2013。

3.5.1.3　毛细管水

通过毛细管力保持在土壤毛细管孔隙中的水分，称为毛细管水。毛细管水是土壤中最宝贵的水分。首先，毛细管水全部是有效水，能被植物吸收利用；其次，毛细管水可以从毛细管力小的地方向毛细管力大的地方移动，在土层中能向上、下、左、右方向移动，移动能力强，多数为速效水；最后，毛细管水有溶解养分的能力，随着毛细管水的移动，能同时将养分输送给植物吸收利用。

毛细管水根据其所处位置和水分来源不同，可分为悬着毛细管水和支持毛细管水。

（1）悬着毛细管水

悬着毛细管水是指不受地下水源补给的毛细管水，即当大气降水或灌溉后保持在土壤中的液态水。悬着毛细管水存在于土壤复杂的毛细管孔隙系统中，其与下层干土之间有较明显的干湿分界线，像悬着在土壤剖面上部的水网。这种类型的水主要见于毛细管系统发达的壤土和黏土中。砂质土和砾质土的毛细管孔隙不发达，大孔隙多，悬着毛细管水主要是围绕在土粒或石砾相互接触的地方，有时水环融合在一起，有时互相不通连，统称为触点水。在均质土壤中，当悬着毛细管水处于平衡状态时，土壤上、下各处的含水量基本一致。

当悬着毛细管水达到最大含量时的土壤含水量称为田间持水量。田间持水量相当于吸湿水、膜状水和悬着毛细管水的全部。田间持水量的大小主要受土壤质地、有机质含量和结构等因素的影响。黏质土壤、有机质含量高、富含团粒结构的土壤，田间持水量大。表 3-11 为不同质地和耕作条件下的田间持水量大致范围。

表 3-11　不同土壤质地和耕作条件下的田间持水量　　单位：%

土壤质地	砂土	砂壤土	轻壤土	中壤土	重壤土	黏土	二合土		
							耕前	耕后	紧实
田间持水量	10～14	16～20	22～26	20～24	24～28	28～32	32	25	21

资料来源：吕贻忠，李保国．土壤学 [M]. 北京：中国农业出版社，2013。

田间持水量越大，则土壤保水能力越强；反之，土壤保水能力弱。田间持水量是一个相对稳定的水分常数，是确定灌水量的重要依据。田间持水量也是大多数植物可利用的土壤水上限。田间持水量与凋萎系数之间的差值是土壤有效水的最大含量（表 3-12），其值的大小主要与土壤质地、有机质含量有关。

表 3-12　土壤质地与土壤有效水最大含量的关系

土壤质地	砂土	砂壤土	轻壤土	中壤土	重壤土	黏土
田间持水量 /%	12	18	22	24	26	30
萎蔫系数 /%	3	5	6	9	11	15
有效水最大含量 /%	9	13	16	15	15	15

资料来源．熊毅，李庆逵．中国土壤 [M]. 2 版．北京：科学出版社，1987。

（2）支持毛细管水

支持毛细管水是指在土壤中受到地下水源支持并上升到一定高度的土壤水，即地下水沿着土壤毛细管系统上升，并保持在地下水层以上土壤中的那一部分水。这种水的含量在毛细管水上升高度范围内自下而上逐渐减少到一定限度为止。

3.5.1.4 重力水

重力水是指土壤中只受重力作用沿着大孔隙向下运动的那部分水。只有当大气降水或灌溉强度超过土壤吸持水分的能力时，才会出现重力水。植物基本不能利用重力水，是一种多余水。

3.5.2 土壤水分含量的表示方法

土壤水分含量是表征土壤水分状况的一个指标，又称土壤含水量、土壤含水率、土壤湿度等。土壤水分含量有多种表示方法，常用的有以下几种：

（1）质量含水量

质量含水量，又称重量含水量，是指土壤中水分的质量与干土质量的比值，常用符号 θ_m 表示。质量含水量常用百分数形式表示，也可用小数形式。

用数学公式表示为

$$\theta_m = \frac{M_1 - M_2}{M_2} \times 100\% \tag{3-8}$$

式中，θ_m——土壤质量含水量，%；

M_1——湿土质量，g；

M_2——烘干土质量，g。

定义中的“干土”为烘干土，是指在 105～110℃条件下烘至恒重的土壤。这里要注意，实验室制备的分析土样通常称为风干土（气干土），风干土是在当地空气湿度条件下自然干燥的土壤，含有吸湿水，其质量含水量一般比烘干土高几个百分点。

例如，某土样质量为 18 g，在 105℃烘箱中烘至恒重后的烘干土质量为 15 g，则质量含水量为：土壤质量含水量 $= \frac{18-15}{15} \times 100\% = 20\%$。

（2）容积含水量

单位土壤总容积中水分所占的容积分数，称为容积含水量，又称土壤容积湿度，常用符号 θ_v 表示。容积含水量也常用百分数形式表示，也可用小数形式。

用数学公式表示为

$$\theta_v = \frac{V_w}{V_s} \times 100\% \tag{3-9}$$

式中，θ_V——土壤容积含水量，%；

V_w——土壤水所占的容积，cm^3；

V_s——土壤总容积，cm^3。

如果已知土壤容重，则可用下式来计算土壤容积含水量：

$$土壤容积含水量=土壤质量含水量 \times 土壤容重 \tag{3-10}$$

例如，某地块表层土壤的质量含水量为 15%，容重为 1.2 g/cm³，则该地块表层土壤的容积含水量为：15%×1.2=18%。

如果知道土壤的孔隙度，根据水分容积百分数可计算出土壤中空气所占的容积百分数，进而可以算出土壤固、液、气三相的比例。

（3）相对含水量

相对含水量是指土壤实际含水量占某一标准（田间持水量或饱和含水量）的百分数。相对含水量可以说明土壤水的饱和程度、反映土壤的有效水量含量和水、气的比例等。通常相对含水量为 60%～80%，是适宜一般农作物以及微生物活动的水分条件。

（4）土壤储水量

土壤储水量是指一定面积和厚度土壤中含水的绝对数量。在土壤物理、农田水利学、水文学等学科中经常用到这一术语和指标，它主要有两种表达方式。

1）土壤储水量深度（D_w）（水层厚度）。储水量深度是指在一定厚度（h）、一定面积土壤中所含的水量相当于相同面积水层的厚度。如果知道土壤的容积含水量（θ_v），就可以计算出 D_w，D_w 与 θ_v 的关系式如下：

$$D_w=\theta_v \cdot h \tag{3-11}$$

式中，D_w——土壤储水量深度，mm；

θ_v——土壤容积含水量，%；

h——土层厚度，mm。

D_w 的单位可用 cm 表示，但更多用 mm 表示，用 mm 表示的优点在于与气象资料常用的 mm 计算单位一致，便于互相比较和互相换算。

例如，某土层厚度为 10 cm，容积含水量为 25%，则该土层的储水量深度 =25%×10=2.5 cm=25 mm。

计算一定厚度土壤的 D_w，如 1 m 土壤储水量深度，如果该土壤是均一含水的土壤，可直接用式（3-11）计算；如果土壤含水不均一，则需分层计算，公式如下：

$$D_{w,100}=\sum_{i=1}^{n}\theta_{vi} \cdot h_i \tag{3-12}$$

式中，$D_{w,100}$——1 m 土壤储水量深度，cm；

n——1 m 土体划分的含水均一的层次数；

θ_{vi}——第 i 层土壤的容积含水量，%；

h_i——第 i 层土壤厚度，cm。

2）储水量体积（绝对水体积）。储水量体积，即一定面积一定厚度土壤中所含水量的体积。

若都以 1 m 土深计，D_w 以 mm 表示，每公顷土壤的储水量体积（V）与 D_w 之间的换算关系，可由下式表示：

$$V=10D_w \tag{3-13}$$

式中，V——每公顷土壤的储水量体积，m³/hm²；

D_w——土壤储水量深度，mm；

10——土壤储水量深度（mm）转换为 m^3/hm^2 的换算系数。

例如，某土层深度为 100 cm，土壤质量含水量为 20%，土壤容重为 1.1 g/cm^3，则 1 hm^2 面积的土壤储水量体积 =10×（20%×1.1×100×10）=2 200 m^3。

3.5.3 土壤水的能态

土壤水分含量只能提供土壤水分的数量信息，并不能用来判断土壤水分的运动方向和速度。1907 年，白金汉（Buckingham）提出用“势值”能态的方法来研究和解释土壤水的运动问题，1950 年以后，这方面的研究有了长足的进展。土壤水分和自然界其他物体一样，具有不同数量和形式的能量。在经典物理学中，把能量分为两种基本形式，即动能和势能。由于土壤水的运动速度很慢，它的动能一般可以忽略不计，因而土壤水的能量大小主要是由其位置和内部条件所产生的势能决定的。

3.5.3.1 土壤水势

土壤水势是指土壤水在各种力（如吸附力、毛细管力、重力等）的作用下其自由能与相同条件下自由纯水的自由能的差值，符号为 ψ。上述定义中，以自由纯水作为参比标准，假定其自由能为零。土壤水的自由能与自由纯水比较，其差值一般为负值。根据热力学定律，任何运动都是从自由能高的地方向自由能低的地方进行。同样，土壤水的运动也总是从土壤水势高处流向土壤水势低处。

用土壤水势研究土壤水有很多优点：一是可以作为判断各种土壤水分能态的统一标准和尺度；二是水势的数值可以在土壤－植物－大气之间统一使用，把土壤水势、根水势、叶水势等统一比较，判断它们之间的水流方向、速度和土壤水有效性；三是可用精确的测定手段对土壤水势进行研究，土壤水势各分势也可用仪器进行测定。

土壤水势由各个分势构成，主要的分势为基质势、压力势、溶质势和重力势。

（1）基质势（Ψ_m）

基质势，也称基模势，是土壤水势的主要组成部分。在土壤水不饱和的情况下，由土壤固体颗粒的吸附力和毛细管力所制约的土壤水势，称为基质势。由于土壤水受吸附力和毛细管力的制约，在这种力场下的水，其自由活动能力相对降低，其水势自然低于参与标准纯自由水的水势。假定纯自由水的势能为 0，则基质势为负值。同一土壤，在含水量不同的情况下，基质势是不同的。土壤含水量越低，基质势越低；反之，土壤含水量越高，基质势越高；直至土壤水完全饱和，基质势达到最大值，与参比标准相等，即等于 0。在土壤水不饱和的情况下，非盐碱化土壤的土壤水势以基质势为主。

（2）压力势（Ψ_p）

压力势是指在土壤水饱和的情况下，土壤中的孔隙都充满水，并连续成水柱，土壤水由于受静水压力而产生土壤水势变化。只有当土壤水分饱和时才有压力势，在不饱和土壤中压力势为 0。土表的土壤水与大气接触，仅受大气压力，压力势为 0。在土体内部的土壤水除受大气压力外，还要承受其上部水柱的静水压力，其压力势大于参比标准，为正值。在饱和土壤越深层的土壤水，所受的压力越高，压力势正值越大。

对于水分饱和的土壤，在水面以下深度 h 处，体积为 V 的土壤水的压力势为

$$\psi_p = \rho_w ghV \qquad (3-14)$$

式中，ρ_w——水的密度；

g——重力加速度。

（3）溶质势（Ψ_s）

溶质势又称渗透势，指土壤水中溶解的溶质而引起的土壤水势的变化，一般为负值。在盐化土壤中，由于含有大量可溶盐类，盐类溶解成离子，离子水化使水分子被定向吸引排列在离子周围，失去自由活动的能力，与参比标准的纯水相比，自由能降低，所以溶质势为负值。土壤水溶解的溶质越多，溶质势越低。溶质势仅在盐渍土以及干旱的含盐土壤中具有意义，而在一般土壤中可以忽略不计。

（4）重力势（Ψ_g）

重力势是指由重力作用而引起的土壤水势变化。重力势的大小与参比面（参与标准）的位置有关，参比面处重力势为 0。高于参比标准的土壤水，其所受重力作用大于参比标准，故重力势为正值，反之为负值。高度越高则重力势的正值越大，反之则相反。参比面（参与标准）一般根据研究需要而定，可设在地表或地下水位。

（5）总水势（Ψ_t）

土壤水势就是以上各分势的总和，用数学式表达为

$$\Psi_t=\Psi_m+\Psi_p+\Psi_s+\Psi_g \qquad (3-15)$$

土壤水含量决定土壤水势的大小。在土壤水饱和的状态下，Ψ_m 为 0，若不考虑半透膜的存在，则 $\Psi_t=\Psi_p+\Psi_g$；在土壤水不饱和的状态下，Ψ_p 为 0，则 $\Psi_t=\Psi_m+\Psi_g$；在考察根系吸水时，一般可忽略 Ψ_g，因根吸水表皮细胞存在半透膜性质，则 $\Psi_t=\Psi_m+\Psi_s$，若土壤含水量达饱和状态，则 $\Psi_t=\Psi_s$。

在根据各分势计算土壤总水势时，必须分析土壤含水情况，且应注意参与标准及各分势的正负符号。

（6）土壤水吸力

土壤水势一般都为负值，在使用中不太方便。1950 年腊塞尔（E. W. Russel）提出用土壤水吸力表示水的能态。它的意义和土壤水势一样，区别在于土壤水吸力只相当于土壤水势的基质势（Ψ_m）和溶质势（Ψ_s），并取它们的绝对值，数值相等，符号相反。

由于土壤中无半透膜，因而不考虑 Ψ_s，故水吸力通常是指基质吸力，其值与 Ψ_m 相等，符号相反。溶质吸力只在根系吸水（有半透膜存在）时才表现出来。水吸力同样可用来判断土壤水分运动的方向，土壤水总是从水吸力低处向水吸力高处运动。

3.5.3.2　土壤水能态的定量表示方法

常用“单位数量土壤水的势能值”定量表示土壤水势。最常用的单位数量是单位容积和单位重量。单位容积土壤水的势能值用压强单位帕（Pa）表示，习惯上曾用巴（bar）和大气压（atm）表示；单位重量土壤水的势能值用相当于一定压力的厘米水柱高度表示。现在国际标准单位是帕。上述单位之间的关系是

1 Pa=0.010 2 cm 水柱

1 atm=1 033 cm 水柱 =1.013 3 bar

1 bar=0.989 6 atm=1 020 cm 水柱

3.5.3.3 土壤水能态的测定方法

土壤水能态的测定方法很多，如用水汽压法可以测定土壤总水势，用张力计法、压力膜法、电阻块法测定基质势等。

3.5.3.4 土壤水分特征曲线

土壤水的基质势或土壤水吸力是随土壤含水量的多少而变化的，二者的关系曲线称为土壤水分特征曲线。某种土壤的水分特征曲线一般用原状土样测定其在不同土壤水吸力（或基质势）下的相应含水量后绘制而成。土壤水分特征曲线表示土壤水的能量与数量之间的关系，是研究土壤水分的保持和运动所用到的反映土壤水分基本特性的曲线，有重要的实用价值：

1）可利用它进行土壤水吸力（或土水势）和含水量之间的换算；

2）土壤水分特征曲线可以间接地反映出土壤孔隙大小的分布；

3）水分特征曲线可用来分析不同质地土壤的持水性和土壤水分的有效性；

4）应用数学物理方法对土壤中的水运动进行定量分析时，水分特征曲线是必不可少的重要工具。

土壤水分特征曲线受多种因素影响，主要有土壤质地、结构、温度、水分变化过程等。图 3-4 为不同质地土壤的水分特征曲线。

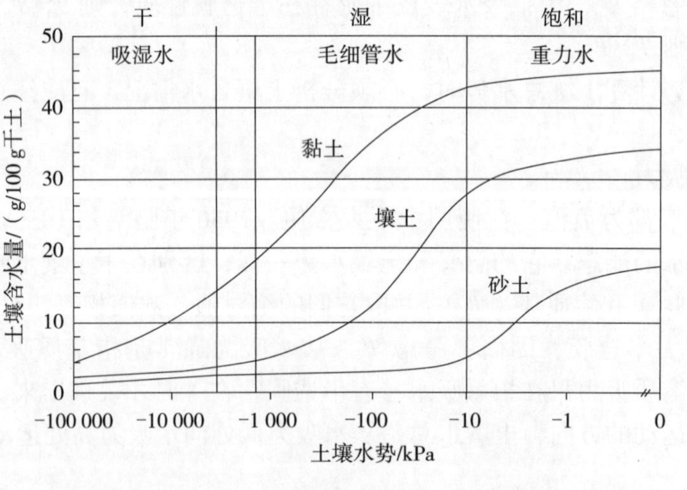

图 3-4 不同土壤的水分特征曲线（低吸力脱湿过程）

资料来源：吕贻忠，李保国 . 土壤学 [M]. 北京：中国农业出版社，2013。

3.5.4 土壤水的运动

在土壤中存在 3 种类型的水分运动：饱和流、非饱和流和水汽移动，前两者指土壤中的液态水流动，后者指土壤中气态水的运动。

3.5.4.1　土壤中液态水的运动

土壤中液态水的流动方向是从土壤水势高处流向低处。下面分别介绍饱和流和非饱和流的运动。

（1）饱和流

饱和土壤中的水流，简称饱和流，即土壤孔隙全部充满水时的水流。在土壤中，有些情况下会出现饱和流，如当大量持续降水和稻田淹灌时会产生垂直向下的饱和流，灌溉渠道两侧的侧渗也可能出现水平方向的饱和流。饱和流的推动力主要是重力势梯度和压力势梯度，其流动基本上服从饱和状态下多孔介质的达西定律，即单位时间内通过单位面积土壤的水量（土壤水通量）与土壤水势梯度成正比。达西定律公式见式（3-16）。饱和流不只有垂直流动，有时也会发生水平流动。

$$q = -K_s \frac{\Delta H}{L} \tag{3-16}$$

式中，q——单位面积的土壤水通量，cm/h；

K_s——土壤饱和导水率，cm/h；

ΔH——总水势差，一般用 cm 水柱表示；

L——水流路径的直线长度，cm；

负号——水流方向指向水势梯度下降的方向。

从上式可以看出，饱和土壤中水流的运动速率与水势梯度（$\Delta H/L$）成正比，而水势梯度的大小主要取决于降雨或灌溉水量的大小。另外，影响饱和水流速度的重要因素就是土壤饱和导水率。对于每种土壤来说，饱和导水率是一个常数。任何影响土壤孔隙大小和形状的因素都会影响饱和导水率，主要影响因素如下：①质地。砂质土壤通常比黏质土壤的饱和导水率高。②结构。在具有稳定团粒结构的土壤中，饱和导水率高。而在具有不稳定团粒结构的土壤中，潮湿时不稳定团粒结构会被破坏，细的黏粒和粉砂粒就会阻塞较大孔隙的连接通道，使水流流速降低。③黏土矿物类型。有些类型的黏粒特别有助于小孔隙的增加，这就会降低土壤导水率，例如，和 1∶1 型的黏粒多的土壤相比较，含蒙脱石多的土壤通常具有低的导水率。④有机质含量。有机质含量高的土壤疏松多孔，含有较多大孔隙，有利于水流流动。

（2）非饱和流

非饱和土壤中的水流，简称非饱和流（不饱和流），即土壤只有部分孔隙中有水时的水流。除常年积水的洼地外，绝大部分土壤常处于水分不饱和状态。土壤非饱和流的推动力主要是基质势梯度和重力势梯度，可用非饱和达西定律［式（3-17）］来描述。

$$q = -K(\psi_m)\frac{d\psi}{dx} \tag{3-17}$$

式中，q——非饱和土壤水通量；

$K(\Psi_m)$——非饱和导水率；

$\frac{d\psi}{dx}$——总水势梯度；

负号——水流方向指向总水势梯度下降的方向。

与饱和流相比，非饱和流具有两个特点：①非饱和流推动力包括基质势和重力势；②非饱和流的导水率不是一个常数，它除与土壤性状有关外，还随含水量或水势的变化而变化，非饱和流导水率是土壤含水量或基质势的函数。含水量高，水势高，则非饱和流导水率大；含水量低，水势低，则非饱和流导水率小。同时非饱和流导水率受土壤中水分存在状态的影响。若水分是连续的，则随着土壤含水量减少，非饱和流导水率逐渐降低；若水分是不连续的，则非饱和流导水率随着含水量降低急剧下降。

土壤水吸力和导水率之间的一般关系如图 3-5 所示。在土壤水吸力为 0 或接近于 0 时（饱和水流出现），其导水率最高。在低吸力水平时，砂壤土中的导水率要比黏土中的导水率高些；在高吸力水平时，则与此相反。这是因为在接近饱和时，砂壤土中的大孔隙占优势，此时导水率要比黏土的高；而当吸力进一步发展，大孔隙排空时，反而成为水分传导的障碍，而黏土孔隙较小且均匀，在高吸力情况下也能传导水分，因而比砂土的导水率高。

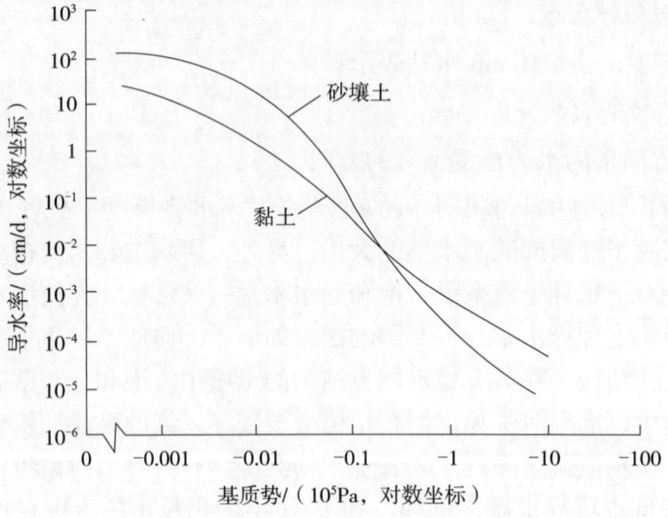

图 3-5　砂质土和黏质土的土壤水吸力与导水率之间的关系

资料来源：吕贻忠，李保国．土壤学 [M]. 北京：中国农业出版社，2013。

3.5.4.2　土壤中气态水的运动

土壤内部气态水的运动，表现为水汽扩散和水汽凝结两种现象。

水汽扩散运动的推动力是水汽压梯度（单位距离内水汽压的差值），其扩散量遵守扩散定律，即水汽的扩散量与水汽压梯度成正比。水汽压梯度大小又受水势梯度和温度梯度影响，其中温度梯度的作用远大于水势梯度。所以，水汽总是由水汽压高处向水汽压低处运动，由温度高处向温度低处运动。

当水汽由暖处向冷处运动，水汽遇冷便可凝结成液态水，这就是水汽凝结。“夜潮”和“冻后聚墒”就是水汽凝结现象。

“夜潮”现象多发生在温暖季节地下水埋深比较浅的地区。白天土壤表层被晒干，夜间表层土降温快，底土温度高于表土，所以水汽由底土向表土移动，遇冷便凝结，使白天晒干的表土又恢复潮湿。"夜潮"现象对植物需水有一定补给作用。

"冻后聚墒"现象是我国北方冬季土壤冻结后的聚水作用。由于冬季土壤表层冻结，水汽压降低，而其下面的非冻土层水汽压较高，于是下层水汽不断向冻层下缘集聚、冻结，使冻层不断加厚，其含水量有所增加，这就是"冻后聚墒"现象。虽然这种现象对土壤上层的增水作用有限（2%～4%），但对缓解土壤旱情有一定意义。

在土壤含水量较高时，土壤内部的水汽移动对于土壤给植物供水的作用很小，一般可以不加考虑，但在干燥土壤给耐旱的漠境植物供应水分时，土壤内部的水汽移动可能就具有重要意义，有许多漠境植物能在极低的水分条件下生存。

3.6　土壤空气

土壤空气是土壤三相组成物质之一。土壤空气的数量和组成对植物生长发育、微生物活动、土壤养分状况及污染物质的转化都有重要影响。

3.6.1　土壤空气的来源与数量

土壤空气主要来自大气，少量是土壤中生物活动产生的气体，还有部分气体是由于土壤中发生的生物化学及纯化学过程产生的。

土壤空气的数量取决于土壤的孔隙度和含水量。在土壤三相组成中，土壤空气存在于土体内未被水分占据的孔隙中，其数量随土壤含水量的变化而变化。在一定容积的土体内，如果孔隙度不变，孔隙中水多则气少，水少则气多，两者相互消长。土壤质地、结构、耕作状况都可以影响其孔隙状况和含水量，进而会影响土壤中空气的含量。土壤质地与水分、空气的关系详见表 3-13。

表 3-13　土壤质地与水分、空气的关系

土壤质地	总孔隙度（以体积计）/%	田间持水量（占总孔隙度的百分比）/%	空气孔隙度（占总孔隙度的百分比）/%
黏土	50～60	85～90	15～10
重壤土	45～50	70～80	30～20
中壤土	45～50	60～70	40～30
轻壤土	40～45	50～60	50～40
砂壤土	40～45	40～50	60～50
砂土	30～35	25～35	75～65

资料来源：严健汉，詹重慈．环境土壤学 [M]. 武汉：华中师范大学出版社，1985。

3.6.2　土壤空气的组成

对于通气良好的土壤，其空气组成接近于大气。一般越接近地表的土壤空气与大气越

相近，土壤深度越深，土壤空气组成与大气差异也越大。土壤空气与大气组成的差异详见表 3-14。

表 3-14 土壤空气与大气组成的差异 单位（以容积计）：%

气体	O_2	CO_2	N_2	其他气体
近地表的大气	20.94	0.03	78.05	0.98
土壤空气	18.00～20.03	0.15～0.65	78.80～80.24	0.98

资料来源：林成谷 . 土壤学 [M]. 北京：农业出版社，1983。

土壤空气与大气的基本组成相近，但由于土壤多相体系的特点，土壤空气组成有其自身特点。主要特点如下：①由于土壤生物呼吸作用和有机质分解等原因，土壤空气中 CO_2 含量高于大气，O_2 含量低于大气；②土壤空气中水汽含量高于大气，土壤空气的相对湿度大多是近饱和的；③当土壤通气严重不良时，土壤有机质在嫌气微生物作用下分解不彻底，产生还原性气体，这时土壤空气中甲烷（CH_4）、硫化氢（H_2S）等还原性气体含量就会高于大气；④土壤空气中各成分的含量随季节、土层深度的变化而变化。

3.6.3 土壤空气的运动

土壤空气在土体内不停地运动，并不断地与大气进行交换，使土壤空气得以更新。如果土壤空气和大气不进行交换，土壤空气中的 O_2 可能会在 12～40 h 消耗殆尽。土壤空气运动的方式有两种，即扩散和对流。

3.6.3.1 土壤空气的扩散

一般情况下，扩散作用是土壤与大气交换的主要机制。在土壤空气的组成中，CO_2 的浓度高于大气，而 O_2 的浓度低于大气。在浓度梯度的作用下，驱使 CO_2 气体分子不断从土壤中向大气扩散，同时使 O_2 分子不断从大气向土壤空气扩散。在土壤学中，把土壤从大气中吸收 O_2，同时排出 CO_2 的气体扩散作用，称为土壤呼吸。

土壤空气扩散的速率与土壤性质的关系可用 Penman 公式表示：

$$\frac{dq}{dt}=\frac{D_o}{\beta}AS\frac{P_1-P_2}{L_e} \tag{3-18}$$

式中，$\frac{dq}{dt}$——扩散速率，q 为气体扩散量，t 为时间；

D_o——气体在大气中的扩散系数；

A——气体通过的截面积；

S——土壤孔隙度；

L_e——气体通过的实际距离；

P_1、P_2——在距离 L_e 两端的气体分压；

β——比例常数。

从式（3-18）可以看出，土壤空气的扩散速率与扩散面积中的孔隙部分的面积（A）

以及分压梯度成正比，与空气通过的实际距离成反比。因此，土壤孔隙的大小、多少、连续性以及充水程度等都会影响到气体扩散。土壤大孔隙多、互相连通而又未被充水，就有利于气体的交换；如果土壤被水饱和或接近饱和，气体交换就难以进行。

3.6.3.2 土壤空气的对流

土壤空气的对流是指土壤与大气间由总压力梯度推动的气体整体流动，也称质流。土壤与大气间的对流总是由高压区流向低压区。

许多原因可引起土壤与大气间的压力差，从而引起土壤空气与大气的对流，主要影响因素如下：①气压变化。大气压力上升，一部分大气就会进入土壤孔隙；大气压力下降，土壤空气膨胀，使得一部分土壤空气进入大气。②温度变化。当土壤温度高于大气温度时，土壤中空气受热上升，扩散到近地表大气中，而大气则下沉，通过土壤孔隙渗入土中，形成冷热气体的对流，使土壤气体获得更新。③降雨或灌溉。当降雨或灌溉时，土壤更多的孔隙充水，而把部分土壤空气排出土壤孔隙之外；反之，当土壤含水量降低时，大气中的新鲜空气又会进入土体的孔隙之内。另外，地面的较大风力也会引起较为明显的整体流动。

土壤空气与大气间气体的整体流动，是由二者之间的总气压差引起的。这种总气压差通常不大，所以这种交换方式在土壤空气交换变化中并不重要，只是在土壤表层几厘米到十几厘米深度范围内。

土壤通气性是指土壤空气与大气不断进行气体交换的能力。土壤通气性越好，土壤空气的组成越接近大气。土壤通气性主要取决于通气孔隙的数量与大小，对于旱地而言，其通气孔度最低应保持在 10% 以上。

3.6.4 土壤空气的生态功能

3.6.4.1 土壤空气与植物生长

土壤空气对植物生长的影响主要是以下两个方面：①种子萌发。对于一般植物种子的萌发，需要土壤空气中 O_2 含量大于 10%；如果土壤空气中 O_2 含量小于 5%（CO_2 超过 1% 时），种子萌发将受到抑制。②根系生长。土壤空气中 O_2 含量小于 9%（或 10%），根系发育就会受到影响，O_2 含量小于 5%，绝大多数作物根系停止发育。土壤空气中 CO_2 含量大于 1% 时，就会延缓根系的发育，当 CO_2 含量达到 5%～20% 时，则为致死的含量。

3.6.4.2 土壤空气与微生物活性

土壤微生物分解有机质需要不断地消耗 O_2，如果 O_2 过于缺乏就会抑制好氧微生物的活动，进而影响有机态养分的释放。

3.6.4.3 土壤空气与土壤环境状况

当土壤通气良好时，土壤呈氧化状态，有利于有机质分解，释放养分；相反，当土壤通气不良时，土壤还原性加强，有机质分解不彻底可能会产生 CH_4、H_2S 等还原性气体，对植物生长产生毒害作用。另外，土壤通气状况也会影响土壤中污染物质的转化，如砷，在氧化条件下，主要以砷酸根形式存在，生物毒性小；在还原条件下，主要以亚砷酸根形式存在，对植物的毒性要比砷酸根大得多。从环境意义角度来讲，土壤通气性对重金属、农药等有机物在土壤中的迁移转化及降解过程具有重要影响，因而在污染土壤的修复研究中具有重要意义。

3.6.4.4 土壤空气与大气中温室气体的关系

大气中温室气体增加引起的温室效应及其生态影响受到人们的日益关注。土壤向大气释放温室气体（CO_2、N_2O 等），是大气中温室气体的源；同时，土壤也能吸收和消耗大气中的温室气体，也是温室气体的汇。为减缓全球变暖的危害，减少土壤向大气中释放温室气体具有重要意义，如减少土壤 CO_2 净释放（或增加土壤碳贮存）、减少土壤 N_2O 的释放等。

3.7 土壤热量

土壤热量是土壤重要的物理性质，是土壤四大肥力要素之一。土壤热状况对植物生长和微生物活动有重要的影响，也直接影响土壤中许多物理、化学及生物化学过程。

3.7.1 土壤的热性质

反映土壤热性质的指标主要有土壤热容量、导热率和热扩散率。

3.7.1.1 土壤热容量

土壤热容量分为容积热容量和质量热容量。土壤的容积热容量是指单位容积的土壤，在温度升降 1℃时所吸收或释放的热量，用 C_V 来表示，单位是 J/（cm^3・℃）。质量热容量是指单位质量的土壤，温度升降 1℃所吸收或释放的热量，用 C_m 来表示，单位是 J/（g・℃）。两者的关系是：容积热容量 = 质量热容量 × 土壤容重。

土壤各组成成分的热容量相差较大，详见表 3-15。

表 3-15 土壤各组成成分的热容量

土壤组成成分	土壤空气	土壤水分	砂粒和黏粒	有机质
质量热容量 /[J/（g・℃）]	1.004 8	4.186 8	0.75～0.96	2.01
容积热容量 /[J/（cm^3・℃）]	0.001 3	4.186 8	2.05～2.43	2.51

由表 3-15 可看出，土壤空气的容积热容量很小，相对于土壤水分和土壤固相组成来说，可以忽略不计。土壤水分的热容量最大，所以，影响土壤热容量大小的主要因素是土壤含水量，即土壤含水量高，则土壤热容量大，反之，热容量小。热容量大，土温升降慢；热容量小，土温升降快。一般情况下，砂土的含水量比黏土小，故其热容量小于黏土，所以砂土温度容易升降，早春时砂土升温快，称其为热性土。而黏土热容量比砂土

大，温度不易升降，早春时黏土升温慢，称其为冷性土。

对于某一特定土壤而言，其固相组成相对稳定不易变化，而含水量变化则较大。在生产实践中，可根据土壤热容量的性质，通过调节土壤含水量来达到调节土温的目的。

3.7.1.2　土壤热导率

土壤具有对所吸热量传导到邻近土层的性质，称为土壤导热性。土壤导热性的大小用热导率来表示。土壤热导率是指在单位厚度（1 cm）土层，温差为 1℃时，每秒钟经单位断面（1 cm^2）通过的热量，常用 λ 表示，单位是 J/（cm^2 · s · ℃）。热量是由高温向低温处传导。

土壤不同组成成分的热导率相差较大，详见表 3-16。

表 3-16　土壤不同组成成分的热导率　　单位：J/（cm^2 · s · ℃）

土壤组成成分	导热率
石英	4.427×10^{-2}
湿砂粒	1.674×10^{-2}
干砂粒	1.674×10^{-3}
泥炭	6.276×10^{-4}
腐殖质	1.255×10^{-2}
土壤水	5.021×10^{-3}
土壤空气	2.092×10^{-4}

资料来源：吕贻忠，李保国 . 土壤学 [M]. 2 版 . 北京：中国农业出版社，2020。

由表 3-16 可以看出，土壤空气的热导率最小，土壤矿物质热导率最大，土壤水的热导率介于两者之间。土壤固、液、气三相物质中，空气的热导率最小，可以忽略不计；固相物质虽然热导率最大，但其相对稳定不易变化；土壤水分含量总是处于变动状态。因此，土壤热导率的变化主要取决于土壤含水量的多少。当土壤干燥缺水时，土壤孔隙被空气占领，热导率就小；反之，当土壤湿润时（含水量变高），热导率也就增大。因而湿土比干土导热快。

导热性好的湿润表土层白天吸收的热量易于传导到下层，使表层温度不易过高；夜晚下层温度又向上层传递以补充上层热量的散失，使表层温度下降不致过低，因而导热性好的湿润土壤昼夜温差较小。冬季麦田干旱时灌水防冻，早春灌水防霜冻都是根据这个道理。

3.7.1.3　土壤热扩散率

土壤温度升降的快慢一般用热扩散率（D）来表示。土壤热扩散率是指在标准状况下，在土层垂直方向上单位距离（1 cm）内，1℃的温度梯度下，每秒流入 1 cm^2 土壤断面面积的热量，使单位体积（1 cm^3）土壤所发生的温度变化。其大小等于土壤热导率与容积热容量之比值。

$$D = \frac{\lambda}{C_V} \tag{3-19}$$

式中，λ——土壤热导率；

C_V——土壤容积热容量。

土壤热扩散率主要取决于土壤水和空气的比例。干土土温易上升，湿土土温不易上升。

3.7.2 土壤热量平衡

3.7.2.1 土壤热量来源

土壤热量的最基本来源是太阳辐射能，其次是土壤微生物分解转化有机质时释放的能量，另外还有地球内热和土壤贮水的潜能等。

3.7.2.2 土壤热量平衡

当土面获得的太阳辐射能转换为热能时，这些热能大部分消耗于土壤水分蒸发与大气之间的湍流交换上，另一小部分被生物活动所消耗，只有很少一部分通过热交换传导到土壤下层。单位面积上单位时间内垂直通过的热量称为热通量，用 R 表示，单位是 $J/(cm^2 \cdot min)$，它是热交换量的总指标。根据能量守恒定律，土壤热量收支平衡可用式（3-20）表示：

$$S = Q \pm P \pm L_E + R \tag{3-20}$$

式中，S——土壤在单位时间内实际获得或失掉的热量；

Q——辐射平衡；

P——土壤与大气层之间的湍流交换量；

L_E——水分蒸发、蒸腾或水汽凝结而造成的热量损失或增加的量；

R——土面与土壤下层之间的热交换量；

±——在不同情况下有增温（+）或冷却（-）的不同方向。

一般情况下，S 值白天为正值，即土壤温度升高；夜晚为负值，土表不断向外辐射损失热量，温度降低。

3.7.2.3 土壤温度

（1）土壤温度的日变化

土表白天接收太阳辐射增热，夜间放射长波辐射冷却，因而引起温度的昼夜变化。一般情况下，一日内地表最高温度出现在 13 时左右，最低温度出现在日出之前。最高、最低温度出现的时间，随深度增加而延后，通常每增深 10 cm，最高（低）温度出现时间滞后 2.5～3.5 h。土温日变化的幅度随着土壤深度增加而逐渐减小，到达一定深度（80～100 cm）时变为 0。

（2）土壤温度的年变化

在中、高纬度地区，地表温度年变化的特点是：最高温度出现于7月或8月，最低温度出现于1月或2月。土壤温度年变化的幅度随深度的增加而减小，直至一定的深度时为0。这个深度的土层称为温度不变层或常温层。该层深度在低纬度地区为5～10 m，中纬度地区为15～20 m，高纬度地区为20 m左右。

影响土壤温度变化的因素非常复杂，主要因素有海拔高度、坡度、坡向、气象因素、土壤本身的组成和性质（如有机质含量、土壤颜色、结构等）和地表覆盖状况等。

生产实践中常采用灌溉、施用有机肥、耕作、覆盖等措施调节土温，以利于植物生长发育。

思考题

1. 简述土壤的三相组成。
2. 简述土壤的三相关系。
3. 什么是土壤粒级？常见的土壤粒级制有哪些？
4. 你所知道的土壤原生矿物和次生矿物有哪些？
5. 简述土壤粒级大小与矿物组成的关系。
6. 简述土壤矿物质中元素的分布规律。
7. 土粒大小不同，其理化性质也有明显的差异，说明其主要差异表现在哪些方面？
8. 主要的土壤质地分类制有哪些？
9. 简述不同土壤质地的生产特性。
10. 简述土壤质地与污染物的迁移、转化的关系。
11. 什么是团粒结构？团粒结构有何特点？
12. 简述团粒结构在土壤肥力上的作用。
13. 简述农业生产实践中改良土壤结构的措施。
14. 简述适于植物生长发育的耕层土壤孔性指标。
15. 影响土壤孔性的因素有哪些？
16. 什么是毛细管水？为什么说毛细管水是土壤中最宝贵的水分。
17. 什么是“夜潮”现象？
18. 什么是“冻后聚墒”现象？
19. 简述土壤空气组成的特点。
20. 简述土壤空气的生态功能。
21. 为什么说砂土是热性土，黏土是冷性土？
22. 名词解释：土壤容重、质量含水量、田间持水量、毛细管水、土壤呼吸。
23. 列举土壤容重的应用。
24. 称取某土壤10.0 g湿土，在105℃烘干至8.5 g，计算其土壤质量含水量。
25. 某土壤样品体积为300 cm^3，干土重为450 g，求该土壤的容重。
26. 设耕层厚度0.2 m，容重1.3 t/m^3，土壤含水量25%，有机质含量10 g/kg=0.010 t/t，全氮量0.70 g/kg=0.000 70 t/t。试计算1 hm^2（10^4 m^2）0.2 m厚的土层：①土壤重量；②有

机质储量；③全氮储量；④土层厚度 1 m 的土壤储水量。

27. 现有 500 m^2 的地块，耕层深度为 20 cm，若土壤容重为 1.33 g/cm^3，土粒密度为 2.65 g/cm^3，现土壤含水量的质量百分数为 20%，试求：①耕层土壤的孔隙度；②耕层土壤的重量；③土壤含水量的容积百分数。

28. 简述不同质地的土壤如何合理利用和改良。

29. 简述土壤水分的类型。

拓展训练题

查找资料并结合所学知识，详细阐述土壤空气与大气中温室气体的关系，并说明有哪些切实可行的措施可以减少土壤向大气中排放温室气体。

第 4 章　土壤化学性质及其环境意义

本章主要内容为土壤胶体和表面化学特性、土壤胶体的离子交换反应、土壤溶液及其组成、土壤酸碱反应、氧化还原反应以及土壤缓冲性。土壤胶体和表面化学特性主要讲解土壤胶体的类型与性质，层状硅酸盐黏土矿物的晶体结构，阐述了土壤胶体的双电层构造，介绍了土壤可变电荷与永久电荷的来源、性质，土壤胶体的吸附特性、凝聚特性、土壤胶体与肥力、土壤胶体的环境意义等主要特性。土壤胶体的离子交换反应主要讲解土壤阳离子交换作用、土壤阳离子的专性吸附及其环境意义、阳离子交换量的概念，阳离子交换作用的基本规律，土壤阴离子交换，土壤离子交换作用对土壤肥力及土壤环境的影响和意义。土壤酸碱反应章节主要阐述土壤酸碱性的成因、类型与指标，土壤酸碱性对土壤肥力及作物生长的影响，土壤酸碱性与污染物转化和毒性，土壤酸碱性调节措施，并列举了土壤酸碱调节的实际应用案例。氧化还原反应部分主要介绍土壤中主要的氧化还原体系，土壤氧化还原电位，氧化还原状况对土壤性状的影响，氧化还原状况的影响因素及调节手段。

4.1　土壤胶体及其特性

4.1.1　土壤胶体的概念与构造

4.1.1.1　土壤胶体的概念

土壤胶体是指土壤中颗粒直径在 1～100 nm（在长、宽和高 3 个方向上，至少有一个方向在此范围内）的土壤固体颗粒。通常情况下直径小于 2 μm 的土粒便具有胶体的性质，因而被视为土壤胶体。土壤是一个复杂的多元分散系统，土壤胶体颗粒分散在土壤水溶液中所形成的体系，叫作胶体分散体系。一般情况下，把土壤固相颗粒作为分散相，而把土壤溶液和土壤空气看作分散介质。

土壤化学主要关注土壤的化学组成和界面反应，其核心内容是土壤胶体化学，土壤胶体由于其物理尺寸很小，因此这部分内容属于微观研究领域。

土壤胶体的特点之一是表面带有电荷，这种带电特性与土壤的供肥和保肥能力密切相关，表面电荷会对土壤溶液中的阴离子和阳离子产生吸附和固持作用，而这种吸附作用会改变土壤中的营养元素、养分离子、重金属以及有机污染物对于植物的有效性。由于电荷作用，土壤胶体会产生凝聚和分散过程，这一过程会直接影响土壤的孔隙结构以及土壤的导水性等物理特性，虽然土壤胶体颗粒是土壤里很微小的固体颗粒，但其特性和相互作用过程与土壤的宏观性质密切相关。

土壤是由有机物、无机物所组成的混合体系，并且土壤里面的固体物质尺寸跨度非常大，有小到几十纳米的固体物质，同时又有微米级和大到毫米级的物质。

土壤中的氧化物——针铁矿的长度在几百纳米，而宽度往往是在 10～20 nm。当土壤腐殖物质——胡敏酸在溶液中呈现高度分散状态的时候，可以观察到其往往是呈现直径为几十纳米的圆球状。占土壤固相组分含量非常高的高岭石，它的厚度往往是几十到几百纳米。土壤中常见的一些微生物的长度往往是在几微米（图 4-1）。而上述物质中的氧化物、黏土矿物和微生物，可以通过各种物理、化学和生物的作用复合在一起，而形成团聚体或者是结构体，而团聚体和结构体再进一步进行组合，就会形成肉眼可以观察到的土壤。

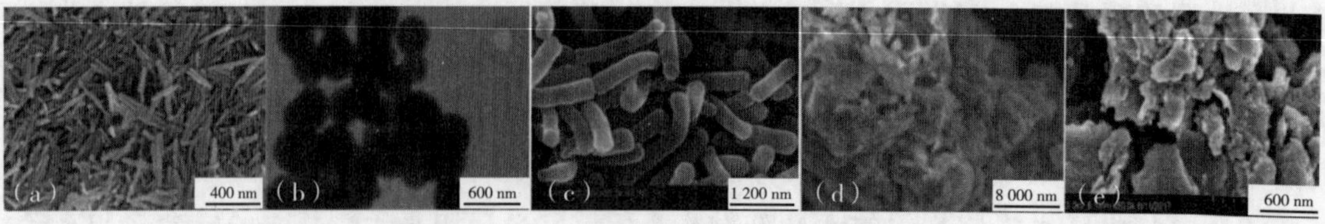

（a）针铁矿；（b）胡敏酸溶液；（c）大肠杆菌；（d）土壤颗粒；（e）土壤团聚结构

图 4-1　土壤中不同物理尺寸固体物质的电镜显微照片

在化学（胶体界面化学）领域，对胶体的定义是指直径小于 100 nm 的颗粒，只有小于 100 nm 的颗粒才有胶体的这种特殊性质，而在环境土壤学领域，把它的直径扩大到了 2 μm。在一系列的土壤固体物质中，直径小于 2 μm 的这一部分物质活性特别高；其中的一个原因是，在土壤中占固相成分含量较高的黏土矿物，如高岭石、云母和蒙脱石等是层状结构，如图 4-2 电镜观察到的微观结构，这种片层状结构的特点是厚度尺寸远小于其平面结构的尺寸；厚度处于几十到几百纳米以内，而宽度（平面的延伸距离）是属于微米级的，但由于其厚度小于 100 nm，即小于 2 μm 的黏粒至少有一个轴小于 100 nm，因而具有胶体的性质，所以直径小于 2 μm 的土粒也称作胶体颗粒。例如，烟是微细的碳粒分散在空气里，云雾是小水滴分散在大气里，豆浆是大豆蛋白分子分散在水里等。

（a）高岭石1：1型；（b）云母2：1非膨胀型；（c）蒙脱石2：1膨胀型

图 4-2　典型黏土矿物的电镜显微照片

资料来源：江西农业大学线上课程"土壤肥料学"。

4.1.1.2　土壤胶体的构造

土壤胶体的带电颗粒分散在电解质溶液中时，由于静电引力，在胶体颗粒周围形成一层带相反电荷的离子层，这样胶体颗粒表面的电荷层与周围的带相反电荷的离子层就形成了双电层结构。因此，对于土壤中的任何一种胶体颗粒而言，其基本的构造是胶核（微粒核）和双电层（图 4-3）。双电层包括决定电位离子层（胶体颗粒本身所带有的电荷所形成的）和补偿电位离子层（胶体表面电荷所吸引溶液中的反号离子而形成的）。胶体所带电荷吸引的补偿离子，其移动性会随着表面电荷的距离的远近而发生变化，因此可分成非活性补偿离子层和扩散层。

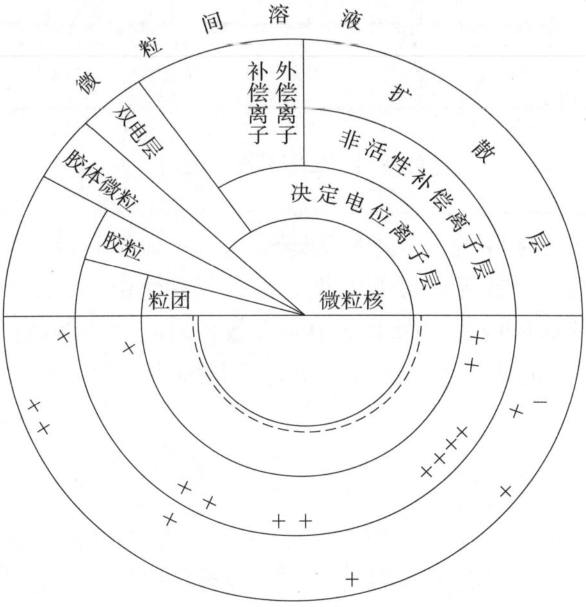

图 4-3　胶体微粒构造

资料来源：孙向阳 . 土壤学 [M]. 北京：中国林业出版社，2005。

（1）胶核

胶核（微粒核）是胶体的固相部分，主要由含水氧化硅、氧化铁、氧化铝、次生铝硅酸盐、腐殖质或蛋白质等分子群组成。

（2）双电层

1）决定电位离子层（potential determining ion layer）。双电层的内层为决定电位离子层，这一层是固定在胶核表面并决定其电荷和电位的一层离子。实际上，决定电位离子层是土壤胶体的表面电荷，这些表面电荷可来源于黏土矿物的同晶替代，也包括腐殖质解离后的分子基团。一般情况下，土壤胶体的净表面电荷为负电荷，因此决定电位离子层表现为负电荷层。

2）补偿电位离子层（compensatory ion layer）。由于电荷的异性相吸，在决定电位离子子层外围必然吸附一层相反电荷的离子层，形成补偿电位离子层，以保持整个胶体系统的电中性。补偿离子层可以分为非活性离子层和扩散层（发生离子交换）。距离表面电荷越近的层次，离子的移动性越差，基本上很难被交换下来供植物吸收利用，故称为非活性离子层。而距离表面电荷越远的地方，离子浓度越低，有较大的活动性，可自由扩散到周围溶液中进行离子交换反应而被植物吸收利用，称为扩散层（图 4-4）。扩散层是土壤保持速效养分的主要场所。

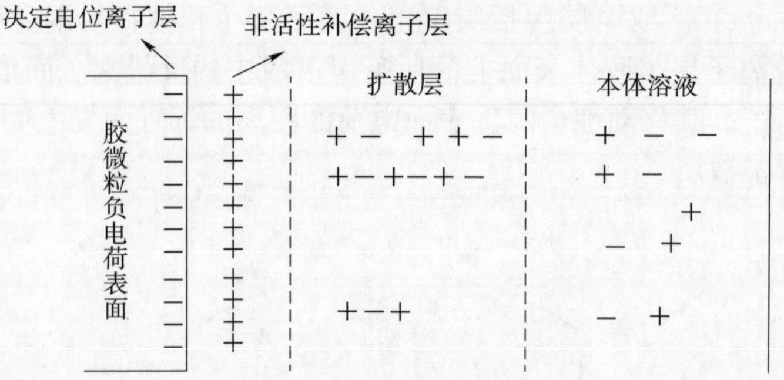

图 4-4　土壤扩散双电层

需要注意的是，把土壤胶粒完全理解为球形构造，显然是错误的。现代土壤学的研究说明，只有土壤有机胶粒，或无定形的氢氧化铁、氢氧化铝、含水氧化硅和水铝英石等矿质胶粒可以认为近似圆球形构造。而土壤中大多数矿质胶粒，例如，层状硅酸盐黏土矿物通过 X- 射线和电子显微镜的研究，已经明确是层状构造（图 4-5）。

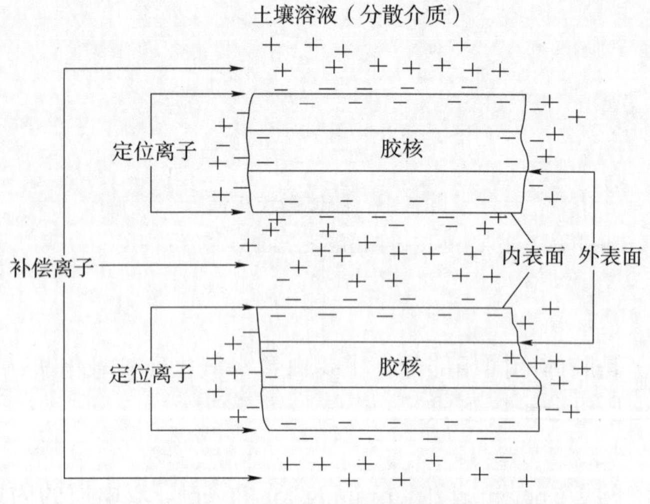

图 4-5　层状黏土矿物胶体构造

资料来源：孙向阳 . 土壤学 [M]. 北京：中国林业出版社，2005。

4.1.2　土壤胶体的种类和组成

土壤胶体根据其化学成分和来源，可以分为无机胶体、有机胶体以及有机 - 无机复合胶体。其中无机胶体包括层状铝硅酸盐黏土矿物及含水氧化硅胶体、含水氧化铁铝胶体、水铝英石等。有机胶体主要是指土壤腐殖物质，而有机胶体和无机胶体在土壤中很少单独存在，一般是以不同的形式复合在一起，称为有机 - 无机复合胶体。

4.1.2.1　无机胶体

土壤无机胶体（soil inorganic colloid）主要是指土壤黏土矿物（clay mineral），包括次生铝硅酸盐黏土矿物和土壤氧化物，前者为晶体结构，后者一般呈非晶体结构，其中次生铝硅酸盐黏土矿物是组成土壤无机胶体的主要成分。

（1）层状硅酸盐黏土矿物

层状硅酸盐黏土矿物是 4 种常见的无机胶体之一。地壳中含量最丰富的 4 种元素分别是氧（47%）、硅（29%）、铝、铁，而土壤是由岩石矿物风化而来的，根据继承性法则，土壤中含量最丰富的 4 种元素也是氧（49%）、硅（33%）、铝、铁，而氧和硅的含量占全部元素含量的 80% 以上，这就决定了土壤中含量最丰富的矿物类型是硅酸盐，而硅酸盐具有各种不同的晶体构造，如环状、架状、岛状、层状等，这其中又以层状硅酸盐黏土矿物的含量最多。

层状硅酸盐黏土矿物的“层状”指的是它的晶体结构，而“硅酸盐”指的是它的元素组成，“黏土矿物”指土壤里面的颗粒大小和矿物类型。因此层状硅酸盐黏土矿物的具体含义是：①层状晶体结构；②元素组成为硅酸盐；③颗粒直径<2 μm。

1）层状硅酸盐黏土矿物的晶体结构

Ⅰ. 基本结构单位

构成层状硅酸盐黏土矿物晶格的基本结构单位是硅氧四面体和铝氧八面体。

A. 硅氧四面体。硅氧四面体由 1 个硅离子（Si^{4+}）和 4 个氧离子（O^{2-}）所组成，这 4 个氧离子中 3 个氧离子构成一个三角形的底面，另外一个氧离子位于底面中心往上的位置，4 个氧离子的中心镶嵌了硅离子，如果连接 4 个氧离子的中心顶点，会形成四面体的结构。硅氧四面体中间的硅离子是正四价的，而氧离子是负二价的，硅离子和氧离子连接之后，硅离子就可以给每一个氧离子分配一个正电荷，剩余的氧离子有一个多余的负电荷，这就是硅氧四面体的基本结构。如图 4-6 所示，中心是硅离子，4 个顶点是氧原子，所以叫硅氧四面体。

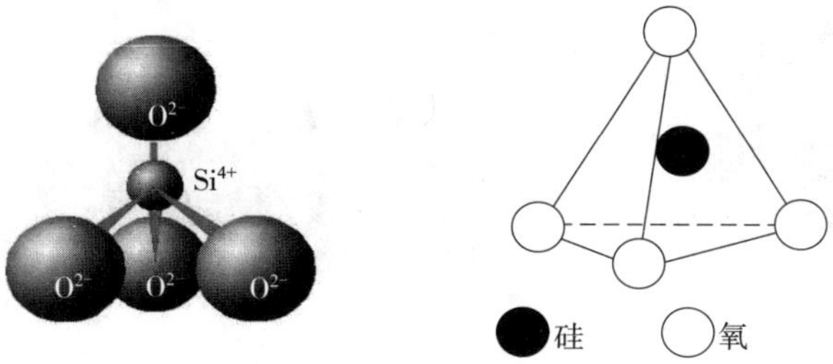

图 4-6　硅氧四面体的构造

资料来源：吕贻忠，李保国 . 土壤学 [M]. 北京：中国农业出版社，2006。

B. 铝氧八面体。铝氧八面体是由中心离子为铝离子，6 个顶点上为氧离子或者是氢氧离子形成的结构（图 4-7）。铝是正三价的阳离子，正三价的阳离子和 6 个氧离子结合时，就可以给每一个氧离子分配 0.5 个正电荷，这种分配的结果使每一个氧有 1.5 个多余的负电荷，这就是铝氧八面体的电荷分配情况。

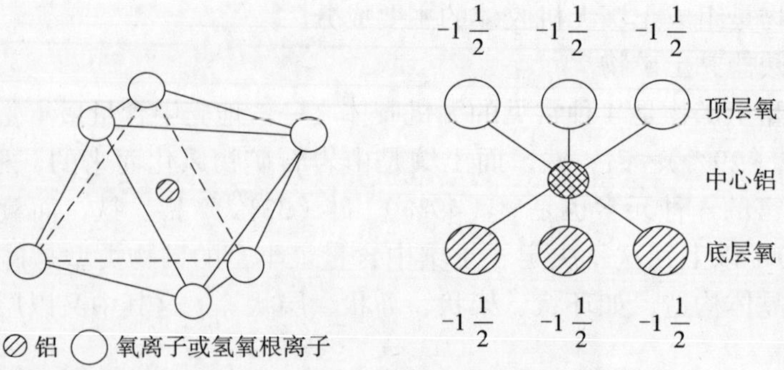

图 4-7 铝氧八面体

资料来源：黄昌勇，徐建明 . 土壤学 [M]. 3 版 . 北京：中国农业出版社，2010。

Ⅱ. 单位晶片

从化学上来看，四面体为（SiO_4）$^{4-}$，八面体为（AlO_6）$^{9-}$，在它们形成硅酸盐黏土矿物之前，四面体和八面体分别各自聚合。聚合的结果是在水平方向上，四面体通过共用底部氧的方式在平面两维方向上无限延伸，排列成近似六边形蜂窝状的四面体片（简称硅氧片、硅片），如图 4-8 所示。硅氧片顶端的氧仍然带有多余的负电荷，可以用 n（Si_4O_{10}）$^{4-}$ 表示。八面体在水平方向上相邻八面体通过共用两个氧离子的方式，在平面两维方向上无限延伸，排列成八面体片（简称铝氧片或水铝片、铝片），如图 4-9 所示。对于铝氧片来说，它的上下两层氧都有多余的负电荷，可以用 n（Al_4O_{12}）$^{12-}$ 表示。

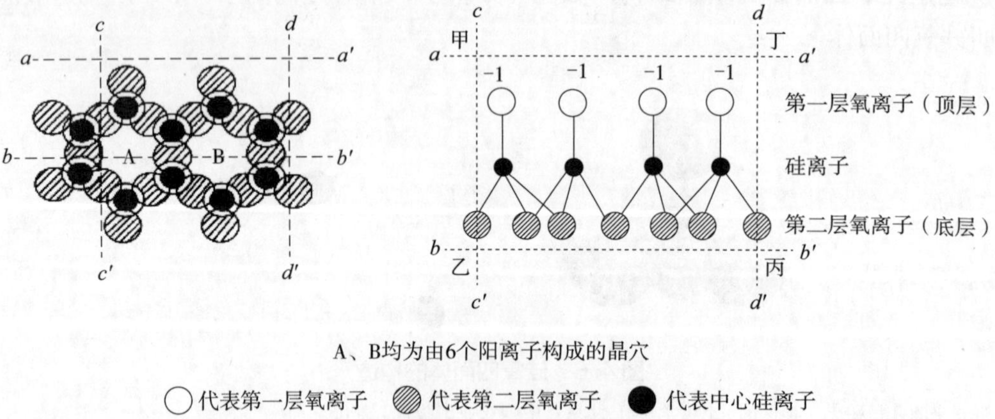

图 4-8 硅氧四面体在平面图上相互连接成硅氧片

资料来源：黄昌勇，徐建明 . 土壤学 [M]. 3 版 . 北京：中国农业出版社，2010。

Ⅲ. 单位晶层

由于硅氧片和铝氧片都带有负电荷、不稳定，必须通过重叠化合才能形成稳定的化合物。硅氧片和铝氧片以不同的方式在 c 轴方向上堆叠，形成层状铝硅酸盐的单位晶层。两种晶片的配合比例不同，而构成 1∶1 型（1 个硅氧片与 1 个铝氧片结合而成，代表型矿物为高岭石）、2∶1 型（2 个硅氧片与 1 个铝氧片相结合而成，铝氧片夹在两个硅氧片之间，代表性矿物如蒙脱石）、2∶1∶1 型 3 种单位晶层（在 2∶1 单位晶层的基础上多了

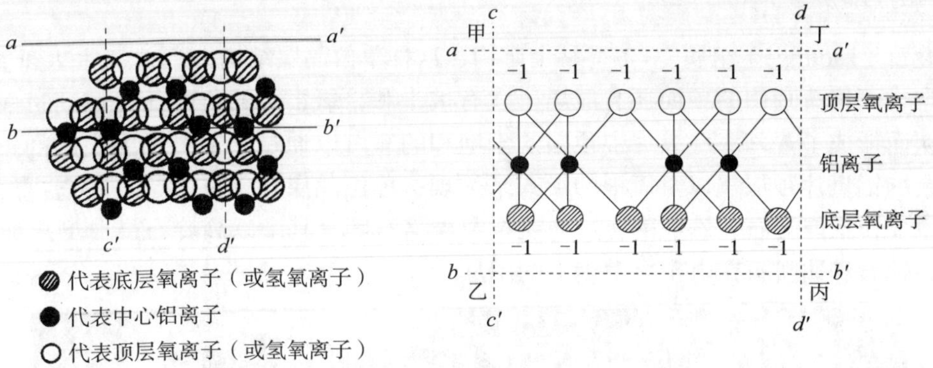

图 4-9　铝氧八面体在平面图上相互连接成铝氧片

资料来源：黄昌勇，徐建明 . 土壤学 [M]. 3 版 . 北京：中国农业出版社，2010。

1 个八面体水镁片或水铝片，这样 2∶1∶1 型单位晶层由 2 个硅片、1 个铝片和 1 个镁片或铝片构成）。

Ⅳ. 同晶替代（同晶置换）

由于其他阳离子的存在，矿物就可能产生同晶替代的现象，同晶替代指的是矿物的中心离子被电性相同、半径接近的其他阳离子所替换，而整体的晶格结构保持不变的现象。例如，硅氧四面体中的硅和镁以及铝，这 3 种阳离子的半径相对来说比较接近，尤其是硅离子，它可能会被铝离子所替代，而铝离子有可能被镁离子所替代。在成矿过程中，它遵循电中性法则，正电荷和负电荷的数量是相同的，但是经过同晶置换作用，一般都是由低价的阳离子代替高价的阳离子，这时候就会产生了正电荷的亏缺，带有负电荷的矿物具备吸附土壤溶液中阳离子的能力。负电荷是在成矿过程中形成的，一般被叫作土壤的永久负电荷，所以同晶置换产生的永久负电荷是土壤具有肥力和保持养分能力的物质基础。

在硅氧四面体和铝氧八面体中，经常会发生同晶替代（同晶置换）现象，如图 4-10 所示，硅离子可以被铝离子取代，取代之后就使硅氧四面体带负电荷。

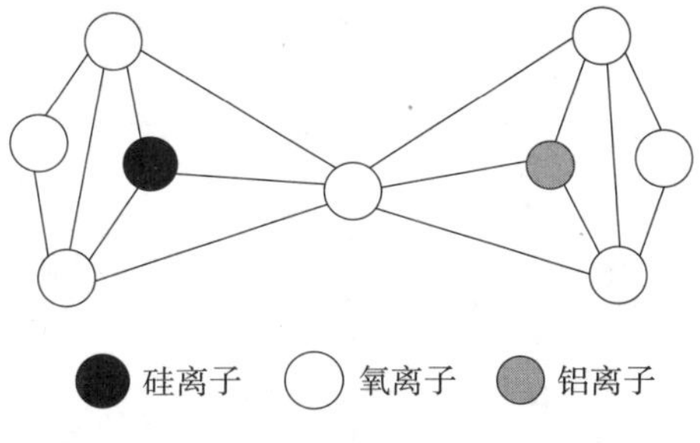

图 4-10　同晶替代（硅被铝取代）

资料来源：吕贻忠，李保国 . 土壤学 [M]. 北京：中国农业出版社，2006。

2）层状硅酸盐黏土矿物的主要类型和性质

土壤中黏土矿物的类型很多，一般把它们分为高岭石组、蒙脱石组、伊利石组、绿泥石组。

Ⅰ. 高岭石组（1：1 型矿物）

高岭石（kaolinite）组属 1：1 型黏土矿物，这种单位晶层结构中，硅氧片达到了电荷中和的状态，而铝氧片中的顶面还有氧离子没有被中和，氧多余的负电荷可以通过氢元素来中和，从而形成了羟基。硅氧片中顶层的未饱和的氧可以通过跟铝氧片中底层的氧进行共用，多余的铝氧片顶层氧以氢氧根的形式来呈现，单位晶层与单位晶层之间通过层间氢键连接。主要包括高岭石、珍珠陶土、迪凯石及埃洛石等，其中以高岭石最典型。如图 4-11 所示为高岭石和迪凯石在电子显微镜下的图片。

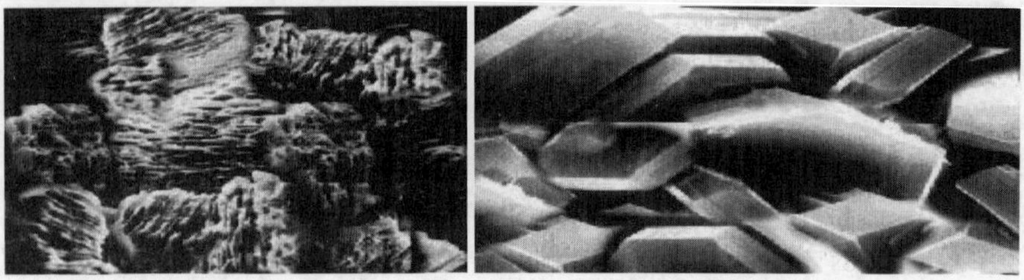

（a）高岭石放大1 600倍　　（b）迪凯石放大9 000倍

图 4-11　高岭石和迪凯石在电子显微镜下的照片

由于氢键的作用力很强，水和其他离子不易进入到晶层之间，使得高岭石的膨胀性很弱（膨胀系数仅 5% 左右），晶层间距 0.72 nm，如图 4-12 所示。高岭石晶粒多呈六角形片状，矿物颗粒较大，在 0.1～5 μm 范围内，比表面积较小，仅 5～20 m^2/g，而且仅有外表面，可塑性、黏结性、黏着性和胀缩性均很弱，阳离子交换量小。因此，富含高岭石的土壤保肥力差，但高岭石类吸附的盐基是在胶粒晶体的表面，有效度大。高岭石组黏土矿物，是南方热带和亚热带土壤中普遍存在的黏土矿物；在华北、西北、东北和青藏高原土壤中含量比较少。

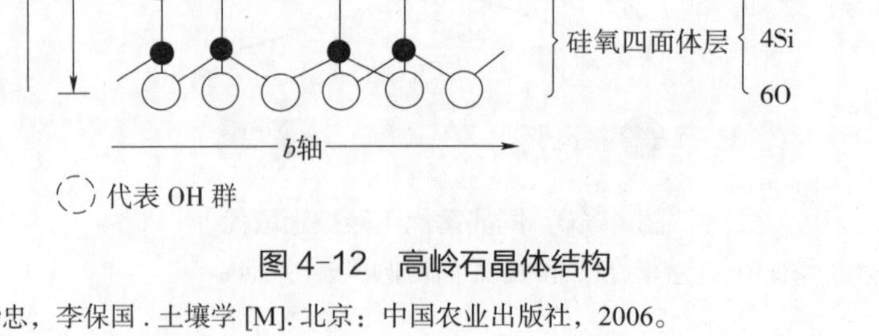

图 4-12　高岭石晶体结构

资料来源：吕贻忠，李保国. 土壤学 [M]. 北京：中国农业出版社，2006。

Ⅱ. 蒙脱石组（2：1 型膨胀性矿物）

蒙脱石组（smectite）属于 2：1 型典型矿物，主要矿物种类有蒙脱石、拜来石、蛭石、皂石等。其是由两片硅氧片中间夹一片水铝片，其晶层上下两面都是氧离子，晶层间通过氧桥联结，这种联结力较弱，晶层易碎裂，其晶粒比高岭石小。蒙脱石类矿物的一个典型代表是蒙脱石（montmorillonite），代表分子式为 $Al_4Si_8O_{20}(OH)_4$。

蒙脱石的层间不能形成氢键，主要是通过分子引力来连接。分子引力相对于氢键是一种比较弱的作用力，由于晶层联结力弱，导致蒙脱石的层间很容易有水分子或者其他阳离子（Ca^{2+}、Mg^{2+}、Na^+ 水合离子）进入，这使蒙脱石的层间易发生膨胀和收缩作用，如图 4-13 所示。层间距不能固定，而是在 0.96～2.14 nm 的距离发生变动；晶层间距扩大时，它的内表面也可吸持水分和各种离子。因此把这类矿物称为膨胀性 2∶1 型黏土矿物。

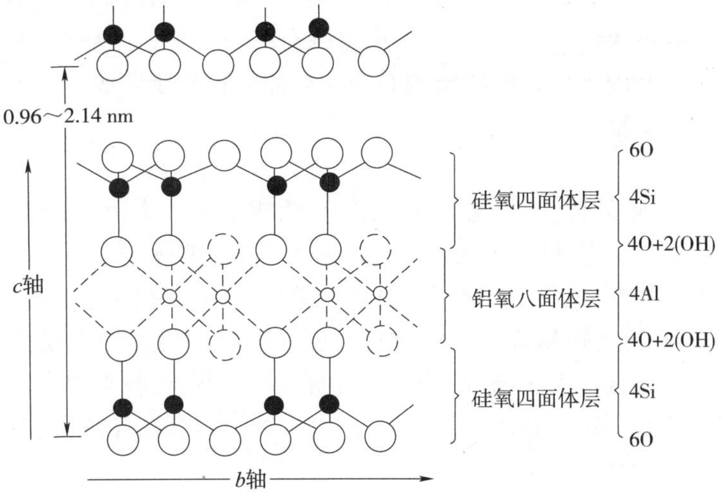

图 4-13　蒙脱石晶体结构

资料来源：吕贻忠，李保国 . 土壤学 [M]. 北京：中国农业出版社，2006。

蒙脱石层与层之间主要充满了 Na^+、Mg^{2+} 等，容易分开，所以比较松散。同时蒙脱石颗粒的吸水性、膨胀性都会比较强，而它的颗粒比较小。

蒙脱石不仅有较大的外表面，更有巨大的内表面，其比表面积可达 700～800 m^2/g，阳离子交换量大，保肥力强，但蒙脱石类吸附的盐基多在胶粒晶层之间，所以有效度较小，如图 4-14 所示。由于蒙脱石的胀缩性、黏结性、可塑性等都很强，干燥时土壤易开裂，土块坚硬。

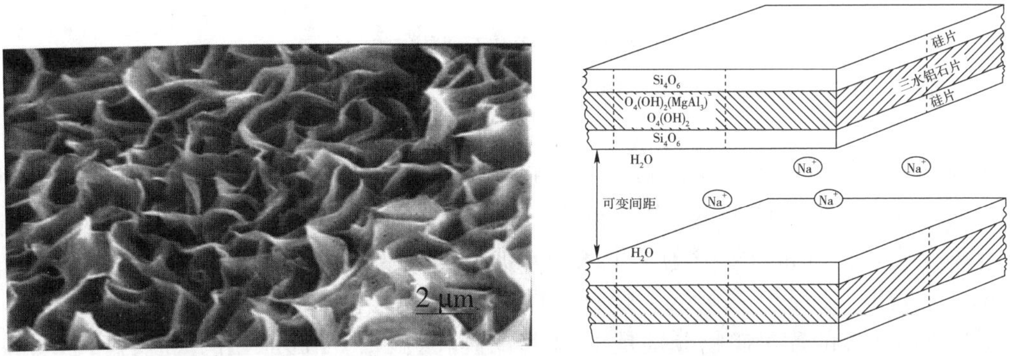

图 4-14　黏土矿物蒙脱石的电子显微照片（左）和示意图（右）

资料来源：江西农业大学线上课程“土壤肥料学”。

在温带湿润半湿润的气候条件下，又有丰富的盐基时，有利于蒙脱石类矿物的形成。这类矿物多存在于土壤黏粒的最细部分，在我国东北、华北的栗钙土、黑钙土和褐土等土壤中富含这类矿物。蒙脱石类矿物种类多，成分复杂，除蒙脱石外，还有富含铝的拜来石，富含铁的绿脱石，富含镁的皂石等。蒙脱石组广泛分布在我国东北、华北和西北地区的土壤中。

蛭石也是 2∶1 型膨胀型黏土矿物，其晶层结构与蒙脱石基本相同，也是两层硅氧片中夹一层水铝片。与蒙脱石不同的是，硅氧片中的硅大部分被铝所取代，水铝片中的铝也有不少被镁取代，因而具有比蒙脱石高得多的净负电荷，具有很高的吸附阳离子能力，阳离子交换量达 150 cmol/kg。蛭石的膨胀性比蒙脱石要小得多，其晶层间距 1.45 nm，属有限膨胀型。它具有一些内表面，但较蒙脱石小，晶体颗粒介于蒙脱石和高岭石之间。蛭石在黄棕壤和黄壤中含量较高。

Ⅲ. 伊利石组

伊利石（illite）组又称为水化云母组，包括伊利石、海绿石等，属于非膨胀性 2∶1 型矿物，典型代表是伊利石，代表分子式为 $K_2(Al \cdot Fe \cdot Mg)_4(Si \cdot Al)_8O_{20}(OH)_4$。与 2∶1 膨胀性的矿物相比，2∶1 非膨胀性黏土矿物的特点在于它的硅氧四面体里面有 15% 的硅会被铝离子发生同晶置换，同时它的层间距跟钾离子的直径比较接近，层间为钾离子，其直径与孔穴直径大小吻合。因此，钾在晶层间进行吸附时会产生钾键作用，导致伊利石的层间距比较固定，在 1.0 nm 左右。由于钾键的存在导致伊利石层间难以分开，不易发生膨胀（图 4-15）。

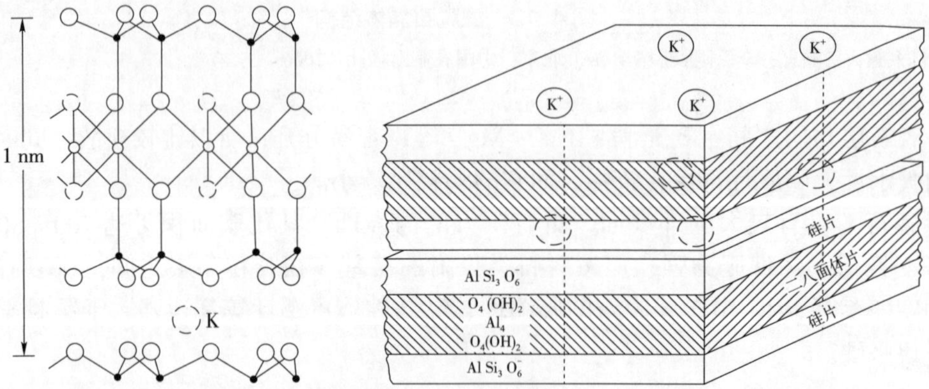

图 4-15　伊利石晶体结构

资料来源：江西农业大学线上课程“土壤肥料学”。

在我国，伊利石主要出现在北方半干旱和干旱地区的土壤中，但南方的燥红壤中和含云母多的母质发育的土壤中也有较多的伊利石出现。

我国黏土矿物分布可划分为 7 个区，分别是水云母区、水云母 – 蒙脱石区、水云母 – 蛭石区、水云母 – 蛭石 – 高岭区、蛭石 – 高岭区、高岭 – 水云母区、高岭区。

3 种典型代表的黏土矿物分别是 1∶1 型的高岭石、2∶1 膨胀型的蒙脱石和 2∶1 非膨胀型伊利石。通过前面图 4-2 电镜显微照片也可以看到，高岭石的颗粒相对比较大，由于没有膨胀性作用，高岭石的表面也比较光滑。相反，2∶1 膨胀型的蒙脱石具有强烈的膨胀收缩性，所以它的颗粒就会比较细小。而伊利石为 2∶1 非膨胀型矿物，介于高岭石和蒙脱石之间。3 种矿物的性质对比如表 4-1 所示。

表 4-1　三种代表性黏土矿物性质对比

黏土矿物	结晶类型	晶格距离 / nm	晶层间联结力	颗粒大小	比表面积 / (m^2/g)	CEC/ (cmol/kg)	黏结性、可塑性	胀缩性	分布
高岭石	1∶1	0.72	强	大	5～20	5～15	弱	弱	热带、亚热带
伊利石	2∶1	1.00	较强	中	100～200	20～40	中等	中等	干旱、半干旱
蒙脱石	2∶1	0.96～2.14	弱	小	600～800	80～100	强	强	温带湿润、半湿润

资料来源：黄昌勇，徐建明 . 土壤学 [M]. 3 版 . 北京：中国农业出版社，2010。

通过比较可以看到，高岭石矿物的胶体特性是最不突出的，胶体特性可以通过典型的比表面积和阳离子交换量（CEC）来体现，高岭石的这两个数值都是相对最小的。而蒙脱石是三者中最大的，蒙脱石的比表面积可以达到 600～800 m^2/g，阳离子交换量可以达到 80～100 cmol/kg。伊利石的各种性质都介于以上两种矿物之间。这 3 种黏土矿物，在土壤里边的分布是有非常明显的地理界线的，高岭石主要存在于热带和亚热带高度风化的土壤之中，蒙脱石是存在于温带湿润到半湿润地区的土壤中，西北干旱和半干旱地区的主要黏土矿物类型是伊利石。

Ⅳ. 绿泥石组

绿泥石（chlorite）组矿物以绿泥石为代表。绿泥石是富含镁、铁及少量铬的硅酸盐黏土矿物，属于 2∶1∶1 型晶层结构。晶层由滑石和水镁片或水铝片相间重叠而成。滑石的晶层构造由 2 层硅片夹 1 层铝片组成，再加上预置重叠的水镁石或水铝石片也是八面体片，绿泥石分子式为（Mg · Fe · Al）$_{12}$（SiAl）$_8$O$_{20}$（OH）$_{16}$，晶体结构如图 4-16 所示。

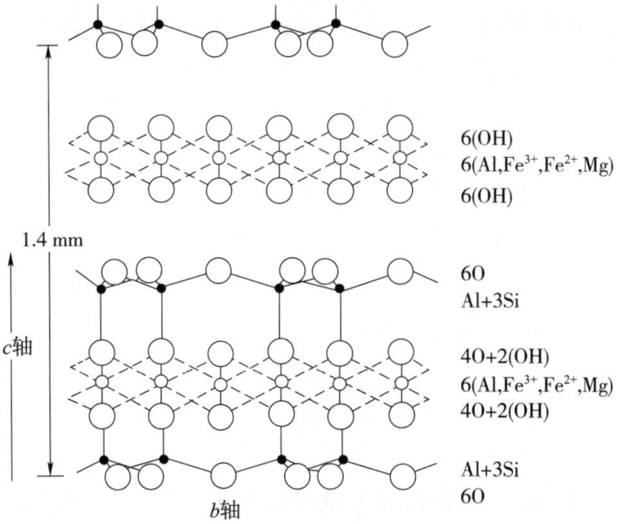

图 4-16　绿泥石晶体结构

资料来源：黄昌勇，徐建明 . 土壤学 [M]. 北京：中国农业出版社，2010。

绿泥石的同晶替代较普遍，硅片、铝片和镁片中都存在程度不同的同晶替代，阳离子交换量为10～40 cmol/kg。颗粒较小，总面积为（70～150）$\times 10^3$ m^2/kg，其可塑性、黏结性、黏着性和吸湿性居中。土壤的绿泥石大部分是由母质遗留下来，但也可能由层状硅酸盐矿物转变而来。绿泥石在土壤形成的初级阶段或海底沉积物中较多。

（2）土壤氧化物

土壤中的氧化物类矿物又称为非硅酸盐黏土矿物，主要包括：

1）含水氧化硅胶体（$SiO_2 \cdot H_2O$ 或 H_2SiO_3）

含水氧化硅形成硅酸，硅酸在中到碱性条件下容易解离出氢离子，生成硅酸氢根和硅酸根，剩余的这部分胶体往往带负电荷。土壤反应越偏碱性，硅酸的解离度也越大，所带的负电荷也就越多。

$$SiO_2 \cdot H_2O \longrightarrow H_2SiO_3$$

$$H_2SiO_3 \longrightarrow H^+ + HSiO_3^- \longrightarrow 2H^+ + SiO_3^{2-} \text{（带负电）}$$

2）含水氧化铁胶体、含水氧化铝胶体（两性胶体）

氧化铁铝胶体包括针铁矿（$Fe_2O_3 \cdot H_2O$）、水赤铁矿（$3Fe_2O_3 \cdot H_2O$）、褐铁矿（$2Fe_2O_3 \cdot 3H_2O$），以及水铝矿（$Al_2O_3 \cdot H_2O$）和三水铝石（$Al_2O_3 \cdot 3H_2O$）等晶型氧化物以及非晶型矿物如氢氧化铁[$Fe(OH)_3$]和氢氧化铝[$Al(OH)_3$]。这些矿物是由结构比较复杂的硅酸盐矿物经过不断风化所形成的氧化物，均为两性胶体，在一定的溶液条件下，可能带正电荷，也可能带负电荷。

以非晶质氢氧化铝为例，在酸性条件下它是作为碱，因此提供氢氧根离子，自身往往是带正电荷。在碱性环境里面作为酸，所以提供氢离子，自身带上负电荷。即

$$Al(OH)_3 + H^+ \longrightarrow Al(OH)_2^+ + H_2O \quad (pH<5)$$

$$Al(OH)_3 + OH^- \longrightarrow Al(OH)_2O^- + H_2O \quad (pH>5)$$

伴随着溶液pH的变化，它应该会在某个pH时既不带正电荷，也不带负电荷，这时的pH值叫作等电点。氧化铁铝胶体的等电点一般是位于6～8，而除此之外，氧化铁和氧化铝胶体主要是在热带和亚热带高度风化的酸性土壤中存在，酸性土壤的pH都很低，氧化铁铝胶体是土壤中带正电荷的载体，由于携带正电荷，就会对土壤中的阴离子产生强烈的固持作用，比如，土壤里面的磷酸根往往会被氧化铁铝胶体所固定。

3）水铝英石（$xSiO_2 \cdot Al_2O_3 \cdot nH_2O$）

水铝英石是二氧化硅和三氧化二铝的水化物，是无定形胶体，比表面积很大，往往存在于火山灰发育的土壤中。水铝英石的表面电荷有两类来源，第一类是硅氧四面体同晶置换所产生的永久负电荷；第二类是水铝英石表面的铝醇基和硅醇基断键所形成的可变电荷，既具有正电荷，又带有负电荷，因此水铝英石既可以吸附溶液中的阳离子，又可以对阴离子产生吸附。

4.1.2.2 有机胶体

土壤有机胶体（soil organic colloid）主要是指土壤中具有明显胶体特性的高分子有机化合物。土壤有机胶体的主要组成部分是腐殖质，占总有机质的60%～80%；其次是少量的木质素、蛋白质、纤维素等。土壤中的腐殖质具有无定形结构，并且具有强烈的吸湿

性，可以从空气中吸收大量的水分子，最大时可达其自身重量的80%～90%。同时，它又带有大量的负电荷，负电荷主要是来源于其表面官能团的解离（图4-17），由腐殖质的羧基（—COOH）、羟基（—OH）、酚羟基等解离出氢离子（H^+），这样羧基（—COO^-）、羟基（—O^-）、酚羟基等留在胶粒上而使胶粒带上负电，氨基（—NH_2）吸收质子（H^+）后可以成为铵离子（—NH_3^+），带上正电荷。

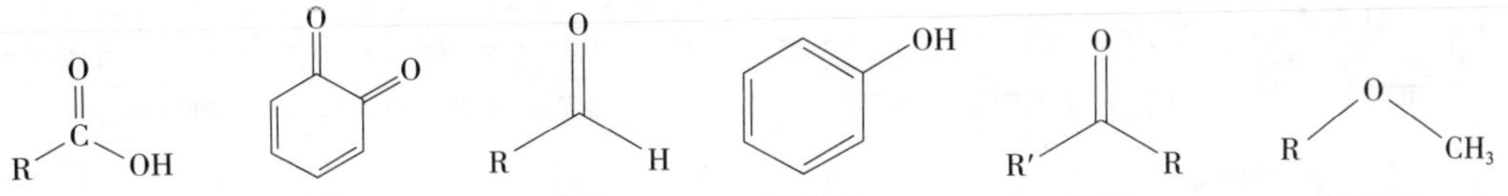

图4-17　腐殖物质的表面官能团

有机胶体是高度亲水性的，一般带负电，并且电荷数量多于黏土矿物，因此阳离子交换量大，一般腐殖质的代换量为200 cmol/kg，甚至高达1 000 cmol/kg，所以腐殖质保肥性强。结构不稳定的腐殖质可作为土壤中微生物代谢和繁殖的碳源，逐渐被降解在土壤中。腐殖质在耕作土壤中含量虽然不多，但对土壤的保肥作用至关重要。因此，农业生产实践中，维持一定活性较强的有机胶体数量，对土壤肥力和农业生产意义重大。

4.1.2.3　有机－无机复合胶体

有机－无机复合胶体是指有机胶体以薄膜状紧密覆盖于黏土矿物表面，通过阳离子与羧基、羟基等官能团相互作用形成复合体。

有机胶体和无机胶体在土壤中很少单独存在，两者往往是通过物理或者化学作用来进行相互连接并以一定的形式结合在一起。有机－无机复合胶体的形成机制是非常复杂的，到目前可能也没有很明确的定论。形成途径一般有以下3种，一是有机胶体和无机胶体通过钙离子的结合；二是有机胶体与铁铝氧化物胶体的结合；三是有机胶体与无机胶体的直接结合（图4-18～图4-20）。

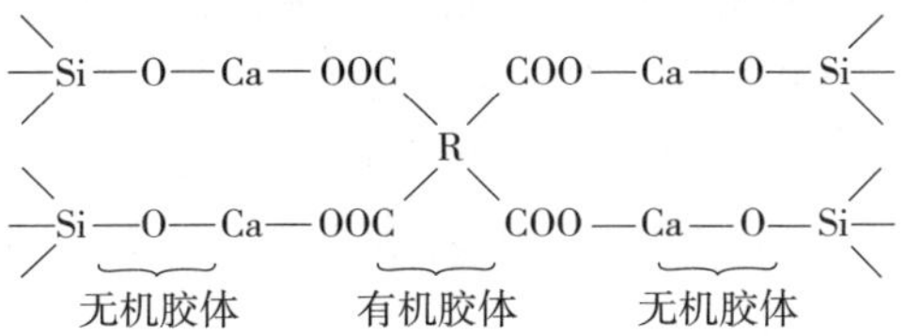

图4-18　有机－无机胶体通过Ca^{2+}结合

图4-18、图4-19、图4-20资料来源：孙向阳．土壤学[M].北京：中国林业出版社，2005。

（1）有机胶体和无机胶体通过钙离子的结合方式

大部分的无机胶体都携带有负电荷，而有机胶体也带有负电荷，如果二者直接接触，可能会存在较大的阻力，大多数是通过土壤无机Ca^{2+}、Mg^{2+}、Fe^{3+}、Al^{3+}或功能团（如羧基、醇基等）将带负电荷的黏粒矿物与腐殖质连接起来。例如，钙离子可以发挥桥梁的连接作用，将有机胶体和无机胶体结合在一起，叫作桥键作用，由钙的桥键作用所形成的有机－无机复合体与土壤的水稳性结构有密切关系，对土壤肥力有很重要的作用。

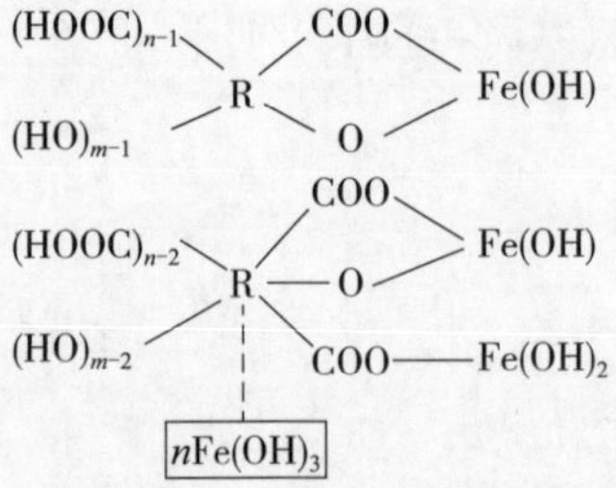

图 4-19 有机胶体和铁铝氧化物胶体结合

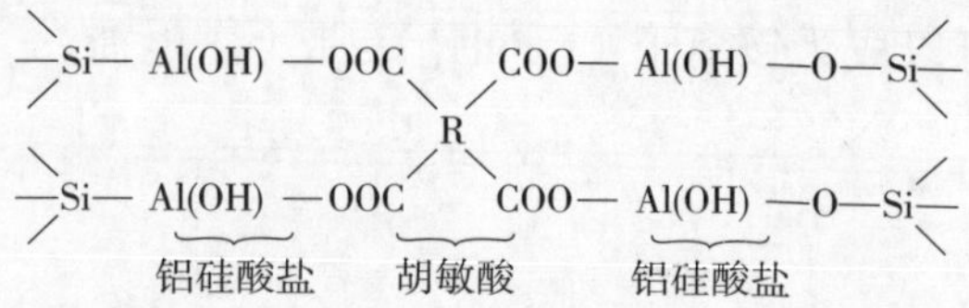

图 4-20 有机胶体与无机胶体的直接结合

（2）有机胶体和铁铝氧化物胶体所结合（环状）

铁铝氧化物是带正电荷的无机胶体，而有机胶体带负电荷，如胡敏酸就可以跟铁铝胶体形成铁的胡敏酸复合体或者是铝的胡敏酸复合体，这种方式所形成的有机－无机复合体在高温多雨或者是冷湿地区有非常重要的作用。

（3）有机胶体与无机胶体的直接结合

有机胶体可以通过包被或渗入，直接跟无机胶体发生结合，有机胶体比表面积很大，所以说它可以通过直接对无机胶体进行包被或者通过渗入无机胶体的结构之间，使得有机胶体和无机胶体进行结合。例如，有机胶体可以跟氢氧化铝直接连接，氢氧化铝也可以跟硅氧片、黏土矿物直接连接，这在生产实践上具有重要意义。

有机胶体主要以薄膜状紧密覆盖于黏粒矿物的表面上，还可能进入黏粒矿物的晶层之间。复合的过程中，很多有机化合物可以和黏粒形成稳定性不等的各种复合体。通常根据复合体结合的牢固程度把有机－无机复合体分为水散微团聚体、钠分散微团聚体和钠质机械分散团聚体 3 组。水散微团聚体结合松散，遇水易分解；钠分散微团聚体以 Ca^{2+} 为键桥连接，用中性 NaC1 可使之分解；钠质机械分散微团聚体通过 Fe^{3+}、$A1^{3+}$ 胶结作用连接，只能用钠盐加机械研磨或用稀碱溶液才能将其分散。

土壤有机质绝大部分是以有机－无机复合体的形式存在的，一般把土壤的有机－无机复合体中含碳量占土壤总碳量的百分数称为有机－无机复合度，作为衡量土壤有机－无机复合体的数量指标。土壤有机－无机复合度可达 50%～70%，不同土壤类型差异很大。

土壤有机－无机复合胶体的形成对改善土壤的理化性质有重要作用，有机－无机复合体的稳定性比单纯的有机胶体高得多，水稳性比单纯的矿质团聚体高，实际上土壤腐殖质的稳定性正是形成有机－无机复合体的原因。

如图 4-21 所示的腐殖酸分子结构中含有大量的羧基和羟基等可解离出 H^+ 的表面官能团。在很多情况下，有机胶体以胶膜状紧密覆盖于黏粒矿物的表面上，可以改变（或改善）无机胶体的表面性质，由于胶膜的作用使一些原来颗粒较大的矿质颗粒也表现出胶体的性质。腐殖质也可以链状结构形成胶膜状态，把矿质胶体包围起来，经过高湿、干燥、冰冻或氧化作用之后，固定在矿物胶体或较粗颗粒的表面上形成一层胶膜。

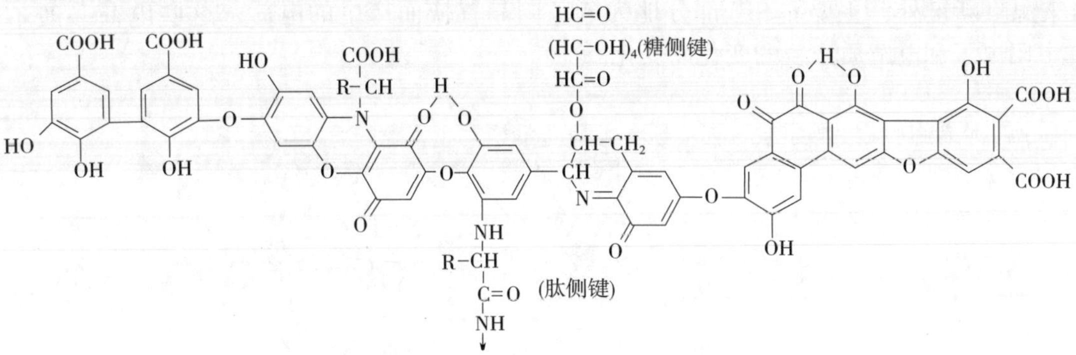

图 4-21　Stevenson 的腐殖酸模型

资料来源：吕贻忠，李保国 . 土壤学 [M]. 北京：中国农业出版社，2006。

土壤有机－无机复合体是形成良好的稳定性团聚体的基础，从而对土壤的结构性、通透性、耕性等产生重要影响。土壤的肥沃程度同有机胶体与无机胶体的复合程度有关，有机胶体与无机胶体结合得越紧密则土壤越肥沃。我国劳动人民在长期生产实践中，充分体会到有机－无机复合胶体的重要性，生产实践中，可以通过增加有机肥的施入量等措施来促进和加速有机－无机复合体的形成，对于土壤肥力的提升具有非常关键的作用，人们称之为“土肥相融”。例如，在南方酸性红壤上施用有机肥或石灰，特别是二者配合施用，可以提高土壤 pH，降低土壤有机－无机复合体的比表面和无定形氧化铁、氧化铝的含量，减少磷的固定，有利于改善土壤有机－无机复合体的品质。

4.1.3　土壤胶体的表面性质

4.1.3.1　土壤胶体表面类型

土壤胶体具有很高的表面活性，土壤胶体的表面类型、表面性质与表面上发生的物理化学反应是土壤胶体表面化学的主要研究内容。

土壤胶体表面分为内表面和外表面。内表面（internal surface area）一般指蒙脱石等膨胀性黏土矿物的晶层之间的表面和腐殖质分子内部的表面，其表面反应为缓慢渗入过程。外表面（external surface area）指黏土矿物、氧化物和腐殖质分子暴露在外的表面，表面反应迅速。

土壤中各种类型胶体的表面性质、反应活性与能量等显著不同。根据表面结构的特点，大致可将土壤胶体表面分为硅氧烷型表面、水合氧化物型表面和有机胶体表面 3 种类型。

（1）硅氧烷型表面

对于 2∶1 型黏土矿物来说，2 个硅氧片中间夹 1 个铝氧片，暴露在外表面的是硅氧片的基面氧原子（Si—O—Si），该层原子为非活性原子，其表面是非极性的疏水表面，不易解离，与烷基性质类似，故将其基面称为硅氧烷型表面（siloxane surface）。云母的基面是最典型的硅氧烷型表面。蒙脱石、蛭石及其他 2∶1 型黏土矿物的基面也都是硅氧烷型表面（图 4-22）。高岭石和其他 1∶1 型黏土矿物只有一半的基面是硅氧烷型表面。其电荷来源除断键外，主要靠 Si^{4+} 部分地为 Al^{3+} 同晶置换而产生的电荷，这些电荷一般不因 pH、阳离子和电解质浓度的变化而变化。

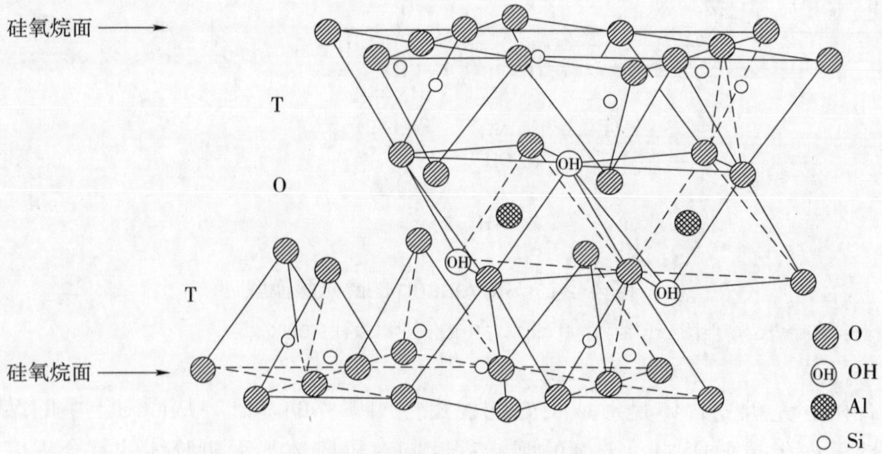

T—硅氧四面体；O—铝氧八面体

图 4-22 蒙脱石的硅氧烷表面

资料来源：黄昌勇，徐建明 . 土壤学 [M]. 3 版 . 北京：中国农业出版社，2010。

（2）水合氧化物型表面

水合氧化物型表面（hydrous oxide-type surface）指的是由金属阳离子和羟基组成的表面，一般用 M—OH 表示，M 为黏粒表面的配位金属离子或硅离子，如铝醇（Al—OH）、铁醇（Fe—OH）和硅烷醇（Si—OH）等。1∶1 型层状硅酸盐黏土矿物的羟基铝层基面、硅氧烷型基面上因断键而产生的硅烷醇、晶形和非晶形水合氧化物与氢氧化物表面等都是水合氧化物型表面。氧化物表面的羟基是土壤中数量较丰富、非常活跃的功能团，对土壤电荷特性、离子吸附等表面性质影响深刻，表 4-2 是土壤中几种常见的氧化物表面的羟基密度。

表 4-2 氧化物表面的羟基密度

胶体	位点密度 /（位点 /nm^2）
三水铝石	2～12
针铁矿	2.6～16.8
赤铁矿	5～22
水铁矿	1.1～10.1
MnO_2	6.2
TiO_2	2～12
非晶 SiO_2	4.5～12

资料来源：黄昌勇，徐建明 . 土壤学 [M]. 3 版 . 北京：中国农业出版社，2010.

与硅氧烷型表面不同，水合氧化物型表面是极性的亲水表面，其表面质子的缔合和离解可以产生电荷，产生电荷的数量因土壤溶液的 pH 和电解质浓度的变化而变化。

（3）有机胶体表面

有机胶体表面（organic colloid surface）呈海绵状或蜂窝状，具有较大的内表面积和外表面积。有机物表面上具有大量含氧官能基团，如羧基（—COOH）、羟基（—OH）、醌基（=O）、醛基（—CHO）、甲氧基（$—OCH_3$）和氨基（$—NH_2$）等活性基团。这些表面功能团可离解 H^+ 或缔合 H^+ 而使表面带电荷。土壤中的胡敏酸、富里酸、胡敏素等的表面都属于这一类型。

上述3种类型的表面，在土壤中不是单独存在的，而往往是交错混杂、相互影响地交织在一起。例如，在层状黏土矿物的表面上，可以包被着一些水合氧化铁或水合氧化铝胶体，或腐殖质胶体，将黏土矿物的一部分表面掩蔽，而使其显示出水合氧化物型或有机物型的表面性质。另外，常常有一些杂质混入土壤胶体，如碳酸钙在胶体表面上沉淀，或者一些杂质、简单有机物有可能进入黏土矿物的层间，这些都使黏土矿物的表面性质发生改变。

4.1.3.2 比表面积和表面能

（1）比表面积

比表面积（specific surface area）是指单位质量或体积物体的总表面积（也称比面），其单位是 cm^2/g 或 cm^2/cm^3，颗粒越细小，比表面积越大，所以物体被分割得越细小，单体数越多，总面积越大。土壤胶体是土壤固体颗粒中直径最小的物质，因此土壤胶体具有巨大的比表面积。一般是把土壤胶体作为球形的模型来进行处理，根据球体的比表面积和体积的定义，可以对土壤的比表面积进行计算。土壤胶体的比表面积主要是与直径大小有关，随着直径尺寸的降低，它的比表面积逐渐增大，当土壤胶体颗粒的直径减小10倍时，它的比表面积会增大10倍，例如，粒径为1 mm的粗砂粒比表面积为22.6 cm^2/g，粒径为0.01 mm的细砂粒比表面积为2 260 cm^2/g，而粒径为0.000 05 mm的胶粒比表面积可达452 000 cm^2/g（表4-3）。

表4-3 黏土矿物的内表面和外表面

胶体成分	内表面积/（cm^2/g）	外表面积/（cm^2/g）	总表面积/（cm^2/g）
蒙脱石	700～750	15～150	700～850
蛭石	400～750	1～50	400～800
伊利石	0～5	90～150	90～150
高岭石	0	5～40	5～40
水铝英石	130～400	130～400	260～800

资料来源：孙向阳. 土壤学[M]. 北京：中国林业出版社，2005.

土壤矿物的表面有内表面和外表面之分，层状黏土矿物比表面积更大。土壤里凡是可以对阳离子发生吸附的位置都可以被称为表面，如蒙脱石和蛭石是属于2：1型的膨胀型矿物，它有很大的内表面；与之相比，它的外表面较小，内表面占到了总表面积的90% 以上，如图 4-23 所示。伊利石属于 2∶1 非膨胀型矿物，它的内表面就非常小，只有 0~5 cm^2/g；而 1∶1 型非膨胀型矿物高岭石的内表面几乎为 0，主要是以外表面为主。由此可见，黏土矿物的类型不同，表面积大小和表面类型差别很大。

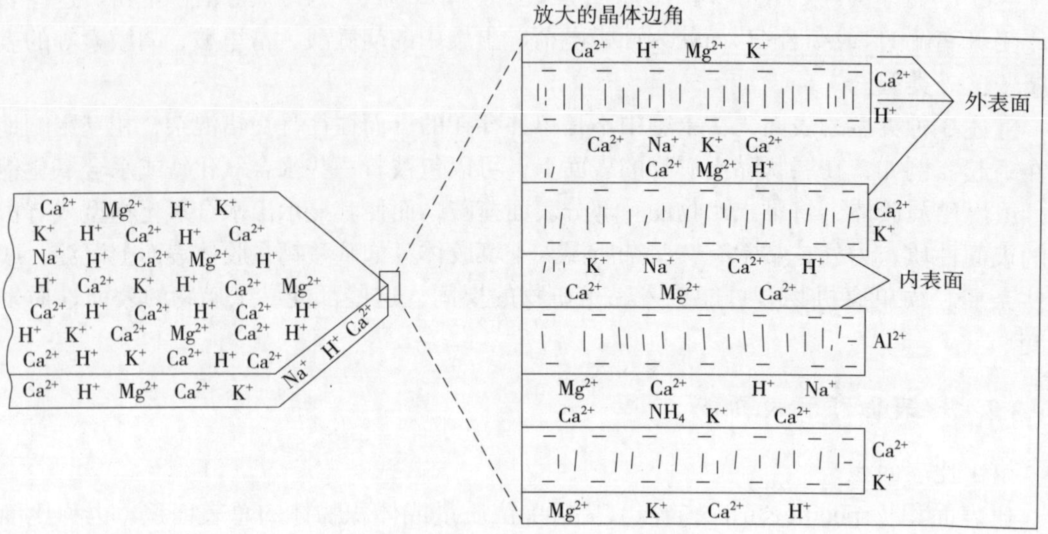

图 4-23 层状硅酸盐的内外表面结构

资料来源：孙向阳．土壤学 [M]. 北京：中国林业出版社，2005。

（2）表面能

由于表面分子的四周不是相同的分子，受到的力不均衡，使表面分子对外表现有剩余能量，这种能量是由于表面的存在而产生的，所以叫作表面能，土壤胶体具有巨大的表面积，从而具有巨大的表面能。

4.1.3.3 土壤胶体的电性

土壤胶体的表面电荷主要有两种类型，第一种是永久电荷，第二种是可变电荷。

（1）永久电荷

永久电荷是在黏粒矿物形成时产生的，起源于矿物晶格内部离子的同晶置换作用。这种电荷不受外界环境的影响，所以称为永久电荷。在黏土矿物中低价阳离子置换高价阳离子比较普遍，会产生剩余的负电荷。2∶1 型黏土矿物的同晶置换作用比 1∶1 型黏土矿物多，所以 2∶1 型黏土矿物表面的永久负电荷比 1∶1 型黏土矿物多。

（2）可变电荷

可变电荷是由胶体表面分子或原子团解离所产生的电荷，其数量和性质随 pH 的变化而变化。伴随着溶液 pH 的升高，负电荷含量增大，发生去质子化；伴随溶液 pH 的降低，呈现质子化，正电荷数量增大。以土壤中常见的几种黏土矿物为例，伊利石和蒙脱石主要是以永久电荷为主，而高岭石既存在永久电荷，又存在可变电荷。除此之外，像氧化物，不管是晶型还是非晶型的，以及腐殖质中的有机胶体，都是以可变电荷为主。

可变电荷的产生主要是胶核表面分子离解或者是解离、结构的断裂或者是边面的断键、胶体表面从介质中吸附离子。

1）黏土矿物表面羟基或氢的解离。高岭石类黏土矿物的边面上存在铝醇基和硅醇基，这类矿物的表面官能团都可以表示成 M—OII 模式，M 代表金属离子或者硅离子，对于这种结构（氢氧化铁 - 针铁矿结构表面存在铁醇基，也可以是 M—OH），当溶液 pH 降低的时候，在酸性条件下，羟基可以和溶液中过多的氢离子结合，导致这个官能团带正电，而同样地当溶液 pH 升高时，羟基会跟溶液中多余的氢氧根结合（被消耗掉）导致羟基带负电，这就是可变电荷形成的过程。

2）含水氧化铁、含水氧化铝的解离。例如，三水铝石的等电点为 4.8，当土壤 pH 低于等电点值时，相当于偏酸性环境，氧化铝的水化物作为碱提供 OH^-，那么本身带上正电荷；当土壤 pH 高于等电点值时，相当于偏碱性环境，水铝英石可以提供一个氢离子，使它本身带上负电荷，但是这时的 pH 低于 7。解离反应如下：

$$Al_2O_3 \cdot 3H_2O \longrightarrow 2Al(OH)_2^+ + 2OH^-$$

$$Al_2O_3 \cdot 3H_2O \longrightarrow 2Al(OH)_2O^- + 2H^+$$

等电点指当土壤胶体解离阳离子和阴离子数量相等，即胶体的正负电荷相等时，此时胶体悬液的 pH 称为等电点，等电点一般在 7 以下，如图 4-24 所示。

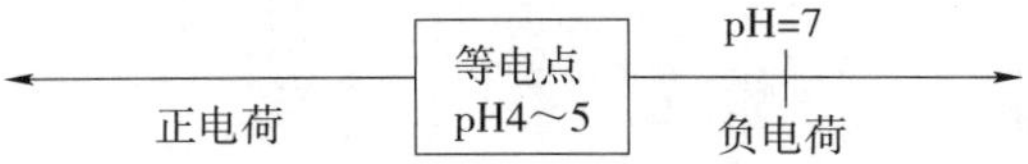

图 4-24　土壤胶体等电点

3）腐殖酸官能团的解离。腐殖酸分子中含有大量的羧基、酚羟基。在高 pH 条件下（偏碱性环境下），羧基、羟基容易解离出氢离子，导致本身带上负电荷（$—COOH \longrightarrow H^+ + COO^-$，$—OH \longrightarrow H^+ + —O^-$）。在低 pH 条件下，由于氢离子比较多，所以氨基容易质子化形成铵离子，从而带上正电荷（$—NH_2 \longrightarrow —NH_3^+$）。腐殖酸也是一种两性胶体。

4）含水氧化硅解离。含水氧化硅或者是硅酸的等电点为 2，在土壤中一般不产生正电荷，所带负电荷的量随土壤 pH 的升高而增加，硅酸在偏碱性条件下，可以解离出氢离子，所以本身带上负电荷，实际上相当于在等电点的右方，所以一直带负电。

$$H_2SiO_3 \longleftrightarrow HSiO_3^- + H^+$$

$$HSiO_3^- \longrightarrow SiO_3^{2-} + H^+$$

5）边面断键。高岭石的边面断键后可以带上不同的电荷。

4.1.3.4　土壤胶体的分散性和凝聚性

（1）溶胶和凝胶

胶体有两种状态，分别是溶胶状态和凝胶状态。溶胶主要是胶体微粒均匀分散在水中，呈高度分散状态。凝胶是胶体微粒彼此联结凝聚在一起而呈絮状。土壤胶体往往是存在于土壤溶液中，胶体颗粒之间呈现紧密的连接状态。胶体间距（孔隙）比较小时，将土壤样品放在一个烧杯中，胶体颗粒都沉在烧杯的底部，叫作凝胶溶液。若胶体颗粒在水溶液中呈现分散的状态，每一个胶粒和相邻的胶粒之间有一定的距离，这种状态就叫作溶胶状态。

溶胶和凝胶是可以相互转化的，土壤胶体由溶胶状态变成凝胶状态时，土壤胶体发生凝聚；而由凝胶状态变成溶胶状态时，土壤胶体发生分散。

胶体的凝聚和分散取决于动电电位的高低，动电电位越高，排斥力越强，溶胶状态越明显；动电电位越低，吸引力大于排斥力时，呈凝胶状态。

土壤胶体大部分都是带负电荷的，相互具有负电位导致互相排斥，不易凝聚。若相邻的两个颗粒之间的负电荷足够强且没有外界的干扰，胶体颗粒之间的排斥作用是最大的，就可以在介质中呈现分散的状态，如在纯水中分散土壤胶体。

但是在分散的土壤胶体里面加入中性的电解质，如加入氯化钠，钠离子就会在带负电荷的胶体表面产生吸附，进而屏蔽土壤胶体表面的负电荷，使得土壤胶体中相邻颗粒间的斥力不断降低，胶体就有可能由分散态变成凝聚态。加入的阳离子的数量越多，化合价越高，它对土壤胶体表面负电荷的屏蔽作用越强，使得它由溶胶转化成凝胶的能力越强。不同的阳离子引发土壤胶体凝聚的能力是不同的，一般来说，土壤胶体产生凝聚的能力是三价离子＞二价离子＞一价离子，而相同化合价的离子之间，由于它们的离子半径不同，凝聚能力也会产生一定的变化。

土壤溶液中常见阳离子的凝胶能力大小的顺序为：$Fe^{3+}>Al^{3+}>Ca^{2+}>Mg^{2+}>NH_4^+>K^+>Na^+$。

（2）电解质对胶体凝聚作用的影响

1）电解质的浓度越大，越能有效地中和导电胶体的电性，越能减小扩散层厚度，使胶粒凝聚。

2）电解质中带电离子的价数越高，凝聚能力越大，一般是高价态的大于低价态的。

3）同价离子中凝聚力大小与本身半径和水化半径有关，凡是离子本身直径大或者是水化半径小的离子，凝聚能力强，反之则小。需要注意，氢离子有特殊性。

（3）在生产上的意义

凝聚作用强，利于胶体互相凝聚形成结构，一般是形成团粒结构。农业上促进土壤团粒结构形成措施的理论解释是土壤干燥、冻结过程中，水膜消失，加大了电解质浓度，减小扩散层厚度，使胶粒互相凝聚而形成结构，所以生产上晒垡、冻垡等措施有利于土壤形成团粒结构。相反，土壤水分过多，土壤溶液电解质浓度相应减小，扩散层加厚，胶粒互相排斥而成溶胶状，这种情况下，可以施用石灰（CaO）、石膏（$CaSO_4$）增加钙离子，对沉实土壤、改良土性有明显的效果。

4.1.3.5 土壤胶体的环境意义

土壤是一个多类胶体微粒共存的分散体系，包含各类黏土矿物微粒（铝硅酸盐类）、腐殖质和蛋白质等有机高分子，还包含铝、铁、锰和硅等的水合氧化物等无机物。土壤胶体是土壤中最活跃的部分，其构造由微粒核及双电层两部分构成。这种构造使土壤胶体产生表面特性和电荷特性，表现为具有较大的表面积并带有电荷，能吸持各种重金属等污染元素，有较大的缓冲能力，对土壤中元素的保持、忍受酸碱变化、减轻某些毒性物质的危害有重要的作用。此外，受其结构的影响，土壤胶体还具有分散、絮凝、膨胀、收缩等特性，这些特性与土壤结构的形成及污染元素在土壤中的行为均有密切的关系，而它所带的表面电荷则是土壤具有一系列化学性质和物理化学性质的根本原因。

土壤中的化学反应主要为界面反应，这是由于表面结构不同的土壤胶体所产生的电荷，能与溶液中的离子、质子、电子发生相互作用。土壤表面电荷数量决定土壤所能吸附的离子数量，而由土壤表面电荷数量与土壤表面积所决定的表面电荷密度，则影响着对这些离子的吸附强度。所以，土壤胶体特性影响无机污染物和有机污染物等在土壤固相表面或溶液中的积聚、滞留、迁移和转化，是土壤对污染物有一定自净作用和环境容量的根本原因。

4.1.3.6　土壤胶体对有机农药环境行为的影响

由于土壤胶体特性影响农药等有机污染物在土壤环境中的转化过程，从而导致污染物的环境滞留等问题。进入土壤的农药等有机污染物可被黏粒矿物吸附而降低其生物活性，而当条件改变时，又可释放出来。有些有机污染物可在黏粒表面发生催化降解而失去毒性。一般带负电的、非聚合分子有机农药，在有水的情况下，不会被黏粒矿物强烈吸附；相反，对带有正电荷的有机物则有很强的吸附力。

（1）土壤对农药的吸附作用

进入土壤的农药，可以通过物理吸附、化学吸附、氢键结合及配位键结合等形式吸附在土壤颗粒的表面。各种农药在土壤中吸附能力的强弱，主要取决于土壤和农药两者的性质及相互作用的条件。土壤对农药的吸附和解吸作用是其在环境中重要分配过程之一，是研究农药在土壤中环境行为的基础。研究表明，土壤无机胶体越多，比表面积越大，对农药吸附量越多，有机质中胡敏素、胡敏酸越多，对农药的吸附量越多。

1）土壤性质。土壤对农药的吸收能力的强弱与土壤黏粒、有机质的种类和数量密切相关，且与土壤的代换量及影响土壤代换量的诸因素有关。据研究，土壤有机质及各种黏土矿物对农药的吸附能力趋势为：有机质＞蒙脱石＞蛭石＞伊利石＞绿泥石＞高岭石。

不同的黏土矿物由于比表面积不同，对农药的吸附也不一样。例如，蒙脱石的比表面积比高岭石大，两者对丙体六六六（γ-BHC）的吸附能力分别为 10.3 mg/g 和 2.70 mg/g，前者比后者大。但一些农药在土壤中的吸附作用具有选择性，如高岭土对除草剂 2,4-D 的吸附能力比蒙脱石要强。

不同阳离子组成的土壤，对农药的吸附和解吸作用也有影响，如钠饱和的蛭石对农药的吸附能力比钙饱和的蛭石要大。吸附在蛭石上的“杀草快”有 98% 可以被 K^+ 取代，而吸附在蒙脱石上的“杀草快”仅能被 K^+ 代换出 44%。

2）农药性质。农药本身的性质直接影响土壤对它的吸附作用。在各种农药的分子结构中，凡是带有—$CONH_2$、—OH、—NHCOR、—NH_2、—OCOR、—NHR 等功能团的农药都能增加其吸附强度，尤其是带有—NH_2 的化合物，吸附能力更强。蒋新明和蔡道基（1987）比较研究了东北黑土、太湖水稻土和广东红壤 3 种类型的土壤对呋喃丹、甲基对硫磷和六六六 3 种农药的吸附与解吸性能。结果表明，影响农药吸附与解吸的主要土壤因素是有机质的含量，农药在水体中的溶解度对吸附作用影响很大，其影响程度大于土壤性质的影响。

有机污染物与黏粒的复合，必然影响其生物毒性，影响程度取决于吸附力和解吸力。例如，蒙脱石吸附的百草枯很少呈现植物毒性，而被高岭石和蛭石吸附的百草枯仍具有生物毒性。不同交换性阳离子对蒙脱石所吸附农药的释放程度的影响也不同。铜－黏粒－农药复合体最为稳定，农药只少量地逐步释放；而钙－黏粒－农药复合体很不稳定，可立即释放全部农药；铝体系的释放情况介于二者之间。农药解吸的难易程度直接决定土壤中残留农药的生物毒性的大小。

（2）土壤吸附农药的机制

土壤有机质和矿物对农药吸附的可能机制包括以下几个方面。

1）离子交换。阳离子型农药易与土壤有机质和黏粒矿物上的阳离子起交换作用，这种吸附是与离子键相结合的。例如，杀草快和百草枯等除草剂是强碱，易溶于水而完全离子化，黏粒对这类污染物的吸附与其交换量有着十分密切的关系。很多有机农药是较弱的碱类，呈阳离子态，其与黏粒上金属离子相交换的能力取决于农药从介质中接受质子的能力，同时亦受 pH 的影响。黏粒矿物的表面可提供 H^+ 使农药质子化。

2）配位体交换。这种吸附作用是由于吸附质分子置换了一个或几个配位体分子。在土壤及其组成（如氧化物及其水化物）中，可进行配位体交换的通常是结合态水分子，其必要条件是吸附质分子比被置换的配位体具有更强的配合能力。

3）氢键结合。当吸附质和吸附剂上具有—NH_2、—OH 或 O、N 原子时易形成氢键，这是一种特殊类型的偶极－偶极矩作用，氢原子在两个电负性原子之间起桥梁作用，其中一个原子与之共价结合，而另一个原子以静电作用与之相连。氢键结合是非离子型极性有机分子与黏粒矿物间吸附的最重要作用机制。研究表明，马拉硫磷能够被吸附到高岭土的内层，其作用机理是由于马拉硫磷羰基中的氧和微晶高岭土包在钙离子外围水中的氢形成氢键作用。

4）质子化作用。农药通过质子化作用而带正电后，可借离子交换而被土壤吸附。质子化作用的中性分子来自土壤水，胶体表面上可交换的 H^+ 得到一个质子，或得到由另一种阳离子转来的一个质子，而释放一个带正电荷的离子。

此外，还有通过范德华引力作用、疏水性结合以及 π 键等作用方式对农药的吸附。

4.1.3.7 土壤胶体与金属污染物的生物毒性

（1）专性吸附与重金属污染元素的生物毒性

土壤和沉积物中的锰、铁、铝、硅等的氧化物及其水合物对多种重金属离子起富集作用，其中以氧化锰和氧化铁的作用更为明显。例如，红壤和黄壤的铁锰结核中的 Zn、Co、Ni、Ti、Cu 和 V 等重金属元素都有富集，其中 Zn、Co 和 Ni 的含量与 Mn 含量均呈正相关，而 Ti、Cu、V 和 Mo 的含量与 Fe 含量呈正相关。这些被铁氧化物和锰氧化物吸附的重金属离子均不能被提取交换性阳离子的通用试剂（如 CH_3COONH_4、$CaCl_2$ 等）提取，也就是说，这种富集现象是由于氧化物胶体专性吸附的结果。由于专性吸附在微量金属离子的富集作用中具有重要作用，因此成为地球化学领域及环境等学科的重要研究内容。

氧化物及其水合物对重金属离子的专性吸附对控制土壤溶液中金属离子的浓度起重要作用。土壤溶液中 Zn、Cu、Co 和 Mo 等重金属离子的浓度主要受吸附解吸作用所支配，其中氧化物专性吸附所起的作用更为重要。因此，专性吸附在调控金属元素的生物有效性和生物毒性方面起重要作用。

研究表明，土壤中 Fe、Al、Mn 氧化物对一些重金属污染离子具有专性吸附作用，这是因为水化氧化物的羟基化的表面与金属原子呈配位键结合的—OH_2、—OH 的质子，在一定条件下解离后能与金属离子 M^+ 发生交换或形成配位化合物。被铁、锰氧化物吸附的金属离子，一般不能被中性盐类代换，但可以被亲和力更强的离子代换和在较低 pH 环境下解吸。Fe、Al 氧化物专性吸附 2 价金属离子的顺序：氧化铁凝胶是 $Pb^{2+}>Cu^{2+}>Zn^{2+}>Ni^{2+}>Cd^{2+}>Co^{2+}$；氧化铝凝胶是 $Cu^{2+}>Pb^{2+}>Zn^{2+}>Ni^{2+}>Co^{2+}>Cd^{2+}$。土壤中铁、铝、锰氧化物胶体的专性吸附是土壤自净能力的重要性质，在降低重金属污染的危害上有重要意义。

土壤是重金属元素的一个汇。当外源重金属进入土壤或河湖底泥时，易为土壤中的氧化物、水合物等胶体专性吸附所固定，对水体中的重金属污染起到一定的净化作用，并对这些金属离子从土壤溶液向植物体内迁移和累积起一定的缓冲和调节作用。另外，专性吸附作用也给土壤带来潜在的污染危险。因此，在研究专性吸附的同时，还必须探讨通过土壤胶体专性吸附的金属离子的生物学效应问题。

（2）土壤胶体对重金属污染元素迁移行为的影响

从土壤胶体种类和性质可以看出，土壤胶体既能使一些元素迁移，又可使某些元素固定、沉淀。土壤交换吸附可以把交换力量强的元素保存起来，而把交换力弱的元素淋洗迁移。土壤胶体吸附重金属离子的能力与胶体的种类有关。

以黏土矿物为主的胶体其吸附重金属的顺序一般是 $Cu^{2+}>Pb^{2+}>N^{2+}>Co^{2+}>Zn^{2+}>Ba^{2+}>Rb^{2+}>Sr^{2+}>Ca^{2+}>Mg^{2+}>Na^{+}>Li^{+}$。其中蒙脱石的吸附顺序是 $Pb^{2+}>Cu^{2+}>Ca^{2+}>Ba^{2+}>Mg^{2+}>Hg^{2+}$；高岭石的吸附顺序是 $Hg^{2+}>Cu^{2+}>Pb^{2+}$。以有机胶体为主的土壤胶体对重金属的吸附顺序是 $Pb^{2+}>Cu^{2+}>Cd^{2+}>Zn^{2+}>Ca^{2+}>Hg^{2+}$。金属离子被土壤吸附，是金属离子从液相转入土壤固相的最主要的途径之一。胶体的吸附，特别是有机胶体的吸附，在很大程度上决定着土壤重金属的分布和富集情况。重金属与土壤胶体间吸附能力大小，也会影响其危害程度。吸附能力大的不易被作物吸收，吸附能力小的容易从土壤胶体上解吸下来转入土壤溶液中，也容易被作物吸收，从而增加环境污染或危害作物的可能性。应当指出，土壤胶体吸附重金属离子使土壤对重金属毒害具有一定的缓冲能力，也给土壤带来了潜在的污染。

4.1.3.8 土壤吸附性能

（1）概念

土壤吸附性能指土壤能够吸收和保持土壤溶液中的分子和离子、悬液中的悬浮颗粒、气体及微生物的能力，土壤吸附性能对土壤肥力和性质有非常重要的作用。土壤吸附性能有时也称土壤吸收性能。

（2）分类

按吸附性能产生机制，土壤吸附性能可分为机械吸附、物理吸附、化学吸附、物理化学吸附和生物吸附。

1）机械吸附。机械吸附是指土壤颗粒对固体物质的拦截作用，土壤是一种多孔物质，它可以对固体物质如对有机残体或者某些难溶性的固体污染物产生物理截流作用。

2）物理吸附。物理吸附是土壤固相表面利用分子引力将土壤溶液中的物质吸附到其表面上的现象。例如，土壤固相物质对尿素分子、土壤空气分子的吸附，其中一个典型例子是利用土壤细颗粒对甘油分子具有物理吸附作用来测定土壤的比表面积。物理吸附的强弱与土壤的比表面积成正比，质地越黏的土壤其物理吸附作用越强。

3）化学吸附。化学吸附主要是对阴离子的吸附过程，或者是对高价阳离子的吸附过程，吸附的过程中会产生化学反应，如带正电荷的土壤颗粒对磷酸根产生的吸附作用，磷酸根在土壤固体表面形成络合物。除此之外，土壤颗粒对高价的阳离子，如铝离子在吸附的时候，有可能形成表面沉淀，这个也属于化学反应。

4）物理化学吸附。物理化学吸附主要指的是土壤颗粒通过静电力或者库仑力，对土壤溶液中的阳离子产生吸附。由于土壤胶体颗粒对阳离子的物理化学吸附作用，对土壤肥力具有重要意义。

5）生物吸附。生物吸附指的是土壤里面的生物或者微生物对某种养分产生富集作用，生物固氮作用就是典型的生物吸附。

4.1.4 土壤阳离子交换作用及其环境意义

4.1.4.1 土壤胶体表面的离子组成与盐基饱和度

（1）土壤胶体表面的离子组成

1）土壤的离子交换过程

土壤胶体表面吸附的离子与溶液中离子相互交换空间位置，胶体上被吸附的离子解吸后进入溶液，而溶液中的某离子则被吸附到土壤胶体表面，这一过程被称为土壤的离子交换过程。

土壤胶体上可以被交换的阳离子称为交换性阳离子，交换性阳离子是胶体吸附的阳离子的一部分。土壤吸附的交换性阳离子可分为致酸离子和盐基离子两类。致酸离子包括 H^+ 和 Al^{3+}，这是因为 H^+ 和 Al^{3+} 通常导致土壤呈酸性反应。盐基离子包括 K^+、Na^+、NH_4^+、Ca^{2+}、Mg^{2+}，这些离子都属于植物的营养离子，可以为植物提供养分。

2）盐基饱和度

当土壤胶体上吸附的阳离子全部是盐基离子时，称为盐基饱和土壤；当土壤胶体吸附的阳离子仅部分为盐基离子，而其余部分为致酸离子时，称为盐基不饱和土壤。盐基饱和土壤具有中性或碱性反应，而盐基不饱和土壤则呈酸性反应。

盐基饱和度（base saturation percentage，BSP）指土壤中交换性盐基离子占全部交换性阳离子数量的百分数（%）。

土壤盐基饱和度的高低反映土壤中致酸离子的含量，即土壤 pH 的高低。

$$\text{盐基饱和度}=\frac{\text{交换性盐基离子总量}(\text{cmol}/\text{kg})}{\text{CEC}(\text{cmol}/\text{kg})}\times 100\%$$

盐基饱和度与土壤 pH、肥力高低密切相关，可以反映土壤酸碱度和交换性离子有效度，是肥力的重要指标之一。盐基饱和度的大小常与雨量、母质、植被等自然条件有密切关系，一般干旱地区土壤盐基饱和度大，多雨地区则土壤盐基饱和度小。北方的盐基饱和土壤一般呈中到碱性。南方分布较多的盐基不饱和土壤，主要呈酸性。

我国以北纬 33° 为界限，在北纬 33° 以北，土壤的盐基饱和度比较高，达到了 80% 以上；同时，这种土壤以交换性的钙离子为主，供肥能力比较强，属于比较肥沃的土壤。而在北纬 33° 以南，随着降雨量的逐渐增大，土壤的盐基饱和度会逐渐降低。当盐基饱和度为 50%～80% 时，土壤被认为是中等肥力水平，盐基饱和度一般达到 70%～90% 时土壤肥力比较合适，而如果盐基饱和度低于 50%，认为土壤肥力较低。

4.1.4.2　土壤阳离子交换作用

在土壤中，被胶体静电吸附的阳离子，一般都可以被其他类型的阳离子交换而从胶体表面解吸。土壤胶体吸附的阳离子可以被溶液中的另一种阳离子交换而从胶体表面上解吸后进入溶液，而溶液中的阳离子则被吸附到土壤胶体表面，这一过程被称为土壤阳离子交换（soil cation exchange）。如果发生交换的离子是阴离子，这个过程就称为阴离子交换过程。

自然条件下，土壤胶体一般带负电荷较多，故在土壤中阳离子交换作用更为普遍。阳离子交换作用对土壤中养分的保持和供应起着重要作用，当土壤溶液中阳离子吸附在胶体上时，表示阳离子养分的暂时保蓄，即保肥过程；当胶体上的阳离子解吸至土壤溶液中时，表示养分的释放，即供肥过程。例如，某种土壤原来吸附的阳离子有 H^+、K^+、Na^+、NH_4^+、Mg^{2+} 等，当施用含 Ca^{2+} 的肥料后，会产生阳离子交换作用，Ca^{2+} 可把原来胶体表面吸附的部分离子交换出来，其交换反应可用下面的反应式表示：

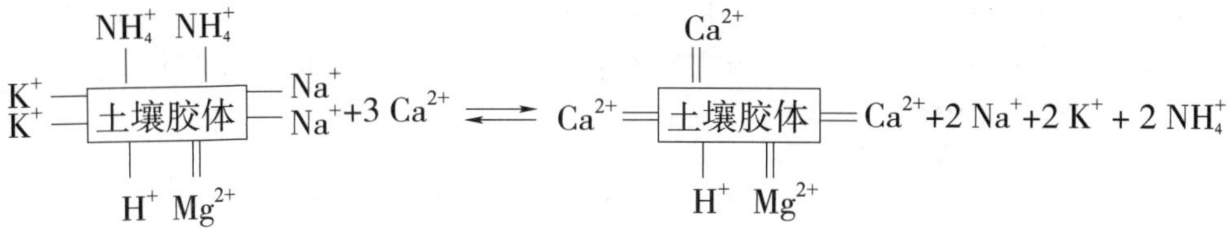

（1）土壤阳离子交换作用的特点

1）可逆性。被吸附的阳离子可以重新被解吸回到土壤溶液中，而土壤溶液中的阳离子，在条件发生变化的时候，又可以被重新吸附到土壤胶体表面。因此，在自然状况下，很难把土壤胶体上某一阳离子完全彻底地代换到溶液中去。同时，土壤胶体上吸附的阳离子也必然是多种多样的，不可能为单一离子所组成。

2）等价离子交换原则。土壤胶体表面吸附位点的数量是不变的，它遵循等价离子交换原则，即以等量电荷关系进行。例如 1 个二价的钙离子可以交换 2 个一价的钾离子。

3）符合质量作用定律。对于一个化学反应来说，如果反应物的浓度越高，它就会向着反应的正向方向进行，同时，如果生成物里有气体或者难溶性物质，它也会向着这个反应的正向方向进行。但是对离子价数较低，交换能力较弱的阳离子，如提高它的浓度，根据质量作用定律，也可以交换离子价数较高、吸附能力较强的阳离子，这对保持土壤阳离子养料有重要意义。

例如，土壤胶体本身吸附有 2 mol 的铵根离子，2 mol 的钾离子、钠离子和 1 mol 的氢离子和镁离子，这时向此土壤中施入钙肥，假设施入 3 mol 的钙离子，那么因为一个钙离子带有两个正电荷，遵循等量代换的原则，1 mol 的钙离子就可以替换 2 mol 的铵根离子或 2 mol 的钾离子或 2 mol 的钠离子。

假设胶体本来所吸附的阳离子是铝离子，这时向体系中施入大量的钙离子，这个反应会向着正向的方向进行，大量低价的钙离子有可能会替换高价的铝离子。同时，在这个反应进行过程中有氢氧化铝沉淀产生，氢氧化铝沉淀是一种难溶性的物质，因此这个反应也会朝着正向反应进行，反应式如下所示：

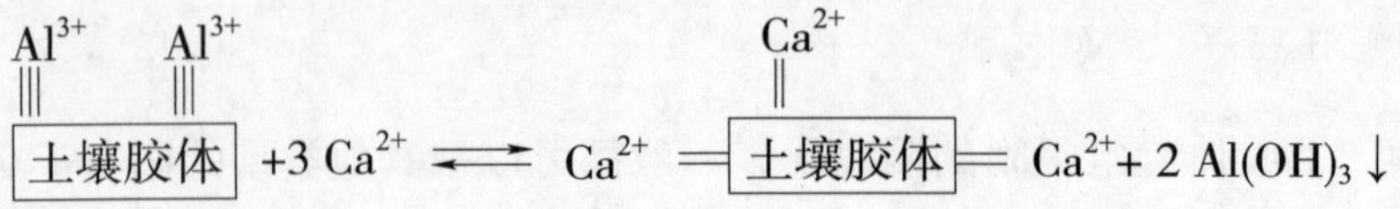

（2）土壤阳离子交换能力的影响因素

一种阳离子把其他阳离子从胶体颗粒上交换下来的能力，称为该离子的交换能力。主要取决于阳离子本身的特性与胶体表面的吸附力，影响土壤阳离子交换能力大小的因素：

1）阳离子的价数。价数越高的阳离子，受胶体的静电吸附力越大，其交换能力也越强。因此阳离子交换能力一般是 $M^{3+}>M^{2+}>M^{+}$（M 表示阳离子）。

2）离子的水合半径和水合度。在电荷数量相等的同价离子中，其交换能力主要取决于离子的水合半径及水合度。离子半径越大，水合半径趋于减小，交换性能越强，一般水合半径比离子本身半径要大得多，所以基本上是水合半径趋于减小，电场力越大，所以交换性能越强，这也符合电场力公式。钾离子的半径比钠离子大，但是它的水合半径小，所以它交换能力更强。钙离子虽然比镁离子半径大，但是它的水合半径小，所以钙离子的交换能力比镁离子强。H^+ 离子例外，半径小，水合度低，运动快，交换能力强（表 4-4）。

表 4-4　离子价、离子半径及水化程度与交换力的关系

离子	价数	原子量	离子半径 /nm		代换力顺序
			未水化	水化	
Na^+	1	23.00	0.093	0.790	6
K^+	1	39.10	0.133	0.537	5
NH_4^+	1	18.01	0.143	0.532	4
Mg^{2+}	2	24.32	0.078	1.330	3
Ca^{2+}	2	40.08	0.106	1.000	2
H^+	1	1.008	—	—	1

资料来源：黄昌勇，徐建明 . 土壤学 [M]. 3 版 . 北京：中国农业出版社，2010。

3）离子浓度的影响

阳离子交换作用受质量作用定律支配，如果溶液中某种离子的浓度较大，则虽其交换能力较小，同样能把胶体上交换能力较大的其他阳离子代换下来。例如通过提高氯化钠的浓度，钠离子也可以把钙离子交换出来，其交换反应可用下面的方程式表示。

$$\boxed{\text{土壤胶体}}=Ca^{2+}+\underset{\text{（溶液中）}}{2\,NaCl}\rightleftharpoons\boxed{\text{土壤胶体}}=\begin{matrix}Na^{+}\\Na^{+}\end{matrix}+\underset{\text{（溶液中）}}{Ca^{2+}+2Cl^{-}}$$

实践中可以通过增加有益阳离子浓度的方法调控交换方向，提高肥力和控制污染。

4.1.4.3　土壤的阳离子交换量

（1）土壤的阳离子交换量（CEC）

土壤阳离子交换量（cation exchange capacity，CEC）是指土壤所能吸附和交换的阳离子总量，用每千克土壤吸附的一价离子的厘摩尔数表示，即 cmol（+）/kg。

土壤对阳离子具有吸附和交换作用，具体在定量的时候是通过阳离子交换量来体现的。如果土壤吸附了一价离子，又吸附了二价离子，那么一摩尔的二价离子就代表了两个摩尔的阳离子交换量。

阳离子交换量也等于土壤胶体的比表面积与电荷密度的乘积（$CEC=S\times\sigma$），这和土壤胶体具有巨大的比表面积有关，同时根据 CEC 的具体数值，可以对土壤的肥力进行分类。当土壤的 CEC 大于 20 cmol（+）/kg 的时候，土壤的保肥力较强，而当土壤的 CEC 小于 10 cmol（+）/kg，其保肥能力比较弱，介于 10～20 cmol（+）/kg，土壤具有中等强度的保肥能力。

（2）土壤的阳离子交换量的指标

阳离子交换量随土壤 pH 的变化而变化（因可变电荷变化），一般未特别注明时，是以 pH 为 7 的条件下测定土壤的交换量。阳离子交换量的大小与土壤可能吸附的速效养分（即阳离子）的容量有关，阳离子交换量大的土壤能吸附较多的速效养分，避免养分在短期内完全流失，是土壤保肥力的重要指标，阳离子交换量越大，保肥力越强。

（3）影响土壤的阳离子交换量的因素

1）土壤质地因素。一般土壤质地越细、黏粒含量越高、胶体物质越多、土壤质地越偏向于黏性，此类土壤的阳离子交换量越大。由表 4-5 可以看出，黏土比砂土阳离子交换量要大得多。

表 4-5　不同质地矿质土壤的阳离子交换量

质地	砂土	砂壤土	壤土	黏土
CEC/[cmol（+）/kg]	1～5	7～8	7～18	25～30

资料来源：黄昌勇，徐建明 . 土壤学 [M]. 3 版 . 北京：中国农业出版社，2010.

2）胶体类型和数量。土壤中含有机胶体和无机胶体，不同胶体的 CEC 不同，其中有机胶体交换量最大。腐殖质的阳离子交换量可以达到 200 cmol（+）/kg，因此土壤中腐殖质的含量越高，阳离子交换量越大。由表 4-6 可以看出，腐殖质 CEC 是最高的，其次是蛭石、蒙脱石、伊利石、高岭石，铁铝氧化物的 CEC 最低。

表 4-6 不同土壤胶体类型的阳离子交换量

胶体种类	腐殖质	蛭石	蒙脱石	伊利石	高岭石	含水氧化铁、铝
CEC/[cmol（+）/kg]	150～500	100～150	60～100	20～40	3～15	微量

资料来源：黄昌勇，徐建明 . 土壤学 [M]. 3 版 . 北京：中国农业出版社，2010.

3）硅铝铁率。不同的无机胶体的硅铝铁率不同，这一指标导致其 CEC 也不同。不同的无机矿物，一般情况下，以 2∶1 型膨胀性矿物的硅铝铁率最大，其次是伊利石（2∶1 非膨胀型）、高岭石、氧化物，依照此顺序，硅铝铁率越来越小，同时，CEC 也越来越小。硅铝铁率和 CEC 呈正比例的关系，硅铝铁率越大，阳离子交换量就会越大。

4）土壤酸碱反应。一般来说，随土壤 pH 增高，解离度增高，带电量多，反之，随土壤 pH 降低，解离度降低，带电量减少。如表 4-7 所示，随着 pH 升高，土壤 CEC 也增加。

表 4-7 不同 pH 条件下土壤胶体的阳离子交换量　　单位：cmol（+）/kg

土壤胶体种类	pH=2.5～6	pH=4.5	pH=6.4	pH=8.1	pH=7
沼泽土胡敏酸	—	170.0	286.3	400.0	—
灰化土胡敏酸	—	234.0	410.0	508.7	—
黑钙土胡敏酸	—	292.2	432.9	590.5	—
高岭石	4	—	—	—	10
蒙脱石	95	—	—	—	100

资料来源：黄昌勇，徐建明 . 土壤学 [M]. 3 版 . 北京：中国农业出版社，2010.

从全国范围内来看，整个北方地区土壤的 pH 比较高，呈现碱性，而南方地区土壤的 pH 比较低，呈现酸性。不同地区的土壤的黏土矿物类型是不一样的，北方土壤主要是以层状硅酸盐黏土矿物为主，在 pH 升高时，负电荷增多，CEC 增大。南方的酸性土壤风化程度较高，土壤里的正电荷胶体会占有一定的百分比并吸附阴离子，对阳离子的吸附能力弱于北方土壤。我国土壤 CEC 由南向北，由东向西，有逐步增多的趋势。综上所述，土壤中的黏粒、有机胶体含量越高、pH 越高、硅铝铁率越大，此类土壤的 CEC 就越大。

4.1.4.4 交换性阳离子的活度（有效性）及其影响因素

交换性阳离子对植物都是有效的，但被植物吸收利用难易程度，即有效程度是不一样的。交换性阳离子有效性是指实际能解离的交换性阳离子的数量，写成公式 $f=a/c$，即实际解离出的离子（a）占总离子（c）的比例。影响交换性阳离子有效度的因素主要有 4 个：

（1）交换性离子饱和度

所谓离子饱和度指的是某种阳离子所占整个阳离子交换量的百分比，某种离子的饱和度越高，它对植物的有效性越大。

$$离子饱和度=\frac{交换性离子(cmol/kg)}{阳离子交换量(cmol/kg)}\times 100\%$$

例如，两种土壤，A 土壤和 B 土壤的 CEC 分别是 8 cmol/kg 和 30 cmol/kg，而在两种土壤中交换性钙离子的含量，A 土壤是 6 cmol/kg，B 土壤是 10 cmol/kg，通过计算钙离子的饱和度，就会发现 A 土壤为 75%，而 B 土壤只有 33%，虽然 A 土壤中含有的钙离子的绝对数量很小，但是饱和度高于 B 土壤，所以它的有效性更高。如果在两种土壤上同时种植喜钙作物，应该向 B 土壤中添加钙离子，因为它的有效度要低一些，更需要施用钙离子（表 4-8）。

表 4-8　不同 Ca^{2+} 饱和度土壤中 Ca^{2+} 活度对比

土壤	CEC/（cmol/kg）	交换性 Ca^{2+}/（cmol/kg）	饱和度 /%	有效度
A	8	6	75	高
B	30	10	33	低

资料来源：黄昌勇，徐建明 . 土壤学 [M]. 3 版 . 北京：中国农业出版社，2010。

所以在农业上施肥的时候，有一句谚语叫“宁施一线，不施一片”。在施肥时，以采用条施或者穴施这种集中在根系附近施用肥料的方式增加肥料的有效度。同时，由于砂质土对离子的吸附能力比较弱，所以在砂质土上的肥效总是快于在黏质土上的肥效。

（2）陪补离子种类

在土壤胶体上同时吸附着多种阳离子，对于其中某一种离子来说，其余共存的各种其他阳离子都是它的陪补离子。共存的离子之间具有相互抑制的现象，陪补离子与土壤胶体的吸附能力越强，那么被陪补离子的有效度就越高，即某离子的陪补离子被土壤胶体的吸附力越强，该离子的有效性就越强，它们存在着一种竞争吸附的关系。离子的相互抑制的顺序一般是低价态大于高价态的：$Na^+ > K^+ > Mg^{2+} > Ca^{2+} > H^+ > Al^{3+} > Fe^{3+}$。

由于陪补离子效应，如表 4-9 所示的小麦盆栽试验，可以看出 Ca^{2+} 和 H^+ 结合在一起配合施用的，Ca^{2+} 的有效度就高；Ca^{2+} 跟 Na^+ 混合在一起施用的，Ca^{2+} 有效性就低。

表 4-9　陪补离子种类对 Ca^{2+} 活度影响对比

土壤处理	交换性阳离子组成	盆中幼苗干重 /g	盆中幼苗吸钙量 /mg
甲	$40\%Ca^{2+}+60\%H^+$	2.8	11.15
乙	$40\%Ca^{2+}+60\%Mg^{2+}$	2.79	7.83
丙	$40\%Ca^{2+}+60\%Na^+$	2.34	4.36

资料来源：黄昌勇，徐建明 . 土壤学 [M]. 3 版 . 北京：中国农业出版社，2010。

（3）无机胶体的种类

不同土壤胶体对阳离子的吸附力是不同的，吸附力的强弱会影响交换性阳离子的活度（有效性）大小不同。在离子饱和度相同的条件下，蒙脱石吸附钠离子、钾离子、钙离子的活度系数均小于高岭石（表 4-10）。原因在于蒙脱石吸附阳离子的位置一般在晶层之间，吸附力强，因此活度系数小（有效性低）；而高岭石吸附阳离子的位置则在晶格的外表面，吸附力较弱，因此活度系数较大（有效性较高）。氢离子具有特殊性，主要原因是高岭石是以氢键连接的，所以高岭石的氢离子有效性较低。

表 4-10 各类黏土矿物上阳离子的活度系数

黏土矿物	阳离子活度系数				
	Na^+	K^+	NH_4^+	H^+	Ca^{2+}
高岭石	0.34	0.33	0.25	0.008	0.080
蒙脱石	0.21	0.25	0.18	0.059	0.022
伊利石	0.10	0.13	0.12	0.036	0.040

资料来源：黄昌勇，徐建明 . 土壤学 [M].3 版 . 北京：中国农业出版社，2010。

（4）阳离子的固定

离子半径大小与晶格孔隙大小接近，离子易被晶格固定。层状硅酸盐黏土矿物的晶体结构在水平方向上会形成六角形的网孔结构，而如果阳离子的直径正好跟孔隙的直径大小比较接近，它就很容易落到网孔里面而发生固定。钾离子半径为 0.133 nm，铵根离子半径为 0.143 nm，而晶格六角形网孔的半径为 0.140 nm，因此，当 K^+ 或 NH_4^+ 进行交换反应时很容易陷入晶穴中发生固定，很难再被其他阳离子交换出来，并且一旦被固定，其有效性就非常低。

由此可知，土壤干湿交替非常容易促进阳离子的固定，而土壤冻融作用会破坏矿物的晶格结构，使得被固定的阳离子重新释放。

土壤的阳离子交换作用以及阳离子交换量与土壤肥力有非常密切的关系，可以调节土壤供肥和保肥的能力。在集中施肥时，有大量的养分输入到土壤中，正是由于土壤阳离子交换作用可以使土壤具有缓冲性，在植物来不及吸收过多的养分时，土壤颗粒可以把多余的养分储存起来，使得土壤溶液中的养分离子含量减小，起到调节的作用，避免烧根。而随着土壤溶液中养分离子不断地被植物根系吸收，溶液中的浓度逐渐下降，被保存在土壤颗粒表面的这部分阳离子就会被重新解吸下来，释放到土壤溶液中，使得植物可以持续地吸收养分。除此之外，阳离子还可以使土壤的物理状况得到调节，比如高价阳离子可以使土壤胶体发生凝聚，对一些结构不好的土壤，可以利用阳离子来调节它的结构，施入高价阳离子可以使土壤胶体发生凝聚，从而可能提高团聚体的含量，使得土壤结构朝着良好的方向发展。

4.1.4.5 土壤阳离子的专性吸附及其环境意义

（1）土壤阳离子的专性吸附

土壤胶体除了以静电引力吸附阳离子外，还可通过专性力的作用对某些阳离子产生专性吸附。一般来说，对阳离子产生专性吸附的土壤胶体物质主要是各种氧化物，如铁、铝、锰氧化物，而这类矿物主要存在于可变电荷土壤中，因此阳离子的专性吸附对带有可变电荷土壤尤为重要，实际上也研究得最多。能够被土壤胶体专性吸附的阳离子主要是重金属（如铜、锌、镉等），它们在元素周期表中大多属于过渡元素。

处于周期表中的IB族、IIB族和许多其他过渡金属离子，其原子核的电荷数较多，离子半径较小，因而其极化能力和变形能力较强。它们一般都能与配体形成内络合物，稳定性增加。同时由于电子层结构的这些特点，过渡金属离子具有较多的水合热，在水溶液中以水合离子的形态存在，且较易水解成羟基阳离子 $M^{2+}+H_2O \longrightarrow MOH^{+}+H^{+}$。由于水解作用，减少了离子的平均电荷，致使离子在向吸附剂表面靠近时所需克服的能障降低，从而有利于离子与表面的相互作用。过渡金属元素的原子结构的特点是导致金属离子产生专性吸附，而不同于胶体表面碱金属和碱土金属离子产生静电吸附的根本原因。

（2）阳离子专性吸附的机理

产生阳离子专性吸附的土壤胶体物质，主要是铁、铝、锰等的氧化物及其水合物。这些氧化物的结构特征是一个或多个金属离子与氧或羟基相结合，其表面由于阳离子的键不饱和而水合，因而带有可离解的水基或羟基，过渡金属离子可与其表面的羟基作用，生成表面络合物。若金属离子是以 M^{2+} 离子的形态被专性吸附，则形成单配位基表面络合物，如下列反应式所示：

形成单配位基络合物时释放一个质子，并引起一个单位的电荷变化。

如果金属离子是以 MOH^{+} 离子的形态被专性吸附，则反应后有两个质子的释放，但表面电荷不发生变化，反应如下：

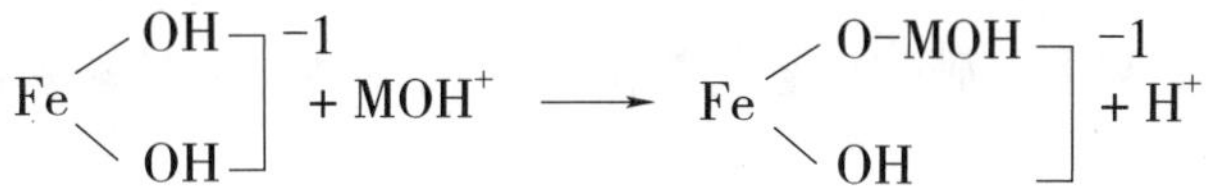

金属离子可以置换出羟基上的氢离子，从而形成络合物。碱土金属也可以置换羟基上的氢，从而形成络合物。

氧化物对过渡金属离子的这种专性吸附作用既可在表面带负电荷时发生，也可在表面带正电荷或零电荷时发生，反应的结果使体系的pH下降。

层状硅酸盐矿物在某些情况下对重金属离子也可以产生专性吸附作用，因为层状硅酸盐的边面上裸露的Al—OH基和Si—OH基与氧化物表面的羟基相似，因此有一定程度的专性吸附能力。

被土壤胶体专性吸附的金属离子均为非交换态，不能参与一般的阳离子交换反应，只能被亲和力更强的金属离子置换或部分置换或在酸性条件下解吸。

（3）土壤阳离子专性吸附的实际意义

1）它可以对多种微量金属离子起富集作用。

2）调控金属元素的生物有效性和生物毒性。

3）土壤溶液中锌、钨、铜、钼等微量金属离子的浓度受氧化物及其水合物专性吸附的控制。

4）对水土流失引起的水体的重金属、富营养化等污染起一定的净化作用，但是专性吸附作用也给土壤带来潜在的污染威胁。

4.1.5 土壤阴离子交换作用

被胶粒表面正电荷吸附的阴离子与溶液中阴离子的交换，称为阴离子交换。土壤阴离子交换作用在植物营养、环境保护甚至矿物形成演变等方面有相当重要的作用。

4.1.5.1 阴离子交换作用的机制

1）静电吸附。主要指带正电荷的胶体表面对阴离子的吸附具有交换性，如 Cl^-、NO_3^- 的吸附。

2）配位体的交换吸附。阴离子取代氧化物表面羟基而被吸附的过程，主要是 F^- 和含氧酸根离子引起。也可以称为专性吸附。

3）化学沉淀。化学沉淀作用指阴离子与土壤矿物形成沉淀的过程，如磷酸根与铁铝的沉淀。

4.1.5.2 阴离子吸附强度

把土壤中常见的阴离子分成3类。

1）易被土壤胶体吸附的阴离子，如磷酸二氢根（$H_2PO_4^-$）、磷酸氢根（HPO_4^{2-}）、磷酸根（PO_4^{3-}）、硅酸氢根（$HSiO_3^-$）、硅酸根（SiO_3^{2-}）以及某些有机酸根等。

2）很少被吸附，甚至产生负吸附的阴离子，如硝酸根（NO_3^-）、亚硝酸根（NO_2^-）、氯离子（Cl^-）等。

3）介于这两者之间的阴离子，像硫酸根（SO_4^{2-}）、碳酸根（CO_3^{2-}）、碳酸氢根（HCO_3^-）等。在农业生产上，硝酸根容易被淋失，而磷酸根容易被固定。这是农业生产中需要注意的问题。

4.1.6 土壤离子交换作用对土壤肥力的影响

4.1.6.1 土壤离子交换作用对土壤养分状况的影响

（1）影响土壤的保肥性

土壤溶液中的可溶性盐类或人为施用的化肥大多数都是植物易吸收的养分，即速效养分。它们的溶解度很高，易随水流失。正是由于土壤胶体的吸附作用，使其成为土壤的养分贮存库，大部分的水溶性易流失的养分被吸附在土壤胶体表面，可避免这些速效养分随水的流动而流失。同时，也可避免土壤溶液中离子养分的浓度过高而“烧伤”作物。利用土壤的吸附容量可以估测施肥量，对于吸收能力强的土壤可以一次多施，如黏性土。对于吸收能力弱的土壤，如沙性土，如果一次施入太多的速效化肥，可能导致作物疯长、倒伏及肥料的流失，应采取少量勤施的方法。

（2）影响土壤的供肥能力

吸附在土壤胶体表面的离子，如 Ca^{2+}、Mg^{2+}、K^{+}、NH_4^{+}、SO_4^{2-}、$H_2PO_4^{-}$ 等交换性离子都是速效养分，可以和植物根毛区的 H^{+} 或 OH^{-} 直接起交换反应（接触交换）被植物直接吸收，也可与溶液中的离子发生代换，再和植物根毛上的离子交换而被作物吸收（间接交换），也可随水进入植物体，被植物同化吸收（质流）。这一养分的“吸附 - 释放 - 吸收”供应过程就是土壤的供肥机制。在一般情况下，土壤溶液中的速效养分的数量很少，如果没有土壤胶体的释放供应，很快就会消耗殆尽，正是由于土壤胶体吸收保存了大量养分，持续不断地释放到土壤溶液中，才保证了植物在整个生长期内对养分的需求量。因此，速效养分中的绝大部分都是交换态，而专性吸附或化学吸附态的养分有效度相对较低。

4.1.6.2 影响土壤的酸碱性

土壤胶体上阳离子的组成决定了土壤的酸碱反应。土壤酸碱性与土壤的盐基饱和程度有关，一般盐基不饱和的土壤（土壤胶体上有较多的致酸离子 Al^{3+} 和 H^{+}）呈酸性反应，而盐基饱和的土壤则呈中性或碱性。

4.1.6.3 影响土壤的缓冲能力

土壤胶体上吸附了大量的交换性阳离子，从而使土壤对酸、碱具有缓冲能力。可以把土壤胶体看作是一种弱酸（盐基不饱和）或弱酸强碱盐（盐基饱和），而土壤胶体和土壤溶液组成一个缓冲体系，对进入土壤的少量酸性或碱性物质起缓冲作用，土壤 pH 不会有剧烈的变化。一般盐基饱和度大的土壤对酸的缓冲能力强，而盐基饱和度小的土壤对碱的缓冲能力强。

4.1.6.4 影响土壤的物理性质

土壤胶体的聚散特性受土壤胶体上的阳离子组成的影响很大，胶体的聚散特性则直接关联着土壤的结构性，而结构性是体现土壤物理性质的重要方面。它决定土壤胶体的基本物理性质，如黏结性、胀缩性和可塑性能否充分显现，从而影响植物的扎根条件和土壤耕性。结构性的好坏，又影响土壤孔隙分布状况，水、气、热的变化。通常交换性 Na^{+} 所占比例超过 15% 时，土壤的物理性质，尤其是黏重土壤明显恶化，表现为通透性不良，热状况和耕性差，胀缩性强等，给作物生长和管理措施造成不良影响。干旱地区的部分土壤，其交换性 Mg^{2+} 比 Ca^{2+} 多，交换性 Mg^{2+} 的行为有时和 Na^{+} 相似，使土壤物理性质恶化，如我国新疆、甘肃、宁夏等地的部分土壤就存在这种情况。

4.2 土壤溶液及其组成

土壤溶液是土壤的重要物质组成部分，其性质和组成在土壤养分转化运输和动态平衡调控方面扮演着十分重要的角色，这些关键过程不仅直接影响植物生长，而且对土壤的物理、化学和生物学性质具有重要的调控作用，有助于进一步认识并了解土壤本质，理解土壤对农业生产的重要性。

土壤溶液并不是纯水，根土体系的土壤溶液中分布着土壤颗粒和气体等物质，土壤水与其溶解的物质一起形成土壤溶液，因此土壤溶液的概念通常定义为含有溶质和溶解性气体的土壤间隙水。

4.2.1 土壤溶液在土壤反应中的作用

1）土壤溶液是连接地质环境与农业植物有机体的纽带与桥梁，将地质环境赋予的养分输送至植物有机体，实现了地上 - 地下间联系及养分循环，如土壤中的氮、磷、钾等养分可以通过根茎以及植物体的木质部和韧皮部向地上部植物体运输，完成养分循环。

2）养分元素从土体进入土壤溶液过程中，土壤溶液承担着养分元素形态转化剂的作用。

3）土壤溶液是养分的运输载体及储存剂。土壤溶液的滞留和其中养分的扩散作用在植物吸收养分过程中具有重要意义。

4）由于植物对养分的选择性吸收，养分之间的协同和拮抗作用均在土壤溶液介质中实现，因此它还是养分供需平衡的缓冲调节剂。

总之，在植物养分供给、运输、消耗系统中，土壤溶液承担着养分转化输送和调节养分动态平衡的重要作用。

4.2.2 溶质的种类和含量

溶质的种类和含量影响土壤溶液组成成分和浓度的变化，并影响土壤溶液和土壤的性质。土壤溶液的组成包含以下 3 类。

1）无机盐类，如钾、钠、钙、镁的碳酸盐及一些微量元素，阴离子包括氯离子和硝酸根离子等。

2）有机化合物类，如可溶性氨基酸、可溶性糖类、腐殖质和有机金属配合物以及有机化合物，如 DDT、除草剂等。

3）溶解性气体，如氧气、氢气、厌氧条件下大量的二氧化碳、甲烷等气体。

4.2.3 影响土壤溶液组成的因素

1）植物体通过根系吸收土壤溶液中的养分，在植物生长过程中，其代谢产物也会进入土壤溶液当中，继而影响土壤溶液组分及其浓度。

2）沉淀 - 溶解时常存在于土壤固 - 液界面，在某一时刻可能存在动态平衡，但是当条件变化，如土壤 pH、温度和湿度发生改变时，土壤溶液组分与浓度将进一步受到影响。

3）土壤胶体与土壤溶液彼此间的离子吸附、解吸过程，例如土壤溶液中的钾离子能够在静电力作用下吸附在带电土壤胶体颗粒表面，同时它也可以被再次解吸附回到土壤溶液当中，进而改变土壤溶液的组分及其浓度。

4）土壤溶液与地下水之间水分的上升与淋溶过程。在毛细管力作用下，地下水分可以上升至土壤溶液，同时在降雨过程中，土壤溶液当中的水分也会淋溶并进一步回归到地下水中，此时，土壤溶液的组分与浓度也会发生变化。

5）土壤空气与土壤溶液之间的交互作用。土壤空气当中有二氧化碳和氧气等，它会溶解在土壤溶液当中，土壤温度不同时，这些气体的溶解度不同，同时土壤溶液当中的这些气体物质亦会扩散到土壤空气当中，在此过程中土壤溶液的组分与浓度也会发生变化。

6）近地大气层与土壤溶液之间的交互效应。近地大气层中的水汽和其他可溶性气体可通过自然环境的变化沉降，进入土壤溶液，改变其组分和浓度，土壤溶液中的水分及其他挥发性气体也会在气温升高的情况下蒸散至近地大气层从而改变土壤溶液的组成。

4.3　土壤的酸碱性

土壤酸碱性反映土壤溶液中氢离子浓度和氢氧根离子浓度、比例，同时也取决于土壤胶体上致酸离子（氢离子和铝离子），或者是碱性的离子（钠离子）的数量以及土壤中酸性盐和碱性盐类的存在数量。当土壤溶液中氢离子浓度和氢氧根离子浓度相等时，土壤呈中性；当氢离子浓度大于氢氧根离子浓度时，土壤溶液呈酸性；反之，土壤溶液呈碱性。

学习土壤溶液的重要性质——土壤酸碱性，要明确土壤中酸碱的来源、存在形式及影响因素。

4.3.1　土壤酸性

土壤酸性一方面与土壤溶液中的氢离子浓度相关，另一方面更多的是与土壤胶体上吸附的致酸离子（氢离子和铝离子）有密切的关系。

4.3.1.1　土壤中 H^+ 的来源

1）水的解离。水可以解离成氢离子和氢氧根离子，$H_2O \longleftrightarrow H^+ + OH^-$，土壤水溶液中水分子虽然是弱电解质，其解离常数很小，但是其解离出的氢离子能够吸附在土壤胶体颗粒表面，导致水解反应朝着生成更多氢离子的方向进行，使得水的电离平衡被破坏。

2）碳酸的解离。土壤微生物、植物根系在其生命活动过程中释放出二氧化碳，二氧化碳溶于水形成碳酸，碳酸可以解离成氢离子和碳酸氢根离子，$H_2CO_3 \longleftrightarrow H^+ + HCO_3^-$。

3）有机酸的解离。有机质矿化分解形成多种低分子有机酸，在通气不良及真菌存在的条件下，大量累积的低分子有机酸解离出更多的氢离子，$R—COOH \longrightarrow H^+ + R—COO^-$。

4）酸雨。随着工业化的发展，酸性物质进入大气层，继而通过降雨携带进入土壤溶液当中。酸雨的干沉降或湿沉降，都会带来酸性物质沉降。

5）其他无机酸。施入土壤的生理酸性肥料，因植物选择性吸收，而使酸根留在土壤中，如硫酸钾、氯化钾。

6）土壤中铝的活化。硅酸盐黏土矿物的基本结构铝氧八面体当中的铝离子是非活性的，但是氢离子吸附在土壤胶体颗粒表面，氢饱和度提高时，盐基离子的饱和度随之下降，当氢离子吸附的数量累积到一定程度时，铝氧八面体晶体结构遭到破坏，非活性铝离子被释放，形成活性铝，铝离子进入土壤溶液中会水解产生氢离子。

4.3.1.2　土壤酸的类型及表示方法

（1）土壤酸的类型

按照氢离子存在的方式，可将土壤酸分为活性酸和潜性酸。

1）活性酸

活性酸指与土壤固相处于平衡状态的土壤溶液中的游离氢离子，或者存在于土壤溶液中，自由扩散于土壤溶液中的 H^+ 离子。活性酸的测定方法主要有试纸比色法和电位计法。土壤溶液中的氢离子的浓度通常用 pH 来表示，一般是用氢离子浓度的负对数表示，即

$$pH=-\lg[H^+]，[H^+]=10^{[-pH]}mol/L$$

2）潜性酸

潜性酸指土壤胶体上吸附的交换性氢离子和铝离子所引起的酸度，只有当这些离子从胶体上解离或被其他离子所交换出来，转移到溶液中以后才显示酸性。一般测定方法主要用中性离子、中性盐和弱酸强碱盐去交换，所得的酸相应地叫代换性酸和水解性酸。铝离子是主要致酸离子，氢离子占很少一部分。

3）活性酸和潜性酸的关系

活性酸和潜性酸的总和称为土壤的总酸度，活性酸代表土壤酸度的强度，潜性酸代表土壤酸度的容量，土壤溶液中活性酸的容量远远小于土壤潜性酸的容量。潜性酸是主体，土壤活性酸和潜性酸始终是处于动态平衡的状态，可以相互转化。具体的转化形式有以下几种：

①强酸性土壤。交换性铝与土壤溶液中 Al^{3+} 处于平衡状态，通过土壤溶液中 Al^{3+} 的水解，增强土壤酸性，土壤溶液中的 Al^{3+} 按下式水解：

$$Al^{3+}+3H_2O \longrightarrow Al(OH)_3\downarrow +3H^+$$

在强酸性土壤中，土壤活性酸（溶液 H^+）的主要来源是 Al^{3+}，而不是 H^+。这是因为强酸性土壤上铝的饱和度大，土壤溶液中的每一个 Al^{3+} 水解可产生 3 个 H^+。据报道在 pH＜4.8 的酸性红壤中，交换性氢一般只占总酸度的 3%～5%，而交换性铝占总酸度的 95% 以上。

②酸性和弱酸性土壤。这种土壤的盐基饱和度较大，铝不能以游离 Al^{3+} 存在，而是以羟基铝离子［如 $Al(OH)_2^+$、$Al(OH)^{2+}$ 等］形态存在。这种羟基铝离子是很复杂的，可能呈 $[Al_6(OH)_{12}]^{6+}$、$[Al_{10}(OH)_{22}]^{8+}$ 等离子团形式。有的羟基铝离子可被胶体吸附，其行为如同交换性 Al^{3+} 一样，在土壤溶液中水解产生 H^+。

$$Al(OH)^{2+}+H_2O \longrightarrow Al(OH)_2^++H^+$$

$$Al(OH)_2^++H_2O \longrightarrow Al(OH)_3+H^+$$

酸性和弱酸性土壤中，除了羟基铝离子水解产生 H^+ 外，胶体交换性 H^+ 的解离可能是土壤溶液中 H^+ 的第二个来源。

综上所述，土壤 pH 与土壤交换性阳离子之间的关系可用图 4-25 表示。在强酸性矿质土壤中以交换性 Al^{3+} 和以共价键紧密束缚的 H^+ 及 Al^{3+} 占优势；在酸性土壤中，致酸离子以 $Al(OH)_2^+$、$Al(OH)^{2+}$ 等羟基离子为主，而在中性及碱性土壤中，土壤胶体上主要是交换性盐基离子。酸性和盐基离子饱和度的对应关系一般是酸性土壤里面盐基饱和度比较低，中到碱性土壤里面盐基饱和度都比较高。

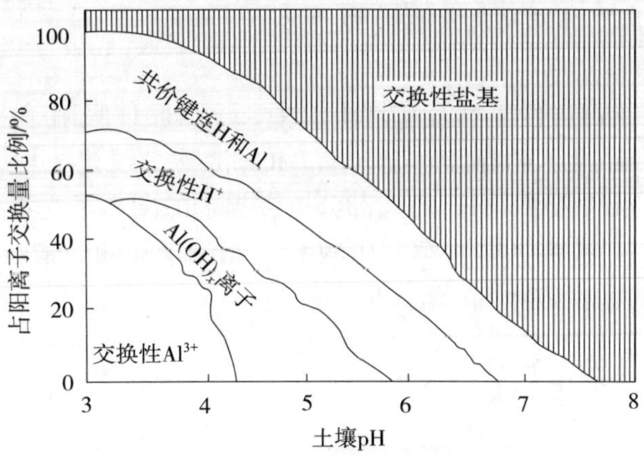

图 4-25　pH 与土壤交换性阳离子的关系

资料来源：熊顺贵．基础土壤学 [M]. 北京：中国农业大学出版社，2001。

（2）土壤酸度的表示方法

土壤酸度反映土壤中致酸离子的数量。土壤酸度指标一般用土壤 pH、石灰位、交换性酸和水解性酸来表示。其中，土壤 pH、石灰位代表土壤酸度的强度指标。交换性酸、水解性酸代表土壤酸度的数量指标。

1）土壤酸度的强度指标

①土壤 pH。pH 反映活性酸度，其酸度大小决定土壤溶液中 H^+ 浓度，它是土壤酸性的强度指标。我国土壤大部分 pH 为 4.5～8.5，具有“东南酸、西北碱、南北差异大”的 地带性特点。土壤学中常常根据土壤的 pH，将土壤中的酸碱性分为若干级，如表 4-11 所示。

表 4-11　我国土壤酸碱度的分级

pH	酸碱度分级	pH	酸碱度分级
＜4.5	极强酸性	6.5～7.5	中性
4.5～5.5	强酸性	7.5～8.5	碱性
5.5～6.0	酸性	8.5～9.5	强碱性
6.0～6.5	弱酸性	＞9.5	极强碱性

②石灰位（lime potential）。石灰位是指土壤溶液中 H^+ 浓度的负对数与 Ca^{2+} 浓度的负对数的一半的差值，是钙有效度的指标。即

$$石灰位 = pH - 0.5pCa$$

石灰位越大，表明土壤的 pH 越高，也就是土壤的碱性越强；反之，石灰位越小，表明土壤的 pH 越低，也就是土壤的酸性越强。

但从目前来看，石灰位的应用不如 pH 广泛。

总之，土壤 pH 和石灰位只能反映土壤溶液中 H^+ 浓度的高低，即只能反映土壤中活性酸的强度。

土壤中除了活性酸之外，还有潜性酸，也就是土壤胶体上吸附的交换性 Al^{3+} 和 H^+，

这部分潜性酸的强度用交换性酸和水解性酸的多少来衡量。

2）土壤酸度的数量指标

①交换性酸。在非石灰性土壤及酸性土壤中，土壤胶体吸附了一部分 Al^{3+} 及 H^{+}。当用中性盐溶液（如 1 mol/L KCl 或 0.06 mol/L $BaCl_2$ 溶液）浸提土壤时，非石灰性土壤及酸性土壤胶体表面吸附的 Al^{3+} 与 H^{+} 的大部分被浸提剂的阳离子交换而进入溶液。用标准碱液滴定浸提液中的 H^{+} 及由 Al^{3+} 水解产生的 H^{+}，根据消耗的碱量就可换算出交换性 Al^{3+} 和 H^{+} 的总量，称为土壤的交换性酸量。反应式为

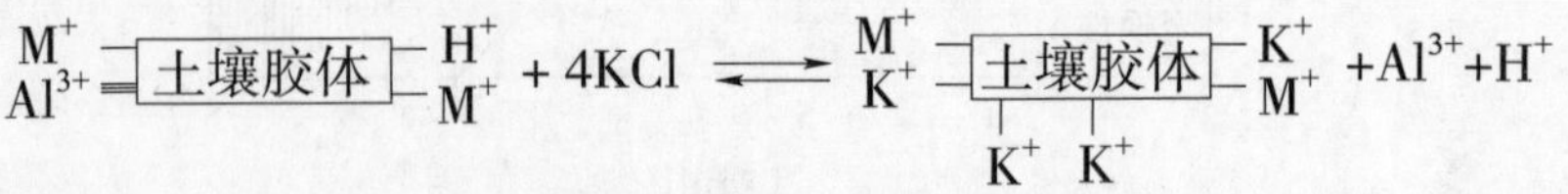

$$Al^{3+}+3H_2O \longrightarrow Al(OH)_3\downarrow+3H^{+}$$

用中性盐溶液浸提土壤时所发生的阳离子交换反应是一种可逆反应，因而测得的酸量只是土壤潜性酸量的大部分，而不是它的全部。交换性酸在进行调节土壤酸度估算石灰用量时有重要参考价值。

②水解性酸。用弱酸强碱盐（常用 pH 为 8.2 的 1 mol/L NaOAc 溶液）浸提土壤时，由于弱酸强碱盐的水解作用，土壤胶体上吸附的交换性 Al^{3+} 和 H^{+} 基本上都能被交换到土壤溶液中，当用 NaOH 标准碱液滴定时，根据所消耗的 NaOH 的数量，就可以换算出交换性 Al^{3+} 和 H^{+} 的总量，称为土壤的水解性酸量。即

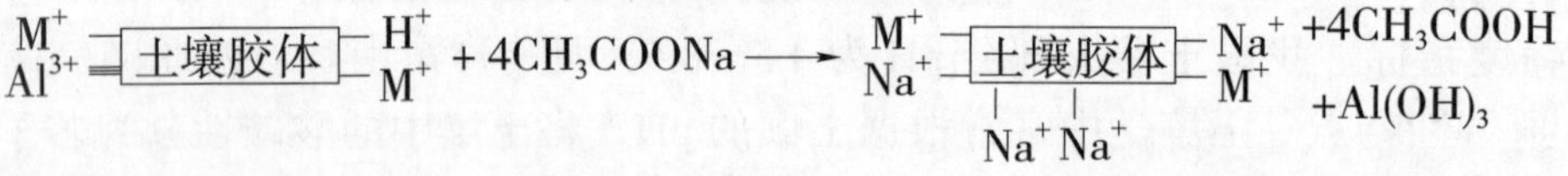

用碱滴定溶液中醋酸的总量即是水解酸的量。土壤水解酸反应生成难电离的 $Al(OH)_3$ 和 CH_3COOH，所以反应向右进行彻底，即土壤胶体上吸附的 H^{+} 和 Al^{3+} 能较完全被交换出来。酸性土壤改良时常用水解性酸度的数值作为计算石灰需要量的参考数据。

水解性酸量一般要比交换性酸量大得多，但这两者是同一来源，本质上是一样的，都是潜性酸，只是交换作用的程度不同而已。

4.3.1.3 土壤酸化对环境质量的影响

（1）严重危害植物生长和农业生产

土壤酸化可以引起土壤一系列物理、化学和生物学性质的变化，导致营养元素淋失和有毒元素释放，从而影响农业生产。土壤酸化后加剧 Al^{3+} 和 Mn^{2+} 等释放和矿物风化，对作物造成铝、锰毒害效应，导致产量下降，甚至死亡。在频繁发生的酸雨作用下，可以使钾、钠、钙、镁等土壤养分释放，并随着雨水流失，造成土壤贫瘠。酸雨还抑制土壤微生物的繁殖和酶活性，如固氮菌活性受到抑制、阻碍根系发育。土壤酸化不仅可以影响植物生长和作物产量，而且可以影响作物的品质，不少强酸性土壤上生产的农产品，铝的含量高，从而威胁人体健康，易造成老年痴呆的发生。20 世纪 80 年代，欧洲森林大面积死亡就是土壤酸化的结果。

（2）土壤酸化引起水质恶化

土壤酸化能使湖泊等水体酸化，生物、鱼类大量死亡，在欧洲和北美，这种例子已经

很多。有资料表明，对于盐基饱和度低于 10% 的森林土壤，酸沉降中的酸性物质只有不到 1/4 被 1 m 厚的土壤所缓冲，其余都进入渗漏水和地下水。酸化水排入河流、港湾、鱼塘等，可将沉积物中污染的重金属活化释放。水体酸化后可使鱼类和甲壳纲动物死亡，影响水产养殖业。热带、亚热带沿海平原低洼处，红树林下有含硫物质的积累，在开垦后土壤会酸化，如 FeS_2 氧化成硫酸，土壤 pH 可低至 2.8，反应式为

$$FeS_2+3.5O_2+H_2O \longrightarrow Fe^{2+}+2SO_4^{2-}+2H^+$$

强酸性富铝化水的絮凝作用使水体异常清澈，有可能被人误认为适合游泳和饮用，从而带来对身体的伤害。

（3）土壤硫对大气的影响

人类活动排放的 SO_2、NO_x、NH_3 等物质通过大气酸沉降进入土壤，虽然我国 SO_2 排放得到了一定的控制，但 NO_x 和 NH_3 排放量的持续增长，并没有减少酸沉降对土壤的酸化。硫是植物必需的中量元素之一，缺乏或过多对植物生长都不利，使其产量和品质下降。以往的酸沉降中的硫进入土壤，相当于施用了硫肥。目前，土壤缺硫现象越来越明显，硫肥需求量也越来越大，原因是以前硫是其他化肥的伴随物，如硫酸铵、过磷酸钙、硫酸钾以及作为碱性土壤改良剂的石膏（硫酸钙），用量较大，为土壤补充了大量的硫。但随着化肥品种的改变和工业硫污染的治理（烟气脱硫），硫肥施用将会逐渐提到日程上来。氮肥的过量施用也导致作物缺硫，植株的 N/S 是衡量作物营养价值的重要指标，N 素和 S 素的供应比例宜为（12～15）：1，才能使作物蛋白质的含量和品质都得到提高。淹水土壤中硫的还原产物，特别是 H_2S 对植物根系有极大破坏作用。

土壤中的硫也能产生大量的气态硫化物并进入大气，形成大气酸沉降和环境酸化，威胁自然生态系统和人类生存环境。土壤中硫的氧化还原作用对氮循环、碳循环、土壤环境均有一定的影响。土壤每年进入大气的气态硫包括无机硫气体和有机硫气体。在好气和淹水条件下，土壤硫化合物都可被微生物转化生成可挥发性硫化合物，如 H_2S、SO_2、DMS、DMDS、COS（氧硫化碳）。另外，土壤酸化还可腐蚀地下管道和金属建筑材料。所以，凡是有酸性土壤分布的地区，都应十分重视土壤酸化的防治。

4.3.2　土壤碱性及碱性形成机理

（1）土壤 OH^- 主要来源

土壤溶液中 OH^- 浓度超过 H^+ 浓度时表现为碱性反应。土壤溶液中 OH^- 主要来源于土壤中交换性钠的水解以及弱酸强碱盐类物质的水解。反映碱性强弱的指标包括 总碱度和碱化度。

（2）影响土壤碱性的因素

1）气候因素

受到大气温度、湿度的影响，在土壤母质岩石矿物风化过程当中，气候因素会对土壤酸碱性产生影响，在湿润和半湿润地区，由于降水量大于蒸发量，土壤中的氢离子大量吸附于土壤胶体表面，将胶体表面吸附的盐基离子代换，并且随着雨水的淋溶流失，导致土壤呈酸性。在干旱和半干旱地区，降水量小于蒸发量，土壤当中的盐基离子不易淋失，从而呈现出碱性。

2）生物因素

微生物生命活动中释放二氧化碳，二氧化碳溶于水形成碳酸，碳酸水解产生氢离子，导致土壤呈酸性。

植物灰分携带有大量的盐基离子，它使土壤呈中性和微碱性，高等植物可以选择性吸收盐基离子，这也是土壤呈碱性的原因。

3）母质的影响

由酸性岩发育的土壤常常表现为酸性，基性岩和超基性岩富含盐基成分，它们发育来的土壤常常呈碱性。

（3）土壤碱性形成的机理

1）碳酸钙的水解

$$CaCO_3+H_2O \longleftrightarrow Ca^{2+}+HCO_3^-+OH^-$$

石灰性土壤和交换性钙离子占优势的土壤当中，碳酸根能够水解释放出氢氧根离子。

2）碳酸钠的水解

$$Na_2CO_3+2H_2O \longleftrightarrow 2Na^++2OH^-+H_2CO_3$$

碳酸钠在水中发生碱性水解，使土壤呈强碱性反应。

3）交换性钠的水解

水解离出氢离子去置换钠离子，土壤胶体上交换性钠解吸，剩下的氢氧根离子就可以形成氢氧化钠呈碱性。交换性钠水解呈强碱性反应是碱化土的重要特征，在可溶性盐含量较高的盐渍土中，积盐和脱盐过程频繁交替，促进钠离子进入土壤胶体，使胶体表面有较多钠离子发生水解。

（4）土壤碱性的指标

1）pH

土壤溶液中的氢氧根离子浓度大于氢离子浓度，也就是 pH＞7.5，土壤表现为碱性。

2）总碱度

碱化度分级指标，指土壤溶液或者灌溉水中，碳酸根、重碳酸钙的总量，总碱度等于碳酸根加上碳酸氢根离子浓度，单位为 cmol（－）/L。

一般来说，碳酸钙及碳酸镁的溶解度很小，在正常的二氧化碳的分压下，它们在土壤溶液中的溶解度比较低，所以含碳酸钙和碳酸镁的土壤 pH 不可能很高，最高的 pH 一般为 8.5 左右，这种因石灰性物质引起的弱碱性反应称为石灰性反应，相应的土壤称为石灰性土壤。

3）碱化度

是指土壤胶体吸附的交换性钠离子占阳离子交换量的百分率，计算公式如下：

$$碱化度=\frac{交换性钠离子(cmol/kg)}{阳离子交换量(cmol/kg)}\times 100\%$$

当土壤碱化度达到一定程度，可溶性盐含量较低时，土壤呈极强的碱性反应，土壤理化性质上会发生恶劣的变化（如土粒高度分散，湿时泥泞，通透性差，干时固结，耕性极差），这些理化性质的变化，称为土壤的碱化作用。一般规定土壤碱化度为 5%～15% 定为轻度碱化土壤，15%～30% 为中度碱化土壤，30%～45% 为强碱性土壤。

4.3.3　土壤酸碱性的环境意义

4.3.3.1　土壤酸碱性对土壤肥力及作物生长的影响

土壤肥力是指水、肥、气、热几个方面，所以土壤酸碱度对土壤肥力的影响主要从以下几个方面来解释。

（1）土壤酸碱性影响土壤养分的转化和供应

土壤酸碱度对土壤物质的化学变化和微生物活动有广泛影响，它控制着土壤胶体的离子交换，因而对土壤溶液中养分离子的浓度、存在状态有很大影响。土壤酸碱性影响土壤胶体带电性，土壤环境 pH 高，土壤胶体负电荷数量就增多，相应地阳离子交换量也增加，土壤保肥性、供肥性都可以得到增强。

（2）土壤酸碱性影响土壤中微生物的活性

微生物是土壤有机质矿化、各类养分形态转化的重要参与者，其生物反应活性与土壤酸碱性密切相关，进而也影响了土壤中各种物质的转化速度和方向。土壤细菌和放线菌适宜于中性和微碱性土壤，在强酸性土壤中真菌则占优势。

（3）土壤酸碱性影响养分的固定、释放与淋失

由图 4-26 可知，pH 在 6.5 左右时，各种营养元素有效度都较高，氮在 pH5.5 及以上时其有效性较高，这是因为在酸性土壤中，影响氮素转化的微生物活性降低。有机质中氮的矿化以 pH6.0～8.0 时最好，有效态氮供应数量多，此时固氮菌活动能力强，增加土壤氮素输入，提高土壤氮的有效性。pH6.0 以下时，固氮菌的活动能力降低，pH8.2 以上时硝化作用减弱，都使有效态氮的供应减少。

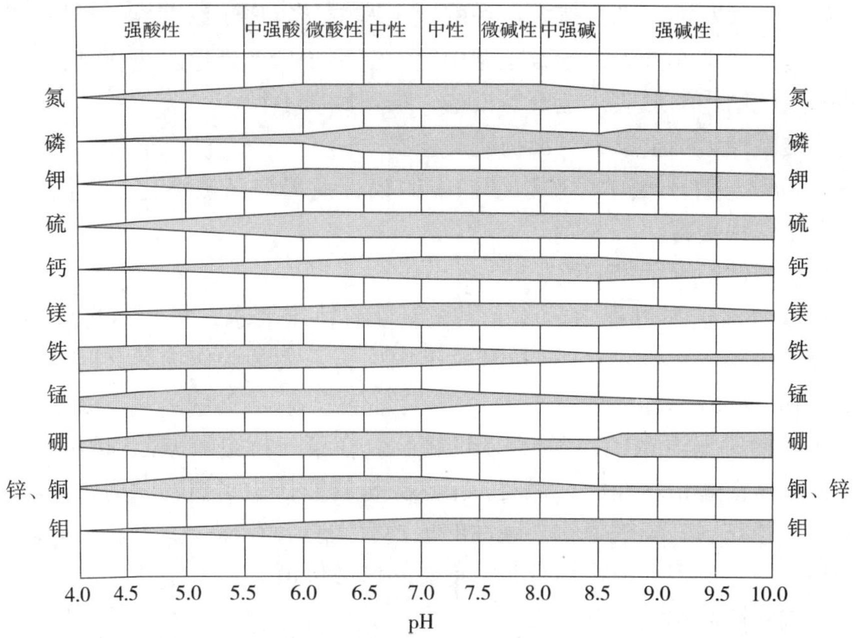

图 4-26　植物养分有效性与 pH 的关系（条带越宽表示土壤养分有效性越高）

资料来源：熊顺贵. 基础土壤学 [M]. 北京：中国农业大学出版社，2001。

磷在 pH 在 6.5～7.5 时有效性较高，这时磷主要以 $Ca(H_2PO_4)_2$ 的形态存在，溶解度最大。当 pH 小于 6.5 时，铁、铝、锰溶解度增大，产生铁、铝、锰的磷酸盐沉淀，从而降低磷的有效性。pH 在 7.5～8.5 时，磷酸根与钙离子作用形成难溶性的磷酸三钙沉淀，此时碳酸钙的存在同样抑制磷酸钙的溶解，磷的有效性降低。当 pH＞8.5 时，由于钠离子的存在而形成可溶性的磷酸钠，溶解度增大，提高了磷的有效性。

在酸性土壤中，钾、钙、镁、硫的盐类溶解度大，有效性应该高，但土壤 CEC 降低，这些养分易于淋失而造成其交换性离子减少。钙和镁元素在 pH 在 6.5～8.5 有效性最高。钙、镁在 pH＞8.5 的土壤中，由于钠离子的增加，将钙、镁离子从胶体颗粒上交换下来，生成钙、镁的碳酸盐类沉淀，其有效性小于可交换态的钙、镁，导致有效性降低。

（4）土壤酸碱性影响微量元素有效性

土壤中的微量元素锌、铜、铁、锰、硼，一般在酸性土壤中溶解度较大，有效性高，有利于植物吸收。但在 pH＜5.5 的强酸性土壤中，易造成土壤的铝、锰胁迫与毒害。在石灰性土壤里铁、锰、铜、锌常因生成氢氧化物沉淀而降低有效性。而硼随着 pH 升高，生成硼酸钙的沉淀而降低有效性，当 pH＞8.5，由于生成可溶的硼酸钠而使其有效性提高。

微量元素中的钼（Mo）元素有特殊性，在酸性土壤中常因与铁、铝生成钼酸铁、钼酸铝沉淀而降低有效性。所以钼的有效性恰好与上述元素相反，随着 pH 的升高，钼的有效性是增加的（图 4-26）。

（5）土壤酸碱性影响土壤的物理性质

在碱性土壤中，交换性钠离子增多，使土粒分散，土壤结构破坏，土壤渍水呈稀泥，干时又非常僵板，通水透水都比较差。在酸性土壤中，氢离子浓度大，易把胶体上吸附的钙、镁等离子交换出来而淋失，导致土壤中钙、镁离子少，土壤黏重板结，通气透水都比较差，不利于团粒结构的形成，土壤易板结，物理性质不良。

（6）土壤酸碱性影响土壤中有毒物质的积累

在 pH＜5 的强酸性土壤中，矿物结构中的铝、锰等均已被活化，它们的含量积累到一定浓度时可使作物受害。

（7）土壤酸碱性影响植物的生长

植物在长期自然选择过程中，对土壤酸碱性有特定要求，植物本身也需要一个适宜的土壤酸碱环境，不同植物可在不同 pH 范围内生长，大多数作物适宜近中性环境，如蔬菜、果树要求 pH 为 6～8。

指示植物是指对土壤 pH 有特别要求的植物，在某一特定酸碱范围内生长的植物，由于它们对土壤酸碱性起指示作用，因此，把这类植物叫作指示植物。例如，喜酸性植物有茶树、杜鹃花、兰花、马尾松等；喜碱性的植物有大豆、花椰菜、大麦、苹果、玉米、苜蓿等。在野外工作时，指示植物具有非常重要的参考价值。

（8）土壤酸碱性影响植物发病程度

病原菌对 pH 有一定的要求，可以通过控制土壤 pH 对植物进行防病。

4.3.3.2 土壤酸碱性与污染物转化

（1）土壤酸碱性与无机污染物的转化

土壤酸碱性通过影响组分和污染物的电荷特性、沉淀 - 溶解、吸附 - 解吸和络合 - 解络平衡来改变污染物的毒性，土壤酸碱性还通过影响土壤微生物的活性来改变污染物的毒性。

土壤溶液中的大多数金属元素在酸性条件下以游离态或水化离子态存在，毒性较大；而在中性和碱性条件下易生成难溶性氢氧化物沉淀，毒性显著降低。

金属离子可与 OH^-、HPO_4^{2-}、CO_3^{2-}、S^{2-} 等阴离子生成沉淀，可用溶度积常数（Kp）来估测。土壤酸碱性影响阴阳离子浓度，pH 升高导致 OH^- 浓度上升，使重金属离子的毒性（活度）降低。

pH 对土壤中金属离子的水解及其产物的组成和电荷有极大的影响。在 pH<7.7 的溶液中，锌主要以 Zn^{2+} 存在；在 pH>7.7 时，以 $ZnOH^+$ 为主；在 pH>9.11 时，则以电中性的 $Zn(OH)_2$ 为主。对铅（Pb）来说，当 pH<8.0 时，溶液中以 Pb^{2+} 和 $Pb(OH)^+$ 占优势，其他形态的铅［如 $Pb(OH)_3^-$、$Pb(OH)_2$、$Pb(OH)_4^{2-}$］较少。对铜而言，当 pH<6.9 时溶液中主要是 Cu^{2+}，pH>6.9 时主要是 $Cu(OH)_2$。

土壤酸碱性也显著影响含氧酸根阴离子（如铬、砷）在土壤溶液中的形态，影响它们的吸附和沉淀等特性。在中性和碱性条件下，Cr（Ⅲ）可被沉淀为 $Cr(OH)_3$。在碱性条件下，由于 OH^- 的交换能力大，能使土壤中可溶性砷的比例显著增加，从而增加砷的生物毒性。

（2）土壤酸碱性与有机污染物的转化

pH 对有机污染物在土壤中的积累、转化、降解的影响主要表现如下。

影响土壤微生物群落种类与活性。微生物是土壤有机物降解的重要参与者，土壤 pH 的变化能够改变土壤微生物种类与活性，进而影响微生物对有机污染物的降解效率，包括生物氧化和还原反应中的脱氯、脱氯化氢、脱烷基化、芳香环或杂环破裂反应等。

通过改变污染物和土壤组分的电荷特性，影响两者的吸附、络合和沉淀等特性，导致污染物有效度的改变。土壤酸碱性对土壤微生物的活性、对矿物质和有机质分解起重要作用，它可通过对土壤中进行的各项化学反应的干预作用而影响组分和污染物的电荷特性、沉淀溶解、吸附解吸和配位解离平衡等，从而改变污染物的毒性。同时，土壤酸碱性还通过影响土壤微生物的活性来改变污染物的毒性。

有机氯农药在酸性条件下性质稳定，不易降解，只有在强碱性条件下才能加速代谢。例如，持久性有机污染物五氯酚（PCP），在中性及碱性土壤环境中呈离子态，移动性大，易随水流失；而在酸性条件下呈分子态，易为土壤吸附而降解半衰期增加。有机磷和氨基甲酸酯农药大部分在碱性环境中易于水解，但地亚农则更易于发生酸性水解反应。

4.3.4 土壤酸碱性调节

4.3.4.1 土壤酸性调节

土壤酸性过强不利于植物生长，导致作物的产量和品质下降，因此需要提高土壤 pH。

一般是向土壤中施入石灰，主要是用生石灰（CaO）和熟石灰［$Ca(OH)_2$］，生石灰遇水以后可形成熟石灰［$CaO+H_2O \longleftrightarrow Ca(OH)_2$］。熟石灰的作用是：①提供钙离子营养。②改善土壤结构，因为钙离子是土壤结构的核心物质。③中和酸性。例如生石灰与稀盐酸的反应方程式为 $Ca(OH)_2+2HCl \xlongequal{} CaCl_2+2H_2O$。

（1）原理

用熟石灰来中和酸碱性原理是用氢氧化钙的钙离子交换氢离子和铝离子，从而使土壤的酸性减弱，反应式如下：

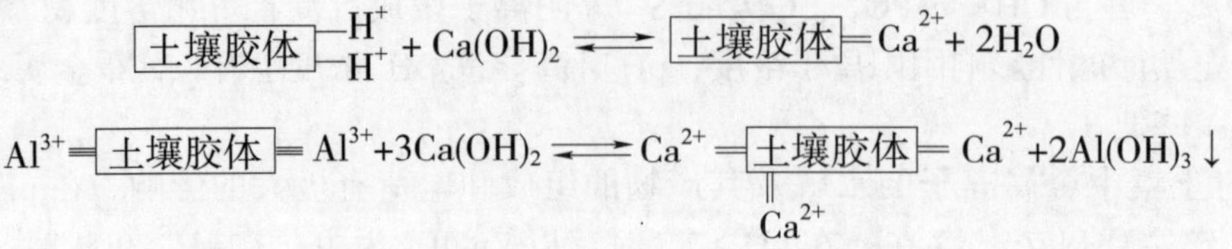

（2）案例

例题：某红壤的 pH=5.0，耕层土壤重为 2 250 000 kg/hm^2，土壤含水量为 20%，CEC 为 10 cmol/kg，盐基饱和度为 60%，试计算调节 pH=7 时，每公顷土壤中和活性酸和潜性酸的石灰需要量（理论值）。

石灰需要量的估算：

1）中和活性酸：

pH=5 时，根据公式 $-\lg[H^+]=5$，得出每升土壤溶液所含 H^+ 的量为 10^{-5} mol。

每公顷土壤水分所含的 H^+ 为：$2\,250\,000 \times 20\% \times 10^{-5}=4.5$ mol/hm^2。

pH=7 时，根据公式 $-\lg[H^+]=7$，得出每升土壤溶液所含 H^+ 的量为 10^{-7} mol。

每公顷土壤水分所含的 H^+ 为：$2\,250\,000 \times 20\% \times 10^{-7}=0.045$ mol/hm^2。

土壤溶液的 pH 由 5 调整到 7 所需要中和的 H^+ 的量为：4.5−0.045=4.455 mol。

所需 CaO 为：$4.455 \times 56/2=124.7$ g。

2）中和潜性酸：

该红壤每公顷吸附的阳离子为：$2\,250\,000 \times 10/100=225\,000$ mol。

土壤所能吸附的阳离子种类可分为致酸离子和盐基离子，该红壤盐基饱和度为 60%，每公顷潜性酸含量为：225 000 mol ×（1−60%）=90 000 mol H^+。

所需 CaO 为：$90\,000 \times 56/2=2\,520$ kg。

从上述计算可知，中和潜性酸所需的石灰用量远大于中和活性酸所需的石灰量。

CaO 实际用量一般低于理论计算量，因此在生产实践上一般要乘以经验系数 0.5。

石灰需要量受多种因素影响：①土壤潜性酸和活性酸、有机质含量、盐基饱和度、土壤质地等；②作物对酸碱度的适应性；③石灰种类、施用方法等。在实际施用石灰调节土壤酸度时，不能只凭估算值，还需要综合考虑各影响因素。图 4-27 显示了不同类型和质地的土壤 pH 升至 7 时石灰石粉需要量。

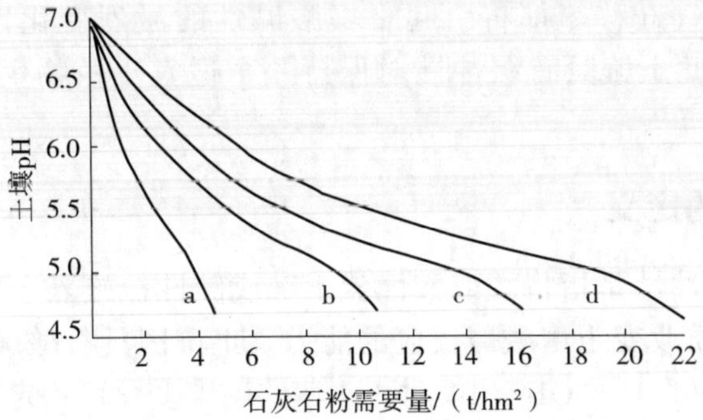

	O.M/%	CEC		O.M/%	CEC
a. 砂土	2.5	5	b. 砂壤土	3	12
c. 壤土和粉壤土	4	18	d. 粉黏壤土	5	25

图 4-27　不同类型和质地的土壤 pH 升至 7 时石灰石粉需要量

资料来源：黄昌勇，徐建明 . 土壤学 [M]. 3 版 . 北京：中国农业出版社，2010。

（3）石灰施用中存在的问题

在石灰改良土壤酸性的过程中，石灰施用过量会引起土壤 pH 升高幅度加大，改变土壤的理化性质，导致土壤板结、结构变劣、孔隙度降低等现象，部分微量元素的有效性也降低，磷的有效性也有所下降，因此，施用石灰要适量且保证均匀。生产实践中需要加强土壤管理，增施有机肥，提高缓冲性。合理施用化肥，明确生理酸性、中性、碱性肥料的种类，对酸性土壤适当施用中性和碱性肥料。

4.3.4.2　土壤碱性调节

通常用石膏来改良土壤碱性，原理是用石膏中的钙离子去交换土壤胶体上的钠离子，生成硫酸钠，硫酸钠溶于水，可以通过洗盐去除。碳酸钠与硫酸钙反应可以生成硫酸钠和碳酸钙，其中碳酸钙以沉淀形式保持在土壤里面，硫酸钠可随水被冲洗掉，反应式为

$$\boxed{土壤胶体}\begin{matrix}-Na^+\\-Na^+\end{matrix} + CaSO_4 \rightleftharpoons \boxed{土壤胶体}=Ca^{2+} + Na_2SO_4 \quad （淋洗）$$

$$Na_2CO_3+CaSO_4 \rightleftharpoons Na_2SO_4+CaCO_3\downarrow$$

施用石膏是通过离子代换作用把土壤中有害的钠离子代换出来，结合灌水使之淋洗。在重度碱化的土壤上还可施用其他的化学物质，如硫黄在微生物的作用下被氧化成硫酸。另外，明矾、硫酸铝钾、磷石膏、亚硫酸钙、硫酸亚铁、工业废料等都能够降低土壤的碱性。

4.4　土壤的缓冲性及其环境意义

土壤缓冲性（soil buffering）是土壤的重要性质之一，它可以使土壤酸碱性的变化保持在一定范围内。如果土壤不具备这种能力，那么微生物和根系的呼吸、施肥、有

机质分解与转化、空气迁移等都将引起土壤酸碱性的激烈变化，影响养分的有效性，作物将难以适应。因此土壤具有缓冲性对保持一个适宜于植物生长的根层环境有重要意义。

4.4.1 土壤缓冲性的定义

1）狭义的土壤缓冲性是指将酸或酸性盐、碱或碱性盐施入土壤后，在一定限度内，土壤具有抵抗这些物质改变土壤酸碱反应的能力。土壤因具有酸碱缓冲性，当施肥、灌溉等增加或减少土壤中的 H^+、OH^- 浓度时，土壤酸碱度变化可稳定地保持在一定范围内，不致因环境条件的改变而产生剧烈的变化。

2）从广义上而言，土壤是一个巨大、复杂的缓冲体系，不仅对酸、碱具有缓冲性，对营养元素、污染物质、氧化还原物质同样具有缓冲性，具有抗衡外界环境变化的能力。这主要是因为土壤是一个包含固、液、气三相组成的多组分开放的生物地球化学系统，包含了众多的、以多样化方式进行相互作用的不同化合物。土壤在固液界面、气液界面发生的各种化学、生物化学过程，具有一定的平衡调节能力，即通过自身的调控机制抗拒外界干扰而保持状态稳定的性能。所以，从某种意义上讲，土壤缓冲性不只是局限于土壤对酸碱变化的一种抵御能力，而是可以看作一个能表征土壤质量及土壤肥力的指标。

4.4.2 土壤缓冲性的机理

4.4.2.1 土壤阳离子交换产生的缓冲能力

土壤胶体的阳离子交换作用是土壤产生缓冲作用的主要机制，土壤胶体吸附有氢离子、钾离子、钙离子、镁离子、铝离子等多种阳离子，因为这些阳离子有交换性能，所以胶体上吸附的盐基离子能对加进土壤的氢离子起缓冲作用，而胶体上吸附的致酸离子能对加进土壤的氢氧根离子起缓冲作用。

当土壤溶液中氢离子（H^+）增加时，胶体表面的钙离子与溶液中的氢离子交换，使土壤溶液的氢离子的浓度基本上无变化或变化很小。

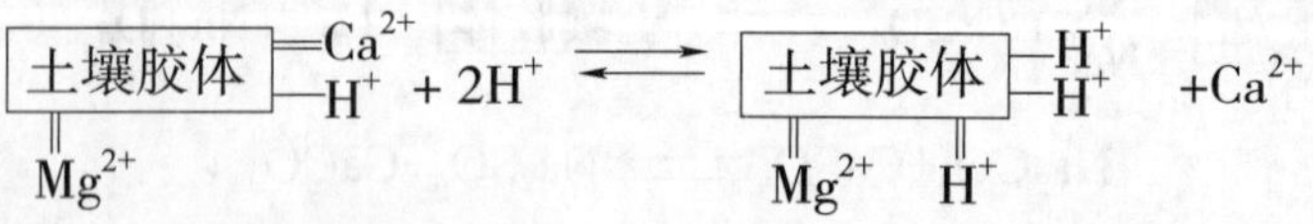

又如土壤溶液中加入碱性物质 MOH，解离产生 M^+ 和 OH^-，由于 M^+ 与胶体上交换性 H^+ 交换，H^+ 转入土壤溶液中，立即同 OH^- 生成 H_2O，溶液的 pH 变化很小。

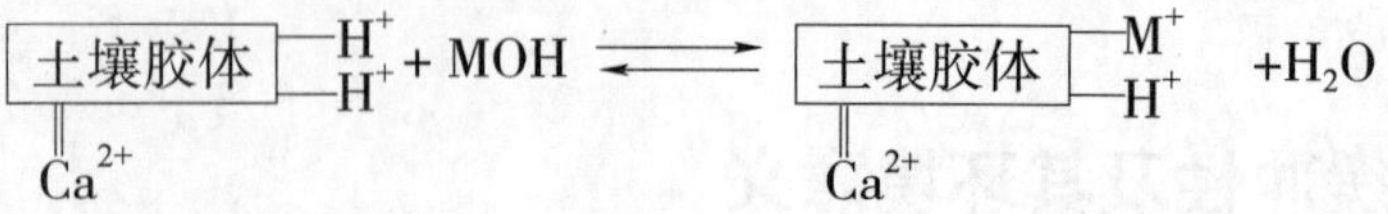

4.4.2.2 土壤溶液中的弱酸及其盐类组成的缓冲系统

土壤溶液中的弱酸及其盐类能够和进入土壤的氢离子相互作用，进而对土壤溶液 pH

产生缓冲效应。

土壤中的碳酸、硅酸、胡敏酸等离解度很小的弱酸及其盐类构成的缓冲系统也可缓冲酸和碱的变化。如醋酸和醋酸钠盐所组成的缓冲系统，当加入碱时，缓冲系统的醋酸就可以跟氢氧化钠反应生成醋酸钠，从而降低碱性；当加入酸时，缓冲系统里的醋酸钠可以跟盐酸反应生成醋酸，从而降低酸性，反应式如下：

$$CH_3COOH+NaOH \longrightarrow CH_3COONa+H_2O$$

$$CH_3COONa+HCl \longrightarrow CH_3COOH+NaCl$$

4.4.2.3　两性胶体的缓冲作用

土壤中存在着两性胶体，如蛋白质、氨基酸、胡敏酸、无机磷酸等。氨基酸的氨基可以中和酸、羧基可以中和碱，因此对酸碱都具有缓冲能力。如图 4-28 所示，当加入盐酸时，氨基酸可以与盐酸结合，形成氨基酸氯化铵盐，当加入碱时，氨基酸可以生成氨基酸钠盐。

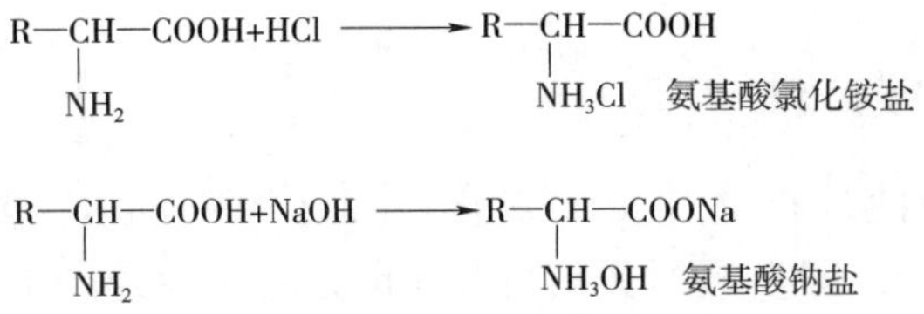

图 4-28　土壤中两性物质的缓冲作用

4.4.2.4　活性铝离子和其氢氧化物组成的缓冲系统

试验证明，Al^{3+} 较丰富的土壤溶液具有较强的缓冲作用。在很强的酸度（pH<4）条件下，铝离子周边吸附着六个水分子，铝离子以 $[Al(H_2O)_6]^{3+}$ 形态存在，当加入碱时，OH^- 浓度增加，周边水分子解离，释放出 H^+ 以中和外来的 OH^-，导致两个铝离子共用两个氢氧根离子，使碱得到缓冲，溶液 pH 变化不大，如图 4-29 所示。

$$2Al(H_2O)_6^{3+}+2OH^- \longrightarrow [Al_2(OH)_2(H_2O)_8]^{4+}+4H_2O$$

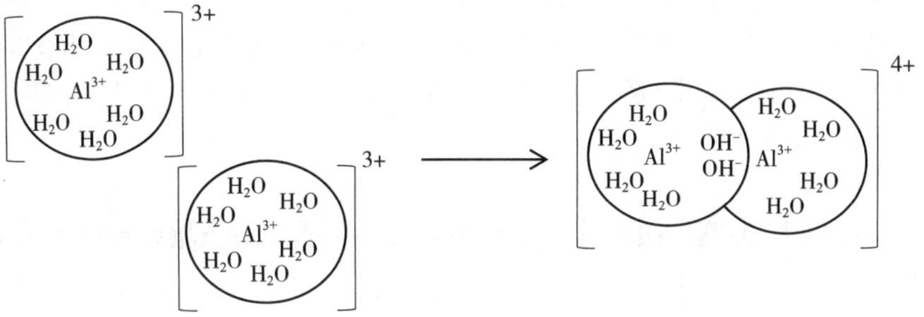

图 4-29　土壤中铝盐和其氢氧化物系统的缓冲作用

当土壤溶液继续外加 OH^-，Al^{3+} 周围的水分子继续解离 H^+，将 OH^- 中和，使土壤 pH

继续得到缓冲。同时羟基铝的聚合作用将继续进行，反应式为

$$4Al(H_2O)_6^{3+}+6OH^- \longrightarrow [Al_4(OH)_6(H_2O)_{12}]^{6+}+12H_2O$$

而当 pH 高于 5.0 时，铝离子将失去 H_2O 而与 OH^- 相互结合成 $Al(OH)_3$ 沉淀，而失去缓冲作用。

4.4.3 缓冲容量和缓冲曲线

狭义的缓冲容量指酸碱缓冲容量，是指使单位质量的土壤改变一个 pH 单位所需要的酸或碱量。而广义上的缓冲容量可指单位质量的土壤其性质改变一个单位或等级所需要添加的外源物质（酸、碱、氧化剂、还原剂、养分、污染物等）的数量。缓冲容量是土壤缓冲能力强弱的指标。如果把少量的酸或碱加到纯水中，水的 pH 会发生明显变化，而土壤的 pH 变化缓慢且在一定范围内变幅很小。

目前研究最多的是土壤的酸碱缓冲容量。随着外源酸、碱物质的加入，土壤 pH 发生变化的曲线一般称为缓冲曲线。缓冲容量和缓冲曲线可以具体形象地表征缓冲范围和缓冲能力的强弱。

4.4.4 土壤氧化还原缓冲性

土壤氧化还原缓冲性是指当少量的氧化剂或还原剂加入土壤后，其氧化还原电位（Eh）不会发生剧烈变化，即土壤所具有的抗 Eh 变化的能力。土壤之所以有这种能力是因为土壤中存在着许多重要而复杂的氧化还原体系，在不同的条件下，这些体系参与氧化和还原的情况也不相同，其氧化还原电位的变化与土壤中氧化物质与还原物质的相对数量有关。当还原性物质进入土壤，土壤中氧化态物质将抑制还原态物质活度的增加，反之则相反。因此，在某种还原物质或氧化物质大量存在时，Eh 不会产生剧烈变化，从而表现出一定的氧化还原缓冲性。氧化还原体系的总浓度越大，则缓冲作用越强。氧化还原缓冲性越强的土壤，氧化性或还原性越稳定，越容易保持原有的氧化还原平衡状态。

4.4.5 影响土壤缓冲能力的因素

（1）土壤胶体的类型和数量

一般情况下，以下 3 种物质的土壤缓冲能力排序分别为腐殖质胶体＞次生黏土矿物胶体＞含水氧化物胶体，这是因为它们的阳离子交换量依次减小。土壤缓冲能力的大小和它的阳离子交换量有关，交换量越大，缓冲性越强。所以，黏质土及有机质含量高的土壤，比砂质土及有机质含量低的土壤缓冲性强。在生产实践中，通过各种措施以提高土壤有机质含量，可增强土壤缓冲能力。

（2）土壤质地

土壤质地不同导致土壤的缓冲能力也有不同，土壤质地对土壤缓冲能力的大小表现为黏土＞壤土＞砂土。

（3）土壤有机质

土壤有机质有巨大的比表面积以及两性物质，可以对土壤酸碱性产生较强的缓冲能力。

（4）盐基饱和度

不同的盐基饱和度表现出的对酸碱的缓冲能力是不同的。如两种土壤的阳离子交换量相同，则盐基饱和度越大的，对酸的缓冲能力越强，而对碱的缓冲能力越小。

综上所述，不同土壤的缓冲能力的强弱及表现范围各不相同，造成差异的主要原因是胶体带电荷和代换量上的区别。凡土壤溶液中具有较多的弱酸（或弱碱）和其盐类、土壤质地较黏、盐基饱和度较高（特别是代换性 Ca^{2+} 丰富）、腐殖质含量较多、代换量较高时，土壤具有较强的缓冲能力。强的缓冲能力使土壤反应稳定，有利于保持土壤肥力。但在强酸性或强碱性土壤中，如缓冲能力太强，在进行土壤改良时，要增加改良土壤反应所需的物质用量才能产生良好的效果。

4.5 土壤氧化还原反应及环境意义

土壤中存在一系列参与氧化还原反应的物质，氧化还原反应始终存在于岩石风化和母质成土的整个土壤形成发育过程中，影响对物质在土壤剖面中的移动和剖面分异、养分的生物有效性、污染物质的缓冲性等。氧化还原过程在土壤中特别是土壤溶液中一直在广泛进行着。

4.5.1 土壤氧化还原反应

4.5.1.1 定义

土壤氧化还原反应是发生在土壤溶液中又一个重要的化学性质，在生物作用下，土壤溶液中存在一系列涉及纯化学或生化过程的氧化还原反应，土壤氧化还原反应往往与土壤的形成和性质相互耦合，共同影响土壤肥力状况。氧化还原反应的实质即电子的转移，是电子在氧化剂和还原剂之间传递的过程，某一物质氧化必然伴随另一物质的还原，反应中电子受体从氧化态转变为还原态，电子供体从还原态转化为氧化态，凡是元素氧化数发生变化的反应统称氧化还原反应。元素氧化数增加的过程为氧化反应，元素氧化数减少的过程为还原反应。土壤中有多种氧化还原物质共存，有的呈氧化态，有的呈还原态。无机矿物主要呈氧化态，而有机质主要呈还原态，其中新鲜的植物残体和有机质是主要的电子供体，其他还原性物质也可以成为土壤中的电子供体，如 Fe^{2+}、Mn^{2+}、S^{2-}、H_2 等，这些物质都是土壤中的还原剂。O_2 是土壤中最主要的电子受体（氧化剂），其他高价氧化态物质也是土壤中的电子受体，如 Mn^{4+}、Fe^{3+}、NO_3^-、SO_4^{2-} 等。表征土壤氧化还原反应的主要指标有氧化还原电位和电子负对数值等。

土壤溶液中氧化物质和还原物质的相对比例，决定着土壤的氧化还原状况。这种由于溶液中氧化态物质和还原态物质的浓度关系而产生的电位称为氧化还原电位（Eh），单位为 mV。

4.5.1.2 氧化还原体系

土壤溶液中发生氧化还原的物质很多，有着多种氧化还原体系，主要的氧化还原体系有氧体系、有机碳体系、氮体系、硫体系、铁体系、锰体系、氢体系等（表4-12）。

表4-12 土壤中主要的氧化还原体系

体系	物质状态	
	氧化态	还原态
氧体系	O_2	O_2
有机碳体系	CO_2	CO、CH_4、还原性有机物等
氮体系	NO_3^-	NO_2^-、NO
硫体系	SO_4^{2-}	S、S^{2-}
铁体系	Fe^{3+}、$Fe(OH)_3$	Fe^{2+}、$Fe(OH)_2$
锰体系	MnO_2、Mn_2O_3、Mn^{4+}	$Mn(OH)_2$、Mn^{2+}
氢体系	H^+	H_2

（1）氧气

大气中的氧是土壤中主要的氧化剂，它进入土壤与土壤中的化合物起作用，从土壤物质中得到电子被还原为 O^{2-}。土壤中生物化学过程的方向与强度在很大程度上取决于土壤气体和溶液中氧的含量。当土壤中 O_2 被消耗掉，其他氧化态物质（如 NO^{3-}、Fe^{3+}、Mn^{4+}、SO_4^{2-}）依次作为电子受体被还原，这种依次被还原的现象称为顺序还原作用。

（2）有机质

土壤中主要的还原性物质（还原剂）是有机质，尤其是新鲜未分解的有机质，它们在适宜的温度、水分和 pH 条件下还原能力极强。其他低价形态的元素也是土壤中的还原剂，如低价的铁、锰等。土壤中易氧化物质（如 Fe^{2+}、Mn^{2+} 等）含量多，说明该土壤还原性强，抵抗氧化物质的能力也强；反之，易还原物质（如 Fe^{3+}、Mn^{4+}）较多时，抗还原的能力强。含铁、锰较多的土壤渍水后 Eh 不易迅速下降，具有较强的缓冲作用。

4.5.1.3 土壤氧化还原体系的特点

土壤中氧化态或还原态物质的相对浓度直接受土壤通气性的控制。通气条件良好，土壤气体中氧的含量就高，则氧的分压大，土壤溶液中氧的浓度也高，氧化态物质的浓度与还原态物质浓度的比值增大，氧化还原电位也高，反之则低。

由于多种多样氧化还原体系存在，并有生物参与，土壤中的氧化还原反应较纯溶液复杂，其共同特点如下。

1）土壤中氧化还原体系有无机体系和有机体系两类。在无机体系中，重要的有氧体系、铁体系、锰体系、硫体系和氢体系等。有机体系包括不同分解程度的有机化合物、微生物的细胞体及其代谢产物，如有机酸、酚、醛类和糖类等化合物。

2）土壤中氧化还原反应虽有纯化学反应，但很大程度上是由生物参与的。例如 NH_4^+ 氧化成 NO_3^-，必须在硝化细菌参与下才能完成，亚铁的氧化在土壤中常在铁细菌的作用下引起。

3）土壤是一个不均匀的多相体系，即使同一田块不同点位，其氧化还原反应都有很大的变异，测量 Eh 时，要选择代表性土样，最好多点测定求平均值。

4）土壤中氧化还原平衡经常变动，不同时间、空间，不同耕作管理措施等都会改变 Eh，土壤 Eh 的高低主要受土壤通气状况控制。严格地说，土壤氧化还原永远不可能达到真正的平衡。

常用土壤氧化还原电位来表征土壤氧化还原状况，根据能斯特方程

$$pe = \frac{1}{n}\lg K + \frac{1}{n}\lg\frac{[氧化态]}{[还原态]}$$

$$Eh = E_0 + \frac{RT}{nF}\lg\frac{[氧化态]}{[还原态]}$$

土壤氧化还原电位 Eh 与氧化态、还原态物质的量之间，存在如上边公式所示的函数关系，由于氧化还原电位反映了电子的转移状况，因此电子活度负对数 pe 与氧化态、还原态物质的量之间存在如下边公式所示的函数关系，同时，氧化还原电位 Eh 与电子活度 pe 之间存在函数关系，即 pe=Eh/0.059。

4.5.2　土壤氧化还原状况对土壤性状的影响

（1）对土壤养分有效性的影响

氧化还原状况会显著影响土壤中无机态变价养分元素的生物有效性，如对于金属离子而言，还原态离子有效性高，强氧化状态下，高价铁锰氧化物的溶解性会变差。

（2）对土壤中生物活性的影响

氧化还原电位越高，微生物活性越强，反之，则微生物活性越弱。当氧化还原电位降低时，土壤好气微生物，如硝化细菌、好气性固氮菌的活性就会降低，而反硝化细菌等嫌气型微生物活性就会增强，进而影响氮素的转化。

（3）对有毒物质积累的影响

还原性较强的土壤，容易出现二价铁、锰等还原性物质积累，继而对植物产生毒害作用，如当氧化还原电位小于 200 mV 时，铁、锰氧化物转变为还原态，当氧化还原电位小于 -100 mV 时，二价铁离子浓度不断升高，产生毒害。

（4）土壤 Eh 的变化范围以及对土壤性状的影响

一般情况下土壤 Eh 是变化的，范围为 -450 mV＜Eh＜720 mV，通常把 300 mV 作为土壤氧化还原状况的分界线，Eh＞300 mV 时土壤呈氧化状态，Eh＜300 mV 时土壤呈还原状态，Eh 过高或过低都对植物生长不利。

当 Eh＞750 mV 时，土壤中好气条件强，有机质迅速分解，易造成养分的大量损失，而铁、锰完全以高价化合物的形式存在，溶解度极小，易造成植物缺铁而发生失绿病，也会因缺锰而发生灰斑病、白斑病。当 Eh＜200 mV 时，水分过多，土壤通气不良，铁、锰化合物呈还原态，土壤溶液中 Fe^{2+} 浓度高，会使水稻田秧苗中毒，水田氧化还原电位范围一般为 -200 mV＜Eh＜300 mV。我国南方有些地区水稻受害的水溶态 Fe^{2+} 的临界浓度为 50～100 mg/kg，随着铁、锰的还原，土壤颜色由红棕、黄褐色变为青灰色。当 Eh 降为负值后，某些土壤可能出现 H_2S，对作物产生毒害。

旱地土壤 Eh 在 200～750 mV 变动，如果 Eh 低于 200 mV，则表明土壤水分过多，通气不良。土壤的 Eh 在 400～700 mV 时，旱地多数作物可以正常发育，过高或过低均对植物营养不利。

水田土壤 Eh 变动较大，在排水期间，其 Eh 可达 500 mV 以上，在淹水期间，可低至 -150 mV 以下。通常水稻适宜在 200 mV＜Eh＜400 mV 的条件下生长。如果土壤 Eh 经常处在 180 mV 以下或低于 100 mV，水稻分蘖就会受阻。如果长期处于 -100 mV 以下，水稻甚至会死亡。

4.5.3　影响氧化还原状况的因素及调节手段

一般来说，土壤氧化还原状况是易变和多变的。在农林业生产、城市绿化和自然生态系统管理中，可以有目的地采取一些技术措施，调节土壤的氧化还原状况。

对土壤氧化还原电位影响最大的因素有土壤的通气状况、生物代谢强度、还原性物质的数量等。

（1）土壤通气性

通气良好的土壤，Eh 较高；通气不良的土壤，Eh 较低，如沼泽土、排水不良的水稻田。为了提高土壤的通气性，常采取的措施是排水。

由于土壤氧化还原状况的首要影响因素是通气性，而空气与水分又存在消长关系，所以土壤氧化还原状况常与水分状况密切相连，土壤水、气调节同时也伴随着氧化还原调节。在沟谷或地势低洼地段，水分过多和通气不良常造成较强的还原环境，当影响植物生长时，就应采取排水通气措施。简易办法是明沟排水，即在林地或园圃（苗圃、花圃等）开挖截渗排水沟，需要注意的是，城市绿化中只宜采用暗沟或暗管排水。排水后通气条件改善，Eh 可上升 200～300 mV 或更多。低地苗圃、花圃还可以在开沟排水的基础上再施行高床作业或垄作，以进一步提高排水通气效果。林区一些还原性过强的水湿地土壤（腐殖质沼泽土、潜育草甸土）可以用机械排水造林（耐湿树种），小兴安岭林区自 20 世纪 60 年代起便积累了成功经验。据调查，未排水沼泽地落叶松生长极差；挖大垄排水后，土壤处于氧化过程占优势的状态，土温升高，微生物活动加强，有机质逐步分解，养分得以释放，立地条件变好，生长的落叶松能达到优质高产人工林标准。当然，从生态系统多样性和生态平衡角度考虑，这种操作只有在某些自然退化的沼泽或湿草甸中才适用，大面积沼泽应该作为湿地资源加以保护。

当土壤氧化性过强时，灌溉可以适当降低氧化还原电位，并使某些养分（Fe、Mn、P 等）有效性增加。但灌溉的首要目的往往是补充水分，调节氧化还原状况只是其“附加作用”。水田对土壤氧化还原性有特殊要求，主要是通过前期适当灌水（配合有机肥），使土壤还原条件适度发展，然后根据作物（水稻等）生长状况和土壤性质，采取排水、烤田等措施。

对于污染土壤，有时需要通过吸附、沉淀等过程使污染物固定，以降低其毒性；有时需要促进溶解，以将其转移出土体之外；有时则需加速降解，以解除其危害。因此可根据不同情况进行排、灌处理，将氧化还原电位调节至适当范围。

凡是改善通透性的措施都利于提高氧化还原电位，如质地改良、结构改良、中耕松土、深耕晒垡等，改善土壤孔隙结构，提高土壤结构的透气性。地膜覆盖可增温保墒，但透气性难免受到影响，一定程度上促进还原作用。

（2）土壤微生物活动

微生物活动消耗氧气，微生物活动旺盛以及根系呼吸越强烈，耗氧越多，使土壤溶液中的氧分压减低，氧化还原电位降低。植物根系分泌多种有机酸，造成特殊的根际微生物的活动条件，有一部分分泌物能直接参与根际土壤的氧化还原反应。

（3）易分解有机质含量

由于有机质分解为好氧过程，土壤易分解的有机质越多，有机质分解越快，耗氧越多，氧化还原电位越低。

对于氧化性土壤来说，施有机肥可以适当加强还原作用并增加有效态铁、锰、铜等养分供应，尤其是新鲜有机物（如绿肥、枯叶、秸秆）配合灌水，可在短期内使氧化还原电位下降 100 mV 至几百毫伏。

氧化态无机物具有抗还原作用，可以减缓渍水土壤 Eh 的剧烈下降，对于调节水田或湿地氧化还原状况有一定意义。由于铁体系对土壤氧化还原状况影响较大，且氧化铁价格相对低廉，又不污染土壤，所以曾有人提出用氧化铁作为水田土壤的氧化还原调节剂。

（4）植物根系代谢作用

植物根系分泌物可通过影响微生物活动，参与氧化还原反应，直接或间接影响根际土壤的氧化还原状况。一般植物根系可向根际土壤中分泌大量的碳水化合物和有机酸、氨基酸类物质，这些物质本身具有一定的还原性，有一部分能直接参与根际土壤的还原反应，尤其是根系分泌物造成特殊的根际微生物活动条件，对微域氧化还原状况产生显著影响。根系分泌物往往导致根际 Eh 降低，很多植物根际的 Eh 要比根外土体低几十至上百毫伏；尽管根际 pH 往往较低，但并不足以抵制 Eh 的下降。湿生植物的情况则完全不同，它们的根系往往分泌氧，使根际土壤的 Eh 较根外土体高几百毫伏。水稻根系分泌氧，使根际土壤的 Eh 较根外土壤高。根系分泌物虽然主要限于根域范围内，但它对改善水稻根际的土壤营养环境有重要作用。

（5）土壤 pH

在一定条件下氧化还原电位随 pH 升高而下降。

（6）其他调节措施

水田或其他还原性土壤施氮肥时应以氨（铵）态氮肥为好，硝态氮虽有助于提高氧化还原电位，但其实际用量很少，作用有限，且易引起反硝化损失和渗漏损失。除个别喜硝性树种外，林地施肥也以氨（铵）态氮为好，以防硝态氮淋洗流入湖沼湿地，引起水体富营养化和 N_2O 排放增加。在用硫黄粉作硫肥或调节土壤酸度时，应将其施用在氧化态土壤上，若施用在还原性强的土壤中则会产生 H_2S 危害。

4.5.4　土壤氧化还原性质的环境意义

土壤氧化还原过程影响土壤中的物质和能量转化，氧化还原状态在很大程度上决定土壤物质的存在形态及其活动性。因此土壤氧化还原状况会产生多方面的生态影响，包括土壤本身的性状、植物生长以及地表环境系统的其他要素（水体、大气）等。

（1）对土壤形成发育的影响

在冷湿地带的森林土壤中，表层常含有较多的还原性有机质，使矿物质中的铁、锰氧化物还原为低价态。易溶的低价 Fe^{2+}、Mn^{2+} 被淋洗到 Eh 较高的 B 层，而使一部分 Fe^{2+}、Mn^{2+} 氧化成锈纹、锈斑或铁、锰结核。其中锰与铁的淋溶过程基本相同，但锰较铁更难氧化，往往淋至更深的部位才淀积下来，从而导致铁、锰的剖面分化。

在某些局部的低湿条件下，土壤季节性的干湿交替导致氧化还原状态交错，频繁的氧化还原作用也常形成大量的铁、锰锈斑或结核，若常年积水，则形成各种潜育化土壤。

在热带地区，有机残落物在微生物作用下迅速氧化为 CO_2 和 H_2O，因此有机残体的还原作用小，同时表层中的铁在高温下易氧化，也容易脱水成为不移动的氧化铁。但在某些湿热条件下，由于氧化还原作用也可引起铁在土壤剖面中移动，并在中层氧化脱水而淀积，使土壤中层积聚大量的铁。

总之，自然界的许多成土过程皆与氧化还原反应有关，如漂灰化过程、白浆化过程、草甸化过程、潜育化过程等。长期所处的氧化还原状态及其变化特征不同常导致土壤亚类乃至土类的分化。

（2）对土壤有机质分解和积累的影响

土壤中易分解有机质主要是指其生物有机质部分的某些有机物。这些有机物本身具有一定的还原性，可以显著降低土壤氧化还原电位。另外，在一定的通气条件和适当的湿度条件下，有机质分解主要是由微生物完成的耗氧过程。土壤中易分解的有机质越多，耗氧越多，氧化还原电位降低的趋势越明显。例如，大多数森林土壤表层有机质含量很高，其 Eh 也比下层低数十至数百毫伏。

尤其值得指出的是，阶段性渍水土壤 Eh 迅速、大幅度降低往往与含有较多的易分解有机质密不可分，因为只有在较充足的有机基质（物源和能源）存在时，厌氧性微生物才能大量繁殖，并产生大量的比基质更为还原的中间产物或终产物。

一般认为，在氧化状态下有机质的矿化消耗速率较快，过高的 Eh 不利于土壤腐殖质积累。偏湿的水分状态和较低的 Eh 条件下，有机质矿化得到一定抑制，利于积累大量腐殖质。所以，在同一地区往往是低湿地段的土壤中积累相对较多的腐殖质，或黏质土比沙质土积累更多的腐殖质。而在沼泽土中，除积累腐殖质外，尚积累大量的半分解植物残体——泥炭。当然，不同氧化还原状态下有机质分解与积累的差异主要是由相应的微生物条件所决定的。

（3）对土壤养分有效性的影响

氧化还原状况显著影响土壤中无机态变价养分元素的生物有效性。例如，在强氧化状态下（Eh＞700 mV）高价铁、锰氧化物的溶解性很差，可溶性 Fe^{2+}、Mn^{2+} 及其水解离子浓度过低，植物易产生铁、锰缺乏；而在适当的还原条件下，部分高价铁、锰被还原为 Fe^{2+} 和 Mn^{2+}，对植物的有效性增高。据研究，在某些土壤上有的植物表现出严重的缺铁性失绿，而另一些植物则生长正常，这在很大程度上与不同植物根系和根际的还原能力有关。又如，在氧化态土壤中，无机氮以 NO_3^- 为主，利于喜硝性植物生长；在弱度还原状态以下，逐渐以 NH_4^+ 为主；在中度还原状态以下，则开始出现强烈的反硝化作用，引起氮素养分的气态损失，同时 SO_4^{2-} 逐渐趋于还原，硫的植物有效性下降。

土壤氧化还原状况影响有机质的分解和积累，因此也影响有机态养分的保存和释放。当处于氧化状态时，有机养分矿化释放较快，土壤（尤其森林土壤）肥力一般能够得以维持；当处于较强还原状态时（如沼泽地），则氮、磷等养分大部分固存在有机质中，矿化释放缓慢，有效养分贫乏。

变价元素的氧化还原过程还间接影响到其他无机养分的有效性。例如，在低 Eh 下，因含水氧化铁被还原成可溶的亚铁，减少了其对磷酸盐的专性吸附固定，并使被氧化铁胶膜包裹的闭蓄态磷释放出来，同时磷酸铁也还原为磷酸亚铁，使磷的有效性显著提高。

（4）对重金属和有机污染物转化和毒性的影响

1）有机污染物。热带、亚热带地区间歇性阵雨和干湿交替对厌氧、好氧细菌的增殖均有利，比单纯的还原或氧化条件更有利于有机农药分子的降解，特别是有环状结构的农药，如 DDT 的开环反应、地亚农的代谢产物嘧啶环的裂解等需要氧的参与。

有机氯农药大多在还原环境下才能加速代谢。例如，六六六（六氯环己烷）在旱地土壤中分解很慢，在蜡状芽孢菌参与下，经脱氯反应后快速代谢为五氯环己烷中间体，后者再脱去氯化氢后生成四氯环己烯和少量氯苯类代谢物。分解 DDT 适宜的 Eh 为 0～-250 mV；艾氏剂只有在 Eh＜-120 mV 时才快速降解。

2）重金属。土壤中大多数重金属污染元素是亲硫元素，在农田厌氧还原条件下易生成难溶性硫化物，降低毒性和危害。土壤中低价硫来源于有机质的厌氧分解与硫酸盐的还原反应，水田土壤 Eh 低于 -150 mV 时，S^{2-} 生成量可达 20 mg/100 g 土。当土壤转为氧化状态（如落干或改旱）时，难溶硫化物逐渐转化成易溶硫酸盐，其生物毒性增强。

黏质土上添加镉、磷和锌的情况下淹水 5～8 周后，可能存在硫化镉。在含镉量相同的同类土壤，若水稻在全期淹水种植，即使土壤含镉 100 mg/kg，糙米中镉浓度也不到 1 mg/kg；但若在幼穗形成前后此水稻田落水搁田，则糙米含镉量可高达 5 mg/kg。这是因为在土壤淹水条件下，土壤中镉溶出量下降与 Eh 下降同时发生。镉的毒性降低是因为生成难溶性硫化镉的缘故。

（5）对植物生长的影响

土壤氧化还原状况显著影响植物生长，由于长期形成的对土壤氧气、水分、养分及还原性有毒物质组合状况的适应性，不同植物往往有不同的适生 Eh 范围。土壤处于中、强度还原状态时，会产生 Fe^{2+}、Mn^{2+} 甚至 H_2S 和某些有机酸（如丁酸）等还原性物质，并在一定条件下导致这些物质过量积累，从而引起对植物的毒害作用；而 H_2S 和丁酸的积累，会抑制植物含铁氧化酶的活性，影响呼吸作用，并减弱根系吸收水分和养分的能力，尤其是对 HPO_4^{2-}、K^+、NH_4^+、Si^{4+} 的吸收能力。此外，强还原状态下 FeS 沉淀附着在根的表面，显著降低了根的通透性，导致植物黑根增多，最终引起根系腐烂和植物死亡。

（6）对土壤污染物质生物环境效应的影响

常见的土壤污染物有重金属、农药及有毒有机物等。土壤氧化还原状况在很大程度上影响它们的形态转化，从而影响其在生物 - 环境系统中的活性、迁移性和毒害性。例如，土壤中大多数污染重金属（如镉、汞）是亲硫元素，在渍水还原条件下易生成难溶性硫化物；而当水分排干后，则氧化为硫酸盐，其可溶性、迁移性和生物毒性迅速增加；但是当土壤中的无机汞还原为金属汞，并进一步被微生物转化为甲基汞时，其毒性又会大幅增加，这在水田和湿地生态系统中都至为重要。当砷在一定的还原条件下由砷酸盐还原为亚砷酸盐时，其活性和生物毒性也会增加几十倍。至于农药和有毒有机物，它们有的在氧化条件下转化迅速，有的则在还原条件下才能加速代谢。例如，三氯乙醛在通气土壤中会被微生物氧化为更强毒性的三氯乙酸，而 DDT 和艾氏剂在 Eh＜-100 mV 的还原性土壤中却能加速降解。

（7）对大气环境和全球变化的影响

土壤氧化还原状况对大气环境和全球变化的影响主要表现在 N_2O、CH_4、CO_2 等温室气体排放方面。土壤 N_2O 的排放可能主要来自反硝化作用，硝化过程中也伴有 N_2O 产生。据估计，全球自然土壤的年 N_2O–N 排放量为（600±300）$\times 10^4$ t，施肥土壤每年向大气排放的 N_2O–N 达 150×10^4 t，在农林业生产中，使用氮肥是 N_2O 产生量增加的基本原因，N_2O 排出量可达施肥量的 0.1%～2%。还原性土壤施用硝态氮肥或氮肥被淋洗到湿地常引起最显著的 N_2O 排放。

CH_4 的来源主要是水田和湿地，并且只有在较强还原条件下才能大量产生。使用新鲜有机物或有机肥可显著增加水田或湿地的 CH_4 排放量，而施用氮肥则有利于抑制其排放。据蔡祖聪等（1995）研究，施用硫铵可使 CH_4 排放通量比不施氮肥减少 42%～60%。另外，湿地退化和开垦是全球性问题，氧化性加强使有机碳的好气性分解加速，这又在一定程度上引起 CO_2 排放量增加。

土壤（包括湿地）氧化还原状况及其变化对温室气体排放的影响很复杂，这是土壤学和环境学共同面临的重大课题。

警钟长鸣，呼唤人类良知的回归

——土壤研究，道阻且长

民以食为天，食以土为本，万物土中生，有土斯有财。土壤是人类生存的基本资源，是农业发展的重要基础。国家统计局 2020 年 12 月 10 日公布的数据显示，我国粮食生产实现“十七连丰”：2020 年全国粮食总产量为 13 390 亿斤（1 斤 =0.5 kg），比 2019 年增加 113 亿斤，增长 0.9%，产量连续 6 年保持在 1.3 万亿斤以上。同时我国农产品质量与安全问题越来越引起社会广泛关注，每年土壤污染毁掉 120 亿 kg 粮食，经济损失达 200 亿元。引发农产品质量不良的因素，包括自然与人为两个方面，其中生态环境，即水、土、气、生等方面的污染是导致农产品品质不良的重要根源。下面是我国土壤相关部门对土壤污染防治的建议：

土壤污染防治确实是非常重要的，因为它影响我们的“米袋子”“菜篮子”“水缸子”安全，并且土壤污染相对大气污染、水污染来讲，它的防治难度更大，也因此必须高度重视，下更大的力气、更大的功夫抓紧推动。

——生态环境部

由于土壤污染具有隐蔽性，不易被人们直观感觉，使得土壤环保工作相对滞后于大气和水环境保护。这个问题必须高度重视，加快解决土壤污染已经刻不容缓。需要花大力气壮大科技队伍，加强基础理论—关键技术—技术集成—应用推广的全链条研发，尽快补齐我国环境保护的土壤科技短板。

——中国科学院南京土壤研究所

粮食安全性的问题不单是土壤污染的问题，需要从整体性来加以考虑和论证；重金属源头的控制、千千万万的农民的参与是早日实现粮食安全需要亟待加强的问题。所以土壤环境科学传播的使命任重而道远。

——广东省生态环境技术研究所

土壤状况决定着整个农业产业以及人类食物链的安全问题。我们已经度过了商品短缺的时代，现在处在生态短缺的时代。土壤是生产食品重要的基础条件，它的安全性、可靠性需要高度关注。

——中国工程院

加强耕地质量建设是一项系统工程，需要统筹谋划、持续推进，不断提升耕地质量。

——农业农村部种植业司

当前我国土壤环境科学研究得到加强，2016年、2018年启动农田和场地两大国家重点专项研发计划“农业面源和重金属污染农田综合防治与修复技术研发”和“场地土壤污染成因与治理技术”。

2017年，习近平总书记在党的十九大报告中提出：“强化土壤污染管控和修复。”2018年，习近平总书记提出：“要全面落实土壤污染防治行动计划，让老百姓吃的放心、住的安心。”

目前我国土壤污染防治政策法规标准体系基本形成、土壤环境修复产业快速成长、保护土壤的公众意识普遍提高。

天不言而四时行，地不语而百物生，土壤具有绵延不断的生产力，我们人类社会方可生生不息。珍惜我们脚下不可再生的土地。

思考题

1. 什么是土壤胶体？土壤胶体可以分为哪些类型？
2. 土壤胶体的带电原因有哪些？土壤胶体为什么一般带负电？
3. 试比较高岭石、蒙脱石和伊利石结构和性质的差异。解释为什么会有如此差异？
4. 永久电荷和可变电荷产生的机制是什么？
5. 什么是阳离子交换过程，其影响因素有哪些？对土壤肥力的意义如何？
6. 什么是阳离子交换量，其影响因素有哪些？
7. 土壤阳离子的专性吸附及其环境意义？试比较阳离子静电吸附与专性吸附的区别。
8. 为什么在一般土壤中硝酸根容易被淋失，而磷酸根容易被固定？
9. 潜在酸与活性酸之间存在什么关系？
10. 叙述酸性土壤与碱性土壤形成的原因。
11. 为什么在碱性土壤上，常发生植物有缺 Ca^{2+} 和 K^{+} 的现象？
12. 什么是土壤缓冲性？影响土壤酸碱缓冲性的因素有哪些？
13. 分别以 Ca^{2+}、Mg^{2+}、H^{+}、NH_4^{+} 作为 K^{+} 的陪补离子，哪种离子最不利于提高 K^{+} 的有效性？

14. 为什么磷在土壤中的有效性一般较低?

15. 试分析自然土壤酸化的原因。

16. 土壤 pH 与土壤阳离子交换量、盐基饱和度的关系如何?施用石灰或石灰石粉调节土壤酸度时要考虑哪些因素?

17. 土壤中常见的天然螯合物和常用的人工螯合剂有哪些?影响土壤螯合物稳定性的因素有哪些?

18. 写出土壤的 Eh 范围。如何根据 Eh 值对土壤氧化还原状况进行分级?

19. 简述土壤氧化还原状况的影响因素。

20. 土壤氧化还原状况的生态影响表现在哪些方面?如何调节土壤的氧化还原状态?

拓展训练题

1. 在砂质和黏质土壤上施入同品种等量的化肥,在砂质土壤上施肥见效快,而在黏土上见效慢,为什么?

2. 交换性 Al^{3+} 是南方土壤酸化的主要原因,为什么?

3. 交换性 Na^{+} 是北方土壤碱化的重要原因,为什么?

4. 蒙脱石、高岭土、针铁矿、氢氧化铝、腐殖酸是土壤中常见的胶体,5 种不同的土壤胶体对重金属镉的吸附 - 解吸行为、化学形态转化有何影响?

5. 土壤胶体与土壤颗粒间静电斥力是影响土壤胶体释放的主要因素,径流入渗土壤胶体释放对重金属截留的影响有哪些?

6. 施有机肥对稻田剖面土壤胶体颗粒形态及胶体磷含量的影响有哪些?

7. 农田中施入重金属钝化剂是常见的一种土壤修复方式,钝化材料的施入对土壤胶体的性能影响有哪些?

8. 酸性农田土壤改良效果综合评价指标体系应如何构建和验证?

9. 生物炭作为土壤改良剂对土壤重金属化学形态影响有哪些?作用机制是什么?

第 5 章　土壤生物化学过程

本章首先介绍了土壤微生物、土壤动物、植物根系和土壤酶的概念、种类及其生态功能，以及一些特殊土壤生物在农业与土壤修复中的应用。阐明了土壤生物多样性的重要性，同时简要介绍了生物技术在环境土壤学中的应用。重点介绍了由多种功能微生物参与的土壤生源要素（碳、氮、磷、硫等）的生物地球化学循环，不同元素形态在土壤中分解、迁移和转化特征及其环境效应，以及由此造成的全球环境变化。

土壤是人类赖以生存的物质基础，是具有生命的历史自然体，是构成生态系统的基本环境要素，它不仅是动植物生存的载体与物质基础，也是生物与环境间进行物质循环和能量交换的重要场所。土壤生物是物质（元素）转化的主要驱动者，是土壤生态系统的核心，深刻影响着土壤质量和健康状况。土壤生物是维系陆地生态系统地上－地下相互作用的重要纽带，支撑陆地生态系统过程和功能，在全球物质循环和能量流动过程中发挥着不可替代的作用。土壤生物可以通过影响土壤－植物系统中污染物的迁移转化、病原菌及抗生素抗性基因的存活与传播而最终影响人体健康。土壤作为地球关键带的关键组分，影响着水圈、大气圈、生物圈和岩石圈的物质循环和平衡，被称为地球关键元素生物地球化学过程的引擎，驱动土壤圈与其他各圈层之间发生活跃的物质交换和循环，在全球环境变化中也扮演着重要的角色。

5.1　土壤生物

土壤生物是土壤具有生命力的重要部分，是栖居在土壤（包括地表枯落物层）中的生物体的总称，主要包括土壤微生物、土壤动物和植物根系，这些不同的有机体构成了土壤生物群落，土壤生物群落所处的土壤环境构成了土壤生态系统。土壤生物直接参与土壤环境物理化学和生物化学过程，在土壤形成演化、土壤肥力维持、环境净化、全球物质和能量转化方面占据不可替代的重要地位。土壤酶因其主要来源于土壤微生物和植物根系，并且是土壤中具有活性的蛋白质，因此也将其归为土壤生物研究的范畴。土壤物质组成和微环境的复杂性导致了土壤具有丰富的生物多样性（图 5-1）。更为重要的是，土壤生物与人类健康息息相关。土壤科学家对现代世界的重大贡献之一就是人类健康，其中最著名的可能就是 1940 年由塞尔曼·瓦克斯曼带领的罗格斯大学研究小组将抗生素化合物从土壤生物体中分离出来，这一成就也使得瓦克斯曼在 1952 年获得诺贝尔生理学或医学奖。土壤生物能提供丰富的药用材料，1989—1995 年批准的所有新药中，有 60% 具有土壤起源。土壤生物与人类健康、土壤生态系统营养供应、各种化学物质的有毒水平的暴露以及病原体的暴露密切相关。

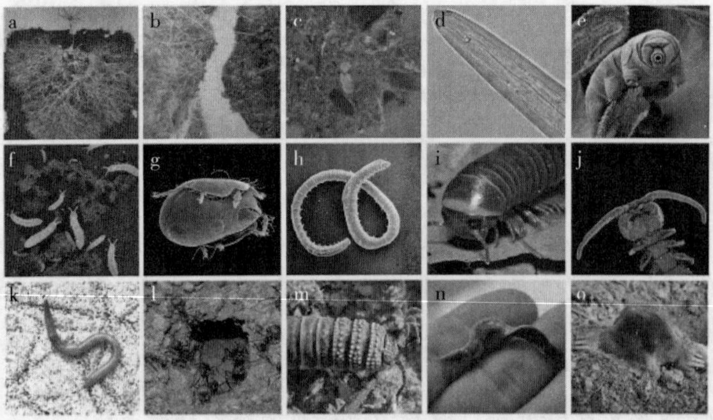

a—外生菌根　b—真菌　c—细菌　d—线虫　e—缓步类动物　f—弹尾虫　g—螨类　h—蠕虫　i—节肢动物——千足虫　j—节肢动物——蜈蚣　k—蚯蚓　l—蚂蚁　m—木虱　n—扁虫　o—鼹鼠

图 5-1　多样的土壤生物

健康土壤的土壤生物种类丰富、动植物和微生物多样、土壤生物代谢活跃、功能强劲、土壤酶及其活性高、土壤生物生物量丰富、食物链结构合理等，能够有效维持土壤生态系统的能量流动、物质循环和信息交换。健康土壤带来健康生活，只有健康的土壤才可以培养出健康的植物，从而保障动物和人类的健康。它不仅决定着农田环境质量和农业可持续发展，也深刻地影响植物、动物和人类的健康。据研究，土壤中存在着丰富的生物类群。其中，细菌 30 000 种，真菌 1 500 000 种，藻类 60 000 种，原生动物 100 000 种，线虫 500 000 种以及蚯蚓 3 000 种。从数量上讲，每克土壤中微生物数量可达 1 亿个以上，高者可达几十亿个（表 5-1）。以重量计可有活物质 5～8 t/hm^2。

表 5-1　土壤生物的种类和数量

土壤生物	种类	数量 /（个 /g 干土）
细菌	30 000	10^8～10^9
放线菌	—	10^7～10^8
真菌	1 500 000	10^5～10^6
藻类	60 000	10^4～10^5
原生动物	100 000	10^4～10^5
线虫	500 000	10～10^2
蚯蚓	3 000	—

资料来源：杨林章，徐琪．土壤生态系统 [M]. 北京：科学出版社，2005。

5.1.1　土壤微生物及其生态功能

土壤是微生物生活的最适宜环境、也是微生物的大本营，它具有微生物所需要的一切营养物质和微生物进行生长、繁殖、发育所需要的各种条件，土壤是微生物天然的培养基，几乎全部细菌与真菌的种类都生活在土壤中。土壤微生物是指生活在土壤中体积小于

$5\times10^3\ \mu m^3$ 的生物，每克土壤中的微生物数以亿计，种类数以万计，包括古菌、细菌、放线菌、真菌、病毒和小型藻类等（图 5-2）。它们千姿百态，每种类群都有其独特的生存方式。其数量巨大、种类丰富，参与土壤有机质的分解与合成、养分的释放与固定等过程，与土壤团聚体的形成与污染物的降解等密切相关，同时对环境起着天然的过滤和净化作用，被称为土壤养分的“转化器”、环境污染物的“净化器”、陆地生态系统的“稳定器”、气候变化的“调节器”，与人类生活息息相关，在解决粮食生产、环境污染、气候变化及公共卫生等全球重大问题方面起着关键作用。

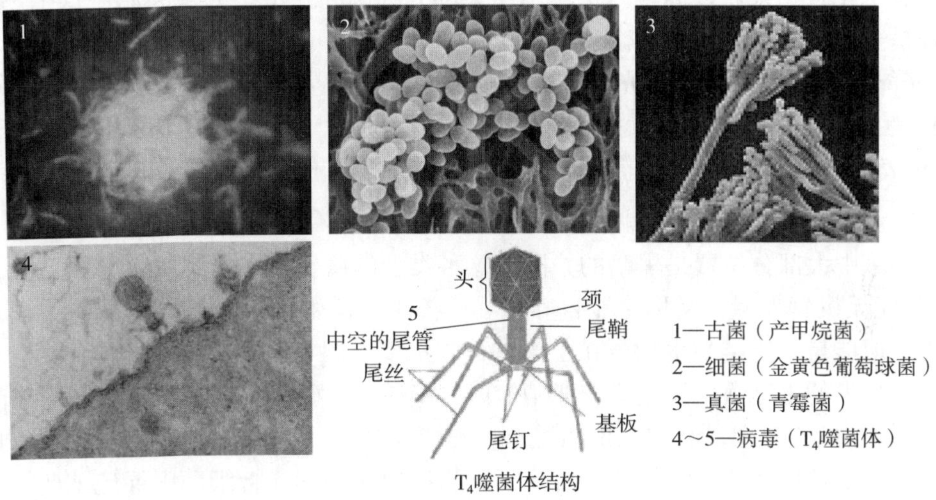

图 5-2 土壤微生物

土壤是个巨大的微生物库，有了种类繁多的微生物，土壤中的碳、氮、磷和钾等元素才能不断循环周转，为地上植物的生长提供必要的养分。但其中高达 99% 的微生物功能仍不清楚，这极大地阻碍了人类对土壤中海量微生物多样性的资源发掘和功能利用。随着分子生物学技术的出现，这个巨大的微生物宝库正逐渐为人们所认识。

5.1.1.1 土壤微生物的来源

（1）“土著”微生物类群

土著微生物长期生活于土壤中，对土壤环境有较强的适应性，并且这些微生物能与来自其他群落的微生物进行有效的竞争；当土壤环境变劣时，它们一般能以休眠状态存活下来。土著微生物一般包括：革兰氏阳性球菌类、色杆菌、芽孢杆菌、节杆菌、分枝杆菌、放线菌、青霉、曲霉等。对物质的分解、代谢、转化起着极为重要的作用，是化学元素参与生物地球化学物质循环的重要推动者。另外，针对严峻的土壤污染形势，采用土著微生物修复污染土壤，具有一定的优越性。

（2）外来微生物

随雨水、动植物残体、堆肥或受污染的水体进入土壤，它们可在土壤中持续一定时间，并作短期的生长繁殖；但由于适应性差，所以这些微生物不能在这一生境中长期生活下去，几乎不参与土壤生态学上重要的物质转化作用。自然农业不使用外来引进的微生物，同时也不使用运用机械化方式人工培养出来的微生物或加以提取分离出来的微生物，因为再也没有比长期生长在当地的土著微生物更能适应当地环境的微生物了。

5.1.1.2 土壤微生物的营养类型和呼吸类型

（1）土壤微生物的营养类型

根据微生物对营养和能源的要求，一般可将其分成四大类型。

1）化能有机营养型，又称化能异养型。这类土壤微生物需要有机化合物作为碳源，通过氧化有机化合物来获取能量。土壤中绝大部分细菌和几乎全部真菌属于这个类型，这类微生物是土壤中起主导作用的微生物。

2）光能有机营养型，又称光能异养型。这类土壤微生物其能源来自光，但需要有机化合物作为供氢体以还原 CO_2，并合成细胞物质。例如，紫色非硫细菌中的深红红螺菌（*Rhodospirillum rubrum*）可利用简单有机物（如异丙醇）作为供氢体，反应式为

$$CO_2+2CH_3CHOHCH_3 \xrightarrow{\text{光能}} (CH_2O)+2CH_3COCH_3+H_2O$$

由于土壤中大部分位置是黑暗的，因此这种类型的微生物在土壤中十分罕见。

3）化能无机营养型，又称化能自养型。这类土壤微生物以 CO_2 作为碳源，再从氧化无机物中获取能量。这类微生物虽在土壤中种类不多，但它们在土壤物质转化中起重要作用。属于这一类的土壤微生物主要有亚硝酸菌、硝酸菌、硫氧化菌、铁细菌和氢细菌等。

4）光能无机营养型，又称光能自养型。这类土壤微生物利用光能进行光合作用，以无机物作为供氢体以还原 CO_2，从而合成细胞物质。藻类和光合细菌中绿硫细菌、紫硫细菌为光能无机营养型，光能无机营养型微生物在土壤中数量极少。

（2）土壤微生物的呼吸类型

微生物的呼吸作用，按照对氧的要求不同，可分为有氧呼吸和无氧呼吸（也称为发酵）。进行有氧呼吸的微生物称为好气性微生物；进行无氧呼吸的微生物称为嫌气性微生物；既可进行有氧呼吸又能进行无氧呼吸的称为兼嫌气性微生物。

1）好气性微生物。这类微生物在有氧环境中生长，需要从空气中获得氧气进行呼吸，从而大量生长繁殖，多在土壤表层。由于来自空气中的氧能不断供应，所以能使基质彻底氧化，释放出全部能量。土壤中大多数细菌（如芽孢杆菌、假单胞菌、根瘤菌、硝化细菌和硫化细菌等）都属于这一类。另外土壤放线菌、藻类等也属于好气性微生物。

好气性微生物在通气良好的土壤中生长，转化土壤中有机物，获得能量、构建细胞物质，行使其生理功能。土壤中好气性化能自养型细菌，以还原态无机化合物为呼吸基质，依赖它特殊的氧化酶系统，活化分子态氧去氧化相应的无机物质来获取能量。土壤中亚硝酸细菌（以 NH_4^+ 为呼吸基质氧化成 NO_2^-）、硝酸细菌（以 NO_2^- 为基质氧化成 NO_3^-）、硫化杆菌（以 S 为基质氧化成 SO_4^{2-}）等均属于这一类。

2）嫌气性微生物。只有在无分子氧的环境中才能生长繁殖的微生物，进行不需氧的呼吸过程，又叫“专性厌氧微生物”。长期淹水的水稻土或沼泽地或人工沼气环境中，甲烷细菌进行沼气发酵产生甲烷。此外，脱硫弧菌可使硫酸盐还原产生 H_2S。

3）兼嫌气性微生物。这是一类在有氧和无氧环境中均能进行呼吸的土壤微生物。土壤中的反硝化假单胞菌和某些硝酸还原细菌、硫酸还原细菌等都属于兼嫌气性微生物。在

有氧环境中，它们与其他好气性细菌一样进行有氧呼吸。而在缺氧环境中，它们能将呼吸基质彻底氧化，以硝酸或碳酸中的氧作为受氢体，使硝酸还原为亚硝酸或分子氮，使硫酸还原为硫或 H_2S。

5.1.1.3　土壤重要的微生物类群及生态效应

（1）土壤古菌

古菌（archaea）又称为古细菌，作为三大领域（细菌域、真核生物域、古菌域）之一的生物，是一类区别于细菌的原核生物。古菌不仅存在于高温、高盐、缺氧、强酸、强碱等极端环境，也广泛存在于湖泊、海洋以及土壤等各种普通环境中，且含量巨大。古菌的细胞核类似于细菌，但小亚基核糖体 RNA（SSUrRNA）更接近于真核生物。其生存的环境条件是所有生物中跨度最大的，在 pH 从 0～12、温度从 0～120℃的环境中都能生存。该类群里常见极端微生物，如泉古菌门（Crenarchaeota）下几乎全是极端微生物，它们能生活在高温或极端的酸碱度环境中，主要参与环境中硫或铁的代谢。

环境中常见的古菌主要有：

1）极端嗜热菌（hyperthermophiles，extreme thermophiles）。能生长在 90℃以上的高温环境，是生物界耐受高温的冠军。例如，*Pyrolobus fumarii* 可以生活在 90～113℃、pH 4.0～6.5 的环境中，其最适生存温度为 106℃，低于 85℃和高于 115℃则不生长，能在 121℃的高温中存活 1 h。极端嗜热菌以化能自养（chemoautotroph）的方式生活，许多能以硫为电子受体获取能量。

2）极端嗜盐菌（extreme halophiles）。生活在高盐度环境中，盐度可达 25%（普通微生物生长的 NaCl 浓度在 2% 以下），如死海和盐湖中，它们通过其细胞膜上光驱动的质子泵，产生质子动力势，合成 ATP。

3）极端嗜酸菌（extreme acidophiles）。能生活在 pH 为 1 以下的环境中，往往也是嗜高温菌，生活在火山地区的酸性热水中，能氧化硫，以硫酸作为代谢产物排出体外。

4）极端嗜碱菌（extreme alkaliphiles）。多数生活在盐碱湖或碱湖、碱池中，生活环境 pH 可达 11.5 以上，最适 pH 为 8～10。

5）产甲烷菌（metnanogens）。产甲烷菌是一群迄今为止所知的最严格厌氧的、能形成甲烷的化能自养或化能异养的古菌群，产甲烷菌只需 CO_2 和 H_2 就能生存，但只要一遇到 O_2 就会死亡，它能适应 2～115℃的环境，也能在淡水到高盐环境中生存，并且经过甲烷化过程产生能量。有不少高等生物体内含有甲烷古菌，它可以帮助高等生物分解废物后放出气体，因此地球暖化现象除 CO_2 外，产甲烷菌也是重要因素之一。

（2）土壤细菌

土壤细菌（soil bacterium）是原核生物，不具备真正的细胞核和膜包裹的细胞器。细菌的基本形态有球状、杆状和螺旋状，直径大小在 0.5～5.0 μm。通过二分裂方式繁殖，土壤细菌大部分是腐生型，靠死的有机物质获得能量和营养。细菌是土壤微生物中分布最广、数量最多的一个类群，占土壤微生物总数量的 70%～90%，1 g 肥沃土壤中有土壤细菌几十万～几十亿，它们是已知生物中结构最简单、个体最小的类群之一。具有个体小、比表面积大、代谢强、繁殖快的特点，是土壤中最活跃的因素。土壤细菌具有很强的竞争力，适应底物变化的能力强，它们参与土壤有机质分解、腐殖质合成、养分转化、推动土壤的发育和形成以及有毒物质的降解。土壤细菌常见属有节杆菌属、芽孢杆菌属、假单胞菌属、土壤杆菌属、产碱杆菌属和黄杆菌属。

1）节杆菌属。节杆菌属（*Arthrobacter*）是典型的土壤细菌，分布极为广泛，不同地带性土壤中均能分离得到。专性好氧，化能有机营养型，不产芽孢，一般不能分解纤维素，多数可还原硝酸盐。这类细菌具有：第一，很强的抗旱性，土壤经过 15 d 干燥，芽孢杆菌仅剩 1/3 左右，其他细菌几乎全部消失，而节杆菌仍保持 90% 的存活率；第二，很强的耐饿性和广食性，能在营养十分贫乏的条件下存活较长时间，能利用各种有机物碳源和能源，可降解土壤中难分解的物质和多种化学农药。

2）芽孢杆菌属。芽孢杆菌属（*Bacillus*）也是土壤中分布广泛、数量较多的一类细菌。除个别种为病原菌外，绝大部分种都是对动植物无害的腐生菌，一般具有很强的分解蛋白质和复杂多糖的能力，对土壤有机质的分解起着重要作用。由于芽孢杆菌属的微生物能够形成芽孢的特性使得它们能够抵抗各种极端环境（如高温、极酸、极盐），而且对各种杀菌剂具有抵抗力，因此，它们在各种自然环境中都能被分离到。芽孢杆菌属微生物具有共同的特性，都能够形成带有芽孢的生物膜，且代谢产物相似，都能产生环肽、抗生素、酸（多聚谷氨酸、聚天冬氨酸）和聚多糖等。芽孢杆菌在工农业及医药生产中均有广泛应用。

3）假单胞菌属。假单胞菌属（*Pseudomonas*）是微生物的重要类群，也是分布最广的微生物之一。土壤、淡水、海水、污水、动植物体表、各种含蛋白质食品等不同生境中都有这类细菌的存在，多样的生境不仅造就了假单胞菌拥有较广的生长温度、pH 范围、较多的营养代谢类型，同时也为人类提供了多样的遗传资源。

土壤中这类细菌一部分为腐生菌，一部分为兼性寄生菌，是土传性植物病害的病原菌。例如，青枯假单胞菌是茄科植物的病原菌，托拉氏假单胞菌是蘑菇褐斑病的病原菌，有些种能引起瓜果蔬菜叶部病害。假单胞菌属中的部分细菌具有代谢多种化合物的能力，在降解土壤、水体中的农药和除草剂及处理石油废水中能发挥重要作用，又是制造多种产品的经济微生物，但嗜冷假单胞菌等是冷藏食品、制品的有害菌。

4）土壤杆菌属。土壤杆菌属（*Agrobacterium*）有些种有致病性，如根癌土壤杆菌，能在植物根部形成肿瘤或毛状根，寄主广泛，可侵害 90 多科 300 余种双子叶植物，尤其以蔷薇科为主，引起苹果、桃、葡萄、月季的根癌病，是林业检疫对象。有些种没有致病性，如放射土壤杆菌。致病类型与非致病类型的土壤杆菌的比值为（1～13）：500。它们在根际附近富集，很容易在土壤中越冬，在 34℃以上或酸性土壤中存活率降低，而砂土有利于它们的生存。

5）产碱杆菌属。产碱杆菌属（*Alcaligenes*）广泛分布于土壤和水等环境中，大多数杆菌为腐生菌，但真养产碱杆菌为兼性化能自养菌，既能利用有机物能源和碳源，又能在 H_2、O_2 和 CO_2 同时存在时，进行化能无机营养，固定 CO_2。反硝化产碱杆菌，可利用有机碳源，在厌氧条件下，将 NO_3^- 盐还原为 N_2。有些种或变种，能降解或氧化烷基苯磺酸盐中的有害物质，净化生活污水和工业废水。

6）黄杆菌属。黄杆菌属（*Flavobacterium*）广泛分布于土壤、淡水、海水和植物中，菌落在固体培养基上生长物有黄色、橙色、红色或褐色色素，其色泽随培养基和温度而变化。该菌严格好氧，培养温度应低于30℃，否则可抑制生长。能用于净化污水。

土壤中存在各种细菌生理群，其中主要的有纤维素分解菌、固氮细菌、氨化细菌、硝化细菌和反硝化细菌等，它们在土壤元素循环中起着主要作用。

（3）土壤真菌

土壤真菌（soil fungus）是指生活在土壤中菌体多呈分枝丝状菌丝体，少数菌丝不发达或缺乏菌丝的具有真正细胞核（有核膜和核仁）的一类微生物；能产生孢子，不含叶绿素。虽数量比土壤细菌少，但由于真菌菌丝体长，真菌菌体远比细菌大，因而生物个体量大。据测定，每克表土中真菌菌丝体长度为10～100 m，每公顷表土中真菌菌体重量可达500～5 000 kg。因而在土壤中细菌与真菌的菌体重量比接近1∶1，可见土壤真菌是构成土壤微生物生物量的重要组成部分，是常见的微生物之一。尤其在森林土壤和酸性土壤中，往往是真菌占优势或起作用。土壤真菌属好气性微生物，通气良好的土壤中多，通气不良或渍水的土壤中少；土壤剖面表层多，下层少。土壤真菌为化能有机营养型，以氧化含碳有机物质获取能量，是土壤中糖类、纤维类、果胶和木质素等含碳物质分解的积极参与者。我国土壤真菌种类繁多，资源丰富，分布最广的是青霉属（*Penicillium*）、曲霉属（*Aspergillus*）、木霉属（*Trichoderma*）、镰刀菌属（*Fusarium*）、毛霉属（*Mucor*）和根霉属（*Rhizopus*）。

真菌在土壤的生态过程中起着至关重要的作用。

首先，参与物质循环和养分转化。土壤真菌作为土壤微生物区系的重要成员，同其他微生物一起参与生态系统中的物质循环和能量流动。真菌的菌丝对底物的穿透能力很强，使其具有较强的分解纤维素和木质素等难降解物质的能力，在有机质降解方面的作用可能比细菌大。真菌可将自然环境中的有机物逐步降解与转化，以至最终形成简单的CO_2、H_2O、NH_3、SO_4^{2-}、PO_4^{3-}等而归还于环境，从而完成自然界生态系统中的物质循环。

土壤真菌还参与土壤腐殖化和矿质化过程，对腐殖质和土壤团粒结构的形成起着十分重要的作用。土壤真菌和放线菌分解有机质并可在土壤颗粒间形成菌丝桥，促进土壤团聚体产生，改良土壤结构性。在土壤沙化地区，真菌参与地表“结皮现象”，对稳定地表、减少水土流失起重要作用。另外，真菌组织死亡、降解和被动物取食后能释放大量的养分。

其次，许多土壤真菌可以用于植物病害的生物防治。农药的广泛使用不仅使病害在农药的不断筛选下更加耐药，降低消除病害的作用，同时也对环境造成了污染，甚至还会进入食物链对人类健康造成危害。因此，绿色安全的防治病害方法尤为重要。生物防治真菌作用机制主要表现为竞争作用、重寄生作用和代谢产物抗生作用等，广泛分布的木霉属真菌就是生物防治中很有应用潜力的一类真菌拮抗菌。

最后，土壤真菌还可用于被污染环境的生物修复。生物修复的种类很多，根据所利用微生物的情况可分为污染环境土著微生物修复、使用外源微生物和进行微生物的强化作用。在关于土壤真菌降解、代谢有机污染物的研究中发现，子囊菌是降解荧蒽（Fluoranthene，3类致癌物）最有效的类群，平均降解率为90%，其他菌的降解率也在60%以上。有些真菌还能生物降解苯、甲苯、乙苯等化合物，能够对BTEX造成的污染进行生物修复。木霉对重金属也有吸附性和耐受性，如哈茨木霉菌丝体对Cr^{6+}的移除作用显示，在培养的第7天达到对Cr^{6+}的最大移除率为90.2%；我国学者也筛选出耐铅、镉的绿色木霉，均表现出对环境良好的适应能力。另外，有学者研究发现丝状真菌对农药有生物降解作用。

（4）土壤放线菌

土壤放线菌（soil actinomycete）是指生活于土壤中呈丝状单细胞的原核微生物，主要分布于土表，是土壤重要的土著微生物。放线菌在形态上与真菌相似，为分枝丝状体，属革兰氏阳性（G^+），不能运动。土壤放线菌在自然界分布很广，绝大多数为腐生，少数为寄生。有的还可以和植物共生，固定大气氮（如弗兰克氏菌属，*Frankia*）。

放线菌最适宜生长在中性、偏碱性、通气良好的土壤中，能转化土壤有机质，产生抗生素，对其他有害菌能起拮抗作用。高温型的放线菌在堆肥中对其养分转化起着重要作用。常见的土壤放线菌主要有链霉菌属（*Streptomyces*）、小单胞菌属（*Micromonospora*）、诺卡氏菌属（*Nocardia*）、游动放线菌属（*Actinoplanes*）和弗兰克氏菌属（*Frankia*）等。其中链霉菌属占了70%～90%，96%的抗菌素主要来源于该属。土壤放线菌可产生种类繁多的抗生素，据估计，已发现的4 000多种抗生素中，有2/3是放线菌产生的，如链霉素、土霉素、庆大霉素、利福霉素等。

土壤放线菌除能够通过菌丝体产生的胞外水解酶降解土壤中的各种有机物质、参与自然界物质循环外，多数放线菌能够分解木质素、纤维素、单宁和蛋白质等复杂有机物。放线菌在分解有机物质过程中，除了形成简单化合物以外，还产生一些特殊有机物，如生长刺激物质、维生素及挥发性物质等。土壤放线菌通过参与自然界物质循环，起到改善土壤、净化自然环境的作用。而如今人类对土壤放线菌的应用远远超过于此，聚酮类、生物碱类等多种类型的次级代谢产物以及各种酶的产生，使放线菌已经被应用到了农业、医药行业、环境污染生物治理等人们生产生活中的各个方面。

（5）土壤藻类

藻类为单细胞或多细胞的真核原生生物。土壤藻类不同于土壤中的其他有机体，大多数土壤藻类为光能无机营养型，可由自身含有的叶绿素利用光能合成有机物质，所以这些土壤藻类常分布在表土层中。也有一些藻类可分布在较深的土层中，这些藻类常是有机营养型，它们利用土壤中有机物质为碳营养，进行生长繁殖，但仍保持叶绿素器官的功能。藻类是土壤生物的先行者，对土壤的形成和熟化起重要作用，它们凭借光能自养的能力，成为土壤有机质的最先制造者。它们的生长和代谢能导致土壤中矿物成分的改变；分泌的黏液可以促使土壤微粒相互黏结，形成土壤结构；能促进或抑制其他微生物的生长；对物质循环和氧气含量的平衡起着极为重要的作用。藻类是光合效率最高的光合生物之一，大气中的氧气近一半来自藻类的光合放氧作用，因而藻类在全球碳循环中起着重要作用。此外，土壤藻类在土壤的保水、改良、防风固沙方面都有明显的生态功能。

土壤藻类主要由硅藻（*Diatom*）、绿藻（*Chlorophyta*）和黄藻（*Xanthophyceae*）组成。土壤酸碱度在很大程度上决定了藻类的组成，在酸性土壤中绿藻占优势；中性到偏碱性土壤则适于硅藻生长。肥沃土壤，藻类生长旺盛，土表常出现黄褐色或黄绿色的薄藻层，硅藻多则是土壤营养丰富的证明。

（6）土壤中的病毒

病毒是一类超显微的非细胞生物，形体极其微小，直径为20～200 nm，必须在电子显微镜下才能观察到；没有细胞结构，每一种病毒只有一种核酸，它们只能在活细胞内营专性寄生，靠其宿主代谢系统的协助复制核酸，合成蛋白质等组分，然后再装配而得以增殖。在离体条件下，它们能以无生命的化学大分子状态长期存在，并保持其侵染活性。

病毒是一种活细胞内的寄生物，凡有生物生存之处，都有其相应的病毒存在。随着电镜技术和分子生物学方法的应用，人们对病毒本质的认识不断深化，发现非细胞生物包括真病毒和亚病毒（类病毒、拟病毒和阮病毒）。土壤是各种病毒在自然环境中的主要赋存场所，也是病毒的天然基因库；同时，土壤对于病毒的传播和人体暴露也发挥着重要作用，人体可能通过多种暴露途径摄入携带病毒的土壤颗粒。病毒只能在休眠状态下持久存在于土壤中，而在此状态下仍可以保持感染力。另外，病毒在控制杂草及有害昆虫的生物防治方面已显示出良好的应用前景。

5.1.1.4　土壤微生物在土壤生态系统中的功能

（1）微生物是土壤结构的缔造者

土壤并不是单纯的土壤颗粒，作为土壤的活跃组成部分，土壤微生物通过代谢活动分泌有机酸、糖等有机物质以及真菌菌丝的穿插、缠绕作用等均可促进土壤团粒结构的形成，最终形成真正意义上的土壤。

（2）土壤微生物参与有机质的分解和腐殖质的合成

作物的残根败叶、有机肥料等，施入土壤后，不能直接被植物吸收和利用，只有经过土壤微生物的作用，才能腐烂分解，最终将各种复杂有机物质分解成 CO_2、H_2O、NH_3、SO_4^{2-}、PO_4^{3-} 等简单的无机物，供作物利用。同时，微生物通过分解有机残体，合成和分泌有机质，在土壤腐殖化过程中起主导作用。

（3）微生物是土壤的“净化器”，在环境污染治理中起重要作用

土壤微生物代谢类型多样，能广泛利用各类有机物质，几乎所有的化学农药都能被微生物用作能源和养料来源。不仅如此，微生物在污染土壤修复、水体治理、固体废物处理等方面也大有作为，尤其是利用微生物分解有毒有害物质的生物修复技术，被公认为治理大面积污染区域的一种有价值的手段。例如，微生物对农药的降解可使土壤对农药进行彻底的净化，其净化的途径有以下几种：第一，通过微生物作用把农药的毒性消除，变有毒为无毒；第二，微生物的降解作用，把农药转化为简单的化合物或转化成 CO_2、H_2O、NH_3、Cl_2 等；第三，微生物的代谢产物与农药结合，形成更为复杂的物质而失去毒性。同时，应注意微生物也会使某些无毒的有机物分子变为有毒的物质。另外，氨化细菌对污水和污泥中蛋白质、含氮化合物的降解与转化作用，可以较快地消除蛋白质腐烂过程中产生的污秽气味。研究表明，土壤微生物可以有效地降解与天然化合物结构相似的农药，如除草剂 2,4-D。一些细菌和放线菌能转化 DDT，在好氧条件下，产气杆菌（*Aerobacter aerogenes*）能脱去 *p,p′*-DDT 中的 HCl，形成 *p,p′*-DDE；而在嫌气条件下，微生物能很快脱除 *p,p′*-DDT 中的氯原子，生成 *p,p′*-DDD。氢单胞菌与镰刀菌同时作用于 DDT 可以将其分解成 H_2O、CO_2 及 HCl。

在当今社会中，原油和天然气污染已是司空见惯，能够分解石油产品的微生物有百余种。报道较多的微生物种类有细菌（不动杆菌属、芽孢杆菌属、产碱杆菌属、假单胞菌属、无色杆菌属等）、真菌（金色担子菌、红酵母属、假丝酵母属等）、放线菌（分枝

杆菌属、诺卡氏菌属、放线菌属等)、酵母等;其中细菌分离得到的种类最多、应用最广,一般认为比其他菌属的石油降解效果更好。微生物降解石油烃是需要多种微生物协同作用的复杂过程,可培养的微生物在自然界中仍占少数。研究显示,土著微生物因具有更强的环境适应能力,通常情况下能发挥更好的降解效果。有研究者从炼油厂被污染的土壤中筛选分离到6种土著高效石油降解菌混合处理污染土壤,经过84 d处理去除率达63.2%±20.1%,是自然降解的3～4倍。因此,筛选或研发高效的石油降解微生物已成为目前微生物修复石油烃污染领域的一个突出热点。

(4)土壤微生物是地上－地下系统的纽带

土壤微生物是生物地球循环中的关键环节,是地上－地下养分循环的直接参与者。自养型微生物可以利用阳光或通过氧化原生矿物等无机化合物摄取能源,通过同化 CO_2 取得碳源构成机体,为土壤提供有机质。地球上所有的生物固氮作用和90%以上的有机物矿化作用均由微生物完成,光合生物对无机营养物的同化作用和有机物的生物矿化作用控制着地球碳、氮、磷、硫元素的循环。同时,微生物自身还含有一定数量矿质元素,可看成是有效养分的储备库,对土壤肥力的提高有重要作用。

(5)改善局部环境,促进植物生长

土壤微生物分泌的维生素、氨基酸、生长激素等生长调节物质可促进植物生长,分泌的抗菌类物质可有效避免土著性病原菌对作物的侵染。此外,微生物也能与植物共生,形成根瘤、菌根等特殊结构,为植物生长提供必不可少的营养元素。

由于微生物生活习性和环境条件的变化,土壤微生物存在着明显的剖面和区域分异。从单个土体来看,土壤团粒结构是土壤微生物生长的良好载体,土壤微生物大多分布在土壤团粒内外。细菌在团粒内部分布居多,芽孢杆菌在团粒内外差别不大。放线菌在团粒内部多于外部,真菌则外部多于内部。由于受到紫外线照射、营养、水分、温度、通气、pH等因素及微生物特异性所制约,土壤微生物在土壤剖面中也存在着明显的垂直分异。通常,土壤表层的微生物数量少,在5～20 cm深的土壤中微生物数量最多。在植物根系附近,微生物数量更多。自20 cm以下,微生物的数量随土壤深度的增加而减少,至1 m深处减少约20倍,至2 m深处每克土可减少到几个。

由于地理位置、气候、植被、水文等自然成土条件的差异以及人类活动的影响,不同区域具有不同的成土过程、熟化程度,形成了相应的土壤类型及理化性质等,因此,土壤微生物在数量和区系组成方面存在着区域差异。表5-2是中国主要土壤类型中的微生物数量。

表5-2 中国主要土壤的微生物数量 单位:万/g土

土类	地点	细菌	放线菌	真菌
暗棕壤	黑龙江呼玛	2 327	612	13
棕壤	辽宁沈阳	1 284	39	36
黄棕壤	江苏南京	1 406	271	6
红壤	浙江杭州	1 103	123	4
砖红壤	广东徐闻	507	39	11

续表

土类	地点	细菌	放线菌	真菌
磷质石灰土	西沙群岛	2 229	1 105	15
黑土	黑龙江哈尔滨	2 111	1 024	19
黑钙土	黑龙江安达	1 074	319	2
暗栗钙土	内蒙古满洲里	905	302	8
棕钙土	宁夏宁武	140	11	4
草甸土	黑龙江亚沟	7 863	29	23
塿土	陕西武功	951	1 032	4
暗灰黑土	黑龙江免渡河	1 772	88	4
白浆土	吉林蛟河	1 598	55	3
草甸黑钙土	黑龙江免渡河	1 122	97	5
氯化物草甸盐土	辽宁盘山	1 019	19	2
苏打草甸盐土	黑龙江安达	326	240	5
滨海盐土	辽宁盘山	294	15	0.2
滨海盐土	江苏连云港	466	41	0.4

数据来源：熊毅，李庆逵 . 中国土壤 [M]. 2 版 . 北京：科学出版社，1987。

5.1.2 土壤中的主要动物及其生态效应

土壤动物种类丰富，与土壤微生物多样性共同构成土壤生物多样性的主体。土壤动物指长期或一生中大部分时间生活在土壤或地表凋落物层中的动物。土壤动物约占全球所有被描述过的生物多样性的 23%，1 g 土壤中包括上万个原生动物，几十到上百条线虫以及数量众多的螨类和弹尾类等。然而，考虑到绝大多数土壤动物还没有被记录或描述过，这一数字可能被大大低估了。

土壤动物直接或间接地参与土壤中物质和能量的转化，是土壤生态系统中不可分割的组成部分。土壤动物通过取食、排泄、挖掘等生命活动破碎生物残体，使之与土壤混合，为微生物活动和有机物质进一步分解创造了条件。土壤动物活动使土壤的物理性质（通气状况）、化学性质（养分循环）以及生物学性质（微生物活动）均发生变化，对土壤形成及土壤肥力发展起到重要作用。

5.1.2.1 土壤动物的分类

（1）按体型大小分类

一般是根据体宽把它们分成小型土壤动物（microfauna）（平均体宽 2～100 μm，如原生动物和线虫）、中型土壤动物（mesofauna）（平均体宽 0.1～2.0 mm，如跳虫和螨类）、大型土壤动物（macrofauna）（平均体宽 2～20 mm，如蚯蚓和多足类土壤动物）和巨型土壤动物（megafauna）（平均体宽＞20 mm，如鼹鼠）。其中，前 3 类主要指土壤中的无脊椎动物。

（2）按土壤中生活时期分类

分为全期土壤动物、周期土壤动物、部分土壤动物、暂时土壤动物、过渡土壤动物和交替土壤动物等。

（3）按食性分类

分为落叶食性、材食性、腐植食性、植食性、苔藓类食性、菌食性、藻食性、细菌食性、捕食性、尸食性、粪食性、杂食性和寄生性土壤动物等。

5.1.2.2 主要土壤动物介绍

（1）土壤原生动物

土壤中的原生动物是非常原始的单细胞真核动物，结构简单，无细胞壁，个体微小，数量庞大，种类十分丰富。相对于原生动物而言，其他土壤动物门类均称为后生动物。原生动物种类约有 50 000 种，各类土壤中都有原生动物，不同地区和不同类型的土壤中原生动物的种类和数量有差异。土壤中原生动物的总数一般为 10^4～10^5 个 /g 土，多集中在有机质和微生物丰富的表层土壤中，下层土壤中很少，主要受水分、温度和通气性的影响。

土壤中常见的原生动物有鞭毛虫、变形虫和纤毛虫（图 5-3），以鞭毛虫占优势，其次是变形虫和纤毛虫；它们主要以细菌为食，当可使用细菌资源耗尽时，一些原生动物会取食真菌、藻类和其他动物。鞭毛虫作为数量最多、最活跃的原生动物，在荒漠土中的数量大约为每克土 100 条，森林土中可达每克土 100 000 条；它们的取食活动对土壤养分的周转起到了非常重要的作用。农田、草地和森林中的变形虫都非常活跃并且数量众多，特别是在耕作土中往往占优势，它们吞食纤毛虫、细菌、真菌和藻类等，可以进入土壤团聚体内部很小的空隙里面取食细菌。

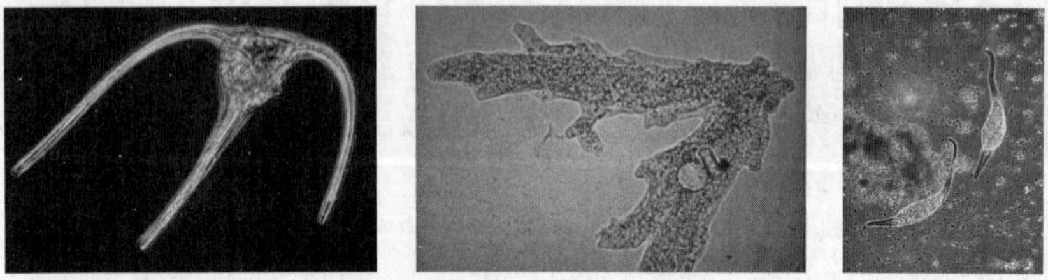

鞭毛虫　　变形虫　　纤毛虫

图 5-3　土壤原生动物

土壤原生动物的主要作用是促进物质循环和转化，控制其他微生物（细菌的数量和群落结构）的过量存在，保证微生物群落组成的稳定性。此外，原生动物对多种农药反应敏感，能产生抑制效应。农药的大量使用可导致土壤中敏感物种减少或消失，耐污物种数量相对增加。重金属污染则可导致土壤原生动物群落组成、结构和物种多样性发生变化。因此，可将土壤原生动物用作土壤中残留有机污染物、农药以及重金属等的污染诊断。

（2）土壤后生动物

1）土壤线虫

线虫（nematode）又称为圆虫、丝线虫或发状虫，是原腔动物的一个重要类群。线虫体形呈纺锤形，微型、透明的丝状动物。线虫是土壤后生动物中数量最多和功能类群最丰富的多细胞动物，分布广泛，是土壤动物中十分重要的类群，数目可达 10^6 个 /m^2。许多种寄生于高等植物和动物体内，线虫可以生活在包括海水、淡水和陆地等各种各样的生态系统中。土壤中自由生活的线虫体长在 150 μm～10 mm，植物寄生性线虫体长在 0.25～12 mm。线虫种类繁多，种群密度庞大，但 97% 以上的线虫种类是未知的。线虫与其他土壤生物形成错综复杂的食物网，在维持土壤生态系统的稳定、促进物质循环和能量流动方面起着重要的作用。线虫普遍存在于各种类型的土壤中，在 4 200 m 或者更高的高山土中也普遍存在。线虫一般喜湿，主要分布在有机质丰富的潮湿土层及植物根系周围。

2）螨虫

螨虫（mite）是节肢动物门蛛形纲蜱螨目动物。体小，通常为 0.5～2 mm。土壤为很多螨类提供了良好的生存条件。陆地上的螨类以栖息于土壤中的为最多，由于肉眼不易发现，不为人们所注意。通常以分解的植物残体和真菌为食物，也吞食其他微小动物，对土壤腐殖质化及土壤物质、能量的转化起着重要作用。农业上多为作物害虫，如红叶螨（红蜘蛛），危害多种作物、果树和森林。

螨类是很好的土壤指示动物，土壤污染常常可以通过螨类的变化表现出来，如受铜、锌、汞污染的土壤中螨类数量明显减少。其中，甲螨是土壤螨类中主要的类群，数量大，分布广，对环境变化十分敏感，是指示环境变化的合适物种。螨类的主要代表是甲螨（占土壤螨类的 62%～94%），主要分布在表土层中。大多数甲螨取食真菌、藻类和已分解的植物残体，在控制微生物数量及促进有机质分解过程中起着重要作用。

3）蚯蚓

蚯蚓（earthworm）是陆地生态系统中最常见的大型土壤动物类群，是温带土壤中生物量最大的无脊椎动物，属环节动物门的寡毛纲，是被研究最早（自 1840 年达尔文起）和最多的土壤动物。文献记录的蚯蚓约 4 000 种，人类仅仅对其中的大约数十种蚯蚓的生物学特性和生态学功能有过不同程度的研究。除海洋外，大多数生态系统中都有蚯蚓存在，但沙漠区和终年冰雪区比较少见。

蚯蚓被称为“生态系统工程师”，喜欢潮湿、肥沃、钙质丰富的土壤，活动深度可达 2 m 以上，取食富含有机质的土壤颗粒，每天通过其肠道的土壤可达其体重的 3～20 倍。土壤中的蚯蚓数量是土壤质量的标志之一，5～10 条 /m^2 的密度说明土壤健康状况良好。蚯蚓在多数情况下促进土壤养分可利用性，有利于植物生长，但最终贡献受生态系统的肥力水平、植物种类以及水热环境等许多因素的影响（表 5-3）。

表 5-3　蚯蚓对植物生长的影响

生态系统过程	蚯蚓效应
促进土壤氮有效性	+
促进土壤磷有效性	+
促进土壤磷、钾有效性，降低盐胁迫	+
增加氮、磷的淋失，降低植物对养分的吸收	-
促进养分供应，但增加或减少土壤孔隙	+

续表

生态系统过程	蚯蚓效应
类激素效应，刺激有利于植物生长的微生物	+
取食或损伤根系，抑制根系生长	-
抑制土传病害	+
活动于土壤肥力较好的表层土，对植物生物量无影响	0
活动于土壤肥力较差的深层土，促进植物生物量生长	+
对土壤氮供应不敏感的植物的生长无影响	0

注："+"表示正效应，"-"表示负效应，"0"表示无效应。

蚯蚓一般可分为表居型（epigeic）、上食下居型（anecic）和土居型（endogeic））三大类群（表 5-4）。表居型蚯蚓在土壤中的挖掘和穿插能力较差，上食下居型蚯蚓对土壤通透性及土层混合影响较大，土居型则对土壤的孔隙性影响较大。

表 5-4 蚯蚓的生态类型特征

生态类型	表居型	上食下居型	土居型
食物	取食土表凋落物，以植物残体为食；少量或不取食土壤	在土壤表面取食有机质；有时取食土壤	主要取食土壤有机质
色素	体壁有色素沉积，红色或深灰色	身体背面体表有色素沉积，灰褐色或紫褐色	体壁无色素沉积
体型	小到中型	中型	大型
寿命	相对短	较长	短
洞穴	无，某些种类在表层土中有穴	大、永久性的垂直洞穴，可深入土壤 3 m	连续而广泛但非永久性水平洞穴，一般在 10～15 cm 土层
作用	对土壤挖掘和穿插能力差，对土壤物理性质影响不大，主要作用是破碎有机残体，影响其分解速度	通过挖掘至土壤表面的通道将有机质运至地下，并将下层土壤和未完全消化的物质排泄至土壤表面，对土壤通透性及土层混合影响很大	在土壤内挖掘纵横交织的通道，影响土壤的孔隙性

蚯蚓在土壤中的生态功能多样，主要包括：①混合土层，改良土壤物理性状。蚯蚓在运动和取食过程中在土内穿行，在挖掘和取食过程中将大量深层土壤运往表土，同时把大量植物残体和富含有机质的表土运往土内，可以不断搅动和疏松土壤，改变土壤结构和土层排列。其粪便堆积在地表和土层内，有利于土壤物质的紧密结合，形成疏松多孔的良好结构，显著增加土壤通气性和排水保水功能。②促进土壤团聚体形成。蚯蚓产生的黏蛋白可将小土壤颗粒结合在一起，形成真正的土壤团聚体结构。个体较大的蚯蚓又专以小团聚体为食，土壤颗粒混入大量黏液，在蚯蚓肠腔内形成"有机－无机复合体"，再以粪便的

形式排出体外，产生新的团聚体。③富集土壤养分。蚯蚓取食有机质和土壤微生物，将其中养分释放出来；选择取食富含有机质的土壤颗粒，使养分在排泄物中富集（表 5-5）。④蚯蚓对环境具有指示作用。蚯蚓处于陆地生态系统食物链的底部，主要以土壤颗粒和土壤中的有机质为食，对某些污染物比其他土壤动物更为敏感。土壤中的大部分杀虫剂和重金属都极易在蚯蚓体内富集，这些被富集的化学物质可能对蚯蚓没有造成严重的伤害，但却可能影响到食物链中更高级的生物。因此，利用蚯蚓作为土壤环境的指示生物，可为保护整个土壤动物区系提供一个较高的安全阈值。

表 5-5　蚯蚓排泄物与原土性质的比较

土壤性质	蚯蚓排泄物	土壤
粉粒和黏粒 /%	38.8	22.2
容重 /（g/cm^3）	1.11	1.28
结构稳定性	849	65
阳离子交换量 /（cmol/kg）	13.8	3.5
交换性钙离子（Ca_2^+）含量 /（cmol/kg）	8.9	2.0
交换性钾离子（K^+）含量 /（cmol/kg）	0.6	0.2
水溶性磷（P）含量 /（mg/kg）	17.8	6.1
全氮含量 /%	0.33	0.12

注：结构稳定性指破坏团聚体结构所需的雨滴数。

资料来源：吕贻忠，李保国 . 土壤学 [M]. 2 版 . 北京：中国农业出版社，2020。

5.1.3　植物根系及其生态功能

高等植物根系虽然只占土壤体积的 1/100，但其呼吸作用却占了土壤的 1/4～1/3。第一，根系（root system）是土壤有机质的重要来源，虽然树木每年只有部分死根残留在土壤中，但它们是深土层中有机质的重要来源，特别是从深层土壤中吸取水分和养分，并以凋落物补充给土壤；第二，根系在生长过程中，不断产生碳水化合物、有机酸、碳酸等分泌物，这些分泌物许多都可以作为微生物的营养物质，并可溶解土壤的某些养分；第三，根系又可切割和挤压土壤，因而可促进团聚体的形成。

5.1.3.1　根际与根际效应

根际（rhizosphere），是指受植物根系活动影响，在物理、化学和生物学性质上不同于土体的那部分微域环境。根际一般指离根轴表面数毫米范围之内，是土壤 - 根系 - 微生物相互作用的微区域，也是不同植物种类或品种、土壤和环境条件形成的特定的微生态系统。根际的许多化学条件和生物化学过程不同于土体土壤，其中最明显的是根际 pH、Eh 和微生物活性的变化等。在这一微区中进行着活跃的物质转化和流通以及动力学过程，这些过程直接影响着植物的生长发育、水分和养分的吸收利用、有益和有害微生物的存活与繁殖、植物对逆境的调节反应等。因此，与生活在根际外土壤中的微生物群落相比，生活在植物根际中的微生物，在数量、种类和生物活性上都有明显不同，表现出一定的特异性，这种现象称为根际效应（rhizosphere effect）。根际效应的大小常用根际土和根外土中微生物数量的比值即根土比（root/soil ratio，R/S）来表示。R/S 值越大，根际效应越明显。R/S 大于 1，通常在 5～50，高的可达 100。一般来说农作物比树木表现出更大的 R/S，豆科植物根际比非豆科植物更能刺激细菌的生长和繁殖。土壤类型对 R/S 有很大影响，有机质含量少的贫瘠土壤，R/S 更大；植物生长旺盛，也会使 R/S 增大；即使是同一种植物，在不同的生长期根际效应也不一样。

5.1.3.2 根系分泌物

根系分泌物（root exudate）是指植物生长过程中通过根系释放到介质中的有机物质以及无机离子 H^+、K^+ 等物质，是植物根系在生命活动过程中向外界环境分泌的各种有机化合物的总称。根际效应产生的主要原因是根系能释放分泌物。根系分泌物在土壤结构形成、土壤养分活化、植物养分吸收、环境胁迫缓解等方面都具有重要作用。对根系分泌物的研究是植物营养、化感作用、生物污染胁迫、环境污染修复等研究领域的重要内容，受到国内外学者的普遍关注。据估计，根系分泌物一般有 200 多种，低分子分泌物主要包括有机酸（以甲酸、乙酸、柠檬酸和苹果酸等为常见）、糖类（以葡萄糖和果糖较常见）、酚类和各种氨基酸；高分子分泌物主要包括多糖、多糖醛酸和胞外酶（如磷酸酶、蛋白酶、淀粉酶、RNA 酶及 DNA 酶）。根系分泌物一般包括以下 4 种类型：

1）渗出物（exudate）：从细胞中主动扩散出来的一类低分子化合物。

2）分泌物（secretion）：细胞代谢过程中被动释放出来的物质。

3）黏胶质（mucilage）：包括根冠细胞、未形成次生壁的表皮细胞和根毛分泌的黏胶状物质。

4）细胞脱落物（sloughed cell）：成熟根段表皮细胞的分解产物、脱落的根冠细胞、根毛和细胞碎片等。

5.1.3.3 菌根

土壤中的某些真菌侵染或寄生在植物根系中，与植物根系形成共生体，这种真菌与根系的联合共生体称为菌根（mycorrhiza）；能够侵染植物根系并与植物建立共生关系的真菌叫菌根真菌（mycorrhizal fungi）；被菌根真菌侵染的植物则被称为菌根植物（mycorrhizal plant）或宿主植物（host plant）。菌根真菌菌丝从根部伸向土壤中，扩大了根对土壤养分的吸收，菌根真菌分泌维生素、酶类和抗生素物质，促进了植物根系的生长；同时，菌根真菌直接从植物获得碳水化合物，因而植物与真菌两者进行互惠的共同生活。

已发现有菌根的植物 2 000 多种，其中木本植物数量最多。根据菌根菌与植物的共栖特点，把菌根分成 3 类：外生菌根、内生菌根和内外生菌根。

（1）外生菌根（ectomycorrhiza）

外生菌根又称菌套菌根，主要特征是菌丝在植物营养根表面形成稠密而交织的菌套（菌根真菌的菌丝在植物营养根的表面生长繁殖，并交织成套状结构包在根外），并且在根的皮层组织细胞间隙形成哈蒂氏网（在菌套内层有许多菌丝透过根的表皮，在外皮层细胞间蔓延，并将细胞逐个包围起来，形成的一种特殊结构），但菌丝不侵入细胞内部。外生菌根常可以在许多森林的树木根部发现，如松柏类、栎树等。

（2）内生菌根（endomycorrhiza）

在根的表面不形成菌套，菌丝多数侵入到根的皮层组织内部，但在细胞间隙不形成哈蒂氏网，菌丝穿入皮层细胞内部形成各种吸器。内生菌根较普遍存在于各种栽培作物中，如玉米、棉花、大豆、马铃薯等。

（3）内外生菌根（ectendomycorrhiza）

有上述两种菌根的特点，即有菌套和哈蒂氏网，在细胞内还具有不同形状的菌丝圈。此种菌根多数发生在部分松科植物、杜鹃花科的几个属、水晶兰科和鹿蹄草科的草本植物根上。

菌根在连接和黏合土壤颗粒、稳定土壤结构等方面起着非常重要的作用。根系与其上共生的真菌为土壤颗粒黏结形成直径≤0. 25 mm 的微团聚体创造了条件，尤其是菌根上菌丝的串联缠绕作用和分泌的黏性物质是微团聚体形成的主要因素。根系与真菌菌丝互相缠绕，形成庞大的网络系统，促进微团聚体进一步固结形成直径＞0. 25 mm 的大团聚体。在未被扰动的农田土壤中，富含碳的水稳性大团聚体由小根、菌根真菌、腐生真菌和其他真菌菌丝构成。菌根可扩大寄主植物根的吸收范围，显著提高植物对磷的吸收，也可以促进植物对氮、钾和其他营养元素锌、铜、硫、铁的吸收；还能在植物根部起到机械屏障作用，防止病菌侵袭，防御根部病害；此外，菌根还可增强植物对重金属和农药等毒害的抗性，在污染土壤修复中显示出广阔的应用前景。

5.1.3.4 根瘤

德国学者赫尔利格尔于 1886 年 9 月在柏林一次科学大会上发表研究报告首次证实豆科植物的根瘤可以固定大气中的氮气，是人类研究根瘤菌的开始。

根瘤（rootnodule）是指原核固氮微生物侵入某些植物根部，刺激根部细胞增生而形成的瘤状物。因而根瘤是微生物与植物根联合的一种形式，根瘤具有很强的固氮能力。根瘤可分为豆科植物根瘤和非豆科植物根瘤，前者由根瘤菌（Rhizobia）和豆科（Leguminosae）植物共生形成，后者主要由弗兰克氏放线菌（*Frankia*）和非豆科植物共生形成，还有少数由根瘤菌和榆科植物的山黄麻属（*Parasponia*）植物共生形成。目前已知能与豆科植物结瘤的根瘤菌约有 40 种，均为革兰氏阴性细菌。已发现有 9 科 20 多属 200 多种非豆科植物能被弗兰克氏放线菌侵染结瘤。

根瘤菌是能固定大气中分子态氮，又以 NH_4^+ 的形式供给植物吸收利用的一类杆状细菌；植物则为固氮作用提供所需的能量和相关组分，二者形成共生关系。固氮率的高低取决于豆科植物种类和生长条件，共生固氮平均可为豆科植物提供所需氮素的 50%～75%。豆科植物结瘤还受环境中化合态氮的严重影响，土壤中有效氮化物丰富时对豆科植物本身生长无害，但会阻碍根瘤菌感染，影响根瘤生长，降低根瘤的固氮作用。因此，对豆科植物施用大量化合态氮不仅浪费资源，还会加重土壤和水体污染。

在我国还有许多非豆科植物可与放线菌、细菌结瘤。桤木属、杨梅属、木麻黄属植物与放线菌形成根瘤，具有固氮作用。沙棘属、胡颓子属植物可与细菌形成根瘤，根瘤同样也有固氮能力。

点亮“爱国”“奋斗”“敬业”三重精神之光

——青蒿素的发现：传统中医献给世界的礼物

屠呦呦获得 2015 年诺贝尔生理学或医学奖

疟疾是危害严重的世界性流行病，人类最古老的疾病之一，全球百余国家年约三亿多人感染疟疾，至今依然还是一个全球广泛关注且亟待解决的重要公共卫生问题。提到青蒿素，人们首先会想到它的抗疟疾功用，WHO 认为，青蒿素（是从复合花序植物黄花蒿茎叶中提取的有过氧基团的倍半萜内酯的一种无色针状晶体）是治疗疟疾耐药性效果最好的药物，以青蒿素类药物为主的联合疗法，也是当下治疗疟疾最有效、最重要的手段。

20 世纪 60 年代起，氯喹等原有抗疟药因疟原虫对此产生抗药性而失效。1969 年，中国中医研究院中药研究所屠呦呦和几位同事一同参与到“523 任务”中。那一年，屠呦呦 39 岁，职称是助理研究员。她被任命为中药研究所“523 任务”研究组组长，带领 4 名小组成员寻找抗疟药物的线索，并最终获得成功。屠呦呦等自 1972 年分离得到青蒿素单体后即着手进行青蒿素的化学结构研究，先后与中国科学院有机所和生物物理所协作，最终用 X- 衍射方法确定了青蒿素的立体结构。青蒿素是一个具过氧基团的新型倍半萜内酯，也是一个与过去抗疟药结构完全不同的新抗疟药，打破了过去认为“抗疟药必须含氮杂环”的断言。为此青蒿素的发现不仅找到了一个能解决抗性疟疾的新药，而且为寻找新的抗疟药开辟了一条新的途径。经全国协作，验证病例达 2 000 多例，确证为“高效、速效、低毒”的抗疟新药，特别对抗氯喹恶性疟有特效。青蒿素发现群英谱中以屠呦呦的贡献最大，故她被赞誉为“青蒿素之母”。2015 年 10 月 5 日，瑞典卡罗琳医学院在斯德哥尔摩宣布，中国女科学家屠呦呦和一名日本科学家及一名爱尔兰科学家分享 2015 年诺贝尔生理学奖或医学奖，以表彰他们在疟疾治疗研究中取得的成就。屠呦呦由此成为迄今为止第一位获得诺贝尔科学奖项的本土中国科学家、第一位获得诺贝尔生理学奖或医学奖的华人科学家。由此实现了中国人在自然科学领域诺贝尔奖零的突破。

首都医科大学校长饶毅说：“青蒿素是通过认认真真、扎扎实实的工作才发现的，青蒿素的科学史在今天最大的启示是‘扎实做事’。这是屠呦呦得诺奖蕴含的最大的经验教训。”

中药药理学专家、中国工程院院士李连达表示：“应该中西医药各学科各领域团结合作，重实际行动，重实际效果，少做无畏的争论。”

资料来源：

①朱安远 . 青蒿素之母——诺贝尔奖得主屠呦呦 [J]. 世界科学，2022(8): 54-57；

②编辑部 . 中国第一位诺贝尔生理医学奖获得者屠呦呦及青蒿素 [J]. 上海医药，2015，36(9): 6。

5.1.4 土壤生物活性与土壤酶的作用

土壤酶是指在土壤中能催化土壤生物学反应的一类蛋白质，属于一种生物催化剂，土壤酶活性是反映土壤生物活性和生产力的一项重要指标。土壤酶来源于土壤微生物的活动、植物根系分泌物和动植物残体腐解过程中释放的酶，是数量极微而作用极大的土壤组成部分。土壤酶具有不同程度的专一性，每种酶所催化的反应均有相应的范围，因此在代谢过程中所执行的功能有所不同。为有效研究和应用各种酶，国际酶学委员会（International Enzyme Committee）于 1961 年提出按照酶的催化反应类型和功能，将其分为六大类，即氧化还原酶、水解酶、转移酶、裂合酶、连接酶和异构酶，土壤中广泛存在的是氧化还原酶类和水解酶类，土壤中酶活性的研究主要涉及前 4 类酶。酶是土壤组分中最活跃的有机成分之一，土壤中一切生物化学过程都是在酶的参与下完成的，如腐殖质的分解与合成；动植物残体和微生物残体的分解，及其合成有机化合物的水解与转化；某些无机化合物的氧化、还原反应。土壤酶活性不仅能反映土壤物质能量代谢的旺盛程度，还可作为评价土壤肥力与生态环境质量的一个重要指标。在几乎所有生态系统的监测和研究中，土壤酶活性已成为必不可少的测定指标。

土壤酶按存在状态分成胞内酶和胞外酶。胞内酶存在于土壤中微生物和动、植物的活细胞及其死亡细胞内的酶；胞外酶是以游离态存在于土壤溶液中或与土壤有机、矿质组分结合的脱离了活细胞和死亡细胞的酶。

5.1.4.1　土壤中主要的酶类及功能

（1）氧化还原酶类（oxidoreductases）

主要包括脱氢酶、多酚氧化酶、过氧化氢酶、硝酸还原酶、硫酸盐还原酶等。氧化还原酶是土壤中研究较多的一类酶，由于这些酶所催化的反应大多与获得或释放能量有关，因此在土壤的物质和能量转化中有很重要的地位。它参与土壤腐殖质组分的合成，也参与土壤形成过程，所以对土壤氧化还原酶系的研究，有助于对土壤发生及有关土壤肥力等问题的了解。

（2）水解酶类（hydrolases）

主要包括蔗糖酶、淀粉酶、脲酶、蛋白酶、脂肪酶、磷酸酶、纤维素分解酶、β-葡萄糖苷酶、荧光素二乙酸酯酶等。水解酶能水解多糖、蛋白质等大分子物质，从而形成简单的、易被植物吸收的小分子物质，对于土壤生态系统中的碳、氮循环具有重要作用。例如土壤脲酶活性与全氮呈极显著正相关，与硝态氮、速效磷及速效钾呈极显著负相关，因此可用土壤脲酶活性表征土壤的氮素状况。又如对增加土壤中易溶性营养物质起着重要作用的蔗糖酶，是表征土壤生物学活性强度的重要酶。一般情况下，土壤肥力越高，蔗糖酶活性越强，随着土壤熟化程度的提高，其活性也呈增强趋势，因此可作为评价土壤熟化程度和土壤肥力水平的一个指标。

（3）转移酶类（transferases）和裂合酶类（lyases）

主要包括转氨酶、果聚糖蔗糖酶、转糖苷酶、天门冬氨酸脱羧酶、谷氨酸脱羧酶等。这两类酶在土壤物质转化中同样起着重要作用，转移酶不仅参与蛋白质、核酸和脂肪的代谢，还参与激素和抗菌素的合成与转化。直到现在裂合酶在土壤中的活性研究还很少。

5.1.4.2　土壤酶对土壤环境质量的指示作用

目前以土壤酶作为土壤环境质量指标的研究主要集中在污染土壤、扰动土壤和农业土壤中。污染物如农业污染物、污水、污泥、城市垃圾、重金属等对土壤酶活性的影响各不相同，其作用表现为3种趋势，即促进、抑制或没有影响，同一种酶在同一类污染物的作用下，也可能表现出相反的趋势，这是由于污染物浓度、持续时间、土壤类型的差异造成的。在常涉及的20多种酶类中，对各种污染物都较敏感的酶类有脱氢酶、过氧化氢酶、磷酸酶、脲酶、β- 葡萄糖苷酶等（表5-6），可以考虑用这些酶类来指示污染后土壤环境质量的变化。

表5-6 不同污染物对土壤酶活性的作用

污染类型		土壤酶	影响
农业污染物	化肥	酸性磷酸酶、碱性磷酸酶、脲酶、过氧化氢酶、脱氢酶、芳基硫酸酯酶、荧光素水解酶、组氨酸酶	抑制
		β- 葡萄糖苷酶、酸性磷酸酶、碱性磷酸酶、脱氢酶、转化酶、β- 半乳葡萄糖苷酶、蛋白酶	促进
	杀虫剂	脱氢酶、磷酸酶、过氧化氢酶、脲酶	抑制
		荧光素水解酶、脱氢酶、芳基硫酸酯酶	促进
	除草剂	脱氢酶、转化酶、磷酸酶、过氧化氢酶、土壤酯酶、β- 葡萄糖苷酶	抑制
	杀菌剂	转化酶、脲酶、酸性磷酸酶、碱性磷酸酶、过氧化氢酶、脱氢酶	抑制
工业污染物	污水淤泥	β- 葡萄糖苷酶、β- 乙酰氨基葡萄糖苷酶、蛋白酶、磷酸酶、脱氢酶、土壤脲酶	抑制
		转化酶、脱氢酶、过氧化氢酶、多酚氧化酶	促进
	垃圾填埋场固体废物	脲酶、纤维素酶	抑制
	城市固体废物堆肥化	过氧化氢酶、脱氢酶、碱性磷酸酶、β- 葡萄糖苷酶、硝酸还原酶、过氧化物酶	促进
	重金属	L- 谷氨酰胺酶、β- 葡萄糖苷酶、纤维素酶、过氧化氢酶、多酚氧化酶、转化酶、蛋白酶、L- 天冬酰胺酶、脲酶、酸性磷酸酶、碱性磷酸酶、硫酸酯酶、芳基硫酸酯酶	抑制
		过氧化氢酶、磷酸酶、土壤脲酶、转化酶	促进

资料来源：边雪廉，岳中辉，焦浩，等．土壤酶对土壤环境质量指示作用的研究进展[J]. 土壤，2015，47（4）：634-640。

5.1.4.3 土壤酶活性的影响因素

（1）土壤微生物

土壤微生物是土壤生态系统的核心，直接或间接参与调节土壤养分循环、能量流动、有机质转换、肥力形成、污染物的降解及环境净化等。土壤细菌、真菌、总微生物数量与过氧化氢酶、脲酶、纤维素酶和中性磷酸酶活性呈显著或极显著相关，这在很大程度上反映了微生物数量对土壤酶活性的重要影响和贡献。

（2）土壤理化性质

土壤理化性质对土壤酶活性的影响是明显的，主要包括土壤水分、空气、热量、酸碱度、有机质等。一方面，其对土壤微生物的类型和活性影响显著，因此，必然对土壤酶的活性产生显著影响；另一方面，不同理化条件会直接影响土壤酶的存在状态与活性。

1）土壤水分。土壤水分过少和过多都不利于土壤微生物和动植物的生长和繁衍，减少了土壤酶的来源，土壤酶活性较低。

2）土壤空气状况。土壤空气状况对酶活性有较大影响，研究表明，由于湿地常年积水或季节性积水，导致湿地土壤通气不良，处于缺氧状态，在显著缺氧的条件下多酚氧化酶活性被抑制，致使多酚化合物累积。而酚类物质能够抑制其他不需要氧的水解酶的作用，如磷酸酶、硫酸酯酶和β-葡萄糖苷酶，进而抑制土壤有机质的降解速率。因此，有氧才有活性的酶如酚氧化酶几乎失活，甚至有些不需氧的酶如水解酶类的活性也受到抑制。

3）土壤温度。土壤温度可通过影响微生物间接影响酶活性，还可通过影响酶促反应的动力学过程而直接影响酶活性。每种酶都有其活性的最适温度，通常温度过低时，酶活性会降低，但在一定范围内酶活性会随着温度的升高而增加；但温度过高时，土壤酶可能会变性，并丧失本身的活性。

4）土壤pH。土壤酸碱性可以改变酶促反应基点和土壤所吸附的酶的稳定性，某些酶促反应对pH变化很敏感，甚至只能在较窄的pH范围内进行。例如：pH在5.0以下时，过氧化氢酶和脱氢酶的活性几乎完全丧失，而转化酶和脲酶受酸度的影响较小。

5）有机质。有机质是土壤微生物和酶的有机载体，也是土壤肥力的主要物质基础。土壤有机质含量对土壤酶的活性有着重要影响，其相关性因酶的种类而不同。研究表明，有机质、全氮、全磷、碱解氮、速效磷与脲酶、碱性磷酸酶活性呈显著或极显著相关，而与蔗糖酶、多酚氧化酶相关性不显著。土壤养分与土壤脲酶之间的相关性最好，与磷酸酶和过氧化氢酶存在显著相关，但与转化酶和纤维素酶活性之间没有良好的相关性。

（3）农业措施

1）土壤耕作方式。土壤耕作方式会影响土壤酶的分布和活性。在轮作方式下，土壤脲酶、蔗糖酶、酸性和碱性磷酸酶活性高于单作方式。长期定位试验显示，土壤酶在识别不同的土壤管理措施的效果时较敏感。

2）施肥。施肥可以改善土壤理化特性和微生物区系，从而对土壤酶活性产生影响。施用有机肥常可提高土壤酶的活性；施用矿质肥料对土壤酶活性影响因土壤、肥料和酶的种类不同而不同，施用不含磷的矿质肥料常可提高磷酸酶的活性，而长期施用磷肥可能降低磷酸酶活性，但在有机质含量低的土壤上施磷肥会提高磷酸酶活性。不同培肥方式对土壤酶活性有明显影响，脲酶反应最显著，过氧化氢酶反应较迟钝，表明脲酶是评价土壤质量的理想指标。作物能明显增强土壤水解酶活性，秸秆和化肥配合处理可提高土壤的总体酶活性。

3）农药。农药（除草剂、杀虫剂、杀菌剂）施入土壤，对土壤酶活性产生了很大影响。大量研究表明，农药对酶的作用机理是通过抑制或诱导作用，进而调节、修改或控制合成酶的基因，土壤中胞内酶和胞外酶的产物和总量会随着施用农药的浓度不同而改变。施用除草剂对土壤脲酶、转化酶、磷酸酶、脱氢酶和过氧化氢酶等产生不同影响。例如草甘膦和百草枯会增强转化酶的活性，西维因会抑制转化酶的活性，而这两种农药对土壤脲酶活性没有明显影响。

5.1.5 土壤生物多样性

所谓土壤生物多样性，即地下生物多样性，包括在土壤和凋落物层中生活的生物类群多样性，以及它们的遗传多样性、功能多样性和土壤 - 生物自组织系统的多样性。

最近还有学者提出，土壤中的活性酶也是土壤生物多样性的有机组成部分。土壤是自然界最复杂的生态系统之一，也是地球上最为多样化的栖息地之一，它包含了无数种不同的生物。有学者指出在局域尺度上，1 g 土壤可能含有高达 50 000 个细菌；在堪萨斯大草原，一小块草地上就发现了 159 种螨类；在哥斯达黎加（Costa Rica）的一个低地雨林，根据 18S rRNA 序列分析推测，仅在 4 个 40 m×40 m 样方中，可能就有 502 种线虫；同样根据 18S rRNA 序列分析，在极地苔原的几个采样点就发现 2 010 个 OTUs（Operational Taxonomic Units）存在。此外，在全球尺度上，土壤生物多样性也远远高于植物和大型动物。现已描述过的土壤真菌就有 72 000 种，据估计全球总数可能高达 150 万种；已知的土壤线虫有 25 000 种（可能仅占全球所有种类的 6%）；已记录的土壤跳虫有 8 000 种（约占全球所有种类的 15%）；而已知的螨类有 45 231 种（可能仅占全球所有种类的 4% 左右）；对于大型土壤动物，已描述的蚯蚓有 3 500 种（约占全球所有种类的 1/2）；土壤中的蚂蚁和白蚁，分别有 14 000 种和 2 700 种，也仅占全球种类总数的 50% 和 70%。经记载的马陆多达 11 000 种，但也仅占全球种类的 15%。这些统计数据足以表明，不论在局域还是全球尺度上，土壤中都存在着极其丰富的生物多样性，但是，目前还没有人能够回答土壤中到底存在多少种生物。

土壤生物在自然生态系统中扮演着消费者和分解者的角色，对环境起着天然的“过滤”和“净化”作用，对全球物质循环和能量流动起着不可替代的作用。土壤生物多样性所提供的服务，对人类健康和环境、社会经济发展具有强烈影响。陆地生态系统中，超过 40% 的生物体在其生命过程中直接与土壤相关。人类社会的福祉和生计高度依赖于生物多样性及其提供的生态系统服务，土壤生物多样性推动了食物的生产、土壤和水的净化，土壤生物多样性的丧失是世界上许多地区面临的主要全球威胁之一。

5.1.5.1 土壤生物多样性与农业生产

土壤中有着丰富多样的生物类群，它们在有机质积累与周转、养分固定与转化、土壤结构改良、污染物分解转化，以及土传病害传播与控制等土壤生态功能中发挥着重要作用。土壤中既有对植物有益的生物，也有会致使植物发病的有害生物。健康的土壤 - 植物系统中的生物处在一个相互制约的动态平衡状态，而土壤生物多样性是这一系统保持平衡稳定的基石。但是，由于不合理的集约化农业管理方式，尤其是选择单一化密集种植，在种植过程中大量施用化肥和农药等农用化学品，使得土壤生态系统遭到了剧烈扰动甚至破坏，导致土壤生物多样性降低、系统功能多样性和稳定性下降。另外，通过驯化选育方式培育的现代植物品种，失去了自己招募土壤有益微生物的能力，造成根际土壤微生物群落功能与植物的环境适应性脱钩，使其宿主植物抗病性和抗逆性等能力减弱。上述因素使土壤 - 植物系统生物群落动态平衡被打破，有害生物（如病原细菌或真菌）通过根际入侵植物，引发土传病害。

近年来，在减肥减药的政策推动下，增施有机肥和发展绿色生物农药等措施，对恢复土壤生物多样性有积极意义。接种功能微生物有助于提高土壤微生物群落的多样性，促进植物生长，提高植物抗逆性和抑制土传病害的能力。例如，在根际土壤引入专一靶向侵染病原菌的噬菌体，可大大降低病原菌数量，削弱其在根际的竞争能力，为其他微生物生长提供条件，恢复、提升根际微生物群落多样性，使一些竞争力强的有益微生物重新占据根际生态位，维持土壤－植物系统的健康。因而，恢复和提高土壤微生物多样性是实现土壤健康和农业绿色发展的根本措施之一。

5.1.5.2 土壤生物多样性与环境保护

当前，土壤污染等环境问题打破了原有土壤生物多样性相对平衡的格局，对物种的生存与繁衍构成了严重威胁。

一方面，土壤污染对土壤生物多样性产生影响，首先表现为污染物的直接毒害作用。土壤中重金属等无机污染物和有机污染物均会对生物产生较强毒性，尤其是“三致效应”（致癌、致畸、致突变）和生殖毒性足以使生物丧失生存和繁衍能力。其次是土壤污染引起周边环境变化，导致生物丧失生存环境。例如，多种类的工业污染场地往往“寸草不生”，导致土著微生物群落多样性改变甚至削减，蚯蚓、线虫等土壤动物消亡，造成土壤生物多样性丧失。最后是土壤中的污染物会通过生物富集作用，影响食物链高营养级生物的生存与繁殖。例如，汞污染最严峻的环境后果是排放至环境中的无机汞在微生物的作用下转化为甲基汞。甲基汞具有极强的神经毒性，容易在食物链和生物圈中富集放大，严重威胁人类的食品安全和生命健康。20世纪50年代，日本轰动世界的水俣病的“元凶”正是甲基汞。此外，土壤中持久性有机污染物因其化学性质稳定及高亲脂性，同样可经过食物链传递放大，对食物链后端生物具有显著毒性。

另一方面，土壤生物能通过自身生理代谢过程，直接或间接地降解或转化土壤中的污染物，有利于恢复土壤健康。例如，土壤中微生物可以通过羟基化、甲基化和羧基化等途径，降解难以自然降解的有机污染物。通过静电吸附、表面络合等作用吸附固定重金属等无机污染物。通过细胞内外的酶反应，与金属离子发生直接氧化还原反应，如汞抗性细菌能将二价汞还原为毒性较低的单质汞。同时，还可利用生物成矿过程，间接氧化固定重金属，降低其生物有效性。与此同时，超量积累植物可以大量吸收转运土壤中镍、锌、镉、铜和砷等重金属，高效“提取”土壤中的污染物，提升土壤自净力。

5.1.5.3 土壤生物多样性与气候变化

化石燃料燃烧、树木砍伐、土地的不合理利用等人类活动，对全球气候产生了深远影响。气候变化直接或间接影响了土壤生物群落的稳定，威胁着土壤生物多样性。

（1）影响土壤有机质输入

CO_2浓度与氮沉降总量升高，可视为对植物的“施肥作用”，促进植物生长并改变凋落物与根系分泌物质量和组成，使以植物残体为食的土壤生物主导物种发生改变。降水格局的改变使大范围干旱时有发生，导致地上植物减产，降低土壤中有机质的输入量，造成土壤生物多样性组成地理空间差异。同时，氮沉降增加了土壤中氮素含量。土壤中氮素一定程度的增加能促进土壤中氮循环，使土壤生物高效利用土壤中有机碳，提高土壤生物多样性；但氮素的大量增加则对土壤生物产生毒害作用，反而降低土壤生物多样性。

（2）影响土壤生物生境

作为土壤中最活跃的组分，土壤生物对环境的变化十分敏感。CO_2浓度与氮沉降的增加导致土壤pH下降，降雨格局导致的干旱使土壤生物群落中物种丰度下降，促使群落向更适应环境的方向演替。农业生产中，气候变化使作物生长周期发生变化，导致种植者更频繁地施肥、翻耕，降低了真菌的竞争能力，使细菌在土壤微生物群落中占主导地位。

（3）影响土壤生物食物网

土壤生物是食物链中不可或缺的重要一环，维持和提供能量、营养的生物循环。土壤生物是高质量农业现代化的重要支撑，是降低化肥依赖、降低农业生产成本的一个重要路径。但是在集约化农业生产中，大量化学品的投入和不合理管理导致土壤生物多样性下降，微生物区系失衡，土壤食物网趋于简单化，病虫害增加，作物严重减产。与此同时，为防止病虫害的发生，种植户不得不大量使用农药等化学品，这种恶性循环导致土壤代谢过程严重受损，生态系统的功能下降，作物品质下降和环境质量恶化，甚至危害人体健康。同时，土壤生物多样性对碳循环至关重要，农业生产系统减排是应对全球气候变化的一个重要领域。当前，气候变化对自然生态系统的威胁已初见端倪。在治理气候变化的道路上，我们暂时无法从根源上抑制气候变化的加剧。土壤生物与气候变化之间有着千丝万缕的关系，需要科学合理地利用土壤，协调土壤与大气间温室气体交换的盈亏，以缓解气候变化。

5.1.5.4 土壤生物多样性的保护

（1）改善土壤生境

在农田生态系统中，施用绿肥或覆盖作物种植、以有机肥和微生物肥料替代化肥等措施，不仅能够给土壤生物带来丰富多样的食物资源，还能改善土壤生物赖以生存的理化环境。实行轮作或间套作等多元化农业模式，能够使土壤生境和资源更加多样化，同时可以控制病虫害，缓解因农药大量施用对土壤生物产生的伤害。而在自然生态系统中，则可通过维持地上植物多样性，提高输入到土壤中的有机物数量与多样性，从而构建起有利于生物生存的微生境结构。

（2）减少干扰

对于农业管理来说，减少农药化肥用量及减少物理扰动的少耕、免耕措施，不仅直接使土壤生物免受威胁，而且能够协调土壤的水、气、热，为土壤生物创造更好更多的生存空间。对于自然生态系统来说，保护林地以及减少草地的过度放牧等，可以有效维持植物的生产力和多样性，从而有助于保护土壤生物多样性。此外，减缓全球气候变化的措施，也从整体上有利于土壤生物多样性的长期维持。

（3）系统保护

土壤生物群落不仅包括有益生物，还包括许多有害生物。因此，土壤生物多样性的保护是一项系统工程，既要考虑不漏掉一种有益生物，也要考虑不能盲目放任有害生物。无论是采取促进措施提高生物多样性，还是减少对现有生物多样性的损害，都需要从整体和全局来考虑，避免为了保护生物多样性而导致有害生物的发展。此外，以往的生物多样性保护措施往往忽视了生物之间相互作用的影响，在保护或促进某种生物时，要考虑该生物的长期变化会受到其他生物的影响。因此，在今后制定管理政策时，必须用系统的观点对待土壤生物多样性的保护，避免“头痛医头，脚痛医脚”。

5.1.6 土壤生物技术

5.1.6.1 BIOLOG 技术

BIOLOG 技术是由美国一家叫作 BIOLOG 的公司在 1989 年开始研发的，最初应用于纯种微生物的鉴定。1991 年，Garland 等首次将其应用于土壤微生物群落功能多样性研究，这一应用引起了微生物生态学研究者的广泛关注。BIOLOG 微平板主要包括 ECO 板（微生物群落分析）、GN 板（革兰氏阴性好氧菌的鉴定）、GP 板（革兰氏阳性好氧菌的鉴定）等，在微生物生态研究中 ECO 板的应用较为常见。如今，BIOLOG 技术已经能够用于鉴定细菌、霉菌等多种病原微生物。

BIOLOG 技术的原理：土壤微生物细胞利用 31 种碳源进行代谢，以代谢过程产生的酶与四唑类显色物质（如 TTC、TV）发生颜色反应的浊度差异为基础，运用独有的显性排列技术分析土壤微生物的代谢特征指纹图谱，反映不同环境条件引起的土壤微生物群落变化。BIOLOG 测试板含有 96 个小孔，除对照外，其余孔内分别含有不同的有机碳源和一种指示剂，通过接种菌悬液，根据微生物对碳源利用时指示剂颜色变化差异来鉴定微生物群落功能多样性。

BIOLOG 微平板分析法是以群落水平碳源利用类型为基础研究土壤微生物群落功能多样性。能够快速地检测出土壤微生物的多样性，而且重复性较好，获得的数据变化较大。BIOLOG 方法主要依赖于群体的生理活性，作为一种研究微生物群落功能多样性的方法仍然存在一些问题。例如 BIOLOG 方法较适用于检测和鉴定土壤中快速生长型或富营养微生物类群的活性，不适用于反映土壤中生长缓慢或不能培养的微生物信息。土壤微生物在 BIOLOG 板内生长时，由于湿度、渗透压和 pH 等的变化，引起微生物对碳底物实际利用能力的改变。因此，BIOLOG 反应的特征只能粗略地代表实际土壤微生物的多样性。

5.1.6.2 磷脂脂肪酸技术

磷脂是所有生物活细胞细胞膜的重要组分，在真核生物和细菌的膜中磷脂分别占约 50% 和 98%，目前已发现的磷脂物质有 1 000 多种；它不能作为细胞的贮存物质，在细胞死亡后能快速降解，可用于表征微生物群落中活体的生物量。依据极性由强到弱，磷脂可分为磷脂脂肪酸（phospholipid fatty acid，PLFA）、糖脂脂肪酸（glycolipid fatty acid，GLFA）和中性脂肪酸（neutral lipid fatty acid，NLFA）。随着土壤微生物研究的深入，PLFA 作为微生物活体指示物逐渐为人们所认识。PLFA 是几乎所有活体细胞膜的主要成分，不同的微生物具有不同的 PLFA 种类和数量，部分 PLFA 总是出现在同一类群的微生物中，而在其他类群的微生物中很少出现。PLFA 法是一种可定性和定量分析土壤微生物群落多样性的方法，根据不同微生物体 PLFA 组成和含量的种属特异性，对微生物生物量及其群落结构进行估算。微生物细胞中磷脂的含量在自然条件下恒定，总 PLFA 图谱中某些特征脂肪酸分别表征细菌、真菌和放线菌，它具有结构多样性和微生物特异性，因而 PLFA 可以作为微生物多样性指示性的生物标记，广泛应用于分析土壤中微生物量和微生物群落结构。

PLFA 图谱分析过程是首先利用有机溶剂将土壤微生物中的磷脂脂肪酸浸提出来，然后进行分析纯化，最后利用标记脂肪酸，通过气相色谱 - 质谱联用技术（GC-MS）进行磷脂脂肪酸甲酯的测定和鉴定，得到土壤微生物的磷脂脂肪酸组成图谱，进而得到一个群落中不同脂肪酸的含量和种类。

与 BIOLOG 法不适于分析整个微生物群落结构相比，PLFA 法则可以较完整地检测到样品中微生物群落变化且不用分离细胞。

5.1.6.3 土壤微生物生物量

土壤微生物数量巨大、种类繁多，难以准确测定其种群大小。土壤微生物的生物总质量（土壤微生物生物量）可以作为表征其种群大小的整体概念，从而避免由于测定土壤微生物个体和种类数量的技术难度所造成的其种群大小的不确定性。土壤微生物量是植物有效养分的储备库和源，虽然只占土壤有机质的 3% 左右，但它却是植物养料转化、有机碳代谢及污染物降解的驱动力，在土壤肥力和生态系统中具有重要的影响。土壤微生物生物量库的长期或是季节性变化都可作为土壤质量的可靠的指示，对了解土壤养分的动态变化具有重要的作用。土壤微生物量是一种可快速测定和重复性好的参数，也可以用于对土壤的粗略比较以及反映土壤管理的改变和污染的影响。土壤微生物量的定量分析是了解微生物对土壤有机质与养分循环和转化作用的重要方法。目前，土壤微生物生物量测定应用较为广泛的方法有氯仿熏蒸 - 提取法、底物诱导呼吸法等。

氯仿熏蒸 - 提取法通过测定土壤微生物生物量碳、氮、磷、硫等指标，指示土壤微生物量大小，并可进一步反映土壤微生物活性及各种养分周转过程。基于氯仿熏蒸 - 提取法，我国耕地和草地表层土壤微生物生物量碳范围分别为 500～1 400 kg/hm^2 和 750～3 500 kg/hm^2，微生物生物量氮范围分别为 80～230 kg/hm^2 和 125～500 kg/hm^2，微生物生物量磷范围分别为 33～93 kg/hm^2 和 50～300 kg/hm^2（表 5-7）。

表 5-7 我国表层土壤微生物生物量

指标	耕地 /（kg/hm^2）	草地 /（kg/hm^2）
微生物生物量碳	500～1 400	750～3 500
微生物生物量氮	80～230	125～500
微生物生物量磷	33～93	50～300

资料来源：吴金水，林启美，黄巧云 . 土壤微生物生物量测定方法及其运用 [M]. 北京：气象出版社，2006。

5.1.6.4 实时荧光定量聚合酶链式反应

实时荧光定量 PCR（real-time quantitative PCR，RT-qPCR 或 qPCR）最早源自 Higuchi 于 1992 年提出的一个设想：溴化乙锭（EB）是一种可以嵌入双链核酸 2 层碱基之间的荧光染料，在紫外光的激发下，通过测定 PCR 反应退火或延伸阶段所掺入 EB 的荧光强度，从而实现对整个 PCR 循环进程的实时监控。随后美国 PE（Perkin Elmer）公司在此设想的基础上，于 1995 年研发出了 TaqMan 荧光探针定量技术，使荧光定量 PCR 真正做到了“实时”（real timc），同时大幅提高了检测的特异性和灵敏度。实时荧光定量 PCR 技术是在反应体系中加入荧光报告基团和荧光淬灭基团，随着 PCR 反应的进行，扩增产物不断积累，导致荧光信号不断积累，从而利用荧光信号的变化实时监测整个 PCR 进程，然后通过标准曲线对未知模板进行定量分析的方法。

环境中存在许多致病微生物，与人类健康息息相关。近年来水资源和居家、办公环境的质量备受关注，检测报告中很重要的一项即微生物含量是否超标。实时荧光定量 PCR 技术因其具有重复性好、特异灵敏、定量准确、操作简便，以及对样品污染小和自动化程度高等优点，已广泛应用于生活环境中大肠杆菌、施氏假单胞菌，土壤中炭疽芽孢杆菌，水体中蓝细菌及一些寄生虫等的鉴定和定量检测中。另外，该技术现已在基础科学研究、转基因产品和食品安全检测、医学诊断、药物研发、海关检验检疫等科研和实践领域得到广泛应用。

5.1.6.5 高通量测序技术

自从 DNA 双螺旋结构被解析以来，人们一直致力于探究基因组的复杂性和差异性。测序技术面世至今的几十年发生了诸多革新和大规模增长，经历了从 Sanger 测序为代表的第一代测序、高通量测序 [（high-throughput sequencing，HTS）即下一代测序（next generation sequencing），又称为大规模平行测序（massively parallel sequencing，MPS）] 和第三代测序技术的发展。高通量测序技术最早是从焦磷酸测序的原理上发展起来的，目前较为成熟的应用平台主要有 Ion Torrent、Illumina 和 Complete Genomics（CG）的各种型号。高通量测序是 DNA 测序的革命性创新，可以同时对几十万甚至几百万条 DNA 片段进行高通量测序，具有速度快、准确率高和成本低等优点，实现了对物种基因组和转录组等的深入研究，是目前 DNA 和 RNA 序列分析最高效的工具。

高通量测序技术由 454 Life Sciences 公司于 2005 年首次推出，作为一种新兴的免培养分子生物学技术，随着该项技术的不断升级换代，测序通量、读长和准确度的不断提升以及成本的大幅下降，该技术在过去十几年间被迅速应用于土壤、水体和肠道等微生物区系的研究中，为认识微生物多样性、群落结构组成及其生态功能提供了有力手段。

微生物在众多的自然和人工生态系统中发挥着核心作用，但能够被培养分离的微生物在大部分生态系统中只占极少一部分，极大地限制了人们对微生物组成、功能及其潜在应用的认识，高通量测序技术使得直接研究自然状态下微生物种群结构成为现实。同时高通量测序技术有助于在矿山、废水、海洋、土壤、大气等差异性环境样本研究中获得更加完整的 DNA，这不仅有利于深入挖掘环境微生物的种类，还把对环境微生物的认识从物种水平上升到基因功能研究水平，极大地拓展了对环境微生物的认识。

5.1.6.6 组学研究方法

组学是基于高通量分析的集合生物学系统，根据分析目标的不同可分为基因组、转录组、蛋白组、代谢组和 RNA 组等，以整体角度去研究生物体内 DNA 转录、RNA 翻译、蛋白质修饰和代谢产物的功能等情况。目前多组学的发展也实现了各个数据的互补，解决了人类利用单一组学无法解决的问题，使人类对生物体的表达信息研究更透彻。

（1）宏基因组学

威斯康星大学植物病理学部门的Handelsman等于1998年提出了宏基因组学（metagenome）的概念，其最初含义是土壤微生物区系中全部遗传物质的总和，目前一般指特定生境中细菌和真菌的基因组总和。宏基因组测序技术诞生于2002年，它通过以环境样本中提取到的整个微生物基因组为研究对象，表征原生生境中整个微生物群落的组成、基因功能、代谢途径等，探究微生物群落与环境、宿主之间存在的相互关系。该方法从环境中直接提取微生物基因组DNA，将DNA片段克隆到载体，转化宿主细胞，构建宏基因组文库，通过序列驱动和功能驱动的方法对文库进行筛选；基于DNA的宏基因组学理论上覆盖了环境样品中的全部微生物，因此可以更加全面真实地反映微生物的群落组成。新一代测序技术能够绕过建库的过程而直接进行测序。宏基因组学的方法避免了传统微生物学中纯培养方法的限制，为研究未培养微生物，寻找新功能基因和开发获得新活性物质开辟了新途径。目前宏基因组学技术正日臻成熟，也形成了比较完善的研究流程（图5-4）。其中DNA测序和数据分析是宏基因组学研究的关键部分。

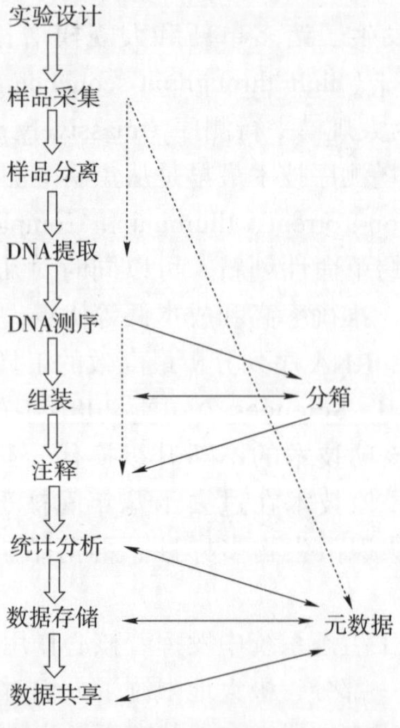

图5-4　典型的宏基因组研究流程（虚线表示可省略的步骤）

资料来源：Thomas T，Gilbert J，Meyer F. Metagenomics，a guide from sampling to data analysis[J].Microbial Informatics and Experimentation，2012，2（1）：3。

基于第二代测序和基因芯片技术的宏基因组学是研究土壤微生物的新方法，由于其对基因组的高覆盖率，人们能以更低的成本更全面地分析基因组的各项数据。土壤中蕴含着丰富的微生物资源，土壤宏基因组学为全面调查和挖掘土壤微生物多样性和开发利用其资源提供了有效的方法。

（2）宏转录组学

宏转录组学（metatranscriptome）的研究对象为目标环境样品中所有微生物转录后的信使 RNA（mRNA），同时涵盖了可培养和不可培养微生物的全部转录组信息，从环境微生物群体层面上探究其功能基因的表达情况，以及在不同环境条件下的转录调控规律，已逐渐成为一门研究环境变化与活性微生物相互关系的新兴交叉学科。

宏转录组被认为是研究微生物原位功能表征的重要技术。宏转录组以复杂环境中微生物群落的总 RNA 转录本为具体研究对象。而 RNA 的存在，在很大程度上表明特定的微生物处于生理活性状态，可能在复杂系统的物质和能量代谢过程中发挥着重要作用。与宏基因组相比，宏转录组具有明显的原位研究优势，因为 DNA 水平基因的存在和检出，并不意味着该基因转录表达并发挥作用，特别是在复杂土壤中同时存在数以亿计的微生物，这些微生物很难同时大量分裂、增殖并产生大量新生细胞而发挥重要功能，大多时候原位海量的微生物细胞可能在未增殖的情况下也在发挥作用。因此，以 RNA 分析为核心的宏转录组技术在研究原位微生物功能、发掘活性微生物资源方面具有天然的技术优势。然而，原核微生物 mRNA 稳定性差，降解速度快（以秒计）；且占总 RNA 比例仅为 5% 左右，因此，与宏基因组相比，宏转录组操作复杂，技术要求高。

（3）宏蛋白质组学

2004 年，Rodrıguez-Varela 根据宏基因组学的概念提出了宏蛋白质组（metap roteome，或称元蛋白质组学），指环境混合微生物群落中所有生物的蛋白质组总和。宏蛋白质组学是继宏基因组学之后在环境微生物学领域出现的又一新的研究方向，是后基因组学时代，蛋白质组学技术对个体微生物研究之外，对微生物群落等复杂群体的应用深化，通过这类研究能够把微生物群落组成与其功能联系起来。通过研究不同时间、空间内的基因表达情况，从而更好地了解微生物群落。针对宏蛋白质组学的研究方法主要有两种，一是凝胶法，二是液相色谱法。

众所周知，蛋白是生理功能的最终执行者。土壤蛋白质在碳、氮、磷的生物地球化学循环以及有机物的积累方面发挥着重要作用，与土壤质量和可持续发展息息相关。宏蛋白质组学是研究整个生态系统内所有微生物来源的蛋白质种类和丰度变化的技术手段。宏蛋白质组学是从一个新的水平上提供微生物演替和特定种群分布活动的信息，并且这些信息都能从表达的蛋白上得到解析。土壤微生物生物量巨大、种类繁多、不易分离培养，宏基因组学与蛋白质组学结合为解决这一难题提供了契机，特别是宏蛋白质组学可以深入地研究种群的多样性，可以直接观察蛋白质在环境样本中的变化，能够提供细胞的功能信息，可以细致地分析群落的结构与功能。宏蛋白质组学可以通过分析微生物酶的来源功能和活动来解决不同种类蛋白的混合表达问题，从而克服寻找酶信息与相关生态系统过程联系的困难。

随着土壤宏基因组学的日益成熟和发展，作为后基因组时代重要技术平台的土壤宏蛋白质组学越来越受到关注。土壤宏蛋白质组学的研究是解析土壤宏基因功能的重要手段之一，于碳、氮、磷的生物地球化学循环以及土壤有机质积累的研究具有重大价值，可将蛋白信息与相关的生态系统过程联系起来。

（4）宏代谢组学

微生物数量巨大、种类繁多，尽管高通量测序技术的突破大大增加了人们对微生物的认识，但随着研究的深入，人们意识到单从基因和转录水平并不能完全揭示微生物的奥秘，并逐渐意识到代谢产物在微生物功能研究中的重要性。代谢产物（metabolite）是生物信息传递的终端层次，能直观反映生物体、细胞对营养状态及所处环境的响应。应用代谢组学对大量代谢物进行全面分析严重依赖于分离技术的发展，宏代谢组学以组群指标分析为基础技术，以高通量检测和数据处理为手段，以气相色谱－质谱联用（GC-MS）、液相色谱－质谱联用（LC-MS）、核磁共振（nuclear magnetic resonance，NMR）和傅里叶转换红外光谱（fourier transform infrared spectroscopy，FTIR），以信息建模与系统整合为目标，是研究基因组功能的重要手段之一，是系统生物学不可或缺的部分。

（5）基因芯片技术

基因芯片（gene chip）也叫 DNA 芯片（DNA chip）、DNA 微阵列（DNA microarray）、寡核苷酸阵列（oligonucleotide array），是指采用原位合成（in situ synthesis）或显微打印手段，将数以万计的 DNA 探针有序而高密度地排列在玻璃、硅、尼龙膜等固相载体上，产生二维 DNA 探针阵列，然后与标记的样品进行杂交，通过检测杂交信号来实现对生物样品快速、并行和高效地检测及分析。由于常用硅芯片作为固相支持物，且在制备过程运用了计算机芯片的制备技术，所以称为基因芯片技术。该技术可以一次性对大量样品的 DNA/RNA 片段进行检测和分析，从而解决了常规核酸印迹杂交技术复杂、自动化程度低、检测目标分子数量少、成本高、效率低等问题。1995 年 Schena 在 *Nature* 上首次发表基因芯片研究的论文，1996 年底 Stephen Fodor 等研制了第一块 DNA 芯片，最新的第五代功能基因芯片 GeoChip5 新增加超过 1 000 个新基因家族，涵盖了细菌、古菌和真菌。目前 GeoChip 的探针覆盖了 1 517 个基因家族，包括科研人员所关注的碳、氮、金属稳态和有机物降解等，探针数量与特异性也大幅提高，并且内置阳性对照和阴性对照排除背景干扰与假阳性。

目前，基因芯片席卷了包括基础研究、医学以及农业在内的各个研究领域，尤其是被广泛应用于各种生态系统的土壤微生物功能基因多样性及其代谢潜力的研究中。

（6）稳定同位素核酸探针技术

稳定性同位素探针技术（stable isotope probing，SIP）是目前条件下研究土壤生物功能最重要的技术手段之一。事实上，同位素示踪技术几乎贯穿了整个现代生物学发展的过程，以同位素示踪技术为基础的经典实验则催生了一系列的基本理论如 DNA 半保留复制经典学说。土壤生物维系着土壤生态系统物质和能量的良性循环，形成了陆地生态系统可持续发展的基础。稳定性同位素示踪技术、高通星测序为基础的各种组学技术、单细胞技术及相关的生物信息技术在生物学的发展过程中发挥了重要作用，在土壤生物学中具有广阔的应用前景。

稳定性同位素探针技术是稳定性同位素示踪标记手段同分子生物学方法相结合发展而来的先进技术。它由一系列技术策略组成，主要包括稳定性同位素标记基质的选择、合适生物标志物的鉴定、环境样品的标记培养、被标记生物标志物的提取分离和纯化检测等。一般而言，重同位素与轻同位素组成的化合物具有相同的物理化学和生物学特性。因此，微生物既可利用轻同位素，也可利用稳定性重同位素生长繁殖。通过对标记的基质代谢过程，重同位素可以不同程度地接入细胞的生物量中，通过现有的下游分子生物学检测技术，选择合适的分子标志物并对同位素掺入情况进行分析，即可在不需要纯培养的条件下完成对代谢相关的微生物群体的研究。目前，根据生物的细胞物质组成，常见的 SIP 方法主要包括磷脂脂肪酸（plxespbolipid fatty acid，PLFA-SIP）、核酸 DNA/RNA-SIP 和蛋白质 -SIP。4 种 SIP 技术的主要性能比较如表 5-8 所示。

表 5-8　4 种 SIP 技术的主要性能比较

SIP 技术特征	4 种分子标记物比较
灵敏性	蛋白质＞PLFA＞RNA＞DNA
所需培养时间	DNA＞RNA＞PLFA＞蛋白质
分类学精度	DNA≈ RNA＞蛋白质＞PLFA
代谢活动指示效果	蛋白质＞RNA＞DNA
标志物分子分离提取容易程度	DNA ≈PLFA＞RNA＞蛋白质
标志物分子稳定性	DNA ≈PLFA＞蛋白质＞RNA
应用于组学研究	DNA＞RNA＞蛋白质

资料来源：Uhlik O，Leewis M C，Strejcek M，et al. Stable isotope probing in the metagenomics era：A bridge towards improved bioremediation[J]. Biotechnology Advances，2013，31（2）：154-165。

SIP 技术在土壤生物学中的应用越来越广泛。首先，SIP 技术在表征以微生物为主要研究对象的土壤生物群落在土壤关键元素转化及生物地球化学循环中的作用和贡献的研究中发挥着重要作用。以稳定性同位素失踪为基础的技术手段在土壤碳、氮、硫等重要元素的循环过程中已经取得了重要进展。其次，在土壤污染的修复中，以生物修复为核心的技术方法被广泛应用于实际污染控制中。通过 SIP 技术寻找、鉴定特定的有机物降解微生物，研究其生物化学特性，从而在污染物实际处理过程中更好地把握并控制污染物的降解速率，促进生物修复过程的高效管理。现有的利用 SIP 技术研究有机污染物降解微生物，主要集中在甲基化合物和烃类化合物，并利用 ^{13}C 作为主要的标记元素。例如，通过 SIP 的方法，对苯、甲苯、苯酚、五氯酚、苯甲酸盐、水杨酸盐、联苯、二氯联苯、2,4- 二氯苯氧乙酸钠、萘、菲、芘等常见的污染物微生物降解过程进行了深入的研究。最后，SIP 技术是研究土壤 - 植物 - 微生物 - 原生动物相互作用的重要手段。根际是土壤中植物与微生物相互作用最集中、最复杂的微域环境，其中除了基本的营养物质相互传递外，还包括植物通过释放信号分子而激发的微生物相互作用。由于这些相互作用的复杂性及技术条件的限制，以往对土壤中植物与微生物的这种相互关系的研究主要建立在传统纯培养方法上，而 SIP 技术能够克服纯培养技术的内在缺陷，更加准确地揭示土壤 - 植物 - 微生物之间的相互作用。

5.2　土壤碳的转化

碳是地球上储量最丰富的元素之一。它广泛地分布于大气、海洋、地壳沉积岩和生物体中，并随地球的运动循环不止。同时碳又是有机化合物的基本成分，是构成生命体的最基本元素，是人类在地球上赖以生存的最重要元素。亿万年来，在地球的生物圈和大气圈中，碳通过生命的新陈代谢，往复循环，生生不息。地球有大气碳库、海洋碳库、岩石圈碳库、陆地生态系统碳库（包括植被碳库和土壤碳库）四大碳库。其中土壤碳库达到 2.2×10^3～3×10^3 Pg，在陆地生态系统碳库中占比达到 90% 以上，为植被碳库的 2～3 倍、大气碳库的 2 倍。土壤碳库的构成影响其累积和分解，并直接影响全球陆地生态系统碳平衡，导致全球气候变化，进而对陆地生态系统的分布、组成、结构和功能产生深刻影响，对人类生存环境有重要的影响。本节主要讨论土壤碳转化、循环及其环境效应。

5.2.1 土壤碳的组分与形态

土壤中碳的组分及赋存形态与其复杂的动态过程密切相关。因此，对土壤碳库中不同碳形态的研究和分析是明确土壤碳库变化和调控机理的关键，是研究陆地生态系统碳循环及全球碳平衡的基础。

土壤中的碳包括有机碳与无机碳。土壤有机碳（soil organic carbon，SOC）是指土壤中各种正价态的含碳有机化合物，是土壤肥力形成、粮食生产和土壤健康的基础，而且对地球碳循环有巨大的影响，既是温室气体“源”，也是其重要的“汇”，从而在全球碳平衡中扮演着重要角色。土壤有机碳不仅组成成分和结构十分复杂，而且循环转化过程也复杂多样，还没有很清楚地了解，一直是土壤学的研究热点和核心问题。土壤无机碳（soil inorganic carbon，SIC）是指土壤中各种负价态的含碳无机化合物，近地表环境中主要碳库之一，土壤母岩风化过程中形成的土壤碳酸盐矿物态碳，包括土壤溶液中的碳酸根离子（CO_3^{2-}、HCO_3^-）、土壤中的钙镁碳酸盐沉积物以及土壤空气中的 CO_2，是干旱、半干旱地区土壤碳库的主要形式。但大多数土壤特别是表层土壤无机碳含量非常低，而且周转期比较长，主要是化学过程，与土壤肥力关系比较小，常被土壤学研究者忽略。但近年来有研究认为土壤无机碳在现代碳循环中具有碳汇的潜力，因此也逐渐引起学者们的重视和关注。

5.2.1.1 土壤有机碳

20 世纪 80 年代以前，土壤有机碳定义为土壤腐殖质物质，有机残体和土壤微生物还不被包含在土壤有机碳概念之内。现在普遍认为，土壤有机碳是指来源于死亡的生物残体以及牲畜粪肥、绿肥等有机物料经微生物作用形成的一类特殊的、复杂的、性质比较稳定的高分子有机化合物。因此，土壤有机碳的主要组成为土壤中土壤腐殖质、动植物残体以及土壤微生物体碳量。

（1）土壤腐殖质

主要包括非腐殖质类物质和腐殖质类物质两类。非腐殖质类物质占腐殖质总量的 5%～15%，是与已知有机化合物具有相同结构的单一物质，包括碳水化合物、碳氢化合物（如石蜡、脂肪族有机酸和酯类、醇类、醛类、树脂类）和含氮化合物。而腐殖质类物质是土壤中所特有的，占腐殖质总量的 85%～95%，一般可分为胡敏酸、富啡酸和胡敏素 3 个部分，是土壤肥力的基础物质，对土壤肥力的高低具有重要影响。

（2）动植物残体

以动植物残体形式进入土壤的有机碳成为土壤生物的粮食，促进土壤生物活动及生物多样性。

（3）土壤微生物体碳量

土壤微生物碳量（microbial biomass carbon，MBC）是指土壤中体积<5000 μm^{3}活的和死的微生物体内碳的总和。土壤MBC在土壤碳库中所占比例很小，一般只占土壤有机碳全量的1%～4%，但对于土壤有效养分而言，却是一个很大的给源和库存。

土壤中有机碳根据存在形式可分为固体形态有机碳、生物形态有机碳和可溶形态有机碳3种。

（1）固体形态有机碳

土壤有机碳的固体形态主要指的是颗粒有机碳、矿物结合态有机碳以及根据土壤比重进行分组的轻组有机碳和重组有机碳。

1）颗粒有机碳（particulate organic matter，POM）：是采用大小分组方法分出来的，指土壤中与砂粒（53～2 000 μm）结合的有机碳部分，并进一步可能结合在土壤大团聚体与微团聚体中，属于有机质中的慢库。这类有机质由相对粗大的非腐殖质化的不同分解阶段植物残体和微生物分解产物组成，具有比重小、C/N值高、易被微生物分解等特点。在农业用地土壤中，颗粒有机碳约占总有机碳的22%，广泛存在于农田、森林及草原土壤中。

2）矿物结合态有机碳（mineral-incorporated organic carbon，MOM-C）：矿物结合态有机碳多是腐殖化的有机质，同时受土壤黏粒和粉粒保护，因此相对稳定，并且与团聚体结合碳之间关系密切，从而影响土壤有机碳的动态变化。土壤矿物结合态有机碳是土壤有机碳固有的重要机制之一。

3）轻组有机碳（light-fraction organic matter，LF-OM）和重组有机碳（heavy-fraction organic matter，HF-OM）：轻组有机碳是指土粒密度小于1.6～2.0 g/cm^{3}组分中的有机碳，是介于新鲜有机质和腐殖质之间的中间碳库，包括植物残体及其腐解产物、菌丝体和孢子等，占土壤有机碳总量的15%～32%，高于腐殖质类物质，转化时间也很短，一般只有几周到几十年，是重组有机碳转化速率的2～11倍，因此被认为是土壤中的易分解碳库，主要分布于农田及森林土壤中。重组有机碳为主要存在于有机无机复合体中的有机碳，含量一般占总有机碳含量的70%～80%，主要成分是腐殖质，转化时间较长，属于分解速度极慢的有机碳库。

（2）生物形态有机碳

土壤微生物碳量是土壤碳素转化的重要环节，也是土壤有效碳库的重要组成部分，是土壤中易于利用的养分库及有机物分解和氮矿化的动力，与土壤中的C、N、P、S等养分循环密切相关，也是近年来关注的热点。

（3）可溶形态有机碳

可溶性有机碳（dissolved organic carbon，DOC）是指能溶解于水，并且能通过0.45 μm滤膜的含碳有机物，包括简单有机分子，如碳水化合物、简单氨基酸和小分子蛋白质等，是土壤微生物直接利用的土壤碳源，其对有毒金属和有机污染物传输、水和养分循环及土壤有机碳的有效性等都具有重要的影响。水溶性有机碳虽然只占土壤有机碳的很少部分，一般含量不超过200 mg/kg，但它却是土壤微生物可直接利用的有机碳源。

5.2.1.2　土壤无机碳

土壤中无机碳根据不同存在形态可分为 CO_2（吸附的 CO_2 和溶解的 CO_2）、碳酸（H_2CO_3）、重碳酸盐（HCO_3^-）、碳酸盐（CO_3^{2-}）及固态的碳酸钙（主要为方解石）。土壤中气态和液态无机碳数量相对于固态的碳酸盐来说较少，因此认为土壤无机碳的主要成分是碳酸盐。土壤无机碳是干旱、半干旱地区土壤碳库的主要形态，其储量仅次于土壤有机碳，占全球总量的 38%。但由于无机碳性质相对稳定，早期对其研究较少，近来有学者发现干旱荒漠区是一个巨大的无机碳汇，发挥着重要的固碳作用，由此引起了众多科研工作者对干旱、半干旱地区土壤无机碳的关注。

5.2.2　土壤碳的转化过程

土壤有机碳包括植物、动物及微生物遗体、排泄物、分泌物及其部分分解产物和土壤腐殖质。土壤有机碳的转化和固定是全球碳循环的重要组成部分和关键节点之一。

5.2.2.1　土壤有机碳的转化和碳循环

（1）有机碳的好氧分解

土壤有机碳的好氧分解基本过程是：在氧气供应充足条件下，土壤通气状况良好，好氧微生物将土壤中有机碳分解为 CO_2、H_2O 和无机盐（NH_4^+、HPO_4^{2-}、$H_2PO_4^-$、NO_3^-、SO_4^{2-} 等），但不同的有机化合物，其分解过程及产物存在很大差异（图 5-5）。

$$R—（C，4H，养分）+2O_2 \xrightarrow[氧化]{酶} CO_2+2H_2O+能量+养分$$

图 5-5　有机碳好氧分解过程

1）碳水化合物。碳水化合物虽然仅占土壤有机质的 10%～20%，却是土壤中最活跃的有机碳库，是微生物的主要能源和碳源，并参与土壤团聚体的形成，是土壤有机质和土壤性质研究中的重要指标和对象。^{13}C 标记试验表明，土壤中存在两类碳水化合物库。一类是易代谢库，平均存留时间为 2 周，如葡萄糖、麦芽糖等单糖或二糖；另一类为缓慢代谢库，主要包括多糖如纤维素，能在土壤中长时间稳定存留。结构简单的碳水化合物如葡萄糖等进入土壤后立即被分解，12%～73% 的外源葡萄糖在 2 周内遭到矿化，仅有 17%～21% 转化为微生物生物量碳。其他如纤维素或淀粉等复杂结构的碳水化合物在进入土壤后，会在微生物作用下降解为结构简单的单糖或双糖，随后被微生物或植物吸收利用。

2）含氮化合物。土壤中含氮化合物 95% 以上是有机态的，无机态的质量分数不到 5%，一般含氮化合物很容易被微生物所分解。生物体中主要的含氮物质为蛋白质。各种蛋白质经水解以后，一般可产生许多种不同的氨基酸。

3）脂肪、树脂、蜡质、单宁等。这类有机物的好氧分解与碳水化合物基本相同，不同之处是在嫌气条件下产生多酚化合物，这是形成腐殖质的基本材料。

4）木质素。木质素是芳香性聚合物，含碳量高，在土壤中真菌和放线菌作用下缓慢地转化，最终产物是 CO_2 和 H_2O，但往往只有 50% 可形成最终产物，其余仅为降解产物，作为形成腐殖质的原始材料。并且，CO_2 的释放速率通常是衡量土壤有机质分解率和微生物活性的重要指标。

5）土壤腐殖质。土壤腐殖质的分解和转化主要有 3 个阶段。第一阶段是腐殖质经过物理化学作用和生物降解，使其芳香结构核心与其复合的简单有机物分离，或是整个复合体解体。到第二阶段，释放的简单有机物质被分解（矿化）和转化，酚类聚合物被氧化。第三阶段脂肪酸（fatty acid）被分解，被释放的芳香族化合物（如酚类）参与新腐殖质的形成。腐殖质在土壤中很稳定，抗微生物分解能力很强，主要与其本身的化学结构及其与金属离子和黏土矿物之间的相互作用、团聚体内部的夹杂有关。

（2）有机碳的厌氧分解

在通气不良，缺氧条件下，好氧微生物活动受到抑制，以厌氧微生物为主导有机碳矿化过程，就是土壤有机碳的厌氧分解过程。该过程一般包括 4 个阶段，依次为水解阶段、发酵（酸化）阶段、产乙酸阶段和产甲烷阶段（图 5-6）。需要指出的是，一些书中把厌氧分解过程分为 3 个阶段，将第一、第二阶段合成为一个阶段，称为水解酸化阶段。在此，笔者认为分为 4 个阶段能更清楚地反映厌氧分解过程。

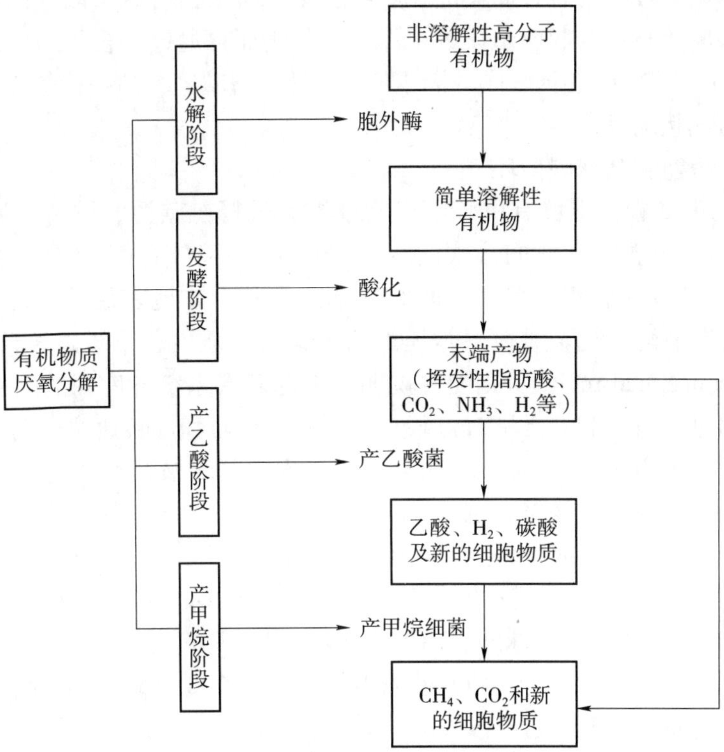

图 5-6　有机物质的厌氧发酵过程

1）水解阶段。在微生物分泌的胞外酶作用下，复杂的非溶解性的高分子有机物被转化为简单的溶解性小分子的过程。例如，纤维素被纤维素酶水解为纤维二糖与葡萄糖，淀粉被淀粉酶分解为麦芽糖和葡萄糖，蛋白质被蛋白质酶水解为短肽与氨基酸等。这些小分子的水解产物能够溶解于水并透过细胞膜为细菌所利用。

2）发酵（酸化）阶段。发酵可定义为有机物化合物既作为电子受体也是电子供体的生物降解过程，在此过程中溶解性有机物被转化为以挥发性脂肪酸为主的末端产物，因此这一过程也称为酸化。这一阶段的主要产物有挥发性脂肪酸、醇类、乳酸、CO_2、H_2、NH_3、H_2S 等，产物的组成取决于厌氧降解的条件、底物种类和参与酸化的微生物种群。

3）产乙酸阶段。在产氢产乙酸菌、耗氢产乙酸菌的作用下，上一阶段的产物被进一步转化为乙酸、H_2、碳酸以及新的细胞物质。

4）产甲烷阶段。这一阶段，乙酸、H_2、碳酸、甲酸和甲醇被产甲烷细菌转化为 CH_4、CO_2 和新的细胞物质。一般认为，在厌氧生物处理过程中约有 70% 的 CH_4 产自乙酸的分解，其余的则产自 H_2 和 CO_2。

（3）有机碳的腐殖化过程

腐殖化是指有机质被分解后再合成新的较稳定的复杂的有机化合物（腐殖物质或腐殖质，humus），并使有机质和养分保蓄起来的过程，也就是有机碳从一种有机碳形式转化为另一种有机碳形式，也叫有机碳的周转。一般腐殖化的过程，基本上分为两个阶段：第一阶段产生构成腐殖质主要成分的原始材料，即由各种形态和状态的有机物质组成的混合物，在微生物作用下分解为各种简单的化合物；第二阶段为合成阶段，即由微生物为主导的生化过程。将原始材料合成腐殖质的单体分子，进而再通过聚合作用形成不同分子量的复杂环状化合物。影响腐殖质形成的因素有微生物、有机质 C/N 比值以及土壤温度、湿度、酸碱度和通气状况等。

（4）有机碳平衡和全球碳循环

从生态系统角度看，土壤有机碳不仅为植被生长提供碳源、维持土壤良好的物理结构，同时也以 CO_2 等温室气体的形式向大气释放碳，存在着大气 CO_2- 植物光合作用固定碳 - 土壤有机碳的不平衡关系；从地球化学角度看，陆地表层普遍存在着 CO_2- 有机碳 -$CaCO_3$ 三相不平衡系统。潘根兴等提出的土壤与陆地生态系统碳转移概念模型（soil carbon transfer conceptual model）则充分说明了地球表层系统各库间的碳交换与循环实际上由土壤碳转移过程所控制。土壤有机碳具有不同的更新和周转速率，其碳转移方向与强度决定着大气 CO_2 的浓度，因而在全球碳循环过程中起着极其重要的作用。同时，以气候变暖为标志的全球变化也必将影响到土壤中有机碳的滞留与周转，而这些变化又将对气候变暖产生反馈作用，加速或减缓全球气温上升的速率。

2021 年 8 月 9 日，在日内瓦发布的政府间气候变化专门委员会（IPCC）最新评估报告指出，自 1970 年到现在，全球地表温度在 50 年内上升的速率比过去至少 2 000 年间的任意 50 年都快。2019 年，大气中 CO_2 的浓度处于至少 200 万年来的最高点，CH_4 和 N_2O 两种关键温室气体的浓度也处于至少 80 万年来的最高点。专家还指出，严厉并持续地降低 CO_2 及其他温室气体的排放，快速使空气质量变好，能在 20～30 年之内保持全球气温稳定。

1）土壤有机碳与 CO_2 排放。据计算，温室气体中 CO_2、CH_4 和 N_2O 是大气温室效应的主要贡献者，贡献率分别为 56%、15% 和 9%。其中，CO_2 是影响全球气候变化的主要气体。土壤有机碳通过分解作用产生的 CO_2 排放是土壤碳与大气 CO_2 交换的主要形式。土壤既可以通过土壤呼吸充当大气 CO_2 的“源”，也可以通过有机碳的净积累成为 CO_2 的

“汇”，“源”或“汇”状态取决于碳输入与输出之间的比例。土壤与大气之间每年的碳交换量达到60～80 Pg，是每年石油和煤等燃料燃烧释放的7～10倍。另根据100个野外站点的观察，科学家们估计，2003—2017年，全球变暖导致的北部多年冻土层融化释放的碳，比植被吸收的量平均每年多出6×10^{11} kg。土壤碳库的变化，对陆地生态系统的碳储存和碳释放起着至关重要的作用。

2）土壤有机碳与CH_4释放。CH_4是造成全球气候变暖的第二大温室气体，对全球升温的贡献仅次于CO_2。全球每年CH_4排放量超过3亿t，其中15%～30%来源于土壤，尤其是湿地（沼泽、水稻土等）对全球CH_4排放量的贡献高达20%。CH_4净排放量就是甲烷产生菌和甲烷氧化菌共同作用的结果。研究发现，80%以上的CH_4是通过微生物活动产生的。土壤有机碳含量决定微生物碳库的大小，有机质作为产甲烷菌的主要底物，其数量和性质都影响着微生物活性，从而影响CH_4的排放。CH_4排放通量与土壤有机质含量呈显著正相关，土壤碳含量越高，CH_4排放量越大；而且CH_4的产生速率与水溶性碳的浓度成正比。

2020年7月15日，全球碳项目（global carbon project，GCP）公布了全面涵盖甲烷的所有源和汇的最新版全球甲烷收支报告《2000—2017年全球甲烷收支》（The Global Methane Budget 2000—2017）。报告中指出，2000年以来，全球甲烷排放增加了9%，相当于每年增加5 000万t。农业排放的甲烷约占人类排放的2/3，与2000—2006年的平均水平相比，2017年增加了近11%。2021年11月，CH_4成为COP26（《联合国气候变化框架公约》第26次缔约方大会）的重要关键词之一。会议期间，约105个国家加入“全球甲烷承诺”，到2030年甲烷排放水平比2020年低30%，以减缓气候变化。早在2021年4月22日，在领导人气候峰会我国就提出，将加强对非二氧化碳排放的管控。我国“十四五”规划纲要提出，要加大CH_4等其他温室气体的管控力度。

5.2.2.2 土壤无机碳的转化

土壤有机碳的转化主要靠微生物分解与利用有机质的过程，由生物作用主导；而无机碳的转化是在气候和人为作用下发生CO_2的释放和碳酸盐沉淀，主要由非生物因素控制。大量研究表明土壤中普遍存在CO_2（g）-CO_2（aq）-HCO_3^-（aq）-$CaCO_3$（s）的无机碳平衡系统。

（1）土壤CO_2的迁移

土壤中呼吸作用产生的CO_2以及土壤表层混入的大气CO_2在土壤水中溶解，形成富含碳酸盐的溶液，再与Ca^{2+}、Mg^{2+}等其他盐基阳离子沉淀形成次生碳酸盐，最终将CO_2通过土壤化学反应固存在土壤中。

（2）土壤碳酸盐的形成与迁移

根据不同的来源土壤无机碳可分为两种，分别是原生碳酸盐和次生碳酸盐。原生碳酸盐来源于成土母质或母岩，是未经风化成土作用而自然保存下来的碳酸盐；次生碳酸盐是通过土壤的风化成土作用，原生碳酸盐与土壤中的CO_2和水溶解形成的碳酸盐通过一系列化学反应经过溶解再沉淀而形成的，与土壤碳酸盐的溶解、沉积以及土壤有机碳分解CO_2的再转化密切相关。土壤碳酸盐形成可以用以下5种成因机理模型和土壤碳酸盐积累的形态学发育阶段模型来描述。

1）下降成因模型。由向下移动的大气水形成的碳酸盐，在土壤剖面上部，水通量大、

土壤呼吸产生的 CO_2 高以及 pH 低，土壤碳酸盐溶解增强。当土壤水分下渗时，溶解的重碳酸钙随着水分由温度较高的上层土壤迁移到温度较低的下层土壤，在最大生物活性区下面，由于 CO_2 更低、pH 更高，因此来自溶液的离子再结合形成土壤发生性碳酸盐。若水分过多，非毛细管水可以通过深厚的土层渗流到地下水，其中的重碳酸盐就随着地下水流失，这是土壤无机碳截存的一个重要机制。

2）上升成因模型。是自下而上地运动所形成的碳酸盐。当土壤表层变干时，毛细管水转变为上升方向，从温度低的下层土壤向温度高的上层土壤移动，温度升高使土壤水中释放出原来溶解的 CO_2，同时蒸散和湿溶锋末端变干使 Ca^{2+} 和 CO_3^{2-} 的浓度可能超过了 $CaCO_3$ 的溶度积，重碳酸盐变为碳酸盐，并沉积在毛细管水由下降改变为上升的位置。除了毛细管运动外，化学研究表明植物也可以从心土层、岩石和地下水向上运输 Ca^{2+} 到陆地表面，从而促进碳酸盐形成。

3）原地成因模型。发生性碳酸盐是由海相碳酸盐组成的基岩原地溶解和再淀积所形成。

4）生物成因模型。土壤生物（如植物、微生物和白蚁等）也形成碳酸盐。特定的土壤细菌沉积碳酸盐的能力证实了微生物形成碳酸盐，但其重要性和作用程度还不清楚。土壤动物中，蚯蚓可通过其钙腺形成 0.25～2 mm 大小的碳酸钙结核。

5）冻结模型。土壤中存在着 CO_2—HCO_3—$CaCO_3$ 平衡体系，当土壤中 CO_2 分压降低，土壤变干，pH 升高，富钙矿物风化释放 Ca^{2+} 或外部来源提供给土壤溶液 Ca^{2+} 形成 $CaCO_3$ 的过程将固存碳。

土壤碳酸盐的形态学特征一般反映了气候和时间的联合作用，如果母质的来源和特性一致，并有 $CaCO_3$ 不断地补充到土壤溶液中，那么发育成熟的土壤具有逐渐增多的碳酸盐。

（3）土壤无机碳与有机碳的关系

土壤无机碳与土壤有机碳密切相关，体现在有机碳分解释放的 CO_2 与水作用后形成碳酸，碳酸与钙、镁离子结合为土壤碳酸盐。不过，在干旱条件下，随着土壤水分状态及 CO_2 分压的变动，碳酸钙的溶解与淀积在时间及剖面空间上都会可逆发生。一般认为土壤有机碳含量与无机碳存在着负相关关系。例如有研究发现，干旱地区石灰性母质发育的均腐土、淋溶土、干旱土和雏形土的 SOC 和 SIC 之间呈现负相关关系；内蒙古均腐土中约有 3 g/kg 的碳酸钙来源于有机碳；新疆干旱土层淀积的方解石来源于表层有机质分解；沙漠的灌木丛林地的次生碳酸盐 40% 来源于有机碳。而气候变化可以导致植被带的重新分布进而影响土壤有机碳含量的变化，有机碳的固持和释放又会影响次生碳酸盐的形成，这无疑会对无机碳库的稳定性产生重要影响。

5.2.2.3 土壤无机碳转化的环境效应

（1）土壤无机碳的源汇效应

土壤碳库是陆地生态系统最大的碳库，在调节全球气候变化以及生态系统碳循环方面起到重要的作用。随着大气 CO_2 浓度以及全球温度的不断升高，农业土壤碳库变化及其“源 / 汇”效应研究不断加强。无机碳约占全球总碳库的 38%，是陆地生态系统中除有机碳库外的第二大碳库。但与土壤有机碳库相比，土壤无机碳库在自然界中的存在形式相对稳定，其更新周期在 8 500 多年以上。长期以来一直被认为是“死库”，对现代碳循环的影响和贡献几乎可以忽略不计。但最新的研究表明，干旱、半干旱地区土壤表现出无机碳储量较有机碳丰富，是一个巨大的无机碳汇。另外，无机碳的积累速率比有机碳高，且生成的碳酸盐具有很好的稳定性，说明无机碳在测量全球碳库上的重要性。国际地质对比计划（International Geological Corrclation Programme，IGCP）研究发现，全球每年因碳酸盐的溶蚀而截存大气碳的量为 0.6 Pg，而这一数值与全球碳失汇的 1/3 相同，即碳酸盐的微小差异可能会对碳收支平衡造成较大影响。

土壤有机碳矿化作用产生大气 CO_2，湿润气候条件下以 SOC 和 HCO^- 形式注入海洋，干旱条件下形成无机碳酸盐。

（2）碳酸盐影响土壤碱性

土壤无机碳的主要成分是碳酸盐，土壤碱性的形成受各种因素的控制，其中主要受成土母质的影响。例如玄武岩含钙、镁、钾、钠等盐基离子较多，石灰岩含碳酸钙较多，由这些含盐基丰富的母岩发育的土壤多呈碱性。并且受降雨量的影响，在干旱、半干旱带，大气降雨量远远低于蒸发量，使岩石、矿物风化释放出的钾、钠、钙和镁等盐类不能完全迁移出土体，而积聚于土壤及地下水中，其水解产生氢氧根离子，使土壤向碱性转化。

（3）碳酸盐影响土壤 pH 缓冲性

土壤中存在不同的缓冲体系以稳定土壤 pH，主要包括碳酸盐缓冲体系、阳离子交换缓冲体系及铁铝氧化物缓冲系统等，这些缓冲体系分别将土壤 pH 稳定在 7～8、5～6、3～4，碳酸盐缓冲体系主要取决于 $CaCO_3$-H_2O-CO_2（分压）间的平衡关系，该体系以消耗自身为代价中和质子，且会释放 CO_2。若土壤碳酸盐消耗殆尽，土壤 pH 会快速降低。黄淮海平原 1989 年开始的长期定位试验表明，土壤 pH 缓冲能力与 $CaCO_3$ 含量呈显著正相关。当土壤 $CaCO_3$ 含量超过 25 g/kg 时，土壤 pH 不会随土壤 $CaCO_3$ 含量降低而降低；而当土壤 $CaCO_3$ 含量低于 25 g/kg 时，土壤 pH 会急剧下降。另外，对我国主要农田土壤 pH 变化预测表明，石灰性土壤 $CaCO_3$ 缓冲体系可在超过 150 年间将土壤 pH 保持在较高水平；而非石灰性土壤在未来几十年期间土壤 pH 会明显下降，至 2050 年大约 13% 的农田可能发生植物铝毒害问题。

（4）碳酸盐影响土壤养分的有效性

碳酸盐维持着土壤微碱性条件，对于土壤结构的团聚作用、元素的固定等都有一定作用。施用碳酸钙可降低土壤磷、肥料磷及土壤溶液中溶解有机碳的淋溶；碳酸盐还可以提高土壤中的有效锌含量。另外，土壤中游离碳酸钙密切影响着土壤的物理、化学、生物学性质以及土壤的环境学效应。例如土壤中的碳酸钙可以中和土壤酸度，进而影响土壤酸碱度，提高土壤有机质及养分的有效性。石灰土还可以通过促进土下碳酸盐岩的侵蚀，加速消耗大气中的 CO_2；延长土壤有机碳的周转周期，增加有机碳在土壤中的累积，减少土壤 CO_2 向大气的排放量。与土壤中其他组成成分相比，土壤中无机碳酸盐对土壤理化性质、土壤养分有效性有明显的促进作用。

（5）碳酸盐影响土壤重金属元素毒性

碳酸盐岩及其风化产物进入周围环境后对重金属的迁移转换和植物吸收会产生不同程度的影响。在碳酸钙和碳酸镁含量较高的土壤中，重金属会形成重金属的碱化物或碳酸根沉淀，使得土壤中生物有效态的重金属含量降低而抑制植物对重金属的吸收。在碳酸盐含量低的土壤中会引起 pH 下降，进而影响土壤化学、生物性质及重金属的活性与迁移。例如农田土壤 pH 降低使土壤重金属活性增强，增加了作物重金属污染风险。在长江三角洲的研究表明，碳酸盐含量低的区域农田小麦籽粒中镍、镉浓度较碳酸盐高的土壤中高2～3倍；当土壤碳酸盐含量高于10 g/kg时，冬小麦对镍、镉吸收、积累与土壤碳酸盐含量无关。此外，碳酸盐岩中重金属含量高及其在风化成土过程中二次富集，使得其形成的土壤具有显著的重金属富集特征。

5.2.3 土壤碳循环及碳存储与交易

5.2.3.1 土壤碳循环在全球碳循环中的地位和意义

地球系统碳循环与全球变化研究的一个重要任务就是阐明陆地生态系统的碳汇演变及其对日益升高的大气 CO_2 的收集、固定能力以及未来演变趋势。而土壤是陆地生态系统的核心，是连接大气圈、水圈、生物圈以及岩石圈的纽带，土壤碳库的轻微变化都有可能导致大气 CO_2 浓度的显著变化，并最终引起气候变化。在全球碳循环中具有重要的地位和意义。

（1）土壤碳储量大

土壤是陆地表层系统参与全球碳循环和影响全球气候变化的主要碳储库，研究者估算陆地土壤碳储量为1 200～2 500 Pg，是大气碳库的2倍，陆地生物量的2～3倍。

（2）土壤碳库活跃度大

有学者认为土壤有机碳库变化0.1%将导致大气圈 CO_2 浓度1 mg/L的变化，全球有机碳10%转化为 CO_2，其数量将超过30年来人类 CO_2 总量排放。

（3）土壤固碳潜力大

土壤存在巨大碳容量和天然固碳作用，是减缓碳释放可选择的最为经济有效途径之一。可以说，土壤碳库是地球系统处于活跃状态的最大碳汇，也是温室气体的主要碳源。2020年9月，中国向世界宣布了2030年前实现碳达峰、2060年前实现碳中和的目标。在绿色低碳可持续发展的时代潮流之下，实现“碳中和”目标，推进“土壤碳循环”意义重大而深远。

展现大国担当

——推动构建人类命运共同体，实现可持续发展

中国实现“碳达峰”“碳中和”，我们将说到做到！

全球气候变化是21世纪人类面临的重大挑战。联合国政府间气候变化专门委员会（IPCC）发布的最新报告显示，2010—2019年全球温室气体年平均排放量处于人类历史上的最高水平，但增长速度已经放缓。报告强调，如不立即进行深度减排，将全球变暖限制在1.5℃就将毫无可能。我国是全球最大的碳排放国，应对气候变化事关国内国际两个大局，事关发展全局和长远，是推动经济高质量发展和生态文明建设的重要抓手，是参与全球治理和坚持多边主义的重要领域。

2020年以来，习近平主席在多个重大国际场合就应对气候变化提出有力度的目标和愿景，发表一系列倡议和看法，为我国绿色低碳转型指明了前进方向，也为全球气候治理向前迈进注入了新动能。

2020年9月22日，在第七十五届联合国大会一般性辩论上，习近平主席明确提出：应对气候变化《巴黎协定》代表了全球绿色低碳转型的大方向，是保护地球家园需要采取的最低限度行动。中国将提高国家自主贡献力度，采取更加有力的政策和措施，二氧化碳排放力争于2030年前达到峰值，努力争取2060年前实现碳中和，向世界作出了实现“双碳”目标的郑重宣示。

2020年11月17日，习近平主席在金砖国家领导人第十二次会晤上指出：“全球变暖不会因疫情停下脚步，应对气候变化一刻也不能松懈……中国愿承担与自身发展水平相称的国际责任，继续为应对气候变化付出艰苦努力。我不久前在联合国宣布，中国将提高国家自主贡献力度，采取更有力的政策和举措，二氧化碳排放力争于2030年前达到峰值，努力争取2060年前实现碳中和。我们将说到做到！”

“碳达峰”是指我国承诺2030年前，二氧化碳的排放不再增长，达到峰值之后逐步降低。“碳中和”是指企业、团体或个人测算在一定时间内直接或间接产生的温室气体排放总量，然后通过植物造树造林、节能减排等形式，抵消自身产生的二氧化碳排放量，实现二氧化碳“零排放”。实现碳达峰、碳中和，是以习近平同志为核心的党中央经过深思熟虑作出的重大战略决策，事关中华民族永续发展和构建人类命运共同体。

这两年，习近平总书记在不同场合频频谈及“双碳”工作的认识论和方法论，对这一关系中国长远发展的重大问题作出科学指引。

2021年3月15日，中央财经委员会第九次会议上，总书记明确提出“要把碳达峰、碳中和纳入生态文明建设整体布局”，一句“拿出抓铁有痕的劲头”如期实现“双碳”目标，彰显了我国坚持绿色低碳发展的战略定力。此后不久，随着《中共中央国务院关于完整准确全面贯彻新发展理念做好碳达峰碳中和工作的意见》和《2030年前碳达峰行动方案》的相继发布，我国“双碳”工作有了时间表、路线图和施工图。

2022年1月24日，中央政治局2022年首次集体学习，再次聚焦“双碳”主题。会上，习近平总书记明确表示：“减排不是减生产力，也不是不排放，而是要走生态优先、绿色低碳发展道路，在经济发展中促进绿色转型、在绿色转型中实现更大发展。”

我国提出的“碳达峰”和“碳中和”目标，对保护全球气候和环境有重大和积极的意义。但是实现这个目标需要多方和长时间的努力。2021年是“十四五”开局之年，也是全面建设社会主义现代化国家新征程开启之年。新阶段赋予新使命，新征程呼唤新作为。为顺利实现我国碳达峰目标与碳中和愿景，各方都应蓄势扬帆，奋力开创绿色低碳新未来！

资料来源：

① IPCC《气候变化2022：减缓气候变化》，2022年4月4日；

②申森. 实现碳达峰碳中和是一场广泛而深刻的经济社会变革——学习习近平关于实现“双碳”目标重要论述[J]. 党的文献，2022(5): 36-43。

5.2.3.2 碳储量

根据联合国粮食及农业组织2017年12月5日“世界土壤日”发布的全球土壤碳储

量图，地表以下 30 cm 范围内的土壤里含有约 6 800 亿 t 碳，几乎是大气中的两倍。在 6 800 亿 t 碳中，超过 60% 的储存在俄罗斯、加拿大、美国、中国、巴西、印度尼西亚、澳大利亚、阿根廷、哈萨克斯坦和刚果（金）（表 5-9）。

表 5-9 主要国家地表以下 30 cm 土壤碳储量

国家	碳储量 /Pg	占比 /%
俄罗斯	133	19.6
加拿大	86	12.7
美国	56	8.3
中国	46	6.9
巴西	36	5.4
印度尼西亚	23	3.4
澳大利亚	23	3.4
阿根廷	13	1.9
哈萨克斯坦	12	1.8
刚果（金）	10	1.4

资料来源：联合国粮食及农业组织（FAO）于 2017 年 12 月 5 日发布的“Global Soil Organic Carbon Map（GSOC map）”（https://www.fao.org/3/i8195e/i8195e.pdf）。

全球地表以下至 1 m 深的土层储存碳约 25 000 亿 t（15 500 亿 t 有机碳和 9 500 亿 t 的无机碳）。其中有机碳库为大气碳库（7 500 亿 t）的 2 倍，接近陆地植被生物量碳的 1.8 倍。陆地生态系统中全球森林、草原和农田生态系统碳储量分别占整个陆地生态系统碳储量的 46%～56%、29%～31% 和 5%～8%。这些生态系统中土壤有机碳储量所占比例较大，其有机碳库变化和调控是陆地生态系统碳循环与气候变化反馈的核心机制。例如，森林生态系统作为陆地生态系统中最大的碳储库和碳吸收汇。森林土壤按 1 m 深估算，其有机碳储量达 7 900 亿～9 300 亿 t，是全球土壤有机碳储库的主要贡献者。全球森林土壤层持有的有机碳库分布表现为北方针叶林 4 710 亿 t，热带亚热带森林 4 800 亿 t，温带森林 1 000 亿 t。全球草原面积约 44.5 亿 m^2，碳储量达 7 610 亿 t，占陆地生态系统碳储量的 34%，仅次于森林碳汇。全球农田耕地面积约为 13.7 亿 hm^2，其有机碳储量约为 1 700 亿 t，超过全球陆地有机碳储量的 10%。根据我国第二次土壤普查的结果，我国学者估算出我国农田土壤（0～1 m）的碳库储量为 85～95 Pg。湿地作为全球三大生态系统之一，只占全球陆地面积的 4%～6%，但储存了全球 30% 以上的碳，是全球最大的碳库之一，在全球碳循环中具有重要作用。例如红树林湿地碳积累速率可达 99.6～280.8 g/（m^2・a），是沙漠、草原等旱地生态系统 [0.2～12 g/（m^2・a）] 的 8.3～1 404 倍；滨海湿地生态系统单位面积的固碳速率是陆地生态系统的 15 倍和海洋生态系统的 50 倍。全球的盐沼、红树林和海草床每年可固定的碳，足以抵消全球因使用交通工具释放碳总量的 1/3 左右。可见，维持、保护和发展各类生态系统的固碳潜力，对于全球碳库和碳循环具有深远意义。

5.2.3.3 全球碳交易

碳排放权交易（简称碳交易）起源于排污权交易理论，20 世纪 60 年代由美国经济学家戴尔斯提出，并首先被美国国家环境保护局（EPA）用于大气污染源（如二氧化硫排放等）及河流污染源管理。随后，德国、英国、澳大利亚等国家相继实行了排污权交易。20 世纪末，气候变化问题成为焦点。联合国政府间气候变化专门委员会于 1992 年 5 月 9 日通过《联合国气候变化框架公约》（UNFCCC，简称《公约》）。1997 年 12 月于日本京都通过了《公约》的第一个附加协议，即《京都议定书》。《京都议定书》中规定了发达国家的减排义务，同时提出采用市场机制，把 CO_2 排放权作为一种商品，形成了 CO_2 排放权的交易，从而促进全球 CO_2 排放。

（1）碳交易体系建立

据国际碳行动伙伴组织（ICAP）报告，自《京都议定书》生效后，碳交易体系发展迅速。国际碳行动伙伴组织最新发布的《2021 年度全球碳市场进展报告》指出，全球已建成的碳交易系统达 24 个，已覆盖了 16% 的温室气体排放，22 个国家和地区正在考虑或积极开发碳交易系统。主要包括欧盟排放交易系统（EU-ETS）、新西兰碳交易体系（NZ-ETS）、澳大利亚碳定价体系（ACPM）、日本东京都总量控制和交易计划（Tokyo-CAT）、美国区域温室气体减排行动（RGGI）、美国加利福尼亚州总量控制与交易计划（CCAT）。碳交易已成为碳减排的核心政策工具之一。

（2）碳交易体系覆盖行业

工业、电力、建筑是各碳交易市场重点纳入减排的行业，尤其是新西兰碳交易体系覆盖行业范围最为广泛，包含工业、电力、建筑、交通、航空、废弃物处理、林业。

（3）碳交易体系覆盖温室气体排放比例

加拿大新斯科舍省、魁北克省，美国加利福尼亚州，韩国等的排放交易计划（ETS）覆盖当地温室气体排放的 70% 以上，占比较高；但从绝对量上来看，中国处于领先地位。

（4）碳市场碳价差别较大

当前碳价处于上升趋势。欧盟碳市场交易额一直处于领先地位，是全球最大的碳交易市场，占据 90% 的市场规模，碳市场碳价最高，2021 年 3 月 9 日碳价为 46.88 美元 /t，中国试点碳交易市场价格最低，福建碳价为 1.26 美元 /t，是欧盟碳价的 1/37。根据我国生态环境部的数据，自 2021 年 7 月 16 日启动线上交易以来，全国碳市场整体运行平稳，市场活跃度稳定提高。截至 2021 年 12 月 31 日，碳排放配额累计成交量 1.79 亿 t，累计成交额 76.61 亿元，成交均价 42.85 元 /t，履约完成率 99.5%（按履约量计），全国碳市场第一个履约周期顺利收官。

5.2.3.4 土壤碳交易

土壤碳汇是削减碳排放、缓解全球气候变化的重要路径。因此，在全球碳交易体系逐渐完善的前提下，许多国家和地区开始探索农业土壤碳汇交易机制。例如，与土壤碳交易相关、有利于农业土壤碳汇的碳交易机制有生存计划方案（Plan Vivo System）、芝加哥气候交易所标准（Chicago Climate Exchange）和气候行动储备方案（Climate Action Reserve）。从国家层面来看，当前在增加土壤有机碳封存和减少农场温室气体排放方面，澳大利亚处于世界领先地位。根据澳大利亚的“减排基金”，目前已经签订了在未来10年供应300多万t土壤碳封存的合同。为了扩大农场的碳封存，进一步发展相关的碳信用市场，Carbon Farmers of Australia刚刚成立了世界上第一个土壤碳产业集团。加拿大阿尔伯塔省自2007年以来一直有自己的碳抵消计划，涉及包括农业在内的许多行业。预测在5年内，加拿大西部地区、部分美国地区、澳大利亚，可能还有巴西都会建立农业碳信用体系。美国的农业科技初创公司Indigo Ag在2020年10月已经宣布了其首批农业碳信用的企业买家身份，包括巴克莱、摩根大通、波士顿咨询、IBM和Shopify等公司。此外，欧洲议会农业委员会（COMAGRI）提出了一项土壤碳封存计划。但预计正式引入农业碳信用的时间表至少需要5年以上时间。作为碳排放大国，我国根据自身国情和发展战略，提出了“CO_2排放力争于2030年前达到峰值，努力争取2060年前实现碳中和”的国家自主贡献减排目标。自2021年2月1日起正式施行《碳排放权交易管理办法（试行）》，但该办法并未将农业纳入交易的主体范围。从长远来看，将农业减排纳入排污权、排放权交易，并首先落实在碳交易市场，不仅是“十四五”期间降低污染减排总成本、提升社会经济生态复合系统总体发展质量的可能途径，同时也是推进农业持续减排、推进“碳达峰”目标实现的重要推动力，碳农业未来可期。

5.3 土壤氮、磷、硫循环与环境效应

土壤中化学元素以能量为驱动力，沿土壤—生物—大气进行物质循环传递的过程称为土壤元素的生物地球化学循环。除了上一节我们讨论的土壤碳循环，陆地生态系统的氮、磷和硫循环同样对区域生态环境有重要影响。本节主要介绍土壤中氮、磷、硫元素养分循环对作物生长和环境的影响，旨在能更好地理解健康的土壤养分循环和可持续的生态环境的关系。

5.3.1 土壤氮循环与环境效应

氮是植物主要的营养元素之一，是构成蛋白质的主要成分，对作物的产量和品质关系极大，也是土壤肥力中最活跃的因素。作为生物圈内基本的物质循环之一，氮循环将大气、陆地和海洋生态系统链接起来，影响着生物地球物理化学过程。土壤氮素循环是生物地球化学循环的重要组成部分，不但影响着土壤生产力和可持续发展，还影响着全球环境变化。

5.3.1.1 土壤氮的形态和数量

（1）土壤氮素含量

土壤全氮含量是土壤中各种形态氮素之和，在一定程度上代表着土壤的供氮水平。自然土壤中氮素的含量分布有明显的地带性，与自然条件特别是气候条件相关。在全国自然生态系统范围内，不同土壤的同一深度相对比，高寒区的全氮值比大部分温带地区的要高，并且整体趋势是由表层向下层氮素的含量逐渐减少（表5-10）。一般土壤中氮的含量范围为0.02%～0.50%，表层土壤含氮量远比心土、底土的含氮量高。耕地土壤

表层含氮量一般为 0.05%～0.3%，少数肥沃的耕地、草原、林地的表层土壤含氮量可达 0.5%～0.6%，而冲刷严重、贫瘠的荒地表土层含氮量则低至 0.05% 以下。有机土壤的含氮量可达 1%~3.5%，如腐殖土、泥炭土等。

表 5-10　不同温度带土壤全氮的剖面分布

剖面深度 /cm	温带地区土壤全氮含量 /（g/kg）	高寒区土壤全氮含量 /（g/kg）
0～10	0.29～20.9	4.19
10～20	0.70～8.22	3.92
20～50	0.14～4.01	1.73
50～70	0.056～1.21	0.63
70～110	0.052～0.734	1.81

数据来源：周志华，肖化云，刘丛强．土壤氮素生物地球化学循环的研究现状与进展 [J]. 地球与环境，2004（Z1）：21-26。

根据 2020 年农业农村部耕地质量监测保护中心发布的《我国耕地质量主要性状 30 年变化情况报告》，全国土壤全氮含量变化趋势，自 1988 年建立监测点以来经历了下降然后趋于稳定的过程。近年来，土壤全氮含量历年间数值基本维持在 1.45 g/kg 左右，这说明目前我国土壤全氮含量总体稳定。

（2）土壤氮素来源

土壤中氮的来源有生物固氮、降水、尘埃沉降、施入含氮肥料、土壤吸附空气中的 NH_3，灌溉水和地下水补给。其中生物固氮、雨水灌溉水和施肥是土壤中氮元素的主要来源。

1）生物固氮。生物固氮作用是指大气中的分子态氮在微生物（固氮生物）体内由固氮酶催化还原为氨的过程。生物固氮是少数特定微生物的特殊功能，主要包括非共生（自生）、共生和联合固氮菌 3 种类型。在地壳表面，广泛分布着具固氮作用的微生物和由微生物与植物所组成的各种类型的固氮体系，形成庞大的生物固氮网。自生固氮菌，比较典型的是沙漠里长的发菜，在沙漠极端环境就能够生长。自然界中，豆科植物（如大豆、蚕豆、豌豆、紫云英、苜蓿等）的根瘤中有许多与之共生的根瘤菌，根瘤菌内的固氮酶，能将空气中的氮转变为氨，供给自己吸收利用。联合固氮菌中大多数是与禾本科牧草的根相联合，在植物根表或根皮层内生活，但不会形成特殊的结构——根瘤，但也区别于自生固氮作用，因为它有较强的寄主专一性，并且较自生固氮菌效率高，是介于自生固氮和共生固氮体系之间的中间类型。

生物固氮是土壤氮素的重要来源之一。就全球而言，农产品收获从土壤带走的氮，主要由生物固氮来平衡。据估计，全球生物固氮量每年可达 1.22×10^8 t，远远超过人们施用的化肥中的氮量，所以生物固氮作用在自然界氮循环和农业生产中都具有重要的意义。

2）雨水和灌溉水。土壤中的含氮量与大气圈与水圈有密切关系。大气中含氮以体积计为 78.1%，以质量计为 75.5%，每平方厘米土面上覆盖的大气层含氮量达 755 g。在空中，雨滴形成时可溶解一些氮的化合物，如 NO_2、N_2O、NO 和 NH_3，它们随降水进入土壤。全球由大气降水进入土壤的氮，据估计为每年每公顷 2～22 kg，对作物生产来说意义不大。随灌溉水带入土壤的氮主要是硝态氨形态。其数量因区、季节和降水量而异。

3）施肥。氮素是植物必需的大量元素，是植物生长发育和农作物产量形成的重要限制因子。农业生产中农作物对氮的需求远大于生物固氮途径的供应量，科学家研究实现了工业固氮，以 H_2 和 N_2 在催化剂、高温、高压下合成氨。氮肥的发明，才使得农业生产不再因缺少氮而忧伤。因此，氮肥是世界化肥生产和施用量最大的肥料品种。根据 IFA 数据，2020 年全球氮素供应量为 154.9×10^6 t，需求量为 146.5×10^6 t。施肥是目前我国土壤中氮素的主要来源。我国是世界上最大的氮肥生产和使用国，在用占世界 9% 的耕地养活了全球近 20% 人口的同时，也消耗了全球 35% 以上的化学氮肥。化学氮肥用量增加对促进我国农业生产的发展发挥了积极作用，但目前我国氮肥利用率在 9%～72%，平均只有 35% 左右，而发达国家高达 60%。我国农田排放的氮量占全国排放总量的 50% 以上，是造成当前我国土壤退化、地下水污染、河流和浅海水域生态系统富营养化的主要污染源。

（3）土壤氮素的形态

土壤中含氮物质的化学结合形式和存在状态，分为无机态和有机态两大类。

土壤中的氮素主要以有机态存在，通常占全氮量的 95% 以上，有机氮的含量多少将直接影响土壤全氮的含量及供氮能力。采用 Bremner 浸取法可将土壤有机氮进一步划分为非酸解性氮和酸解性氮。其中，非酸解性氮包括非酸溶性土壤残渣吸附的酸解产物、难分解含氮化合物（与土壤黏土矿物结合或位于黏土矿物晶格内），酸解性氮主要包括酸解氨态氮、酸解氨基酸氮、酸解氨基糖氮和酸解未知态氮 4 种。

相对而言，土壤中的无机态氮含量很少，在有机质含量较高的表土中，只占全氮量的 1%～2%，最多的也不会超过 5%，而且随生物吸收利用、气候条件及农业技术措施等发生较大的变化。土壤中的无机态氮主要包括硝态氮、铵态氮和固定态铵 3 种形态。此外，无机态氮容易从土壤中淋失和挥发，也能被土壤黏土矿物和有机质固定，导致土壤中有效氮常处于不足状态，因此我国氮肥施用也以无机态氮为主。

5.3.1.2 土壤氮素转化

（1）植物对土壤氮素的吸收与利用

氮素是植物生长所必需的关键元素之一，也是限制生态系统生产力的最主要因素。虽然有研究表明植物可以吸收利用土壤有机氮，但一般认为铵态氮和硝态氮是植物的主要氮源。

1）不同种类植物对铵态氮和硝态氮的偏好不同。通常避钙植物（喜好较低的 pH），如白云杉、中国红松、旧大陆的蕨类植物和苏格兰松喜好利用铵态氮。适应较低氧化还原电位的植物，如水稻，也偏好铵态氮。此外，含有较多碳水化合物的植物，如土豆和茶树，对铵态氮有较强的偏好。碳水化合物含量较少的植物，如甜菜、烟草、小麦、玉米、太阳花、麻以及包括黄瓜和番茄在内的很多蔬菜都对硝态氮有更强的偏好。

2）不同植物对氮源的偏好不同。不同植物对于氮源的偏好主要取决于植物的需求以及其所在自然栖息地的环境条件。此外，自然环境下土壤的反应与植物对氮形态偏好之间有强烈的相关关系。例如，许多起源于强酸性土壤的植物都对铵态氮有较强的偏好，至少能够对铵根离子有较强的耐受能力；而起源于中性或碱性土壤的植物则对硝态氮有较强的偏好。

3）植物在不同演替阶段对氮素形态的偏好也有所不同。颤杨和美国黑松在演替的早期阶段时土壤的有效氮主要是硝态氮，此时植物对硝态氮有较强的偏好；相反，演替后期的植物，如加拿大西部的白云杉和斯堪的纳维亚半岛的欧洲赤松，均对铵态氮有较强的偏好，此时土壤的硝化速率极低，铵态氮是土壤无机氮库的主要组分。

4）作物的不同生长发育阶段对不同形态氮的吸收有所不同。水稻在生长发育的早期阶段对铵态氮有很强的喜好；而在水稻生长发育的后期阶段也可以利用硝态氮，甚至施用一定比例的硝态氮还可以取得最佳的效果。

5）作物所处环境条件影响作物对不同形态无机氮的吸收。作物对铵态氮的喜好程度随温度的升高而逐渐降低，而当环境温度＜5℃时作物停止吸收硝态氮，但是还可以吸收铵态氮。因此，在实际农业生产中研究作物对不同形态无机氮的喜好时，还需要综合考虑其所处的环境条件和生长发育阶段等因素产生的可能影响。

（2）土壤中氮素转化的重要过程

进入土壤后，氮素在各种驱动力作用下不断转化，各种形态的氮素处于动态变化之中，不同形态氮素互相转化，主要包括有机氮矿化作用、硝化作用、反硝化作用、氨的挥发作用，还有固氮作用、固定作用以及淋溶作用等过程（图5-7）。

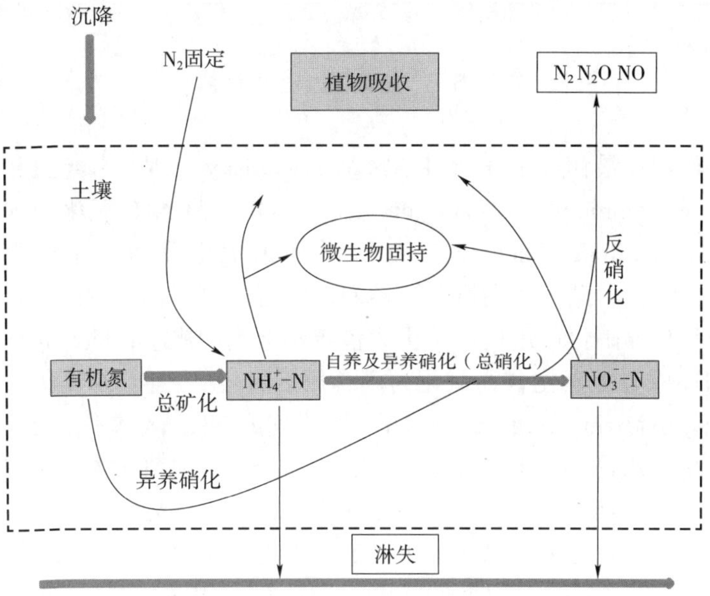

图5-7　土壤中氮的转化过程

1）有机氮的矿化作用

有机氮的矿化是在多种微生物作用下完成的，包括细菌、真菌和放线菌等，它们都以有机质中的碳素作为能源，可以在好气或嫌气条件下进行。矿化过程分为两个阶段：第一阶段为氨基化阶段，在这个阶段各种复杂的含氮化合物（如蛋白质、核酸等）在微生物酶的水解下，逐级分解形成简单的氨基化合物；第二阶段为氨化阶段，即经氨基化作用产生的氨基酸等简单的氨基化合物，在微生物参与下，进一步转化释放出氨的过程。

在通气良好，温度、湿度和酸碱度适中的砂质土壤上，矿化速率较大，且积累的中间产物有机酸较少；而通气较差的黏质土壤上，矿化速率较小，中间产物有机酸的积累较多。对多数矿质土壤而言，有机氮的年矿化率一般为 1%～3%。假如某土壤的有机质含量为 4%，有机质的含氮量为 5%，若以矿化率为 1.5% 计算，则每年每公顷耕层土壤有机质中释放的氮约 70 kg。

2）硝化作用

①硝化作用（nitrification）：是特定微生物在好气条件下将土壤中的氨或铵盐氧化为硝酸或亚硝酸的生物化学过程，包括自养硝化作用和异养硝化作用（图 5-8）。硝化作用广泛发生于水体、陆地、污泥沉积物等各种生态环境中，对生态系统氮素的平衡起到至关重要的作用。硝化作用还会直接或间接地导致酸雨形成、温室气体（N_2O）排放、水体富营养化等生态现象，因此与人类生产生活密切相关。

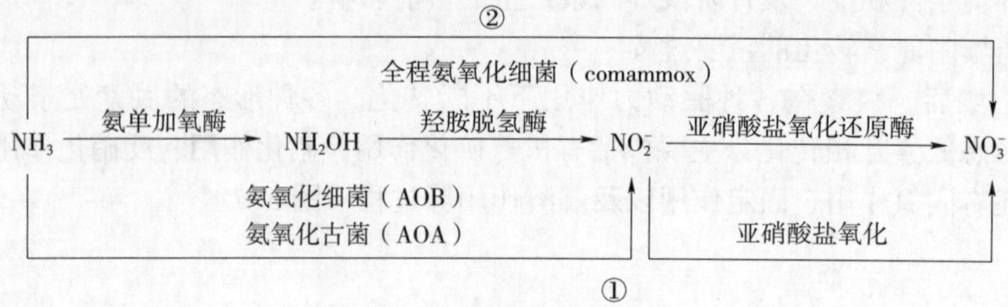

图 5-8 氨氧化过程的途径

②自养硝化作用：最初由俄罗斯科学家 Winogradsky 发现，并定义了该微生物代谢过程，即氨氧化细菌（ammonia oxidizing bacteria，AOB）将 NH_3 氧化为 NO_2^-，再由亚硝酸盐氧化细菌（nitrite oxidizing bacteria，NOB）将 NO_2^- 氧化为 NO_3^- 的过程（图 5-8 ①），这是早期经典的微生物自养硝化作用概念。然而，随着异养硝化作用的发现，国内外学者们针对微生物异养和自养硝化作用提出了更为包容和准确的概念，即硝化作用是指微生物将有机的或无机的还原态氮素化合物氧化为硝态氮的过程。然而 2004 年，人们发现氨氧化古细菌（ammonia oxidizing archaea，AOA）也能完成 NH_4^+-N 氧化为 NO_2^--N 的这一过程（图 5-8 ①），自此自养硝化作用的微生物类群范围扩大至细菌和古细菌域，且人们发现很多土壤生态系统中，AOA 较 AOB 进行的氨氧化过程更为优势和活跃。一直以来，人们对硝化过程的研究多集中在氨氧化微生物上。2015 年发表在 *Nature*、*Msphere* 的 3 篇关于全程氨氧化微生物（comammox）的报道又进一步补充了 Winogradsky 的经典概念，将原有定义中需要 AOB 和 NOB 配合进行的两步反应，拓展为也可由全程氨氧化微生物一步完成。因此，可将由全程氨氧化微生物主导的，将 NH_3 直接氧化为 NO_3^- 的过程称为全程氨氧化（单步自养硝化）作用（图 5-8 ②）。这一发现彻底改变了 100 多年来人们关于硝化作用的认识。

③异养硝化作用：异养硝化作用与自养硝化作用有一定不同，两者不仅对能源和氮源的利用不同，还在底物的利用类型上有所不同，异养硝化作用的底物可以是无机氮也可以是有机氮，自养硝化作用的底物只能是无机氮。更有研究发现异养硝化作用过程中有机氮直接被氧化为硝酸盐氮，而跨过了有机氮分解为氨氮、再氧化为亚硝酸盐氮的过程。因此，异养硝化作用是异养微生物在好氧条件下将氨/铵或氧化态的有机态氮氧化为羟胺、

亚硝酸盐和硝酸盐的过程。与自养硝化作用相比，异养硝化作用虽然早在20世纪就已被发现，但由于异养硝化作用的反应速率和产物常显著低于自养硝化作用，且可执行此过程的土壤微生物种类较多，很难找到合适的标志性基因进行研究，因此研究中常被忽视。然而，随着 ^{15}N 同位素标记方法的应用，研究表明异养硝化作用广泛分布于林地、草地和农田土壤中，特别是酸性林地、茶园土壤中，异养硝化作用对 NO_3^- 产生的贡献率可达到50%以上。目前，通常认为在酸性、C/N比高的土壤中，异养硝化作用对 N_2O 的贡献率较高。

3）反硝化作用

反硝化作用是指微生物将 NO_3^- 或 NO_2^- 还原成 NO、N_2O 和 N_2 的过程，通常普遍存在和发生于兼气或低氧土壤系统中。在多种微生物的参与下，硝酸盐通过4步还原反应，在硝酸盐还原酶（nitrate reductase，Nar）、亚硝酸盐还原酶（nitrite reductase，Nir）、一氧化氮还原酶（nitric oxide reductase，Nor）和氧化亚氮还原酶（nitrous oxide reductase，Nos）作用下，最终被还原为 N_2，并在中间过程释放强效应的温室气体 N_2O。

通常认为反硝化只发生于严格厌氧的环境中，但现在已发现许多微生物具有周质型硝酸盐还原酶（Nap），Nap位于细胞周质内，对氧分子不敏感，使得反硝化作用也能在好氧条件下发生。因此，影响反硝化作用的主要因子不是氧，而是有机质和硝酸盐含量。通过为反硝化作用提供底物，硝化－反硝化作用通常耦合发生，二者作用构成土壤 N_2O 释放的最主要途径。

反硝化过程主要是生物化学过程和化学过程，影响各过程的因素主要有土壤质地、水分、pH、温度、有机质含量、有机肥的施用量、土壤中空气分压、硝酸盐、铵浓度以及可被利用的有机碳等。

4）氨的挥发作用

农田土壤氨的产生主要有化学过程和生物过程两种，主要来源于尿素水解和硝酸盐异化还原成铵的过程。尿素施入土壤后，第一步被土壤脲酶水解产生 NH_4^+、OH^- 和 CO_2，NH_4^+ 和 OH^- 很容易反应产生氨气，CO_2 和 OH^- 会使局部土壤pH上升，有利于土壤中氨的生成。硝酸盐异化还原成铵作用（dissimilatory nitrate reduction to ammonium，DNRA）是指 NO_3^- 在厌氧条件下被还原为 NH_4^+ 的过程。DNRA过程可以分为两个阶段，首先 NO_3^- 在硝酸盐还原酶的催化作用下被还原成 NO_2^-，然后 NO_2^- 在亚硝酸还原酶的作用下被还原成 NH_4^+，NH_4^+ 为DNRA过程的主要产物，尤其是在碱性土壤条件下 NH_4^+ 也更易与 OH^- 反应产生氨造成氮素气态损失。

5）土壤黏粒矿物对 NH_4^+ 的固定作用

由于土壤中广泛存在着各种2∶1型黏土矿物，它们对 NH_4^+ 具有不同程度的固定功能，使施入土壤的 NH_4^+ 转变为非交换态。土壤对 NH_4^+ 的固定机制为，首先 NH_4^+ 要通过扩散过程进入2∶1型黏土矿物层间，由于 NH_4^+ 水化能较小易于脱去水化膜而进入四面体上由氧离子所组成的六角形孔穴，受静电引力作用，矿物层间间距从1.4 nm膨胀状态向1.0 nm发生收缩，使进入层间的 NH_4^+ 被吸附得更紧而不易被其他离子代换出来，被闭蓄于晶层间的孔穴内成为固定态铵，这样也就发生了所谓的专性吸附固定。据研究，土壤固定态 NH_4^+ 含量占全氮量的2.6%～38.5%。例如，含大量蛭石和伊利石的土壤在湿润条件下仍可以固定大量的铵。澳大利亚由千枚岩发育的土壤表土含固定态铵220～420 mg/kg，美国弗吉尼亚州土壤中A层和B层的固定态铵含量每公顷达600～3 000 kg。我国土壤固定态铵含量变化在 35～573 mg/kg，平均为 198 mg/kg，约占土壤全氮的 17.6%。由此可见，土壤固定态铵相当于土壤中一个容量很大的储氮库，越来越受到人们的关注。

6）微生物对氮的固持作用

就是土壤中的无机态氮在土壤微生物的作用下转化为细胞体中有机态氮的过程，其对农业生产上的实质就是可利用的速效氮的减少过程。有机氮的矿化作用和矿质氮的微生物固持作用是土壤中同时进行的两个方向相反的过程。微生物对氮的固持作用取决于微生物的生长状况，因此与基质碳的有效性紧密相关。

微生物吸收铵离子的路径有两种。一是谷氨酸脱氢酶路径，即通过谷氨酸脱氢酶把 NH_4^+ 直接加入到 α- 酮戊酰胺酸以形成谷氨酸。这条路径只有在土壤 NH_4^+ 相对较多时才发生（土壤溶液中的浓度＞1 mmol/L 或＞0.5 mg/kg）。另一条路径是谷氨酰胺合成酶 - 谷酰胺合成前路径，即由一个谷氨酸、NH_4^+ 和 α- 酮戊二酸盐形成两个谷氨酸。该路径在土壤 NH_4^+ 数量较低时发生（土壤溶液中 NH_4^+ 浓度＜1 mmol/L 或＜0.1 mg/kg）。

微生物也可以吸收土壤中的 NO_3^-，但由于 NO_3^- 中的氮是氧化态的，在进入细胞后需经还原作用变成 NH_4^+，才能进一步参与有机分子的合成反应。因此，微生物利用 NO_3^- 时需要的能量要比利用 NH_4^+ 时多，进而微生物对 NH_4^+ 的吸收更"偏爱"一些。NH_4^+ 的存在会抑制 NO_3^- 的吸收。

土壤微生物氮固持作用一方面形成了与作物根系竞争无机氮的局面，不利于作物对氮的吸收；另一方面，微生物体死亡后的再矿化又可以为作物供应无机氮，有利于供氮。同时，微生物固持大量的无机氮，减小了土壤无机氮库的规模，有利于减低各种途径的损失。

7）硝酸盐的累积与淋洗作用

氮肥的大量施用造成硝态氮在土壤中过量累积，成为作物生理障碍的主导因子。作物可以吸收利用累积在根区的土壤硝态氮，移出根区外的硝态氮则很难被植物利用。不同作物对土壤中氮素的吸收利用能力不同，从而导致硝态氮在土壤中的累积特点存在差异。研究表明，超过正常施氮量时，土壤中硝态氮浓度随施氮量线性增加。

累积在土壤剖面中的硝态氮并不是固定不变的，在水分的驱动下会向下层淋洗，一部分会移出植物根区，对地下水造成污染。在许多发达国家，地下水硝酸盐污染是一个很严重的问题，农业上过量施用氮肥被认为是水污染的主要贡献者。研究表明，铵态氮肥施入通气良好的旱地土壤后，很快转化为硝态氮，整个生育期以硝态氮的形式在土壤剖面的不同层次累积，在遇到大的降水或灌溉时，会向土壤深层次逐渐移动。陆地生态系统中约 2.5% 的面积每年氮淋失量超过 30 kg/hm^2，全球每年施入的氮肥中 19% 以硝态氮形式淋失。

（3）土壤氮损失与环境效应

1）土壤氮素损失途径

农田土壤中氮肥损失主要有氨挥发、硝化 - 反硝化、径流和淋洗等途径。

①氨挥发：铵以自由的 NH_4^+ 形式被土壤黏粒、有机质所吸附存在于土壤中，可通过氨的挥发直接返回大气。挥发过程除了会随着温度与风速的升高而加速外，土壤酸碱特性也是决定氨挥发数量高低的重要因素。农田氨挥发是全球氨排放的重要来源，是氮素以氨气形式从土壤或水田表面逸散到大气中的过程，其中氮肥施用所带来的氨挥发约占排放总量的 53.5%。尿素是我国农业生产中施用的主要氮肥品种，但其当季利用率只有 30% 左

右，通过 NH_3 挥发损失的氮素占总投入量的 29%～40%，其中表施尿素氨挥发损失最高可达 60%。

②硝化－反硝化损失：硝化作用联系着矿化－生物固持等作用及氮素损失，硝化作用形成的 NO_3^- 比 NH_4^+ 更易从土壤中淋失进入水体。此外，硝化过程中可能生成的 N_2O 具有破坏臭氧层的作用；在适宜的条件下，NO_3^- 也容易被反硝化作用还原成 N_2O 和 N_2。农业土壤硝化、反硝化生成的 N_2O 是全球变暖的温室气体之一，研究表明，近 70% 的 N_2O 来自农田土壤和热带地区的土壤。研究认为，反硝化作用产生 N_2O 累积排放的最适土壤温度、含水量及 pH 分别为 23℃、72% 和 6～8 的中性条件。土壤有机碳含量、硝态氮含量及低氧气分压分别为反硝化作用提供能量、底物以及厌氧的环境，是控制土壤反硝化作用的主要因素。

③径流损失：施入土壤中的氮素会随着地表径流而向水体迁移，农田径流带入地表水的氮占人类活动排入水体氮的 51%，施肥地区氮流失量比不施肥地区高 3～10 倍。土壤氮素径流输出的主要形态为矿质态氮（硝态氮＋铵态氮），其流失量可高达总氮流失量 80% 左右。研究表明，土壤氮素径流量不但与施氮量有关，还与氮肥类型有关，例如，研究表明，施肥使菜地土壤氮素的径流损失明显升高。单施无机肥的氮素流失率最高，且总氮、硝态氮、铵态氮流失量分别达 4.20 kg/hm^2、1.22 kg/hm^2、2.30 kg/hm^2；配施有机肥后，不同形态氮素的流失量均呈下降趋势，配施有机肥的比例越高，其流失量越低；配施高量有机肥的径流损失与单施无机肥相比 3 种形态的氮素流失率均可下降 50% 以上。此外，施肥后大量降水是径流损失的主要动力，随着降水量的增大，氮流失量会显著增加，不仅降低了土壤肥力，还导致化肥的利用率下降。

④淋洗损失：是指土壤中氮随水向下移动至根系活动层以下，不能被根系吸收所造成的损失。农田中氮素淋洗以 NO_3^- 为主，NO_2^- 次之，NH_4^+ 只占很小的比例。由于土壤颗粒吸附 NH_4^+，而几乎不吸附 NO_3^-，因此 NH_4^+ 基本上滞留在剖面上、中层，而 NO_3^- 在下、中层大量存在。NO_2^- 作为硝化和反硝化过程的中间产物，存在时间短，因而淋洗过程不重要。全世界施入土壤中的肥料有 30%～50% 经土壤淋洗而进入地下水，减少氮素的淋洗损失是减少氮素损失的关键。

2）土壤氮素损失的环境效应

不合理的田间氮肥管理措施导致大量的活性氮（挥发、径流和淋溶）进入大气或者水体，对生态系统造成一系列负面影响。具体可归纳为以下 5 个方面：

①污染地下水和地表水水体。土壤中硝酸根的淋失可以导致地下水硝酸盐的污染；对于地表水，土壤氮素的径流损失所引起的水体氮浓度过高会导致水体富营养化，引发藻类的暴发，严重时会导致水体死亡区的形成。研究表明，美国因地表径流损失的农田氮素为 450 万 t/a，其中 57% 的湖泊氮污染是由径流流失引起的；苏联因地表径流造成的土壤全氮损失达 300 万 t/a，溶解氮损失达 46 万 t/a。我国北方 14 个县 69 个地点的地下水硝酸盐含量调查结果显示，有半数以上超过饮用水硝酸盐含量的最大允许量（50 mg/L），其中最高者达 300 mg/L。由此可见，由于农用氮肥的大量施用引起的地下水、饮用水硝酸盐污染的问题已十分严重。

②加剧空气污染。土壤中氮素以 NH_3 形式挥发至大气可与 SO_2 和 NO_x 等酸性物质结合反应生成含氨气溶胶，这些次生气溶胶是雾霾中 $PM_{2.5}$ 的主要组成成分，严重影响空气

质量，危害人体健康。此外还会破坏空气中的甲烷氧化，使温室效应加剧。氨在对流层中会被氧化成 NO、NO_2 和相当数量的 N_2O，其中 N_2O 是一种强烈的温室气体，在 100 年尺度内的增温效应是等量 CO_2 的近 300 倍。氨氧化后产生的 NO_x 还会通过干湿沉降回到土壤和地表水中，造成土壤酸化和水体富营养化，导致生物多样性丧失，造成严重的生态污染。

③造成温室效应。氮肥的过量施用显著促进了温室气体 N_2O 的排放。平均而言，氮肥用量的 1% 会以 N_2O 的形式挥发到空气中。N_2O 是增温潜势较 CO_2 高 300 倍（100 年时间尺度）的强效温室气体，其在大气中寿命可达百年之久，也是平流层臭氧最主要的破坏者。农业是最大的 N_2O 人为排放源，其中农田氮肥施用（含化肥和有机肥）是其主要贡献者。因此，减少农田 N_2O 排放对全球升温控制在 2℃以内是至关重要的。氮肥投入是农田 N_2O 排放最具决定性的驱动因素。施氮量在 0～225 kg/hm^2，N_2O 随施氮量的增加而增加，当氮肥用量高于 300 kg/hm^2 时，N_2O 排放量趋于稳定，可能是由于高氮供应下使其他氮素损失形势加剧。因此，农田合理施氮是农业源 N_2O 减排的关键，将成为农业源温室气体减排的重点管理环节。在不影响作物产量的情况下，全球农田土壤 N_2O 可减排 30%，相当于中国和美国的农田土壤 N_2O 排放之和，其中 65% 的全球减排潜力集中在 20% 的播种面积（亚热带湿润气候或潜育土和强淋溶土）。

④影响土壤质量。主要表现为导致土壤酸化。尽管施用尿素、铵态氮肥等可暂时提高土壤 pH，但由于 NH_4^+ 氧化成亚硝酸盐过程中释放 H^+，长期施氮将导致土壤酸化。从 20 世纪 80 年代到 21 世纪，全国农田土壤的 pH 平均下降了 0.5 个单位，其中，在小麦、玉米、水稻这些粮田里面，70% 的酸化是因为过量施氮造成的；在果蔬田里面过量氮对酸化贡献高达 90%。单施尿素氮肥 300 kg/hm^2，34 a 后使东北黑土 pH 由 7.22 下降到了 4.64。土壤酸化对农作物根系产生毒害，影响作物生长。酸性土壤 pH 由 5.4 下降至 4.7 时，油菜籽减产达 40%，花生和芝麻的减产幅度为 15% 左右。其次，土壤酸化还会加速土壤养分的流失，使土壤肥力下降。此外，土壤酸化使土壤中重金属的活性增加，使得植物对这些有害重金属的吸收量增加，加重重金属污染的危害程度。例如，土壤酸化也是我国南方亚热带地区镉米产生的主要原因之一，酸化使土壤镉的活性大大增加，水稻对镉的吸收和累积增加，镉等有毒重金属由此进入食物链，危害人体健康。

⑤导致生物多样性降低。土壤微生物群落多样性结果与土壤 pH 呈显著相关。酸性土壤中，细菌多样性和丰度明显降低。上述长期施肥可造成土壤 pH 降低，因此也会对土壤生态系统的微生物多样性造成影响。例如，施氮会增加铵态氮的含量，影响甲烷的氧化菌适合的土壤环境，给微生物的生长带来较大制约条件，无法促进各个菌群结构的合理化。在这种情况下，不仅会带来一定氧化，也会破坏全球的平衡性，加快全球变暖速度。经过相关研究发现，氮、磷、钾配施肥，能够降低土壤中二糖水解酶活性以及纤维素解菌，也能降低整体的多样化指数。也有研究表明，长期化学氮肥施用降低了旱地土壤真菌的丰度和多样性，增加了水稻土细菌的丰度和多样性，同时也改变了不同生态系统的细菌和真菌群落结构。

（4）土壤氮素研究方法

1）传统统计学和地统计学结合

国外学者自 20 世纪 60 年代提出并于 70 年代开始研究土壤性质的空间变异性以来，

80 年代前主要利用 Fisher 所创立的传统统计方法进行分析，基本停留在定性描述上。到 80 年代空间变异已经成为土壤科学研究的重要内容，并开始由定性描述转向定量研究，还引进了 Kriging 内插技术，进一步研究了 Cokriging 内插、punctual Kriging 内插等技术，并用于土壤制图。80 年代中期尤其是 90 年代以来，国外应用地统计学方法对土壤养分的空间变异与分布做了大量的研究。许多研究证明土壤养分是空间相关的，其空间变异依养分种类、取样方法和取样尺度而异。国内的徐吉炎和 Webster 最先利用地统计学研究了土壤全氮的分布。随着科学技术的发展，将传统统计学和地统计学方法结合应用于土壤氮素空间结构性研究已经越来越普遍。贮存于土壤中的氮素因受降水、温度、微生物、海拔、坡度等因素的制约，产生不同的空间分布。运用传统统计学和地统计学的方法研究成都平原西部土壤氮素的空间异质性及其影响因素，发现土壤氮素含量总体处于丰富水平，其中温江—郫县一带含量相对较低，高值区在金马河以南区域。

2）氮素循环模型的开发

模型是实现大尺度土壤氮估算与动态预测的重要工具。近几十年，基于对土壤氮循环过程认识的不断深入，建立了大量的氮循环模型。到目前为止，已有十几个这种模型发表。应用最为广泛的主要是 DNDC 模型和 CENTURY 模型。

① DNDC（脱氮分解）模型：是美国 New Hampshire 大学的李长生发展起来的，目标是模拟农业生态系统中碳和氮的生物地球化学循环。模型由两部分组成，第一部分提供土壤环境变量，由 3 个子模型组成：气候子模型、作物生长子模型和降解子模型，分别模拟土壤温度、水分、pH、氧化还原电位。第二部分根据土壤环境变量计算气体排放，也由 3 个子模型组成：硝化子模型、反硝化子模型、发酵子模型，分别模拟 NO、N_2O、N_2、CH_4 和 NH_3 排放。模型的输入数据包括逐日气象数据（气温及降水）、土壤性质数据（容重、质地、初始有机碳含量及酸碱度）和土地利用数据（农作物种类和轮作）。模型可以进行区域气体排放预测，此时需要结合 GIS 数据库输入时空变异的数据。DNDC 侧重于模拟氮氧化物和温室气体排放，比较适合于模拟我国南方水稻田和湿地的 NO_x 排放。但是 DNDC 不能模拟硝态氮的淋失。

② Hydrus 模型：Hydrus-1D 是由美国盐土实验室开发的一种可以模拟非饱和介质中一维水分、热和溶质运移过程的模型，后来又相继开发出了 Hydrus-2D 和 Hydrus-3D 模型，模块更多数据资源更丰富。

③ CENTURY 模型：是通用的生态系统模型，把土壤有机碳库分为活性碳库、慢性碳库和惰性碳库，用来模拟不同土壤 - 植物生态系统中氮的动态，模拟时间尺度为数年、上百年甚至上千年，是最全面的生态系统模型。

④ LEACHM 模型：该模型综合考虑了溶质运移和转化、根系吸收等过程，利用 Richard 方程估算土壤水分动态，通过输入土壤特性参数（容重、水分特征曲线、饱和导水率），结合气象数据可以预测农田土壤中硝态氮的迁移过程。

3）^{15}N 同位素示踪法（^{15}N tracer technique）

同位素是近年来土壤研究的热点，因为同位素的状态相对比较稳定，可以用于定量分析土壤氮素的一些运移规律。使用 ^{15}N 标记发现成熟豌豆残留物中的氮大部分被矿化，因此可以在掺入残留物几个月后用于秋播作物。孙海军利用 ^{15}N 研究施用硝化抑制剂对水稻产量与氨挥发的影响，施用硝化抑制剂可显著提高吸收与利用效率，同时 ^{15}N 平衡计算结果表明稻田施用硝化抑制剂减少了硝化、反硝化、径流等途径损失的 ^{15}N。使用 ^{15}N 示踪研究了黄壤区稻－烟模式烤烟氮素的积累，发现氮主要来源于土壤，随着生育期的推进烤烟吸收土壤氮素的比例增加。

联合国日：一起唱响“氮气之歌”

氮是最丰富的自然元素之一，并且在其非活性形式中基本是良性的。然而，过量的氮对生态系统和人类都有严重的影响。除了各种氮化合物对空气质量、地表水以及臭氧层的影响外，一氧化二氮的温室气体潜力是二氧化碳的 300 倍。为了将氮循环转变为可持续的、无污染的循环经济，需要统一的全球氮管理方法。

2019 年 1 月 24 日，联合国环境规划署（UNEP）发布《2018—2019 年前沿：新兴环境问题》（*Frontiers 2018/19*：*Emerging Issues of Environmental Concern*）报告指出："人类正在制造一种活性氮混合物，威胁人体健康、气候和生态系统，使氮成为人类面临的最严重的污染问题之一。需要采用综合的全球氮管理方法，将氮循环转变为可持续、无污染、有收益的循环经济。"

2019 年 10 月 24 日，联合国成立 74 周年之际，由斯里兰卡领衔，联合国会员国在科伦坡批准了一项拟议的应对氮挑战的行动路线图《科伦坡可持续氮管理宣言》（简称《宣言》），旨在于 2030 年前将氮废物减少一半。作为《宣言》的一部分，来自 30 多个国家的环境部长和政府官员支持发起联合国关于可持续氮管理的全球倡导活动——"生命之氮"（Nitrogen for Life）。这一倡议源于第四届联合国环境大会通过的《可持续氮管理决议》。

这是各国政府第一次就改善氮管理达成了全球定量目标。据了解，这项 2030 年全球氮废物减半的目标，为世界提供了 1 000 亿美元的经济机会，动员各界创新，发展氮循环经济，同时为环境、健康和生计作出贡献。

《宣言》呼吁联合国机构、其他国际组织、私营伙伴、慈善机构、学术和民间社会组织携手实施氮管理。此外，还进一步敦促各国在国家层面对氮循环进行全面评估，涵盖政策、实施、法规和科学方面，并帮助公民了解自然氮循环以及人类影响如何改变了氮的平衡。

此外，联合国环境规划署首次为一个元素推荐歌曲——《氮气之歌》（*Nitrogen*）（联合国环境规划署微博视频），并号召国际合作进行全球可持续氮管理。

资料来源：联合国环境规划署公众号（2019 年 10 月 24 日）。

5.3.2 土壤磷循环与环境效应

磷是生命必需的元素，又是易于流失而不易返回的元素，主要以磷酸盐形式贮存于沉积物中，以磷酸盐溶液形式被植物吸收。但土壤中的磷酸根在碱性环境中易与钙结合，酸性环境中易与铁、铝结合，并形成难以溶解的磷酸盐，植物不能利用。磷循环的储存库是沉积岩，始于岩石风化，终于水中的沉积，以固态进行，因而缓慢；没有气体的参加，长远看有可能成为农业生产的限制因子，磷的库存量和迁移量会直接影响碳、氮等元素的循环。

5.3.2.1　土壤中磷的形态和数量

（1）土壤磷素的数量

土壤磷素（以 P_2O_5 表示）在地壳中含量平均仅约为 0.28%，且在表土（0～20 cm）土壤中的含量为 0.04%～0.25%，不同土壤类型变幅很大。从总体来看，我国自北而南或自西而东土壤含磷量呈递减趋势。以华南的砖红壤含磷量最低，东北的黑土、黑钙土和内蒙古的栗钙土含磷量最高，华中的红壤、黄壤以及华北的褐土、棕壤介于以上二者之间。南方酸性土壤全磷含量一般低于 0.1%，北方石灰性土壤磷的含量则较高。

根据 2020 年农业农村部耕地质量监测保护中心发布的《我国耕地质量主要性状 30 年变化情况报告》，近 10 年（2009—2018 年）全国土壤有效磷含量从 23.9 mg/kg 上升至 29.9 mg/kg，这与近年来测土配方施肥技术推广及磷肥施用量增加有关。

（2）土壤磷素的形态

土壤磷素根据赋存形态可以分为有机磷和无机磷两种。

1）有机磷

有机磷在土壤磷库中占比较大。从世界范围的土壤看，有机磷在土壤中的比重占 15%～80%，变幅较大，且含量随地区和土壤类型有很大不同。土壤有机磷量和有机质含量之间呈正相关，例如我国有机质含量 2%～3% 的耕地土壤中，有机磷占土壤全磷的 25%～50%，在有机质含量高的黑土中，有机磷可达全磷量的 60%～70%，而在我国南方侵蚀性红壤中，有机质含量大多低于 1%，其有机磷含量只占全磷量的 10% 以下。

有机磷来源于动植物和人类活动等，土壤有机磷主要包括植素类、核酸类、磷脂类和化合态的肌醇磷酸酯、磷脂、核酸、磷蛋白、磷酸糖及微生物量磷。其中肌醇磷酸酯的含量最高，约占有机磷总量的 50%，磷脂占 1%～5%，核酸类有机磷占 10% 以下，核苷酸占 0.2%～2.5%，其余 30%～50% 有机磷的化学结构还不十分清楚，可认为磷脂是土壤有机磷的主要形态，土壤微生物磷占 3%。土壤中的有机磷可以在酶的作用下矿化分解成无机磷而被植物吸收利用，被土壤无机矿物的固定程度较低，即使是难溶于水的有机磷，经矿化后也可以持续释放出无机磷，是植物可利用磷的重要来源。

2）无机磷

土壤中无机磷含量占全磷的 50%～90%，主要是由土壤中的矿物质分解而成，无机磷的含量与成土母质有关与土壤的成土过程有关。土壤中无机态磷几乎全部是正磷酸盐，一般分为矿物态磷、吸附态磷和水溶态磷 3 种形态。

①矿物态磷：土壤无机磷约有 99% 以矿物态存在。一般根据其结合阳离子不同，分为 4 类，分别为：

A. Al−P，磷酸铝类化合物：可溶于 NHF 提取液，如磷铝石、磷钾铝石等。

B. Fe−P，磷酸铁类化合物：能溶于 NaOH 提取液，如粉红磷铁矿等。

C. O−P，闭蓄态磷：是被氧化铁胶膜包裹的磷酸盐（尤其是磷酸铁盐），溶解度小。

D. Ca−P，磷酸钙类化合物：指各种酸溶性磷酸钙盐，其中包括原生的磷酸钙盐，如氟磷灰石、羟基磷灰石；次生的 Ca_2−P 磷酸二钙、Ca_8−P 磷酸八钙等。是石灰性土壤中磷酸盐的主要形态。

一般在酸性土壤中以闭蓄态磷为主，其次为磷酸铁盐；在石灰性土壤中以磷酸钙盐为主；在中性土壤中，各种形态的磷酸盐均占有一定的比例，磷酸铝盐所占的比重大于酸性和石灰性土壤。磷的有效性随土壤 pH 而变化，当 pH 为 6～7 时磷的有效性最大。

②吸附态磷：是指通过各种作用力（分子引力、库仑力和化学键能等）附着在矿物或有机物的表面的磷酸根及磷酸阴离子，其含量一般较低，主要以 $H_2PO_4^-$、HPO_4^{2-} 形式为主，PO_4^{3-} 形式很少存在。随 pH 下降而升高，因此能通过 pH 调节而释放。

③水溶态磷：植物可以直接吸收并将其利用，存在的主要形态是正磷酸。正磷酸是一种三元酸，它随着氢离子的逐步解离，可以形成 3 种不同的磷酸根，即 $H_2PO_4^-$、HPO_4^{2-} 和 PO_4^{3-}。$H_2PO_4^-$ 最易被植物吸收，HPO_4^{2-} 次之，PO_4^{3-} 很少被一般植物吸收。水溶态磷含量极低，一般只有 0.1～1 mg/kg，最低甚至只有 0.1 μg/kg，它的补给主要依赖于磷酸盐矿物的溶解和吸附固定态磷的释放。

大多数无机磷以吸附或沉淀作用被铁、铝、钙等土壤矿物固定，矿物吸附态磷解吸或含磷矿物溶解转化为土壤溶液中的正磷酸盐才可被作物直接吸收或被微生物固持；正磷酸盐经过一系列生物化学过程与有机碳基团结合形成有机磷，可通过作物、微生物残体形式再次进入土壤；被微生物固持的磷可通过矿化作用再次释放成为作物有效磷。土壤 pH 的高低、施用肥量的多少和土壤固相磷的数量与结合的状况等都影响其含量。例如，长期施用氮、磷肥显著增加了耕层土壤无机磷总量与各组分磷的含量，其中有效性较高的 Ca_2-P 和 Ca_8-P 增加幅度最大。施肥也促进了比较稳定的 Ca_{10}-P 磷酸十钙的转化，降低了磷的固定。长期种植作物不施肥土壤无机磷总量显著降低，磷的消耗主要是 Ca_2-P、Al-P 以及 O-P 组分。农田撂荒后土壤无机磷总量没有明显变化，各形态磷相互转化，植物吸收的磷主要来源于 Ca_2-P、Al-P 和 Fe-P（图 5-9）。

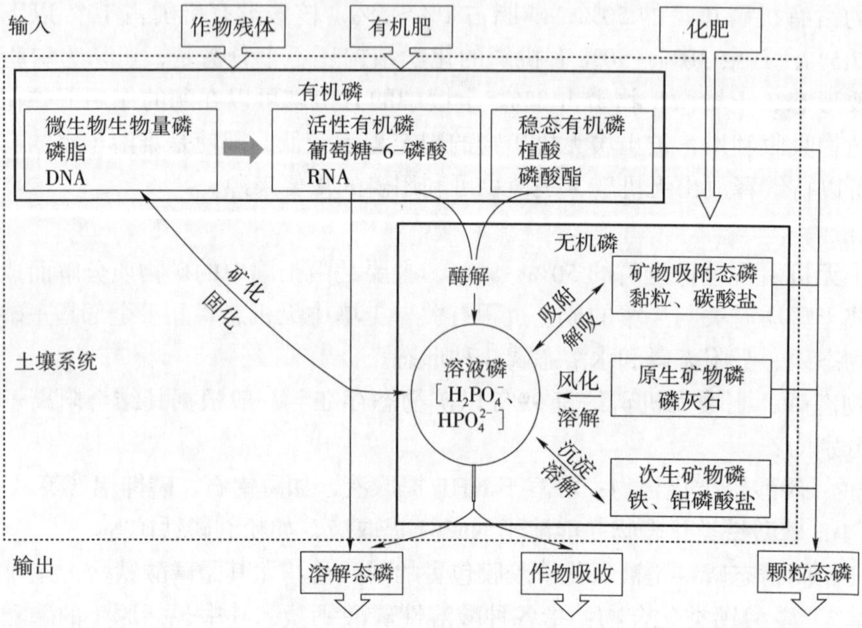

图 5-9　土壤磷形态及转化

资料来源：刘瑾，杨建军. 近三十年农田土壤磷分子形态的研究进展 [J]. 土壤学报，2021，58（3）：558-567。

5.3.2.2 磷在土壤中的迁移转化与固定

（1）有机磷矿化和无机磷的生物固定

一般情况下，土壤有机磷必须经过矿化作用才能被植物吸收利用，土壤中有机磷经过物理、化学等过程转变成可以被植物吸收利用的有效态磷的过程就是有机磷的矿化。在土壤中，有机磷矿化和生物固定这两个过程是同时存在的，是土壤磷素循环的主要过程。一方面，进入土壤的磷素因为吸附沉淀、微生物固持而被土壤所固定；另一方面，由于土壤生物的作用，进入土壤的磷素得以分解和转化。通过 C/P 可以判断有机磷是矿化还是固定，研究表明磷含量＜0.2% 时，主要为净生物固定作用；当磷含量＞0.3% 时，主要为净矿化作用；当加入土壤中植物残体的 C/P＜200 时，植物残体磷进行净矿化；C/P 在 200～300 时，植物残体磷既不矿化也不固定；当 C/P＞300 时，植物残体磷进行净生物固定，C/P 为 550 时是影响磷净矿化量的一个关键因素。但有研究表明有机碳矿化速率和微生物磷矿化速率却几乎没有关系。因此，多数情况下，动植物残体中的有机磷进入土壤后，在初始分解期其矿化速率最大，随着时间延长而减缓，活性和中度活性的有机磷含量较高，其矿化量就较高，有机磷含量较低时，只表现有机磷的固定作用，矿化几乎不发生。

土壤有机磷的年矿化率在 2%～4%，虽然数量比较少，但在自然状态下，可以逐渐矿化成有效态磷，从而提高土壤的速效磷水平。影响土壤有机磷矿化的因素有很多。土壤有机磷的矿化是在磷酸酶的作用下以土壤微生物为中介进行的，其矿化速率决定于微生物的活动及酶活性，所以凡是影响土壤微生物和磷酸酶活性的因素都会影响有机磷的矿化，如土壤的 pH、土壤本身的有机磷含量、土壤温湿度、不同的土地利用方式及肥料的添加等。土壤有机磷矿化随土壤 pH 的升高而增强。土壤本身的含磷量也会显著影响土壤磷的矿化率。土壤的温度和湿度对有机磷的矿化具有显著影响。这是因为土壤温湿度直接影响土壤微生物的活动。研究表明，当土壤在温度为 20℃，湿度为田间持水量的 75% 时，最大矿化量的回归方程斜率最大。有机肥的施用可以使石灰性土壤 pH 下降，土壤有机磷的矿化作用增强。在添加粪肥及无机肥料的土壤中磷矿化量较高。不同的土地利用方式对微生物量磷、酶活性有影响，因此也影响着有机磷的矿化作用。

（2）土壤中磷的固定和释放

磷的固定作用是指土壤液相中的无机磷酸盐等有效态磷转变为无效态磷的过程，成为植物不易利用的形态。土壤磷酸根离子被固定的两个主要反应是化学沉淀和吸附；其次是磷的生物固定。磷的释放是固定作用的逆向作用，是土壤中植物难利用态磷转化为可利用态磷的过程。

1）土壤磷的固定

一般来说，施用磷肥后，土壤即开始吸附作用，初期吸附速率快，会发生大量的吸附固定，可持续数小时至数十小时。随着吸附的饱和，吸附速率放缓。后期逐渐转化为化学反应固定，使有效态磷转化为无效态磷，持续数月乃至数年。实践证明，要减弱土壤对磷的固定，需要降低土壤中水溶性磷的浓度。

①化学固定：化学固定通过形成沉淀使磷发生固定作用的过程。根据土壤风化程度不

同分为以钙为主的体系（北方石灰性土壤）和以铁、铝为主的体系（主要分布在长江以南，中性或酸性土壤）。其最终产物在碱性土壤和石灰性土壤中是羟基磷灰石和氟磷灰石，在中性和酸性土壤中是磷铝石和粉红磷铁矿。化学固定是土壤中最常发生的作用（磷的无效化）（图 5-10）。

酸性土壤：

$$Fe^{3+} + H_2PO_4^- + 2H_2O \longrightarrow 2H^+ + Fe(OH)_2H_2PO_4 \downarrow$$

$$Al^{3+} + H_2PO_4^- \longrightarrow 2H^+ + AlPO_4 \downarrow$$

石灰性土壤：

$$Ca^{2+} + H_2PO_4^- \longrightarrow Ca - P \downarrow$$

图 5-10　土壤磷的固定

影响难溶性含磷化合物的土壤因素除了土壤水分含量、水溶态离子和活度等外，土壤 pH、土壤水解性酸度、土壤阳离子交换含量、土壤温度、土壤无机磷形态和土壤有机质及土壤根系和土壤生物活性等也是影响因子，特别是 pH 影响显著。此外，随着土壤阳离子交换量和水解性酸度的增加，难溶性含磷化合物的溶解能力增强，提高土壤温度，磷的溶解能力显著增强。土壤无机磷形态通常影响溶液中磷的活度而影响难溶性含磷化合物的溶解。土壤有机质含量对难溶性磷化合物溶解的影响比较复杂。土壤有机质可以通过与 Ca^{2+} 结合降低其活度促进溶解，也可能在微生物作用下矿化释放磷而增加溶液中磷的活度抑制其溶解。

②吸附固定：吸附固定是磷酸根被吸附在土壤固相表面或渗入内部成分之中形成难溶态。土壤磷的吸附作用，可以分为物理吸附和化学吸附，前者为非专性吸附，后者为专性吸附。

酸性条件下，土壤中的铁铝氧化物能从介质中获得质子而使本身带正电荷，由于静电引力吸附阴离子，属于非专性吸附。非专性吸附是由带正电荷的土壤胶粒通过静电引力产生的吸附，它发生在胶粒的扩散层，故这种结合较弱，极易被分解。随着土壤 pH 的降低，非专性吸附增加。

土壤中具有可变电荷的颗粒（如铁铝氧化物和某些黏土矿物）表面上的—OH 基或—OH_2 基与磷酸根离子进行配位交换的过程。这种离子配位交换是专一性的，故称为专性吸附。由于磷素的专性吸附伴有电荷改变（负电荷增加），从而导致土壤阳离子交换量的增加。这一现象在含有大量铁铝氧化物的土壤中更为明显。磷素的吸附能力也受到土壤 pH、有机质含量、氧化还原状况影响（图 5-11）。

$$Me(金属) - OH + H^+ \longrightarrow M - [OH_2]^+ \downarrow$$

$$Me(金属) - [OH_2]^+ + H_2PO_4 = M - [OH_2]^+ \cdot H_2PO_4$$

图 5-11　磷在土壤中的配位吸附固定

资料来源：陈怀满 . 环境土壤学 [M]. 北京：科学出版社，2018。

2）土壤磷的释放

土壤磷释放作用的重要机理之一就是土壤磷的解吸，也就是磷吸附的逆过程，将磷从土壤固相向液相转移的过程。解吸的速率快慢对磷从固相补给液相的速率快慢产生很大影响，这也会影响磷素的植物有效性。

影响土壤磷释放的因子主要有土壤温度、湿度、pH、有机质以及植物和微生物。温度主要是通过影响土壤或沉积物中微生物数量及酶的活性，进而影响到作物根系吸收能力，从而间接影响磷素向土壤溶液的迁移及向水体的释放。低温条件下降低了土壤生物和酶活性就降低了土壤磷素的有效性和迁移速率，作物体内磷素的浓度水平也降低了。土壤水分充足，磷素有效性高，反之土壤水分含量较低，不利于磷素向土壤溶液中的扩散，同时还影响土壤溶液的pH、氧化还原电位等。由于土壤磷素的溶解状态与氧化还原状态直接相关，淹水能增加磷的有效性和溶解性是较为普遍的结论。土壤pH影响土壤溶液中离子的种类和强度，并对土壤磷素形态起决定性作用，进而影响土壤中磷素的释放，其中对化学沉淀机制影响最大。酸性土壤pH一般在中性附近（6.5～6.8）时，土壤中有效磷的含量最高，酸性较强时可以在一定程度上抑制土壤中磷素的释放。而在石灰性土壤中，随着土壤pH降低，磷的有效性增加。有机质含量较多的土壤固磷作用较弱。主要是由于土壤有机质腐殖质化后在土壤磷矿物表面形成氧化膜，阻碍磷酸根与其他矿物成分的直接接触；有机质在矿质化过程中产生的部分中间产物如有机酸等对 Al^{3+}、Fe^{3+}、Mn^{2+}、Ca^{2+} 等具有络合力，能形成水溶性螯合物，其在一定的pH范围内稳定，减少了土壤溶液中这些离子的浓度，阻止了磷的化学固定，同时中间产物可以与磷发生竞争性吸附，减少磷的固定；而且土壤生物活性也与有机物质的含量和性质有关。

此外，土壤磷的释放也受到植物和解磷微生物的影响。低分子量有机酸是根系分泌物中重要的组成部分。植物大量分泌物的产生造成在局部土壤或岩石中某些物质的过度积累，达到较高的浓度。尽管这些有机酸在环境中存在时间不长，但它们不断地形成和产生，使这些有机酸和它们相应的阴离子具有十分重要的化学意义。解磷微生物的解磷机理非常复杂，可以分为以下几类：

①有机酸的酸解作用。微生物在代谢过程中分泌出各种有机酸，这些酸既能降低pH，又可与铁、铝、钙等离子结合，使难溶性磷酸盐溶解，导致有效磷含量增加。

②解磷微生物的矿化作用。土壤中的有机磷化合物主要有肌醇磷酸盐、植酸盐、磷脂等，一般认为微生物通过分泌的磷酸酶分解这部分磷。

③微生物代谢。在代谢过程中通过 NH_4^+ 分泌质子、CO_2 或 H_2S，改变土壤的理化性质，导致磷素溶解。解磷微生物解磷依赖于磷酸酶，但 NH_4^+ 存在时表现为解磷，供应 NO_3^--N 则不解磷。CO_2 的释放使环境pH降低，引起磷酸盐的溶解；H_2S 与磷酸铁进行化学反应，产生可溶性磷酸盐。

④直接氧化途径。溶磷细菌通过直接氧化途径向胞外环境释放强酸，从而酸化难溶性钙磷化合物中的磷，使土壤中的磷素有效化。磷素的释放同时受多种因素的影响，各因素之间相互影响，释磷量取决于综合作用的结果。

（3）土壤磷循环与环境效应

1）土壤磷循环

磷素在土壤中的循环是指磷在动植物、微生物与土壤固相之间的转化过程，其磷大部分来自化肥的施用、动植物和微生物在死后的残体以及土壤母质中的少许含磷的矿物。主要包括：植物对磷素的吸取、矿化和固定进程中产生的磷素的生物转化以及在土壤固液相之间所发生的化学固定和溶解反应等（图 5-12）。

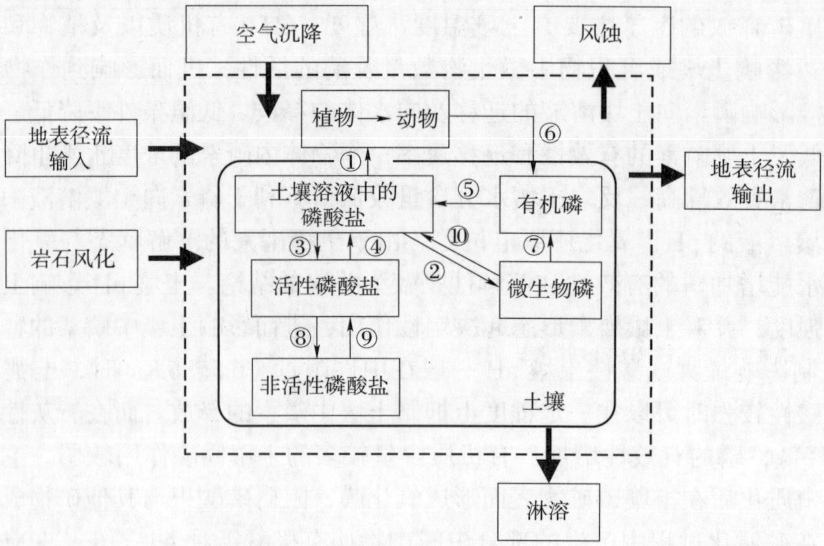

注："→"系统内循环。"➞"系统输入输出，包括①植物吸收；②微生物吸收；③吸附和沉淀；④解吸附、溶解；⑤矿化；⑥动植物归还；⑦、⑩微生物释放；⑧固定；⑨活化。

图 5-12 陆地生态系统磷循环

资料来源：Tiessen et al，1984；Walbridge et al，1991；赵琼，2005。

植物残体可以经过矿化作用的转化而成为有机磷，这样就被植物进行吸收或者被固体吸附，并经过一些转化，形成难以被植物利用的磷。各种风化作用可以将土壤中原生和次生的磷酸盐变为可被植物吸收利用的有效磷。微生物和植物通过矿化有机磷、吸收磷、合成新的有机磷以及通过分泌物影响磷矿物的溶解度来驱动磷循环。

土壤各因素的变化影响土壤磷素循环中的微观过程，从而影响磷素在土壤中的积累与转化，因此从控制土壤磷素循环的方向着手来研究控制土壤磷素的流失，也不失为一种较好的研究思路。从我国的现状来看，农田生态系统的磷素投入在相当长的时间内还要呈上升趋势，农田土壤中的磷素还会进一步积累，积极探索土壤磷素循环对减少农田土壤磷素积累的作用将具有很大的现实意义。我们应对其进行更深入的研究，为进一步控制农田磷的流失提供理论依据。

2）土壤磷流失及其环境效应

磷是作物生长、发育不可缺少的大量营养元素。但大多数土壤的全磷含量（P_2O_5）在 0.2～1.1 g/kg，其中 99% 以上为迟效磷，植物当季能利用的有效磷仅占 1% 左右。因此长期以来，农业生产的快速发展依赖磷肥的大量施用，由于磷素的土壤固定性强，磷肥的当季利用率仅为 10%～30%。土壤磷素积累有其有利的一面，即增加土壤磷的供应能力，为作物高产优质提供了物质基础。但在农业生产过程中重复且大量地施用磷肥，其积累超过一定限度，造成土壤固持磷元素能力下降，导致出现磷素流失，并随径流和渗漏淋溶进入附近湖泊和地下水中。径流中的磷按其形态又可分为溶解态磷和颗粒态磷，溶解态磷来自土壤、作物和肥料的释放，主要以正磷酸盐形式存在，可为藻类直接吸收利用，因而对地表水环境质量有着最直接的影响。对于我国来说，农田磷素对水体环境的潜在威胁在日益增大。研究表明，地表径流中的磷浓度与土壤中磷积累呈正相关，一些湖泊中来自农田的磷素份额占14%～68%。

5.3.3　土壤硫素与环境质量

硫元素是生物原生质体的重要组分，是合成蛋白质的必需元素，因而硫元素循环也是生态系统的基础循环。硫循环既属于沉积型，也属于气体型。土壤中硫对环境的影响主要表现在土壤中能产生大量的气态硫化物进入大气，进而影响全球气候变化。土壤中气态硫化物的形成对大气酸沉降和环境酸化的发生起到一定的作用，威胁到自然生态系统及人类生存环境。另外，土壤中硫的氧化还原作用对氮、碳循环，对土壤环境也有一定的影响。

5.3.3.1　土壤中硫的含量与形态

（1）土壤中硫的含量

土壤中全硫的含量大多为0.01%～0.5%，平均为0.085%，较地壳平均含硫量（0.06%）稍高。土壤含硫多少与土壤所处的地理环境、母质关系密切。在各种成土母质中，岩浆岩含硫较少（平均为0.05%），沉积岩含硫量较高（如页岩平均高达0.26%），矿质土壤含硫量一般为0.01%～0.05%。我国土壤种类丰富，不同类型的土壤中硫的含量有所差异，滨海沼泽土和盐渍土一般比内陆土壤的含硫量高，如滨海酸性硫酸盐土的含硫量可高达1%。我国农田土壤含硫量多在0.01%～0.05%，整体偏低。南方高温多雨，硫的流失较重，土壤平均含硫量仅为0.028%；而北方和西北干旱、半干旱地区，流失少，除沙化土壤外，含硫量较高。我国有30%的耕地缺硫，20%的耕地潜在缺硫，尤其是东北、河南、内蒙古等地区缺硫严重。

土壤中的硫来源有母质、大气沉降、灌溉水、施肥等。岩石或成土矿物自然风化后，其中主要含硫矿物如石膏、泻盐、芒硝、黄铁矿、黄铜矿、辉钴矿以及其他一些矿物等，在通气性良好的土壤上经过微生物分解，释放出水溶性硫酸根。大气沉降是各种生态系统获得硫素的重要途径之一。大气中含硫化合物主要是气态SO_2和硫酸盐粒子（SO_4^{2-}）；灌溉水中也含有硫。在世界干旱地区，灌溉水中硫含量一般为300～1 500 mg/L，含硫量高，足以满足作物的需要。此外，含硫肥料是补充耕地土壤硫的重要来源。有机肥料如作物秸秆、绿肥和厩肥等含有一定量的硫。

（2）土壤中硫的形态

土壤中的硫具有多种形态，主要分为有机硫和无机硫，其中有机硫占绝大部分，无机硫相对较少，但无机硫中的硫酸盐是植物生长所必需的硫形态。

1）有机态硫

一般耕层土壤中的硫90%以上是有机硫。多数湿润和半湿润地区的非石灰性表层土壤中，有机硫可占全硫的95%以上。土壤中有机硫主要存在于动植物残体和腐殖质以及一些经微生物分解形成的较简单的有机化合物中。土壤中有机硫包括酯键硫（ester sulfate）、碳键硫（C–S bonded）和未知态有机硫（或惰性有机硫 UO–S）等组分。其中，氢碘酸（HI）可还原的有机硫部分是不与碳原子直接相连的称酯键硫，占土壤有机硫的30%～75%，包括硫酸脂、氨基磺酸硫、硫酸脂硫糖苷和磺酸半胱氨酸，是微生物分解有机残体的产物，一般认为是土壤中活跃的部分，易受土壤利用状况、有机物投入以及气候等因素影响，这部分硫易转化为无机硫。被 Ni–Al（raney nickel）还原的有机硫部分是碳键硫，平均占土壤有机硫的 54%，多数为含硫氨基酸，如胱氨酸、半胱氨酸和蛋氨酸等。碳键硫可能来自植物残体或微生物蛋白质合成，通常较稳定，不被氢碘酸（HI）还原为 H_2S。碳键硫比较稳定，对当季作物来说，其有效性低于酯键硫。但在长期耕作条件下，碳键硫可以通过酯键硫转化为无机硫而供作物吸收利用。此外，既不被 HI 也不被 Ni–Al（raney nickel）还原的有机硫部分称为未知态有机硫或惰性硫（UO–S），对植物的有效性不明确。

2）无机态硫

土壤中无机硫以水溶态硫酸盐（土壤溶液中的 SO_4^{2-}、S^{2-}）、吸附态硫酸盐（胶体吸附的 SO_4^{2-} 与溶液 SO_4^{2-} 平衡）、与碳酸钙共沉淀的难溶硫酸盐（如 $CaSO_4$、FeS_2、Al_2SO_4 等固态矿物态硫或元素硫）和还原态无机硫化合物而存在。其中硫酸盐是植物吸收利用的主要硫形态，还原态无机硫化物只有被氧化为硫酸盐才能被植物有效吸收。硫酸盐还原是指硫酸盐在生物作用下被还原，并最终生成 H_2S 等还原态硫化物的过程，其按照还原路径可分为两种类型：一种是硫酸盐的同化还原，另一种是硫酸盐的异化还原。

5.3.3.2 硫在土壤中的行为

（1）土壤中硫的吸附与解吸

土壤硫的吸附与解吸是指无机硫酸盐的吸附与解吸。一般而言，土壤对 SO_4^{2-} 的吸附机制可归纳为 4 种，第一种是土壤有机质的吸附。例如，森林土壤，有机质含量高且具有两性，且 pH 较低，可吸附 SO_4^{2-}，吸附力随 pH 增加而降低，但 Fe、Al 有机复合物不能吸附。第二种是交换吸附。SO_4^{2-} 可与 $H_2PO_4^{2-}$ 竞争吸附位，随磷可导致 SO_4^{2-} 解吸附。第三种是以置换水合基方式吸附。该过程包括先后进行的快反应和慢反应两种化学反应。快反应中，SO_4^{2-} 从土壤正电点置换水合基或从中性点置换羟基使表面负电荷增加；慢反应中，被吸附的 SO_4^{2-} 再与相邻的另一中性铝氧基团羟基或带正电荷的铝氧基团水合基置换形成六元环，表面负电荷减少或不变。第四种是阳离子诱导 SO_4^{2-} 吸附。采用一次平衡或柱状淋洗法研究 Ca^{2+} 存在时土壤对 SO_4^{2-} 的吸附，发现吸附量随 Ca^{2+} 吸附量的增加而增加，并证明其大多不是由于形成硫酸盐沉淀及形成 $CaSO_4^0$ 离子对所致，主要是 Ca^{2+} 诱导 SO_4^{2-} 离子的吸附。

（2）土壤中硫的氧化

硫的氧化指硫化氢以及土壤中的元素硫或硫的不完全氧化物在微生物的作用下被氧化，最终生成硫酸根的过程。硫的氧化是一个非常复杂的过程，从 S^{2-} 氧化至 SO_4^{2-}，中间产物涉及 FeS_2、S^0、SO_3^{2-}、$S_2O_3^{2-}$、$S_4O_6^{2-}$ 等，微生物在氧化过程中发挥着重要作用，是一种特殊的催化剂，参与硫氧化的细菌主要有化能自养细菌（如硫杆菌属，*Thiobacillus*）和异养硫细菌。

（3）土壤中硫的还原

土壤硫的还原是一个微生物参与的过程，主要有两条途径：一条途径是硫的同化还原，即在一系列酶的作用下，生物体把从环境中吸收的无机态硫同化还原为各种含硫化合物，组成蛋白质构成细胞体组分或释放出 H_2S；另一条途径是硫的异化还原，即在微生物参与下，硫酸盐作为电子受体氧化有机物，同时硫被还原为 H_2S，在该反应中硫相当于有氧呼吸中氧的作用。

（4）土壤硫的矿化

土壤有机硫的矿化主要是生物学过程，是在土壤微生物的作用下进行的。一定时间的矿化量取决于土壤理化性质，如温度、湿度、pH、养分状况以及有机或无机物质的加入和植物生长的影响。研究表明，20℃和 30℃下土壤有机硫累积矿化量与时间呈直线关系，14 周矿化量分别占有机硫总量的 1.2%～9.8% 和 2.4%～17.5%，温度系数（Q_{10}，即温度每变化 10℃，呼吸速率的相对变化）为 1.7～4.4，有机硫矿化势为 5～44 mg/kg。长期试验条件下土壤有机硫的组分会发生变化，没有施用有机物的条件下，土壤全硫含量下降，主要是有机硫的矿化；而施用有机肥，特别是施用泥炭的处理有机硫的含量增加。有无植物生长条件下土壤有机硫和无机硫的转化，种植作物显著提高有机硫的矿化量。

（5）土壤硫的循环与迁移

硫循环与氮循环很相似，都可被还原为气体形式而从土壤中挥发，在土壤中均以有机态存在，微生物是矿化 - 固持和氧化 - 还原反应的主要推动力量。土壤中硫的输入主要包括土壤风化、硫肥、杀虫剂、灌溉和大气沉降等，输出主要是植物收获、可溶性硫酸盐的淋失、气态硫挥发等。不同的土壤类型，存在不同的氧化还原体系，硫的存在形态也有差异。硫的气态释放是推动硫循环的动力，使硫循环具有了相对较快的周转速率，但是含硫气体的释放也对大气环境造成了影响。例如，稻田土壤硫素主要通过无机硫氧化与还原、腐殖化与矿化过程、生物固定作用等方式进行循环转化。土壤中的硫从硫酸的 +6 价到硫化物的 -2 价，有固、液、气 3 种形态，各种形态的硫相互转化和移动构成了土壤硫的循环，硫酸盐（SO_4^{2-}）在整个过程中具有特别的重要性（图 5-13）。

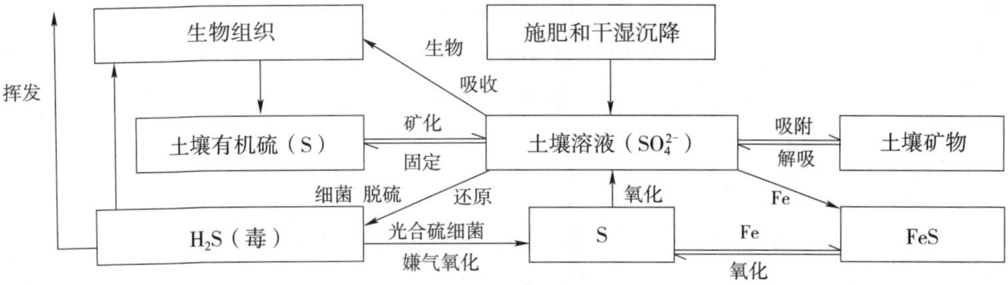

图 5-13 土壤中硫的循环

资料来源：王凡，朱云集，路玲 . 土壤中的硫素及其转化研究综述 [J]. 中国农学通报，2007（5）：249-253。

草地生态系统硫循环是指硫以各种途径输入、输出生态系统以及硫在系统内部植物 - 土壤之间、各营养级生物之间、生物体内和土壤内部的迁移转化，大致可以划分为大气硫库、植物硫库、土壤硫库和凋落物硫库。在草地生态系统中，硫主要以可溶性硫酸盐的形式被植物吸收后参与氨基酸、蛋白质的合成，被放牧家畜所采食。家畜粪尿、植物残体或动物尸体等经细菌分解后，将硫归还于土壤、水体、大气中，继而参与再循环。土壤中硫的淋溶损失是放牧系统中硫的主要输出形式。同时家畜粪尿中硫的损失也影响着放牧系统硫的平衡状况（图 5-14）。

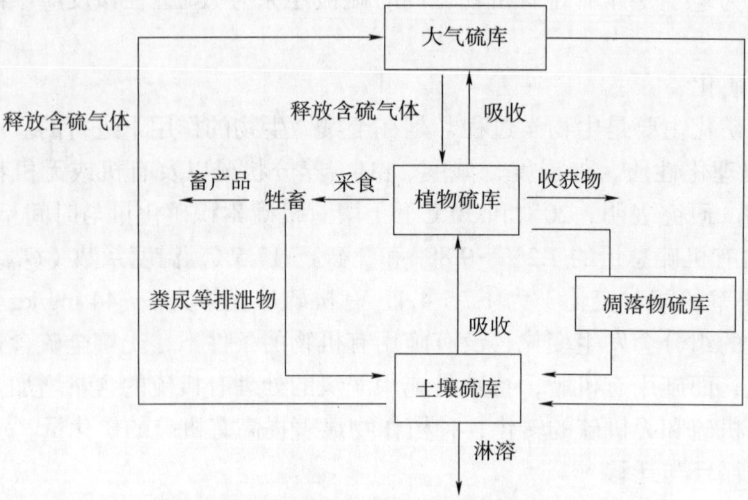

图 5-14　草地生态系统硫循环的模式

资料来源：刘淼，梁正伟．草地生态系统硫循环研究进展 [J]. 华北农学报，2009，24（Z）：257-262。

对硫素的生物地球化学循环过程、植物需求及其在大气中的行为等进行综合研究，探讨土壤、大气环境和植物中硫素的量化平衡，使之达到既控制大气污染又满足生态系统对硫素的需求，并改善生态环境。

5.3.3.3　硫素循环对环境的影响

硫在地球大循环中，通过硫的氧化还原反应，硫的价态和形态发生变化，从而使硫参与土壤－大气、土壤－水、土壤－生物以及土壤－岩石圈的交换，影响着各圈层的交换和循环。例如，土壤中的硫尤其是有机硫在生物的参与下发生氧化还原反应，产生挥发性气态硫化物，进入大气，进而影响全球变化，同时还会形成大气酸沉降，对陆地生态系统与生态环境造成重要影响。

（1）土壤硫素循环与全球气候变化

在全球硫循环中，硫的主要储库是地壳中的岩石（如石膏和黄铁矿等）。岩石风化使这些硫化物进入土壤圈和水圈，参与地球大循环。例如土壤中的硫通过同化还原进入生物体，推动土壤－生物圈的交换，在生物作用下，土壤中的硫尤其是有机硫在生物的参与下发生氧化还原反应，产生挥发性气态硫化物进入大气，影响全球气候。土壤能够释放的含硫气体主要有 COS、CH_3SH、CS_2、H_2S、DMS（二甲基硫）、MSH（甲硫醇）和 DMDS 等，据估算，全球土壤向大气释放的含硫气体量为 7～77 Tg/a。有证据证实，含硫气体进入大气后可氧化成气溶胶颗粒，它们可以改变云层的光学性质，从而影响全球气候。例如，COS在大气中的寿命可达两年，浓度仅次于SO_2，在大气对流层呈惰性，但能被气流输送到平流层，在平流层被氧化或光解为气溶胶，加剧氯原子的生成和臭氧层的破坏。

（2）硫对作物产量与品质的影响

硫通过酸沉降、母质同化、含硫化肥输入等途径进入土壤，但近年来随着大气硫污染减少、单位面积产量及复种指数提高和低硫化肥的应用，投入土壤的硫素逐渐减少，导致世界各地均出现了土壤缺硫情况，其中以北美洲、非洲、大洋洲、亚洲、西欧较为突出。硫是植物生长发育必不可少的营养元素，如果植物体内的有效硫含量不足，很容易引发植物的相关疾病，不利于植物的生长、发育以及繁殖。常见的症状有心叶黄化、叶片发黄、植株矮小、花期推迟、产量降低等，甚至会阻碍植物生殖器官的生长与发育，中断植物的生长。

植物种类不同表现出的缺硫症状也有所差异。例如，水稻缺硫时植株矮小，返青慢，晚熟，影响全年稻谷产量；玉米缺硫时全株呈黄绿色，并且成熟期推迟；土豆缺硫时生长缓慢，叶片黄化，但叶片不会提前脱落，可能出现褐斑，和缺氮的症状较为相似。若土壤存在缺硫情况，对于植物吸收营养和正常生长发育会产生不利影响，降低植物对不利环境的抗性和耐受性。

缺硫会影响小麦籽粒蛋白质含量及麦谷蛋白和醇溶蛋白在总蛋白中的比例，影响面粉的品质。施用硫肥对作物的产量、蛋白质和淀粉积累有较大的影响。研究表明，施用硫肥不仅能够显著提高小麦产量，还能提高小麦籽粒总蛋白、淀粉和面筋含量，并增加谷蛋白、醇溶蛋白含量以及谷蛋白与醇溶蛋白的比值，改善其品质。可见，硫对维持植物生态系统健康发展有着重要意义。

（3）硫对土壤酸化的影响

在成土过程中，硫循环过程可导致土壤酸化。有机硫矿化可生成硫化物或硫酸盐，矿化过程产生质子，植物吸收硫酸离子的过程则是消耗质子的过程；石膏的溶解不会产生也不会消耗质子，因此内蒙古西部硫酸盐草地土壤的pH可保持在8.5以下；硫酸铝和硫酸亚铁的水解以及黄铁矿的氧化均向土壤中输入质子，进而导致土壤酸化或极端酸化，如黄铁矿区的土壤pH可低至2.0以下。

除COS和约50%的CS_2（被氧化为COS）停留在大气中，其他含硫气体在大气对流层中被OH^-和O_3等氧化剂氧化生成SO_2或SO_4^{2-}，产生与酸雨相关的环境问题。大气硫的干湿沉降是自然生态系统中土壤酸化的重要诱因之一。首先，酸化改变土壤的基本化学性质，降低交换性钙、镁、钾含量，增加锰、铁、铜等元素的活性，引起铝和锰毒害；其次，土壤酸化还加速SO_4^{2-}和NO_3^-向下层土壤的迁移，导致土壤无机碳分解和交换性阳离子流失。

（4）酸性硫酸盐土壤对生态环境的影响

酸性硫酸盐土壤（acid sulfate soil，ASS）是指发育于硫化物矿物成土母质的土壤，或者受硫化物矿物风化、酸化影响的土壤。是全球沿海周边广泛分布的土壤种类，其铁、硫元素的生物地球化学过程在全球物质循环过程中具有重要地位。

1）环境（类）金属净化者。淹水还原环境下，由于存在硫化物、有机物质，有利于ASS形成金属硫化物和金属含量较高的有机复合物，将游离的金属固定下来，实现海水净化。

2）影响有毒金属及类金属行为。在氧化环境下，ASS 严重酸化，Al、Cd、Mn、Ni、As 等有毒金属及类金属被大量活化出来。据估算，芬兰因 ASS 土壤释放到环境中的 Al、Co、Ni、Zn、Cd 和 Mn 金属高于工业排放量 10～100 倍。欧洲 ASS 中 Al 的溶解率和转移率大幅提高，使周边河流中 Al 含量偏高。

3）导致营养元素被固定或流失。在氧化环境下，ASS 严重酸化导致 P、Ca、Mg、Zn、Cu、K、B 等生物生长必需营养元素被固定或流失。

4）污染周边生态环境。酸根离子和有毒金属及类金属随水经渗漏、侧流等途径进入周边水系，酸化污染周边体环境及水系周边生态系统。

5）限制植物生长。ASS 对植物生长的毒害不仅因低 pH 的直接影响，还与 Al、Fe 等金属离子活化的毒害作用有关，同时，P、Ca、Mg、Zn、Cu、K、B 等营养元素有效性低、土壤结构差等因素均限制了植物的生长。受 ASS 影响的水域中水生苔藓体内 Al、Cu、Fe 含量显著高于常规值。

6）危害滨海生物。淹水环境中因潮汐、作物根系作用以及生物扰动等影响，也会发生氧化反应，使还原性硫化物发生氧化，释放出酸根离子和金属或类金属，进而污染海水环境、危害滨海生物。澳大利亚东部受 ASS 影响的流域常发生大规模鱼类死亡事件，其原因主要归结于强酸和金属离子含量高。

可见，ASS 生态系统在不同环境条件下扮演着环境金属和类金属净化者和污染者的双重角色。随着当前耕地面积的不断萎缩，为了缓解人多地少的矛盾，开发改良 ASS 等低产田块是提高我国粮食产量水平的重要途径。因此，亟须对 ASS 形成机理、发育过程、土壤特性、生态环境效应等方面展开深入研究。

思考题

1. 土壤微生物有哪些种类？其在土壤中的作用是什么？
2. 土壤动物有哪些种类？其在土壤中的作用是什么？
3. 菌根有哪些类型？菌根的作用有哪些？
4. 土壤酶的种类及功能有哪些？影响土壤酶活性的因素有哪些？
5. 土壤动物及微生物与物质分解和转化的关系。
6. 土壤中碳素形态主要有哪些？影响土壤有机碳转化的因素有哪些？
7. 土壤碳循环如何影响全球气候变化？研究土壤碳库对气候变化有什么意义？
8. 土壤有机碳与无机碳二者关系如何？
9. 微生物在土壤有机碳转化中的作用是什么？
10. 分析土壤碳“源”和“汇”影响因素。
11. 土壤碳循环在全球碳循环中的地位与作用是怎样的？
12. 土壤中氮素有哪几个形态？它们之间是怎么相互转化的？
13. 土壤硝化和反硝化作用的区别是什么？
14. 土壤中磷迁移转化与水体富营养化有何关系？
15. 土壤中硫素的固定有哪几类？
16. 当前氮素研究方法有哪几类？

17. 土壤磷素、硫素循环对环境有哪些影响?
18. 土壤中硫素与土壤酸化的关系有哪些?

拓展训练题

1. 谈谈你对“没有土壤生物多样性，就没有地球生命的可持续性”的理解。
2. 土壤生物多样性保护的重要意义。
3. 查阅相关文献资料，分析我国农田固碳减排的潜力及主要技术途径。
4. 谈谈如何助力“碳达峰”和“碳中和”。
5. 当前我国农田土壤氮素去向和损失途径有哪些? 如何有效提高氮素利用率?
6. 从可持续发展角度，分析如何解决当前农田土壤中有效磷含量不足的问题?

第 6 章　土壤污染及其特点

本章介绍了土壤污染有关的基本概念、土壤污染的来源与类型、特点与危害；在阐明土壤环境中重金属的污染特征及迁移转化规律的基础上，重点介绍了几种重要重金属的污染来源、环境行为及污染危害；全面系统地阐述了农药、多环芳烃类、石油类、持久性有机污染物在土壤中的环境行为和生物效应。此外，简要介绍了土壤中的放射性污染。通过学习，了解我国土壤污染的基本概况，认识到土壤健康面临的严峻挑战；重点掌握重金属在土壤中的迁移转化规律；掌握土壤中主要有机污染物的生态效应与环境质量；熟悉不同类型污染物对土壤生态系统的危害。本章内容将为土壤污染的基础研究、土壤污染的预防和修复工程提供有关基础知识。

土壤是万物生长的根本，是人类赖以生存、兴国安邦、生态文明建设的基础资源。土壤环境质量关乎饮食安全、居住安全和生态安全，关系百姓民生福祉、社会和谐稳定和经济可持续发展。建设美丽家园，创造美好生活，均离不开洁净安全的土壤环境。当今世界，全球所面临的气候变化、生物多样性降低、粮食安全、人体健康等重大环境问题均与土壤密切相关。

土壤是生态环境的重要组成部分，是联系无机界和有机界的纽带。人类的生存，一方面受环境的制约，另一方面通过自身的生产和消费活动又在不断地影响着环境。人类从自然环境中索取各种生存和发展所需要的物质和能量，最终以“三废”的形式排放到环境中。土壤是一个开放的生态系统，工业“三废”中的污染物质可直接或间接地通过大气的干湿沉降、污水灌溉和固体废物的堆放、处理与处置等方式输入到土壤环境中。此外，现代农业生产中过量施用农药、化肥及施用污泥等，这些途径都可能使土壤环境遭受污染，导致土壤结构、组成、功能的变化，降低土壤生产能力，影响土壤生态系统功能的发挥，从而影响植物正常生长发育，并在植物中累积，影响作物产量、品质，最终影响人类健康。

土壤污染的影响直接涉及人类的各种主要食物来源，与人类的生活和健康的关系极为密切。因此，研究土壤污染的发生，污染物在土壤中的迁移、转化、降解、残留，以及研究土壤污染的控制和消除，对保护人类环境具有十分重要的意义。围绕土壤环境保护和土壤污染防治，我国相继发布了《土壤污染防治行动计划》（简称“土十条”）、《农用地土壤环境管理办法（试行）》、《土壤环境质量　农用地土壤污染风险管控标准（试行）》（GB 15618—2018）、《土壤环境质量　建设用地土壤污染风险管控标准（试行）》（GB 36600—2018）、《中华人民共和国土壤污染防治法》等重要法律法规及标准，为我国土壤环境保护与风险管理提供了有效的法律依据和制度保障，加强土壤环境污染控制是推进生态文明建设的重要内容和美丽中国的客观要求。

6.1 土壤污染概述

6.1.1 土壤污染定义

土壤是各类废弃物的天然收容场所和净化处理场所，可以在一定限度上接纳污染物，土壤虽然被称作是污染物的“净化器”与“消毒机”，但如果其数量超过了土壤的自净能力，污染物质就会在土壤中不断累积，最终导致土壤成分、性质的改变。

根据《中华人民共和国土壤污染防治法》，土壤污染指因人为因素导致某种物质进入陆地表层土壤，引起土壤化学、物理、生物等方面特性的改变，影响土壤功能和有效利用，危害公众健康或者破坏生态环境的现象。土壤污染具有一定的隐蔽性和滞后性，只有当土壤污染物通过土壤—农作物—生物体或土壤—地下水（地表水）—生物体这两个基本环节对动物和人体产生毒害时，土壤污染才可能被发现和关注，而此时土壤污染往往已经发展到很严重的地步。因此土壤污染的潜在性和隐蔽性更决定了认识土壤污染的困难、污染的复杂性以及危害的不确定性。

虽然我国目前已基本形成以土壤污染防治法和“土十条”为核心政策，相关配套管理办法、标准和技术规范等为基础的土壤环境管理体系，但由于我国土壤环境保护和污染防治工作长期没有得到应有的重视，潜在的土壤环境问题逐渐凸显，对土壤环境质量、农产品安全和人体健康均造成了严重威胁。据2016年全国土壤污染状况调查结果，我国土壤环境状况总体不容乐观，部分地区土壤污染较重，耕地土壤环境质量堪忧，工矿业废弃地土壤环境问题突出。对于我国这样一个人口众多、土壤资源紧缺的国家而言，健康的土壤则显得尤为重要。因此，要善待土壤！

6.1.2 土壤污染来源及污染类型

6.1.2.1 土壤污染来源

土壤是一个开放系统，土壤与其他环境要素间进行着物质和能量的交换，因而造成土壤污染的物质来源极为广泛，既有自然污染源，也有人为污染源。自然污染源是指某些矿床的元素和化合物的富集中心周围，由于矿物的自然分解与分化，往往形成自然扩散带，使附近土壤中某元素的含量超过一般土壤的含量。人为污染源是土壤环境污染研究的主要对象，包括大气沉降、工业污染源、农业污染源和生活污染源。这些污染物造成了土壤中重金属含量的增加、土壤酸化、营养元素流失，导致土壤生态系统遭到破坏。

（1）大气沉降

由于工业、交通的迅速发展，大量有害物质随大气循环沉降到土壤中，其中危害最大的是重金属沉降和酸沉降。大气中重金属污染的来源主要是化石燃料的燃烧、交通尾气的排放以及冶金化工等行业工业废气的排放，这些污染物在环境中稳定，对生物毒性大，且容易在食物链中富集，已经成为威胁人类健康的重大问题。

对土壤、植被等有重要影响的大气酸性沉降物主要有二氧化硫（SO_2）和氮氧化物（NO_x）等，它们可以通过干湿沉降两种形式沉降到地面。酸沉降造成土壤pH逐渐降低、土壤化学组成发生变化，从而导致生态系统的退化，如农业减产、森林衰退、水生生物死亡等，并且短时间内难以恢复。

（2）工业污染源

工业废水、废气、废渣中含有多种污染物，其浓度一般较高，一旦进入农田，在短期内即可引起对土壤、作物的危害。但土壤污染具有一定的隐蔽性，通过一定时间的积累，有害元素通过饮食等途径进入人体，长期影响就容易导致各种疾病，损害人体健康，“癌症村”就是工业污染非常典型的案例。当然，随着国家对环境保护的重视，人们对健康生活的关注，“癌症聚集高发”的现象开始逐渐减少，直至缓缓消失。

1）工业废气

工业生产排出的废气，通常含有 CO_2、SO_2、硫化氢（H_2S）、氟化物（F^-）、NO_x、硫酸（雾）、烟尘、生产性粉尘及汞、铅、镉等重金属。废气随风飘散，会随降水、自然沉积等过程落在地表，从而导致土壤质量严重下降，农作物品质降低，危害人体健康。

2）工业废水

是指工艺生产过程中排出的废水和废液，其中含有随水流失的工业生产用料、中间产物、副产品以及生产过程中产生的污染物。用未经处理或未达到排放标准的工业污水灌溉农田是污染物进入土壤的主要途径，其后果是在灌溉渠两侧形成污染带，属于封闭式局限性污染。

在各种工业废水中，含有氮、磷、钾等许多植物所需要的养分，如能合理地使用污水灌溉农田，一般有增产效果。但污水中还含有重金属、酚、氰化物等许多有毒有害的物质，未经处理的废水流经的土壤含大量毒素，这样的土壤要么产出有毒农作物，要么就寸草不生；废水流入河流，村民用被污染的河水灌溉农作物，有毒物质积累在土壤中，导致农作物产量与质量下降，而且还含有大量致癌物质。例如冶炼、电镀、燃料、汞化物等工业废水能引起镉、汞、铬、铜等重金属污染；石油化工、肥料、农药等工业废水会引起酚、三氯乙醛、农药等有机物的污染。

3）工业废渣

工业废渣的固体废物长期堆存不仅占用大量土地，而且会造成对水系和大气的严重污染和危害。大量采矿废石堆积的结果，毁坏了大片的农田和森林地带。工业有害废渣长期堆存，经过雨雪淋溶，可溶成分随水从地表向下渗透；向土壤迁移转化，富集有害物质、使堆场附近土质酸化、碱化、硬化，甚至发生重金属型污染。一般在有色金属冶炼厂附近的土壤里，铅含量为正常土壤中含量的 10～40 倍，铜含量为正常土壤中含量的 5～200 倍，锌含量为 5～50 倍。这些有毒物质一方面通过土壤进入水体，另一方面在土壤中发生积累而被作物吸收，毒害农作物。

工业废渣与城市垃圾在雨水、雪水的作用下，流入江河湖海，造成水体的严重污染与破坏，如果将工业废渣或垃圾直接倒入河流、湖泊或沿海海域中会造成更大的污染。世界上原子反应堆的废渣、核爆炸产生的散落物以及向深海投弃的放射性废物，已使能量为 0.74 EBq（2 000 × 10 000 Ci）的同位素污染了海洋，海洋生物资源遭到极大破坏。工业废渣与垃圾在堆放过程中，在温度、水分的作用下，某些有机物质发生分解，产生有害气体，一些腐败的垃圾废物散发腥臭味，造成对空气的污染，例如，堆积如山的煤矸石发生自燃时，火势蔓延，难以救护，并排放大量的 SO_2 气体，污染环境。此外，采取焚烧方法处理固体废物时排出的烟尘和有害气体也会污染大气。

工业“三废”对土壤的污染除了具有一定的隐蔽性和滞后性之外，还具有不可逆转性。因此，工业排放的重金属元素进入土地，达到一定程度之后，想要在短期内恢复基本是不可能的；自然状态下，可能需要一两百年甚至更长的时间才能恢复。

（3）农业污染源

农业面源污染是我国土壤环境污染的主要原因之一，是目前我国农村环境质量下降的主要形式，我国受农业面源污染影响的农田有 2 000 万 hm^2，污染现状比较严重。《第二次全国污染源普查公报》显示，2017 年通过农业面源污染排放的总氮（TN）为 141.49 万 t，总磷（TP）为 21.20 万 t，分别占同期全国排放的 46.52% 和 67.22%。农业面源污染对耕地土壤环境构成的威胁已日益严重。自 2015 年以来，农业部（现农业农村部）组织开展化肥农药使用量零增长行动，经过 5 年的实施，截至 2020 年年底，我国化肥农药减量增效已顺利实现预期目标，化肥农药使用量显著减少，化肥农药利用率明显提升。2021 年的“中央一号文件”（《关于全面推进乡村振兴加快农业农村现代化的意见》）明确表示，2021 年要持续推进化肥农药减量增效，加强可降解农膜研发推广，推进农业绿色发展。

1）化肥的过度使用

我国用不到世界 10% 的耕地，耗掉了全球化肥总量的 1/3。仅 1980 年至 2015 年，我国粮食单产水平提高了 56%，而化肥投入量增长了 225%；同期，德国、法国等发达国家粮食单产水平提高了 51% ～52%，而化肥投入量则减少了 31%～47%。我国化肥利用率普遍较低，氮肥平均利用率为 30%、磷肥为 18%、钾肥为 40%。大量化肥的施用使许多有害物质进入土壤，导致土壤变碱或变酸，削弱土壤或肥料中其他营养元素的供应效应。化肥生产原料含有有害痕量化学元素，如工业磷肥中的镉（Cd）、锡（Sn）、铅（Pb）、砷（As）等，这些元素残留会造成土壤污染。化肥还会引起硝酸盐和亚硝酸盐的污染及硫化物、硫酸盐污染，也可能使土壤营养元素尤其微量元素平衡被破坏，造成农作物缺素症和重金属污染。长期大量施用氮肥会增加无机碳损失的风险，土壤 CO_2 释放量随施氮量增加而显著增加。长期使用化肥，特别是施肥不平衡，往往导致土壤板结、耕地质量变劣、土壤肥力下降，农民为维持农田生产能力，更加依赖于增加化肥，形成恶性循环。

2）农药污染

农药是重要的生产资料，现代农业生产中，农药在植物病虫害综合防治中占有重要地位。我国是一个农业大国，也是生产和消费农药的大国。目前，农民大多直接向土壤或植物表面喷洒农药，使得土壤受农药污染严重。研究表明，农药在施用过程中只有一部分留在植物上，另一部分进入土壤、空气中。而土壤是农药在环境中的“贮藏库”与“集散地”。研究表明，农药的施用有 80%～90% 最终进入土壤环境中。其中 80% 以上残留在土壤 0～20 cm 的表土层。农药毒性越强，在土壤中降解越慢，残留期越长，就越容易导致土壤的污染。土壤农药污染现在已成为一个严重的全球性问题，亟须解决。

3）农用地膜污染

农用地膜是继种子、化肥和农药之后的又一项重要生产资料。农用地膜可以起到增温、保水、防虫和防草等作用，在促进农业增产和增收方面发挥了重要作用，为我国农业发展作出了重大贡献。我国农用地膜使用量巨大且逐年不断增加，20 多年来年使用量已增长 4.05 倍，从 1991 年的 64.2 万 t 增长到 2018 年的 246.5 万 t。农用地膜经使用后大量残留于土壤中，我国农用地膜回收率不到60%。农用地膜的主要成分是聚乙烯（PE），包括高密度聚乙烯（HDPE）、低密度聚乙烯（LDPE）和线性低密度聚乙烯（LLDPE）；聚氯乙烯（PVC）膜因其高毒性在美国已被禁用。总体上说，我国使用的农用地膜的厚度与欧洲、日本等发达国家（地区）相比要薄得多，个别地区使用农用地膜厚度甚至小于0.005 mm，而发达国家通常要求农用地膜厚度在0.02 mm以上。农用地膜厚度小，一方面回收不易，另一方面易风化、碎片化严重；土壤中积累的塑料薄膜在光照和微生物等作用下可被分裂成微塑料甚至是纳米塑料，同时还易释放邻苯二甲酸酯等增塑剂污染物，会严重影响居民的身体健康和农产品的质量安全问题。

4）畜禽粪便污染

快速发展的畜牧业导致大量的养殖废弃物的产生，全国畜禽粪污产生量由2010年的32.52亿t上升至2017年的38.18亿t，大量畜禽粪便、污水等养殖废弃物对生态环境造成的污染日益加重，污染耕地、水体、大气及生物，引起土壤板结、水体富营养化，引发呼吸道感染等疾病，影响人体健康。现代集约化养殖生产中，铜（Cu）、锌（Zn）等微量元素，兽用抗生素，盐已被广泛应用于饲料添加剂生产中用于防治畜禽疾病、促进畜禽生长、提高免疫力等。但是微量元素、兽用抗生素性质稳定，很难被动物消化吸收，利用率通常比较低，大部分以原药和代谢产物的形式通过粪尿排出体外，导致畜禽粪便中重金属、抗生素超标。畜禽粪便因为含有丰富的氮、磷等营养元素而广泛应用于农田土壤中，我国多年沿用以动物排泄物作为有机肥施入土壤，畜禽粪便中的重金属、抗生素、盐伴随氮、磷等营养元素一同进入土壤中，导致土壤中的氮、磷、重金属、抗生素、盐分含量超过土壤环境承载力，给生态环境带来不良影响，并通过食物链传递，对人体健康产生潜在危害。《第二次全国污染源普查公报》显示，畜禽养殖业是我国农业污染的主要来源，其中化学需氧量（COD）、TN、TP排放量占农业源污染物排放总量的93.76%、42.14%、56.46%，已成为当前美丽乡村建设和乡村生态文明建设及绿色生态农业健康发展的重要限制因素。

研究发现集约化养殖条件下的粪便产生量远远大于耕地承载能力，现我国单位面积农用地氮、磷负荷极高，其中耕层及亚耕层的有效磷分布呈高度不均匀的现象。部分省市的单位耕地面积畜禽养殖氮污染负荷远远超出欧盟规定的粪肥年施氮的警戒线；此外，土壤中过量的重金属容易被植物的根系吸收对人畜健康构成威胁。

5）污水灌溉

污水灌溉（污灌）的本义是指以经过处理并达到灌溉水质标准要求的污水为水源所进行的灌溉。污水不仅是灌溉的重要水源，也是重要的肥源。据测定，污水中含有氮、磷、钾、锌、镁等多种养分，有丰富的有机质悬浮物，因此，污水灌溉的耕地能节省肥料、降低成本，而且土壤肥力也将不断提高。

全球约有7%的地区，涉及50多个国家进行污水灌溉。我国属于农业大国，农业灌溉用水达总用水量的74%以上。污水灌溉作为我国农灌的一种方式，约占全国农业灌溉总面积的10%，主要分布在我国干旱情况较为普遍的西北、华北地区。2014年发布的《全国土壤污染状况调查公报》显示，55个污水灌溉区中，有39个存在土壤污染；在1 378个土壤点位中，超标点位占26.4%。原农业部在对约140万 hm^2 污水灌溉区调查中发现，遭受重金属污染的土地面积占污水灌溉区面积的64.8%，北京、天津、辽宁、陕西、山西、湖南、湖北、上海、江苏、广东、广西等省（区、市）的污水灌溉区都面临由污水灌溉造成的重金属污染，而且各个地区的重金属类型不一。为加强农田灌溉水质监管，生态环境部牵头修订并发布了《农田灌溉水质标准》（GB 5084—2021），明确农田灌溉水质、监测和监督管理要求，完善了污染物控制项目，为保障土壤、地下水环境质量和农产品质量安全提供了有力抓手。

（4）生活污染源

生活污染源是指人类生产活动产生的污染物发生源，如生活垃圾在土壤表面的堆积、生活污水在土壤表面的溢流等使大量有机物、无机营养元素、病原细菌等进入土壤导致污染，其中城市和人口密集的居住区是人类消费活动的集中地，是主要的生活污染源。

6.1.2.2　土壤污染类型

自然界中污染物质或污染源在不具备进入土壤的条件或进入量有限的情况下是不会构成土壤污染的，只有在特定的条件下才会对土壤造成污染。因此，了解土壤污染的发生途径，对污染的控制有重要的意义。通常按土壤污染源和污染途径，分为水体污染型、大气污染型、固体废物污染型、农业污染型、综合污染型。

（1）水体污染型

水体污染型是土壤环境污染的最主要发生类型，污染源主要是工业废水、城市生活污水和受污染的地表水体。利用经过预处理的城市生活污水或某些工业废水进行农田灌溉，如果使用得当，一般可有增产效果，因为这些污水中含有许多植物生长所需要的营养元素。同时又节省了灌溉用水，使污水得到了土壤的净化，减少了治理污水的费用等。但是工业废水成分复杂，其中有机物和重金属是重要的污染物，工业废水的无处理排放把其中的污染物带入周边土壤。生活污水中含有难降解的洗涤剂，在土壤中滞留时间较长，而且含有粪便和腐烂物等生活污水的致病菌也会造成沿线土壤遭受微生物污染。

经由水体污染所造成的土壤环境污染，其分布特点是：由于污染物质大多以污水灌溉形式从地表进入土体，所以污染物一般集中于土壤表层，通常沿已被污染的河流或干渠呈树枝状或片状分布。但是，随着污灌时间的延续，某些污染物质可随水自上部向土体下部迁移，以至达到地下水层。

（2）大气污染型

污染物质来源于被污染的大气，其污染特点是以大气污染源为中心呈环状或带状分布，且长轴沿主风向伸长。污染的面积、程度和扩散的距离，取决于污染物质的种类、性质、排放量、排放形式及风力大小等。

大气污染型的土壤污染特征：污染物质主要集中在土壤表层，大气污染物经过降雨、降雪、成雾等湿沉降作用以及吸附、吸收等干沉降作用降至地面导致土壤污染。土壤大气污染主要表现为 pH 变化、粉尘、重金属污染和放射性污染。

第一，土壤 pH 变化。在工业和民用废气中，大量的 SO_2、CO_2、NO_2 等酸性气体随雨水落入土壤后使土壤 pH 降低，而碱厂和石膏厂多排放含有碱性物质的废气进入土壤后使土壤的 pH 升高。

第二，粉尘和重金属污染。在矿区和冶炼厂，废气中含有的大量粉尘进入土壤后改变土壤的团粒结构，进而改变土壤的原有功能，更为严重的是这些粉尘中大多含有重金属元素，落入土壤后的粉尘会导致土壤重金属污染。另外，含铅汽车尾气沉降会使土壤遭受铅污染。

第三，放射性污染。原子能工业、和平核试验、原子能设施的核泄漏都会引起放射性物质随风飘到很远的距离，这些放射性物质沉降到地面，均会造成局部地区土壤的严重污染。

（3）固体废物污染型

固体废物是指生产和生活中被丢弃的固体状物质和泥状物质，包括工业废渣、城市垃圾、从废水中分离出来的固体颗粒物等。在土壤表面堆放或处理、处置固体废物、废渣会占用大量耕地，还可通过大气扩散或降水淋滤使周围地区的土壤受到污染。

有害固体废物长期堆存，经过雨雪的淋溶作用，可溶成分随水从地表向下渗透，并向土壤迁移转化，有害物质富集，使堆场附近土质酸化、碱化、硬化，甚至发生重金属型污染。

这种污染的污染特征属点源污染，主要是造成土壤环境的重金属污染，以及油类、病原菌和某些有毒有害有机物的污染。

（4）农业污染型

指由于农业生产的需要而不断施用化肥、农药、城市垃圾堆肥、污泥等引起的土壤环境污染。污染程度与化肥、农药的数量、种类、利用方式及耕作制度等有关。有些农药如有机氯杀虫剂DDT、六六六等，可在土壤中长期残留，并在生物体内富集。氮、磷等化学肥料中凡未被植物吸收利用和未被根层土壤吸附固定的养分都会在根层以下积累或转入地下水，成为潜在的环境污染物。

残留在土壤中的农药和氮、磷等化合物在地面径流或土壤风蚀时，就会向其他地方转移，扩大土壤的污染范围。

农业污染型的污染物质主要集中在土壤表层或耕层，其分布比较广泛，属于面源污染。

（5）综合污染型

土壤环境污染的发生往往是多源性质的。对于同一区域受污染的土壤，其污染源可能同时来自受污染的地面水、大气，或同时来自固体废物以及农药、化肥等多方面。因此，土壤环境的污染往往是综合污染型的，但对于一个地区或区域的土壤来说，土壤污染可能是以某一污染类型或某两种污染类型为主。

上述土壤污染类型是相互联系的，它们在一定的条件下可以相互转化。固体废物污染型可以转化为水污染型和大气污染型，农业污染型本身就是固体废物污染型、大气污染型及水污染型。

6.1.3 土壤环境容量与自净作用

土壤在保护环境和维持生态平衡中发挥着重要作用，更是保障食品质量安全和人体健康的重要物质基础。然而随着快速城市化进程和产业结构调整，忽视了污染物排放和社会经济活动超越土壤环境承载力的风险，最终导致社会经济发展与土壤质量安全的冲突与失衡。越来越多的土壤污染事件的爆发表明，土壤环境质量与经济持久稳定发展之间的矛盾日益凸显。根据目前关于土壤污染相关研究成果推断，我国有较多地区的土壤环境容量已达到或接近极限水平，与此同时，我国关于土壤环境容量的研究还远不能为政府或决策机构提供有效的技术支撑。因此，深入研究土壤环境容量对制定相关标准、控制污染物总量排放、开展土壤污染预测和建设可持续发展社会具有重大意义。

6.1.3.1 土壤环境容量

（1）环境容量

环境容量也称污染物环境容纳量，是指人类生存和自然生态不受损害的前提下，环境所能容纳污染物的最大负荷量。环境容量是环境承载力的构成部分，没有环境容量也就没有环境承载力。环境容量这一概念最早由日本学者根据环境管理需要提出的，它定义了一个有限时空内受资源、空间等各方面因素限制时能够容纳的人为活动产生的污染物总量的极限。伴随着可持续发展理论的提出，以及资源枯竭和环境破坏等全球性危机的出现，环境容量的研究重心逐渐向资源环境约束下的污染物相对容纳极限方向转移。

一个确定的环境具有对某一污染物的容纳能力，这个容纳能力是有限的，其容量的大小与环境的空间大小、各环境要素的特性，以及污染物本身的特性有关。总体上，对某一特定环境而言，空间越大，其对污染物的容纳量越大，环境容量越大；对某种污染物而言，它的物理和化学性质越不稳定，环境对该种污染物的容量就越大。

（2）土壤环境容量

土壤环境容量是指一定环境单元、一定时限内遵循环境质量标准，既保证农产品产量和品质，同时也不使环境污染时，土壤能容纳污染物的最大负荷量，其中涉及背景值、临界值、迁移系数等概念。掌握一个地区土壤环境容量，有利于科学地评价土壤环境质量、预测环境效应，可以科学估算区域净化能力，进而控制由农业生产带来的环境污染。

土壤环境容量研究以土壤生态为中心和目标，通过研究土壤环境背景值、临界值、污染物迁移转化系数以及典型数学模型，从而判断区域土壤污染物承载能力，最终为区域污染控制提供参考依据。土壤环境容量主要用于制定土壤环境标准、制定农田灌溉用水和水量标准、制定污泥施用量标准、区域土壤污染物预测和土壤环境质量评价、污染物总量控制的应用等。

6.1.3.2 土壤环境的自净作用

土壤的自净作用是土壤所具有自身更新的能力，指进入土壤的污染物，在土壤矿物质、有机质和土壤微生物的作用下，经过一系列的物理、化学及生物化学反应过程，降低其浓度或改变其形态，从而降低或消除污染物毒性的现象。土壤自净作用的能力一方面取决于土壤中微生物的种类、数量及活性；另一方面取决于土壤的结构、有机物含量、温度、湿度、通气状况等理化性质。土壤具有团粒结构，并且栖息着种类繁多、数量巨大的微生物群落，这使土壤具有强烈的吸附、过滤和生物降解作用。当污水、有机固体废物施入土壤后，各种有毒或无毒的物质首先被土壤吸附，随后被微生物和小型动物部分或全部分解转化，使土壤恢复到原有状态。

有相当一部分种类的污染物（如重金属、农药等）很难通过土壤的自净作用降低毒性或消除危害。这些污染物进入土壤系统将会引起不同程度的土壤污染，进而影响土壤中生存的动植物，最后通过生态系统食物链危害牲畜及人体健康。

土壤自净作用根据自净原理可以分为物理净化作用、物理化学净化作用、化学净化作用和生物净化作用。

（1）物理净化作用

土壤是一个多相的疏松多孔体，进入土壤中的难溶性固体污染物可被土壤机械阻留；可溶性污染物可被土壤水分稀释，降低毒性，或被土壤固相表面吸附，但可随水迁移至地表水或地下水层；某些污染物可挥发或转化成气态物质通过土壤孔隙迁移到大气介质中。这些物理过程只是将污染物分散、稀释和转移，并没有将它们从自然环境中降解消除，所以物理净化过程不能降低污染物总量，有时还使其他环境介质受到污染。土壤物理净化的效果取决于土壤的温度、湿度、土壤质地、土壤结构以及污染物的性质。

（2）物理化学净化作用

土壤颗粒表面具有很强的吸附作用，能吸附溶于土壤溶液中的气体、胶体微粒及其他物质，并将它们聚集或浓缩在土壤颗粒表面。物理化学净化作用是指污染物的阴阳离子与土壤胶体上原来吸附的阴阳离子的交换吸附作用。例如：

$$\text{（土壤胶体）}Ca^{2+}+HgCl_2 \rightleftharpoons \text{（土壤胶体）}Hg^{2+}+CaCl_2$$

$$\text{（土壤胶体）（}OH^-\text{）}_3+AsO_4^{3-} \rightleftharpoons \text{（土壤胶体）}AsO_4^{3-}+3OH^-$$

上述净化作用是可逆的离子交换反应，服从质量作用定律。净化能力的大小可用土壤阳离子交换量的大小或阴离子交换量的大小来衡量。污染物的阴离子、阳离子被交换吸附到土壤胶体上，降低了土壤溶液中这些离子的浓（活）度，相对减轻了有害离子对植物生长的不利影响。土壤胶体主要带负电荷，故对带正电荷的污染物净化能力较强。增加土壤胶体含量可相应提高净化能力。增加 pH，有利于污染物阳离子净化，反之，有利于污染物阴离子净化。

物理化学作用的净化效果与胶体自身的性质和污染物离子的性质有关。黏土胶体吸附金属离子的顺序是 $Cu^{2+}>Pb^{2+}>Ni^{2+}>Co^{2+}>Zn^{2+}>Ba^{2+}>Rb^{2+}>Sr^{2+}>Ca^{2+}>Mg^{2+}>Na^{+}>Li^{+}$；有机胶体对金属离子吸附的顺序是 $Pb^{2+}>Cu^{2+}>Cd^{2+}>Zn^{2+}>Ca^{2+}>Hg^{2+}$。我国常见土壤对砷的吸附能力是红壤＞砖红壤＞黄棕壤＞黑土＞碱土＞黄土。

物理化学净化作用不能消除污染物，故只能相对减轻危害；物理化学净化作用是暂时的、不稳定的；物理化学净化作用是污染物在土壤环境中的积累过程，将产生严重的潜在威胁。

（3）化学净化作用

化学净化作用是指通过溶解、氧化、还原、化学降解和化学沉淀等过程，使污染物迁出土壤之外或转化为不被植物吸收的难溶物，并不改变土壤结构和功能的作用方式。污染物进入土壤后，可以发生一系列化学反应。如凝聚与沉淀反应、氧化还原反应、络合－螯合反应、酸碱中和反应、水解反应、分解化合反应，或者发生由太阳辐射能和紫外线等引起的光化学降解作用等。土壤中的氧气、硝酸根离子和高价金属离子可作为氧化剂，土壤中的水分可作为溶剂，在土壤中的植物根系和土壤生物的参与下发生氧化还原反应。通过上述化学反应使污染物等转化成难溶性、难解离性物质而减小危害程度和毒性，或分解为无毒物质或营养物质。例如，铜在碱性条件下生成难溶性的氢氧化铜，生物活性下降。

$$Cu^{2+}+2OH^{-}=\!=\!=Cu(OH)_2\downarrow$$

化学降解和光化学降解作用可将污染物降解为无毒物，而从土壤环境中消除，但多氯联苯、稠环芳烃、塑料、橡胶、有机氯农药等性质稳定的化合物则难以被化学净化。重金属通过化学净化不能被降解，只能使其迁移方向发生改变。

（4）生物净化作用

生物净化作用是指污染物在土壤中被生长在土壤中的植物吸收、动物和微生物吞食，或在生物体内酶或分泌酶的催化下降解为危害程度小或无毒物质的现象。

土壤中存在大量依靠有机物生存的微生物，它们具有氧化分解有机物的巨大能力，是土壤环境自净作用中最重要的净化途径之一。各种有机污染物在不同条件下分解的产物多种多样，并最终转化为对生物无毒的物质。

1）病原体的死灭。病原体进入土壤后，受日光的照射，土壤中不适宜病原微生物生存的环境条件，如微生物间的拮抗作用、噬菌体作用，以及植物根系分泌的杀菌素等许多不利因素的作用下而死亡。

2）有机物的净化。土壤中的有机污染物在微生物的作用下，使有机物逐步无机化或腐殖质化。有机物无机化使得有机物转化为无害的无机物质，例如脂肪水解最终转化为水和二氧化碳，含氮有机物转化为硝酸盐等（图6-1）。有机物腐殖质化后形成的腐殖质，不但无害，还可向植物提供养料，改善土壤物理性质，促进微生物活动。

$$\text{蛋白质}\xrightarrow{\text{水解酶}}\text{多肽}\longrightarrow\text{氨基酸}\xrightarrow{\text{脱氨、脱羧}}NH_3+\text{有机酸}\longrightarrow NO_3^-+CO_2+H_2O$$

图6-1　氨基酸的水解脱氨反应

土壤中的污染物被生长的植物所吸收、降解，并随茎叶、种子离开土壤，或被土壤中的蚯蚓等软体动物所食用等也属于土壤环境生物净化作用。

由于土壤具有自净作用，所以向土壤中投入一定量的污染物是被允许的，然而土壤的自净作用是有限的，超过了限度就会造成危害，因此量的把握是极其重要的。当污染物的数量或污染速度超过了土壤的净化能力时，便会破坏土壤本身的自然动态平衡，使污染物的积累过程逐渐占优势，从而导致土壤正常功能失调，土壤质量下降。

土壤的净化能力除取决于土壤的物质组成和土壤环境外，也和污染物的种类、性质和数量有关。不同的土壤净化能力不同，同一土壤对不同污染物质的净化能力也不同。由于土壤的固定性，它不像大气、水一样能随风力、机械运动而较快地扩散迁移，因而土壤的净化速度是比较缓慢的，净化能力也是有限的，必须充分合理地利用和保护土壤的自净能力。

6.2　土壤污染特点与危害

土壤是人类生活中一项极其宝贵的自然资源，是动植物赖以生存的地方，具有支持植物和生物生长繁衍的能力，也是农业生产的基础；还具有同化和代谢外界进入土壤的物质的能力，是保护环境的重要净化剂，她用大地母亲博大的胸怀为人类藏污纳垢，因此曾被认为具有无限抵抗人类活动的能力。然而，随着社会的发展，人类活动对土壤的危害超出了土壤的承受能力，自然会受到大自然的报复，尝到由土壤污染带来的直接危害人类健康的恶果。

6.2.1 土壤污染的特点

（1）隐蔽性和滞后性

大气污染、水污染和废弃物污染等问题一般都比较直观，通过感官就能发现；而土壤污染往往要通过对土壤样品进行分析化验和农作物的残留检测，甚至通过研究对人畜健康状况的影响才能确定。因此，土壤污染从产生污染到出现问题通常会滞后较长的时间。如日本的“痛痛病”经过了10～20年之后才被证实是镉污染土壤所生产的镉米所致。

（2）累积性和地域性

累积性表现为土壤对污染物进行吸附、固定，从而使污染物聚集于土壤中，特别是重金属和放射性元素能与土壤有机质或矿物质结合，并且长久地保存在土壤中。此外，污染物质在大气和水体中，一般比在土壤中更容易迁移，这使得污染物质在土壤中并不像在大气和水体中那样容易扩散和稀释，因此容易在土壤中不断积累而超标，同时也使土壤污染具有很强的地域性。

（3）不可逆性和长期性

土壤一旦遭到污染往往极难恢复，特别是重金属元素对土壤的污染几乎是一个不可逆转的过程，许多有机化学物质的污染也需要较长的时间才能降解。譬如，被某些重金属污染的土壤可能要100～200年、甚至上千年的时间才能够恢复。如果大气和水体受到污染，切断污染源之后通过稀释作用和自净化作用，大气和水体的污染状况有可能会不断逆转。但是积累在土壤中的难降解污染物则很难靠稀释作用和自净化作用来消除。土壤污染一旦发生，仅仅依靠切断污染源的方法往往很难恢复，有时要靠适当的修复措施才能解决问题。因此，治理污染土壤通常成本较高、治理周期较长。鉴于土壤污染难以治理，而土壤污染问题的产生又具有明显的隐蔽性和滞后性等特点，因此土壤污染问题应该特别加以重视。

（4）后果的严重性

土壤污染的后果是进入土壤的污染物危害植物，也可以通过食物链危害动物和人体健康。土壤中的污染物随水分渗漏在土壤内发生移动，可对地下水造成污染，或通过地表径流进入江河、湖泊等对地表水造成污染；土壤遭风蚀后，其中的污染物可附照在土粒上被扬起；土壤中有些污染物也以气态的形式进入大气。因此，污染的土壤往往又是造成大气污染和水体污染的二次污染源。

6.2.2 土壤污染的危害

（1）土壤污染导致严重的直接经济损失

对于各种土壤污染造成的经济损失，目前尚缺乏系统的调查资料。仅以土壤重金属污染为例，重金属进入土壤后会与有机物结合形成有害物质，这些有害物质不仅阻碍农作物吸收生长所需养分，还会被农作物吸收，影响其产量及质量。全国每年就因重金属污染而减产的粮食超过了 1 000 多万 t，另外被重金属污染的粮食每年也多达 1 200 万 t，合计经济损失至少 200 亿元。对于农药和有机物污染、放射性污染、病原菌污染等其他类型的土壤污染所导致的经济损失，目前尚难以估计。

（2）土壤污染导致食物品质不断下降

我国大多数城市近郊土壤都受到了不同程度的污染，有些地方粮食、蔬菜、水果等食物中 Cd、Cr、As、Pb 等的含量超标或接近临界值。土壤污染除影响食物的卫生品质外，也明显影响到农作物的其他品质。

（3）土壤污染危害人体健康

土壤污染会使污染物在植（作）物体中积累，并通过食物链富集到人体和动物体中，危害人畜健康，引发癌症和其他疾病等，如发生在日本的“痛痛病”就是长期食用含镉大米引起的慢性镉中毒，以及 Cr^{6+} 有明显的致突变作用等。土壤污染侵害人体健康的途径如图 6-2 所示。

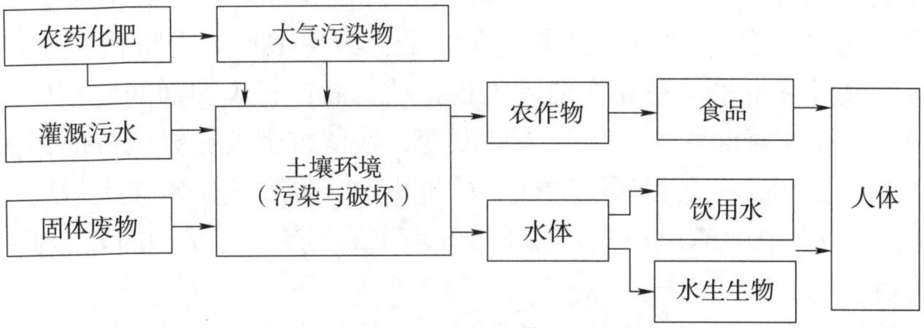

图 6-2　土壤污染侵害人体健康的途径

（4）土壤污染导致其他环境问题

土壤受到污染后，含重金属浓度较高的污染表土容易在风力和水力的作用下分别进入大气和水体中，导致大气污染、地表水污染、地下水污染和生态系统退化等其他次生生态环境问题。

6.3　土壤主要污染物及其运移特点

6.3.1　土壤中主要污染物

凡是影响土壤正常功能，降低农作物产量和品质，影响人体健康的物质，都可以称为土壤污染物。根据污染物的性质，土壤污染物大致分为无机污染物、有机污染物、生物污染物和放射性污染物四大类。其中生物和放射性污染物具有特定的污染途径，其来源较单一，易识别。而重金属和部分有机污染物来源复杂多样，具有毒性强、难降解、残留时间长、在环境中分布广等特性，一旦在土壤中积累，会持续威胁生态环境安全和人体健康。2014 年发布的《全国土壤污染状况调查公报》显示，全国土壤总的点位超标率为 16.1%。污染物中，以无机污染物（重金属）为主，有机污染物（六六六、DDT、多环芳烃）次之，无机污染物超标点位数占全部超标点位的82.8%。不同类型土壤中，耕地土壤超标率高达19.4%，涉及面广、污染量大，危及农产品质量安全、人居环境安全和生态环境安全。

（1）无机污染物

土壤中的无机污染物包括对动植物有危害作用的元素和化合物，土壤污染物源解析研究中涉及铅、镉、锌、铜、铬、砷、镍、汞、锰、钴、铁、铝、钒、钾、钙、镁、锑、锶、钛、钡、钠、锡、硒、锂、钼、银、铋、镓、铀、铍、铈、铯、锗、铌、铂、铷、钪、钽、钍、钇40种重金属或类金属，氮、磷、硫等营养物质及其他无机物质如酸、碱、盐等。这些无机污染物会使土壤板结，改变土壤结构，加剧土壤盐渍化和导致水质恶化。其中重金属最难彻底清除，对人体最具潜在危害性。目前最受关注的8种重金属（类金属）元素是铅（Pb）、镉（Cd）、锌（Zn）、铜（Cu）、铬（Cr）、砷（As）、镍（Ni）、汞（Hg）。

（2）有机污染物

有机污染物主要是有机农药，包括有机氯类、有机磷类、氨基甲酸酯类农药等。此外，石油、多环芳烃、多氯联苯、洗涤剂等也是土壤中常见的有机污染物。值得关注的是，养殖业的快速发展带来了畜禽粪便的大量排放，而饲料添加剂的使用使得畜禽粪便的化学组成也较传统畜禽排泄物发生了较大的改变，残留抗生素有害成分的畜禽粪便在农用过程中对农田土壤及食品安全和环境造成了严重影响，导致抗生素在土壤中大量富集。近年来，抗生素作为一类新兴有机污染物在土壤环境中的出现引起了国内外学者的广泛关注。

（3）生物污染物

在土壤环境中，凡是有害于土壤生态环境和人体健康的动物、植物、微生物均被称为土壤生物污染物。目前，以土壤致病菌、抗生素抗性基因为代表的生物性污染备受关注。最近的研究结果表明，长期集约化的土地利用方式能显著增加人畜共患病原体的物种和数量，增加人畜共患病流行的风险。同时，全球范围内抗生素的大量使用甚至滥用已导致环境中抗生素抗性基因的富集与传播，引发“超级细菌”的产生和扩散，加剧了人体健康的风险。污水灌溉和畜禽粪便施用等措施进一步富集了土壤中抗生素抗性基因，使得土壤-植物系统成为抗生素抗性基因的主要储库以及传播与扩散的重要媒介。土壤中致病菌与抗生素抗性基因的叠加与互作，使得土壤生物复合污染的暴发风险更高、传播能力更强、破坏性更大。

（4）放射性污染物

放射性污染物主要存在于核原料开采和大气层核爆炸地区，以^{90}锶（^{90}Sr）和^{137}铯（^{137}Cs）等在土壤中生存期长的放射性元素为主，这些物质最终会随同自然沉降、雨水冲刷和废弃物的堆放而污染土壤。

6.3.2 土壤环境中主要污染物的运移

土壤液相实质上是以土壤水为溶剂，含有多种溶质的土壤溶液。因此，土壤溶质是指溶解于土壤水溶液中的化学物质。土壤的三相组成中，土壤溶液（土壤液相）是最活跃的部分，它的数量变化决定了土壤液相与气相的比例，它的组成和浓度的变化影响着土壤溶液的性质和土壤性质。土壤溶液是植物生长赖以吸收水分和养分的重要场所，土壤水与地表水、地下水联系密切。因此，研究土壤溶液与溶质状况，与土壤水一样，同等重要。

人们对土壤溶质运移现象的认识由来已久。古代人民在排水洗盐改土的传统经验中，就蕴含了水分通过土壤将溶于水中的盐分排除土体的溶质运移现象。但在相当长的时间内，人们的研究多集中在溶质的物理和化学变化上，很少研究它在土壤中的移动过程和规律。近年来，土壤溶质运移研究的发展，首先是由于生产和环境保护的需要引起的，如由于化肥和农药的过度使用、工业“三废”的大量排放、日常活动产生的垃圾等废弃物的增加，NO_3^-、农药、重金属等污染物在土壤中的移动，最终改变了土壤的溶质组成，引起土壤和水体的污染等问题已成为世界性问题，受到人们的关注。这些问题都必须根据土壤溶质运移理论及对土壤特性深入研究去解决。

6.3.2.1　土壤溶质运移现象

土壤中溶质运动是自然界多孔介质中溶质运移的一种最常见现象，土壤溶质是土壤－水环境系统（SWES）中最活跃的部分。多年来，人们一直致力于土壤中溶质运移理论及模型的应用研究。尤其是近年来，水盐运动、土壤中养分和污染物运移、地下水污染，已经成为土壤溶质运移理论应用最多，也较活跃的研究领域。

土壤中污染物的运移实际上是土壤溶液中溶质随土壤水分的迁移；在布朗运动作用下，它也会在有效浓度（或活度）梯度的作用下由高浓度向低浓度运移。因此，土壤溶液中污染物的浓度在很大程度上决定了污染物在土壤中的迁移，不同的污染物进入土壤环境后可发生一系列复杂的化学、生物化学及物理过程，其中包括氧化－还原反应、沉淀－溶解反应、离子交换、水解、降解、配位与螯合等反应，以及在土壤酶作用下的各种生化反应，在土壤界面的吸附与解吸过程等。以上这些过程受土壤性质及各种外部条件的影响，它们对土壤中污染物的行为起决定作用。

土壤溶液中的溶质主要来源于两个方面：一是来源于自然条件，如岩石矿物风化及其风化物的迁移、降水携带的物质进入土壤、含盐地层中盐类的移动、海水入侵导致沿海地区土壤和地下水盐化、生物过程所形成的有机质中的可溶性部分。二是来源于人类活动，如工业生产中产生的废气、废物，农业生产中农药的使用和施肥等。由于人类活动，常使土壤溶液中的某些元素含量超过了正常范围，致使引起对植物或人类的危害。有机污染物如农药中的有机氯杀虫剂、六六六、滴滴涕（DDT）、各种有机磷杀虫剂、杀螨剂、杀菌剂、除草剂等的使用，导致土壤中残留农药的危害。无机污染物包括 Cd、Hg、As、Pb、Cr、Cu、Ni 等，当在土壤溶液中超过一定的限制标准时，将影响植物生长和人体健康。上述污染物在溶液中的浓度，取决于污染程度和土壤环境条件，如 pH、Eh、有机胶体的数量等。

土壤溶质的组成可分为有机和无机两部分，有机部分包括可溶性有机物如氨基酸、腐殖酸、糖类和有机－金属离子的络合物。无机部分包括各类离子，主要为 Ca^{2+}、Mg^{2+}、Na^+、K^+、Cl^-、SO_4^{2-}、HCO_3^- 和 CO_3^{2-}。还有少量的一些其他离子，如铁、锰、锌、铜等的盐类化合物。这些溶质组成可能在溶液中呈现出多种形态，如离子态、水合态、络合态等。此外，由于人类活动，土壤溶液中还可能含有一些有机或无机污染物、重金属元素或农药等。由于土壤的形成受一定环境条件的影响，因而土壤溶质的组成与其所处地区的气候、母质、地形、地貌条件以及生物、人为活动均有密切关系，不同条件下土壤溶液的组成差别较大，导致土壤溶质组成的改变，如黄淮海地区几种表层的土壤溶液组成（表6-1）。

表6-1 黄淮海平原几种土壤表层的土壤溶液组成 单位：mg/L

元素	重盐化潮土	轻盐化潮土	黏质潮土	元素	重盐化潮土	轻盐化潮土	黏质潮土
Al	0.493	0.396	0.281	Mo	0.215	0.079	0.045
B	0.305	0.202	0.129	Na	5 654	456	241
Ca	638	672	364	Ni	0.083	0.040	0.025
Cd	0.042	0.021	0.015	P	16.36	4.18	1.16
Co	0.065	0.025	0.017	Pb	0.253	0.087	0.101
Cr	0.200	0.113	0.068	Ti	0.007	0.030	0.023
Cu	0.431	0.148	0.067	Zn	0.059	0.028	0.040
Fe	5.58	2.56	1.42	Sr	8.00	2.91	1.13
K	27.30	9.12	6.41	S	2 385	651	392
Mg	1 776	198	52.5	V	0.112	0.072	0.049
Mn	0.065	0.026	0.013				

资料来源：李韵珠，李保国．土壤溶质运移 [M]. 北京：科学出版社，1998。

（1）混合置换

土壤溶液中的溶质处于一个永恒的变化运动中。土壤水（溶液）受到自然和人为环境因子的作用，在土壤中不断进行着入渗、蒸发等运动过程，从而使溶质也随着不断运动。同时，溶质的运移还受本身的性质、浓度梯度、土壤中其他化学物质和土壤基质的影响。

土壤溶质运移现象的实质为不同浓度的溶液间发生的混合置换，在多孔介质土壤中，混合置换是指一种流体与另一种流体混合和置换的过程。在土壤中，一种与土壤溶液的组成或浓度不同的溶液进入土壤后，会与土壤溶液进行混合和置换。如盐分淋洗过程和含肥料和农药的水通过土壤的过程。

混合置换现象实际是溶质运移各种过程的综合表现形式，是对流、弥散（分子扩散、机械弥散）等物理过程相吸附、交换等物理化学过程综合作用的结果。

石油科学是首先应用混合置换理论的领域。20 世纪 60 年代初期，土壤学家 Nielsen 和 Biggar 在研究中把其原理应用到土壤科学领域，介绍了有关混合置换的试验及其机理，推动了混合置换理论在农业生产实践上如土壤改良的应用。

（2）土壤中的混合置换与溶质运移

土壤作为一种多孔体具有粗细不同的各种孔隙，当一种置换液进入饱和土壤后，在大孔中流动快而在小孔中流动较慢，同时发生孔壁的阻滞作用以及分子扩散作用。因此发生混合置换过程。当土壤为非饱和时，则大孔隙被空气所占有，液体主要存留于小孔中。混合置换的速度急剧减弱，其中扩散作用则相对地加大了比重。此外，土壤的质地、结构以及流入液的离子组成，也都会影响土壤中的混合置换过程。

6.3.2.2 土壤溶质运移机理

土壤溶质运移是由对流、扩散和机械弥散 3 个物理过程以及溶质在运移过程中所发生的物理、化学过程和其他过程综合作用的结果。

（1）溶质的对流运移

对流（advection）是指溶质随土壤水运动而移动的过程，也称为质流。土壤中水分运动带动溶质随水流一起运动，对流引起的溶质通量与土壤水通量和水的浓度之间的关系可由对流方程描述：

$$J_c=qc$$

式中，J_c——溶质的对流通量（密度），mol/（m^2·s），它表示单位时间、单位面积土壤上由于对流作用所通过的溶质质量或物质的量；

q——水通量，m/s，它表示单位时间通过单位面积（垂直流动方向）的水量；

c——土壤水溶液的质量浓度，mol/m^3 或 kg/m^3（也常用 mol/L、g/L）。

如果用孔隙流速 v 和含水率 θ 来表示溶质的对流通量，因为 $q=v\theta$，上式还可以写成：

$$J_c=v\theta c$$

式中：v——土壤水溶液的平均孔隙流速，m/s，指的是含水孔隙中水的平均流速，即单位时间内通过土壤的直线长度，不考虑由孔隙形状而带来所经历的曲折途径；

θ——体积含水率，m^3/m^3，如果是饱和流，θ 即为土壤的有效孔隙度。

溶质的对流运移既可以在饱和土壤中发生，也可以在非饱和土壤中产生，但在非饱和流情形下，它不一定是溶质运移的主要过程。

（2）溶质的扩散

扩散是离子或分子不规则热运动引起的混合和分散作用，是不可逆过程。扩散由溶液（或其组成成分）浓度梯度引起，总趋势是溶质由浓度高处向浓度低处运移，最后达到浓度均匀。只要有浓度梯度，即使在静止不流动的土壤溶液中，也存在扩散作用。

土壤中的溶质扩散规律常用 Fick 第一定律表示：

$$J_s=-D'_s\frac{dC}{dx}$$

式中：J_s——土壤中溶质的扩散通量，mol/（m^2·s）或 kg/（m^2·s）；

D'_s——溶质的有效扩散系数，m^2/s；

dC/dx——溶质的浓度梯度。

土壤中溶质的扩散系数 D'_s 一般小于该溶质在纯水中的扩散系数 D_0 值，主要有以下几个原因：

①土壤是一个由固、液、气三相组成的体系。

②土壤孔隙通道弯曲多变，因此溶质扩散路径的实际长度远大于在自由水体中的直线距离。

③在非饱和土壤中，土壤含水率和溶质浓度影响有效扩散系数的大小。

④由于离子的吸附性不同，因此离子种类对有效扩散系数也有一定的影响。

（3）机械弥散

机械弥散（mechanical dispersion），又称对流弥散（convection dispersion）。土壤颗粒和孔隙在微观尺度上不均匀，溶液在流动过程中，溶质不断被分细后进入更为纤细的通道（每个细孔中流速方向、大小不一），使溶质在随水流动过程中逐渐分散并占有越来越大的渗流区域范围，即由于土壤水流和土壤孔隙结构相互作用使溶质在土壤孔隙中运移和分散的过程，这种现象称为机械弥散。引起机械弥散现象发生的主要原因有：

①孔隙内部流速分布的不均匀性，即孔隙中心和边缘的流速不同，如图 6-3（a）所示。

②不同的孔隙大小具有不同的平均流速和通量，如图 6-3（b）所示。根据普氏定律，液体在一定的压力梯度下，流速和管半径的 4 次方成正比。

③由于土壤孔隙的大小、方向和形状各异，因此土壤中各个孔隙内的流速和流动方向与整个土体内的平均流速和流向不一致，如图 6-3（c）所示。

④即使在同一个孔隙内，由于土壤中吸附－解吸附等现象的存在，也会导致溶质在不同的位置具有不同的浓度值。

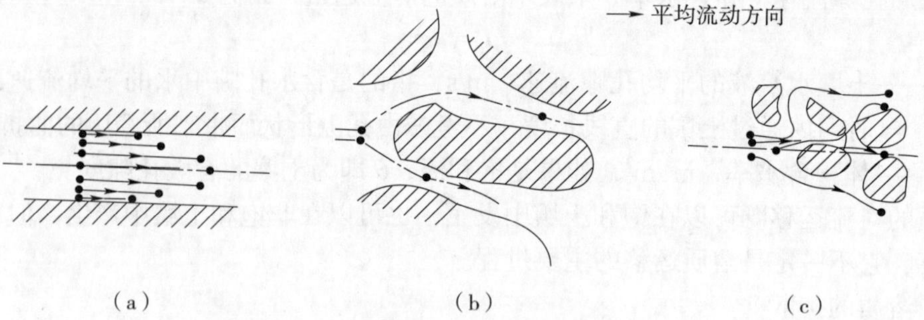

图 6-3 机械弥散作用产生机理

资料来源：李韵珠，李保国．土壤溶质运移 [M]. 北京：科学出版社，1998。

由于机械弥散现象的存在，一部分溶液的运行速度快于另一部分，这样就会引起它们与先前的溶液进行混合。混合程度大小依赖于平均流速、孔隙分布、土壤水分饱和度以及浓度梯度等因素。当液相的对流速度较大时，机械弥散对溶质运移的影响大于分子扩散的影响。在对流速度相当大时，分子扩散的作用可以忽略不计。反之，在一个相对静止土壤溶液中，分子扩散对溶质的运移起着一个重要的作用，而此时机械弥散则不起任何作用。

由机械弥散引起的溶质通量也符合 Fick 第一定律。

6.3.2.3 土壤溶质运移模型研究

土壤溶质运移所研究的是溶质在土壤中的过程、规律和机理。20 世纪 60 年代初，Nielson 和 Biggar 从试验和理论上进一步说明了土壤溶质运移过程中质流、扩散和化学反应的耦合性质，并应用数学模型来说明和解释溶质运移过程，确立了土壤溶质运移的对流－弥散方程（convection dispersion equation，CDE；或 advection dispersion equation，ADE），作为土壤溶质运移研究的经典和基本方程的主导地位。近年来，由于环境保护和生产的需要，如化肥农药的大量施用、废水污染物的处理、盐渍土壤的改良和利用、土壤中重金属的运移等问题使土壤溶质运移涉及的范围逐步扩大，目前已成为环境土壤学、生态学、水资源学以及资源与环境科学等相关学科的基础和前沿研究领域，越来越得到重视。用于描述土壤溶质运移模型主要有以下几种。

（1）几何模型

几何模型是用来研究水盐运动最早的模型之一，该模型对土壤中溶质运移过程进行充分简化，其物理几何意义十分明确。

1）活塞流模型

是由土壤中水分运动活塞流模型发展而来的，是理想化的溶质运移物理模型之一。其基本假定为：

①土壤孔隙是一个直径为 D 的圆形直管；

②溶质和水以同一速度 V 流动，不考虑流速分布和土壤与溶质的反应；

③不考虑分子扩散作用；

④不考虑土体结构变化。

2）单毛细管理论模型

单毛细管理论也称为管流理论，将活塞模型中沿横断面的流速分布假定为层流就成为单毛细管模型。

3）毛细管束模型

根据土壤水分特征曲线，把土壤看作一系列粗细不等的毛细管成为毛细管束的组合体。该模型的假定为：

①土壤由一系列粗细不等的毛细管组成，用管径分布来反映土壤水分特征；

②溶质在土壤中迁移主要是对流；分子扩散作用很弱，可忽略不计；

③土壤中的水分为可动水和不动水两部分，二者之间质量交换处于瞬态平衡状态；

④土体结构不发生变化。

这种模型的优点在于从土壤孔隙和流速分布特点出发，将土壤水分运动与溶质迁移有机地联系起来，给出比较清晰的溶质迁移轨迹，便于更好地研究和理解溶质运移机制。

（2）确定性模型

确定性模型假设一个系统或过程的运行中，存在着明显的因果关系，一系列事件的发生将导致唯一的输出。它一般由基本的对流－弥散方程和相应的辅助方程构成，模型中的参数、变量及基本边界条件都是确定的。每次模拟，模型只能给出唯一一组确定的输出。该类模型实质是体现了过程的最基本的机理，是由 Nielson 和 Biggar 基于质量守恒原理及连续性原理推导建立的，体现了溶质运移的最基本原理，一般可表述为

$$\frac{\partial(\theta C)}{\partial t}+\rho\frac{\partial S}{\partial t}=\frac{\partial}{\partial z}\left\{\theta D(\theta,q)\frac{\partial C}{\partial z}-qC\right\}-\phi(z,t)$$

式中，C——土壤溶质浓度；

θ——土体含水率；

ρ——土壤容重；

S——溶质在吸附相中的浓度；

$D(\theta, q)$——弥散系数；

q——达西流速；

t——时间；

z——土壤深度坐标；

$\phi(z, t)$——包括土壤溶质的各个转化过程及植物根系吸收在内的源汇项。

该模型是经典的溶质运移机理性模型，国内外有关溶质运移理论研究的教材、专著中均以此方程为研究的起点，是诸多溶质运移转化模型的主体构成，比如 LEACHM、RZWQM、HYDRUS-1D 等。

（3）随机模型

随机模型主要是传输函数模型，该模型将溶质运移的穿透时间看作随机变量，一定程度上克服了田间试验中的区域水动力弥散和空间变异性所导致的预测偏差。该模型对于溶质运移的物理条件并没有作太多限制，所以，它在描述复杂多变的田间溶质运移有独到优势，是近年来发展较为迅速的一类模型。

在国外随机运移理论已经相对成熟，近年来应用较多并且已经大量应用于田间实验研究。国内关于随机模型的研究还处于起步阶段。

践行绿色发展观，让健康土壤带来健康生活之一

——保护土壤健康，需要每个人立即行动！

天空不能雾霾如盖，大地不能厚土载污。联合国粮食及农业组织（FAO）在国际土壤年提出了“健康土壤带来健康生活”的理念和行动，认为只有健康的土壤才能生产健康的食物，进而孕育健康的人类和健康的社会。

土壤健康是近年来出现的新名词，是土壤质量和生产能力的综合表征。地球上的生命依赖于健康的土壤。我们脚下的土壤是一个活生生的世界：它是千姿百态的植物和动物的家园，这些无数的、看不见的生命间的相互作用确保了人类和地球的存在。土壤为人类提供了营养丰富的食物和其他产品，也为我们提供了清洁的水源和支撑生物多样性的繁荣生境。同时，土壤有助于延缓气候变化，增强人类对干旱和洪水等极端气候事件的抵抗力。土壤保护着人类的文化遗产，是所有人都珍惜的自然景观的关键部分。简而言之，健康土壤使我们和我们周围的世界保持活力。只有土壤健康，才能实现植物健康、食物健康以及农业生态健康。因此，关爱土壤就是关爱人类，健康土壤带来健康生活。

然而，我们往往会认为所有这些都是上天所赐，结果却忽视了土壤的健康。不断加快的城市化和基础设施建设对土地的需求消耗了大部分最肥沃的土壤。与此同时，不适当或不可持续的土地利用以及处理废物的方式，正在影响着土壤健康，反过来又削弱土壤履行其重要服务（功能）的能力。在这个问题上，气候变化给土壤健康带来了更大的压力。

土壤是脆弱的，“十年树木，百年树人，万年立土”，成土千年，毁于一旦，健康的土壤可以在数小时内被摧毁！为了我们自己及子孙后代，必须珍爱踩在我们脚下的土壤，正是脚下土壤中无数的生命在默默地支撑着地球生态系统的健康和可持续发展，只有健康的土壤，才有健康的人类！保护土壤健康，需要每个人立即行动！

资料来源：

①张桃林．守护耕地土壤健康 支撑农业高质量发展 [J]. 土壤，2021，53(1): 1-4；

②厚土学社公众号（2020年8月1日）。

6.4 土壤环境重金属污染

6.4.1 土壤重金属污染来源

土壤中重金属的来源主要由两部分组成，一部分是自然输入，另一部分是人为活动输入。自然输入主要指成土母岩的风化分解和凋落的生物物质腐化分解，在自然情况下流入土壤，造成土壤重金属富集。人类活动输入主要指人类在矿藏资源开发、工业发展及农业生产等过程中造成的重金属在土壤中的积累，是土壤重金属污染的主要原因。目前，人为活动造成的土壤重金属输入主要受大气沉降、农业活动、固体废物排放等方面的影响。

6.4.1.1 大气沉降

大气中的重金属污染与工业生产、汽车尾气排放等产生的大量含重金属的有害气体和粉尘等密切相关，大气中的大多数重金属是经自然沉降和雨淋沉降进入土壤的。经过自然沉降和雨淋沉降进入土壤的重金属污染，主要以工矿烟囱、废物堆和公路为中心，向四周及两侧扩散。经自然沉降和雨淋沉降进入土壤的重金属污染，与重工业发达程度、城市的人口密度、土地利用率、交通发达程度有直接关系，距城市越近污染的程度就越重，污染强弱顺序为城市＞郊区＞农村。

此外，大气汞的干湿沉降也可以引起土壤中汞的含量增高。大气汞通过干湿沉降进入土壤后，被土壤中的黏土矿物和有机物吸附或固定，富集于土壤表层，或为植物吸收而转入土壤，造成土壤中汞浓度的升高。

6.4.1.2 农业活动

（1）农用地膜

农用地膜具有保温护根、防冻、保墒、调节光照、节水、除草，以及控制土壤盐碱度的作用，进而促进作物早熟，有利于提高作物产量和品质，目前在农业生产上得到了广泛应用。但是，在地膜生产过程中加入了含有 Cd、Pb 的热稳定剂，增加了土壤重金属的污染。农用地膜覆盖在作物表层，长期暴露于自然环境条件下，经过阳光照射，风吹雨淋等过程，不断老化至破碎。作物收获后，破碎的地膜遗留在田间土壤，由于其难降解性，随着地膜使用量和使用年限的不断增加，经过长期积累，易造成土壤重金属的污染，对农业生产安全与生态健康构成了严重的威胁。相关实验表明，土壤中大量地膜残留会导致重金属 Pb、Cd 的含量超标，且土壤中重金属 Pb、Cd 的含量与地膜残留量呈正相关。对不同量的地膜残留土壤中生长的植株研究发现，生长在高倍地膜残留量的土壤中植株中 Pb 和 Cd 的含量高于生长在低倍残留量的土壤中的植株。地膜的使用不但会使土壤中相关重金属元素含量增加，而且会改变土壤中重金属元素的生物有效性。受协同作用影响，土壤中可交换态的重金属含量增加，对土壤环境安全构成威胁。

相关重金属通过质流、扩散、截获作用到达作物根部，作物通过主动吸收、被动吸收等方式吸收重金属，重金属随之后食物链进入人体。随着地膜在农业生产上的广泛应用，由于地膜使用而造成的土壤重金属污染现象日益受到重视，地膜中重金属对土壤－作物系统影响的研究一直是一个重要的研究课题。

（2）施肥

现代农业生产过程中有机肥、化肥的施用也是导致农田土壤重金属含量增高的重要因素。畜禽粪便是农田土壤重金属特别是 Cu、Zn、As 等的重要来源之一。养殖过程中使用的饲料添加剂会导致禽畜粪便中重金属元素 Cu、Zn、As 等的含量增加，含有重金属的有机肥的长期施用则会造成土壤中重金属的积累。和畜禽粪便类似，其他有机肥料如城市污水处理厂污泥、有机垃圾及各种堆肥制品同样含有较高含量的重金属，如 Cd、Cu、Zn 等，长期施用同样可能导致农田土壤重金属含量升高。

常用的化肥中，重金属含量一般是磷肥＞复合肥＞钾肥＞氮肥，氮肥和钾肥中重金属含量很少，而磷肥中则含有数量不等的重金属元素，较为突出的是重金属 Cd，长期施用必然导致农田土壤 Cd 含量升高。据估计，我国每年随磷肥带入土壤的总镉量约为 37 t，因此，由施肥引起的土壤重金属污染问题受到广泛关注。

（3）农药

一方面，农药作为一种重要的农业生产资料，在提高粮食单产，有效控制农作物病、虫、草、害的发生方面发挥着十分重要的作用；另一方面，农药的大量施用也产生了严重的副作用。绝大多数的农药为有机化合物，少数为有机－无机化合物或纯矿物质，个别农药在其组成中含有 Hg、As、Cu、Zn 等重金属。如随着西力生消毒种子进入每公顷土壤的 Hg 为 6～9 g；在农业种植区，由于经常施用含 As 农药，土壤中 As 的残留量明显增加，美国的密歇根州土壤中 As 含量达到 112 mg/kg。真菌农药常含有 Cu 和 Zn，被大量地用于果树和温室作物，常常会造成土壤 Cu、Zn 累积达到有毒的浓度。如在摩尔达维亚，葡萄生长季节要喷 5～12 次波尔多液或类似的制剂，每年有 6 000～8 000 t 的 Cu 进入土壤。因此，大量施用含有重金属的农药也是造成土壤重金属污染的一个重要原因，例如果园土壤中 Cu 的累积主要来自长期施用含 Cu 农药的结果。

（4）污水灌溉

利用污水灌溉是灌区农业的一项古老的技术，主要是把污水作为灌溉水源来利用。污水按来源和数量可分为城市生活污水、石油化工污水、工业矿山污水和城市混合污水等。生活污水中重金属含量很少，20 世纪 90 年代，随着我国工业迅速发展，工矿企业污水未经分流处理而排入下水道与生活污水混合排放，从而造成污灌区土壤重金属 Hg、Cd、Cr、Pb、Cd 等含量逐年增加。我国污水灌溉面积大，长期的污灌已使部分农田出现重金属污染问题，尤其以 Cd 污染最为严重，面积达 1.3 万 hm^2，涉及 11 个省份的 25 个地区。淮阳污灌区土壤 Hg、Cd、Cr、Pb、As 等重金属在 1995 年已超过警戒线。其他灌区部分重金属含量也远远超过当地背景值。随着污水灌溉而进入土壤的重金属，以不同的方式被土壤截留固定。如 95% 的 Hg 被土壤矿质胶体和有机质迅速吸附，一般累积在土壤表层，自上而下递减。郑州污水灌区水中 Hg 的浓度达到 0.242 mg/kg，而土壤 Hg 含量达 0.194 mg/kg 就会造成重度污染。污水中的 As 多以 3 价或 5 价状态存在，进入土壤后被铁、铝氢氧化物及硅酸盐黏土矿物吸附，也可以和铁、铝、钙、镁等生成复杂的难溶性砷化合物。Pb 很容易被土壤有机质和黏土矿物吸附。Pb 的迁移性弱，污灌区 Pb 的累积分布特点是离污染源近，土壤中 Pb 含量高，距离远则土壤含量低。污水中 Cr 有 4 种形态，一般以 Cr^{3+} 和 Cr^{6+} 为主，Cr^{3+} 很快被土壤吸附固定；而 Cr^{6+} 进入土壤中被有机质还原为 Cr^{3+}，随之被吸附固定。因此，污灌区土壤 Cr 会逐年累积。

6.4.1.3　固体废物

固体废物种类繁多，成分复杂，不同种类其危害方式和污染程度不同。其中矿业和工业固体废物污染最为严重。这类废弃物在堆放或处理过程中，由于日晒、雨淋、水洗重金属极易移动，以辐射状、漏斗状向周围土壤、水体扩散。20 世纪 50 年代至 20 世纪末，广州、上海、苏州、长沙、黄石、青岛、济南、天津、锦州、沈阳、重庆等地都生产、堆存过铬渣，总堆存量约 600 万 t，分散于 80 余处，大部分没有防雨、防渗措施。天津某化工厂铬渣堆放场地周边土壤中 Cr 含量达 581～7 060 mg/kg；杭州某化工厂原万吨铬渣堆放点土壤 Cr 含量达到 172～20 392 mg/kg，地下水中 Cr^{6+} 含量达 10.5～227.3 mg/L，污染极为严重。对武汉市垃圾堆放场、杭州铬渣堆放区附近土壤中重金属含量的研究发现，这些区域土壤中 Cd、Hg、Cr、Cu、Zn、Pb、As 等重金属含量均高于当地土壤背景值。有一些固体废物被直接或通过加工作为肥料施入土壤，造成土壤重金属污染。

随着我国畜牧生产的发展，产生大量的家畜粪便及动物加工产生的废弃物，这类农业固体废物中含有植物所需 N、P、K 和有机质，同时由于饲料中添加了一定量的重金属盐类，因此作为肥料施入土壤增加了土壤 Cu、As、Zn、Pb、Cd 等重金属元素的含量。磷石膏属于化肥工业废物，由于其含有一定量的正磷酸以及不同形态的含磷化合物，并可以改良酸性土壤，从而被大量施入土壤，造成了土壤中 Cr、Pb、Mn、As 含量增加。磷钢渣作为磷源施入土壤时，土壤中发现有 Cr 的累积。

随着工业的发展以及城镇环境建设的加快，污水处理正在不断加强。2020 年我国有 2 600 余座污水处理厂，污泥日产生量在 409 万 t 以上，由于污泥含有较高的有机质和 N、P 养分，因此土壤成为污泥处理的主要场所。一般来说，污泥中 Cr、Pb、Cu、Zn、As 极易超过控制标准。北京褐土施用燕山石化污泥一年后，Hg、Cd 浓度分别达到 0.94 mg/kg、0.22 mg/kg。许多研究指出，污泥的施用可使土壤重金属含量有不同程度的增加。其增加的幅度与污泥中的重金属含量、污泥的施用量及土壤管理有关。

固体废物也可以通过风的传播而使污染范围扩大，土壤中重金属的含量随距污染源的距离增大而降低。如大冶冶炼厂，20 世纪 80 年代初每年排放数千吨的粉尘，引起大冶县广大农田的污染，直径 20 km 范围内的土壤 Cr、Zn、Pb、Cd 含量均大大高于背景值。

6.4.2　土壤重金属污染种类

我国土壤重金属的污染主要是 Cd、Cr、Hg、As、Pb、Cu、Zn、Ni 8 种元素的积累。

从地域分布看，呈现出东部地区较高、西部地区较低的特点。突出表现在Cd、Pb、Hg、As 4种元素引起的污染，在经济较为发达的东南地区及矿产资源较为丰富的中部地区含量较高，其中污染最为严重的地区包括长三角、珠三角、湖贵两广地区。从耕作制度看，在蔬菜地以及水稻田，Cd、Hg、Pb、Cu、Zn 5种元素在土壤中的积累明显高于旱地和园地，但是对于其他3种元素则相反，在园地的积累更高。在不同地区，由于土壤基础条件、社会经济发展条件等的不同，土壤中积累的重金属种类也有所不同。具体情况为：

（1）东北地区

东北地区土壤污染的主要重金属元素为Cd，其次也出现Pb、Cu、Zn、Hg、Cr、Ni等的富集。农田土壤中，Cd、Cu、Zn为主要重金属种类；对于非农田土壤，重金属的来源则与当地的环境有关，如辽宁省作为我国重要的重工业基地，该地区城市土壤中的重金属元素基本都与工业及交通源有关，虽然Cr和Ni主要与土壤母质有关，但Cr仍受到工业的影响。

（2）华北地区

总体上看，华北地区农田土壤中的主要污染重金属元素是Cd，其次有Cu、Hg、Zn、Pb等。该地区农田土壤中的As、Cr、Ni主要受土壤母质的控制，个别地方的As还有采矿活动和大气沉降的贡献。对于工业区周边的非农田土壤来说，重金属的累积明显与工业活动、燃煤、交通排放紧密相关。

（3）华东地区

该地区土壤中的主要污染元素为Cd，其次为Cu、Hg、Zn、As、Pb、Cr、Ni等。总体来看，土壤母质、人为污染源中大气沉降（工业和交通）、农业活动以及工业活动是南京和浙江地区农田土壤中Cd、As、Pb、Hg、Cu、Zn的主要污染来源。

（4）华中地区

总体来看，Cd为主要的污染元素，其次有Pb、Cu、Zn等。湖北地区的工业活动是农田土壤中8种重金属元素（尤其是Cd、Cu、Zn）的主要污染来源，同时土壤母质也影响着大部分重金属元素（如Cd、Pb、Cu、Zn、Cr、Ni）的累积；除此之外，Pb还受到交通的影响，Cd、Cu和Zn还受到农业活动的影响。

（5）华南地区

该地区主要的污染重金属元素为Cd和Hg。广东地区土壤中重金属的主要污染来源与华中地区相似，即工业活动，主要是在土壤中积累Cd、As、Pb、Hg。

（6）西北地区

该地区土壤中主要的污染元素为Hg、Pb、Cu、Zn，其次为Cd等。农田土壤中的Hg主要来源于工业活动和污灌；Cd、Pb、Cu、Zn主要受肥料、农药、污灌等农业活动与工业活动（降尘）以及交通排放的影响；As、Cr、Ni主要受土壤母质控制，局部地区As受工业及污灌的影响。

6.4.3 土壤重金属污染特点

（1）形态多变

大多数重金属元素处于元素周期表中的过渡区，多有变价，有较高的化学活性，能参与多种反应和过程。随环境的 Eh、pH、配位体不同，常有不同的价态、化合态和结合态，还有金属有机化合物，而且形态不同，重金属的稳定性和毒性也不同。有些重金属（如有机砷和有机汞）或气态金属或化合物（如汞和砷化氢）会挥发到大气中影响人体健康。

（2）隐蔽性和累积性

土壤重金属因无色、无味等特点使人类无法通过视觉、味觉、触觉等常规手段来判断土壤是否受到污染。最初，受到轻微污染的土壤对作物和人体的不良影响很小，所以不易使人察觉。随着重金属在土壤中的不断累积，使之被农作物吸收，人类因长期食用被污染的作物使重金属在人体不断富集，当重金属浓度达到一定含量后就会导致中毒，一般情况下只有进行专门的分析检测才能了解土壤是否被重金属污染。

（3）不可逆性和难治理性

重金属进入土壤环境并富集到一定程度时，会导致土壤结构和功能改变，原有的内部平衡被打破，又因重金属污染严重且难降解，所以靠自净能力难以恢复。虽然国内外专家在土壤修复方面取得了一系列重要成果，多种土壤修复技术被实际应用，但是现有的技术需要花费较多的人力、物力、财力和时间，因此无法大面积推广。

（4）表聚性

土壤中重金属污染物大部分残留于土壤耕层，很少向土壤的下层移动。这是由于土壤中存在着有机胶体、无机胶体和有机－无机复合胶体，它们对重金属有较强的吸附和螯合能力，限制了重金属在土壤中的迁移能力。

6.4.4 土壤重金属污染危害

（1）对区域环境的危害

重金属在土壤中的累积，首先会引起土壤环境的变化，当达到一定程度，就会使土壤环境质量变差，主要表现在土壤理化性质发生改变、土壤动物和微生物的种类或数量减少、土壤酶活性降低等，使土壤生产能力降低。相关研究显示，Pb 和 Cr 与土壤 pH 有显著相关性。Cu 在低浓度时细菌群落丰度和多样性增加，高浓度时细菌群落丰度和多样性显著降低。受 Cr、Co、Cd、Cu、Pb 和 Ni 等重金属污染的耕地中，重金属浓度越高，过氧化氢酶和脱氢酶活性越低。重金属除污染土壤外，还会借助风力作用造成局部区域的大气重金属污染，也会因水力作用（地表径流、地下径流）污染周边地表水和地下水环境，从而导致区域环境整体恶化。

（2）对植物的危害

农作物吸收重金属主要有两种方式，其一是土壤中的重金属经根系吸收迁移到植物体内；其二是空气中含有重金属的粉尘降落到植物叶面从而被吸收。土壤中的重金属会对植物产生一定的毒害作用，引起株高、主根长度、叶面积等一系列生理特征的改变，主要是因为吸收到植物体内的重金属能诱导其体内产生某些对酶和代谢具有毒害作用和不利影响的物质，如 H_2O_2、C_2H_2 等类物质。重金属的胁迫有时会引起大量营养的缺乏和酶有效性的降低，较高浓度的重金属含量有抑制植物体对 Ca、Mg 等矿物质元素的吸收和转运的能力。经过 Cd 处理的小麦幼苗叶和根的生长明显受到抑制，其茎和叶中富集的 Cd 量增加，Fe、Mg、Ca 和 K 等营养元素含量下降。

（3）对人体健康的危害

环境中的重金属会通过大气、饮用水、食物链等渠道富集到人体中，对人体健康产生不良影响。多种重金属对人体皮肤、呼吸系统、消化系统、神经系统、生殖系统等有一定的损害，严重时会引发癌变以致死亡。比如工厂排放的含 Cd、Pb 废水流淌到农田后会使作物体内富集 Cd、Pb，人类食用后就会导致 Cd 中毒（骨痛病）和 Pb 中毒。含 As、Hg 的农药污染土壤后则会引起慢性 As 中毒和 Hg 中毒（水俣病）。工业“三废”和农药污染土地后，在雨水的搬运作用下污染到地表水和地下水。人们摄取这些水分、水果蔬菜、肉类都会使重金属富集到人体，危害身体健康，甚至会导致癌症的发生。

6.4.5 重金属在土壤中的迁移转化规律

重金属元素的迁移转化是指在自然环境空间位置的移动和存在形态的转化，以及由此所引起的富集与分散过程。自然环境中重金属的迁移转化受到生物、化学、物理等因素的影响。迁移过程因物质运动形式的不同可以被分为机械迁移、物理化学迁移、生物迁移三类。

（1）机械迁移

机械迁移是指溶解或颗粒状态的重金属离子随着水体流动而迁移的过程。重金属是相对较难在土体中迁移的污染物。重金属进入土壤后通常停留在表层或亚土层，很少迁入底层。土壤溶液中的重金属离子或配位离子可以随水迁移至地表水体，而更多的重金属则可以通过多种途径被包含于矿物颗粒内或被吸附于土壤胶体表面，随土壤中水分的流动被机械搬运，特别是在多雨的坡地土壤，这种随水冲刷的机械迁移更加突出；在干旱地区，矿物或土壤胶粒还以尘土的形式被风机械搬运。

（2）物理化学迁移

物理化学迁移是指一系列物理化学作用后重金属在环境中以可溶性分子、配位离子、简单粒子状态所实现的迁移转化过程。研究表明，由于无机及有机胶体对阳离子的吸附、代换或络合、生物作用，进入土壤的重金属元素大部分会富集在土壤的 20～40 cm 处，这表明表层土壤的重金属元素含量通常较高，越往下重金属含量越少。

土壤环境中的重金属污染物主要以离子交换吸附、络合－螯合等形式和土壤胶体相结合或发生沉淀与溶解等反应。

1）重金属与无机胶体的结合

通常包括两类，一类是非专性吸附，即为离子交换形式的吸附；另一类是专性吸附，即土壤胶体以共价键、配位键的形式将重金属离子吸附。

①非专性吸附。非专性吸附又称离子交换吸附或极性吸附，这种作用的发生与土壤胶体微粒所带电荷有关，是指重金属离子通过与土壤表面电荷之间的静电作用而被土壤吸附。土壤胶体表面常带有净负电荷，对金属阳离子的吸附顺序一般是 $Cu^{2+}>Ni^{2+}>Co^{2+}>Zn^{2+}>Ba^{2+}>Rb^{2+}>Sr^{2+}>Ca^{2+}>Mg^{2+}>Na^{+}>Li^{+}$。不同黏土矿物对金属离子的吸附能力存在较大差异，蒙脱石的吸附顺序是 $Pb^{2+}>Cu^{2+}\geqslant Ca^{2+}>Ba^{2+}\geqslant Mg^{2+}>Hg^{2+}$；高岭石的吸附顺序是 $Hg^{2+}>Cu^{2+}\geqslant Pb^{2+}$；而带正电荷的水合氧化铁胶体可以吸附 PO_4^{3-}、AsO_4^{3-} 等。一般而言，阳离子交换量较大的土壤具有较强吸附带正电荷重金属离子的能力；而对于带负电荷的重金属含氧基团，它们对土壤表面的吸附量则较小。另外，在不同的土壤类型中，上述

吸附顺序可能会存在差异，因为土壤胶体对重金属的吸附顺序还受到离子浓度和络合剂的影响。

②专性吸附。专性吸附又称选择性吸附。重金属离子可被水合氧化物表面牢固地吸附，这些离子能进入氧化物金属原子的配位壳中，与—OH和—OH_2配位基重新配位，并通过共价键或配位键结合在固体表面。这种吸附不仅可以发生在带电体表面上，也可发生在中性体表面，甚至还可在吸附离子带同号电荷的表面上进行。其吸附量的大小不仅仅由表面电荷的多少和强弱决定。被专性吸附的重金属离子是非交换态的，通常不能被氢氧化钠或乙酸铵等中性盐所置换，只能被亲和力更强或性质相似的元素所解吸，有时也可在低pH条件下解吸。土壤中胶体性质对专性吸附的影响极大，重金属离子的专性吸附还与土壤溶液pH密切相关，一般随pH的上升而增加。在所有重金属中，以Pb、Cu和Zn的专性吸附最强；这些离子在土壤溶液中的浓度，在很大程度上受专性吸附所控制。专性吸附使土壤对重金属离子有较大的富集能力，影响到它们在土壤中的移动和在植物中的累积。

2）重金属与有机胶体的结合

重金属可被土壤有机胶体络合或螯合，或者吸附于有机胶体的表面。尽管土壤中有机胶体的数量远小于无机胶体的数量，但是其对重金属的吸附容量远远大于无机胶体。需要指出的是，土壤腐殖质等有机胶体对金属离子的吸附交换作用和络合－螯合作用是同时存在的。当金属离子浓度较高时，以吸附交换作用为主；金属离子在低浓度时，以络合－螯合作用为主。当形成水溶性的络合物或螯合物时，则重金属在土壤环境中随水迁移的可能性很大。

3）溶解和沉淀作用

重金属化合物的溶解和沉淀反应是土壤环境中重金属元素化学迁移的重要形式。其过程是重金属难溶电解质在土壤固相和液相之间的离子的多相平衡，是在遵循溶度积规律的基础上，结合土壤的具体环境条件（主要有pH和Eh），了解其规律，从而控制土壤环境中重金属的迁移和转化。重金属在土壤中的溶解和沉淀作用，主要受土壤pH、Eh和土壤中其他物质（如富里酸、胡敏酸）的影响。

（3）生物迁移

生物迁移指重金属通过生物的新陈代谢过程实现的一种复杂的迁移，主要是指植物通过根系从土壤中吸收某些化学形态的重金属，并在植物体内累积。该过程伴随着生物的生长发育直至死亡，服从生物学的一般规律。植物根系从土壤中吸收某种形态的重金属，并富集在植物体内。除植物的吸收外，土壤中的大量微生物也会吸收或分解表层土壤或植物残体，生物残体又能让重金属返回土壤，这也是一种重金属生物迁移的途径。

植物根系从土壤中吸收重金属，并在体内累积，受多种因素的影响，主要包括重金属在土壤中的总量和赋存形态、土壤环境状况（土壤环境的酸碱度、氧化还原电位、土壤胶体的种类与数量、不同的土壤类型）、不同作物种类以及陪伴离子的种类等。

重金属通过生物迁移并积累在作物体内，进而通过食物链，最终影响人体健康。因此研究土壤中重金属的生物迁移规律，特别是重金属复合污染时相互之间的交互作用规律，对于调控与防治土壤环境的重金属污染有十分重要的意义。

6.4.6 典型重金属在土壤中的迁移转化

6.4.6.1 土壤中的镉（Cd）

（1）土壤中Cd的来源及污染状况

Cd是广泛存在于自然环境中的一种有毒金属元素，在环境系统中迁移极为活跃，可通过植物吸收经食物链进入人体，已被公认为是对人类健康最具威胁的主要有毒重金属之一，国际癌症研究机构将Cd列为Ⅰ类致癌物。土壤中Cd的来源分为自然来源和人为来源，前者来源于含Cd的矿物或岩石风化释放到土壤中，构成土壤中Cd的背景值。人为来源，即由于化工、采矿、制造业、电子厂等工业的快速发展，以及污水、大气沉降、化肥的不合理运用等造成Cd排放。因此，源于我国土壤Cd背景值以及人为干扰，使土壤Cd含量超标。土壤中Cd的污染来源主要有：

①大气沉降。在社会经济的发展进程中，我国的工业化和城市化得到了快速推进，导致大气中的工业废气和粉尘中包含了越来越多的重金属元素，这些重金属会通过大气干湿沉降进入表层土壤，威胁着土壤环境质量。大气沉降也是土壤Cd来源的一个不可忽视的部分，目前也逐渐引起了人们的重视。

②矿产开采。Cd的最早发现就是分离锌矿时发现的，Cd往往与铅、锌矿伴生，随矿产的开采、冶炼，不断在土壤中积累。

③污水灌溉。许多工业活动排出的废水含有包括Cd在内的一些重金属等污染物质。一些水资源缺乏的地区将工业废水引入农田灌溉，导致了Cd在农田土壤的积累。一个典型的例子就是沈阳张士污灌区，该区表层土壤（1～10 cm）平均含Cd 4.6 mg/kg。

④各种土壤增肥物料。作为肥料施入农田的一些污泥、煤泥、土壤改良剂等除含有可作为作物养料的氮、磷及有机质外，还含有各种对作物和人类有害的重金属，因此在增加土壤肥力的同时，也造成土壤重金属污染。

⑤含Cd磷肥。磷是作物生长发育不可缺少的营养元素之一，在农业生产中占有重要地位。而磷肥的生产原料是磷矿石，天然Cd存在于磷矿中，由磷矿石原料带入磷肥中的Cd元素含量通常较高。有学者估计，在人类活动对土壤Cd的贡献中，磷肥占54%～58%。研究表明，长期施用含Cd磷肥将显著增加土壤Cd含量及有效含量，两者间呈显著的剂量效应；施用高Cd磷肥或增施含Cd磷肥均可促进作物Cd累积量增加。说明磷肥中的Cd可对土壤环境以及农产品的Cd安全产生显著影响。

（2）土壤Cd污染

20世纪50年代，世界上首次记录了Cd大规模中毒事件，即发生在日本的"痛痛病"事件，引起了全球对Cd污染大米问题的关注。受"痛痛病"影响地区的居民摄入的Cd有50%～70%来自污水灌溉的水稻，究其原因是上游锌、铅矿释放的废水中的Cd所致。半个世纪后，在中国南方的许多地区，Cd污染的历史再次重演，尽管严重程度要轻得多，但规模要大，尤其是在金属矿山和冶炼设施周围地区。同样，其他发达国家也出现Cd含量超标现象。

2014年，环境保护部和国土资源部联合发布的《全国土壤污染状况调查公报》显示，我国约7%的土壤Cd含量超出了规定限值，点位超标率位居所有金属和类金属首位。在我国，超过11个省份存在土壤Cd含量超标的现象，有28万hm^2的农田存在Cd污染，其中湖南省株洲市表层土壤Cd含量高达6 mg/kg，已远远超出《土壤环境质量 农用地土壤污染风险管控标准（试行）》（GB 15618—2018）所规定的限值（0.3 mg/kg）。而云南省、广西壮族自治区和辽宁省等省份的部分地区污染更为严重，土壤Cd浓度分别为27.98 mg/kg、17.48 mg/kg和12.06 mg/kg，分别超出土壤限值的93倍、58倍和40倍。土壤中的Cd通过植物根系吸收和体内转运最终在植物可食部分中积累，人类若长期摄入含有Cd的食物，就会使Cd在体内积累进而对普通人群造成健康危害。

（3）Cd的迁移转化

Cd一旦进入土壤，会长时间滞留在耕作层中。由于它移动缓慢，常分布于土壤表层，一般集中在0～15 cm，15 cm以下含量明显减少，故一般不会对地下水产生污染。土壤中Cd的存在形态分为水溶性和非水溶性镉两大类。离子态及络合态的水溶性镉能被作物吸收，而非水溶性镉的化合物则不易迁移和为植物吸收，但两者在一定条件下可以相互转化。在旱地土壤中Cd多以$CdCO_3$、$Cd_3(PO_4)_2$和$Cd(OH)_2$的形态存在，其中以$CdCO_3$为主，尤其在碱性土壤中含量最多；而在水田多以难溶性的CdS形态存在，影响Cd迁移转化的因素主要包括：

①土壤pH。pH是土壤所有参数中影响Cd形态和有效性的最重要因素，土壤中Cd的有效性即Cd在土壤中的化学形态和吸附解吸行为很大程度上受土壤pH的调节。提高土壤pH，土壤胶体负电荷增加，H^+的竞争能力减弱，使重金属被结合得更牢固，多以难溶的氢氧化物或碳酸盐及磷酸盐的形式存在，Cd的有效性就大大降低。

②土壤中的有机物质。有机物质具有大量的功能基团及巨大的比表面积，使其对Cd等重金属离子的吸附能力远远高于其他任何矿质胶体，更重要的是，有机质分解形成的小分子有机酸、腐殖酸等可与重金属结合形成稳定的络合物，从而降低Cd的活动性。研究表明，Cd污染的土壤中添加有机肥后，有机络合态的Cd明显增加，而水溶态和交换态Cd的质量分数则明显降低，即土壤中有效态Cd的质量分数降低。研究证实有机肥对Cd-Zn复合污染的土壤具有明显的调控作用，Cd-Zn复合污染的土壤中施加猪厩肥显著地降低了Cd、Zn对生长的小麦的毒性，提高了小麦产量。值得注意的是，施用C/N值大的有机物料（如稻草），分解过程中会释放出大量有机酸类物质，明显降低土壤pH，反而导致土壤中可溶性和交换性镉的比例增加，致使生物毒害加重。因此，一些有机物料（如稻草、紫云英和猪粪）对Cd的吸附影响存在双重效应：pH提高效应和配位效应，前者促进Cd的吸附，而后者抑制Cd的吸附，最终吸附结果取决于二者的效应平衡。

③土壤Eh。土壤Eh很大程度上影响着植物对Cd的吸收。在土壤介质中，重金属元素可与硫化物形成沉淀、与有机质络合、被铁锰氧化物吸附。这些行为受土壤氧化还原状况的调节。Cd在氧化条件下（Eh高）比在还原条件下（Eh低）更容易由无效态转化为水溶态和交换态。研究表明，这种转化在酸性条件下尤为明显；当pH为4.5时，处于氧化状态的植物Cd含量是还原条件下的几十倍，当pH为7.5时，处于两种状态下的植物Cd含量几乎没有显著变化。

在土壤Eh较高情况下，CdS的溶解度增大，可溶态镉含量增加。当土壤氧化还原电位较低时（淹水条件），含硫有机物及外源含硫肥料可产生硫化氢，生成的FeS、MnS等不溶性化合物与CdS产生共沉淀，因此，常年淹水的稻田，CdS的积累占优势。土壤Eh升高，土壤对Cd的吸附量明显减少，难溶态CdS会被氧化为$CdSO_4$，使土壤pH下降，土壤有效Cd含量增加。相同Cd污染水平下，淹水栽培的水稻叶片中Cd含量明显低于旱作水稻叶片中Cd含量。

④离子强度。离子强度是影响土壤Cd吸附能力的另一个重要因素。随土壤溶液离子强度的增加，土壤对Cd的吸附量减少。不同离子强度下，蒙脱石对Cd的吸附研究表明，随着土壤溶液离子强度的增加，降低了Cd在黏土表面的吸附量。另有研究证实，Cd和Zn、Pb、Cu的含量存在一定的关系，Cd含量高的地方，Zn、Pb、Cu也相应较高，所以Cd还受Zn^{2+}、Pb^{2+}、Cu^{2+}、Fe^{2+}、Mn^{2+}、Ca^{2+}、PO_4^{3-}等陪伴离子的影响。

（4）土壤Cd污染的危害

1）Cd对人体健康的威胁

Cd是环境中运移活跃、对生物和人类毒性较大的化学元素，主要通过土壤—作物—食物链被人体吸收。Cd在人体内的半衰期通常可达20～40年，主要积聚在人体的肝脏和肾脏，与名为金属硫蛋白的低分子量金属结合蛋白结合，其毒性往往会干扰各种锌介导的代谢过程、抑制DNA修复、氧化应激对DNA的损伤，以及刺激细胞增殖或基因异常表达。越来越多的证据表明，环境中Cd的暴露与癌症发病率的增加有关，长期接触Cd不仅导致人类肺癌发病率增加，同时会引发各种健康问题，如肾功能衰竭、耳科疾病、神经系统疾病、嗅觉丧失，甚至会增加患肾癌、肝癌、胃癌和造血系统癌的风险。长期食用遭到Cd污染的食品，可能导致“痛痛病”，使骨骼的生长代谢受阻碍，从而造成骨骼疏松、萎缩、变形等，久而久之形成软骨症和自发性骨折。

2）Cd对作物的毒害作用

土壤Cd污染通常会导致农作物出现生长迟缓、植株矮小、退绿、产量与品质下降等情况。

① Cd影响农作物的生长发育。Cd通过毒害作物的根系，造成根系生理代谢失调，影响对必需元素的吸收、运输和积累；受害根系的吸收能力减弱，从而导致作物植株营养亏缺，影响植物正常的生长发育。

②影响农作物的光合作用和呼吸作用。Cd是光合作用的有效抑制剂，破坏光合器官结构、影响细胞内有关叶绿素的合成酶系统，使叶绿素a/b比例下降。Cd也会影响与呼吸相关酶的活性，造成作物体内碳水化合物的代谢紊乱，从而影响呼吸作用，这主要是由于Cd破坏线粒体结构进而抑制呼吸作用。

③影响农作物体内生物酶的活性。土壤Cd污染可以引起农作物体内超氧化物歧化酶（SOD）、过氧化物酶（POD）和过氧化氢酶（CAT）等酶的活性下降。此外，还会抑制固氮酶、硝酸还原酶、谷氨酰胺合成酶、谷氨酸合成酶和谷氨酸脱氢酶的活性，从而导致Cd对氮代谢、呼吸作用、碳水化合物代谢和核酸代谢等均有阻碍作用。

④ Cd影响农作物的产量和品质。不同作物对Cd的吸收积累能力不一样。禾谷类作物如水稻、小麦和玉米为Cd污染敏感型作物，虽然对Cd的生理耐受性较强，但其产品（籽实）易因积累对人体有害的Cd而丧失食用价值；其中水稻被认为是对Cd有较强生理耐受能力的农作物之一，其对Cd有较强的富集能力，当土壤Cd含量为2.21 mg/kg时，糙米中Cd含量可达2.64 mg/kg，超过食品卫生标准最高限量的12倍，因此稻田土壤中

Cd 污染的最大危害是 Cd 在水稻籽粒中的积累。Cd 还会影响草莓的结果数和果实品质，土壤中 Cd 的浓度高时，果实中的维生素 C（Vc）以及 K、Ca、Zn、Mn、Fe 等矿物质元素的含量均降低，使得草莓的营养品质降低，同时草莓的果实中也会积累 Cd。

6.4.6.2　土壤中的铅（Pb）

（1）土壤中 Pb 的来源及污染

土壤中的 Pb 污染已经在全球范围内发生，在城市、农业、工业和采矿土壤中发现了高水平的 Pb。其来源可分为三大类，分别是大气、水和土壤。相对于生物体影响而言，大气中的 Pb 比水和土壤中的 Pb 更容易进入生物体中。而大气和水中的 Pb 最终也会沉淀富集于土壤中，造成土壤中的 Pb 含量严重超标。土壤中的 Pb 分为自然来源和人为来源。自然来源主要是矿石和岩石的背景值。例如方铅矿（PbS）、闪锌矿（ZnS）等。世界范围内土壤 Pb 含量的变幅多为 3～200 mg/kg，中值为 35 mg/kg。不同的地区由于矿石含量、土壤类型、岩石母质等差异造成土壤 Pb 背景值不相同。人为来源有多个途径，最主要的是含铅矿的开采与冶炼、蓄电池厂、电镀厂、合金厂、涂料厂等工厂排放的“三废”，汽车尾气及农业生产上施用含铅肥料、农药（如砷酸铅）等，其中采矿冶炼占了人为来源的 80% 以上。通过生物圈循环，Pb 污染到达食物链的终端——人类，最终使人体受到 Pb 的危害。我国表层土壤中 Pb 含量最高值主要分布在中南地区和西南地区，包括湖南省、云南省和广西壮族自治区等，27 个省份的表层土壤 Pb 含量均高于全国背景值，表层土壤 Pb 含量以云南省最高，达 381.57 mg/kg；而海南省 Pb 含量最低，为 24.40 mg/kg。

（2）Pb 在土壤环境中的迁移转化

土壤中 Pb 元素与不同成分结合形成不同的化学形态，其与土壤类型、污染来源、环境条件以及土壤性质有着密切的关系。Pb 的化合价有 0 价、+2 价、+4 价以及中间复合价。其中 +2 价氧化态稳定；+4 价氧化态不稳定、具有强氧化性，在土壤环境中不能稳定存在，因此土壤中 Pb 的化学态仅涉及二价铅及其化合物，如 $Pb(OH)_2$、$PbCO_3$、$Pb_3(PO_4)_2$、$PbSO_4$、PbS 等，而水溶性铅含量极低，且在迁移过程中受土壤阴离子对 Pb 的固定作用、土壤有机质对 Pb 的络合作用、土壤黏粒矿物对 Pb 的吸附作用等多种因素影响，如 Pb^{2+} 可以吸附在黏土矿物质表面或者和黏土矿物质中的 Ca^{2+}、Al^{3+} 发生离子交换，如下列反应式所示，因此 Pb 的可迁移性很差，经各种途径进入土壤中的 Pb，绝大部分将滞留、蓄积于表层 0～15 cm 土壤中，随土壤剖面深度增加，Pb 含量逐渐下降。

$$Pb^{2+}+Al_2SiO_4(OH)_2 \longrightarrow PbSiO_3+Al_2O_3+2H^+$$

$$Ca_{10}(PO_4)_6(OH)_2+xPb^{2+} \longrightarrow (Ca_{(10-x)}Pb_x)(PO_4)_6(OH)_2+xCa^{2+}$$

（3）土壤 Pb 污染的危害

① Pb 对人体的伤害。Pb 的过度摄入是危害人体健康不容忽视的社会问题。在 Pb 污染的场所，如采矿和冶炼区，附近儿童通过手口接触行为偶然摄入土壤和吸入悬浮的土壤颗粒中的 Pb 达到 1.2～23 mg，其中含有大量的活性 Pb，对人体有很大的危害。过量的 Pb 摄入会明显地影响儿童智力发育。据报道，当血铅水平自 100 μg/L 上升到 200 μg/L，其智商（即智力商数，Intelligence Quotient，IQ）平均下降约 2.6 分，同时也会影响儿童阅读能力、定向能力、听力、手眼协调能力等。研究表明，过量的 Pb 与人体中少量的

H_2S 形成 PbS，使 H_2S 失去促进肠蠕动的作用，造成胃肠运动无力，出现食欲不振、顽固性便秘等症状；同时，Pb 的摄入也会导致肾组织缓慢变性与肾功能的改变，造成肾衰竭；Pb 对多个中枢和外围神经系统中的特定神经结构有直接的毒性作用，容易出现铅性脑病；Pb 也会通过干扰亚铁血红素的合成而阻滞血红蛋白（Hb）生物合成，造成铅性贫血；同时，Pb 暴露能引起高血压、心脏病变和心脏功能变化，影响妇女生殖能力，接触大量 Pb 的女工有不孕、流产及畸胎等症状。

② Pb 对植物的危害。Pb 是植物非必需元素，被植物吸收并积累到一定程度会影响种子萌发、使根系丧失正常功能、妨碍养分和水分吸收、阻滞农作物正常生长、降低产量和品质。不同作物对 Pb 的吸收和受影响程度也不同。作物对 Pb 抗性的相对顺序为小麦＞水稻＞大豆。Pb 在植物体内活性很低，作物吸收的 Pb 大部分被固定在根部，向地上部运输的比例很低，Pb 在植物体内的积累和分配规律一般为根＞茎＞叶＞果实，说明 Pb 在土壤中对植物的有效性及移动性都很低。作物对 Pb 的吸收量大都低于 0.3%，99.7% 以上的外源 Pb 留在土壤中。不同蔬菜对 Pb 的富集程度也存在差异，试验表明，可食部分平均累计量的次序为白菜＞萝卜＞莴苣。无机改良剂（石灰、钙镁磷肥、高岭石和海泡石）均可在一定程度上降低土壤 Pb 含量，并有效减少糙米中 Pb 的浓度。

6.4.6.3 土壤中的铬（Cr）

（1）土壤中 Cr 的来源

土壤中 Cr 的背景含量与成土母岩和矿物密切相关。我国自然地理和气候条件复杂，土壤含 Cr 量差异也较大。中国土壤 Cr 的背景值范围为 2.20～1 209 mg/kg，其中值为 57.3 mg/kg，算术平均值为（61.0±31.07）mg/kg。我国土壤 Cr 的背景值呈现一定的分异规律：

①由于各土纲所处的气候条件、风化过程和风化强度的差别，Cr 的含量顺序为岩成土纲＞高山土纲＞不饱和土纲＞富铝土纲。例如尽管石灰岩中 Cr 的含量偏低，但石灰岩矿物易在 CO_2 和水的作用下产生化学溶蚀作用，随着碱土金属离子的淋失和氧化铁的相对富集，土壤中 Cr 的含量相对提高。而在红壤、赤红壤区，Cr 随着铝、硅等元素强烈淋失，其含量显著低于全国平均水平，如福建省土壤 Cr 背景值仅为 44 mg/kg。

②土壤 Cr 表现出对母岩的继承性，玄武岩土壤 Cr 的含量明显高于石灰岩和花岗岩，海相沉积土 Cr 的含量高于风沙沉积土，如以蛇纹岩等超基性火成岩含 Cr 较高，平均 Cr 含量为 2 000 mg/kg，花岗岩 Cr 含量范围为 2～60 mg/kg。

③平原区土壤中 Cr 的含量取决于平原污染源的差异，同时与中上游区土壤 Cr 的背景值有一定相关。

④我国土壤 Cr 的含量呈西南区＞青藏高原区＞华北区＞蒙新区＞东北区＞华南区的空间分布格局。

土壤中高浓度的 Cr 通常是由于人为污染导致的。Cr 是农业土壤中最主要的重金属污染物之一，其来源广泛，对人体和环境危害极大。Cr 主要来源于毛皮与制革污染、电镀污染、铬盐、纺织印染污染以及铬矿冶炼污染等。具体来源有：

①铬渣堆积导致的 Cr 污染。目前国内主要采用钙焙烧的方法生产铬盐，在生产过程中会产生大量铬渣，铬渣堆积会导致周边土壤的污染。如天津某化工厂铬渣堆放场地周

边土壤中 Cr 含量为 581～7 060 mg/kg；杭州某化工厂原万吨铬渣堆放点土壤 Cr 含量达到 172～20 392 mg/kg，地下水中 Cr^{6+} 含量达 10.5～227.3 mg/L，污染严重。

②大气沉降的 Cr 污染。主要来源于能源、运输、冶金和建筑材料生产产生的气体和粉尘，经干湿沉降进入土壤。

③含铬废水排放及灌溉引起的 Cr 污染。制革、印染、电镀等行业会产生大量含铬废水，处理不当外排时会造成土壤和水体严重的污染。

④农业生产过程中产生的 Cr 污染。在农业生产中，化学肥料以及施入农田的污泥、煤泥、土壤改良剂等通常含有 Cr，长期施用会导致土壤中 Cr 的积累。

⑤含铬生活垃圾随意堆放造成的 Cr 污染。含铬的生活垃圾经过雨水淋洗冲刷后，所产生的渗滤液直接进入土壤，导致土壤中 Cr 的污染。

（2）Cr 在土壤环境中的迁移转化

Cr 在土壤环境中有三价铬和六价铬两种价态，由于 Cr（Ⅵ）易与土壤中组分（如有机质、Fe^{2+}、S^{-}）发生还原反应，因此，在土壤环境中主要以 Cr（Ⅲ）的形式存在。土壤环境中 Cr 的生物有效性、迁移性与 Cr 的价态密切相关，通常 Cr（Ⅲ）常以 Cr^{3+}、CrO_2^- 形式存在，极易水解从而被土壤中的胶体粒子吸附或形成沉淀，其活性较差，对植物毒性相对较小。而 Cr（Ⅵ）常以 $Cr_2O_7{}^{2-}$ 和 CrO_4^{2-} 形式存在，一般 Cr（Ⅵ）离子不易被土壤所吸附，具有较高的活性，对植物易产生毒害。

在低 Eh 条件下，Cr 以 Cr^{3+} 存在（其中低 pH 下为 Cr^{3+}，而高 pH 时为 CrO_2^-）；在高 Eh 条件下，Cr 以 Cr^{6+} 存在（其中低 pH 时为 $Cr_2O_7{}^{2-}$，高 pH 时为 CrO_4^{2-}），如 Cr 的 Eh–pH 图（图 6–4）。因此，还原性条件下，Cr^{6+} 可能被 Fe^{2+}、硫化物、某些带羟基的有机物等还原成 Cr^{3+}；而在通气良好的土壤中，Cr^{3+} 可被 MnO_2 或氧气氧化成 Cr^{6+}。

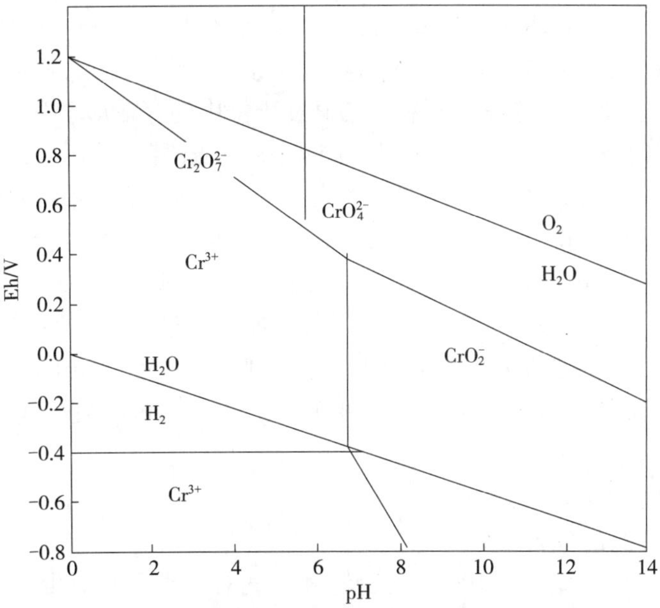

图 6–4　25℃时不同铬离子形态的 Eh–pH 图

资料来源：张乃明，田光明，吕贻忠，等．环境土壤学 [M]. 北京：中国农业大学出版社，2012。

土壤溶液中 Cr 的迁移转化主要由 3 个重要反应进行控制：氧化 - 还原作用、吸附 - 解吸作用和沉淀 - 溶解作用，而在实际环境中这几个过程是互相联系、彼此影响的。

1）氧化 - 还原作用

氧化还原过程在 Cr 的形态转化中起了重要作用，而 Cr（Ⅲ）和 Cr（Ⅵ）的相互转化能够影响其生物有效性及毒性。在一定 pH 和 Eh 范围内 Cr（Ⅲ）和 Cr（Ⅵ）之间会发生氧化还原反应而相互转化。当土壤 pH 约为 4 时，土壤中存在的 Cr（Ⅲ）易与土壤中的胶体发生吸附作用；当 pH 为 4～6 时，Cr（Ⅲ）会与土壤中胶体和氢氧化物发生吸附与共沉淀作用；而 pH＞6 则形成稳定沉淀，说明在酸性条件下容易形成 Cr（Ⅲ）。研究表明，在土壤处于淹水状态下（即还原状态）时，会促进土壤溶液中 Cr（Ⅵ）向 Cr（Ⅲ）的转化，促进有机结合态铬的形成，并且残渣态铬向有机结合态铬转化的趋势，说明在一定的还原状态下土壤中 Cr 的生物有效性会提高。

2）吸附 - 解吸作用

Cr（Ⅵ）进入土壤后仅有少部分被土壤胶体吸附，大部分游离在土壤溶液中，而 Cr（Ⅲ）在土壤中主要以 Cr^{3+} 形式存在，进入土壤后绝大部分被土壤胶体吸附固定。

3）沉淀 - 溶解作用

土壤中 Cr（Ⅲ）主要以 Cr^{3+} 存在，Cr^{3+} 能迅速而有效地被土壤中的胶体吸附固定，形成铁的氢氧化物沉淀或者铁 - 铬氢氧化物混合沉淀；而六价铬络合物在酸性或者碱性土壤环境中都不稳定，易发生迁移转化。而 Cr（Ⅲ）在中性和碱性溶液中，可能生成沉淀 $Cr(OH)_3$。

由于不同土壤的矿物种类、组成、有机质含量等不同，Cr 的形态也不同。因土壤中 Cr（Ⅲ）被牢固地吸附沉淀而固定，土壤中水溶性铬含量非常低，一般难以测出；交换态铬（1 mol/L NH_4OAc 提取）含量也很低，一般小于 0.5 mg/kg，约为总铬的 0.5%。土壤中 Cr 大多以沉淀态（2 mol/L HCl 提取）、有机紧结合态（5% H_2O_2+2 mol/L HCl 提取）和残渣态存在。有机紧结合态铬通常小于 15 mg/kg，比沉淀态和残渣态含量低，残渣态含量一般占总铬的 50% 以上。Cr 在土壤中的迁移，与其在土壤中的存在形态及淋溶状况有关。研究表明，在淋溶较强的条件下，Cr（Ⅵ）可能向较深土层迁移，并污染地下水，而在降水量少的碱土地区，土壤中的 Cr 多以 Cr（Ⅲ）存在并为土壤所固定，很难发生淋溶迁移。

由于还原物质土壤有机质的存在，使 Cr（Ⅵ）能迅速还原成为 Cr（Ⅲ），降低了毒性，因此，土壤中一般难以检出 Cr（Ⅵ）。用厩肥、风化煤粉、FeS 3 种还原性物质改良 Cr 污染土壤，结果表明，以厩肥对 Cr（Ⅵ）的还原效果最好。此外，土壤对 Cr（Ⅵ）的吸持与黏粒含量有关，一般来说，黏粒含量越高，吸持量越大。相同温度下，土壤有机质和黏粒含量高的土壤对 Cr（Ⅵ）吸持效果很好，这主要是因为发生还原反应和土壤黏粒对 Cr（Ⅵ）的吸附作用。

（3）土壤 Cr 污染的危害

1）Cr 对人体健康的危害

土壤中的 Cr 很容易通过饮用水、食物链和大气对人类和其他生物造成不良影响。经过食用、吸入等方式吸收的 Cr（Ⅵ），会与胃内的某些内源性物质发生反应，引起道腹泻等消化道症状，诱发支气管哮喘等呼吸道疾病；长期接触皮肤，引起红斑、湿疹等皮肤性疾病；Cr（Ⅵ）进入体内后会被还原为 Cr（Ⅲ），Cr（Ⅲ）继续反应产生高价铬的同时，会产生许多自由基与DNA分子结合导致遗传密码的改写，极易引起癌变等。另外，人群调查研究表明，长期暴露于含Cr的环境中，特别是生产铬酸盐的工人的肿瘤发病率比常人高。

2）Cr对植物的危害

大量的试验研究表明，微量元素Cr是植物所必需的，土壤中少量的Cr对植物生长是有利的。通常，低浓度Cr对农作物的生长有刺激作用。研究显示，低浓度（50 μmol/L）Cr对烟草组培苗生长有促进作用，株高、鲜重、叶绿素含量、蛋白质含量、SOD活性呈现上升趋势；但是，土壤环境中Cr的含量过高时，就会对植物及其他生物造成危害。因此，植物缺少Cr就会影响植物的正常发育，但是植物体内累积过量Cr又会引起毒害作用，而直接或间接地给人类健康带来危害。

6.4.6.4 土壤中的汞（Hg）

Hg在自然界中分布极广，几乎所有的矿物中都含有汞。由于其分布范围较广，对环境和人体造成的危害大，并且具有极强的迁移性，因此Hg污染的防治是世界污染物防治的重要课题。Hg被联合国环境规划署列为全球性污染物，是除了温室气体外唯一一种对全球范围产生影响的化学物质，具有跨国污染的属性，已成为全球广泛关注的环境污染物之一。

（1）土壤中Hg的污染来源

Hg是一种毒性较大的有色金属，俗称水银，是常温下唯一的液态金属，其熔点很低，仅为−38.87℃，具有很强的挥发性。Hg在自然界中以金属汞、无机汞和有机汞形态存在，有机汞（如甲基汞、乙基汞、苯基汞）的毒性远高于金属汞和无机汞。典型的汞公害病为日本的“水俣病”，即由化工厂在生产过程中使用无机汞作触媒而产生的甲基汞。地壳中Hg主要以硫化物、游离态金属汞和类质同象形式存在于矿物中。典型的含汞矿物有辰砂（HgS）、硫汞锑矿（$HgS \cdot 2Sb_2S_3$）、汞银矿（AgHg）、硒汞矿（SeHg）及黑黝铜矿等。

Hg是地壳中自然形成的一种元素，在岩石中主要以硫化物的形式存在，岩石经过漫长的自然风化或地壳活动，所形成的土壤母质中，有一部分Hg残留下来，而残留下来的Hg就成为天然背景下土壤中Hg的主要来源。世界范围内土壤中汞的背景值差异较大，一般在0.58～1.8 mg/kg，平均值大约在1.1 mg/kg。我国土壤Hg背景值区域分异趋势为东南＞东北＞西部、西北部。土壤类型对Hg的背景值也有明显影响。水稻土及石灰（岩）土中Hg背景值含量较高，前者显然是人为因素影响，而后者主要是成土母质与成土过程所致。

Hg对土壤的污染有多种途径，由于含汞农药的逐步减少，目前矿业和工业过程中所引起的污染已成主导地位。首先，汞矿山开采、冶炼活动产生的“三废”也使周围土壤受到污染。其次，煤、石油和天然气在燃烧过程中，排放出大量的含汞废气和颗粒态汞尘。据估算，2000年我国燃煤每年向大气排放Hg300 t左右。另外，城市化进程的不断加快，也产生了越来越多的含汞固体废物，例如温度计、荧光灯泡，电石法生产聚氯乙烯过程中的汞触媒生产、废汞触媒堆放等，这些含汞废物大多都进入到垃圾填埋场进行填埋，从而也会导致填埋场周围的土壤受到影响。

（2）Hg在土壤环境中的迁移转化

土壤对Hg的吸收能力很强，这是因为土壤疏松的空间给汞物质的沉淀提供了环境，另外黏土中的矿物质也对Hg具有一定的吸附作用，因此，进入土壤的Hg容易累积和扩散从而污染周边环境并不易清除。

Hg以多种形态广泛存在于自然界中，在土壤中Hg主要以0价、+1价、+2价存在。土壤中Hg的形态比较复杂，有机质含量、温度、Eh、pH等均会影响到汞形态转化。土壤中的汞按其化学形态可分为金属汞、无机结合态汞和有机结合态汞，无机化合态汞有$HgCl_2$、$HgCl_8^-$、$HgCl_4^{2-}$、$Hg(OH)_2$、$Hg(OH)_3^-$、$HgSO_4$、$HgHPO_4$、HgO和HgS等。有机化合态汞以有机汞（如甲基汞、二甲基汞等）、腐殖质结合汞和有机汞农药。一般而言，金属汞毒性大于化合汞，有机汞毒性大于无机汞，甲基汞在烷基汞中毒性最大，土壤中任何形式的Hg（包括金属汞、无机汞和其他有机汞）均可在一定条件下转化为剧毒的甲基汞，因此Hg的甲基化最受人的关注。无论是可溶或不可溶的汞化合物，均有一部分能挥发到大气中去，其中有机汞的挥发性（甲基汞和苯基汞的挥发性最大）明显大于无机汞（碘化汞挥发性最大，硫化汞最小）。土壤中金属汞含量很少，但很活泼，在土壤中可以挥发，而且随着土壤温度增加，其挥发速度加快。土壤中除$Hg(NO_3)_2$，$HgCl_2$和甲基汞易被植物吸收，通过食物链在生物体逐级富集，对生物和人体造成危害，其他多数的汞化合物是难溶的，易被土壤吸附或固定，发生一系列转化使其毒性降低。

在正常的土壤Eh和pH范围内，Hg能以零价状态存在是土壤中Hg的一个重要特点。在适宜的土壤Eh和pH下，Hg的3种价态间可相互转化，转化反应如下：

$$Hg^0 \xleftrightarrow{\text{歧化作用}} Hg_2^{2+} + Hg^{2+}$$

$$Hg_2^{2+} \xleftrightarrow{\text{氧化作用}} Hg^{2+} + Hg^0$$

$$Hg^{2+} \xleftrightarrow{\text{土壤微生物作用}} Hg^0$$

一般来说，较低的pH利于汞化合物的溶解，因而土壤Hg的生物有效性较高；而在偏碱性条件下，Hg的溶解度降低，在原地累积。但当pH>8时，因Hg^{2+}可与OH形成络合物而提高溶解度，也使其活性增大。氧化条件下，除$Hg(NO_3)_2$外，Hg的二价化合物多为难溶物，在土壤中稳定存在；还原条件下，Hg以单质形态存在。但是，如果Hg^{2+}在含有H_2S的还原条件下，将生成极难溶的HgS残留于土壤中。HgS极难被植物吸收，当土壤中氧气充足时，HgS又可氧化成可溶性的硫酸盐$HgSO_3$和$HgSO_4$，并通过生物作用形成甲基汞被植物吸收。

土壤中各类胶体对Hg均有强烈的表面吸附和离子交换吸附作用，Hg进入土壤后，95%以上的Hg能迅速被土壤吸附或固定，Hg在土壤中一般累积在表层。Hg^{2+}、Hg_2^{2+}可被负电荷胶体吸附，而$HgCl_3^-$被带正电荷胶体吸附。不同黏土矿物对汞的吸附能力主要表现为蒙脱石、伊利石类>高岭石类。

腐殖质固定Hg的能力比黏土矿物大得多。腐殖质是一些含有芳香结构的化合物，通过酚羟基、羧基、烯醇基、氨基、醌基、甲氧基等反应基团的作用，汞被腐殖质螯合或吸附，一般来说，土壤腐殖质含量越高，土壤吸附Hg的能力越强。

（3）土壤Hg污染的危害

1）土壤Hg对人体的危害

Hg具有神经毒性早已公认。在Hg的各种化合物中，甲基汞神经毒性最为显著。神经系统是Hg对机体损害表现最早而且最为严重的一个系统。微量的Hg在人体内一般不致引起危害，可经尿、粪和汗液等途径排出体外。但是过量Hg，通过呼吸系统、食道、血液和皮肤进入人体内，可在一定条件下转化成剧毒的甲基汞，侵害人的神经系统。大量体内/体外动物致畸试验及人群流行病学调查均证明甲基汞能诱发胚胎和胎儿畸形，使胎儿的神经元从中心脑部到外周皮层部分的移动受到抑制，导致大脑麻痹。甲基汞的高脂溶性及扩散性可以使其透过胎盘屏障和血脑屏障，对胎儿的神经系统造成直接损害，导致神经系统畸形。环境中的甲基汞还能沿着水生食物链传递，进行高度生物富集。水体中处于食物链顶级的鳖鱼、箭鱼、金枪鱼、带鱼等大型鱼类以及海豹体内甲基汞含量最高，易通过食物链危害人类及其他哺乳动物。Hg及其化合物在人体内的蓄积部位不同，如金属汞主要蓄积在肾脏和脑部，无机汞主要富集于肾脏，而有机汞主要存在于血液及中枢神经系统。汞中毒的机理目前尚未完全清楚，目前已知道的是Hg-S反应是Hg产生毒性的基础。金属汞进入人体后，迅速被氧化成汞离子，并与体内酶或蛋白质中许多带负电的基团（如巯基）等结合，抑制细胞内许多代谢途径（如能量、蛋白质和核酸的合成），进而影响细胞功能和生长。此外Hg与细胞膜的巯基结合，改变膜通透性，导致细胞膜功能障碍。

2）土壤Hg对作物的危害

土壤中Hg的生物效应研究有一定难度，因为大气Hg污染对植物Hg的累积贡献也相当明显。大气Hg污染对土壤-植物系统的危害研究表明，植物在吸收土壤Hg的同时也可吸收大气Hg。当植物Hg源于大气Hg时，其地上部Hg含量高于根部；而源于土壤Hg时，则根部Hg含量高于地上部，因此在研究土壤中Hg的植物效应时，Hg污染源的区分十分重要。在农田环境中，Hg主要与土壤中多种无机和有机配位体生成络合物，在作物体内积累并通过食物链进入人体。植物对Hg的吸收随土壤Hg浓度的增加而提高。不同植物及同一植物的不同器官在各自生长阶段对Hg的吸收、积累完全不一样。不同植物对Hg的吸收能力是针叶植物＞落叶植物，水稻＞玉米＞高粱＞小麦，叶菜类＞根菜类＞果菜类。

6.5　土壤环境有机污染

随着工业的发展，从药物、石油化工、油脂、溶剂、农药以及其他工业向环境排放的有机毒物与日俱增，城市和工业区附近的土壤有机污染日益加剧，多环芳烃、农药、多氯联苯、邻苯二甲酸酯等有机污染物在工业区周围的土壤中超过国家标准多倍，由土壤有机物污染引起的疾病和环境公害事件屡见不鲜。世界上化学品销售目前已达7万～8万种之多，且每年有1 000～1 600种新化学品进入市场。以化学农药为例，全球每年施用量已达数百万吨。由于农药的施用以及含有各种人工合成化学物质的有机废弃物通过各种途径进入土壤，从而对土壤环境造成了不同程度的影响。这些有机化合物在土壤中可以发生许多迁移、转化过程，其残留物及其转化产物均可能对环境质量和农产品安全造成负面影响。研究发现，针对特种目标生物的生物杀灭剂同样会危害非目标生物，例如DDT可以非常有效地降低疟疾等疾病的发病率，曾一度被称为“最重要的生活必需品”之一；然而在DDT刚使用时，人们就发现它可以影响湖鳟等鱼类的生长，而且在环境介质中有着广泛的传播，它在土壤、河流沉积物中的积累与地区销售量之间有着相似的趋势。值得注意的是，一些并非用于生物杀灭剂的多氯联苯（PCBs）也会危及某些生物的健康，当生物体内摄取了一定浓度的 PCBs 时会导致毒性效应。

20 世纪 90 年代初，某些持久性有机污染物（POPs）对于环境和生态系统以及人类健康的影响日益引起人们的关注。所谓持久性有机污染物是一组具有毒性、持久性并易于在生物体内富集的有机化合物；它们能进行长距离迁移和沉积，且对源头附近或远方环境与人体产生损害。POPs 通常具有低水溶性和高脂溶性，大部分为人工所合成。2001 年 5 月，包括我国在内的 90 多个国家在瑞典斯德哥尔摩签署了《关于持久性有机污染物的斯德哥尔摩公约》（以下简称《公约》），《公约》决定禁止或限制使用 12 种持久性有机污染物，包括 8 种有机氯杀虫剂（艾氏剂、狄氏剂、氯丹、滴滴涕、异狄氏剂、七氯、灭蚁灵和毒杀芬）以及工业化学品和副产品，如多氯联苯、六氯苯、多氯代二苯并二噁英（PCDDs）和多氯代二苯并呋喃（PCDFs）。2009 年 5 月，《公约》增加了另外 9 种需要控制的持久性有机污染物，分别是 3 种杀虫剂副产物（α- 六氯环己烷、β- 六氯环己烷和林丹）、3 种阻燃剂（六溴联苯醚和七溴联苯醚，四溴联苯醚和五溴联苯醚，六溴联苯）、十氯酮、五氯苯和全氟辛烷磺酸类物质（全氟辛磺酸、全氟辛磺酸盐和全氟辛基磺酰氟）。除这些确定的 POPs 外，环境中还有很多具有 POPs 特征的有毒有害有机污染物，如量大面广的多环芳烃（polycyclic aromatic hydrocarbons，PAHs），也需要加强研究、控制与管理。为切实解决 POPs 污染，保障公共健康，树立负责任大国的形象，2007 年 4 月 16 日，国务院正式批准《中华人民共和国履行〈关于持久性有机污染物的斯德哥尔摩公约〉国家实施计划》。

作为经济快速增长的发展中国家，我国面临着比工业发达国家更加复杂的环境问题。一方面随着工业的快速发展，污染物排放压力不断增大；另一方面由于污染物源汇机制不清，难以有效控制环境污染。与重金属污染相比，环境有机污染更广泛、更复杂。近 30 年来，我国环境 POPs 污染及其影响逐渐显现，局部地区已比较严重，一些区域的可食用淡水鱼中已检测到较高含量的二噁英、有机氯农药（organochlorine pesticides，OCPs）、多氯联苯（polychlorinated biphenyls，PCBs）和多环芳烃（PAHs）等。在一些电子垃圾拆解地，由于变压器油泄漏和焚烧聚氯乙烯（polyvinyl chloride，PVC）电线等造成严重的 PCBs 和二噁英类污染，已严重威胁生态环境安全及当地居民的健康。

6.5.1 土壤中主要有机污染物

6.5.1.1 农药

农药是各种杀菌剂、杀虫剂、除草剂和植物生长调节剂等农用化学制剂的总称，农药大多为有机化合物。施用农药是现代农业不可缺少的技术手段，在防治病虫害和提高农作物产量上取得了显著效果。然而，农药施入田间后，真正对作物进行保护的数量仅占施用量的 10%～30%，而 20%～30% 进入大气和水体，50%～60% 残留于土壤。20 世纪 40 年代农药被广泛应用以来，累计已有数千万吨农药进入环境，农药已成为土壤中主要的有机污染物。造成土壤农药污染的主要来源是有机氯农药、有机磷农药、氨基甲酸酯和苯氧羧酸类等农药。

土壤是农药在环境中的“贮藏库”与“集散地”，施入农田的农药大部分残留于土壤环境介质中。研究表明，施用的农药，80%～90% 的量将最终进入土壤。农药对土壤的污染，与施用农药的基本理化性质、施药地区的自然环境条件以及农药施用的历史等密切相关。不同农药，由于其基本理化特性的不同，其在土壤中的降解速率也不一样，从而决定了其在土壤中的残留时间也不一样。一般而言，农药在土壤中的降解速率越慢，残留期就越长，就越容易导致对土壤的污染。用药地区的自然环境条件如土壤性质（土壤质地、土壤有机质含量等），土壤环境中的微生物种类、数量等，气候条件中的光照、降水等以及农业耕作、栽培等众多因素都影响着农药在土壤中的残留；另外农药施用历史决定了某一地区土壤受农药污染的类型与程度。

（1）有机氯农药

有机氯农药的历史可以追溯到1938年，瑞士科学家Müller发现了DDT的杀虫作用，并把它成功运用到杀灭马铃薯甲虫上，从那时起，有机氯农药开始被使用。在那个年代，DDT被认为是最有希望的农药，发明者Müller还因此获得了诺贝尔奖。而随着DDT的发明和使用的成功，也掀起了研制有机合成农药的热潮。到了1942年，英国、法国等又发明了另一种有机氯杀虫剂——六六六（HCH）。1945年氯丹被发明，1948年七氯、艾氏剂、狄氏剂和毒杀芬等有机氯农药也相继被发明出来，1950年发明了异狄氏剂和硫丹，1969年甲氧滴滴涕也被广泛地应用。

由于有机氯农药具有高效、低毒、低成本、杀虫谱广、使用方便等特点，在有机氯农药被相继发明的几十年里，有机氯农药被大范围地运用。但随之而来，有机氯农药的负面影响和作用也逐渐地显现出来。由于有机氯农药非常难以降解，在土壤中可以残留10年甚至更长时间，且容易溶解在脂肪中。而且由于有机氯农药具有一系列的危害性，对人类会造成一定的危害。因此，有机氯农药在给人类造福的同时，也给人类的生存及生命质量带来了不良影响。认识到了有机氯农药的危害以后，西方国家开始有限制地生产和使用有机氯农药，到1970年，瑞典、美国等国就已经先后停止生产和使用DDT，之后的几年里，其他发达国家也陆续停止了生产。但作为亚洲的农业大国，中国和印度分别直到1983年和1989年才禁止DDT在农田中的使用。从有机氯农药在农田中使用直到被禁用的几十年中，全世界大约生产了150万t DDT，970万t六六六。

有机氯农药大部分是含有一个或几个苯环的氯代衍生物（图6-5），主要用作杀虫剂。该类农药在20世纪50—70年代曾一度为确保农业、林业和畜牧业的增产发挥过巨大作用。但由于有机氯农药具有化学性质稳定、高残留、在环境中不易分解，而且具有高生物富集，能通过食物链威胁人畜的健康，现在包括极地在内的所有环境介质中都能监测到这类污染物的存在，造成全球性环境问题。

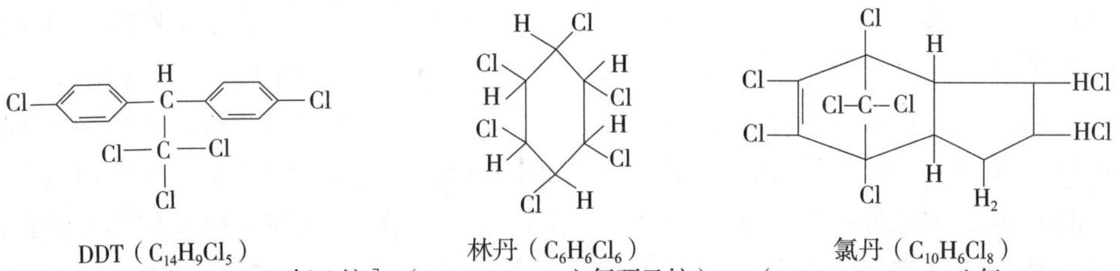

DDT（$C_{14}H_9Cl_5$）［2,2-双（对氯苯基）-1,1,1-三氯乙烷］

林丹（$C_6H_6Cl_6$）（γ-1,2,3,4,5,6-六氯环已烷）

氯丹（$C_{10}H_6Cl_8$）（1,2,3,4,5,6,7,8,8-八氯-2,3,3a,4,7,7a-六氢-4,7-甲撑茚）

图6-5　有机氯农药结构式示例

有机氯农药大体可分为氯代苯和氯代甲撑茚制剂两大类。氯代苯类以苯作为基本合成原料，如滴滴涕（DDT）和六氯苯，这类制剂曾是我国应用最广、用量最大的品种。氯代甲撑茚制剂类以石油裂化产物作为基本原料合成而得，包括氯丹、七氯化茚、狄氏剂、艾氏剂、毒杀芬等。

虽然我国自1983年开始禁止生产、销售和使用部分有机氯农药，但至今仍能在环境中检出。相关调查数据表明，2002年太湖流域的耕地土壤当中DDT、六六六等有机氯化合物农药实际检出率高达100%；2004年，环渤海的西部区域土壤当中也均检测出有机氯农药，多数地区检出率在80%以下，部分地区为20%～50%，其中滴滴涕、六六六为主要的污染物。2008—2009年，珠江三角洲地区土壤有机氯农药实际检出率为97.85%，最高残留量值为649.33 μg/kg，平均值20.67 μg/kg。2011年，重庆市青木关地下河流域土壤的有机氯农药含量范围是13.74～290.67 ng/g，其上中下游均有检出。2014年发布的《全国土壤污染状况调查公报》显示，六六六和DDT的点位超标率分别为0.5%和1.9%，有机氯农药是土壤有机污染的主要污染物之一。2013年，环鄱阳湖的水稻田土壤检出了氯丹、六氯苯、七氯、滴滴涕、六六六等。

1）DDT

DDT（dichloro diphenyl trichloroethane）结构式为（ClC_6H_4）$_2$CH（CCl_3），在20世纪70年代以前是全世界最常用的杀虫剂。它有若干种异构体，其中仅对位异构体（*p,p'*-DDT）有强烈的杀虫性能。DDT在土壤中，特别是表层残留较高。由于DDT在土壤中易被胶体吸附，故它的移动不明显。但是DDT可通过植物根和叶片进入植物体内，它在叶片中积累量相对较大，在果实中较少。

DDT对人、畜的急性毒性很小。大白鼠LD_{50}（半致死剂量）为250 mg/kg。但由于DDT脂溶性强、水溶性差（分别为100 000 mg/L和0.002 mg/L），它可以长期在脂肪组织中蓄积，并通过食物链在动物体内高度富集，使居于食物链末端的生物体内蓄积浓度比最初环境所含农药浓度高出数百万倍，对机体构成危害。而人处在食物链最末端，受害也最大。所以，虽然DDT已禁用多年，但仍然受到人们的关注。

2）林丹

林丹（lindane）化学式为$C_6H_6Cl_6$，含丙体六六六在99%以上的六六六称为林丹，是白色或稍带淡黄色的粉末状结晶。六六六有多种异构体，其中只有丙体六六六具有杀虫效果。林丹20℃时在水中的溶解度为7.3 mg/L，在60～70℃下不易分解，在日光和酸性条件下很稳定，但遇碱会发生分解而失去杀虫作用。

植物能从土壤中吸收积累一定数量的林丹，林丹在土壤中的残效期较其他有机氯杀虫剂短，容易分解消失，林丹的大鼠经口急性LD_{50}为88～270 mg/kg，小鼠为59～246 mg/kg。按我国农药急性毒性分级标准，林丹属中等毒性杀虫剂。在动物体内也有积累作用，对皮肤有刺激性。2017年10月27日，世界卫生组织国际癌症研究机构公布的致癌物清单初步整理参考，林丹在Ⅰ类致癌物清单中。2019年12月27日，林丹被列入食品动物中禁止使用的药品及其他化合物清单。根据生态环境部要求，为落实《关于持久性有机污染物的斯德哥尔摩公约》履约要求，自2019年3月26日起，禁止林丹的生产、流通、使用和进出口。

3）氯丹

氯丹（chlordane）化学式为$C_{10}H_6Cl_8$，曾用作广谱性杀虫剂，工业氯丹含量要求达到 60% 以上。氯丹通常加工成乳油状，琥珀色，沸点 175℃，密度 1.69～1.70 g/cm^3，不溶于水，易溶于有机溶剂，在环境中比较稳定，遇碱性物质能分解失效；其挥发性较大，但仍有比较长的残效期。在杀虫浓度范围内，对植物无药害。氯丹对人、畜毒性较低，大白鼠经口急性 LD_{50} 为 457～590 mg/kg。但氯丹在体内代谢后，能转化为毒性更强的环氧化物，并使血钙降低，引起中枢神经损伤；在动物体内积累作用大于 DDT。

4）毒杀芬

毒杀芬（toxaphene）化学式为 $C_{10}H_8Cl_8$，用于农业和蚊虫的控制，为黄色蜡状固体，有轻微的松节油气味，在 70～95℃范围内软化率为 67%～69%，熔点为 65～90℃，不溶于水，但溶于四氯化碳、芳香烃等有机溶剂。在加热或强阳光的照射和铁类催化剂的存在下，能脱掉氯化氢。毒杀芬对人、畜毒性中等，能够引起甲状腺肿瘤和癌症。大白鼠 LD_{50} 为 69 mg/kg，能在动物体内积蓄。除葫芦科植物外，对其他作物均无药害，残效期长。

（2）有机磷农药

有机磷农药是为取代有机氯农药而发展起来的，由于有机磷农药比有机氯农药容易降解，故它对自然环境的污染及对生态系统的危害和残留没有有机氯农药那么普遍和突出。但有机磷农药毒性较高，大部分对生物体内胆碱酯酶有抑制作用。随着有机磷农药使用量的逐年增加，对环境的污染以及对人体健康等问题已经引起各国的高度重视。

目前世界上已有数百种有机磷农药，我国也有 200 余种，其中常用的有 30 余种。世界有机磷农药的生产量约占农药总量的 1/3，我国国内则占到一半以上。有机磷农药大部分是磷酸酯类或酰胺类化合物（图 6-6），按结构可分为如下几类，包括磷酸酯（如敌敌畏、二溴磷等）、硫代磷酸酯（如对硫磷、马拉硫磷、乐果等）、磷酸酯（敌百虫）和硫代磷酸酯、磷酰胺和硫代磷酰胺（如甲胺磷等）。

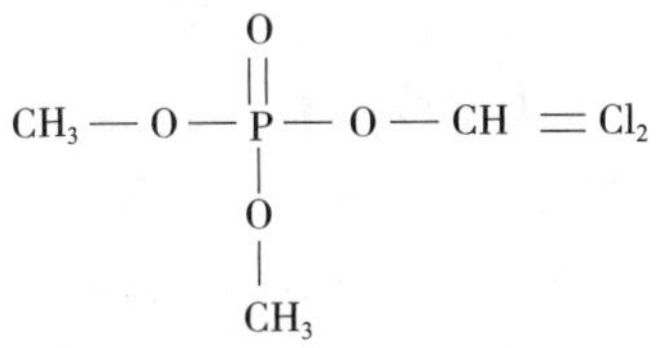

敌敌畏（$C_4H_7O_4PCl_2$）
［O,O-二甲基-O-（2,2-二氯）乙烯基磷酸酯］

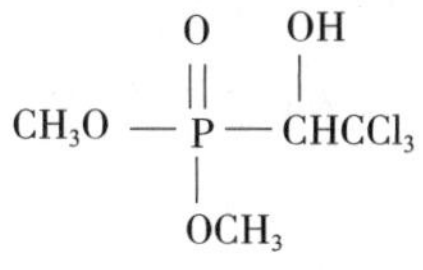

敌百虫（$C_4H_8O_4Cl_3P$）
（O,O-二甲基-2,2,2-三氯-1-羟基乙基磷酸酯）

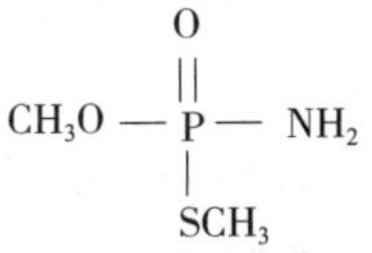

四胺磷（$C_2H_8O_2NPS$）
（O,S-二甲基胺硫代磷酸酯）

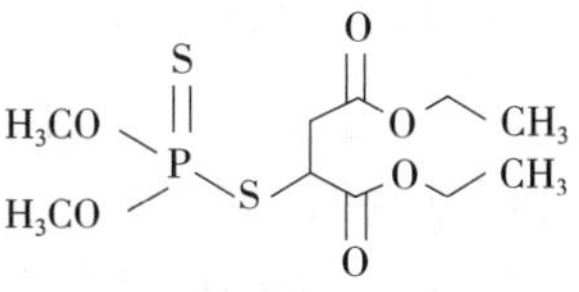

马拉硫磷（$C_{10}H_{19}O_6PS_2$）
［O,O-二甲基-S-（1,2-二乙酯基乙基）二硫代磷酸酯］

图 6-6　有机磷农药结构式示例

6.5.1.2 多环芳烃

多环芳烃（PAHs）是一种含有2个或2个以上苯环并以线状、角状或簇状形式排列的有机化合物（图6-7），是环境中广泛存在的一类持久性污染物。多环芳烃来源广泛，其物理化学性质稳定，易在生物体内产生富集并沿食物链传递，具有慢性毒性和致癌、致畸、致突变的“三致”作用。目前已报道的致癌性多环芳烃及其衍生物种类已经超过400种，其中16种多环芳烃已被美国国家环保局列入“优先污染物”黑名单中，也有7种多环芳烃被列入“中国环境优先控制污染物”黑名单。虽然多环芳烃在环境中的残留量较低，但其分布较广泛。人们易通过大气、水、食品、吸烟等途径摄取多环芳烃。目前，多环芳烃已成为人类癌症的重要诱因。因此，多环芳烃在环境中的迁移、转化等环境行为及其生态环境风险已受到国内外学者的普遍关注。

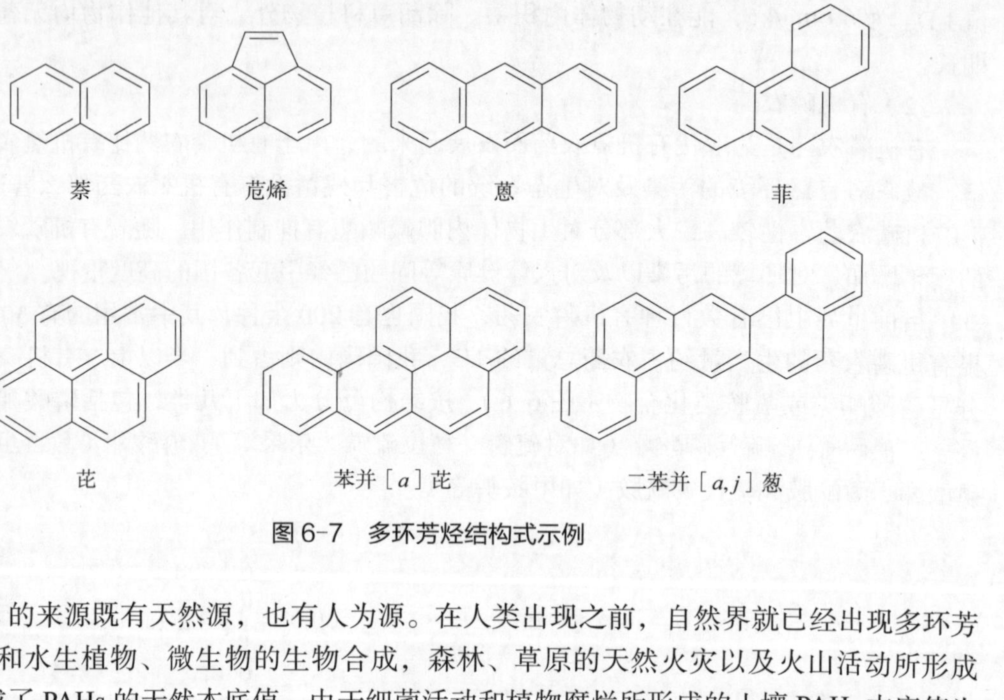

图6-7 多环芳烃结构式示例

PAHs的来源既有天然源，也有人为源。在人类出现之前，自然界就已经出现多环芳烃。陆地和水生植物、微生物的生物合成，森林、草原的天然火灾以及火山活动所形成PAHs构成了PAHs的天然本底值。由于细菌活动和植物腐烂所形成的土壤PAHs本底值为100～1 000 μg/L，地下水中的PAHs的本底值为0.001～0.01 μg/L，淡水湖泊中的本底值为0.01～0.025 μg/L，其中大气中的苯并［a］芘（BaP）的本底值为0.1～0.5 ng/m^3。

人为活动是PAHs的主要来源。PAHs的形成机理很复杂，一般认为PAHs主要是由石油、煤炭、木材、气体燃料等不完全燃烧以及还原条件下热分解而产生的，人们在烧烤牛排或其他肉类时也会产生PAHs。有机物在高温缺氧条件下，热裂解产生碳氢自由基或碎片，这些极为活泼的微粒，在高温下又立即热合成热力学稳定的非取代的多环芳烃，如BaP是一切含碳燃料和有机物热解过程中的产物，其生成的最适宜温度为600～900℃。

由于燃烧或热解现象的普遍性，所以环境中PAHs的分布非常广泛。各种PAHs污染源可通过排放废气、废水及废渣，对大气、水体及土壤产生直接污染。大气、水体、土壤构成一个完整的环境体系，通过人为活动释放到大气中的粉尘，最终几乎都要沉降到地面，因此大气污染严重的地方，土壤中的PAHs含量也较高。另外，城市工业排放出的废气、废渣与废液，汽车废气、道路尘土及炉灶等都是土壤中PAHs的污染源。目前已知的多环芳烃主要以气态或者颗粒态分布于大气、水、植物、土壤中，土壤作为环境中多环芳烃的存储库和中转站，可通过摄食等多种途径进入人体，危害人类健康。研究表明，由土壤进入人体的PAHs数量要高于大气和水，土壤中PAHs的浓度水平及主要特征能反映出区域内的污染状况和主要来源等信息。其中大面积的土壤污染主要来自大气中PAHs的干沉降、湿沉降。一旦沉积于土壤，一些强吸附性及难降解的PAHs将在土壤中停留数年时间。

6.5.1.3 石油类污染物

随着石油工业的迅速发展和石油产品的广泛应用，由于石油勘探、开采、加工、运输及储存等过程中的漏油与溢油、含油废弃物堆放、含油废水灌溉以及大气沉降等，石油及其相关产品不断进入土壤，造成土壤石油污染事故不断发生。早在20世纪80年代初，土壤的石油类污染就已成为世界各国普遍关注的环境问题。美国、日本、德国都将石油类污染物列为环境中优先控制的潜在危害性大的有毒污染物，即优先污染物之一。据相关文献的报道，在全球原油的大量开采、运送和储备的过程中，全球每年约有800万t的原油类污染物进入环境，其中包括我国每年约有60万t石油污染物进入环境中，从而对油田周围的土壤、地下水、河流以及海洋造成污染。石油烃类的污染物在油井周围土壤中具有严重的累积效应，并且具有长期的滞留性，很难被土壤微生物彻底吸收和降解。有关资料显示，我国部分石油化工区土壤残油高达10 000 mg/kg，是临界值（200 mg/kg）的50多倍。石油类污染物已列入我国危险废物名录，在列入的48种危险废物中，石油类排第8位。石油污染物进入土壤后可引起土壤理化性质的变化，如堵塞土壤孔隙，使土壤透水、透气性降低；改变土壤有机质的组成和结构，导致有机质的碳氮比（C/N）和碳磷比（C/P）的变化；引起土壤微生物群落结构和功能发生多样性变化，破坏土壤微生态环境。同时，在一定条件下，土壤中的石油污染物还会向下渗漏污染地下水，或者被雨水携带污染地表水体，影响饮用水和农作物安全。小分子的石油烃会附着在植物的根际上，从而被植物吸收富集，并通过食物链传递，最终传递到人体，危害人类健康。

石油污染场地土壤中的石油污染物主要包括C_{15}～C_{36}的烷烃、PAHs、烯烃、苯系物和酚类等有机污染物，石油烃类是包含数千种不同有机分子的复杂的混合物，其主要元素是C和H，也含有少量N、O、S元素，以及钒（V）、Ni等金属元素。依据碳链的长度及是否构成直链、支链、环链或芳香结构，石油烃类化合物可以分成数种化学物系（链烷烃、环烷烃、芳香烃以及少量非烃化合物），如烷烃、苯、甲苯、二甲苯等。石油中的芳香烃类物质对人及动物的毒性较大，尤其是以双环和三环为代表的多环芳烃毒性更大。多环芳烃类物质可通过呼吸、皮肤接触、饮食等方式进入人或动物体内，影响肝、肾等器官的正常功能，甚至引起癌变。石油中的苯、甲苯、二甲苯、酚类等物质，如果经较长时间、较高浓度接触，会引起恶心、头痛、眩晕等症状。

土壤中石油污染物的存在状态主要有四种：自由态、挥发态、溶解态和残留态。虽然石油污染物在土壤中以四种形态存在，但每种形态的污染物并不是一成不变的，会通过一系列的传质作用相互转化。而且不同的油品、不同的地域、不同的土壤环境，污染物的存在状态不同。而土壤中不同状态的石油污染物其危害也不一样，如残留态是最难以去除的，残留量的多少是关系治理费用及治理时间长短的最关键因素。自由态是一个长期的污染源，溶解态可能造成大量水体的污染等。

6.5.1.4 持久性有机污染物

持久性有机污染物（POPs）是指在环境中难降解（滞留时间长）、高脂溶性（水溶性很低），可以在食物链中累积放大，能够通过蒸发冷凝、大气和水等的输送而影响到区域和全球环境的一类半挥发性且毒性极大的污染物。一般来说，POPs类物质在水体中的半衰期大于2个月，在土壤或沉积物中的半衰期大于6个月，有些POPs类物质的半衰期长达几年、数十年，甚至万年。POPs所引起的污染问题是影响全球与人类健康的重大环境问题，其科学研究的难度与深度，以及污染的严重性、复杂性和长期性远远超过常规污染物。

2017年4月24日至5月5日，《公约》第八次缔约方大会通过决议，在首批包括二噁英等在内的12种POPs基础上，新增16种POPs成为《公约》受控物质，至此《公约》受控化学物扩大至28种（扫描二维码可见）。

28类受控POPs的信息概述

（1）持久性有机污染物的特征

1）长期残留性，或持久性

POPs半衰期较长，同时具有高脂溶性和低水溶性，容易在生物体内富集而难以排出体外。它们在环境中对于正常的生物降解、光解和化学分解作用有较强的抵抗能力，一旦排放到环境中，将很难被分解，可以在水体、土壤和底泥等环境介质中存留数年甚至数十年或更长时间。

二噁英系列物质在气相中的半衰期为8～400天，水相中为166～2 119年，在土壤和沉积物中17～273年。研究表明即使15年内停止使用POPs，最早也要在未来第7代人体内才不会检出这些物质。

但是，研究发现POPs物质能被土壤微生物降解利用，表6-2列出了部分POPs的降解微生物。中国科学院1980年报道，蜡状芽孢杆菌与邻单胞菌属共同作用使一氯联苯和二氯联苯全部分解；有学者从美国威斯康星州某湖的污泥中分离出产碱杆属及不动杆菌属细菌，发现它们能分泌特殊的酶使PCBs转化成联苯和对氯联苯。

表6-2 部分POPs的降解微生物

POPs	降解菌
艾氏剂	廉孢霉菌、青霉菌
狄氏剂	芽孢杆菌、假单胞菌
DDT等多种POPs	白腐真菌
七氯	芽孢杆菌、廉孢霉菌、小单胞菌、诺卡氏菌、曲霉菌、根霉菌、链球菌
丙体六六六	梭状芽孢杆菌、艾希氏菌

资料来源：王红旗．土壤环境学[M]. 北京：高等教育出版社，2007。

2）生物蓄积性

POPs是亲脂憎水性化合物，具有生物积累性。在水和土壤系统中，POPs会转移到固相或有机组织的脂质，代谢缓慢而在食物链中蓄积并逐级放大，最终影响到人类的健康。例如，水中DDT浓度为$0.000\,003\times10^{-6}$，经过食物链的逐级放大，食鱼的鸟体内的DDT浓度会放大近1 000万倍。

3）半挥发性和长距离迁移性

由于POPs具有半挥发性，它们易从土壤、生物体和水体中挥发到大气中并以蒸气形式存在或吸附在大气颗粒物上，又由于它们在气相中很难发生降解反应，所以会在大气环境中不断地挥发、沉降、再挥发，进行远距离迁移后而沉积到地球上。

4）高毒性

POPs一般都具有高毒性，对人和生物体易造成有害或有毒效应，其毒害效应包括致癌性、生殖毒性、神经毒性、内分泌干扰等作用。POPs在低浓度时也会对生物体造成伤害，如二噁英类物质中最毒者的毒性相当于氰化钾的1 000倍以上，号称是世界上最毒的化合物之一，每人每日能容忍的二噁英摄入量为每千克体重1 pg（$1\text{pg}=10^{-12}$ g）。

（2）POPs的来源及污染

1）POPs的来源

POPs在环境中的主要来源是人工合成的工业化学品，如有机氯农药、多氯联苯、多氯代萘和多溴联苯醚、邻苯二甲酸酯类等，而PCDD/Fs主要是垃圾焚烧等燃烧过程、金属冶炼、氯碱工业、制浆造纸和其他含氯化工生产过程的副产物。

2）POPs的污染状况

POPs的特征决定了其长期滞留在环境中，并从水和土壤等自然环境逐步向生物体内转移，威胁到各物种。自然环境和生物体都不同程度地受到了POPs的污染。POPs最初是通过大气或者水体而进入整个生态环境中，无论大气、水体还是土壤，无论是在极地地区还是在低纬度地区，都能检测到POPs物质。环境中POPs大部分存在于土壤和沉积物，主要是有机质中。作为疏水性难降解有机污染物，POPs在水环境中主要吸附于悬浮颗粒物中。悬浮物的大量沉降，使得潮滩沉积物成了POPs的主要环境归宿之一；同时再悬浮作用也会引起POPs向上覆水体释放，此时潮滩沉积物成为POPs向水体迁移的源，其中悬浮物担当着释放源和迁移载体的重要角色，从而加重近岸水体的有机污染。土壤是植物和一些生物的营养来源，土壤中的POPs无疑会导致其在食物链上发生传递和迁移，在世界各国土壤中都发现了POPs。土壤和沉积物中POPs浓度的微小改变即可对“彼邻”介质，如空气和水中POPs含量产生重要的影响。影响POPs在土壤和沉积物中浓度的一些过程有POPs生物降解、挥发和老化效应，POPs经老化会产生不可提取的残留物。

POPs在食物链上得到积累和富集，目前无论海洋生物还是陆地物种，无论是低等的浮游生物或动物，还是人类自身，都遭受到了POPs的污染和威胁。北极的一些动物种群体内多氯联苯等POPs的浓度很高。北极熊、北极狐、贼鸥体内的多氯联苯的浓度超过最低可见负面影响水平，其生殖系统受到了影响；水体生物也都不同程度地受到POPs的污染，欧洲拉多加湖中胡瓜鱼、白鲑鱼、梭鲈和拉多加海豹食物链中的POPs含量极高，母乳中存在POPs可能会威胁到婴儿的健康。

（3）POPs 的迁移转化

POPs 能够在生态系统的水体、土壤中以蒸气形式进入大气介质或吸附在大气颗粒物上，由于难以降解，一般通过长距离的迁移后，其仍会以原化合物的形式返回地面。正是由于该类化合物的难降解和挥发性或半挥发性特性，使其能在全球范围内迁移。

造成 POPs 全球范围迁移的动力学机制是存在“全球蒸馏效应”和“蚱蜢跳效应”。从全球来看，由于温度的差异，地球就像一个蒸馏装置，在低、中纬度地区，由于温度相对高，POPs 挥发进入大气；在寒冷地区，POPs 沉降下来，最终导致 POPs 从热带地区迁移到寒冷地区，也就是从未使用过 POPs 的南、北极和高寒地区发现 POPs 存在的原因。因为在中纬度地区温度较高的夏季 POPs 易于挥发和迁移，而在温度较低的冬季 POPs 则易于沉降下来，所以 POPs 在向高纬度迁移的过程中会有一系列距离相对较短的跳跃过程（图 6-8）。

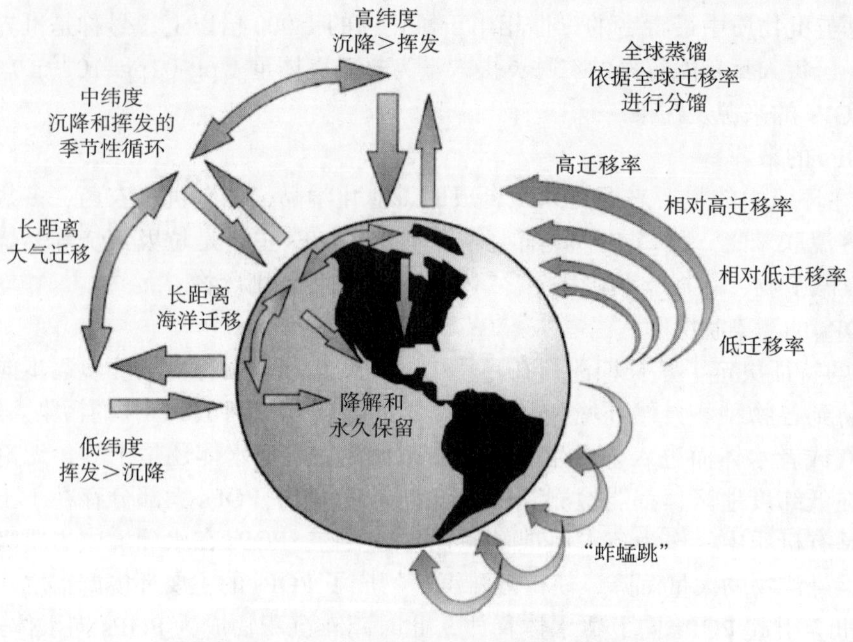

图 6-8 持久性有机污染物的全球迁移过程

资料来源：尹大强．持久性有机污染物的生态毒理学 [M]. 北京：科学出版社，2018。

另外，大气的稀释作用能把 POPs 从释放源带到很少使用 POPs 的清洁地方。一部分 POPs 会埋于土壤、泥炭或沉积质中，这部分 POPs 不参与全球迁移和循环。POPs 和大气中的 · OH 自由基会发生化学反应，POPs 在土壤、沉积质、水、食物链中也会发生一定的生物降解、光解等作用。POPs 在大气与各介质表面进行交换时，影响交换速度的因素较复杂，增加了预测 POPs 在全球迁移转化的难度。研究表明，环境中的 PCBs 经迁移转化后约 93.1% 留存于土壤。

6.5.1.5 土壤环境中的微塑料污染

2004 年，微塑料作为新兴污染物首次被提出。微塑料是指粒径小于 5 mm 的塑料纤维、碎片、颗粒等，已普遍存在于水体环境中，甚至存在于深海和极地水域。陆地作为塑料生产的源头，同时也是重要的汇集区，每年释放到土壤的微塑料可能是海洋的 4～23 倍。微塑料在土壤中能够发生多种环境化学过程，如吸附和释放重金属和持久性有机污染物等，可风化降解成粒径更小的塑料微粒。这些微粒在土壤中发生迁移，可能导致地下水污染。微塑料的存在能够对土壤的理化性质以及动植物的生长繁殖产生影响。同时，暴露于环境中的微塑料能够通过呼吸和食物链传递进入人体。土壤中的微塑料污染已成为近年来全球环境界兴起的研究热点。

（1）土壤中微塑料的来源

数量巨大却又不易察觉的微塑料源源不断地向土壤输送，导致土壤中的微塑料积累。土壤中微塑料来源广泛，农用地膜使用、污泥及有机肥施用、污水灌溉、大气沉降、垃圾填埋场渗滤液渗流等是土壤中微塑料积累的重要途径（图 6-9）。

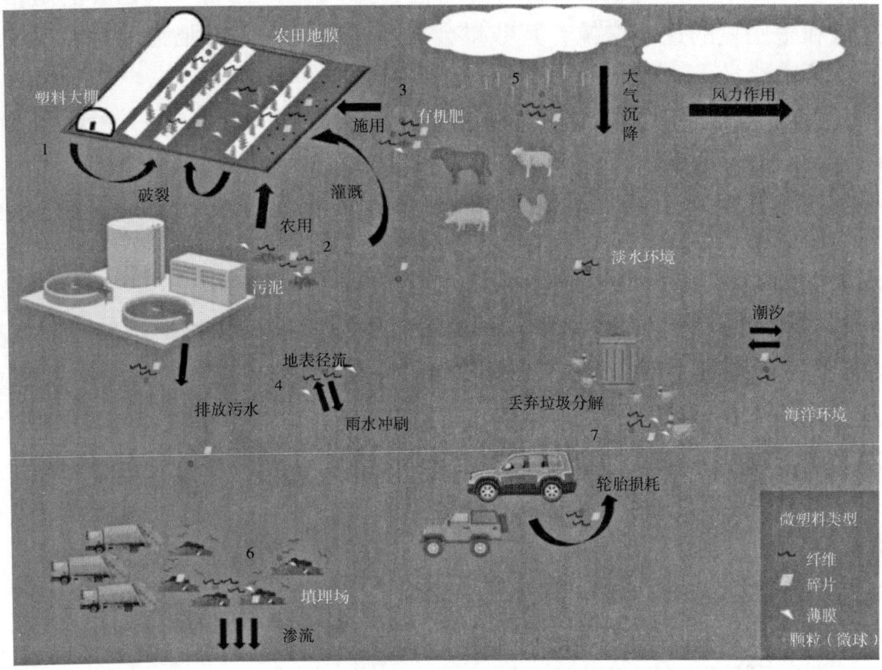

1—农用塑料薄膜的使用　2—污泥的土地利用　3—有机肥的长期施用　4—地表径流和污水灌溉　5—大气沉降　6—填埋场塑料垃圾渗流　7—其他来源：非法倾倒垃圾、汽车轮胎磨损等

图 6-9　土壤中微塑料的来源与途径

资料来源：杨杰，李连祯，周倩，等. 土壤环境中微塑料污染：来源、过程及风险 [J]. 土壤学报，2021，58（2）：281-298。

1）农用地膜残留分解形成的微塑料污染

据国家统计局数据，2018 年我国农用地膜年用量达 246.5 万 t，对比 1999 年，使用量增加了 95.8%。大规模农用地膜的使用以及废物管理不善导致塑料残存于土壤环境中。研究显示，覆盖农用地膜的土壤微塑料丰度显著高于不覆盖的土壤，覆盖农用地膜年份较多的土壤的微塑料丰度高于覆盖年份较低的土壤，进一步分析表明微塑料的成分与地膜一致，说明微塑料颗粒来源于农用地膜，从而证实农用地膜覆盖是土壤环境中微塑料污染的重要来源。

2）有机肥长期施用积累导致土壤微塑料污染

有机肥在农业生产中已经成为不可或缺的肥料，在设施农业中施用量更大。在有机肥料的生产过程中，大多数国家允许一定数量的其他物质存在，比如塑料。例如澳大利亚的有机肥标准中允许有机肥中存在0.5%（以干重计）的硬质塑料和0.05%的轻质塑料。即使是在有机肥质量管控较严格的德国，也允许肥料中含有占总质量不超过0.1%的塑料，但是对于直径小于2 mm的塑料颗粒并未考虑在内，大多数国家尚未重视有机肥中的微塑料污染问题。尽管有机肥中微塑料的研究报道较少，但已有相关研究表明有机肥料中含有微塑料。有学者预测，有机肥中粒径小于0.5 mm的微塑料特别是微纳米级的微塑料的丰度会更高。我国是有机肥生产和使用大国，仅商品有机肥的年生产量就在2 500万t以上，实际施用量在2 200万t左右。如果按照目前有机肥中调查的微塑料含量来估算，我国农田土壤中每年投入微塑料量为52.4～26 400 t，若考虑到粒径小于0.5 mm的微塑料含量以及有机肥产量和施用量的逐年增幅，其数量会更高。因而，有机肥施用是农田土壤中微塑料积累的一个重要途径。

3）污泥的土地利用带入的微塑料污染

污泥是污水处理厂的终端产物，其中富含有机质和微量元素，因而通常被当作肥料施用到农田中。污水处理厂的水主要来自工业废水、生活污水、雨水等，污水中大部分微塑料通过污水处理的沉降过程分离出来，最终夹带在污泥中。国际上对污水处理厂中微塑料的调查发现，约90%的微塑料在污水处理后积累到污泥中。有学者在我国11个省份的28个污水处理厂采集污泥样本的检测结果显示，全部样本污泥中微塑料平均含量为（22 700±12 100）个/kg（干污泥），并核算出我国每年大约有1.56×10^{14}个微塑料颗粒通过污泥进入环境中。显然，污水污泥的土地利用是农用地土壤中微塑料的重要来源。以往，对污泥农用过程中重金属、持久性有机物、抗生素、病原菌及寄生虫卵等有毒有害物质在土壤-植物系统中的积累及其危害开展了较多的研究，未来应关注土壤中微塑料污染的相关问题。

4）大气微塑料沉降进入地表土壤

大气沉降是表层土壤微塑料的来源之一，空气中的微塑料最终会迁移到地表和水面，密度较小的大塑料颗粒和微塑料颗粒会被风带入土壤环境中。

5）地表径流、灌溉将微塑料带入土壤

流域水灌溉、地表径流或渗透也是土壤中微塑料的来源途径。有研究证实在长江口水表面漂浮的微塑料丰度达（4 137.3±2 461.5）个/m^3，在长江流域的重庆至宜昌江段水体中发现微塑料丰度为（4 703±2 816）个/m^3，农用水灌溉及地表径流都可将微塑料带入土壤中。此外，由于微塑料极小的粒径，在污水处理过程中拦截作用和各种方法的有限性，经过处理后排放的污水中仍含有大量的微塑料。如在加拿大温哥华最大的污水处理厂，经处理后的污水中的97%～99%微塑料都被截留，但每年仍有300亿个微塑料通过污水排放释放到环境中。

6）垃圾填埋场塑料垃圾渗流

填埋场中塑料垃圾的渗流是土壤中微塑料的又一潜在来源。长期存在于土壤环境中的塑料废物经风化降解成粒径更小的微塑料并释放出有害的添加剂，例如，邻苯二甲酸盐类污染物。上海某垃圾填埋场的渗滤液和垃圾中微塑料丰度分别为（8±3）个 /L 和（62±23）个 /g。未经处理的渗滤液中存在的微塑料会随着渗滤液进入土壤，而经处理后的渗滤液会进一步转化为污水污泥而进入土壤环境中。

（2）土壤微塑料的生态效应

微塑料因为其本身的持久性、多样性和丰富性，会对土壤环境造成很大的影响。同时，微塑料颗粒大小不一且密度与土壤颗粒不同，会直接改变土壤的物理性质。而且微塑料具有小体积、大比表面积，容易从周围环境中吸附其他有毒有害物质，例如持久性有机污染物、重金属和抗生素抗性基因等。微塑料可以作为污染物的有利载体，一旦被生物摄食，会释放这些有毒化合物，从而影响动物生长、发育和繁殖，甚至还会通过在动植物中的积累及其生物生态、食物链传递，影响人类健康。因此，土壤中微塑料既可以被认为是环境污染物，也可以被认为是环境污染物的媒介。

1）微塑料对土壤理化性质的影响

土壤中微塑料的存在可能导致土壤理化参数的变化，如土壤结构、容重、持水能力、pH 和养分含量的变化。这些土壤中的变化可能会通过植物的根系间接影响到植物体的根系发育、生长情况和养分吸收等过程。

2）微塑料对土壤健康的影响

微塑料具有较大的比表面积和较高的疏水特性，能够将重金属和疏水性有机污染物等有毒化学品吸附在其表面，成为这些污染物的载体，从而对土壤中的动植物造成更进一步的危害，从而影响土壤健康。土壤中的疏水性有机物主要包括多环芳烃、多氯联苯、有机农药，这些疏水性有机化合物被吸附到微塑料表面后，通常会导致严重的复合污染。目前已经在微塑料表面检测到持久性有机污染物（邻苯二甲酸酯类、多溴联苯醚、多环芳烃等）、重金属（As、Cu、Zn 等）、抗生素（四环素、阿莫西林、环丙沙星等）等环境污染物，间接对土壤生物产生毒性影响。

3）微塑料对土壤微生物的影响

微塑料会改变土壤的理化性质、土壤粒度和土壤环境，而这些改变会直接影响土壤微生物群落的功能和结构多样性，从而导致更严重的土壤环境问题。微塑料颗粒凹凸不平的表面和表面附着的各种物质，会使微塑料周围形成与土壤中完全不同的微生物群落。

4）微塑料对植物生长的影响

陆生植物具有根系、木质部等特殊结构和膜电位、蒸腾作用等性质有利于植物对微塑料的吸收。此外小粒径的微塑料在受到挤压力的作用下能够进入到狭小的根部质外体空间，会进一步渗透进入根系皮层组织甚至到达植物的导管组织中。这些较小颗粒的微塑料进入或者接触植物体后，会影响植物体的健康。研究人员在小麦与生菜两种植物的根、茎、叶中均发现了微塑料颗粒。微塑料在植物体内富集的研究正在开展，若微塑料能在植物体内通过根部的导管系统分散到整个植物体，就会实现微塑料从土壤到植物体中的转移，造成更严重的危害，甚至可能进入食物链。

5）微塑料对陆地食物链的生态风险影响

与水生环境相比，关于陆地上微塑料对生物健康风险的研究还处于起步阶段。最近试验表明，微塑料可能会通过饮食、饮水和呼吸等方式进入动物体和人体。除了通过沿食物链层级传递外，土壤微塑料还能通过扬尘的方式扩散到空气中，从而被食物链中不同层次的动物通过呼吸吸入到体内。有研究者发现在家庭花园土壤-蚯蚓-鸡的食物链中，土壤、蚯蚓粪、鸡粪和鸡胃中均检测到微塑料，微塑料富集在蚯蚓粪及鸡粪中。一项野外调查首次发现可食用陆生蜗牛体内存在微塑料，虽然丰度较低，但表明人类或者其他动物可能通过取食蜗牛而摄入微塑料。在陆生鸟类的研究中，研究者发现赤肩鵟、鱼鹰等8种猛禽胃肠道中含有微塑料，且以纤维塑料居多。此外，塑料在制作过程中添加的有害化学添加剂，在塑料成为微塑料进入生物体后，也能对生物体产生更进一步的影响。尽管尚没有直接证据表明植物体内的微塑料会通过采食传递到动物体内，但是目前的大多数研究均表明，很多畜牧业产品已经受到微塑料的污染，即使含量很微少，但是这些微塑料通过食物链不断富集后，可能在人体内大量累积，最终可能会对机体造成很大的损害。

（3）微塑料在土壤环境中的迁移转化

微塑料一旦进入土壤或在土壤中生成，就可能通过生物或非生物机制进行扩散。研究表明，风蚀对微塑料在陆地环境中的迁移起到关键作用，同样雨水径流对土壤表层微塑料的迁移也起到重要作用。另外，干湿循环对微塑料的迁移也有一定的影响。蚯蚓、跳虫等土壤动物被证实有迁移微塑料或者改变微塑料迁移的能力。蚯蚓在土壤中的活动增加了土壤孔隙度和水分渗透率，为微塑料的移动创造了通道，同时也为水携带微塑料向土壤更深层移动提供了条件。研究显示，微塑料被摄入蚯蚓体内后，颗粒粒径在胃肠道消化作用下变小，通过排泄将微塑料富集至蚯蚓粪中。植物根系在土内的穿插生长，可能有利于微塑料在土壤剖面中向更深的地方迁移。总之，土壤开裂、土壤孔隙、农艺措施（例如耕作和农作物收获）、植物根的生长、土壤动物（尤其是蚯蚓）的摄食和排泄活动以及其他土壤动物的挖掘行为很可能促成了微塑料在土壤中的垂直迁移；而捕食活动、土壤表层蚯蚓的生命活动以及农艺措施等可以促进微塑料在土壤中的水平移动，如图6-10所示。

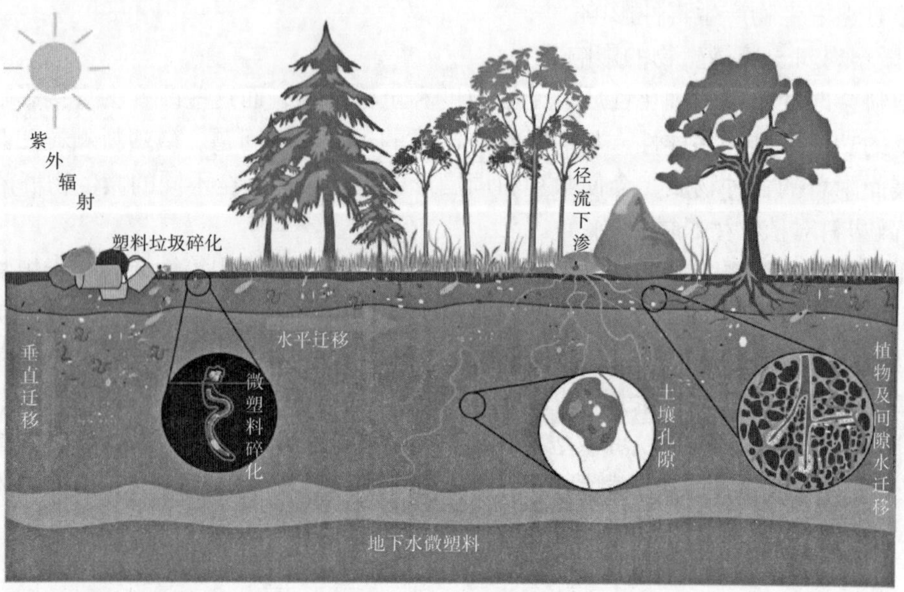

图6-10 土壤微塑料迁移

资料来源：陈满英，喻乔，张太平. 土壤环境中微塑料污染及迁移转化规律研究进展[J]. 生态科学，2021，40（4）：202–211。

6.5.2　土壤中有机污染物的环境行为

有机污染物在土壤中可能发生吸附 / 解吸、挥发、渗滤、生物降解和非生物降解等，这些过程往往同时发生、相互作用，有时难以区分并受许多因素的影响。土壤是一个复杂的多介质、多界面体系，有机污染物在土壤中的行为涉及不同的界面过程。包括发生在固 – 液 / 气界面的吸附 – 脱附、挥发等物理过程，沉淀 – 溶解、氧化还原、络合、水解等化学过程，还包括发生在固 / 液 / 气 – 生物界面的吸附富集、跨膜 / 转运、转化 / 降解等生物过程。进入环境的有机污染物可在土壤 / 沉积物 – 水 – 空气 – 生物介质间发生迁移转化过程。

例如，大气中有机污染物可通过干、湿沉降进入土壤 / 水体，有机污染物也可通过污水灌溉、农药化肥施用、地表径流等途径进入土壤；土壤中有机污染物可经挥发作用进入大气；通过淋溶、解吸作用等，随地表径流进入地表水，或下渗进入地下水，造成其污染；有机污染物也可在土壤中发生化学降解和生物降解，其中微生物降解对有机污染物的转化起重要作用；有机污染物还可被植物吸收迁出土体，通过土壤 – 植物系统、经由食物链最后进入人体。

在有机污染物所经历的各种迁移转化过程中，人们最希望发生的是污染物的完全降解。减少有机污染物在土壤中的渗滤和向大气中的挥发，增大有机污染物的可降解性，减少其对土壤的污染危害，恢复已被污染的土壤，均是当前研究的热点。

图 6-11 列出了土壤中有机污染物的行为及其主要影响因素。

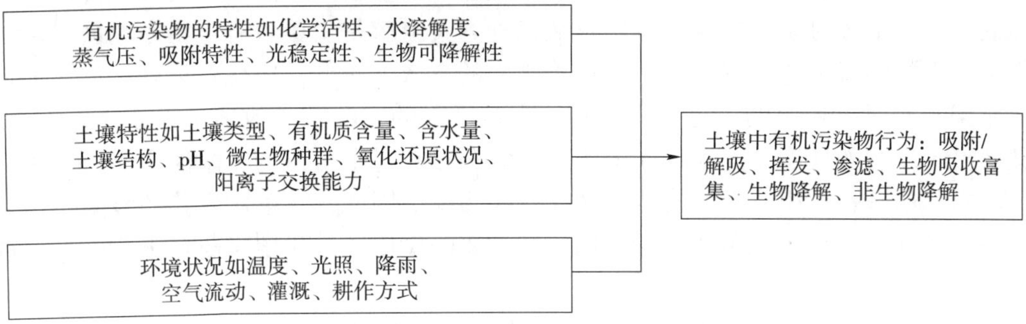

图 6-11　土壤中有机污染物的行为及其主要影响因素

6.5.2.1　有机污染物在土壤中的吸附与迁移

（1）吸附

1）吸附行为

化学物质（吸附质）与固相物质（吸附剂）的结合过程通常称为吸附过程。当吸附质仅仅与吸附剂的表面结合时，称为吸附（adsorption）；而当吸附质深入吸附剂的内部时，称为吸收（absorption）。当不能区分"吸附"和"吸收"作用时，则统称为吸着或吸持（sorption），然而在中文习惯中常常用"吸附"这一词汇。吸附作用是有机污染物与土壤固相之间相互作用的主要过程，直接或间接影响着有机污染的迁移性和生物可利用性等行为。

农药施于土壤或落在土壤上，虽然一部分可以挥发进入大气中或在表面受光解作用而分解，但大部分迅速被土壤粒子所吸附。残留农药在土壤溶液中可解离成有机阳离子，也可解离为有机阴离子，分别被带负电荷和带正电荷的土壤胶体所吸附。许多农药如林丹、西玛津等大部分吸附在土壤有机胶体上。

农药在土壤中的吸附过程主要是在土壤有机质、表面矿物及土壤溶液等介质中的分配过程。农药可以通过疏水性分配作用与土壤有机质结合，通过共价键作用与土壤表面活性基团结合，通过氢键、配体交换以及螯合作用等与表面矿物结合，在农药的分子结构中凡带有—$CONH_2$、—OH、—NH_2COR、—NH_2、—OCOR、—NHR官能团的农药吸附能力比较强，特别是带有—NH_2的化合物，吸附能力更强。在同一类型的农药中，农药的分子量越大，则土壤对其的吸附能力就越强。有研究者用黏土矿物和活性炭等固体吸附阿特拉津等除草剂，发现与土壤有机质相比，沉积物中的矿物组分对有机物的吸附是次要的，是因为土壤有机质不仅对有机农药有增溶作用，而且土壤有机质的腐殖酸结构中具有能够与除草剂结合的特殊位点，其对除草剂还具有表面吸附作用。但是不同土壤中有机质含量组成不同，其对有机污染物的吸附行为是不同的。

此外，土壤pH对农药的吸附作用也有很大影响。如2,4-D在pH为3～4的条件下解离成有机阳离子，而在为pH 6～7的条件下，则解离为有机阴离子，前者为带负电荷的土壤胶体所吸附，后者则被带正电荷的土壤胶体所吸附。化学农药被土壤吸附后，由于存在形态的改变，其迁移转化能力和生理毒性也随之发生变化。例如，除草剂类的百草枯和杀草快被土壤黏土矿物强烈吸附后，它们在土壤溶液中的溶解度和生理活性就大大降低，所以土壤对农药的吸附作用，从某种意义上就是土壤对有毒污染物的净化和解毒作用。土壤的吸附能力越大，农药在土壤中的有效度越低，净化效果就越好。但这种净化作用是相对不稳定的，也是有限的。当被吸附的农药被其他离子重新交换出来时，便又恢复了原有的性质。如果进入土壤中的农药量超过了土壤的吸附能力时，土壤就失去了对农药的净化作用，从而使土壤遭受农药污染。因此，土壤对农药的吸附作用，只是在一定条件下起净化作用和解毒作用，其主要的作用还是化学农药在土壤中进行积累的过程。

土壤对有机污染物的吸附是环境土壤学的重要研究内容。有机化合物在土壤中的吸附作用通常用吸附等温式表示，常用的有Freundlich公式、Langmuir公式和BET公式。例如，将过60目的风干土和若干不同浓度的农药溶液，按一定的水土比在恒温条件下振荡24 h达到平衡后，离心测定清液中农药的余量，通过拟合Freundlich吸附公式可求得农药的土壤吸附系数（K_a）。

$$\log C_s=\log K_a+1/n\ \log C_e$$

式中，C_s——农药吸附在土壤中的数量，μg/g；

C_e——达到吸附平衡后溶液中农药的浓度，μg/mL；

$1/n$——关系曲线的斜率。

常见的吸附等温线有直线型（C-型）、Langmuir型（L-型）、Freundlich型（F-型），高亲和力型（H-型）和S-型等，它依赖于吸附质和吸附剂的性质及其环境条件。最简单的是线性吸附等温线，它表明在一定浓度范围内有机物与吸附剂间作用力不变，它适用于均匀有机相中的分配占主导地位或当强吸附位点处于低浓度、远未达到饱和时的情形。F- 型和 L- 型等温线表明，随着有机物浓度的升高，吸附变得越来越困难，这是因为吸附位点开始饱和或者剩下的吸附位点对有机污染物吸引力减小的原因。S- 型等温线，其特点是等温线的起始斜率随土壤溶液中吸附质浓度的增加而增大，这种特点的出现，认为是在低浓度下土壤固相对吸附质的相对亲和力小于对土壤溶液的亲和力的结果。高亲和力型等温线，是 Langmuir 型等温线的一种极端情况，与 Langmuir 型等温线比较，它有较大的起始斜率，这是由于土壤固相对吸附质具有非常高的相对亲和力的结果，这种情况的出现，通常是由于固相和吸附质间的很高的专性或者物理吸附作用。在土壤或沉积物中，往往存在多种吸附剂，因此总的吸附等温线可能是不同类型吸附等温线的综合结果。

2）吸附机理

就土壤本身而言，对有机污染物的吸附实际上是由土壤中的矿物组分和土壤有机质两部分共同作用的结果。近年来的研究表明，与土壤有机质相比，土壤中矿物组分对有机污染物的吸附是次要的，而且这种吸附多是以物理吸附为主，在动力学上符合线性等温吸附模式。因此，土壤吸附有机污染物机理的研究主要是从土壤中有机质的角度进行的。目前，对于吸附机理的研究较为普遍接受的主要有线性分配模型、非线性分配模型、双模式吸附模型、三端元反应模型。

（2）挥发

有机污染物在土壤中的挥发作用是指该物质以分子扩散形式从土壤中逸入大气中的现象。挥发作用的大小与有机物的性质及环境条件有关。

农药的挥发作用可产生于农药的生产、储运、使用等各个阶段，各种农药通过挥发作用损失的数量约占农药施用量的百分之几到 50% 以上不等。

各种农药的挥发性及由此而逸入大气中的难易程度差别很大，这主要取决于农药本身的溶解度和蒸气压、土壤湿度、温度以及影响土壤孔隙状况的质地和结构条件。某些土壤熏蒸消毒剂，如甲基溴等，其蒸气压很高，因而它们可以渗透到土壤孔隙中与生物接触而杀死有害生物。同时也正是因为其蒸气压很高，在施到土壤后的短时间内即会很快挥发而逸入大气。

农药在土壤中的挥发速率除了与其本身的理化性质如蒸气压、水溶解度有关外，还与土壤的含水量、土壤对农药的吸附作用有关，通常可用下式来表示：

$$V_{sw/a}=\frac{C_w}{C_a}\left(\frac{1}{r}+K_a\right)$$

式中，$V_{sw/a}$——农药在土壤中的挥发速率；

C_w——农药在土壤溶液中的浓度；

C_a——农药在空气中的浓度；

r——土壤中固相与水的重量比；

K_a——土壤对农药的吸附系数。

$V_{sw/a}$ 值越小，表示农药的挥发性能越强，越易从土壤表面向大气中挥发；反之，其值越大，表示农药的挥发性能越弱。通常根据 $V_{sw/a}$ 值的大小，将农药的挥发性能划分为三个等级：$V_{sw/a}<10^4$，为易挥发；$V_{sw/a}$ 值在 $10^4\sim10^6$ 为微挥发；$V_{sw/a}>10^6$ 为难挥发。土壤

吸附系数 K_a 越大，$V_{sw/a}$ 值也就越大，农药也就越不易从土壤中挥发。这就是为什么具有较高蒸气压的农药（如氟乐灵等）在水中有较大的挥发性，而进入土壤后却很少有挥发的原因。

（3）移动性

有机污染物在土壤中移动性是指土壤中有机物随水分运动的可迁移程度。根据水分运动方向可分为沿土壤垂直剖面向下的运动（淋溶）和沿土壤水平方向的运动（径流）两种形式。径流可以使得农药等有机污染物从农田土壤转移至沟、塘和河流等地表水体中，淋溶则可使之进入地下水。有机污染物在土壤中的移动性是一种综合性特性，所有影响到有机物的吸附性能、水解性能、土壤降解性能和光解性能等因素都会或大或小地影响到它在土壤中的移动性。

对于有机农药，研究其在土壤中的移动性对于预测农药对水资源，尤其是地下水资源的污染影响具有重要意义。农药在土壤中移动性的研究方法一般有土壤薄层层析法和淋溶柱法。

6.5.2.2 有机污染物在土壤中的转化

有机污染物在土壤中的转化行为包括非生物降解和生物降解两大类。其中，非生物降解主要指化学水解和光解，而生物降解是指通过生物的作用将有机污染物转化为其他物质的过程。农药等有机污染物在土壤中的降解方式与其自身结构、理化性质和土壤环境条件相关。

（1）水解

有机化合物的水解与其在环境中的持久性密切相关，它是影响有机化合物在环境中归属机制的重要判据之一，也是评价有机化合物残留特性的重要指标。水解是化合物与水分子之间发生相互作用的过程，由于土壤体系含有水分，因而水解是有机污染物在土壤中的重要转化途径。有机污染物（RX）的水解是指其与水的反应，X 基团与 OH 基团发生交换，而 H 与 X 相结合：

$$RX+H_2O \longrightarrow ROH+HX$$

对于许多有机物来说，水解作用是其在环境中消失的重要途径。在环境条件下，可能发生水解的官能团类有烷基卤、酰胺、胺、氨基甲酸酯、羧酸酯、环氧化物、腈、磷酸酯、磺酸酯和硫酸酯等。水解作用改变了有机污染物的结构，一般情况下，水解可导致产物的毒性降低，但也有例外，例如 2,4-D 酯类的水解就生成了毒性更大的 2,4-D 酸。水解产物的挥发性可能与母体化合物不同，与 pH 有关的离子化水解产物可能没有挥发性，而且一般比母体更易于生物降解。

农药等有机污染物的水解速率主要取决于其本身的化学结构和土壤水的 pH、温度、离子强度及其他化合物（如金属离子、腐殖质等）的存在与否。通常水解作用随温度增加而加快，而 pH 与溶液中其他离子的存在对水解反应速率的影响具有双重性。

（2）光解

有机污染物在土壤表面的光解指吸附于土壤表面的污染物分子在光的作用下，将光能直接或间接转移到分子键，使分子变为激发态而裂解或转化的现象。农药对光的敏感程度是决定其在土壤中的残留期长短的重要因素，因此光解是有机污染物在土壤环境中消失的重要途径。土壤表面农药光解与农药防除有害生物的效果、农药对土壤生态系统的影响及污染防治有直接的关系。尽管20世纪70年代以前人们对农药光解的研究主要集中于水、有机溶剂和大气，但此后已对土壤表面农药光解十分重视。1978年，美国国家环保局（EPA）等机构已规定，新农药注册登记时必须提供该农药在土壤表面光解资料。

相比较而言，农药在土壤表面的光解速度要比在溶液中慢得多。光线在土壤中的迅速衰减可能是农药在土壤中光解速率减慢的重要原因；而土壤颗粒吸附农药分子后发生内部滤光现象，可能是农药在土壤中光解速率减慢的另一重要原因。多环芳烃（PAHs）在高含碳、铁的粉煤灰上光解速率明显减慢，可能是由于分散、多孔和黑色的粉煤灰提供了一个内部滤光层，保护了吸附态化学品不发生光解。此外，土壤中可能存在的光猝灭物质可猝灭光活化的农药分子，从而减慢农药的光解速率。

不同农药的相对光解速率相差很大，有机磷光解速率＞氨基甲酸酯类光解速率＞三均氮类农药光解速率＞有机氯光解速率＞拟除虫菊酯类光解速率。有机物浓度与降解速率呈明显的负相关。

1）光解的影响因素

土壤质地。土壤质地可影响农药的光解，在砂质和黏质土壤中，农药在0.5～1.0 mm粒径范围的光解速率最快，在0.1～0.25 mm粒径范围的光解速率最慢，这可能是因为土壤团粒、微团粒结构影响光子在土壤中的穿透能力和农药分子在土壤中的扩散移动性。

土壤水分含量。潮湿的表面土壤在光照条件下容易形成大量的自由基，如过氧基、羟基、过氧化物和单重态氧，可加速农药的光解。另外，水分增加能增强农药在土壤中的移动性，有利于农药的光解。

共存物质的猝灭和敏化作用。共存物质的猝灭和敏化作用是影响土壤中有机污染物光解的重要因素。研究发现，土壤色素可猝灭光活化的农药分子；采用紫外吸收物质二苯甲酮作光保护剂，可明显延长杀虫剂杀螟松的光解周期。

此外，有机污染物在土壤中的光化学行为还受到光辐射强度、污染物在土壤表层中的分布深度和污染物的吸收光谱特性等影响。

2）光解类型

土壤表面农药的光解反应过程比较复杂，其主要类型有光氧化、光还原、分子重排和光异构化等。通常土壤表面农药光降解过程涉及多种光反应类型。

光氧化。是农药光解的最重要、最常见的途径之一。在氧气充足的环境中，一旦有光照，许多农药比较容易发生光氧化反应，生成一些氧化中间产物。例如，对硫磷、杀螟松、地亚农和甲拌磷等硫逐磷酸酯可进行光氧化反应。乙拌磷、倍硫磷、丁叉威和灭虫威等农药分子中的硫醚键可通过光氧化生成亚砜和砜。当农药芳香环上带有烷基时，该烷基会逐渐发生光氧化反应，如可氧化成羟基和羰基，或进一步氧化为羧基。

光还原。带氯原子农药在光化学反应中能被还原脱氯，如二氯苯醚菊酯在光照下生成一氯苯醚菊酯。一些农药可进行光化学的脱羟基反应，同时得到多种分解产物。

光水解。土壤表面许多有酯键或醚键的农药在有紫外光和有水或水汽存在时可发生光水解反应。水解部位往往发生在最具有酸性的酯基或醚位上，如哌草丹除草剂光照后在硫醚位发生裂解。

分子重排。一般认为农药光解过程有自由基参与。许多农药分子光分解后本身会产生自由基，这样在一定条件下就会发生分子重排。如草萘胺除草剂光解后会产生自由基，该自由基可进一步反应而得到对位转位体或猝灭为降解中间体，这种伴随自由基的光转位在农药光解过程中是不能忽视的。

光异构化。光异构化可形成对光更加稳定的异构体。一些有机磷农药光照下会发生异构化现象，分子的硫逐型（P=S）转化为硫赶型（P–S），如对硫磷的芳基异构化和乙基异构化（图 6-12）。此外，农药在环境中还可以发生光亲核取代反应和光结合反应等。

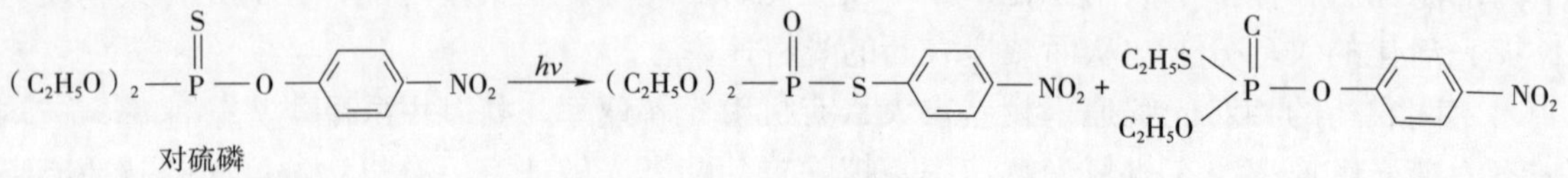

图 6-12 对硫磷的光异构化

（3）生物降解

生物降解就是通过生物的作用将有机污染物分解为小分子化合物的过程。参与降解的生物类型包括各种微生物、高等植物和动物，其中微生物降解是最重要的。其原因为：

第一，微生物具有氧化还原作用、脱羧作用、脱氮作用、水解作用和脱水作用等各种化学作用能力，对能量的利用要比高等生物体有效；

第二，微生物具有高速度的繁殖和遗传变异性，使它的酶体系能够以最快的速度适应外界环境的变化；

第三，虽然微生物、高等植物和动物均能够代谢和降解许多有机污染物，尤其是人工合成的有机化合物，但是对于一些人工合成的有机污染物，微生物却比高等植物和动物具有将大多数有机化合物降解为无机物质（CO_2、H_2O 和矿物质）的潜力，或者说，微生物是有机化合物生物降解中的第一因素。所以，通常提到生物降解即指微生物降解。

1）微生物代谢有机物的方式

农药在土壤中持留时间的长短，是一个有实际意义的问题。其半衰期既取决于农药本身的特点，也与周围的环境因子和生物因子有关。土壤中微生物以多种方式代谢农药，见表 6-3。而且这种代谢受环境条件的影响，因为环境条件将影响微生物的生理状况。因此，就同一种微生物和同一种有机污染物而言，不同的环境条件下可能有不同的代谢方式。例如，氯代烃农药的半衰期为 2～5 年，但在淹水的条件下土壤微生物的存在可加快农药的分解。

表 6-3　微生物代谢农药的方式

A. 酶促方式 1. 不以农药为能源的代谢 （i）通过广谱的酶水解（水解酶、氧化酶等）进行作用 （a）农药作为底物 （b）农药作为电子受体或供体 （ii）共代谢 2. 分解代谢：以农药为能源的代谢。多发生在农药浓度较高且农药的化学结构适合于微生物降解及作为微生物的碳源被利用时 3. 解毒代谢：是微生物抵御外界不良环境的一种抗性机制
B. 非酶方式 1. 以两种方式促进光化学反应的进行 （i）微生物的代谢物作为光敏物吸收光能并传递给农药分子 （ii）微生物的代谢物作为电子受体或供体 2. 通过改变 pH 发生作用 3. 通过产生辅助因子促进其他反应进行

资料来源：张乃明，田光明，吕贻忠．环境土壤学 [M]．北京：中国农业大学出版社，2013。

研究表明，在微生物降解烃类和农药等有机物的过程中，微生物的共代谢降解方式起着重要的作用，其突出特点是在有机物浓度非常低时（mg/kg 或 μg/kg），微生物也能对其进行降解。

2）微生物代谢有机物的途径

由于微生物降解有机污染物受到环境条件和微生物种类的影响，因而目前还难以预测某一有机污染物在土壤中的生物降解途径。概括起来，土壤中有机污染物的微生物降解有氧化、还原、水解和合成等几种类型的反应。

氧化。氧化是微生物降解有机污染物的重要酶促反应。其中有多种形式，如羟基化、脱烃基、β- 氧化、脱羧基、醚键断裂、环氧化、氧化偶联、芳环或杂环开裂等。以羟基化来说，微生物降解土壤中有机污染物的第一步将羟基引入有机分子中，结果这种化合物极性加强，易溶于水，从而容易被生物利用。羟基化过程在芳烃类有机物的生物降解中尤为重要，苯环的羟基化常常是苯环开裂和进一步分解的先决条件。

还原。在有机氯农药的生物降解中常常发生还原性脱氯反应。在厌氧条件下，DDT 被还原脱氯与细胞色素氧化酶和黄素腺嘌呤二核苷酸（FAD，氧化还原酶辅基）有关。微生物的还原反应还常使带有硝基的有机污染物还原成氨基衍生物，如硝基苯变成苯胺类，这在某些带芳环的有机磷农药代谢中较为常见。

水解。在氨基甲酸酯、有机磷和苯酸胺一类具有醚、酯或酰胺键的农药中，水解是常见的，有酯酶、酰胺酶或磷酸酶等水解酶参与。水解酶多为广谱性酶，在不同的 pH 和温度条件下都较为稳定，无须辅助因子，水解产物的毒性可以大大降低，在环境中的稳定性也低于母体化合物。因此，水解酶是有机污染物生物降解中最有实用前景的酶类。

合成。生物降解中的合成反应可分为缩合和接合两类。如苯酚和苯胺类农药污染物及其转化产物在微生物的酚氧化酶和过氧化酶作用下，可与腐殖质类物质缩合。接合反应常见的有甲基化和酰化反应。

3）影响有机污染物生物降解的环境因素

土壤中有机化合物生物降解的影响因素较多，气候条件（温度、降水、风和光照等）；土壤特性（好氧/厌氧状态、有机质含量、pH 和矿物质等）；生物群落（植物、动物和微生物），特别是土壤有机质、土壤温度和土壤水分等是影响土壤中有机化合物生物降解的主要因素，这是因为这些因素决定了土壤中微生物的数量和活性。此外，有机污染物在土壤中的老化也是影响生物降解的重要因素。

土壤类型和性质。不同土壤中有机化合物的降解特性是不同的，它是由土壤所有特性综合影响的结果。在土壤不同层次，由于微生物数量分布不均匀，有机质含量等土壤特性有差异，直接影响了农药的土壤降解速率。

土壤水分和温度。土壤水分对农药降解的影响因农药品种而异。例如，甲基异柳磷在水田土壤中的降解半衰期比旱田增加了 10 d，而克草胺的半衰期由水田条件下 3 d 增加到旱田的 5 d。温度对农药降解的影响程度因农药品种而异，一般来讲，温度升高能提高农药降解速率。

老化作用。有机污染物进入土壤后，随着时间的推移将会产生老化现象，使其与土壤组分的结合更为牢固，从而降低了生物可利用性，使其矿化率明显减少。

6.5.2.3 土壤中农药的结合残留

结合残留又称不可萃取性残留。国际原子能利用委员会（IAPC）于 1986 年确定“用甲醇连续萃取 24 h 后仍残存于样品中的农药残留物为结合残留”。

农药结合残留的研究工作主要集中在农药结合残留的形成、分布、化学组成和性能，包括生物活性、毒性和累积性等方面。形成农药结合残留的形成过程，是伴随着农药降解过程同时发生的。它是由农药的母体化合物和代谢物，与土壤中的腐殖质、植物体内的木质素、纤维素，通过化学键合或物理结合作用，牢固地结合在一起形成的。

影响农药结合残留形成的因素有土壤有机质含量、土壤水分条件及土壤微生物活性，作物的种植也可影响结合残留的形成。农药结合残留一般具有以下特点：

第一，土壤中农药结合残留的形成与农药的类型有关。比如氯代烃类农药（狄氏剂、艾氏剂等）形成结合残留的能力较弱。苯酚类、苯胺类及其衍生物具有较高的结合能力。氨基甲酸酯类、三氮苯类及有机磷类农药，也能形成相当数量的结合残留，特别是化合物分子结构中，具有胺基或通过代谢反应能生成胺基的某些有机磷农药，如对硫磷、甲基对硫磷、地虫硫磷、杀螟硫磷、甲拌磷、伏杀硫磷等，在土壤中很容易形成结合残留。

第二，结合点位主要为土壤腐殖质。土壤结合农药残留主要是农药及其降解产物与土壤腐殖质相结合。

第三，微生物对其有降解作用，土壤微生物可以将土壤中结合残留态农药释放出来，并将其降解。

第四，结合残留可降解农药的有效性和毒性，农药在土壤中呈结合状态对生物的毒性降低，植物对土壤中结合残留态农药的利用率也比较低。

6.5.3 土壤中有机污染物的生态效应与环境质量

农药等有机污染物进入土壤后可能进入生物组织，并可在食物链中不断传递、迁移，从而可对生态环境产生有害的影响。

6.5.3.1 对土壤微生物的影响

有机污染物可引起土壤中微生物种群活细胞数量及组成结构的变化，同时土壤中的微生物也会在生理代谢方面做出响应，以适应环境的选择压力。

农药污染对土壤微生物的影响是有选择性的。对于那些能利用污染物作碳源和能源的微生物来说，污染可能会刺激其生长与繁殖；而对于缺乏耐性的微生物来说，污染势必会对其产生抑制作用。微生物对农药的反应大体可分成可忽略、可忍受与可持久反应三类。有些微生物对农药非常敏感，其主要代谢过程易受农药干扰；有些农药则作用于动、植物和微生物共有或相同的生化过程，因而对非靶生物也有影响。例如，除草剂地乐酚能够作用于生物反应的电子传递过程，从而阻碍三磷酸腺苷（ATP）的生成。地乐酚具有一定的广谱性，能对土壤藻类、细菌和真菌等许多微生物产生影响。农药的选择性在一定程度上取决于其作用方式，通常内吸型比非内吸型杀真菌剂更具选择性。

除草剂主要作用点是叶绿体，因而它们对植物的毒性远远高于对微生物的毒性；但有些除草剂对植物和微生物均有不同程度的影响，例如镇草宁、杀草强、咪唑烷酮类和磺酰脲类除草剂可以抑制植物和微生物生长所需的某些氨基酸的合成；二硝基苯胺除草剂和氨基甲酸酯类农药能抑制植物和真菌维管束的形成，从而阻碍植物细胞分裂和抑制真菌的生长。氯乙酸替苯胺类除草剂（如草不绿、毒草安）也有抗真菌作用。虽然这些除草剂可能有许多不同的作用方式，但已经证实，它们与结构相似的杀真菌剂，如甲霜灵（Metalaxyl）和CGA29212（由瑞士Ciba-Geigy AG开发）都能抑制核糖核酸（RNA）的合成，只是它们的毒性阈浓度远高于甲霜灵的阈浓度。

（1）对微生物数量的影响

一般认为，杀虫剂对土壤微生物种群数量影响很小，这也许是由于它们对微生物具有选择性，只能抑制某些敏感种，而其他种则取代敏感种，从而维持整体代谢活性不变。有机磷农药对土壤微生物种群和数量也会产生一定的影响，这种影响随农药的种类、浓度以及土壤类型而变化。

由于石油产品需求量增加，大量的石油及其加工品进入土壤，产生了一些地区土壤的石油污染问题。我国北方产油地区原油污染面积逐年扩大，2002年在辽河油田的重污染区，土壤原油含量达到约1.0×10^4 mg/kg。石油类物质进入土壤后，影响了土壤微生物的生长繁殖，引起土壤微生物群落、微生物区系的变化，大量的石油堵塞土壤孔隙，对土壤微生物和土壤酶活性均有抑制作用。对山东省主要类型土壤的试验结果表明，石油烃含量对细菌、真菌和放线菌三种微生物类群产生的影响以放线菌最为显著，当土壤石油烃含量为500 mg/kg时，潮土、褐土和棕壤的放线菌总数在试验期间分别下降了80%、85%和89%，并且减少的放线菌数量在短时期内很难恢复原有的水平；石油烃对潮土真菌数量的影响较褐土和棕壤更大。

（2）对呼吸作用的影响

呼吸作用的大小通常与土壤微生物的总量有关，呼吸作用越强，微生物数量越多。呼吸强度是评价污染物对土壤微生物生态效应的重要指标之一，除草剂对呼吸作用的影响与浓度有关。例如，2.0 μg/g 西玛津对呼吸强度无任何影响，而 10.0 μg/g 西玛津能促进呼吸作用。一般来说，正常使用除草剂不会影响土壤呼吸作用，杀虫剂对呼吸作用的影响也很小。尽管土壤微生物消耗氧气的量随有机磷杀虫剂浓度的增大而提高，但这可能是农药被微生物代谢和利用的结果。

广谱杀真菌剂和熏蒸剂能强烈抑制土壤呼吸作用，然而这种影响通常是短暂的。田间施用农药对土壤微生物呼吸作用的影响主要取决于农药对微生物的毒性、农药种类与用量，高浓度甲基托布津会抑制土壤微生物群体的生命活动，降低土壤呼吸作用，进而影响土壤中有机质的分解与再循环，降低土壤肥力。

（3）对土壤酶活性的影响

土壤酶主要来源于土壤微生物的生命活动，土壤酶参与许多重要的生物化学过程，因而土壤酶活性在一定程度上反映出土壤功能状况。20 世纪 70 年代初，人们开始注意到土壤微生物活性与土壤酶的相关性。与此同时，土壤酶也逐渐被广泛应用于污染物对土壤微生物影响的研究。淀粉酶与脲酶广泛存在于土壤中，淀粉酶能使淀粉水解生成糊精和麦芽糖，它是参与自然界碳素循环的一种重要的酶。脲酶酶促产物——氨是植物氮源之一，同时，脲酶与土壤其他因子，如有机质含量、微生物数量有关。石油烃对土壤淀粉酶活性的影响表明，在石油烃含量低于 2 000 mg/kg 时，潮土和褐土的淀粉酶活性受石油烃含量的影响显著，可以作为这两类土壤石油污染程度的敏感生化指标。石油烃对土壤酶活性抑制的原因可能包括直接作用于酶分子，改变酶的构象，使酶的活性中心受到抑制；抑制土壤微生物的生长繁殖，减少微生物体内酶的合成和分泌量；影响作物的代谢活力，抑制根系分泌和释放酶的能力。

（4）抗生素类兽药对土壤微生物的影响

近年来，兽药对生态与环境的影响逐渐成为研究的热点问题之一。兽药的种类很多，其中抗生素主要是用来防治细菌引起的疾病，它可抑制病原菌的生长，在很低浓度下即可影响微生物活性，土壤中 1 mg/kg 的四环素对脱氢酶和磷酸酶活性有明显抑制作用。在 14 d 培养期内，土霉素和磺胺嘧啶显著降低了土壤微生物量，但真菌数量随这两种兽药浓度升高而升高，土霉素对真菌量的增加效果更明显。

兽药对土壤微生物的作用主要受兽药种类和土壤因子（如土壤有机质种类和含量、矿物种类、pH 等）的影响，由于微生物吸收兽药是一个需能的主动过程，因此必须添加一定碳源，微生物才能将兽药转移至体内，从而兽药毒性才能表现出来。但经过一段时间后，微生物可表现出一定的抗性。兽药作用时间、有机物种类和数量是土壤微生物群落抗性发展的主要影响因子。有机物能够加速土壤微生物群落抗性的发展，由于兽药往往随粪便施入土壤，因此土壤微生物会很快获得群落抗性，从而对整个农田生态系统产生潜在危害。这种抗性甚至可以通过蔬菜、农作物而垂直进入人体，进而对人类产生极大危害。

6.5.3.2　对土壤动物的影响

动物与环境统一是动物生存和分布的一般法则，任何动物的生存都离不开环境。土壤动物长期生活在土壤环境中，它们一方面积极同化各种有用物质以建造其自身，另一方面又将其排泄物归还到环境中从而不断地改造环境，因此，它们和环境间存在着密不可分的关系。土壤动物活动范围小、迁移能力弱，它们与环境间具有相对稳定的关系，土壤动物的组成、数量、生物量及其分布基本上反映了其生存环境的质量状况。土壤具有一定的自净能力，即大部分有机污染物进入土壤后逐步由种类繁多、数量巨大的土壤微生物和土壤动物分解转化，达到生物降解的目的。

污染物对土壤动物的影响目前主要限于蚯蚓，因为蚯蚓在土壤中存在数量大、范围广，对蚯蚓的生态监测与毒理研究既可反映土壤污染状况，又能鉴定鉴别各种有害物质的毒性。从群落结构、污染物指示种类、剂量反应和毒性机理方面较为系统地研究表明，随着土壤污染程度增加，蚯蚓分布的种类与数量明显减少，其主要原因可能是蚯蚓属大型土壤动物，摄食量大，在摄食和移动过程中广泛接触有害物质，致使有害物质在蚯蚓体内大量富集后产生毒害效应，其中一些对污染物敏感的种类由于抵抗力差不能维持生存和繁衍而消失。多数农药在正常用量下对蚯蚓的危害不大，但有一些农药对蚯蚓毒性很大，在蚯蚓体内可积累相当大量的持久性农药；蚯蚓是鸟类和小型兽类的食物来源之一，它可能通过食物链传递，进一步对鸟类和兽类产生危害影响，蚯蚓在土壤生物与陆生生物之间起传递农药的桥梁作用。农药对蚯蚓的毒性与土壤性质、农药致毒速度及其在土壤中的分解速率密切相关。

6.5.4　农药污染与农产品质量安全

污染物在食物链中的传递严重地威胁着食品安全和人体健康。一些持久性有机污染物，例如有机氯农药可通过土壤－植物系统残留于肉、蛋、奶和植物油中，通过人的膳食进入人体后，参加人体内各种生理过程，破坏酶系统，阻碍器官的正常运行，从而导致神经系统功能失调，引起致癌、致畸和致突变的“三致”问题。

（1）作物对土壤中农药的吸收、转运与积累

许多农药都是通过土壤－植物系统进入生物圈的。由于残留在食物中的农药对生物的直接影响，植物对农药的吸收被认为是农药在食物链中生物积累、并危害陆生动物的第一步。植物根系对农药的吸收与农药的结构特性和土壤性质有关，一般植物根系对相对分子质量小于 500 的有机化合物易于吸收。如果相对分子质量大于 500，根系能否吸收取决于这类化合物在水中的溶解度，溶解度越大、极性越大者越容易为植物所吸收，也越容易在植物体内转移。分子量较大的非极性有机农药只能被根表面吸收，而不易进入组织内部。如 DDT 为非极性农药，在水中的溶解度又很小（1.2 μg/L），因此多附着于根的表面。

农药由土壤进入植物体内至少有两个过程：①根部吸收；②农药随蒸腾流而输送至植物体各部分，土壤中的农药主要通过根部吸收进入植物体。农药通过吸收进入植物根部有两种方式：主动吸收过程和被动吸收过程，前者需要消耗代谢能量，后者则包括吸收、扩散和质流。

（2）农产品的农药污染

农药是现代化农业必不可少的生产资料，在减少农作物病虫害、增加农产品产量等方面发挥了巨大作用，从而提高了农业生产效率。我国是一个农业大国，农药的生产量及使用量大，全国每年使用的农药量达 50 万～60 万 t，农田平均农药施用量为 13.9 kg/hm^2，比发达国家高 1 倍。由于农药的不规范使用和滥用，我国粮食安全正面临严峻的局面。农药施入农田后，大部分直接或间接进入土壤中，除挥发和径流损失外，其余可被农作物直接吸收，从而在农产品中造成残留，影响农产品品质。土壤农药污染可造成农产品中农药残留超标，农产品质量与安全性降低，农药残留已成为制约农产品质量的重要因素之一。

践行绿色发展观，让健康土壤带来健康生活之二

——为天下粮仓培育“健康土壤”

仓廪实，天下安。粮食安全是国家安全的重要基础，农业以土而立。只有健康的土壤才能培育出优质优价的粮食。在耕地面积有限、粮食需求又不断增加的背景下，提升耕地质量就成为确保粮食安全的重要措施。但是，土壤因为重金属和酸化的共同夹击带来了粮食安全风险，土壤酸化、盐渍化、土壤生态系统弱化表现出来的连作障碍，过量施肥、偏施氮磷钾肥带来的土壤养分不平衡、品质低下、作物病虫害严重和面源污染等导致土壤理化指标失衡，上述问题长期困扰着农户，日益成为我国农业高质量发展和乡村振兴的“绊脚石”。这让积极培育健康土壤成为农业可持续发展的必然选择。

万物土中生，有土斯有粮。关注土壤保护，就是关注粮食生产的“命根子”。2016 年，国务院印发了《土壤污染防治行动计划》（简称“土十条”），这一里程碑事件标志着土壤污染防治新格局的出现；2018 年，我国第一部土壤污染治理专项法律即《中华人民共和国土壤污染防治法》出台，标志着我国土壤污染防治法律法规体系的基本建立，使得我国土壤污染治理工作有法可依。

只有清洁、健康的土壤才能产出安全优质的产品，产地环境是农产品质量安全的第一道关口。伴随着我国农业从解决基本温饱向吃得好、吃得安全、吃得营养健康的转变，环境土壤学也更加关注土壤健康、突出土壤安全的发展过程。当前，人民对膳食结构优化和营养水平提升的期望值越来越高，良好生态环境是最公平的公共产品，是最普惠的民生福祉。不断满足人民对美好生活的向往，土壤和产地环境管理在农业绿色发展和高质量发展中的作用将更加凸显。只有对土壤合理利用与保护，才能够维持土壤健康，促进农业绿色发展。

资料来源：

①王莹 . 为天下粮仓培育“健康土壤”[N]. 嘉兴日报，2021-05-18（1）；

②张桃林 . 守护耕地土壤健康 支撑农业高质量发展 [J]. 土壤，2021，53(1): 1–4。

6.6　土壤放射性污染

6.6.1　土壤放射性污染来源

放射性污染是指在生产、生活活动中排放放射性物质造成环境放射性水平改变，使环境质量恶化，危害人体健康或者破坏生态环境的现象。土壤中放射性污染的主要来源分为两类：天然放射性来源和人为放射性来源。

天然放射性来源是指在天然产物中发现的放射性元素，其元素种类主要包含 ^{40}K（钾 -40）、^{238}U（铀 -238）、^{232}Th（钍 -232）、^{226}Ra（镭 -226）等。它们通过放射性衰变，产生一系列的放射性子体，广泛分布于土壤和岩石中，具体如表 6-4 所示。地壳是天然放射性核素的重要储存库，然而天然放射性核素在土壤中的含量很低，对人体的生活影响不大。

表 6-4　土壤、岩石中天然放射性核素含量　　单位：Bq^*/g

核素	土壤	岩石
^{40}K	2.96×10^{-2}～8.88×10^{-2}	8.14×10^{-2}～8.14×10^{-1}
^{226}Ra	3.7×10^{-3}～7.03×10^{-2}	1.48×10^{-2}～4.81×10^{-2}
^{238}U	7.4×10^{-4}～5.55×10^{-2}	3.7×10^{-3}～4.81×10^{-2}
^{232}Th	1.11×10^{-3}～2.22×10^{-2}	1.48×10^{-2}～4.81×10^{-2}

注：*Bq（贝可）为放射性活度的国际单位，1 Bq 相当于每秒发生 1 次衰变。

资料来源：王红旗，刘新会，李国学．土壤环境学 [M]．北京：高等教育出版社，2007。

人为放射性污染是土壤污染的主要来源，主要包括以下两方面来源：

（1）科研放射性

科研工作中广泛应用放射性物质，除了原子能利用研究单位外，金属冶炼、自动控制、生物工程、计量等研究部门，几乎都有涉及放射性方面的试验。在这些研究工作过程中，都有可能造成放射性污染。大气层核试验产生的放射性落下灰尘是迄今土壤放射性污染的主要来源。例如美国于 1954 年 3 月将 1 颗 600 万 t 以上三硝基甲苯（TNT）当量的氢弹发射在马绍尔群岛比基尼环礁，导致致命的永久污染区近 2 万 km^2。

（2）核工业排放的废弃物

核工业中核燃料的开采、提炼、精制和核燃料元件的制造，都会有放射性废物的产生和废水、废气的排放，这些废弃物的排放都会给土壤环境带来一定的污染。除此之外，核电站事故产生的污染也是土壤放射性污染的主要源头之一，如 2011 年 3 月发生在日本大地震之后的福岛第一核电站（NPP）爆炸事故引起的 ^{137}Cs（铯 -137）的积累与污染，阶段性的调查显示，^{137}Cs 严重污染了日本的东部大部分地区和东北部的一些地区，福岛 NPP 周围以及附近的大部分地区都广泛地被污染，积累浓度分别达到 100 000 mBq/m^3 和 10 000 mBq/m^3，福岛核电站附近土壤的 ^{137}Cs 浓度超过了日本法律规定的农业安全限值。同时，附近污染严重地区的土壤也可能超过了安全限值，这些发现提示福岛东部地区的食品生产有可能被 ^{137}Cs 污染削弱。可见，人为放射性污染给人类健康带来了严重的后果。

目前，世界各地中高放射性核废料的处理仍然是一个悬而未决的问题。

6.6.2 土壤放射性污染物的迁移转化

放射性核素在土壤中的迁移是影响核素在土壤－植物系统中的去向、对环境造成长期影响的主要因子。放射性核素在土壤中的移动性主要取决于核素与土壤组成成分的相互作用，如黏土矿物、腐殖质和微生物。腐殖质极大地影响了放射性核素的迁移，一般认为，土壤中腐殖酸含量高，对放射性核素处理的容量就大，进入土壤中的放射性核素主要积累在土壤中，而被迁移进入地下水以及被植物吸收的部分就少。核素在土壤中的化学反应主要有：配位沉淀、氧化还原和吸附（固定）解吸等。如 ^{137}Cs 容易被非膨胀性层状硅酸盐吸附，如伊利石和云母，2：1 型黏土矿物的破损边缘组织对铯有较强的专性吸附。矿质土壤对铯的固定通常比有机质土壤快，但是土壤对铯真正的固定能力却不仅取决于非膨胀性层状硅酸盐含量，还与土壤钾素状况有关，因为钾可以诱导矿物层间的塌陷，从而将铯固定在黏土矿物中。

6.6.3 土壤放射性污染的生物效应

放射性污染物质散发在大气、沉降于水源中，最后进入土壤（另有部分直接进入土壤），而放射性元素半衰期长，其污染物进入土壤后，危及生态系统的稳定，进入植物（包括粮食作物、蔬菜、果树），通过食物链进入人体，威胁人类的生命健康和其他生物的生存（图 6-13）。

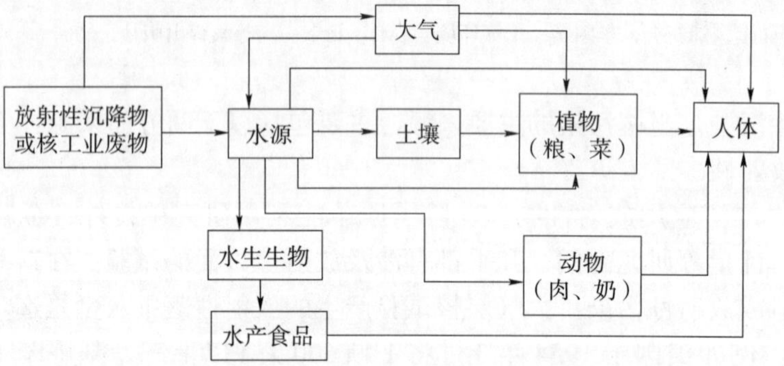

图 6-13 放射性物质进入人体的途径

放射性核素对生物体的毒性既有化学的，又有放射性的，因为环境中放射性核素的物理浓度通常较低，故其化学毒性并不重要。而离子化辐射则是放射性核素的主要毒性，即放射性毒性。用来评价放射性核素辐射污染的指标主要有放射性物质总量、放射性核素的物理半衰期、放射性核素射线的能量、吸收剂量或有效剂量。

当一个生物体系受到内部或外部放射性的辐照后，生物体内可产生自由基或其他活性分子。这些化学产物继而可以和细胞中重要的分子发生反应而对生物体的正常功能和活性产生不良作用。电离辐射的影响大概包括生长发育和生殖的异常、遗传变异、生命周期缩短、癌变等，辐射剂量过大时可以导致死亡。

在大剂量的电离辐射作用后，经一定潜伏期后各种组织会出现肿瘤。一般肿瘤发病率随剂量率或累积剂量的增加而增加。人体遭到电离辐射的长期作用后也会发生肿瘤。在人群中，对广岛和长崎原子弹受害者进行观察发现，白血病的发病率随着照射剂量的增加而增加，如表 6-5 所示。根据组织剂量估计，全身照射 1×10^{-2} Sv，7～13 年间可使每 100 万人中发生 15～40 个白血病病人。由于体内蓄积放射性物质，提取 3.7×10^{4} Bq 镭，每 100 万人中每年可发生 22～33 个骨肿瘤病人。

表 6-5　广岛、长崎原子弹辐射的幸存者恶性肿瘤发病率（1957—1959 年）

距离爆炸中心 /m	辐照剂量 /（10^{-2} Sv）	发病率（每万人发病人数）	
		白血病	其他癌症
＜1 500	≥80	53	338
1 500～2 499	1～80	9	285
＞2 500	≤1	8	262
市外	0	0	262

资料来源：洪坚平．土壤污染与防治 [M]. 3 版．北京：中国农业出版社，2011。

根据动物试验，电离辐射对胚胎的效应是关系到发育过程的某个阶段进行辐射的问题。家鼠胚胎着位以前，妊娠的最初两天内，对电离辐射具有最大敏感性，这时与其说是产生畸形，不如说是容易引致胚胎死亡。对主要器官形成期进行辐射，则新生婴儿死亡及出现畸形比胎期死亡更容易发生。对于家鼠，妊娠第 7～13 天（相当于妇女妊娠 2～6 个星期），就是对电离辐射最敏感时期。

妊娠后期，由于胎儿对电离辐射的抵抗性增高，所以如果要像引致死亡和产生畸形那样而进行大剂量辐射，则母体也会同时遭到死亡的危险。根据各种观察及对动物试验结果，发现妊娠初期，母体被辐射后对胎儿的影响相当显著。国际放射性防护委员会（ICRP）曾经提出劝告，对可能妊娠的妇女，必须限制辐射骨盘部位。

放射污染不仅能够诱发癌症，而且还破坏非特异性免疫机制、降低机体的防御能力，增加毛细血管、私膜、皮肤和其他防御屏障的通透性，易并发感染，缩短寿命，导致死亡。这种现象已从用 2 Sv 照射家鼠的急性试验中得到证明，小剂量长期作用也能加速衰老而缩短寿命。

生殖细胞受到射线照射后，基因可产生偶然性的变化，这种现象称为突变。突变不能恢复，以完全相同的复制手段遗传给后代。突变的发生率（突变率）随某种化学或物理因素的增加而增高。试验表明，放射污染具有提高突变频率的作用，生殖细胞照射的总剂量与诱发基因突变率之间呈直线关系。在核爆炸和核事故中产生的放射性微尘沉降在植物的表面，植物可以通过根外器官吸收其中的放射性核素，并随植株体内的物质运输一起把这些放射性核素转移到植株没有直接受污染的部位，造成农作物的放射性污染。植物对于不同核素的吸收有很大区别，并且植物的生育期也是影响植物吸收放射性核素的重要因素。

在核事故或者核爆炸的初期，污染植物通过根系吸收人工放射性核素的量并不大，大部分放射性物质都集中在土壤表面 0～1.5 cm 的土层中。随着雨水、灌溉等的淋洗，少量的放射性物质逐渐下渗到根系密集的土层中，植物所受的污染随之增大。

不同的作物对放射性核素的吸收积累能力区别很大。不同科的植物对 ^{90}Sr（锶 -90）的浓集能力依次排列为葫芦科＞荨麻科＞苋科＞茄科＞桑科＞豆科＞禾本科。在相同条件下，^{137}Cs 在土壤与不同科植物系统中的转移吸收依次排列为十字花科＞葫芦科＞藜科＞菊科＞茄科＞豆科＞禾本科。

根系对核素的吸收主要与土壤溶液该核素的浓度、土壤溶液化学组成和植物的富集能力直接有关。钾可以有效地竞争根表面的铯离子吸附位，因此增加溶液中钾离子的浓度可以有效地降低植物对铯的吸收。增加土壤溶液中 NO_3^- 的浓度可以降低菠菜叶片中 $^{99}TcO_4^-$ 的浓度。这种抑制作用很可能与 NO_3^- 和 $^{99}TcO_4^-$ 之间在根系吸收过程中的竞争作用有关。土壤溶液中的磷酸根可以有效地抑制植物对铀的吸收。溶液中铀的形态主要受 pH 影响，而铀形态对植物吸收有很大的关系。在 pH=5 时，UO_2^{2+} 是主要形态，这一形态的铀易被植物吸收；当 pH＜5 时，土壤中铀的生物有效性非常低，很难为植物所吸收。

思考题

1. 什么是土壤污染？如何判断土壤是否污染？
2. 请列举出污染土壤的主要污染物质及其主要来源。
3. 哪些元素可能经由大气迁移沉降而引起土壤污染？
4. 污灌是主要的污染源之一，为何还继续采用污灌？
5. 为什么说施用化肥也是产生土壤污染的方式之一？怎样正确处理施肥与土壤环境保护的关系？
6. 试述典型重金属在土壤环境中的化学行为与环境质量关系。
7. 试述影响土壤中重金属迁移转化的因素。
8. 土壤中有机污染物的种类有哪些？并简述它们在土壤环境中的主要危害。
9. 土壤重金属污染对农作物会产生什么样的影响？
10. 农药能在土壤中自然消失吗？怎样促进它们从土壤中消失？
11. 有机污染物在土壤环境中的主要环境行为和化学行为有哪些？
12. 有机污染物在土壤中的转化途径有哪些？试举例说明。
13. 微生物代谢土壤有机污染物的方式有哪些？并简述影响有机污染物生物降解的环境。

拓展训练题

1. 以某一种农药在土壤中的迁移转化为例，分析其对土壤环境影响方式和程度。
2. 查阅资料，分析京津冀地区农田土壤污染的现状。
3. 对于当前普遍存在的重金属污染，你认为当务之急是什么？如何处理？
4. 土壤 - 植物系统重金属迁移转化研究进展。
5. 微生物在土壤污染修复中的应用。
6. 土壤重金属污染的研究展望。
7. 土壤有机污染物的研究展望。

第 7 章　土壤退化及其防治技术

本章主要围绕土壤质量与土壤资源保护，介绍土壤资源、土壤质量的评价指标。着重阐述土壤退化及主要类型，包括土壤侵蚀、土壤酸化、荒漠化、石漠化、盐渍化、肥力退化等主要土壤退化类型的成因、发生机理、环境效应以及主要防治措施。本章的知识点与之前的章节内容形成知识点的互补，能够加深对环境土壤学知识点的深入理解和运用。

学习土壤质量、土壤退化及其防治措施，是一个人与自然寻求和谐相处之道的过程，并在生产实践中学以致用，解决人地矛盾，保护生态环境，共建美好家园。

土壤退化是当今全球变化研究的重要内容。21 世纪以来，由于人口的迅猛增加带来的食物需求以及人类不合理地开发利用土地，已引起全球土地资源的不断退化和生态环境的日益恶化，它将威胁着粮食安全、社会经济系统可持续发展及人类的生存环境。鉴于土壤退化对全球食物安全、环境质量及人畜健康的负面影响日益严重的现实，探讨土壤退化，特别是人为因素导致的土壤退化的发生机理、演变动态、时空分布规律及生态恢复与重建对策，已成为研究全球变化的最重要的组成部分，并将继续成为 21 世纪环境科学、地理科学等学科共同关注的热点问题。

7.1　土壤质量概论

7.1.1　土壤资源及其特征

土壤资源是指具有农业、林业、牧业生产力的各种土壤类型的总称，因此土壤资源具有质和量两方面的内容，质指的是土壤具有肥力，量指的是土壤具有一定的面积。

（1）土壤资源的特点

第一，土壤资源是土地资源的重要组成部分，是地理环境的基础。

第二，土壤具有肥力特性，也具有一定的生产力。

第三，土壤资源具有可更新性和可培育性，随着科技水平的提高，可以采取一定的措施，使原来不适于农林牧业发展的土壤，变为可适用于农林牧业发展的土壤。

第四，土壤资源的空间存在形式具有地域分异规律，这种规律在时间上往往具有季节变化的周期性，所以土壤性质及其生产特征也会随季节发生周期性变化。

第五，土壤资源的合理利用与保护是发展农业和保持良性生态循环的基础和前提，土壤资源的可持续利用是进行土壤资源开发利用的前提。

第六，土壤资源具有功能性，土壤是生产食物、木材和纤维的基地，土壤支持和调节地表生物过程与养分循环，土壤也可以调节陆地表面水分的分配与过滤水质，同时土壤作为地球的皮肤是生物的重要栖息地，也是人类生产建设的主要基质。

（2）世界土壤资源及其利用

世界土壤资源比较突出的问题是耕地面积少，而且分布不均，地球上陆地总面积约 14 900 万 km^2，而无冰雪覆盖的陆地面积约 13 000 万 km^2，其中可耕地面积只有约 3 000 万 km^2，只占陆地总面积的 23%；已耕地面积仅有 1 400 万 km^2，只占陆地面积的 10.7%。耕地面积极其有限，世界各大洲土地利用状况表明，全球的可用地是有限的，同时在各大洲的分配也是严重不均衡的，其中状况最严重的是亚洲，人口最多，但未耕地占可耕地面积最少，可利用土地的潜力最小。尽管还有比较高比例的可耕地有待开发，但是有些土地的环境是难以利用的，如冻土、沙漠、裸岩、陡坡等，真正肥沃并便于耕种的土地大部分已经垦殖。

（3）中国土壤资源及其特点

第一，土壤资源丰富，类型多样。根据第二次全国土壤普查结果，我国的土地总面积占世界陆地总面积的 1/15，居世界第三位。根据统计，我国土壤资源中适于发展农业或农林结合的土壤约 263.33 万 km^2，占全国土壤资源总面积的 27.4%，适于发展林业和林农结合的土壤约 243.33 万 km^2，占总面积的 25.38%，仅部分适于林业和农业的高山及亚高山土壤面积为 198.66 万 km^2，占总面积的 20.7%，尚难开发利用的石质山地及其他土地共约 20.24 万 km^2，占总面积的 2.1%。

第二，我国的山地面积多，平原面积少，地区差异大。山地占 33%，高原占 26%，盆地占 19%，平原占 12%，丘陵占 10% 左右；90% 以上的耕地和陆地水域分布在我国的东南部，50% 以上的林地集中分布在东北部和西南部，80% 以上的草地分布在西北部，山地丘陵及高山的土地占全国总面积的 65%。

第三，人均耕地面积少、分布不均。2021 年，我国的总耕地面积是 1.28 亿 hm^2，人均不到 0.1 hm^2，我国和世界其他国家相比，人均耕地面积严重偏低。从分布上来说，我国北方农牧交错带、黄土高原、西部绿洲、喀斯特地区、荒漠化地区等土壤资源都严重缺少。

第四，耕地质量总体较差，自持能力弱。中低产田占 2/3 以上，低产田的种类有缺水的地方、坡地、风沙地、盐碱地、涝地、水浸地等。所以总体上我国土壤资源的特点是国土面积大而耕地少，分布不均衡，且优质的土壤少；人均水平低，而后备资源少；山地多，平原少，旱涝灾害多。

（4）土壤资源存在的问题

第一，耕地逐年减少，人地矛盾突出。我国人地矛盾突出表现得更为典型，随着人口的增加，生存空间越来越小，严重地威胁着人类的生存与发展。

第二，土壤侵蚀严重，危害巨大。由于植被破坏和利用不当，土壤侵蚀现状越来越严重，其中黄土高原水土流失最严重。

第三，土壤资源退化，肥力下降。由于土壤侵蚀和垦殖利用不合理，使土壤退化，生产力下降。土壤退化实际上是土壤环境以及土壤物理、化学和生物学等特性劣化的综合表征，如表现在有机质含量下降、营养元素短缺、土壤结构破坏、土壤侵蚀、土层变薄、土壤板结、土壤碱化、沙化等多个方面。

7.1.2　土壤质量指标

7.1.2.1　土壤质量含义

土壤质量是当前社会特别关注的一个热点话题，也与普通民众生活密切相关，土壤质量概念的提出实际上至今时间还不是很长，始于1994年，Doran和Parkin提出了土壤质量概念，即土壤在生态系统界面内维持生产、保障环境质量、促进动物与人类健康行为的能力。1995年，美国土壤学会给出的土壤质量的定义是在自然或管理的生态系统边界内，土壤具有动植物生产持续性，保持和提高水、气质量以及支撑人类健康与生活的能力。

关于土壤质量的定义，国际上通用的是：土壤具有维持生态系统生产力和动植物健康，而不发生土壤退化和其他生态环境问题的能力。针对这一定义，结合美国土壤学会对健康土壤所进行的分析，健康土壤应该具有以下功能：

第一，维持生物活性、多样性和生产力的功能。

第二，具有分配和调节地表水分、溶质流动与循环的能力。

第三，具有过滤、缓冲、固定、分解有机和无机物的能力。

第四，具有存储和循环利用生物养分和其他成分的能力。

第五，具有支持社会系统、保护人类居住环境及有关历史文化遗迹的性能。

土壤质量的含义因利用土壤的人的目的不同而表现出不同的侧重点。土地管理者或作物生产的咨询者主要关心的是土壤肥力高低，以维持或提高并获取最大的经济效益。土地保护者主要关心的是土壤环境质量好坏，保护环境并使土壤资源能维持生产。农业生产的消费者主要关心的是土壤的健康功能，使土壤能生产出丰富、健康的食物。环境工作者主要关心的是土壤能在一个生态系统中保持或提高生物多样性和水的质量，促进养分循环，提高生物的生产力。

7.1.2.2　土壤质量影响因素及评价

（1）土壤质量影响因素

土壤质量的影响因素是多样化的，包括土壤特性、社会经济、生态系统等综合因素。内在质量因素与外在干扰因素之间相互作用、相互影响。

一般认为土壤的内在质量相对比较稳定，是母质、气候、生物、地形、时间等自然因素相互作用的结果，对土壤本身的理化性质、生物学特性影响较大。

人为因素是影响土壤质量的重要因素，无论是在范围还是在程度上均比自然因素的影响严重得多。合理的人类活动可以使土壤质量向好的方向变化，如施用有机肥、采用保护性耕作、种植豆科作物等措施可以保持或提高土壤质量。

相反，不合理的人类活动可以使土壤质量向坏的方向变化，如毁林、过度放牧、过量施用化肥等不合理的土地利用和耕作管理，将会造成土壤污染、水土流失、土壤肥力下降而导致土壤退化，从而加速土壤质量降低。

在农田生态系统中影响土壤质量的主要途径有以下几个方面：

1）土壤耕作。合理的土壤耕作使农业实现增产增收，不合理的土壤耕作会加剧土壤退化，导致土壤质量的下降。例如，坡耕地采取坡改梯措施可有效地防止水土流失，豆科作物轮作、绿肥轮作能够改善土壤结构、提高土壤肥力。

2）灌溉。不合理的灌溉将会造成水资源浪费、土壤盐渍化、土壤重金属污染，给土壤质量带来不利的影响。

3）施肥。化肥的不合理施用将会造成农产品品质下降、地下水污染、水体富营养化、温室气体释放等，不可避免地导致土壤质量下降。

4）农药。不合理施用农药，不但杀死了土壤中的有害生物，而且也杀死了土壤中的许多有益微生物，同时造成土壤农药残留，降低土壤生产力和农产品质量。

5）地膜。农业生产中使用的地膜基本上是不可降解地膜，其覆盖面广、厚度过薄、易破碎、残留量较大，在土壤中不易腐烂，污染范围大。

（2）土壤质量评价

1）土壤质量评价指标体系建立的原则

在土壤质量评价过程中，需要选取能够代表土壤质量并能定量化的属性，然后将这些属性组成一组简明的数据即构成指标体系。土壤质量的指标既涉及土壤本身的物理性质、化学性质、生物学性质，同时涉及土壤的健康质量、环境质量等与土壤性质相关的，包括植被、水、大气、动物等的特征。因此，在选取指标的时候将面临庞大的指标库，选取指标要确定相应的原则。一般而言，建立土壤质量评价指标体系时，要遵循以下几个原则：

第一，代表性，即所选取的指标应该能代表土壤的质量特征。

第二，灵敏性，指该指标的变化将引起土壤质量评价结果的变化。

第三，通用性，即该指标容易被大家接受。

第四，经济性，指获取该指标不至于特别困难，举例来说，像DNA标记就不适合做简单的评价指标。

确立指标之后，可以计算土壤质量指数（soil quality index，SQI），对应的方程式：

$$SQI=f(SP, P, E, H, ER, BD, FQ, MI)$$

式中，SP——土壤性状参数；

P——作物的潜在生产力；

E——环境因子；

H——动物和人群健康状况；

ER——土壤的可蚀性；

BD——生物的多样性；

FQ——食品质量与安全状况；

MI——管理投入。

进行土壤综合评价，获得土壤综合质量指数，实际上是土壤、作物、环境、人类、生物以及管理方面的一个综合性的指标体系。美国土壤学家提出了土壤质量分析的最小指标矩阵，包含10个指标：①土壤的团聚特征。②土壤的容重，也就是土壤容积密度。③至硬盘的距离。④渗滤性。⑤电导率。⑥持水率。⑦pH。⑧有机质。⑨可矿化氮。⑩呼吸作用。其中“至硬盘的距离”是由distance to hard disk翻译而来，实际上指的是到犁底层或者不透水层的距离，可以简单翻译为耕作层。

2）土壤质量的评价指标

土壤质量是土壤的物理性状、化学组成和性质、生物群落组成与结构以及形成这些性状的物质能量迁移转化过程的综合体，因此进行土壤质量评价就必须包含以上所述的所有影响土壤质量的因素。关于土壤质量指标体系，不同学者用的指标存在很大的差别，但总体上包括土壤肥力质量、环境质量、健康质量等各方面指标的综合度量。

①土壤肥力质量。土壤肥力质量主要是指土壤对植物生产要素的支持能力，是土壤水分、养分和各种环境条件的协同生产能力，它既包括了土壤养分的含量水平，也包括土壤的水、气、固比例协调程度以及各种反应体系的稳定情况。一般可用的指标包括有机质含量、土壤结构、pH、紧实度、渗滤性、持水率、耕层厚度、土壤质地、土壤通气、土壤侵蚀状况、速效氮含量、速效磷含量、速效钾含量和土壤的排水特性等。

②土壤环境质量。土壤环境质量的好坏与土壤利用方向有关，与土壤原有的物质含量——土壤背景值有关，更与土壤对污染物的容纳能力有关。土壤环境质量关系到食品安全、人畜健康，应给予高度重视。可用的指标有土壤环境背景值、土壤污染指数、植物或作物中的污染物、环境容量、地表水污染物、地下水污染物、大气污染物等。

③土壤生物活性。评价指标有微生物量、C/N 比、土壤呼吸、磷酸酶活性、脲酶活性等。

④土壤生态质量。评价指标包括节肢动物、蚯蚓、种群丰富度、多样性指数、优势性指数、均匀度指数等，同时杂草的种类和数量也可以用来衡量土壤的生态质量。

⑤作物状况。评价指标有作物产量、植物生长状况、根系生长模式、植物营养质量、与土壤有关的食物质量等。

由于不同的人选择的土壤指标参数会有所不同，在土壤质量评价中需要根据不同的土壤特性、不同的评价目的对这些指标进行取舍、补充。根据分析性指标的性质，土壤质量的评价指标通常包括物理、化学和生物学 3 个方面（表 7-1）。

表 7-1　常见土壤质量分析性指标

物理指标	化学指标	生物学指标
通气性	盐基饱和度	有机碳
团聚稳定性	阳离子交换量	生物量
容重	污染物有效性	C/N
黏粒矿物学性质	污染物浓度	总生物量
颜色	污染物活动性	细菌
湿度（干、润、湿）	污染物存在性	真菌
障碍层深度	交换性钠百分率（ESP）	潜在可矿化态氮
导水率	养分循环速率	土壤呼吸
氧扩散率	pH	酶
粒径分布	植物养分有效性	脱氢酶
渗透阻力	植物养分含量	磷酸酶
孔隙连通性	钠交换比（SAR）	硫酸酯酶
孔径分布		生物碳 / 总有机碳
土壤强度		呼吸 / 生物量
土壤耕性		微生物群落指数

续表

物理指标	化学指标	生物学指标
温度		培养基利用率
总孔隙度		脂肪酸分析
持水性		氨基酸分析

资料来源：吕贻忠，李保国．土壤学 [M]. 北京：中国农业出版社，2006。

不同的指标其实衡量的是土壤的不同功能。如物理指标中的土壤质地，它衡量的是土壤的水分、养分保持和传输能力；土层的厚度与根系的深度是土壤肥力水平的重要标志；土壤的密度和渗透性，能够反映土壤中水分运移的淋溶、侵蚀与水分调节能力；而土壤持水性（如水分特征曲线），能够衡量土壤的水分保持、传输与侵蚀特征等，如表 7-2 所示。

表 7-2　土壤物理指标与功能

分析性指标	与土壤功能的联系	运用途径
土壤质地	土壤水分、养分保持和传输	土壤侵蚀模型的参数
土层厚度与根系深度	土壤肥力水平的标志	土壤景观模型的参数
土壤密度和渗透性	淋溶、侵蚀与水分调节	土壤体积分析重要参数
土壤持水性（水分特征曲线）	水分保持、传输与侵蚀	有效水的计算

化学指标中的土壤有机碳、全氮含量可衡量土壤的肥力和缓冲性能，土壤的 pH 可表征土壤中生物活性与养分有效性的适宜区间，土壤电导率反映生物活性阈值与适宜区，土壤有效态的氮、磷、钾直接反映植物生长需求养分的供应，而土壤阳离子交换量能够衡量土壤保持养分的能力，土壤中重金属含量及形态能够直接反映土壤对生物及其环境的污染状况。不同的化学指标相应地反映土壤的不同功能，如表 7-3 所示。

表 7-3　土壤化学指标与功能

分析性指标	与土壤功能的联系	运用途径
土壤有机碳、全氮含量	土壤肥力、缓冲性能	土壤过程模型的参数
土壤 pH	生物活性与养分有效性的适宜区间	土壤过程模型的参数
土壤电导率	生物活性阈值与适宜区	某些土壤过程模型参数
土壤有效态氮、磷、钾	植物有效态养分	生产力和环境质量参数
土壤阳离子交换量	保持矿质养分	肥力和缓冲性能参数
土壤重（类）金属含量及状态	对生物及其环境危害状况	土壤及环境质量参数

生物学指标包括土壤上生长的植物、土壤动物、土壤微生物等，其中应用最多的是土壤微生物指标（包括微生物生物量、土壤呼吸等）。多数研究认为，土壤微生物是土壤质量变化最敏感的指标。土壤动物是土壤环境质量和健康质量的重要指示特征，特别是无脊椎动物如蚯蚓等能够敏感地反映土壤中有毒物质含量。以植物作为土壤质量评价指标时，主要是考察植物的生长状况，进而评价土壤的肥力质量、环境质量、健康质量，如表 7-4 所示。

表 7-4　土壤生物学指标与功能

分析性指标	与土壤功能的联系	运用途径
生物量	土壤有机质及养分储存	模拟管理对土壤养分影响
潜在矿化氮含量	土壤生产力和氮供应潜力	土壤过程模型参数
土壤呼吸、水分含量、湿度	估计生物活性及物质转化	土壤微生物活性测定模型
土壤微生物活性及多样性	物质转化与养分循环	土壤过程模型参数
土壤动物组成及多样性	物质转化与结构形成	土壤生态学指标
土壤酶活性	养分有效性与缓冲净化作用	土壤生态学指标

针对土壤质量的微生物指标，美国微生物学家（Kemedy 等，1995）提出了以下土壤质量的微生物指标体系：①有机碳；②微生物生物量（MB，包括：A. 总生物量，B. 细菌生物量，C. 真菌生物量，D. 微生物生物量、碳氮比）；③潜在可矿化氮；④土壤呼吸；⑤酶活性（包括：A. 脱氢酶，B. 磷酸酶，C. 精氨酸酶，D. 芳基硫酸酯酶）；⑥生物量碳与有机碳比；⑦呼吸量与生物量比。⑧微生物群落（包括：A. 基质利用，B. 脂肪酸分析，C. 核酸分析）。

土壤有机质和全氮量作为土壤质量评价的一个重要指标，尤其是生物活性炭和生物活性氮，它们是土壤有机碳和有机氮的一小部分，能敏感反映土壤质量的变化以及不同土地利用和管理（如耕作、轮作、施肥、残留物管理等）对土壤质量的影响。

土壤微生物是维持土壤质量的重要组成部分，它们对施入土壤的植物残体和土壤有机质及其他有害化合物的分解、生物化学循环和土壤结构的形成过程起调节作用。土壤生物学性质能敏感地反映土壤质量的变化，是评价土壤质量不可缺少的指标。主要包括：

①土壤微生物的群落组成和多样性。土壤微生物十分复杂，地球上存在的微生物约有 18 万种，其中包含藻类、细菌、病毒、真菌等。土壤微生物的多样性，能敏感地反映出自然景观及其土壤生态系统受人为干扰（破坏）或生态重建过程中的细微的变化及程度，因而是一个评价土壤质量的良好指标。

②土壤微生物生物量。微生物生物量能代表参与调控土壤能量和养分循环以及有机物质转化相对应微生物的数量。它与土壤有机质含量密切相关，而且微生物量碳（MBC）或微生物量氮（MBN）转化迅速，因此，MBC、MBN 对不同耕作方式、长期和短期施肥管理都很敏感。

③土壤微生物活性。土壤微生物活性表示土壤中整个微生物群落或其中的一些特殊种群状态，可以反映自然或农田生态系统的微小变化。

④土壤酶活性。土壤酶绝大多数来自土壤微生物，在土壤中已发现有 50～60 种酶，它们参与并催化土壤中发生的一系列复杂的生物化学反应。如水解酶和转化酶对土壤有机质的形成和养分循环具有重要的作用。土壤酶活性可作为反映人为管理措施和环境因子引起的土壤生物学和生物化学变化的指标，如表 7-5、表 7-6 所示。

表 7-5 土壤酶活性与作物生长季节和土壤微生物的相互关系

月份	土壤中微生物量 /（mg/g）	脲酶（以 NH_3-N 计）/ mg/g）	磷酸酶（phenol）/（mg/g）	纤维素酶（glucose）/（μg/g）	脱氢酶（formaldehytde）/（mg/g）
6	17.76	3.65	0.53	15.23	1.21
7	20.31	4.53	0.61	19.65	0.65
8	25. 41	4.74	0.89	21.52	0.56
9	17.92	4.50	0.63	16.73	0.31
10	5.89	3.63	0.36	11.23	0.14

资料来源：关连珠．普通土壤学 [M]. 2 版．北京：中国农业大学出版社，2015。

表 7-6 土壤酶活性与土壤退化、盐碱化和植被群落演替

群落	羊草	拂子茅	碱茅	虎尾草	碱蓬	光碱斑
脲酶（以 NH_3-N 计）/[mg/（g·d）]	4.74	4.30	3.97	3.24	1.37	1.08
磷酸酶（phenol）/[mg/（g·d）]	0.89	0.83	0.69	0.55	0.55	0.27
脱氢酶（formaldehytde）/[mg/（g·d）]	1.21	1.32	0.24	0.72	0.21	0.10
纤维素酶（glucose）/[μg/（g·d）]	20.29	19.65	16.37	12.87	4.91	2.57

资料来源：关连珠．普通土壤学 [M]. 2 版．北京：中国农业大学出版社，2015。

7.2 土壤退化类型及防治技术

土壤退化（soil degradation）是指因自然环境不利因素和人为利用不当引起的土壤肥力下降、植物生长条件恶化和土壤生产力减退的过程。简单来说，土壤退化是土壤的数量减少和质量降低。数量减少表现为表土丧失、整个土体的毁坏或被非农业占用；质量降低就表现为物理、化学和生物学性质方面的质量下降。以土壤退化为核心的土地退化，已成为困扰人类社会持续发展的主要障碍，中国也是土壤退化十分严重的国家。

土壤退化的概念，可以从以下 3 个方面理解：

第一，与土壤形成过程相反，土壤退化过程也是在自然因素和人为因素的共同作用下的一个复杂过程，其中形成因素的异常（气候剧烈变化、母质的变化以及地形的破坏），或者人类不合理的土地利用方式（土壤侵蚀、土壤沙化、土壤盐渍化、土壤酸化）则是土壤退化的最根本的原因（图 7-1）。

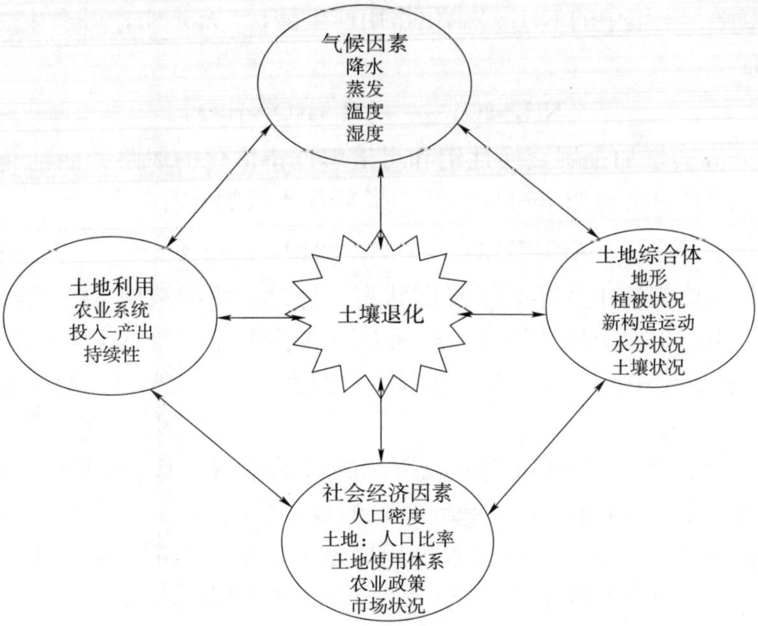

图 7-1　影响土壤退化的主要因子关系

第二，土壤退化的本质，一是土壤资源的数量或面积的减少；二是土壤质量的降低，包括土壤肥力质量、环境质量和健康质量的降低。

第三，土壤退化是土地退化的集中表现，是最基础、最重要、且具有生态环境连锁效应的退化现象。土壤退化的标志，对农业而言是土壤肥力和生产力的下降，对环境而言是土壤质量的下降。

7.2.1　土壤酸化

7.2.1.1　土壤酸化的成因

土壤酸化是指土壤 pH 在原有基础上逐渐下降的现象，是土壤中 H^+ 逐渐增加和交换性盐基逐渐减少的过程。土壤酸化过程是土壤形成和发育过程中普遍存在的，土壤的自然酸化过程一般是较为缓慢的，自然酸化过程中质子的来源主要是大气干湿沉降形成的无机酸和生物体对阳离子的吸收而排出的氢离子，以及部分来源于有机酸的离解、氨气的挥发和铵的硝化作用等。但人为因素的影响，如工业氮氧化物及硫化物尾气排放、化肥的不合理施用，则大大加速了土壤的酸化进程。

（1）土壤酸化的人为因素

1）施肥

造成土壤酸化的肥料主要是生理酸性肥料和氮肥。施用氮肥引起的土壤酸化作用较酸沉降的影响大 25 倍，因为肥料施用产生的单位面积酸性物质的量远比单位面积的酸沉降量大。

例如长期施用 $(NH_4)_2SO_4$ 或 KCl 等生理酸性肥料时，当其中的 NH_4^+ 及 K^+ 被作物吸收后，酸根就残留在土壤中而酸化土壤。

长期施用氮肥，土壤中的NH_4^+经硝化作用产生酸，1 mol NH_4^+可产生2 mol H^+，从而降低土壤的pH：

$$NH_4^+ + 2O_2 \longrightarrow 2H^+ + NO_3^- + H_2O$$

H^+浓度的升高会增加土壤交换性铝和可溶解性铝活化的风险，而活化铝离子的致酸性则更强，1 mol Al^{3+}可产生3 mol H^+，可显著降低土壤的pH：

$$Al^{3+} + 3H_2O \longrightarrow Al(OH)_3 \downarrow + 3H^+$$

交换性铝与土壤溶液中Al^{3+}处于平衡状态，通过土壤溶液中Al^{3+}的水解，增强土壤酸性，在强酸性土壤中，土壤活性酸（溶液H^+）的主要来源是Al^{3+}，而不是H^+。据报道在pH<4.8的酸性红壤中，交换性氢一般只占总酸度的3%～5%，而交换性铝占总酸度的95%以上。

国外研究表明，试验地30年连续施用硝酸铵的土壤，其pH下降1～2个单位，土壤交换性铝增加6倍。土壤施用22 kg/hm^{2}硫酸铵，连续14年，其土壤pH下降至3.53。在波兰卢布林的酸性湿润雏形土中，长期施肥造成表层土壤活性铝提高16%～31%。林地在转变成农田后，种植10年冬小麦，使土壤活性铝含量比未开发的森林黑土提高30%～97%。施肥引起的土壤酸化程度随氮肥品种而异，大体上酸化能力为硫酸铵>尿素>硝酸态氮肥。

从20世纪80年代到21世纪初的20年时间内，中国主要粮食产区土壤pH显著降低，与氮循环相关的过程贡献了20～221 kmol/hm^{2}的氢离子，而盐基吸收和收获贡献15～20 kmol/hm^{2}的氢离子，这比大气酸沉降对土壤酸的贡献要大得多。

我国海南地处热带地区，土壤普遍呈酸性，在土壤利用过程中导致了土壤的进一步酸化。研究表明，20世纪90年代与50年代相比，海南岛土壤pH小于5.0的比例显著增加，由于农业土地利用的影响，土壤出现明显的酸化现象。

另外，土壤酸化程度和酸化速度也与土壤类型及其对酸的缓冲性有关，例如，不同类型的土壤，当酸输入强度一致时，pH下降同样幅度所需时间是不同的。例如，土壤pH由5.5降至4.5，当H^+的输入量为每年1 kmol/hm^2，那么pH缓冲容量为30 kmol/hm^{2}的砂壤土需要90年；pH缓冲容量为60 kmol/hm^{2}的砂壤土需要180年；pH缓冲容量为60 kmol/hm^{2}的黏土则需要450年。

2）灌溉水

农田灌溉在一般情况下有“复盐基”作用，能降低土壤酸度。但在南方红壤区的山垄中，往往由于引灌山坡径流水，其水质常受林带渗出的酸水（黄腐酸）及酸性红壤浊流的影响，从而提高土壤的酸度。此外，在黄铁矿区或基岩中黄铁矿含量高的山区农田，其灌溉水源往往受这些黄铁矿氧化后产生的硫酸影响，导致土壤变酸。

3）酸沉降的影响

酸沉降加速土壤的酸化，酸沉降包括干沉降和湿沉降两个方面。干沉降是指排放到大气中的SO_2和氮氧化物一部分直接渗入地表，即通过气体扩散（SO_2、NO_x、HCl、气溶胶）、固体物降落的大气沉降。湿沉降就是通常所说的酸雨和酸雾（液态）以及雪和霜（固态）。酸雨（pH<5.6）的形成主要是化石燃料的燃烧，释放到大气中SO_2和NO_x，经过氧化成为SO_3和NO_2，再经过水化而成H_2SO_4和HNO_3，随雨水而降落入土。此外，氮

肥使用过程中向大气中排放 NO_x 也可加速酸雨的形成。一个年用煤量 100 万 t 的电厂，可以在 30 年左右使周围约 40 km^2 范围内的土壤酸化（pH 下降 0.3～0.5 个单位），致使作物减产；1 个小型硫黄厂可使附近 1 km^2 范围内的土壤 pH 在 5 年内由原来的 5.8 下降到 2.3，导致其成为不毛之地。因此，必须遏制这种由 SO_2 排放所导致的土壤酸化。

（2）自然土壤酸化发生过程

1）大气干湿沉降

自然酸化条件下质子的来源主要是大气干湿沉降和土壤中有机物质转化形成的有机酸，大气降水一般都呈酸性，来自大气的 H^+ 和潜性酸物质的输入包括湿沉降（H^+ 和 NH_4^+）和干沉降［CO_2、N_2、NH_3、NO_x、$(NH_4)_2SO_4$、SO_2、H_2S］，酸和潜在酸进入土壤中会产生一系列质子反应，土壤中的氧化还原反应通常都涉及质子的转移，因此，也是影响土壤酸度的重要机制。

2）土壤中的酸化

如红壤化过程、砖红壤化过程（统称富铁铝化过程）和灰化过程都是典型的自然酸化过程，它们都涉及矿物的分解、盐基离子的淋失和土壤中活性铝的富集，但最初的动力并不一样。驱动灰化过程的因素主要是有机酸对矿物的分解，以及对铁、铝的配位反应引起的移动。决定富铁铝化过程的主要因子是有利于矿物分解和盐基淋失的高温多雨的自然条件。

3）酸性硫酸盐土壤

含硫土壤的形成分为两个阶段，第一阶段是硫酸盐的还原，当土壤处于淹水还原条件时，硫酸盐还原形成的大部分硫化物以 FeS_2 的形态被固定于土壤中。当具备好气条件时，FeS_2 氧化使土壤的酸中和容量（ANC）永久性地减少，所产生的质子量可以比任何其他土壤中的质子总量高 100 倍，以至于土壤极度酸化（于天仁，1990）。在随后的淋溶过程中就可能排出大量强酸性的渗漏或径流水，使周围的水体遭受严重的影响。酸性硫酸盐土壤中的主导反应可以表示为

$$FeS_2+3.5O_2+H_2O \longrightarrow Fe^{2+}+2SO_4^{2-}+2H^+$$

即使在没有硫参与的情况下，亚铁离子的氧化也是一个酸化的过程：

$$2Fe^{2+}+1/2O_2+5H_2O \longrightarrow 2Fe(OH)_3+4H^+$$

这一过程是淹水土壤在还原后排干过程中发生的一个典型反应，是 Brinkman（1970）提出的铁解过程中的一个关键反应。在还原条件下，土壤中形成的交换性亚铁使一部分交换性盐基金属离子被置换，并以重碳酸盐的形态随水分淋失，致使土壤的酸中和容量减小；当土壤变为好气条件时，交换性亚铁被氧化，土壤胶体的一部分交换点被 H^+ 占据，从而降低 pH。土壤经过这样的反复循环以后，可以变成酸性土壤。

4）生物化学循环平衡

当土壤中的质子收支不平衡时，土壤 pH 必然发生变化。质子增加时，土壤酸度增加，pH 下降。所以，在生物地球化学循环过程中，元素的迁移过程往往导致土壤酸化发生。

土壤溶液中元素被植物吸收或释放的不平衡可以导致土壤的酸化。当植物吸收 NH_4^+ 等阳离子时，为了保持电中性，根系会分泌出等当量的 H^+，从而使根际土壤酸化。当反

应强烈时，可使植物根际的 pH 下降 2～4 个单位。研究显示，植物根系分泌的酸可使根际土壤 pH 由 6.8 降至 4.4，相应地铝的活化度升高，可溶性 Al^{3+}（0.01 mol/L $CaCl_2$ 提取）增加了 0.023 mmol/L，增加幅度大于 Al^{3+} 的毒害水平（0.01～0.002 mmo/L）（Gahoonia, 1983）。除了分泌 H^+ 以外，植物根系在缺磷等逆境条件下会分泌出柠檬酸、草酸、酒石酸和苹果酸等有机酸，它们大部分被土壤所吸附，或与固相铝作用，少部分与铝迅速反应生成有机结合态铝。作物在选择性地吸收养分 K^+、Ca^{2+} 和 Mg^{2+} 等交换性盐基阳离子时，同样会产生上述生理机制，一方面分泌 H^+，另一方面使土壤中的铝相对富集，尤其是可以从土壤中提取和吸收大量盐基离子而几乎不吸收致酸离子的作物，酸离子在土壤中的残留量累积而产生酸化。

张华等（2003）在海南对几种不同利用方式下土壤性质变化的研究表明，在橡胶种植条件下，土壤出现明显的酸化。与荒地相比，幼年橡胶和成年橡胶地土壤 pH 下降约 0.6 个单位，交换性铝大约是咖啡园的两倍，总交换性酸也大为增加。由于橡胶树吸收土壤中的盐基离子以钙、镁、钾和钠为主，其中最多的是钾，约占新鲜胶乳重量的 0.12%～0.25%，而基本不含铝，这意味着土壤胶体表面的吸附态盐基离子被更多地移去，从而被 H^+ 或 Al^{3+} 所替代，盐基饱和度显著下降，产生酸化效应，如表 7-7 所示。我国茶园土壤酸化非常严重，75% 的茶园土壤 pH 低于 4.5，已经成为限制我国茶叶生产发展的主要障碍因素。研究发现桑园土壤存在同样明显的酸化现象，土壤 pH 普遍低于 5.0。

表 7-7 盐基饱和度与土壤 pH 的关系

土壤 pH	＜5.0	5.0～5.5	5.5～6.0	6.0～7.0
土壤盐基饱和度 /%	＜30	30～60	60～80	80～100

7.2.1.2 土壤酸化的本质

（1）盐基离子的淋溶

盐基离子（K^+、Na^+、Ca^{2+} 和 Mg^{2+}）的淋失是土壤形成过程中的普遍的现象，在降水量超过蒸发量的情形下，土壤中铝硅酸盐矿物风化过程释放出的盐基离子将随土壤溶液从土体中流失。

在热带、亚热带高温多雨的自然环境下，盐基淋失是富铁铝化的先行步骤，且随着富铁铝化的发展而增强，直至彻底淋失。热带富铁铝化土壤的形成过程实际上是一个典型的土壤自然酸化过程，它包括矿物的分解和合成、盐基的释放和淋失、部分二氧化硅的释放和淋溶，以及铁、铝氧化物的释放和富集等，最后形成低 pH、低盐基含量和饱和度、高氧化铁铝含量的土壤。土壤中的盐基元素通常以可溶态、交换态或与矿物结合态存在，因此，盐基淋失的化学过程是与溶解、交换和水解作用相联系的。

土壤中与矿物结合的盐基主要存在于原生的含铝和不含铝的硅酸盐及次生的 2：1 型铝硅酸盐中，矿物的水解使盐基不断释放，进入土壤溶液中。以蒙脱石为例：

$$2MgAl_7Si_{16}O_{40}(OH)_8 \cdot Na+45H_2O \longrightarrow 2Mg^{2+}+2Na^++6OH^-+18Si(OH)_4+7Al_2Si_2O_5(OH)_4 \text{（高岭石）}$$

一般来说，在风化的初始阶段，由硅酸盐矿物的水解而引起的 K^+、Mg^{2+} 的释放和淋

失比 Ca^{2+}、Na^+ 缓慢，这与含 K^+、Mg^{2+} 矿物的抗风化稳定性较强，并参与次生 2∶1 型黏粒矿物的合成有关。

随着富铁铝化的发展，在 H^+ 存在的条件下，铝硅酸盐矿物的水解作用显著增强，其中的 K^+、Mg^{2+} 也继 Ca^{2+}、Na^+ 之后被释放而受到淋失。在土壤酸化的发展过程中，铝硅酸盐的水解与 H^+ 的增加是互相促进的过程，最后的结果是土壤可风化矿物逐渐减少，土壤胶体表面的 H^+ 增加，使土壤酸化逐步强化。

随着淋溶作用的增强，风化溶液中盐基的浓度下降，而且由于铝硅酸盐矿物风化产物释放出的 Al^{3+} 与 Si（OH）$_4$ 合成高岭石，或者经水解而形成三水铝石，产生 H^+：

$$Al^{3+}+Si(OH)_4+1/2\ H_2O \longrightarrow 3H^++1/2Al_2Si_2O_5(OH)_4$$

$$Al^{3+}+3H_2O \longrightarrow 3H^++Al(OH)_3\downarrow$$

土壤化学性质的章节中讲到，氢离子的运动速度快，从胶体上把其他离子交换出来的能力大，因为氢离子半径小，水化很弱，水膜薄，因此它在交换能力上，具有特殊的位置，常见离子的交换能力排序为 $Fe^{3+}>Al^{3+}>H^+>Ca^{2+}>Mg^{2+}>K^+>NH_4^+>Na^+$。

可见土壤溶液中 H^+ 的增加势必导致土壤胶体上交换性盐基的置换和释放，被土壤胶体吸附的离子被置换的相对顺序为 $Na^+>K^+>Mg^{2+}>Ca^{2+}>H^+$（$Al^{3+}$）。

随着土壤淋溶和富铁铝化的发展，土壤将形成以 1∶1 型高岭石占优势的黏粒矿物，这类矿物吸附阳离子的数量和强度都比较低。同时，风化时释放的铝以羟基铝离子或铝离子的形态存在，对交换性盐基产生强烈的置换作用。在极度风化的土壤中，土壤负电荷量减少以至于没有明显的永久负电荷，导致土壤几乎不能吸附交换性阳离子，使它们的淋失达到最大限度。

土壤自然酸化的另一个重要地理区域是湿润温带和北温带地区。在这些地区的灌丛和针、阔叶森林植被条件下，普遍发育着灰化土壤。其土壤酸化的原因在于森林凋落物分解产物中含有以富啡酸为主的有机酸，它们与硅酸盐相互作用，生成的配合物被水淋洗，并聚集在下部的淀积层中。由于有机酸可加快矿物分解和盐基淋失过程，加之配位过程的活化作用，促使灰化土 pH 通常<5.5，而灰化层的 pH 则更低。灰化土的盐基饱和度也很低，但铝的迁移能力大为增加，所以灰化土是典型的酸性土壤。在北美洲和北欧的酸雨地区，灰化土受到外源质子的影响，铝的释放和在水体中的增加对周边水环境质量产生重要威胁。

（2）铝的活化

土壤酸化过程除了盐基淋失以外，重要的变化发生在铝的活化过程中，实际上这两个过程是互相联系的，因为在盐基活化和淋失的同时，铝的活化也已经开始。土壤中的铝主要包括原生和次生矿物铝、无定形铝、黏土矿物的层间结合铝、无机和有机胶体吸附的可交换铝，以及土壤溶液中自由和结合态铝，这些不同形态的铝在土壤固－液界面和土壤溶液中可以互相转化。

土壤中铝的活化过程的解释大致有 3 种模式，即矿物的溶解－沉淀理论、有机质吸附理论和溶解有机碳的配位溶解理论。但是铝的活化过程受到土壤性质和类型、植被种类、气候和水文条件等多方面的影响，因此，不同的土壤类型铝的迁移活化过程主导模式也不同。

1）矿物的溶解－沉淀理论

土壤包含多种含铝原生和次生矿物，它们的溶解－沉淀平衡对 Al 的活度产生影响，该理论主要以不同氢离子活度条件下各种矿物的溶解平衡来预测土壤溶液中铝离子的活度。

2）有机质吸附理论

土壤有机质包含大量对铝具有很强吸附能力的羧基、羟基和酚羟基，通过与 H^+ 进行交换可以释放交换态铝。研究认为，有机吸附态铝（SOM-Al）的离子交换平衡也是影响土壤溶液中铝活度的重要因素，这种离子交换作用主要受溶液 pH 和 SOM-Al 中的 Al 饱和度，以及盐基离子种类和浓度的影响。

3）溶解有机碳的配位溶解理论

除了无机矿物溶解和有机质解吸造成铝的活化以外，也有研究表明有机质的配位－溶解过程也是促进土壤 A1 活化的可能原因。土壤溶液中的溶解有机碳（DOC）一般是低分子量的有机酸，它们能以配位反应的方式与铝结合，从而导致铝从其他结合态中游离出来。研究表明，DOC 含量与有机铝含量呈明显的正相关关系，但是铝的配位过程还取决于有机酸的种类、强度、电离度、pH 和离子强度等其他因素。外源质子在土壤中的反应是与土壤的酸缓冲机制相联系的。H^+ 首先作用的对象是土壤中的碳酸盐，其次是交换性阳离子，随后才是铝体系和铁体系。

铝是一种能严重影响动物健康的元素，其进入生命体内的途径也受到特别的关注。人体一方面从食物中摄入铝，而铝进入人体的另一个重要途径来自水体。研究表明，饮水中 Al 浓度大于 0.11 mg/L 地区的人群患老年痴呆症的危险性比 Al 浓度小于 0.01 mg/L 的地区高 50%。

土壤铝的释放是缓冲酸沉降的重要过程。通过铝的释放消耗了沉降的 H^+，但增加了土壤水和地表水中铝的浓度，对生物产生毒害。溶解态铝在土壤中的迁移过程一方面取决于土壤溶液的流动状况，另一方面还与土壤母质和溶液中铝的相互作用有关。研究发现，表层土壤中活化的铝通过各种途径迁移至下层，可以沉淀在表下层中，或者通过下渗、侧渗和径流等溶质移动途径进入地下水或者地表水体中。上层土壤溶液中大量的铝与溶解有机质（DOM）的配位反应有关，它使铝能够在土壤剖面中迁移。表层土壤中含有大量草酸、柠檬酸和乙酸等低分子量有机酸，是土壤铝活化移动的基础。

无论是在湿润的温带地区，还是在高温多雨的热带、亚热带地区，当夏季来临时，融雪或者暴雨都会使表层土壤含水量达到饱和，形成地表径流，大量土壤中的铝随径流或侧渗进入江河湖泊中。Seip 等（1989）在挪威的研究表明，降水与溪水中的活性铝有着密切的关系，降水后溪水中活性铝的含量比降水前提高了 3～4 倍。由于酸性水体中铝的浓度达到 3.7 μmol/L 时就会对某些水生生物显示急性毒性，所以土壤铝的径流迁移能造成水环境污染，影响鱼群的成活率并危及鱼卵与鱼苗。北欧地区“死湖”的形成主要是因为土壤活性铝大量进入湖泊水体。

7.2.1.3 酸化土壤的特点

（1）土壤盐基饱和度低、酸性强

土壤酸化的实质是氢离子和铝离子数量的增加。由于铝离子有较强的吸附性能，它能与交换性盐基离子（如钙）争夺土壤的负电荷点，使盐基离子淋失，土壤盐基饱和度下降，酸性增强。Ca^{2+}、Mg^{2+} 等盐基离子的淋失，使土壤养分贫瘠。

（2）土壤负电荷数量少、缓冲性能弱

我国的酸性土壤主要分布在长江以南的广大地区，由于土壤的黏土矿物主要是高岭石，本身的有效负电荷量少，再加上酸化作用，盐基饱和度下降，缓冲性能变弱。当土壤处于盐基完全不饱和时，胶体上主要为 H^+ 及 Al^{3+} 时就失去了对酸的缓冲能力。因此，当有酸性物质（如酸雨等）沉降时，其 pH 易于降低。

（3）易产生氢、铝和锰的毒害

土壤酸化的一个严重后果是 H^+、Al^{3+} 和 Mn^{2+} 等毒性元素增加和活性增强。土壤溶液中过量的 H^+ 会影响根膜的渗透性，干扰离子在根表的传输；铝能影响根尖细胞的分裂，减弱根呼吸作用，增加土壤对磷的固定作用，降低磷的有效性；此外，也会干扰植物对包括 Ca^{2+}、Mg^{2+}、K^+、Fe^{2+} 在内的几种必要元素的吸收、传输和利用。

（4）土壤结构差

酸化土壤由于钙离子的淋失，土壤团粒结构和团聚体减少，土体易分散，导致土壤保水保肥力差，土壤肥力下降。

7.2.1.4　土壤酸化防治的主要技术措施

土壤的酸中和能力可以定义为将一个酸－碱体系的 pH 降低到一个参比 pH 时所需要的强酸数量。Van Breemen 等（1983）用酸中和容量（ANC）来定义土壤酸化。这是由于土壤具有缓冲性能，并不是土壤内部产生和外部输入的 H^+ 都能引起土壤 pH 改变，因此，并不是所有的土壤酸化都能用 pH 的变化来体现。

土壤的酸中和容量（ANC）可以表示为

$$ANC=2[CaO]+2[MgO]+2[K_2O]+2[Na_2O]+3[Al_2O_3]+[NH_3]-2[SO_3]-2[P_2O_5]-[HCl]-2[N_2O_5]$$

式中括号代表摩尔浓度。所有的土壤都具有 ANC，大多数土壤的 ANC 与硅酸盐矿物有关。在酸输入的情况下，ANC 随着 [CaO]、[MgO]、$[K_2O]$、$[Na_2O]$ 等的总量下降或者 $[SO_3]$ 等的增加而下降。重要的酸消耗反应包括碳酸盐的溶解、盐基离子的置换、可变电荷表面的质子化、矿物的溶解、碱性硫酸铁、铝的沉淀和反硝化过程（Ulrich，1991），这些酸中和反应的缓冲容量差别很大。研究表明，澳大利亚有机质含量为 4% 的某黏质土壤的缓冲容量是不含有机质的砂土的 15 倍。土壤酸化防治的主要技术措施包括：

（1）控制酸沉降污染源

主要是控制 N、S 排放。其中燃煤脱硫处理和制成型煤对控制 S 排放有良好作用。今后应加强研究控制燃料燃烧产生并排放到大气中的 NO_x；实行氮肥深施和研究提高氮肥利用率的技术，减少其在大气中的排放量。

（2）施用石灰

施用石灰是中和土壤酸性、控制土壤酸化和提高土壤 pH 的重要措施，以 Ca^{2+} 取代交换性 H^+ 和 Al^{3+}，具体措施及案例见第 4 章土壤化学性质中的 4.3.5.1 土壤酸性调节。

石灰及其他含钙的碱性物质，如钙镁磷肥、炼钢炉渣、窑灰钾、草木灰、生物钙等，都可以中和土壤酸度，提高土壤对酸的缓冲能力，降低铝毒，还可以补充土壤中的钙。试验研究表明，酸性红壤对酸的缓冲容量随着石灰石粉用量的增加而增加。具体表现为：

未施石灰石粉的土壤缓冲容量为4.5 cmol/kg，每公顷施用1 500 kg石灰石粉的土壤为8.3 cmol/kg，每公顷施用4 500 kg石灰石粉的土壤为9.8 cmol/kg。

当土壤受到硫黄矿或硫铁矿污染形成强酸性土壤时，可先采用浸灌洗酸，再以石灰中和酸度。如果是长期淹水的水田，一旦脱水干燥，立即表现极强酸性，pH可达到2～3，寸草不生，此时以水洗及用石灰中和，可获显著效果。

（3）合理施肥、补充酸化土壤损失的盐基

在酸化土壤中，钙、钾等盐基在酸化过程中淋失较大，此外，作物吸收也带走部分盐基养分。因此，要注意补充和增施含钙、钾等盐基离子的肥料，以补充土壤养分和提高土壤盐基饱和度，提高土壤对酸的缓冲能力。农业生产中，应根据土壤肥力背景值和作物生长需氮规律实施测土配方施肥，以减少土壤中氮素残留，防止土壤酸化。

另外，通过优化耕作模式、进行合理的植物（农作物）品种布局也可减缓土壤酸化速度。农作物品种应考虑其耐酸特性，如茶树是酸沉降条件下应推广的生态适宜性品种。水旱轮作和间套作是提高土壤对酸沉降缓冲能力和加快酸化土壤生态恢复的良好措施。

（4）使用生物质炭土壤改良剂

生物质炭含有大量的碳和植物营养物质、具有丰富的孔隙结构、较大的比表面积且表面含有较多的含氧活性基团，是一种多功能材料。它不仅可以改良土壤、增加肥力，吸附土壤或污水中的重金属及有机污染物，而且对碳、氮具有较好的固定作用，施加于土壤中，能够改善土壤的酸化状况并提高酸化土壤的质量，增加作物的产量，还可以减少CO_2、N_2O、CH_4等温室气体的排放，减缓全球变暖。其原理如下：

1）生物质炭具有大量的盐基离子和硅，在高温热解过程中能够产生碳酸盐和氧化物，可以与酸性土壤中的H^+和Al^{3+}反应，由此升高土壤pH并降低可交换性酸浓度。

2）生物质炭可以与铝反应，吸附Al^{3+}及将高毒性的Al^{3+}转化到低毒性的$Al(OH)_3$和$Al(OH)_4^-$，从而降低酸性土壤的铝毒。

3）生物质炭表面带有负电荷，具有很高的阳离子交换量，因此，将生物质炭作为土壤改良剂，还可以提高土壤对养分元素的吸持能力。

4）生物质炭含有植物生长所需的氮、磷、钾和钙，并具有丰富的孔隙结构，可以增强土壤的保水能力、改善土壤物理结构和其他物理性质、促进土壤微生物的种群发展并增强土壤微生物的活性、促进土壤养分的循环，从而可以促进植物的生长。

（5）增施优质有机肥和推广秸秆还田

增施优质有机肥、生物有机肥以及腐熟的粪肥，可提高土壤肥力。大力推广秸秆还田，以增加土壤有机质，改善土壤结构，提高土壤缓冲酸的能力。此外，采用喷灌、滴灌等节水技术进行科学灌溉，以减少漫灌引起的养分淋溶流失。

7.2.2 土壤侵蚀

7.2.2.1 土壤侵蚀及水土流失的概念

（1）土壤侵蚀

土壤侵蚀是土壤在水力、风力、重力等外力作用下，土壤物质被分散、剥离、搬运和沉积的过程。自然状态下的土壤侵蚀速度缓慢，常与自然成土过程处于动态平衡状态；人类活动对自然生态环境的破坏，常导致土壤侵蚀过程急剧发展，称为加速侵蚀，其侵蚀速率巨大，这就是一般所讲的土壤侵蚀。

（2）水土流失

水土流失是由水力、风力、重力等作用造成水土资源和土地生产力的破坏和损失。

水土流失直接反映了土壤侵蚀的危害程度。与土壤侵蚀相比较，在应用水土流失概念时，水不仅是作为引起土壤侵蚀的营力，同时也是作为农业生产的资源要素。从农业生产角度上看，土壤侵蚀不仅造成土壤及其养分的流失，也造成土壤水分和水资源的流失或损失。

7.2.2.2　土壤侵蚀的指标

土壤侵蚀强度通常以侵蚀模数（soil erosion modulus）表示，即每年每平方千米范围内的土壤流失量。土壤侵蚀模数的单位用 t/（km^2·a）或用每年侵蚀掉的土层厚度（mm/a）表示。根据土壤侵蚀模数对区域划分土壤侵蚀强度，如表 7-8 所示。

表 7-8　土壤侵蚀强度分级指标

土壤侵蚀分级	平均土壤侵蚀模数 /[t/（km^2·a）]	平均流失厚度 /（mm/a）
无明显侵蚀	＜200 或 1 000（不同地区）	＜0.16 或 0.4 或 0.8
轻度侵蚀	200 或 500 或 1 000～2 500（不同地区）	0.16 或 0.4 或 0.8～2
中度侵蚀	2 500～5 000	2～4
强度侵蚀	5 000～8 000	4～6
极强度侵蚀	8 000～15 000	6～12
剧烈侵蚀	＞15 000	＞12

土壤侵蚀允许值理论上是指土壤侵蚀速度达到与自然土壤形成速度平衡时的土壤侵蚀强度，如温带地区土壤侵蚀允许值是 150～180 t/（km^2·a）。非洲某些国家规定的土壤侵蚀允许值：砂土为 150 t/（km^2·a），黏土为 180t/（km^2·a）。美国的土壤侵蚀允许值：耕地为 1 250 t/（km^2·a），牧场为 500 t/（km^2·a）。我国为了防止土壤侵蚀，也对各地区规范了容许土壤流失量，例如西北黄土高原区水力侵蚀容许土壤流失量为 1 000 t/（km^2·a），南方红壤丘陵区水力侵蚀容许土壤流失量为 500 t/（km^2·a），而东北黑土区水力侵蚀容许土壤流失量为 200 t/（km^2·a）。

为了估算土壤流失量，以便对侵蚀进行预测预报，美国国家土壤保持局提出了一个通用土壤流失方程，即

$$A=R \cdot K \cdot L \cdot C \cdot P \cdot S$$

式中，A——单位面积年平均土壤流失量，t/hm^2；

R——降雨侵蚀因子；

K——土壤可蚀性因子；

C——植被覆盖和经营管理因子；

P——水土保持措施因子；

L——坡长因子；

S——坡度因子。

1）降雨侵蚀因子 *R*

量度特定降雨量侵蚀力与降雨数量和降雨强度有关，$R=\sum E\cdot I_{30}$，*R* 值为降雨总动能 *E* 与 30 min 的最大暴雨强度 I_{30} 的乘积。

2）土壤可蚀性因子 *K*

某一特定土壤固有可蚀性的定量描述。影响土壤可蚀性程度的主要因素有质地、结构、黏粒类型、有机质含量和渗透性等。

3）植被覆盖和经营管理因子 *C*

该因子等于其他条件相同时（土壤、坡度和降雨条件），特定植被和经营管理地块上的土壤流失量与标准小区土壤流失量之比。农业上是指种植某一特定作物时土壤流失量与耕种过后连续休闲土地土壤流失量的比值。不同植被类型、不同作物种类、不同生长阶段和耕作管理措施，*C* 值不同，防水蚀效果不同。

4）地形因子 *LS*

由于 *L* 和 *S* 经常影响土壤流失，*LS* 称为地形因子，是量纲一单位数值，是拟测坡度与坡长的土壤流失量与坡度为 9%、宽度为 1.5 m、坡长为 22.1 m 标准小区的土壤流失量之比。

5）水土保持措施因子 *P*

其他条件相同时，实行等高耕作、等高带状种植或修地埂、梯田等水土保持措施后的土壤流失量与标准小区上土壤流失量之比。

利用这一公式，可以：①预报在某一特定土壤条件下，坡面的年均土壤流失量；②预报因耕作和土壤保持措施变化所引起的土壤流失量的变化；③可以反向求算某个因素的值，对特定的土壤类型和坡面进行种植业生产的指导和选择合理有效的土壤保持措施。

7.2.2.3 土壤侵蚀的类型及成因

（1）土壤侵蚀的类型

根据侵蚀动力类型、侵蚀的外部特征、作用方式和过程的不同，土壤侵蚀可分为以下 8 种类型：

1）水力侵蚀

是指在降雨雨滴击溅、地表径流冲刷和下渗水分作用下，土壤、土壤母质及其他地表组成物质被破坏、剥蚀、搬运和沉积的全部过程。这是我国最常见、最广泛、危害严重的一种侵蚀类型（图 7-2）。除上海外，全国其他省（自治区、直辖市）都有分布，尤其是黄土高原最为严重。该类型是由于大气降水及所形成的径流引起的侵蚀过程和一系列土壤侵蚀形式。水力侵蚀形式主要有溅蚀、面蚀、沟蚀、山洪侵蚀等。

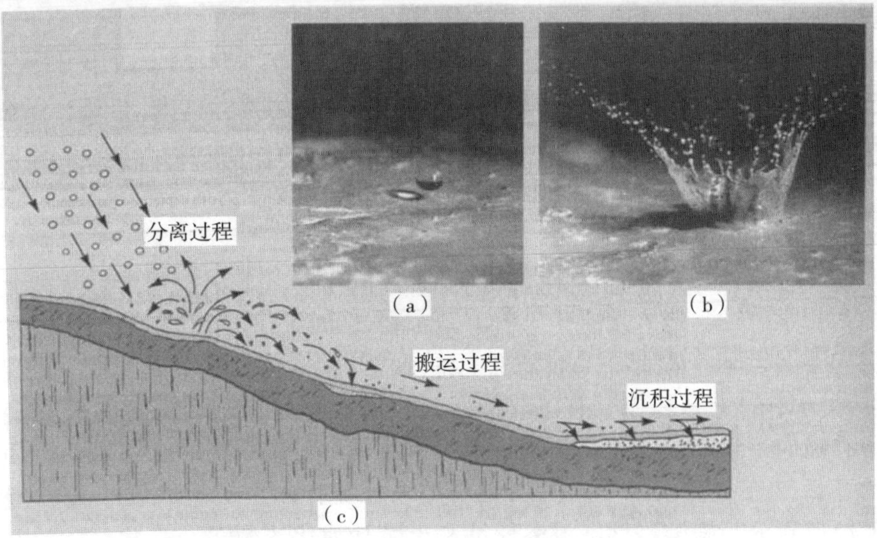

(a) 雨滴打击表土　(b) 雨滴溅蚀　(c) 坡面土壤水蚀过程

图 7-2　土壤水力侵蚀过程

2) 重力侵蚀

是一种以重力作用为主引起的土壤侵蚀形式。它是坡面表层土石物质及中浅层基岩，由于本身所受的重力作用（很多情况还受下渗水分、地下潜水或地下径流的影响）失去平衡，发生位移和堆积的现象。例如滑塌、崩塌、泄流等现象，这类侵蚀在广东、江西、湖南、广西、福建等降雨量较大的地区十分严重。

3) 风力侵蚀

指土壤颗粒或沙粒在气流冲击作用下脱离地表、被搬运和堆积的一系列过程，以及随风运动的沙粒在打击岩石表面过程中，使岩石碎屑剥离出现擦痕和蜂窝的现象。气流中的含沙量随风力的大小而改变，风力越大，气流含沙量越高，当气流中的含沙量过饱和或风速降低，土粒或沙粒与气流分离而沉降。风蚀主要分布在年降水量小于 400 mm 的干旱、半干旱地区，即我国的东北、华北、西北的北部和西部以及黄河故道和沿海风沙地区。

4) 冻融侵蚀

当温度在 0℃上下变化，岩石孔隙或裂缝中的水在冻结成冰时，体积膨胀（增大 9% 左右），因而它对岩石裂缝壁产生很大的压力，使裂缝加宽加深。当冰融化时，水沿着扩大了的裂缝更深地渗入岩体的内部，同时水量也可能增加，这样冻结、融化频繁进行，不断使裂缝加深扩大，以致岩体崩裂成岩屑，称作冻融侵蚀，也称冰劈作用。在冻融侵蚀过程中，水可溶解岩石中的矿物质，同时会出现化学侵蚀。

在我国北方寒温带较为广泛，如陡坡、沟坡、河床、渠道等在春季时冻雪融化产生地表径流，造成水土流失。青藏高原以冻融侵蚀为主。

5) 冰川侵蚀

指现代冰川的活动对地表的机械破坏作用。主要发生在冰川活跃的青藏高原和高山雪线以上地区。冰川在移动过程中，像一台巨大的铲土机，对土体产生侵蚀作用。

6）混合侵蚀

指两种或两种以上的外营力引起的土壤侵蚀作用。在日常生产生活中其主要是以泥石流的形式出现，是一种含大量泥沙石块等固体物质的特殊洪流，它既不同于一般的暴雨径流，又是在一定的暴雨条件下，受重力和流水冲力的综合作用而形成的。主要发生在西南云贵高原、西藏，在东北、华北和西北的一些地区也时有发生。

7）化学侵蚀

土壤中的多种营养物质在下渗水分作用下发生化学变化和溶解损失，导致土壤肥力降低的过程称为化学侵蚀。进入土壤中的降水或灌溉水分，当水分达到饱和以后受重力作用沿土壤孔隙向下层运动，使土壤中的易溶性养分和盐类发生化学作用，有时还伴随着分散悬浮于土壤水分中的土壤黏粒、有机胶体和无机胶体（包括它们吸附的磷酸盐和其他离子）沿土壤孔隙向下运动等，这些作用均能引起土壤养分的损失和土壤理化性质恶化，导致土壤肥力下降。在酸性条件下碳酸岩类在地表径流作用下的溶蚀属于化学侵蚀类的一种。化学侵蚀通常分为岩溶侵蚀、淋溶侵蚀和土壤盐渍化 3 种。

由于化学侵蚀现象一般不太明显，且其作用过程相对缓慢，所以开始阶段常不易被人们察觉，但其危害是不可忽视的。化学侵蚀过程不仅使土壤肥力降低，农作物产量下降，而且还会污染水源、恶化水质，直接影响人畜饮用水和工农业用水。同时由于被污染的水体内藻类大量繁殖生长，导致水中溶解氧含量降低，鱼类和其他水生生物也会受到影响。

8）生物侵蚀

指动物、植物在生命过程中引起的土壤肥力降低和土壤颗粒迁移的一系列现象。一般植物在防蚀固土方面有着特殊的作用，但是在人为作用下，有些植物对土壤产生一定侵蚀作用，主要表现在土壤理化性质恶化、肥力下降，如部分针叶纯林林地土壤的通透性及其结构等物理性状的恶化、过度开垦种植导致土壤肥力下降等。

（2）土壤侵蚀的成因

土壤侵蚀的成因分自然因素和人为因素两大类。

自然因素包括地质、地形、气候、土壤、植被 5 个方面。例如，我国长江流域因受季风气候这一自然因素影响，降水量大且集中、多暴雨，加重了当地的水土流失。

人为活动是造成土壤侵蚀的主要因素。人为因素主要表现为人类对自然植被的破坏，滥伐、滥牧而引起一系列自然生态平衡的失调和恶性循环。例如，中国科学院华南植物研究所在 400 hm^2 的强侵蚀丘陵地上，对水土流失区植被重建的试验表明：光板地的泥沙年流失量为 26 901 kg/hm^2，桉树林地为 6 210 kg/hm^2，而阔叶混交林地仅 3 kg/hm^2，土壤流失损失量与植被种类及覆盖率呈密切正相关。

7.2.2.4 土壤侵蚀的环境影响

土壤侵蚀是对人类赖以生存的土壤、土地和水资源的严重威胁。每年全世界在农业耕种领域因为风蚀和水运导致的耕地侵蚀量可以达到 750 亿 t，这相当于每年直接损失 4 000 亿美元。El-Swaify（1994）指出侵蚀退化占全世界退化土壤的 55%，侵蚀是一个自然过程，人为活动又加速侵蚀的程度，侵蚀几乎无处不在。据《2020 年中国生态环境状况公报》，2019 年我国水土流失总面积（水力侵蚀面积 + 风力侵蚀面积）为

2.71×10^8 hm^2，占国土面积的28.2%，我国西部、西北部是土壤发生风蚀范围最广的地区。黄土高原、西南丘陵区和东北黑土区是水蚀发生最为频繁的地区。冻融侵蚀则主要发生在青藏高原，新疆、四川以及内蒙古和黑龙江也有一些分布。

侵蚀对环境的影响可分为原位影响和异位影响两方面。

1）原位影响。原位影响的后果是被侵蚀土壤资源的生产力下降、土层变薄。最主要的影响是削弱土壤生产力，包括侵蚀区域耕作层丧失、土壤肥力下降、土壤有机质含量下降、植物有效水库容下降、土壤热反射能力增加，以及结壳和压实等。

2）异位影响。异位影响则是由侵蚀和径流产生的泥沙沉积增加导致其在渠道和水库淤积，削弱通量或库容。由于溶解和颗粒结合态养分的输入，受纳水体养分升高，水质下降，产生富营养化的危险性增加。

美国在东部马里兰州切萨皮克湾长期的研究表明，来自农业土地的非点源污染对氮素的贡献率达到39%，对磷素的贡献率高达49%，这已经远高于点源污染的贡献。我国水土流失也是河流湖泊水质下降的重要原因，以长江流域为例，全流域水域面积约为8 000 km^2，占全国水域面积的45.8%。长江中、下游湖泊面积有21 000 km^2，大于0.5 km^2以上的湖泊有4 000多个，其中包括我国著名的五大淡水湖泊，是我国淡水湖泊最为集中的地区，也是我国重要的经济发展区。曾有统计，我国湖泊属于贫营养型的占5.6%，中营养型的占44.4%，富营养型的占50.0%。长江中、下游的湖泊也不例外，半数以上的湖泊已受到不同程度的富营养化影响，尤以城郊湖泊受害最重。侵蚀的土壤是沉积物的最终来源，侵蚀以外的其他来源也是造成这些水体污染的重要原因，比如在城市环境和工业活动条件下点源污染，但从影响的范围和持久性来看，非点源污染的范围更加广泛，治理更加困难。

在侵蚀过程中，土壤养分通过径流以溶解态输出的部分较少，而更多的则是由侵蚀产生的泥沙携带。对于磷素而言，悬浮颗粒态的输出通常占总输出的90%以上，例如，紫色土泥沙中流失的颗粒主要为＜0.02 mm的微团聚体和＜0.002 mm的单粒，而这部分颗粒中富集了相当数量的磷。尤其是在水土流失极为严重的情况下，这些冲走的细粒全部进入水体中，水体沉积物在适宜的条件下向水体释放并转化为生物可利用磷，从而促进浮游藻类的急剧增长，并加速湖泊的富营养化。所以，侵蚀泥沙中的磷素是造成水体富营养化的重要原因。磷素升高而导致水体富营养化是水体污染和水质下降的一个重要因素。水体中的全磷含量达到0.02 mg/L时，就可能引起藻华现象的发生。

7.2.2.5 土壤侵蚀防治

水土保持是指对自然因素和人为活动造成水土流失所采取的预防和治理措施。水土保持至少包括4层含义：自然水土流失的预防、自然水土流失的治理、人为水土流失的预防、人为水土流失的治理。

《中国水利百科全书·水土保持分册》中指出，水土保持是防治水土流失，保护、改良与合理利用水土资源，维护和提高土地生产力，以利于充分发挥水土资源的生态效益、经济效益和社会效益，建立良好生态环境的事业。水土保持的对象不只是土地资源，还包括水资源；保持的内涵不只是保护，而且包括改良与合理利用，不能把水土保持理解为土壤保持、土壤保护，更不能将其等同于土壤侵蚀控制，水土保持是自然资源保育的主体。

为了防治土壤侵蚀引起的水土流失，主要措施有工程措施、农业措施、林草措施。

（1）水土保持工程措施

应用工程原理，为达到保持水土、合理利用山区、丘陵区和风沙区水土资源、防治水土流失危害而修筑的各种工程设施。水土保持工程措施是小流域水土保持综合治理措施体系的重要组成部分，与水土保持生物措施及其他措施同等重要，不能互相代替。

根据兴修目的及其应用条件，我国水土保持工程主要有坡面防治工程、沟道治理工程、小型蓄水用水工程、山洪排导工程4种类型。

（2）农业措施

水土保持农业技术措施是在山区、丘陵区坡耕地上，结合农事耕作，采用保水、保土、保肥措施，培肥地力，提高生产效率，从而获得较高产量的技术措施。包括水土保持耕作技术、土壤培肥技术、旱作农业技术等。水土保持农业技术措施是坡耕地普遍应用的水土保持方法，功能在于局部改变微地形，消除坡面径流，增强水分渗入土壤的能力，尽可能地多蓄水；加强土壤抗蚀条件，防治土壤侵蚀，保持土壤肥力；改善光、热分布状况，为作物提供良好的生长条件，为获得高而稳定的粮食产量创造条件。方法上大多将传统的耕作方法和栽培方法进行整合，不需增加过多劳力或费用。即使费用有所增加，但功效上起到保持了水土、改良土壤、增产等作用。

（3）林草措施

水土保持林草措施是在山地丘陵区以控制水土流失、保护和合理利用水土资源、改良土壤、维持和提高土地生产力为主要目的所进行的造林种草措施，能够在一定程度上抵御风力侵蚀和水力侵蚀。

植被抑制土壤侵蚀发生，其原因是覆盖于地面的植被能够拦截降雨，保护地面免受打击，调节地表径流，增加土壤入渗时间，削减径流动能，加强和增进土壤渗透性、抗蚀性和抗冲性等。

1）植被截流作用。植被的截流作用常因覆盖度、郁闭度及雨强的不同而差异明显。

2）调节径流。森林、草地中有一厚层枯枝落叶，具有很强的涵养水分的能力。随凋落物量的增加，其平均蓄水量和平均蓄水率都在增加。

3）固结土体。植物根系对土壤有很好的穿插、缠绕、固结作用。

4）提高土壤抗蚀性和抗冲性。植被对土壤形成有巨大的促进作用。因为植被残败体可以直接进入土壤，提高了土壤有机质的含量，而土壤抗蚀性提高也正是有机质含量增加的结果。

林草措施也能够抵抗风力侵蚀，当风力增大到某一临界值时，地表沙粒就开始脱离静止状态而运动，这个临界风速称为起动风速。关于防护林的防风作用，风速降低的原理包括：①林带导致部分气流抬升；②枝叶的摩擦降低动能；③林木的阻挡分割涡旋；④背风面气流汇合降低动能。

在水土流失区，种草是一项时间短、见效快的水土保持措施。它常与林业措施、农业措施及工程措施结合配置，相互协调、相互补充，成为水土流失防治措施体系中的一项重要的技术措施。水土保持草业技术措施主要包括水土流失区人工种草技术、退化草地恢复技术及草田轮作技术等。虽然我国南北方自然条件差异较大，但草本植物强大的适应性为人所皆知，只要有生命的地方就有草本植物的存在。草本植物生命力强，一个生长季可刈割多次，并能充分利用光、热、水、气、养等条件。尤其是多年生草类，种植一次可持续利用多年，耕种管理简便，大大降低了劳动强度。草本植物多数抗逆性较强，病虫害少，能大幅度减少农药、杀虫剂的用量，减少环境污染，降低生产成本。在荒滩、荒坡、荒沙、退耕地、撂荒地、退化草地、沟道、坝坡、梯田田坎、河岸、水库周围、海滩、湖滨及工程建设区的弃土斜坡等地种植草本植物，既可充分利用闲置资源，提高土地利用率，又可发展当地经济。

1982年，辛树帜先生提出了比较全面和系统的土壤侵蚀类型分区方法，将我国划分成了3个土壤侵蚀类型分区。

1）风力为主的类型区。主要分布在西北内陆、东北西部、华北部分地区。

2）冻融为主的类型区。主要分布在青藏高原、大兴安岭、新疆。

3）水力为主的类型区。主要分布在中东部地区，其中水力侵蚀区划分为6个二级分区，分别是西北黄土高原区、东北低山丘陵和漫岗丘陵区（简称东北黑土区）、北方山地丘陵区、南方山地丘陵区、四川盆地及周围山地丘陵区、云贵高原及其山地丘陵区。水力侵蚀区的二级分区的土壤侵蚀因子的特征、突出的水土保持理念如表7-9所示。

表7-9　水力侵蚀二级分区的土壤侵蚀因子的特征、突出的水土保持理念

水力侵蚀二级分区	土壤侵蚀因子的特征	突出的水土保持理念
西北黄土高原区	土层深厚疏松、沟壑纵横、气候干旱、植被稀少，降水时空分布不均，多以暴雨形式出现。水土流失量之多堪称世界之最	突出沟道治理，以淤地坝为重点，建设稳产、高产基本农田，促进退耕还林、还草，建设水土保持防护林
东北低山丘陵和漫岗丘陵区（简称东北黑土区）	地形多为漫岗长坡，顺坡耕作导致水土流失加剧，冻融侵蚀较剧烈	耕作：修筑土档、推行横坡垄作；梯田：坡式梯田经逐年耕翻、径流冲淤并加高地埂，终至水平梯田；坡顶与坡面：坡顶植树戴帽、坡面开挖截水沟，拦蓄径流、泥沙
北方山地丘陵区	该区降雨集中、土层浅薄，山丘区一半以上耕地土层厚度小于50 cm。水土流失对土地生产力破坏极大，同时作为面源污染的载体加剧水源污染，威胁下游饮水安全	农业措施：建设基本农田，改造坡耕地，提高粮食产量；林草措施：治理开发荒山荒坡，草灌乔结合，减小径流，固结土壤；工程措施：沟道修筑谷坊、防洪堤，沟滩造田，导水归槽，减轻洪水危害
南方山地丘陵区	水热条件较好，年降水量高，地面径流量大，湿热高温，岩层高度风化，易产生崩岗侵蚀，该区不少人工林为纯林，林下缺少灌、草覆盖，土壤表面裸露，保持水土能力很弱	封禁治理，恢复提高水土保持防护林植被覆盖度，保护表土层免予冲刷流失；工程与生物措施并举，上拦、下堵、中间封；治理重力侵蚀

续表

水力侵蚀二级分区	土壤侵蚀因子的特征	突出的水土保持理念
四川盆地及周围山地丘陵区	地质构造复杂而活跃、山高坡陡、人口密集、降雨集中，坡耕地比重大。本区主要为农区，林木分布极少。土壤侵蚀以面蚀、荒地鳞片状侵蚀和沟蚀为主，水土流失严重	保护性耕作制：作物种植、土壤耕作、地表覆盖、农田综合管理；林草措施：治理开发荒山荒坡，草、灌、乔结合，减小径流，固结土壤
云贵高原及其山地丘陵区	本区土壤瘠薄、降雨强度大、陡坡耕种普遍，水土流失与土地石漠化状况非常严重。岩溶侵蚀严重，地下岩溶管道和洞穴极其发育、地下介质空间大、地表和地下岩溶水都快速地流失、岩溶水资源的调蓄能力非常弱	生物措施：防护林工程；农业措施：土地整治，改变耕作方式、农作物种植类型；工程措施：水窖，蓄水池等，保存表层岩溶水和雨水。修建地下水库，调蓄岩溶水资源，农田布设节水灌溉设施，提高水肥利用率

7.2.3 土壤肥力退化

7.2.3.1 土壤肥力指标体系构成

肥力是土壤的本质特征和基本属性。有关土壤肥力的概念，世界各国目前仍无统一的认识标准。土壤肥力是土壤物理、化学和生物学性质的综合反映，因此，归纳起来可以将土壤肥力定义为：土壤肥力是土壤能经常适时供给并协调植物生长所需的水分、养分、空气、温度、支撑条件和无毒害物质的能力。土壤肥力是土壤各种物理、化学、生物性质的综合反映，是土壤的主要功能和本质属性；是土壤内在的物质、结构和理化性质与外界环境条件综合作用的结果。土壤肥力是一种属性，并非土壤的物质组成，肥力没有结构和尺寸大小，是一个抽象的概念。

影响耕地土壤肥力的因素很多，如土壤质地、结构、水分状况、温度状况、生物状况、有机质含量、pH 等，凡是影响土壤物理、化学、生物性质的因素，都会对土壤肥力造成一定的影响。其中，养分是土壤肥力的物质基础，温度和空气是环境因素，水既是环境因素又是营养因素。各种肥力因素（水、肥、气、热）同时存在、相互联系和相互制约。

影响土壤肥力的因子很多，土壤肥力评价不可能也没有必要选择所有因子作为划分等级的指标，应选择对耕地土壤肥力有较大影响的因子。目前，大多数研究者所选取的指标多集中在土壤营养（化学）指标、土壤物理性状指标、土壤生物学指标和土壤环境指标，具体指标体系如表 7-10 所示。

表 7-10 土壤肥力指标体系构成

土壤营养（化学）指标	土壤物理性状指标	土壤生物学指标	土壤环境指标
1. 全氮	1. 质地	1. 有机质	1 土壤 pH
2. 全磷	2. 容重	2. 腐殖酸（富里酸、胡敏酸）	2. 地下水深度
3. 全钾	3. 水稳性团聚体		3. 坡度
4. 碱解氮	4. 孔隙数量与类型	3. 微生物态碳	4. 林网化水平
5. 有效磷	5. 土壤耕层温度变幅	4. 微生物态氮	5. 气候
6. 有效钾	6. 土层厚度	5. 土壤酶活性（脲酶、蛋白酶、过氧化氢酶、转化酶、磷酸酶等）	6. 地形地貌
7. 阳离子交换量	7. 土壤含水量		7. 水文地质
8. 碳氮比	8. 黏粒含量		8. 土壤管理

土壤是植物生长繁育的基地，是植物必需的营养物质的重要供给源。植物需要的营养元素除 CO_2 主要来自空气外，氮、磷、钾及中量、微量营养元素和水分主要来自土壤。由于过度垦殖、重化肥轻有机肥、种地忽视养地的现象十分严重，土壤有机质匮乏而导致养分状况失衡，土壤养分长期的低投入、高产出造成土壤肥力的下降。我国现有耕地面积为 1.28 亿 hm^2，其中高产田、中产田、低产田各占 1/3 左右，土壤养分退化是形成中、低产田的重要原因之一。第二次全国土壤普查结果显示耕地的土壤养分状况是土壤有机质含量小于 6 g/kg 的耕地约占 10%，土壤全氮含量小于 2 g/kg 的耕地占 87.8%，缺磷的耕地占 59%，缺钾的耕地占 23%；中量元素缺乏的耕地占 63.3%，其中缺钙、缺硫的面积各占 30% 左右，缺镁面积接近 6%；就全国耕地土壤微量元素而言，5% 的耕地缺铁，6.9% 的耕地缺铜，21.3% 的耕地缺锰，46.8% 的耕地缺钼，34.5% 的耕地缺硼，51.5% 的耕地缺锌。在微量元素缺乏方面，我国南方和西南地区 90% 的土壤缺硼和钼，华北平原和黄土高原 80% 的土壤缺锌和钼，西北干旱地区有超过总土壤面积 80% 的土壤缺锌和锰。

7.2.3.2 土壤养分退化的防治

（1）防治土壤侵蚀，保护土壤资源

土壤侵蚀在造成水土流失的同时会带走土壤中的养分，使土壤养分含量下降。应运用合理的农、林、牧、水利等综合措施，修筑梯田，发展水利，严禁滥垦、滥伐，种草造林，防止水土流失。对生态平衡失调地区因地制宜地进行综合治理，合理安排农业布局，进行改土治水等农田基础设施建设，建立水土保持型生态农业，使土壤资源得到充分保护。实行合理施肥，培育土壤肥力。合理施肥是调节和改善土壤养分供应状况、改良培肥土壤、保证农作物丰收的基本措施。应大力提倡增施有机肥料，逐步建立以有机肥为基础，有机、无机肥相结合，大、中、微量元素合理配合的施肥体系。农业生产实践中，应改变传统施肥方式，调整施肥结构，推行平衡施肥，提高肥料利用率，达到营养植物、改善土壤物理性质、提高土壤肥力的目的。

（2）发展旱作农业，建设灌溉农业

我国水资源缺乏，大部分土壤缺乏灌溉条件，农业生产完全依靠天然降水。黄土高原地区旱作农业占耕地面积的80%以上，发展灌溉，实现农业水利化是提高单产的重要措施。在建设灌溉农业方面应重视灌水与其他增产措施相配合、改进灌溉技术、节约用水、保护地下水资源，防止次生盐渍化与次生潜育化。

（3）合理轮作倒茬，用地养地相结合

轮换种植不同作物，实行深耕和浅耕作物的换茬，豆科和粮食、经济作物等的轮作，则能平衡地、充分地利用土壤中的营养物质并提高土壤肥力。轮作倒茬应考虑茬口特性和作物特性，合理搭配耗地作物（如水稻、小麦、玉米）、自养作物（如大豆、花生）、养地作物（如草木犀、紫云英），采取绿肥作物与大田作物轮作，豆科作物与粮棉作物轮作以及水旱轮作的方式进行合理轮作。

（4）合理耕作改土，加速土壤熟化

合理的耕作可以调节土壤固、液、气三相物质比例，增强土壤通透性，加速土壤熟化。深耕结合施用有机肥料是培肥改土的一项重要措施。深耕可以增强微生物的活性，加速土壤矿物质养分的风化释放和有机质的分解转化，提高土壤有效养分含量。但是如果耕作过于频繁，容易使有机质分解过快而损耗有效养分，应在满足有效养分供应的前提下，减少频繁的耕作和对土壤的扰动。

（5）消除有毒物质，改善养分供应

土壤中存在的有毒物质会降低土壤微生物的活性而影响养分的转化，影响根系对养分的吸收利用。消除土壤有毒物质以改善植物营养环境，对土壤养分的调节具有重要作用。有毒物质造成的危害主要有土壤酸性或碱性过强所致的酸害和碱害、土壤中0.3%以上的盐分含量所致的盐害、低洼或长期积水的稻田以及水分过多的土壤产生的H_2S等所致的还原物质毒害、工业“三废”所致的污染危害，可采取水利工程、生物改良、农业改良、化学改良等综合措施消除土壤中的有毒物质，提高土壤养分的供应水平。

7.2.4 土壤盐渍化

土壤盐渍化又称土壤盐碱化，是指在自然和人为作用下，可溶盐类在土壤中的累积，特别是在土壤表层盐分含量不断增加，以致超过某一限度的现象和过程。主要发生在干旱、半干旱以及半湿润地区，通常表现为在土壤表层覆盖有一层白色盐分。土壤碱化则是指土壤胶体被钠离子饱和的过程，也常称为钠质化过程。在土壤盐度达到一定阈值以后，土壤性质产生变化，这种变化对土壤的生产能力和环境功能是有害的，包括支持生物生长能力和生物多样性下降等。土壤盐渍化可使万亩良田变成盐碱地，导致农作物产量降低，甚至颗粒无收，加深人多地少的矛盾，还会对电力、交通等基础设施和建筑物安全、生态环境造成危害。

7.2.4.1 土壤盐渍化形成的原理

可溶性盐分，特别是钠盐在土壤剖面、岩石和水体中的积累，是盐渍土形成的根本原因。盐渍土的形成有两个重要前提：①可溶盐的来源；②盐分的积累周期性，或永久地超过盐分淋溶过程。

土壤中的盐分是由岩石风化而来的。组成地球表面岩石的主要元素在风化过程中释放出来，并重新组合成无机盐类，参与土壤的盐化和碱化过程。与土壤盐化和碱化关系最密切的元素是钙、镁、钠、氯、硫、硼和氮等，它们组成盐土中普遍存在的盐类，如氯化物、硫酸盐、碳酸盐和硝酸盐等，包括 $NaCl$、$MgCl_2$、Na_2SO_4、$MgSO_4$、$CaSO_4$、Na_2CO_3、$NaHCO_3$ 和 $CaCO_3$ 等。

土壤包气带作为一个典型的开放系统，与外界环境不间断地进行着水分和盐分的交换，随着土壤水的补给和排泄，可溶性盐分的运移规律分别表现为：

第一，潜水向包气带自下而上的盐分输入途径。紧邻潜水面的包气带中，分布着支持毛细水，它是潜水沿着毛细孔隙上升而形成的，当潜水以支持毛细水形式补给包气带时，也将地下水中的盐分由下而上携带到包气带中，如图 7-3 所示。

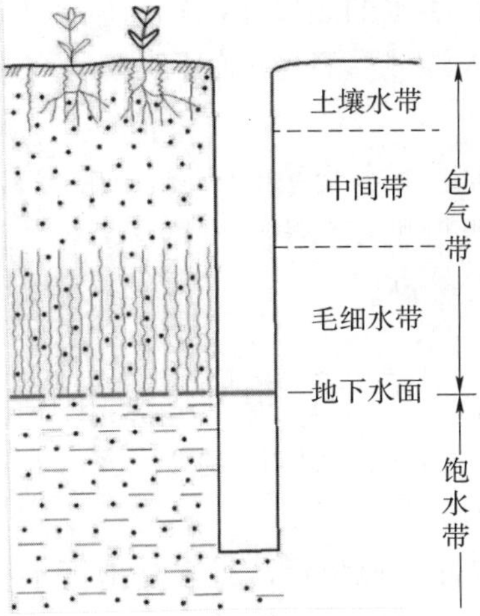

图 7-3 土壤包气带和饱水带划分

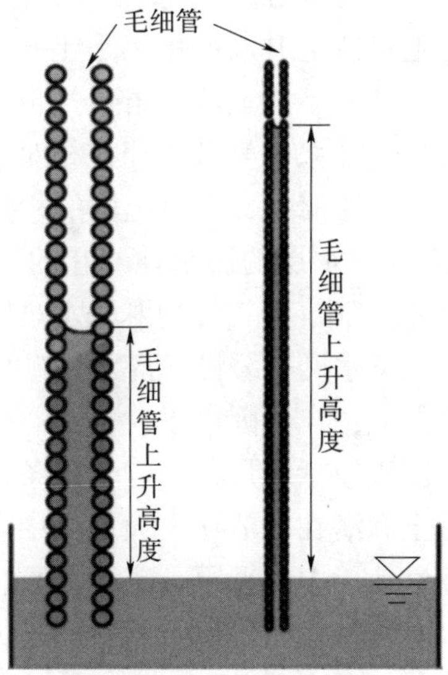

图 7-4 包气带岩性结构与毛细管上升高度

第二，地表向土壤层由上而下的盐分输入途径。降水、灌溉水、地表水等入渗，进入土壤时，所携带的盐分补给到土壤中。

第三，土壤脱盐过程。当地表入渗水的矿化度较低，且入渗量较大时，入渗水可溶解土壤中的部分盐分，并将其排入潜水含水层，或侧向地表水体，从而对土壤起着脱盐的作用。

第四，土壤积盐过程。在植物蒸腾或直接蒸发作用下，土壤水由下而上散失在大气中，而水中盐分则留在土壤中不断的积累，总之，土壤中可溶性盐分的输入和输出，主要受土壤与其环境中水分传输作用的控制，遵循着盐随水走，水蒸盐留的规律，当环境中的盐分输入量持续高于土壤包气带向环境的盐分输出时，包气带内以积盐作用为主，盐分在包气带内不断积聚，土壤发生盐渍化。

7.2.4.2 盐渍土的形成条件

盐渍土的形成是内在因素和外在因素共同作用的结果，盐渍土形成的内在因素包括潜水的埋藏深度、潜水的矿化度、包气带岩性结构及潜水含水层的透水性等。土壤盐渍化的外在因素可分为自然因素和人为因素。

（1）盐渍土形成的内在因素

1）潜水的埋藏深度。潜水的蒸散发与其埋藏深度密度相关，常用临界深度来判断，当潜水埋深小于临界深度时，随着临界深度变浅，潜水蒸散发量显著增加，强烈的蒸散发，将使得土壤积盐和地下水不断浓缩咸化。

2）潜水的矿化度。潜水矿化度越高，潜水供给土壤或抽取潜水灌溉土壤时输入的盐分就越多，土壤盐渍化的可能性就越大。

3）包气带岩性结构。包气带岩性结构对潜水蒸发和土壤盐渍化的影响主要反映在毛细管特征上，包气带岩性结构不同时，毛细管分布特征存在差异，并决定着土壤的持水性和导水性。一般情况下，包气带的颗粒越细，毛细管上升的高度越高，临界深度也就越大，黏土毛细管上升高度可以是粗砂土毛细管上升高度的 100 倍以上，如图 7-4 所示。在潜水埋深相同的不同地段，若包气带由细颗粒组成，潜水的蒸发作用越明显，土壤积盐越显著。另外，如果包气带中存在相对隔水层，降水入渗或灌溉形成的回归水，会滞留在隔水层上形成上层滞水，促进土壤的积盐作用。

4）潜水含水层的透水性。它的好坏往往决定着地下水交替的快慢，如果潜水含水层的透水性差，来自包气带的淋洗水难以排走，导致土壤朝积盐方向发展，另外，由于径流条件差，地下水交替缓慢，潜水的矿化度往往也相对较高。

（2）盐渍化自然因素

自然因素包括地形条件、气候条件、地表径流、土壤冻融。从地形地貌的角度看，现有的盐渍土和潜在盐渍化土大都集中在地势低洼处。例如，我国的盐渍土多分布在内陆盆地、河谷盆地、山前平原、滨海平原、河流三角洲内。

1）地形条件。低洼处有利于盐渍土形成。一方面，地势低洼处多是地下水排泄区和地表汇水区，从补给区到排泄区的径流过程中，随着水盐相互作用，水将盐分从周围地势较高处携带到此，并随蒸发作用不断浓缩，为土壤盐渍化提供了盐分来源；另一方面，低洼处的潜水埋深相对较浅，包气带组成颗粒较细，具有较强的毛细管力，潜水可因毛细管作用为包气带提供水分和盐分，水分蒸散发在大气中，而盐分则留在土壤中不断积聚。

2）气候条件。我国大部分盐渍土分布在北方干旱、半干旱区和滨海地区，盐渍土分布与气候条件的分布呈现出相一致的特征，主要是因为降水和地面蒸发强度与盐渍土的形成密切相关。对于蒸发量大于降水入渗量的地区，土壤积盐过程强于脱盐过程，朝盐渍化方向发展，且因土壤水分不足，难以满足作物生长需要，过多进行农业灌溉，可能引起土壤的次生盐渍化。对于降水入渗量大于蒸发量的地区，土壤中可溶性盐分会随水分下渗，进入土壤深层直至地下水，土壤朝脱盐方向发展。

此外，风对盐碱化土壤形成也起着重要作用，一是风的吹扬携带盐粉末海水或咸水至沉降区聚集，二是风力作用可增强土壤蒸发强度，促进土壤积盐过程。

3）地表径流。河流泛滥将盐分直接带入土壤中，使土壤含盐量升高。河流对地下水位的补给作用，使得地下水位提高甚至上升至地表，在蒸发作用下将盐分带入土壤中。

4）土壤冻融。土壤水盐运动与土壤的冻融有密切联系，解冻期表层温度高，水分汽化，盐分随水分上行至表层积聚；冻结期冻土层与其下部的土层存在着一定的温度差，此时土壤水分会从下部较温暖湿润的土层中向冻土层运动，并将溶解在水分中的盐分带入冻土层，形成一种隐蔽性积盐过程。

（3）盐渍化人为因素

人类对土地资源和水资源不合理利用，将会导致土壤次生盐渍化。一方面通过灌溉、施肥、废物排放等活动，将盐分带入土壤中，使土壤表层盐分增高；另一方面由于水利工程的建设，或采、排地下水，改变区域水文循环模式，加速土壤的积盐过程。灌溉实际上是人为控制下的土壤盐分补给过程，灌溉水中均含有一定的盐分，有些地方因淡水资源缺乏，甚至使用高矿化度的咸水、污水进行灌溉，从而将大量盐分带入土壤。某些灌溉地区因大量引水，还会使地下水位上升而引起土壤盐渍化。建设水库会使库区周围地下水位上升，增大潜水或土壤水的蒸发量，加速土壤的积盐过程。再如，南水北调工程，可缓解我国北方地区水资源的短缺，但同时也人为地破坏了受水流域的盐分均衡，若以年调水300亿 m^3 计，每年进入调入区的盐分超过600万t，如果这些盐分不能排除，势必加重调入区的土壤盐渍化。

土壤是朝积盐方向还是脱盐方向发展，取决于这些条件因素的综合作用。另外，土壤积盐和脱盐作用，是随时间变化的动态过程，可以因降水、灌溉或地下水位上升或下降产生积盐或脱盐。因此，土壤盐渍化的研究要与土壤耕层接受水分变化相关联。

7.2.4.3 土壤盐渍化的防治

土壤盐渍化发生的根本原因在于，从长时间尺度上环境的盐分输入大于土壤包气带向环境的盐分输出，致使土壤积盐作用强于脱盐作用，因此，土壤盐渍化防治的基本原则有三个，即“减少”“增强”“调整”。“减少”即切断或削减环境向包气带的盐分输入；“增强”是增强包气带向环境的盐分输出；“调整”是调整包气带岩性结构，使得土壤盐分处于收支平衡状态，或以脱盐作用为主导。

（1）减少土壤盐分的输入

一方面是慎重使用或尽量避免咸水和污水灌溉，防止和减少高矿化水进入土壤；另一方面，可以通过采取措施降低潜水位，减少地下水的水分和盐分向包气带内输入。常用降低潜水位的措施主要有3类：一是对水库、渠道等地表水体，进行防渗处理，如使用黏土、薄膜等防渗材料铺底，减少地表水对地下水的渗漏补给量，防止潜水位的抬升；二是减少灌溉水的回归下渗，传统的大水漫灌方法不仅浪费水资源，还可能因灌溉水的回归下渗而导致潜水位上升引起土壤盐渍化；三是人工排水，也就是人为增大地下水的排泄量，从而降低潜水位，常见的措施有抽取地下水、修建排水沟渠等。

此外，种植耐盐碱的植物尤其是固氮的耐盐植物，既可以减少地表水分的蒸发、防止土壤表层积盐，又可以降低地下水位和盐分，改良土壤的物理性状，增加有机质和土壤微生物，降低土壤pH，从而彻底改善周围的生态环境。

（2）增强土壤盐分的排出措施

对于包气带较厚且颗粒较粗大，渗透性较好的土壤盐渍化地区，可以利用矿化度较低的淡水，进行定期漫灌，将上壤表层的盐分溶解、淋洗到地下。对于包气带较薄，且为黏质土壤的盐渍化地区，土壤透水性较差，灌水淋洗的效果不佳，且易造成土壤表层返盐，在这类地区，可采用淡水漫灌、明渠或暗管排水相结合的排灌措施，利用明渠或暗管，将溶有大量盐分的积水排掉，从而将盐分带离土壤。对于存在黏土夹层的地区，为了防止上层滞水造成的积盐，可打一些穿透黏土层的竖井，在井中填充颗粒较为粗大的砾石，形成透水性较强的砂井，使淡水漫灌后的积水能够通过竖井排水，下渗至潜水含水层，从而实现淋洗土壤盐分的作用。

（3）调整包气带岩性结构

除人为控制盐分的输入、输出外，改善包气带岩性结构，也是进行土壤盐渍化防治的重要手段，如竖井排水。此外，引洪放淤和铺沙压碱，均是基于改善包气带岩性结构这一原理。引洪放淤改良技术是把含有泥沙的洪水引入田间，使泥沙沉积下来，形成新的淤泥层或淡土层，既冲洗了原有土壤中的盐碱，又增加了包气带的厚度，使潜水位低于土壤盐渍化的临界深度，抑制了土壤返盐。“沙盖碱，赛金板”是人民群众对铺沙压碱法的评价。铺沙能够改良土壤结构，切断毛细管输水通道，减少土壤水分蒸发，防止盐分向土壤表层聚积，还可以增加渗透性利于盐分淋洗。

不同改良技术，对盐碱土地的改良效果各不相同，在生产实践中，因地制宜，合理搭配各种改良措施，才能取得良好的效果。

7.2.5 土壤荒漠化

荒漠化（desertification）是指在包括气候变化和人类活动在内的各种因素作用下，干旱、半干旱和亚湿润干旱区的土地退化。6 月 17 日是世界防治荒漠化与干旱日，目的在于唤醒人们对荒漠化的重视。在我国西北地区，荒漠景观十分常见。一方面，它构成壮丽的自然景观，另一方面，它又是生态环境最为脆弱的地区。荒漠是降水稀少，由旱生、强旱生低矮木本植物，包括半乔木、灌木、半灌木和小半灌木为主组成的稀疏不郁闭的群落。荒漠化是正常土地在自然和人为作用下，向荒漠景观演化的时空过程，是土壤贫瘠化和植被退化的标志。塔克拉玛干在维吾尔语中是“山下面大荒漠”的意思。塔克拉玛干沙漠是我国占地面积最大的沙漠，也是世界第十大沙漠，被人们称为“死亡之海”。

荒漠的主要类型为沙漠或戈壁，如塔克拉玛干沙漠和古尔班通古特沙漠等。云贵高原荒漠化主要以石漠化为主，在华北平原则是以盐渍化为主，还有部分极寒之地，则会形成冻融荒漠化。

荒漠化的形成既有自然因素，也有人为因素。自然成因是由于干旱气候所致；而人为因素主要是人类不合理的生产活动（如水资源的不合理利用）加剧了土壤的干旱化；滥垦、滥牧、滥伐、滥采严重破坏了原有土壤的自然植被，导致荒漠化土地不断扩大，最终形成恶性循环。

绿水青山就是金山银山

——塞罕坝机械林场生态文明建设启示录

昔日的漫天黄沙、穷山恶水，如今的满目苍翠、绿水青山，塞罕坝上生态逆转，美丽高岭失而复得。

塞罕坝半个多世纪生态环境的变迁，印证着人与自然的关系法则：“人因自然而生，人与自然是一种共生关系，对自然的伤害最终会伤及人类自身。只有尊重自然规律，才能有效防止在开发利用自然上少走弯路。”

三代塞罕坝人时刻牢记改善自然环境、修复生态的建场初心，在“黄沙遮天日，飞鸟无栖树”的荒漠沙地上艰苦奋斗、甘于奉献，通过培育优质壮苗、攻克技术难关、加强森林抚育、严格资源保护等措施，为京津冀筑起了93 333 hm^2 阻沙源、保水源、拓财源的绿色生态屏障。与建场初期相比，林场有林地面积增加了3.8倍，林木蓄积量增加了30.4倍，森林覆盖率由11.4%提高到82%。

不仅如此，塞罕坝年均大风日数由83天减少到53天，年均降水量由不足410 mm增加到479 mm；每年可涵养水源、净化水质2.84亿 m^3，固碳86.03万t，释放氧气59.84万t；每年带动当地实现社会总收入超过6亿元，带动1 200余户贫困户、1万余贫困人口脱贫致富。“好风景”带来“好光景”，“绿水青山”真正成了脱贫致富的“绿色银行”。

塞罕坝机械林场的生动实践，深刻诠释了“绿水青山就是金山银山”的理念。

绿水青山，是绿色发展方式和生活方式的美好诠释。

绿水青山，是中华民族伟大复兴中国梦的生态依托。

绿水青山，是迈向全面小康的美丽中国的不懈追求。

2014年4月28日，中宣部授予塞罕坝机械林场“时代楷模”荣誉称号。发布会给予塞罕坝机械林场的敬辞是：一棵树苗，一生相托；万顷林海，代代传承。锲而舍之，朽木不折；锲而不舍，金石可镂。塞罕坝人交出的答卷是三代人50多年从未歇业的无悔坚守。你是一颗种子，生长为一丛树木，孕育出一片森林，骄傲挺立在苍穹之间。你们让守望家园成为每一个塞罕坝人血液中流淌的信仰，这无悔的信仰绽放出坚守与奉献的伟大光辉，代代相传，生生不息。

2021年9月29日，在内蒙古自治区鄂尔多斯市召开的第八届库布其国际沙漠论坛上，河北塞罕坝机械林场荣获联合国防治沙漠化领域最高荣誉——“土地生命奖”。

资料来源：

①庞超，赵书华，李建成．绿水青山就是金山银山——塞罕坝机械林场生态文明建设启示录[J]. 河北水利，2017(9): 12–15.

②王琪．塞罕坝获联合国防治荒漠化“土地生命奖”[J]. 国土绿化，2021(10): 13。

7.2.6 土壤石漠化

石漠化（stony desertification）是“石质荒漠化”的简称，是指热带、亚热带湿润、半湿润地区岩溶发育的自然环境背景下（喀斯特地貌区），受人为活动的干扰和破坏，造成土壤被严重侵蚀，基岩大面积裸露，地表呈现出类似荒漠化景观的土地退化过程（无土、无水、无林），也是岩溶地区土地退化的极端形式。石漠化严重阻碍了地区经济的发展，成为当地贫困和灾害多发的根源，也逐渐演变成继沙漠化和水土流失之后的我国第三大生态问题。我国是世界上石漠化最为严重的国家之一，在贵州、云南、广东、广西、湖北、湖南、重庆、四川等省（区、市）都有石漠化现象，其中以贵州最为严重。

由于缺乏地表植被的有效保护，石漠化地区极易发生山洪、滑坡、泥石流，加上地下岩溶发育，导致水旱灾害频繁发生，几乎连年旱涝相伴；同时，石漠化山地岩石裸露率高，土壤少，蓄水能力低，岩层漏水性强，极易引起缺水干旱，而大雨又会导致严重水土流失。石漠化与水土严重流失已形成恶性循环，造成山穷、水枯、林衰、土瘦，给当地人民的生存亮起了红灯，日趋恶化的脆弱生态环境严重制约了当地的社会经济发展。

石漠化大多发生在岩溶地区，在这些地区，山高坡陡，土壤的成土能力很弱，土壤层往往很薄，加上丰沛集中的雨水，为石漠化的形成提供了物质基础与侵蚀动力，与自然因素相比，人为的破坏更具杀伤力，过度开垦、乱砍滥伐、过度放牧以及不合理的土地资源开发活动，使得土壤极易流失，最终导致基岩裸露，植被很难生长，从而形成石漠化景观。因此，石漠化的发生、发展过程可以说是人类活动破坏生态平衡所导致的地表覆盖度降低的土壤侵蚀过程，表现为人为因素→林退、草毁→陡坡开荒→土壤侵蚀→耕地减少→石山、半石山裸露→土壤侵蚀→完全石漠化（石漠）的逆向发展模式。

石漠化防治主要以防为主，以治为补，治理措施主要有：

第一，建设大型防护林工程和水土保持工程，提高石漠化地区的植被覆盖率，恢复林地和草地生态系统。例如我国南方的长江防护林工程和珠江防护林工程，对我国西南地区的石漠化治理，起到了非常积极的作用，植被覆盖率增高，有助于固定土壤、涵养水分，减少水土流失，从而起到抑制石漠化的作用。

第二，通过土地整治，改变耕作方式，尤其是改变农作物的种植类型，增加植被覆盖率。土地整治包括修建梯田，减少陡立斜坡上的快速水土流失，在广西等地，斜坡地带往往采用传统的翻耕种植，常见的农作物为玉米等，现在改为种植牧草，如此一来，收割牧草不必翻动土壤，起到了固定土壤、保持水分的作用，同时牧草可以圈养牛羊，避免了散养过程中牛、羊破坏山坡上其他的植被，尤其是深度啃食草根的现象。

第三，修建拦蓄工程或地下水库。我国南方岩溶区由于地下岩溶管道和洞穴强发育，地下介质空间大，导致地表和地下岩溶水都快速流失，岩溶水资源的调蓄能力弱，通过在地表修建拦蓄水工程，例如水窖、蓄水池等，保存表层岩溶水和雨水。拦蓄水工程一方面可以减少水土流失，另一方面可以为生态植被的恢复提供灌溉水源，从而服务于石漠化的治理。在贵州和广西等地，经常采用这样的举措。在高位地下河出口，还可以修建地下水库，用来调蓄岩溶水资源，可以起到发电和灌溉等功能。

另外，在石漠化极其严重，耕地极其贫乏的生态脆弱贫困区，通过生态移民，一方面能够防止无序的耕作对植被的进一步破坏，另一方面也为这些贫困居民提供扶贫开发的新出路。

总体而言，坚持以水土流失综合治理为核心，把沙漠化治理与生物措施、农业措施、工程措施有机地结合，使得我国的石漠化治理取得了显著成效。西南地区整体石漠化面积减少了 7.4%，但现在仍然存在约 12 万 km^2 的严重石漠化地区，这些地区的石漠化防治工作仍然任重道远。

思考题

1. 土壤质量的微生物学指标有哪些？功能分别是什么？有哪些环境效应？
2. 土壤酸化的本质是什么？导致土壤酸化的因素有哪些？
3. 土壤侵蚀过程的主要影响因子有哪些？如何估计或者预测土壤侵蚀的总量？
4. 土壤侵蚀防治措施有哪些？各自的优势和不足是什么？
5. 土壤中的盐分有哪些来源？主要的盐分是哪些？
6. 如何进行盐碱土的脱盐治理？
7. 荒漠化与石漠化的区别有哪些？对环境的影响是什么？
8. 针对已经荒漠化的土地，如何治理？
9. 石漠化为什么会出现在干旱、半干旱地区，又会出现在湿润、半湿润地区？
10. 评价土壤肥力的指标主要有哪些？
11. 土壤退化对农业生产的影响是什么？
12. 土壤退化对我国食品安全和农业生产的影响是什么？为什么？
13. 土壤退化的类型有哪些？主要发生在我国哪里？为什么？

拓展训练题

党的十九大报告指出，农业、农村、农民问题是关系国计民生的根本性问题，必须始终把解决好“三农”问题作为全党工作的重中之重，实施乡村振兴战略。

到2020年，乡村振兴取得重要进展，制度框架和政策体系基本形成。

到2035年，乡村振兴取得决定性进展，农业农村现代化基本实现。

到2050年，乡村全面振兴，农业强、农村美、农民富全面实现。

请思考，如何运用环境土壤学知识来解决农业生产中的问题？土壤质量提升技术、土壤退化防治技术应如何为乡村振兴提供科技支撑？如何开发先进技术、绿色模式促进第一产业、第二产业和第三产业深度融合？

下面的耕地质量提升项目，请写出完整的技术方案。

1. 中低产田定向培育关键技术研究

针对中低产田耕层土壤退化、有机质含量低、水肥保蓄能力弱等问题，研究识别限制耕地质量和作物产能提升的主要障碍因子；研究肥沃耕层构建、扩库增容固碳、水肥协同高效利用、生物定向培育和调控、合理休耕轮作、节本提质增效等优质高效生产关键技术；研究“作物/绿肥/牧草”适宜配套品种合理组配及雨养旱作技术；构建适合区域水平的作物多样化种植技术模式。

2. 中重度盐碱地土壤质量与产能提升技术研究

针对中重度盐碱地土壤盐分含量高、结构差、有机质含量低、地下水位浅、矿化度高等问题，以植物适应盐碱地提高产能为核心，研究经济盐生植物优质栽培、土壤有机质快速提升、耕层快速增磷增氮、水肥联合调控等关键技术；研究土－肥－水－盐－根互作机制，创新作物根际抑盐蓄墒提升耕地质量关键技术；构建适生植物降盐改土种植模式；分类构建不同盐碱程度耕地质量提升和资源高效利用的技术模式。

3. 功能微生物修复土壤关键技术研究

针对粮田秸秆还田转化率低、设施农业土壤连作障碍、农田面源污染、土壤有效微生物缺乏和多样性失衡等问题，筛选土壤改良与障碍修复的功能性微生物组合；研制新型微生物缓控释肥和碳基肥料、微生物土壤修复制剂、生物有机肥等绿色环保产品；研究利用微生物酶降解土壤大分子有机物质增碳技术；构建利用微生物修复土壤质量的技术模式。

4. 草原生态恢复关键技术研究

针对草原生态系统生态脆弱、防沙治沙形势严峻、林草牧农矛盾突出等问题，研究以草定畜等退化草场生态修复技术；研究草原地区柠条复壮以及退化白榆林更新改造技术；研究优质牧草高效生产与利用技术。

第 8 章　污染土壤修复技术

本章根据国内外污染土壤修复技术发展的趋势，介绍了当前国内外污染土壤修复技术的主要类型、技术要点、适用范围及其修复案例。针对土壤环境的复杂性以及单向技术的局限性，提出了基于各单项修复治理技术进行合理的技术集成组合模式。展望了未来土壤污染修复技术的发展趋势。本章将污染土壤的主要修复技术归纳为物理修复技术、化学修复技术、生物修复技术 3 大类。

8.1　污染土壤修复概念与分类

土壤污染修复技术（soil pollution remediation technologies）是指采用化学、物理学和生物学的技术与方法以降低土壤中污染物的浓度、固定土壤污染物、将土壤污染物转化成为低毒或无毒物质、阻断土壤污染物在生态系统中的转移途径的技术总称。理论上可行的修复技术有植物修复技术、微生物修复技术、化学修复技术、物理修复技术和综合修复技术等几大类。部分修复技术，如可降解有机污染物和重金属污染土壤的修复等方面已进入现场应用阶段，并取得了较好的效果。

8.1.1　土壤污染修复的概念

土壤污染修复（soil pollution remediation）指通过物理、化学、生物、生态学原理，并采用人工调控措施，使土壤污染物浓（活）度降低，实现污染物无害化和稳定化，以达到人们期望的解毒效果的技术措施。重点是研究土壤污染物的控制、缓解、消除、净化并恢复土壤功能。机理是将局部集中的污染物通过适当的途径扩散到广阔的环境之中（污染物含量均在高端阈值之下），或通过各种物理化学手段固化或净化土壤中的污染物，以减轻污染物对生物的危害。

土壤污染修复研究的内容：土壤污染修复以生态建设、环境保护和循环经济思想作指导，运用化学、物理、数学、生物、信息、管理等科学技术原理和方法，主要研究内容包括：①土壤污染监测与诊断，污染土壤中污染物时空分布、环境行为及形态效应；②研究污染土壤生态健康风险和环境质量指标；③研究污染物容纳、抑制、削减、净化方法及其过程和机理；④土壤修复的安全性、稳定性和标准；⑤研究修复后土壤保育、管理和生物资源的利用等，意在揭示土壤污染规律，提供污染土壤及其修复过程的风险评估方法和标准，创建土壤污染控制和修复理论、方法和技术及其工程应用与管理规范，为土壤资源可持续利用、农产品安全、环境保护、人类健康提供理论、方法、技术及工程示范。

土壤污染修复的目的：土壤污染修复的目的在于降低土壤中污染物的浓度，固定土壤污染物，将污染物转化成为低毒或无毒的物质，减少土壤污染物在生态系统中的转移途径，从而降低土壤污染物对人体健康的影响。

8.1.2 土壤污染修复技术的分类

从不同角度，可以对土壤污染修复技术进行不同分类。

（1）按修复土壤的位置分类

污染土壤的修复技术可以根据其位置变化与否分为原位修复技术（in-situ technologies）和异位修复技术（ex-situ technologies）。

原位修复技术指对未挖掘的土壤进行治理的过程，对土壤没有太大扰动。其优点是比较经济有效，就地对污染物进行降解和减毒。无须建设昂贵的地面环境工程基础设施和远程运输，操作维护较简单。此外，原位修复技术可以对深层次土壤污染进行修复。缺点是难以控制处理过程中产生的“三废”。

异位修复技术指对挖掘后的土壤进行修复的过程。异位修复分为原地（on site）处理和异地（off site）处理两种，原地处理指发生在原地的对挖掘出的土壤进行处理的过程，异地处理指将挖掘出的土壤运至另一地点进行处理的过程。其优点是对处理过程的条件控制较好、与污染物接触较好，容易控制处理过程中产生的“三废”的排放；缺点是在处理之前需要挖土和运输，会影响处理过的土壤的再使用且费用通常较高。

（2）根据操作原理分类

修复技术根据其操作原理，Adriano（1997）将修复技术分为物理修复技术（physical remediation）、化学修复技术（chemical remediation）和生物修复技术（bioremediation）。

物理修复技术和化学修复技术是利用污染物或污染介质的物理或化学特性，以破坏（如改变化学性质）、分离或同化污染物，具有实施周期短、可用于处理各种污染物等优点。但均存在处理成本高，处理工程偏大的缺点。

微生物修复技术指利用微生物的代谢过程将土壤中的污染物转化为二氧化碳、水、脂肪酸和生物体等无毒物质的修复过程。植物修复技术是利用植物自身对污染物的吸收、固定、转化和积累功能，以及通过为根际微生物提供有利于修复进行的环境条件而促进污染物的微生物降解和无害化过程，从而实现对污染土壤的修复。微生物修复和植物修复均具有处理费用较低、可达到较高的清洁水平等优点，但均存在所需修复时间较长、受污染物类型限制等不足。

8.1.3 不同修复技术选择的原则

选择土壤污染技术，应根据土壤污染类型从修复的目的、社会经济状况、修复技术的可行性等方面进行考虑。就修复目的而言，有的是为了使污染土壤能够再安全地被农业利用；而有的则是限制土壤污染物对其他环境组分（如水体和大气等）的污染，而不考虑修复后能否被农业利用。不同修复目的可选择的修复技术不同，就社会经济状况而言，有的修复工作可以在充足的经费支撑下进行，此时可供选择的修复技术比较多；有的修复工作只能在有限的经费支撑下进行，此时可供选择的修复技术就有限。土壤是一个高度复杂的体系，任何修复方案都必须根据当地的实际情况而制定，不可完全照搬其他国家、地区和其他土壤的修复方案。因此，在选择修复技术和制定修复方案时应该考虑如下原则：

（1）因地制宜原则

土壤污染修复技术的选择受到很多因素影响：环境条件、污染物来源和毒性、污染物潜在的危害、土壤的物理化学性质、土地使用性质、修复的有效期、公众接受程度以及成本效益等。所以，在实际应用时要根据实际情况选择适合的技术方法。

（2）可行性原则

针对不同类型的污染土壤在选择修复方法时应考虑两方面可行性：一是经济可行性，应考虑污染地的实际情况和经济承担能力，花费不宜太高；二是技术可行性，所采用的技术必须可靠、可行，能达到预期的修复目的。

（3）保护耕地原则

我国地少人多，耕地资源紧缺，选择修复技术时，应充分考虑土壤的二次污染和持续利用问题，避免处理后土壤完全丧失生产能力，如玻璃化技术、热处理技术和固化技术等。

8.1.4 污染土壤修复技术策略分析

针对受重金属、农药、石油、POPs等中轻度污染的农业土壤，应选择能大面积应用的、廉价的、环境友好的生物修复技术和物化稳定技术，实现边修复边生产，以保障农村生态环境、农业生产环境和农民居住环境安全；针对工业企业搬迁的化工、冶炼等各类重污染场地土壤，应选择原位或异位的物理、化学及其联合修复工程技术，选择土壤－地下水一体化修复技术与设备，形成系统的场地土壤修复标准和技术规范，以保障人居环境安全和人群健康；针对各类矿区及尾矿污染土壤，应着力选择能控制生态退化与污染物扩散的生物稳定化与生态修复技术。将矿区边际土壤开发利用为植物固碳和生物质能源生产的基地，以保障矿区及周边生态环境和安全饮用水水源。

8.2 污染土壤的修复技术

8.2.1 物理修复技术

物理修复技术是不改变污染物的组成，利用各种方法将污染物从土体中清除的方法，主要有物理分离修复技术、土壤蒸汽浸提修复技术、固定/稳定化土壤修复技术、玻璃化修复技术、热力学修复技术、热解吸修复技术、电动修复技术、冰冻修复技术等。

8.2.1.1 物理分离技术

物理分离修复是一项借助物理手段将污染物从环境介质中分离开来的技术。通常情况下，物理分离技术被作为初步的分选技术，以减少待处理被污染物的体积，优化后序处理工作。一般来说，物理分离技术不能充分达到环境修复的要求。物理分离修复基本上与化学、采矿和选矿工业中的物理分离技术一样，主要是基于介质及污染物的物理特征而采用不同的操作方法。根据物质的颗粒特性，如粒级、形状、密度或磁性，可达到对污染物的分离，主要分离过程包括以下几个方面：针对不同土壤颗粒粒级（如粗砂、细砂和细粒等）、粒径或形状，可通过不同大小、形状网格的筛子（如格筛、振动筛）进行分离；一些物质具有磁性，或者污染物本身具有磁感应效应，尤其是一些重金属，可采用磁分离法进行分离。

粒径分离：根据颗粒直径分离固体叫筛分或过滤，它是将固体通过特定网格大小的线编织筛的过程。粒径大于筛子网格的颗粒留在筛子上，粒径小的部分通过筛子。但是，这个分离过程不是绝对的，大的不对称形状颗粒也可能通过筛子；小的颗粒也可能由于筛子的部分堵塞或黏在大颗粒表面而无法通过。如果让大颗粒在筛子上堆积，有可能将筛孔堵住。因此，筛子通常要有一定的倾斜角度，使大颗粒滑下。筛子或者是静止的，或者采取某种运动方式以便将堵塞筛孔的大颗粒除去。磁分离：磁分离是基于各种矿物磁性上的区别，尤其是将铁从非铁材料中分离出来的技术。磁分离设备通常是将传送带或转筒运送过来的移动颗粒流连续不断地通过强磁场，最终达到分离目的。

物理分离技术主要应用在污染土壤中无机污染物的修复技术上，它最适合用来处理小范围射击场污染的土壤，从土壤、沉积物、废渣中分离重金属、清洁土壤、恢复土壤正常功能。大多数物理分离修复技术都有设备简单、费用低廉、可持续高产出等优点，但是在具体分离过程中，其技术的可行性，要考虑各种因素的影响。

物理分离技术在应用过程中还有许多局限性，比如用粒径分离时易塞住或损坏筛子；用水动力学分离和重力分离时，当土壤中有较大比例的黏粒、粉粒和腐殖质存在时很难操作；用磁分离时处理费用比较高等。这些局限性决定了物理分离修复技术只能在小范围内应用。

8.2.1.2 翻土与客土技术

当土壤受到污染以后，可以使用翻土的方法进行改良土壤，将底层未受污染的土壤翻至表面，稀释表层土壤的污染物，这种方法只适合于轻度的表层污染。我国北方翻土的最佳季节是 10 月到 11 月，此时的土壤还没有霜冻，而且土壤不潮湿。从冬季中期到春季，土壤经常保持冰冻状态，很难进行操作。在多雨的季节不应该翻土，否则会破坏土壤的结构，导致土壤的通气和排水性很差。翻土之前应该确保表面的杂草已经清除。

与翻土法相似的土壤修复技术还有客土法与换土法，这些技术的优点是技术简单，操作容易。缺点是不能根治污染，只能抑制污染物对食物链的影响；另外，需要花费大量的人力与财力。

1）客土是指在被污染的土壤上覆盖上非污染的土壤，从而避免污染土壤中的污染物进入食物链。但客入的清洁土层需要一定厚度，要能满足植物根系的生长，以避免其伸到污染土层。

2）换土则是将部分或全部污染土壤挖除而换上非污染土壤。实践证明，这是治理土壤污染特别是重金属污染切实有效的方法。一般情况下，换土的厚度越大，作物中污染物含量降低越显著。

8.2.1.3 土壤蒸汽浸提修复技术

土壤蒸汽浸提（SVE）修复技术是去除土壤中挥发性有机污染物的一种原位土壤修复技术。它是在污染土壤内引入清洁空气产生驱动力，利用土壤固相、液相和气相之间的浓度梯度，将其转化为气态污染物排除土壤外的过程。土壤蒸汽浸提技术是利用真空泵产生负压驱使空气流过污染的土壤空隙，而解吸并夹带有机污染组分流向抽取井，并最终于地上进行处理。

该技术分为原位土壤蒸汽浸提技术、异位土壤蒸汽浸提技术、多相浸提技术等，适用于高挥发性化学污染土壤的修复，具有可操作性强、设备简单、容易安装、对处理地点的破坏很小、处理时间较短的优势。但处理效果很难达到 90% 以上的去除率，且在低渗透土壤和有层理的土壤上有效性不确定，只能处理不饱和带的土壤。

8.2.1.4　固化 / 稳定化、阻隔填埋技术

（1）固化 / 稳定化技术

固化 / 稳定化技术，是通过物理或化学手段将有毒有害物质固定起来或者将污染物转成化学性质不活泼的形态，从而降低污染物毒害程度的一种修复技术。实际应用中，固化 / 稳定化技术分为固定化和稳定化两种技术，二者常联合使用。稳定化是使用化学试剂将污染物质转化成低毒或较难迁移的物质；固化是使用材料将污染物包裹起来，使之以较大颗粒状形态存在，进而使污染物性质保持较为稳定的状态。固化 / 稳定化技术的优点是技术成熟可靠、安全，处置成本较低，作用对象广泛且易与其他修复技术联用；缺点是将污染物固定在混合体内，而非去除，土壤 内污染物总量未得到削减。国内外对固化 / 稳定化技术应用的实际工程案例较多。

中国农业科学院试验站连续 4 年开展了利用新型钝化阻抗剂治理镉污染土壤的大田应用研究，主要目标是利用钝化阻抗剂降低常见蔬菜中镉的含量。根据镉与污染土壤中巯基有较强的反应特征，利用工业废弃物质赤泥和富含巯基的植物秸秆粉末作为钝化剂，同时结合锌对镉的拮抗作用，降低农产品中镉的含量。该技术明显降低了蔬菜及其他农产品中镉含量的 63%～71%，达到农产品安全生产标准，并且持续有效性可以大于 4 年。

（2）阻隔填埋技术

土壤阻隔填埋技术是将污染土壤或经过治理后的土壤置于防渗阻隔填埋场内，或通过敷设阻隔层阻断土壤中污染物迁移扩散的途径，使污染土壤与四周环境隔离，避免污染物与人体接触和随降水或地下水迁移进而对人体和周围环境造成危害。按其实施方式，可以分为原位阻隔覆盖和异位阻隔填埋。

1）原位阻隔覆盖是将污染区域通过在四周建设阻隔层，并在污染区域顶部覆盖隔离层，将污染区域四周及顶部完全与周围隔离，避免污染物与人体接触和随地下水向四周迁移。也可以根据污染场地实际情况结合风险评估结果，选择只在场地四周建设阻隔层或只在顶部建设覆盖层。

2）异位阻隔填埋是将污染土壤或经过治理后的土壤阻隔填埋在由高密度聚乙烯（HDPE）膜等防渗阻隔材料组成的防渗阻隔填埋场里，使污染土壤与四周环境隔离，防止污染土壤中的污染物随降水或地下水迁移，污染周边环境，影响人体健康。该技术虽不能降低土壤中污染物本身的毒性和体积，但可以降低污染物在地表的暴露及其迁移性。

原位土壤阻隔覆盖系统主要由土壤阻隔系统、土壤覆盖系统、监测系统组成。土壤阻隔系统主要由 HDPE 膜、泥浆墙等防渗阻隔材料组成，通过在污染区域四周建设阻隔层，将污染区域限制在某一特定区域；土壤覆盖系统通常由黏土层、人工合成材料衬层、砂层、覆盖层等一层或多层组合而成；监测系统主要是由阻隔区域上下游的监测井构成。异

位土壤阻隔填埋系统主要由土壤预处理系统、填埋场防渗阻隔系统、渗滤液收集系统、封场系统、排水系统、监测系统组成。其中，该填埋场防渗系统通常由 HDPE 膜、土工布、钠基膨润土、土工排水网、天然黏土等防渗阻隔材料构筑而成。根据项目所在地地质及污染土壤情况需要，通常还可以设置地下水导排系统与气体抽排系统或者地面生态覆盖系统。

可处理的污染物类型：适用于重金属、有机物及重金属－有机物复合污染土壤。应用限制条件：不宜用于污染物水溶性强或渗透率高的污染土壤，不适用于地质活动频繁和地下水水位较高的地区。

8.2.1.5 热解吸修复技术

热解吸修复技术是指通过直接或间接热交换，将污染介质及其所含的有机污染物加热到足够的温度，以使有机污染物从污染介质上得以挥发或分离的过程。热解吸系统是将污染物从一相转化成另一相的物理分离过程，热解吸修复过程并不出现对有机污染物的破坏作用，而是通过控制热解吸系统的床温和物料停留时间可以有选择地使污染物得以挥发，而不是氧化、降解这些有机污染物。因此，人们通常认为热解吸是一物理分离过程。

该技术的特点是：

①该技术应用时，高黏土含量或湿度会增加处理费用，且高腐蚀性的进料会损坏处理单元。

②热解吸修复过程通常在现场由移动单元完成。

③对于处理挥发性有机物有特别的优势。

④通过调节温度可以选择性地移除不同的污染物。

⑤透气性差或黏性土壤由于会在处理过程中结块而影响处理效果。

⑥含水量高会影响修复效率。

⑦由于解析过程并不破坏污染物，所以随后要对解析出的产物进行处理。

该技术的修复成本是 400～2 500 元 /m^3，修复周期是 1～12 个月，可以去除的污染物有非卤代挥发性有机污染物、卤代挥发性有机污染物、非卤代半挥发性有机污染物、卤代半挥发性有机污染物、燃料、爆炸物和持久性有机污染物。污染物去除率大于 90%。

8.2.2 化学修复技术

化学修复技术是利用加入到土壤中的化学修复剂与污染物发生一定的化学反应，使土壤中的污染物被降解和毒性被去除或降低的修复技术。

8.2.2.1 化学改良技术

土壤化学改良技术指有针对性地采用改良剂或人为改变土壤氧化－还原电位的工程技术。该技术的原理是使污染物转变为难迁移、低活性物质或从土壤中去除。可以通过施用改良剂和改变土壤的 Eh 两种方式改良土壤的性能。该技术主要是针对重金属而言，又称为重金属的钝化，在轻度污染的土壤上应用十分有效。土壤改良技术是原位修复技术，且不需要原地搭建复杂的工程装备，是一类经济有效的修复技术。一般来说，污染程度较轻的土壤，根据污染物在土壤中的存在特性，可以向土壤中添加石灰性物质、有机物及黏土矿物、离子拮抗剂等改良剂来改良土壤的性能，修复被重金属污染的土壤。

土壤中重金属的迁移行为和土壤的氧化还原电位（Eh）密切相关。一般土壤中的多种重金属元素在还原条件下，随淹水时间延长，与产生的 H_2S 结合成难溶的硫化物沉淀，因此可采用淹水栽培和向水中施用促进还原的物质及提供 H_2S 的来源方法，降低重金属的活性，降低其毒害作用。美国某公司在实验室研究的基础上开发了 Envirobond^{TM} 技术，并在俄亥俄州 Rosebille 两个被铅污染的场地进行实施应用，去除率大于 99%。

8.2.2.2 化学氧化修复技术

土壤化学氧化修复技术是基于饮用水和废水的化学氧化处理方法上发展起来的。强氧化剂从 19 世纪 30 年代开始用在去除市政和工业废水中的有机污染物，同时也作为消毒剂使用，随后开始应用于原位和异位的土壤和地下水修复，近年来取得了重大进展。化学氧化修复技术是将氧化剂加入土壤或水体环境，利用氧化剂的氧化作用去除目标污染物，从而消除土壤和水体环境污染的一种修复技术。化学氧化修复技术会受到土壤质地、土壤中有机质含量、污染物种类及含量、污染物在土壤中的存在形态、氧化剂的氧化能力等因素影响。该技术按修复地点的不同，分为原位化学氧化修复技术和异位化学氧化修复技术。

（1）原位化学氧化

在原位向污染土壤中注入强氧化剂，利用强氧化性与污染土壤中的污染物发生化学反应，使目标污染物氧化分解，从而达到修复污染土壤的目的。常用的药剂注入方式主要为注入井或注入 - 抽出循环、直接注入及注入搅拌等。

（2）异位化学氧化

将污染土壤清挖后运至场区内的化学氧化处理区域，向污染土壤中添加强氧化剂，并利用搅拌设备对土壤及氧化剂进行充分搅拌，使得氧化剂与土壤得到均匀且高效的融合，利用强氧化性与污染土壤中的污染物发生化学反应，从而达到修复污染土壤的目的。

化学氧化修复技术应用成熟，氧化速度快，处理周期短，修复成本较低，处理工艺简单，可操作性强。该技术能够快速分解污染物，使污染物转化或分解成毒性、迁移性或环境有效性较低的形态。适用范围广，能够有效处理土壤及地下水中的三氯乙烯（TCE）、四氯乙烯（PCE）等含氯溶剂，以及苯、甲苯、乙苯和二甲苯（BTEX）等苯系物。

8.2.2.3 化学还原与还原脱氯修复技术

化学还原与还原脱氯修复技术，多用于地下水的污染治理，是目前在欧美等发达国家新兴起来的用于原位去除污染水中有害成分的方法。原位化学还原与还原脱氯修复技术需要构建一个可渗透反应区并填充化学还原剂，修复地下水中对还原作用敏感的污染物和一些氯代试剂，当这些污染物迁移到反应区（可渗透反应墙）时，或者被降解，或者转化成固定态，从而使污染物在土壤环境中的迁移性和生物可利用性降低。通常这个反应区设在污染土壤的下方或污染源附近的含水土层中。常用的还原剂有 SO_2、H_2S 气体等。一般在污染地下水的过流断面上，把原来的土壤挖掘出来，代之以一个可渗透反应的墙。可渗透反应墙墙体可以由特殊种类的泥浆填充，加入其他被动反应材料，如降解易挥发有机物的化学品，滞留重金属的螯合剂或沉淀剂，以及提高微生物降解作用的营养物质等。理想的墙体材料除了要能够有效进行物理化学反应外，还要保证不造成二次污染。

8.2.2.4 化学淋洗技术

化学淋洗技术是将清洗液注入被污染土壤土层，使土壤污染物发生溶解或迁移，再将带有污染物的溶液从土壤中抽取出来，进行分离和污水处理的技术。该技术修复土壤量大，且适合不同形式的污染土壤，影响处理成本的主要因素是土壤物理性质，如果土壤中的黏土含量超过25%，会导致该技术的修复效果较低。此外，淋洗技术会产生大量的处理废水，需要现场配备相应的废水处理及回收设备。

加拿大某场地发现酚类等油类有机污染物，采用土壤淋洗技术，将污染河段砂石、土壤挖出后置于淋洗装备中进行洗涤，洗涤废水收集于沉淀池，然后通过沉淀、过滤、吸附等步骤处理，最终污染砂石及土壤达到修复目标。

淋洗水中可以加入一些基本的溶剂、表面活性剂、螯合剂或者调整pH来增强污染物的去除效果。该处理过程中土壤和淋洗水的反应通常在一个反应槽或其他处理单元中异位进行，淋洗水和不同粒度的土壤在重力沉降的作用下进行分离。土壤洗涤法成本较高，且操作较复杂。如异位化学淋洗，首先要对土壤进行粒度分级再分别加以处理，该方法的工程应用远远落后于实验室研究，要实现其广泛的工程应用，还有一系列的技术问题需要解决。

化学淋洗操作系统的装备由3部分组成：第一，向土壤中施加淋洗液的设备；第二，下层淋出液收集系统；第三，淋出液处理系统。该技术是利用水力压头推动清洗液通过污染土壤从而将污染物从土壤中清洗出去，然后对含有污染物的清洗液进行分离处理。清洗液可以是化学试剂也可以是清水。该技术操作费用较低，操作人员不直接接触污染物。但仅适用于砂壤等渗透系数大的土壤，且引入的清洗剂易造成二次污染。该类技术适用范围广泛，包括重金属、芳烃、石油类、卤代试剂、多氯联苯、氯代苯酚和农药等污染物。

8.2.2.5 溶液浸提修复技术

溶液浸提修复技术是一种利用溶剂将有害化学物质从土壤中提取出来或去除的技术，属于土壤异位处理。一般先将污染土壤中的大块岩石和垃圾等杂质分离去除，然后将污染土壤放置于提取罐或箱中，清洁溶剂从储存罐运送到提取罐，以慢浸方式加入土壤介质，以便与土壤污染物全面接触，在其中进行溶剂与污染物的离子交换等反应。

溶液浸提修复技术设计和运用得当，是比较安全、快捷、有效、便宜和易于推广的技术。该技术适用于多氯联苯（PCBs）、石油类碳水化合物、氯代碳氢化合物、多环芳烃、二噁英和呋喃类有机污染物，不适用于重金属和无机污染物的修复。低温和土壤黏粒含量高是不利于溶剂浸提修复的。在美国，该技术已成功地进行了多氯联苯、二噁英和有机农药污染场地的修复，平均修复费用为165～600美元/t土壤。污染物去除率高达99%。

8.2.2.6 电动修复技术

电动修复技术（electrokinetics）的工作原理类似电池，即利用土壤中的电极在污染土壤的两端加上低压直流电场，在直流电的驱动下，使得水溶的或吸附在土壤颗粒表层的污染物向不同的电极方向运动，从而富集在电极区进行分离或集中处理的过程。污染物的去除过程主要涉及3种电动力学现象：电渗析、电迁移和电泳。

电动修复技术在国内外污染场地中暂无大规模的应用。分析美国国家环保局《超级基金修复报告》可知，截至目前，超级基金场地修复项目近4 000项技术应用中，仅在1998年提及过一次电动修复。我国科研院所近年来对电动修复的研究虽已取得了阶段性突破，但工程应用尚未见报道。

8.2.3 生物修复技术

广义的土壤生物修复技术是指一切以利用生物为主体的土壤污染治理技术，包括利用植物、动物和微生物吸收、降解、转化土壤中的污染物，使污染物的浓度降低到可接受的水平，或将有毒有害的污染物转化为无毒无害的物质，也包括将污染物固定或稳定，以减少其向周围环境的扩散。狭义的土壤生物修复技术是指通过酵母菌、真菌、细菌等微生物的作用清除土壤中的污染物，或是使污染物无害化的过程。

土壤生物修复技术主要分为植物修复技术、动物修复技术、微生物修复技术三大类。

土壤植物修复技术是根据植物可耐受或超积累某些特定化合物的特性，利用绿色植物及其共生微生物提取、转移、吸收、分解、转化或固定土壤中的有机或无机污染物，把污染物从土壤中去除，从而达到移除、削减或稳定污染物，或降低污染物毒性等目的。

土壤动物修复技术是一种通过土壤动物直接地吸收、转化和分解或间接地改善土壤理化性质，提高土壤肥力，促进植物和微生物的生长等作用，从而达到修复土壤目的的技术。

土壤微生物修复技术是一种利用土著微生物或人工驯化的具有特定功能微生物，在适宜环境条件下，通过自身的代谢作用，降低有害污染物活性或降解成无害物质的修复技术。

生物修复技术具有操作简单，成本低，对环境扰动少，不易造成二次污染的优点，同时也具有修复周期长，修复效果易受外界环境变化等因素的影响等局限性。

8.2.3.1 微生物修复技术

微生物修复技术（microbio-remediation）是通过微生物的作用清除土壤中的污染物，使污染物无害化的过程。包括自然和人为控制条件下的污染物降解或无害化过程。所利用的微生物主要有土著微生物、外来微生物和基因工程菌三大类。微生物修复技术可分为原位修复、现场修复和异位修复，其中原位修复不仅操作简单、成本低，而且不破坏植物生长所需要的土壤环境，污染物氧化安全，无二次污染，处理效果好，是一种高效、经济和生态可承受的环保技术。原位微生物修复不需将污染土壤搬离现场，直接向污染土壤投放氮、磷等营养物质和供氧，促进土壤中土著微生物或特异功能微生物的代谢活性，降解污染物。原位微生物修复技术主要有生物通风法、生物强化法、土地耕作法和化学活性栅修复法等。异位微生物修复是把污染土壤挖出，进行集中生物降解的方法。主要包括预制床法、堆制法及泥浆生物反应器法等。

微生物修复技术主要应用于重金属污染土壤和有机污染土壤的修复。重金属污染土壤的微生物修复原理主要包括生物富集（如生物积累、生物吸着）和生物转化（如生物氧化还原、甲基化与去甲基化以及重金属的溶解和有机络合配位降解）等作用方式。研究表明，许多微生物（包括细菌、真菌和藻类）可以生物积累和生物吸着环境中的多种重金属。一些微生物，如动胶菌、蓝细菌、硫酸盐还原菌以及某些藻类，能够产生胞外聚合物（如多糖、糖蛋白等）具有大量的阴离子基团，与重金属离子形成络合物。

有机污染土壤的微生物修复原理主要包括微生物的降解和转化。其通常依靠氧化作用、还原作用、基因转移作用、水解作用等反应模式来实现。

污染土壤的微生物修复原理主要包括生物富集（如生物积累、生物吸着）和生物转化（如生物氧化还原、甲基化与去甲基化以及重金属的溶解和有机络合配位降解）。

微生物修复效果的影响因素有：

1）微生物的种类和性质。污染土壤微生物修复技术中，对修复起核心作用的是微生物。选择优良的微生物菌种，是污染土壤微生物修复取得良好效果的前提。用作污染土壤微生物修复的微生物有土著微生物、外来微生物、基因工程菌（GEM）三大类。

2）微生物营养盐。保证污染土壤微生物修复过程中微生物的生长和对污染物的充分降解及有效转化，一定要保证氧的供给。微生物对环境中污染物质之所以有强大的降解与转化能力，除了因为其本身个体小、比表面积大、种类多、分布广、适应力强、代谢类型多样、代谢速率快外，还有一个重要的特点，就是其具有共代谢作用。在污染土壤中添加化学结构与污染物类似的共代谢基质，一方面，可以富集共代谢微生物；另一方面共代谢基质能促使微生物对难降解污染物的分解。因此共代谢基质的种类和数量是影响污染土壤微生物修复技术效果的一个很重要因素。

3）溶解氧。土壤空气中的氧含量影响微生物的活性。

4）共代谢基质。共代谢，是指微生物从其他底物获取大部分或全部碳源和能源后将同一介质中有机化合物降解的过程。在有其他碳源和能源存在的条件下，微生物酶活性增强，降解非生长基质的效率提高的现象，也称共代谢作用。土壤微生物通常不只利用一种碳源，而是同时利用多种碳源。共代谢过程已作为一种生物技术在芳香族化合物生物降解修复中得到广泛应用。

5）污染土壤的性质。土壤是由固体（矿物质、有机质和土壤生物）、液体和气体三相物质组成的疏松多孔体，土壤固相中的有机胶体颗粒具有强大的吸附能力，能吸附阻留有机污染物，降低其在土壤中的运动性，同时这种固定化会延长微生物对有机污染物的降解与转化。

6）污染物的物理、化学性质。污染土壤中污染物的物理化学性质也是影响污染土壤微生物修复技术的一个重要因素。主要包括淋失与吸附、挥发、生物降解和化学反应四个方面的性质。了解污染土壤污染物的性质是判断能否采用微生物修复以及采取相应的对策，强化微生物修复过程。

7）微生物的环境因子。碳源、氮源、水分、温度都对微生物的生长繁殖起到一定的调节作用。

污染土壤微生物修复技术具有耗资少，处理效果好等优点，引起许多国家的重视。我国也成立了专门的机构，旨在研究和推动污染土壤的修复工作。通过研究人员的努力，污染土壤微生物修复技术已走出实验室，并在许多受有毒有害有机污染物污染的土壤修复计划中得到应用。一些工程技术如原位处理、生物通风、挖掘堆置处理、反应器处理等已经比较成熟，随着土壤污染问题的日益严峻、国家对环保的日趋重视、国民环保意识的增强，污染土壤微生物修复技术必将展现更广的应用前景。

8.2.3.2 植物修复技术

植物修复技术（phytoremediation）是以植物忍耐和超量积累某种或某些化学元素的理论为基础，利用绿色植物来转移、容纳或转化污染物使其对环境无害。植物修复的对象是重金属、有机物（如多核芳香烃、多氯联苯和农药）或放射性元素污染的土壤及水体。研究表明，通过植物的吸收、挥发、根滤、降解、稳定等作用，可以净化土壤或水体中的污染物，达到净化环境的目的，因此，植物修复是一种很有潜力、正在发展的清除环境污染的绿色技术。植物修复技术是指直接利用植物把受污染土地或地下水中的污染物（重金属、有机物等）移除、分解或围堵的过程。目前普遍认为利用植物修复的方法来清除受重金属污染的土地，是一种较便宜且方便的做法，在土壤重金属污染修复中，主要应用的植物修复技术有植物萃取技术、植物根际过滤技术、植物稳定化技术和植物挥发技术等。甚至有科学家指出，可利用植物的这种特性开采土壤中的金属矿物。

植物修复技术属于原位修复技术，其成本低、二次污染易于控制，植被形成后具有保护表土、减少侵蚀和水土流失的功效，可大面积应用于矿山的复垦、重金属污染场地的植被与景观修复。但同时也有一定的缺陷，植物修复技术主要依赖于生物进程，与一些常用工程措施相比见效慢，修复耗时长。对于深层污染的修复有困难，由于气候及地质等因素使得植物的生长受到限制，存在污染物通过“植物－动物”的食物链进入自然界的可能。

（1）植物修复技术的发展及现状

世界上大多数的工业国家都面临严重的重金属污染问题，因此开发有效的植物修复法，清除环境中的过量重金属已是刻不容缓的事情。人们平时看到的极不起眼的植物可以生长在重金属污染的土地上，且扮演“超级清道夫”的角色，环境逆境来临时，唯有透过生物多样性的维护，才能确保生物生生不息及地球的永续发展。

美国新泽西州利用植物修复的方法，把一处因制造电池而导致铅污染的土地修复成功。通过了解植物在重金属环境下的生存策略，有助于人类利用生物科技制造出可以大量吸收重金属的植物。阿拉伯芥与水稻两种模式植物的基因密码已完成测序，加上目前已开发出的生物芯片，未来将有助于研究人员寻找植物中受重金属诱导而表现的基因。此外借由大规模搜寻阿拉伯芥突变株中被破坏的个别基因，也可使研究人员真正了解究竟哪些基因与植物在重金属逆境下的生长有关。当然从其他模式生物如细菌及酵母菌，甚至高等哺乳动物系统所获得的信息也很有帮助。

可以有效清除重金属污染的植物，应该具有下列特征：生长快速、根系能深植土壤、容易收割、能够容忍并累积多样化重金属。借由这些分子生物学的方法所得到的结果，除了有助于人们了解植物在重金属逆境下的生存策略外，未来也可应用于生物科技产业，帮助人们开发可大量累积重金属的植物新品种，供植物修复。

有关植物修复的研究工作，主要是以下述两种策略进行。一种是通过在植物体中大量表现，已存在于体内且和聚积重金属有关的单一基因，促使植物累积重金属的能力增强。

另一种方法则是将一整套外来的，参与重金属代谢、吸收及累积途径的所有要素，利用基因转殖的方式送进植物体内。

由于生物科技的兴起，科学家将能利用基因转殖的方式，在植物中导入和重金属耐受性与聚积性有关的基因，创造出可抵抗且累积多种重金属的转殖植物，供作植物修复用，以解决目前工业化国家中严重的重金属污染问题。当然，未来实际应用这些转殖植物来净化遭重金属污染土地的同时，仍需谨慎评估基因改良植物对生态环境的冲击。

目前已经有许多利用基因转殖技术成功生产抗重金属植物的例子，例如，以色列的研究人员在烟草中加入具输送功能的基因（transporter），使烟草可以生长在含有高浓度镍的环境下。另外，西班牙的研究人员则在阿拉伯芥中转殖可以受镉诱发，进而影响植物体内谷胱甘肽（glutathione）浓度的基因，结果发现转殖植株可以生长在含高浓度镉的环境下，并且将镉累积在叶片中。

在日本及新西兰，有研究人员把一些受铝诱发的基因送进植物体内表现，结果确实可使转殖植物生存在高浓度铝的土壤中。到了2003年，美国的研究人员更把细菌中抗镉的基因转植入植物体内来加以表现，结果同样可以产生抵抗并累积高浓度镉的植株。因此，除了利用天然的重金属高聚积植物进行植物修复外，基因转殖植物将是未来植物修复工作的明日之星。

在我国，从1999年开始，在国家“863”计划、“973”计划和国家自然科学基金重点项目的支持下，中国科学院地理科学与资源研究所环境修复中心研究员陈同斌带领的研究组筛选出一种砷超富集植物，解决了砷污染土地植物修复技术中的一系列关键难题，在国际上建立了第一个砷污染土地的植物修复示范工程，并先后在广西壮族自治区河池市和云南省红河哈尼族彝族自治州开始推广应用。此外关于水体污染植物修复技术（漂浮植物修复技术）的研究工作也在推行之中。

（2）植物修复技术

1）植物挥发技术

植物挥发技术（phytovolatilization），是利用植物对污染物的吸收和蒸腾作用，将污染物或改变了的污染物形态从植物体内释放到大气中。一些植物在吸收水分和污染物的同时，可以通过生物甲基化等生化反应将富集的重金属转化为可挥发形式，释放到大气中。但是，植物挥发技术处理的重金属污染物最终会通过干湿沉降等方式重新释放到生态环境中，使得这种修复方法的使用备受争议。植物挥发技术的优点是可以将隐藏在土壤中的重金属污染物直接排放至大气中，无须对植物进行收割、利用等处置，大幅节省成本；缺点是挥发的重金属被释放到大气环境中，对生态环境构成威胁。

2）植物萃取技术

植物萃取技术，又称为植物提取技术（phytoextraction），是去除土壤中重金属的最有效的植物修复手段。植物萃取的效率取决于土壤中重金属的生物有效性、土壤性质、重金属形态和植物种类等诸多因素。作为土壤重金属污染修复植物，其一般具有易耕易收、抗病虫害、产量高、重金属富集种类多、重金属富集能力强、重金属毒性耐受性强、根系发达和环境及气候条件适应性强等特点。植物萃取潜力主要取决于地上部分重金属浓度和地上部生物量两个关键因素。研究表明，使用超累积植物，其产生的地上部生物量较少，但目标重金属的积累程度更大；对于其他植物，如印度芥菜等，其目标重金属的积累程度较低，但产生更多的地上部生物量，因此总体积累与超积累植物相当。由于生长速率高，逆境适应性强，生物量高，因此禾本科植物比灌木、乔木更适用于植物萃取。

3）植物根际过滤技术

植物根际过滤技术（phytofiltration），是指利用超积累植物或者耐重金属植物从地下水、地表水、废水中吸收、沉淀和富集重金属。它通常应用于地下水（原位或提取）、地表水或废水的治理中，以去除重金属或其他无机化合物，植物根际过滤可用于吸附Pb、Cd、Cu、Ni、Zn和Cr，这些元素主要保留在根中。植物根际过滤与植物萃取的原理相似，但前者主要应用于污染地下水或地表水的修复。植物根系吸收重金属并将其转移至植物体内，当植物生长到一定程度并且对重金属形成有效吸收时，对植物进行收割和进一步处置。向日葵、印度芥菜、烟草、黑麦、菠菜和玉米已被证明具有去除水中铅的能力，其中向日葵的去除能力最强。植物根际过滤的优点是可利用陆生植物和水生植物对污染物进行原位修复或异位修复，并且污染物也不必转移到植物的其他组织（茎、叶等）中。其中，陆生植物是首选，因为它们有纤维和更长的根系，增加了根面积。植物根际过滤的缺点是经常需要调节pH，植物可能需要在温室或苗圃中生长，定期进行收获和处置。

4）植物稳定化技术

植物稳定化（phytostabilization），是指植物在与土壤等环境介质的共同作用下，将污染物固定，从而减少其对生物与环境危害的一种植物修复方法。植物稳定化技术通过抑制土壤中重金属污染物的活性，防止污染物进一步扩散。在这项技术中，耐受重金属的植物将土壤中高浓度污染物覆盖，同时限制了土壤侵蚀和污染物向地下水中淋溶。污染物的流动性可以通过根系表面的吸附/积累和根际的沉淀来改变。植物稳定化只是利用植物将土壤重金属污染物转变成无毒或毒性较低的形态（生物无效态），但并未从土壤中真正去除它（也称原位改良）。该技术一般适合于土壤黏重、有机质含量高的污染土壤的修复，其机理主要是通过金属在根部的积累、沉淀或根表吸收来加强土壤中重金属的固化。

（3）超累积植物

"超累积植物"（hyperaccumulator）一词最先是由Brooks等于1977年提出的，当时用以命名茎中镍含量（干重）大于1 000 mg/kg的植物。Minguzzi和Vergnano在意大利Tuscany地区的富镍蛇纹石风化土壤中找到了一种叫*Alyssum bertolonii* Desvaux（布氏香芥）的植物，该植物叶片中镍（Ni）的含量极高。Wild在非洲发现半卡马菊（*Dicoma niccolifera*）也是一种Ni超累积植物。Cole在澳大利亚发现一种叫*Hybantbus floribundas*（lindl.）F Muell（多花鼠鞭草）的Ni超累积植物。Severn和Brooks在其他地方也发现了相同的Ni超累积植物。其干叶中Ni含量达1%，叶灰分中Ni含量达23%。Ni和Cu都达到超累积水平。Jaffre报道了另一种Ni超累积植物——塞贝山榄（*Serbertia accuminata*），其汁液中Ni含量可达25.7%（干重）。Brooks等对富Ni地区的植物标本进行分析后发现，Ni超累积植物主要产于几个属，在已鉴别出的168种植物中，有45种Ni超累积植物属于庭芥属（*Alyssum*）。上述这些发现激起了科学家们的极大兴趣，促使Ni超累积植物的研究飞速地向前发展。

在Ni超累积植物研究快速发展的同时，其他类型的金属超累积植物（如Cu、Co、Mn、Pb、Se、Cd和Zn）也相继被发现。超累积植物的概念已经扩大到植物对所有重金属元素的超累积现象，即指超量积累一种或同时积累几种重金属元素的植物。

超累积植物一般是指植物的地上部分对重金属的吸收量比普通植物高 10 倍以上，且不影响正常的生命活动的植物。一般超累积植物地上部分的重金属含量应高于根部重金属含量对特定重金属的积累量在 1 000 mg/kg（干重）（Ni、Pb、Co 等）、100 mg/kg（干重）（Cd）及 10 000 mg/kg（干重）（Mn、Zn）以上，且具有即使在重金属浓度较低时也有较高累积速率、能同时积累几种重金属、生物量大、生长迅速、根系发达等特点。植物能吸收利用并积累耐受环境中的金属离子，将它们输送并贮存在植物体的地上部分。因此研究不同植物对金属离子的吸收特性、筛选出能耐受且能超量积累重金属的植物是其中的关键。

（4）主要污染修复资源植物

1）碱蓬

碱蓬（*Suaeda glauca*）可以在盐碱化土壤上繁茂生长，能有效降低土壤表层盐量，增加土壤有机质含量，提高土壤中 N、P、K 的含量。在未完全脱离海水的高盐的潮滩上有机质越来越多，加速了潮滩的土壤化过程，因此被誉为盐碱地改造的“先锋植物”。此外，碱蓬对重金属也有一定的吸收作用，还可以用来处理含盐养殖废水。碱蓬对常见金属 Cu、Zn、Pb、Cd 均具有累积作用，体内含量均高于潮滩背景值。碱蓬可监测环境中 Hg 的含量，能快速富集水中的镉类金属，清除酚类。

2）印度芥菜

印度芥菜（*Brassica juncea*）是一种高产、生长快的十字花科植物，对 Cd、Cr、Ni、Zn、Cu、Au、Se 等多种重金属均具有较高的富集能力，尤其对 Zn、Cd 的富集最为明显，被视为一种可以从污染土壤中“提取（phytoextraction）”重金属的植物。

3）凤眼蓝

凤眼蓝（*Eichhornia crassipes*）别名凤眼莲、水葫芦。有发达的根系，生长迅速，具有大量吸收污水中的 N、P 等营养物质和净化重金属、有机污染等生态效应。有报道，在适宜的条件下，1 hm^2 水葫芦可以将 800 人排放的 N、P 元素当天吸收掉。水葫芦还能从污水中除去 Cd、Pb、Hg、Tl、Ag、Co、Sr 等重金属元素，并且对酚、氰、油的清除率也很高，能够大量吸收营养盐，对改善水质、治理水体富营养化具有一定作用。

4）苦草

在苦草（*Vallisneria natans*）生长的地方，浮游生物、细菌和丝状藻生物量降低。研究认为，苦草生物量越大，对藻类的抑制作用也越大，致使水体正磷酸盐、溶解有机碳和总悬浮物含量减少，透明度增加。苦草有控制湖泊富营养化、恢复沉水植物生态系统的作用。此外，一些研究表明，苦草的根对重金属 Hg 有较强的吸收能力，因此可用于监测环境中重金属汞的污染。苦草也可用于有机氯污染的生物监测。

5）蜈蚣草

蜈蚣草（*Eremochloa ciliaris*）中的 As 含量竟可以达到 1%～2%，而且多集中于地上部分，可做改良土质土壤，一年可以收割三次之多。中国科学院地理科学与资源研究所环境修复研究中心研究员陈同斌和他的研究团队在国内砷最为集中分布地带之一的广西环江地区，经长达 3 年时间研究找寻，一座有着 1 500 多年历史的石门矿被科研人员发现，并将该矿附近 100 多种植物纳入搜索圈。经层层筛选以及遗传性能鉴定，当地大量存在的一种优势植物——蜈蚣草胜出。

6）东南景天

东南景天（*Sedum alfredii*）是一种Zn、Cd、Pb超累积植物，能将Cd、Zn、Pb等较多地吸收到植株的地上部，有效减轻土壤重金属污染。东南景天的地上部锌含量高达5 000 mg/kg，富集系数为1.25～1.94，大于1；而营养液培养试验发现，东南景天地上部锌含量高达19 674 mg/kg。东南景天对镉污染修复效率较大，能对镉超累积。当土壤中镉含量为12.5～50 mg/kg时，矿山生态型东南景天的地上部在一年内（两茬）的累积量可达2～4 mg/盆，其对土壤镉清除率达16%～33%。矿山生态型东南景天特别适合修复低、中度镉污染土壤。

8.2.3.3 动物修复技术

土壤动物是土壤生态系统中的主要生物类群之一，占据着不同的生态位，对土壤生态系统的形成和稳定起着重要的作用。这些动物主要有土壤原生动物和土壤后生动物群落组成。一般平均每克土中含有原生动物的数量可达1万～10万个；而土壤后生动物群落主要有线虫、千足虫、蜈蚣、轮虫、蚯蚓、白蚁、老鼠等。从数量上估计，每平方米土壤中，无脊椎动物，如蚯蚓、蜈蚣及各种土壤昆虫有几十到几百个，小的无脊椎动物可达几万至几十万个。它们对土壤肥力保持和生产力的提高具有很重要的作用，土壤生物区系、土壤生物多样性和全球变化对土壤生物的影响已成为土壤生态学研究的前沿领域。土壤动物多样性及其保护研究、土壤动物在生态系统中的作用研究、土壤动物的指示作用研究、利用土壤动物筛选最佳土地利用方式研究、土壤动物与农业害虫关系研究以及自然保护区土壤动物研究等成为世界各国研究的热点，同时微生物修复技术和植物修复技术的研究也成为国内外研究的热点。虽然牛明芬、高岩、俞协治、郭永灿等已经用蚯蚓等动物来修复污染土壤，但对土壤动物修复方面的研究却还较少。

（1）土壤动物修复的概念

土壤动物修复技术是利用土壤动物及其肠道微生物在人工控制或自然条件下，在污染土壤中生长、繁殖、穿插等活动过程中对污染物进行破碎、分解、消化和富集的作用，从而使污染物降低或消除的一种生物修复技术。土壤动物在土壤中的活动、生长、繁殖等都会直接或间接地影响到土壤的物质组成和分布。特别是土壤动物对土壤中的有机物污染物机械破碎、分解作用。它们还分泌许多酶等，并通过肠道排出体外。与此同时，大量的肠道微生物也转移到土壤中来，它们与土著微生物一起分解污染物或转化其形态，使得污染物浓度降低或消失。

（2）土壤动物对不同污染物处理的机理

1）土壤动物对一般有机污染物的处理机理

随着城市的发展和人们生活水平的提高，生活垃圾越来越多；密集型农业的进一步发展，特别是畜牧业的发展，产生了大量的粪便，严重污染土壤环境和大气环境。有关资料显示生活垃圾以每年9%的速度递增，2020年，全国城市生活垃圾清运量达2.35亿t。而畜禽粪便的数量更是巨大，据第二次全国污染源普查测算，目前我国畜禽粪污年产量在30.5亿t。如果这些畜禽粪便和生活垃圾随意堆放，不做适当处理，势必对周围环境的水体、土壤、空气和作物造成污染，成为公害，成为畜禽传染病、寄生虫病和人畜共患疾病的传染源。而这些污染物正是许多土壤动物的食物。土壤动物有许多腐生动物，它们专门以有机物为食，处理能力也是相当惊人的。在人工控制条件下，土壤动物的处理能力和效率更加强大。中国农业大学开发出了大型的蚯蚓生物反应器，日处理有机废弃物 6 t。全国已有 500 多家公司利用蚯蚓处理畜禽粪便，也有许多农场养殖蝇蛆、蛴螬等来处理粪便，大大地降低了粪便污染量。而中国农业大学的孙振钧教授等研究的蚯蚓生物反应器每台每年可处理生活垃圾等废弃物几千吨，同时可以产生 1 800 t 蚓粪有机肥料。

土壤动物主要是通过对生活垃圾及粪便污染物进行破碎、消化和吸收转化，把污染物转化为颗粒均匀，结构良好的粪肥。而且这种粪肥中还有大量有益微生物和其他活性物质，其中原粪便中的有害微生物大部分被土壤动物吞噬或杀灭。土壤动物肠道微生物转移到土壤后，填补了土著微生物的不足，加速了微生物处理剩余有机污染物的处理能力。

2）土壤动物对农药、矿物油类的富集

农药中含有有机氯、有机磷等具有很强的毒性，对高等动物的神经系统、大脑、心脏、脂肪组织造成损伤；而矿物油类抑制土壤呼吸，使得土壤肥力降低。从生态学角度上看，土壤动物处在陆地生态链的底部，对农药、矿物油类等具有富集和转化作用。谢文明在土壤中添加有机氯培养蚯蚓，发现蚯蚓对所加的有机氯农药的生物富集因子为 1.4～3.8，对六六六和 DDT 的富集作用明显。王一华、王振中、张薇等分别对甲螨、线虫等土壤动物生物指示作用进行了研究，发现这些土壤动物对农药的富集作用比较明显，可以用作农药污染土壤的动物修复。

3）土壤动物对重金属的形态的转化和富集作用

目前，全世界平均每年排放的 Hg 为 1.5 万 t，Cu 为 340 万 t，Pb 为 500 万 t，Mn 为 1 500 万 t，Ni 为 100 万 t。重金属土壤由于自身的特殊性就成了这些重金属污染物的归宿地。土壤重金属污染日益严重，土壤肥力退化、农作物产量降低和品质下降，严重影响环境质量和经济的可持续发展。植物修复已经很难满足这一要求，每次用植物富集重金属就是对土壤肥力的一次消耗，只收获植物，而不给土壤补充养分。如果利用动物来富集重金属或转化其形态，不但不会降低土壤肥力，而且可以提高土壤肥力。

邓继福等对污染区土壤中蚯蚓和蜘蛛体内的重金属含量进行了分析，发现蚯蚓对重金属元素有很强的富集能力，其体内 Cd、Pb、As、Zn 与土壤中相应元素含量呈明显的正相关，对蜘蛛体内重金属含量的分析结果也表现出同样的趋势。朱永恒在土地污染的一个评价指标中得到，蚯蚓富集量随着污染浓度的增加而上升，蚯蚓体内的 Cd、Pb 和 As 元素的含量和土壤中这两项元素的含量具有良好的相关性，相关系数分别为 0.99、0.83、0.87。马正学等发现了腐生波豆虫（*Bo-do putrinus*）和梅氏扁豆虫（*Phacodinium metchni-coffi*）这两种虫富集铅含量很高，被认为是铅、锌类污染土壤的指示种。韩清鹏等研究发现加锌量在 0～400 mg/kg，蚯蚓对土壤氮素矿化、硝化和反硝化活性的促进作用不受加锌量的影响。蚯蚓不但富集了重金属，还可以改良土壤，保持土壤的肥力。

土壤动物不仅直接富集重金属，还和微生物、植物协同富集重金属，改变重金属的形态，使重金属钝化而失去毒性。特别是蚯蚓等动物的活动促进了微生物的转移，使得微生物在土壤修复的作用更加明显；同时土壤动物把土壤有机物分解转化为有机酸等，使重金属钝化而失去毒性。成杰民对蚯蚓、菌根相互作用的研究表明。蚯蚓活动增加了重金属在黑麦草根部的积累，菌根则能促进重金属从黑麦草根部向地上部转移，黑麦草吸收 Cd 含量与土壤和蚯蚓粪中提取态 Cd 含量之间呈显著正相关，蚯蚓粪中 Cd 含量显著高于土壤中 Cd 的含量。因此，蚓粪中有效态 Cd 是植物吸收的重要供源。

8.3 污染土壤修复技术集成及修复实践

8.3.1 修复技术集成

当前世界各国对土壤污染修复技术均进行了广泛的研究，但与发达国家相比，我国土壤污染修复起步较晚，且一般为单一的物理、化学与工程方法，缺乏基于不同风险等级的控制技术、分级管理和治理体系，难以应对污染日益严重的不利局面，不足以支撑农产品安全生产和产地环境可持续发展的现实需求，难以成为保障农田农产品安全生产的主导技术，而且大部分研究成果尚未进行大规模生产实践。我国地域辽阔，不同地区土壤类型、气候、水文等有较大差异，耕地污染类型多样，生态环境风险不等，因此我国土壤污染防控技术的研究是一项长期、复杂、艰巨且极其迫切的任务。

由于土壤环境的复杂性，用原有的物理、化学、植物及微生物等单一的方法对复合污染进行修复，很难达到较好的效果，因此需要将各种单项修复技术进行合理的集成，形成污染耕地过程控制技术体系。土壤修复技术的集成需要基于不同风险等级的控制技术，综合考虑各个单项技术的特点、资金投入、分级管理和治理模式。根据不同地区土壤资源实际问题，针对不同类型土壤污染开展安全利用技术研究，形成相应的技术体系与模式，使这部分土壤的持续安全利用成为可能，是应对人口迅速增长、耕地面积减少、环境日趋恶化局面的必然选择，其生态效益、环境效益和社会效益将十分巨大。

8.3.1.1 物理 - 化学联合修复技术

土壤物理 - 化学联合修复技术是适用于污染土壤离位处理的修复技术。溶剂萃取 - 光降解联合修复技术是利用有机溶剂或表面活性剂提取有机污染物后进行光解的一项新的物理 - 化学联合修复技术。例如，可以利用环已烷和乙醇将污染土壤中的多环芳烃提取出来后进行光催化降解。此外，可以利用 Pd/Rh 支持的催化 - 热脱附联合技术或微波热解 - 活性炭吸附技术修复多氯联苯污染土壤；也可以利用光调节的 TiO_2 催化修复农药污染土壤。

8.3.1.2 植物 - 微生物联合修复技术

单纯植物修复及单纯微生物修复有一定限制，如目前发现的能用于植物修复的具有超富集能力的植物种类少，其生物量较小积累重金属量有限，积累速率有限等；微生物修复中大多数自然存在的微生物的重金属还原能力有限，微生物对生存环境有一定要求，且大多数微生物只能通过将强毒性的重金属元素转化为弱毒性的重金属元素来降低重金属污染程度，并非完全去除土壤中重金属。而植物 - 微生物联合修复技术能在很大程度上弥补单纯植物和单纯微生物修复重金属污染的缺憾。植物 - 微生物联合修复技术是利用土壤 - 植物 - 微生物复合体系，植物修复技术和微生物修复技术联合使用相互促进，共同降低土壤污染物、缓解环境污染的一种新兴生物修复技术。罗巧玉等介绍了丛枝菌根（Arbuscular Mycorrhizae，AM）真菌与宿主植物互惠共生体在重金属污染土壤生物修复作用中的最新研究进展，如能增强植物对 Zn、Pb、Cu、As 和 Cd 等重金属的胁迫耐受及吸收量。河小燕的研究表明，小叶女贞（*Ligustrum quihoui* ）与根际真菌联合培养时在 Zn、Cd 复合污染下，苗木对 Zn 吸收系数为 0.51，转运系数为 1.55，对 Cd 吸收系数为 0.41，转运系数为 0.48，两种修复技术联合使用对土壤重金属 Zn、Cd 修复效应明显提高。孙瑞波等对南京栖霞重金属污染区 5 种植物及其根际土壤微生物的研究表明，根际土壤微生物尤其是具有重金属抗性的活性细菌有可能促进土壤重金属的活化，由此促进植物体对重金属的吸收和转运。

8.3.1.3 微生物－植物－动物联合修复技术

土壤动物修复技术如果能和微生物修复技术、植物修复技术、工程技术相结合，将更能发挥其功能，提高修复能力。成杰民等研究了蚯蚓－菌根相互作用对土壤、植物系统中迁移转化作用时发现，蚯蚓活动增加了黑麦草根部的积累，菌根能促进从黑麦草根部向地上部转移，二者具有促进向地上部分转移的协同作用。蚓粪和土壤中提取态 Cd 含量与黑麦草吸收量呈显著相关，而蚓粪中提取态 Cd 含量显著高于土壤中的含量。这明显地说明蚯蚓、菌根、黑麦草三者相互作用对重金属的富集作用增强了。在很多时候，植物的存在对土壤环境起到了调节作用，如涵养水源，调节土壤水分；分泌有机酸等物质，调节土壤 pH，提供土壤的缓冲性能，从而提高了土壤动物在土壤中的生存能力，加强了土壤动物处理能力和富集能力。土壤动物、植物、微生物三者结合进行污染土壤地修复，才能真正地修复污染土壤，重建起稳定的土壤生态系统。

8.3.2 各修复技术的综合比较

2004 年，《关于切实做好企业搬迁过程中环境污染防治工作的通知》的发布标志着我国土壤修复行业正式开始发展。我国土壤修复技术在 2011 年之前较为单一，固化 / 稳定化技术应用接近半数，焚烧（含水泥窑协同处置）、填埋 / 安全处置等方式使用频率高。2011 年后各大土壤修复技术在我国开始应用于工程实践，现阶段土壤修复技术已取得一定的成果。但是，我国土壤修复技术研究起步较晚，加之区域发展不均衡性、土壤类型多样性、污染场地特征变异性、污染类型复杂性、技术需求多样性等因素，均增加了修复的难度；同时，各项技术也存在一定的不足之处。因此，亟需加强土壤修复技术的创新研发，进一步改良并优化单项修复技术的不足之处，最终实现污染土壤的修复效果，构建我国土壤修复技术体系，推动场地修复的治理工作。

（1）适用于不同污染类型的修复技术比较

不同的修复技术适用于不同污染类型的土壤，其修复成本、修复周期及目前的应用情况均有较大区别，具体如表 8-1 和表 8-2 所示。

表 8-1 适用于有机污染土壤修复的技术对比

修复技术		修复成本	修复周期	适用范围	应用情况
生物技术	生物堆	300～400 元 /m^3	1～6 个月	石油烃等易生物降解的有机物	广泛
	原位生物通风	13～27 美元 /m^3	6～24 个月	非饱和带污染土壤，可处理挥发性、半挥发性有机物	中试阶段

续表

修复技术		修复成本	修复周期	适用范围	应用情况
物理技术	异位热解吸/脱附	600～2 000元/t	几周到几年	多环芳烃、苯系物、有机农药和除草剂、卤代半挥发性有机物、卤代挥发性有机物、多氯联苯	少量工程应用
	热相分离	—	—	石油烃类、苯系物等重度有机污染	示范
	阻隔填埋处理	原位：500～800元/m^3 异位：300～800元/m^3	较短	有机物及重金属有机物复合污染	原位：未推广 异位：广泛
	多相抽提	约400元/kg	1～24个月	易挥发、易流动的NAPL（非水相液体）（如汽油、柴油、有机溶剂等）	少量工程应用
	电动修复	—	—	苯酚、甲苯、己酸、苯、*p*-硝基酚、三氯乙烯（TCE）、石油类物质（BTEX）、六氯丁二烯、六氯苯和丙酮等	罕见
化学技术	土壤淋洗	600～3 000元/m^3	3～12个月	半挥发性有机污染物、难挥发性有机污染物	已有工程应用
	水泥窑焚烧固化	800～1 000元/m^3	与水泥生产线的生产能力及污染土壤添加量有关	有机物	已有工程应用
	异位化学氧化	500～1 500元/m^3	数周到数月	石油烃、BTEX（苯、甲苯、乙苯、二甲苯）、酚类、MTBE（甲基叔丁基醚）含氯有机溶剂、多环芳烃、农药等大部分有机物	发展较快
	异位化学还原	500～1 500元/m^3	数周到数月	氯代有机物	发展较快
	原位化学氧化	约123美元/m^3	3～24个月	石油烃、BTEX（苯、甲苯、乙苯、二甲苯）、酚类、MTBE（甲基叔丁基醚）、含氯有机溶剂、多环芳烃、农药等大部分有机物	发展较快
	原位化学还原	约123美元/m^3	3～24个月	氯代有机物	发展较快
联合技术	异位固化/稳定化	500～1 500元/m^3	日处理能力通常为100～1 200 m^3	石棉、放射性物质、腐蚀性无机物、氰化物以及砷化合物等无机物；农药/除草剂、石油或多环芳烃类、多氯联苯类以及二噁英等有机化合物	广泛
	原位固化/稳定化	浅层：50～80美元/m^3 深层：195～330美元/m^3	3～6个月	石棉、放射性物质、腐蚀性无机物、氰化物以及砷化合物等无机物；农药/除草剂、石油或多环芳烃类、多氯联苯类以及二噁英等有机化合物	中试阶段

表 8-2　适用于重金属污染土壤修复的技术对比

修复技术		修复成本	修复周期	适用范围	国内应用情况
生物技术	蜈蚣草	4 200 元 /（hm^2 · a），运行成本 4 300 元 /（hm^2 · a）	6 个月	砷污染的各种场地	中试阶段
物理技术	电动修复	—	—	低渗透性、高浓度污染物土壤中的铜、锌、铅、镉、镍、砷、汞、锰等，放射性元素（铀）	罕见
	阻隔填埋处理	原位 500～800 元 /m^2 异位 300～800 元 /m^3	较短	重金属、重金属有机物复合污染	原位：未推广 异位：广泛
	异位热解吸 / 脱附	600～2 000 元 /t	几周到几年	汞	少量工程应用
化学技术	土壤淋洗	600～3 000 元 /m^3	3～12 个月	重金属	较多
	异位化学还原	500～1 500 元 /m^3	数周到数月	重金属类（如六价铬）	发展较快
	原位化学还原	约 123 美元 /m^3	3～24 个月	重金属类（如六价铬）	发展较快
	水泥窑焚烧固化	800～1 000 元 /m^3	与水泥生产线的生产能力及污染土壤添加量有关	重金属类	已有工程应用
联合技术	异位固化 / 稳定化	500～1500 元 /m^3	日处理能力通常为 100～1 200 m^3	重金属类	发展较快
	原位固化 / 稳定化	浅层 50～80 美元 /m^3 深层 195～330 美元 /m^3	3～6 个月	重金属类	中试阶段

（2）不同类型修复技术优缺点比较

优缺点比较见表 8-3。

表8-3　不同类型修复技术优缺点比较

类型	名称	优点	缺点	适用范围
生物修复	植物修复	成本低，不改变土壤性质，没有二次污染	耗时长，污染程度不能超过植物正常生长范围	重金属、有机物污染等
	原位生物修复	快速，安全，成本低	条件严格，不宜治理重金属污染	有机物污染
	异位生物修复	快速，安全，成本低	条件严格，不宜治理重金属污染	有机物污染
化学修复	原位化学淋洗	长效，易操作，费用合理	治理深度受限，可能造成二次污染	重金属、苯系物、石油、卤代烃、多氯联苯等
	异位化学淋洗	长效，易操作	治理深度受限，可能造成二次污染	重金属、苯系物、石油、卤代烃、多氯联苯等
	溶剂浸提	效果好，长效，易操作，深度不受限	费用高，需解决溶剂污染问题	多氯联苯等
	原位化学氧化	效果好，易操作，深度不受限	使用范围较窄，费用较高，可能存在氧化剂污染问题	多氯联苯等
	原位化学还原与还原脱氯	效果好，易操作，深度不受限	使用范围较窄，费用较高，可能存在氧化剂污染问题	有机物
	土壤性能改良	成本低，效果好	使用范围窄，稳定性差	重金属
物理修复	蒸汽浸提	效率较高	成本高，时间长	挥发性有机污染物
	固化	效果较好，时间短	成本高，处理后不能农用	重金属等
	物理分离修复	设备简单，费用低，可持续	筛子可能被堵，有扬尘，颗粒组成被破坏	重金属等
	玻璃化修复	效率较好	成本高，处理后不能农用	有机物、重金属等
	热力学修复	效率较好	成本高，处理后不能农用	有机物、重金属等
	热解吸	效率较好	成本高	有机物、重金属等
	电动力学修复	效率较好	成本高	有机物、重金属等，低渗透性土壤
	换土法	效率较好	成本高，污染土需处理	有机物、重金属等

8.3.3 我国的污染土壤修复实践

随着现代化进程的推进及与之相伴随的快速城市化过程，一系列的生态环境问题应运而生。由于污染物排放到土壤环境中以及化学物质种类和数量的增加等引起的土壤污染问题尤为突出。伴随着化工、钢铁、煤炭、焦化、石油等行业的产业结构调整、产能淘汰的推进，一批具有高污染、高排放的环保技术水平较低的产能被取缔，如何进行污染场地的修复将是随之要考虑的最为现实、最为迫切的问题。土壤污染由于具有隐蔽性、滞后性、累积性及难治理和修复周期长等特点，其修复问题已成为环境土壤学研究日益活跃的领域。

编制土壤修复计划是污染土壤修复的关键步骤，它以场地环境调查和场地土地开发规划为依据，以风险管理理念为核心，建立场地修复总体目标，以确保未来人体健康和环境质量安全。通过文献和资料调研，针对不同区域环境介质、污染物类型、污染程度等主要特征，筛选符合场地修复总体目标的“潜在可行技术”。其中，对于部分潜在可行技术，拟开展不同层次的修复技术测试，以逐步明确潜在可行技术的有效性、成本、周期和操作性等重要信息，并最终建立场地修复“可选技术”；进一步根据场地条件与环境管理要求针对场地土壤、地下水等污染介质，将污染源处理技术、工程控制技术以及制度控制措施有效组合，评估经济、技术、环境和社会效益，选择最优技术组合作为场地修复计划编制的依据。

国内外对土壤修复技术进行了深入的研究和有益的探索，现有土壤修复技术表明，目前的物理修复技术、化学修复技术和生物修复技术都有一定适用范围的限制，真正具有推广意义的示范工程还很少。对于存在无机 - 有机复合污染的土壤，能够同时有效修复无机和有机复合污染的土壤技术报道极少，因此开发出能同时修复复合污染土壤的修复技术是今后研究的重点。

针对大量的企业搬迁用地存在的污染土壤修复问题，结合场地再利用和修复目标，开发污染土壤绿色复合修复技术，从而改善土壤环境质量，提高我国土壤修复的技术和监管水平，这将有助于适合我国国情的土壤污染防治技术支撑体系的建立及土壤环境保护和污染防治对策的制定，对保证我国资源环境的安全和保障人民身体健康具有重要的意义。

从修复对象来看，污染土壤修复技术可分为 3 类：针对重金属污染的修复技术、针对有机污染的修复技术、针对重金属和有机物复合污染的修复技术。为了解不同类型的修复技术的应用情况，对目前国内外可搜集到的典型案例进行归纳，见表 8-4。

表8-4　典型土壤修复案例

类型一：重金属污染案例							
序号	项目名称	项目地点	污染物	业主/施工单位	费用（RMB）/工期	工作量	修复技术
1	炼钢厂土壤污染修复	韩国	重金属（As、Cd、Cu、Pb、Zn、Ni）	韩国JIU公司	19亿元	面积63 hm^2，污染物量70万 m^3	物理：电动修复 化学：土壤淋洗
2	选矿企业尾矿库土壤污染修复	广西壮族自治区环江毛南族自治县	重金属（As、Cd）	县政府/中科院地理所环境修复中心	2 450万元，2005—2012年	面积85 hm^2	植物-物化固定联合：以蜈蚣草、东南景天为主的修复（蜈蚣草在北方冬季难以生存，需要专门为其建设大棚进行育种等，由此增加了修复成本和操作难度）
3	农田重金属土壤修复	广东省清远市龙塘镇	重金属	镇政府/广州市瀚潮环保科技有限公司	380万元，2015年	面积5.3 hm^2	生物：植物修复 物理：深耕翻土 化学：土壤淋洗、深层固定、固定钝化
4	固体废物拆解污染土壤修复与控制项目	浙江省温岭市温峤镇桐山村小拆解点集中区	重金属（Cd、Cu、Pb、Hg）	市环境保护局/浙江建经投资咨询有限公司	120万元，2009年12月至2012年12月	面积4 140 m^2	生物：原位修复
5	汽车部品有限公司厂区内Cr（VI）污染修复	北方某城市	重金属Cr（VI）	该汽车企业/北京建工环境修复公司	45天	地下水修复面积187 m^2，修复土方量217.8 m^3	化学：化学还原技术

续表

类型二：有机污染案例							
序号	项目名称	项目地点	污染类型	业主 / 施工单位	费用（RMB）/ 工期	工作量	修复技术
1	油库土壤污染修复	韩国	油类（TPH、BTEX）	韩国 JIU 公司	7 000 万元	面积 7.3 hm^2，污染物量 8.4 万 m^3	物理：土壤耕作、热脱附 / 解吸 化学：土壤淋洗、扬水处理
2	中加合作示范项目“土壤热相分离技术（TPS）工程化应用”暨吴江市生态文明建设重点项目——“污染土壤修复与综合治理试点”项目	江苏省吴江市桃源镇文明村	石油烃类、苯系物等	吴江市政府 / 环境保护部南京环境科学研究所、国家环境保护土壤环境管理与污染控制重点实验室、加拿大菲斯环境技术有限公司	财政拨款 2012—2014 年	面积 1.6 hm^2（重污染区 9 930 m^2）	物理：热相分离技术具体操作：将 8 000 多 m^3 的重度污染土壤挖掘出来，经分类、清理后封存，进行处理
3	炼焦化学厂土壤修复	北京市	酚、硫化物和多环芳烃	北京市规划委员会和市国土局 / 北京建工环境修复有限责任公司	2008 年 6 月开始	污染土壤共计 2 047 m^3，约 2 746 t	物理：固体废物填埋处理
4	红狮涂料厂土壤修复	北京市	滴滴涕、六六六	万科 / 北京建工环境修复有限责任公司	2007 年底开始	污染土壤 14 万 m^3	化学：水泥窑焚烧固化处理
5	世界银行多氯联苯管理与处置	—	多氯联苯	中节能大地环境修复有限公司	—	污染土壤处理量 110 000 m^3	物理：热脱附 / 解吸
6	船厂用地清拆兴建主题公园	香港特别行政区竹篙湾	二噁英、石油碳氢化合物、半挥发性有机物	香港政府	2001 年 4—11 月	面积 18.67 hm^2	生物：生物堆技术 将污泥堆成数个独立堤，向泥土中输入空气，加速石头化合物的生物降解，泥土中的微生物将污染物分解成二氧化碳和水
7	遗留农药污染场地土壤修复	江苏省	苯系物、PAHs 等挥发性或半挥发性有机物	北京建工环境修复有限责任公司	440 天	修复土方量 24.7 万 m^3	物理：常温解吸、热脱附 / 解吸

续表

类型三：重金属和有机物复合污染案例							
序号	项目名称	项目地点	污染类型	业主 / 施工单位	费用（RMB）/工期	工作量	修复技术
1	龙山火车站管辖范围开发地区土壤污染修复	韩国首尔	油类（TPH、BTEX）、重金属 Cu、Pb、Zn、Ni、As、F	韩国 JIU 公司	16 亿元	面积 36 hm^2，污染土壤处理量 40 万 m^3	物理：MPE/ 土壤耕作、热脱附 / 解吸（油类） 化学：土壤淋洗重金属
2	染料厂污染土壤修复	北京市	重金属（Hg、Cd、Cr、Ni、Cu、Zn、As、Pb）、半挥发化学有机物	北京建工环境修复有限责任公司	2008 年 11 月至 2009 年年底	面积 40 hm^2，污染土壤处理量 5.2 万 m^3	物理：热脱附 / 解吸 化学：水泥窑焚烧固化处理
3	化工三厂土壤修复	北京市	四丁基锡、邻苯二甲酸二辛酯、滴滴涕、重金属（Pb、Cd 等）	北京市规划委员会 / 北京金隅红树林环保技术有限责任公司	—	污染土壤处理量 6.5 万 m^3	物理：阻隔填埋处理 化学：水泥窑焚烧固化处理
4	热电厂污染场地修复	南方某城市	邻甲苯胺、1,2- 二氯乙烷、苯并 [a] 芘、2,6- 二硝基甲苯、2,4- 二硝基甲苯、重金属（As、Ni）	北京建工环境修复公司	240 天	土壤修复工程量 18 483 m^3，地下水修复工程量 8 292 m^3	物理：原位 / 原地异位间接热脱附 / 解吸 化学：原位化学氧化 物理 - 化学联合：原地异位固化 / 稳定化

污染土壤修复案例分析

8.4 污染土壤修复的发展趋势与研究展望

8.4.1 发展趋势

（1）向绿色的土壤生物修复技术发展

利用太阳能和自然植物资源的植物修复、土壤中高效专性微生物资源的微生物修复、土壤中不同营养层食物网的动物修复、基于监测的综合土壤生态功能的自然修复，将是21世纪土壤环境修复科学技术研发的主要方向。农田耕地土壤污染的修复技术要求能原位有效消除影响到粮食生产和农产品质量的微量有毒有害污染物，同时既不能破坏土壤肥力和生态环境功能，又不能导致二次污染的发生。发展绿色、安全、环境友好的土壤生物修复技术能满足这些需求，并能适用于大面积污染农地土壤的治理，具有技术和经济上的双重优势。从常规作物中筛选合适的修复品种，发展适用于不同土壤类型和条件的根际生态修复技术已成为一种趋势。应用生物工程技术如基因工程、酶工程、细胞工程等发展土壤生物修复技术，有利于提高治理速率与效率，具有应用前景。

（2）从单项向联合、杂交的土壤综合修复技术发展

土壤中污染物种类多，复合污染普遍，污染组合类型复杂，污染程度与范围差异大。地球表层的土壤类型多，其组成、性质、条件的空间分异明显。一些场地不仅污染范围大、不同性质的污染物复合、土壤与地下水同时受污染，而且修复后土壤再利用方式的空间规划要求不同。这样，单项修复技术往往很难达到修复目标，而发展协同联合的土壤综合修复模式就成为场地和农田土壤污染修复的研究方向。

（3）从异位向原位的土壤修复技术发展

将污染土壤挖掘、转运、堆放、净化、再利用是一种经常采用的离场异位修复过程。这种异位修复不仅处理成本高，而且很难治理深层土壤及地下水均受污染的场地，不能修复建筑物下面的污染土壤或紧靠重要建筑物的污染场地。因而，发展多种原位修复技术以满足不同污染场地修复的需求就成为近年来的一种趋势。例如，原位蒸汽浸提技术、原位固化 / 稳定化技术、原位生物修复技术、原位纳米零价铁还原技术等。另一趋势是发展基于监测的发挥土壤综合生态功能的原位自然修复技术。

（4）基于环境功能修复材料的土壤修复技术发展

黏土矿物改性技术、催化剂催化技术、纳米材料与技术已经渗透到土壤环境和农业生产领域，并应用于污染土壤环境修复。例如，利用纳米铁粉、氧化钛等去除污染土壤和地下水中的有机氯污染物。然而，目标土壤修复的环境功能材料的研制及其应用技术还刚刚起步，具有发展前景。对这些物质在土壤中的分配、反应、行为、归趋及生态毒理等尚缺乏了解，对其环境安全性和生态健康风险还难以进行科学评估。基于环境功能

修复材料的土壤修复技术的应用条件、长期效果、生态影响和环境风险有待深入研究。

（5）基于设备化的快速场地污染土壤修复技术发展

土壤修复技术的应用在很大程度上依赖于修复设备和监测设备的支撑，设备化的修复技术是土壤修复走向市场化和产业化的基础。植物修复后的植物资源化利用、微生物修复的菌剂制备、有机污染土壤的热脱附或蒸汽浸提、重金属污染土壤的淋洗或固化 / 稳定化、修复过程及修复后环境监测等都需要设备。尤其是对城市工业遗留的污染场地，因其特殊位置和土地再开发利用的要求，需要快速、高效的物化修复技术与设备。开发与应用基于设备化的场地污染土壤的快速修复技术是一种发展趋势，一些新的物理和化学方法与技术在土壤环境修复领域的渗透与应用将会加快修复设备化的发展，例如，冷等离子体氧化技术可能是一种有前景的有机污染土壤修复技术（未发表资料），将带动新的修复设备研制。

（6）向土壤修复决策支持系统发展

污染土壤修复决策支持系统是实施污染场地风险管理和修复技术快速筛选的工具。污染土壤修复技术筛选是一种多目标决策过程，需要综合考虑风险削减、环境效益与修复成本等要素。欧美许多土壤修复研究组织（如 CLARINET、EUGRIS、NATOPCCMS 等）针对污染场地管理和决策支持进行了系统研究和总结。一些辅助决策工具（如文件导则、决策流程图、智能化软件系统等）已陆续出台和开发，并在具体的场地修复过程中被采纳。基于风险的污染土壤修复后评估也是污染场地风险管理的重要环节，包括修复后污染物风险评估、修复基准及土壤环境质量评价等内容。土壤污染类型多种多样，污染场地错综复杂，需要发展场地针对性的污染土壤修复决策支持系统及后评估方法与技术。

8.4.2　研究技术展望

随着危害生态安全和人体健康的土壤污染问题日渐凸显，重金属、农药、持久性有机污染物和有机金属化合物等持久性有毒物质污染土壤的修复已成为土壤学和环境学研究的热点。发展适合的土壤污染与修复的风险评估理论与方法，以及发展能适合大规模应用的低成本污染土壤修复技术是当今国际性土壤修复研究和发展的趋势。

未来土壤污染修复的方向性研究主要可能围绕以下几个方面开展：

1）场地土壤污染诊断、痕量毒害污染物鉴别及源解析。包括：土壤环境复合 / 混合污染的化学、生物学及生态毒理学诊断，土壤环境质量指标体系建立，新型痕量毒害污染物的监测和鉴别，污染源识别与解析途径和方法等。

2）污染场地、土壤污染风险表征和修复决策支持系统。包括：土壤污染物的形态和生物有效性，土壤污染的空间分布特征，不同土地利用方式下污染土壤的生态风险和健康风险评估，优先修复点位的确定方法，修复决策支持系统，“风险降低环境效益 - 成本”三位一体的评估模型等。

3）土壤污染修复的过程、机理及其管理。包括：土壤污染的生物修复、物理修复、化学修复及其联合修复等过程和机理，自然缓解修复过程和机理，修复过程的条件化、效应指示和评价标准，土壤修复原理与规范，土壤修复政策、法律和法规等。

4）土壤修复材料、关键技术和设备的开发、集成、示范和管理。包括：环境友好型土壤修复材料和制剂的研究方法、筛选、结构表征和功能指示，修复效果、稳定性及风险评估，修复后土壤资源综合管理，修复材料与生物修复资源的综合利用和安全处理，成套关键技术集成、示范和推广应用等。

5）研发绿色与环境友好的生物修复、联合修复、原位修复，基于环境功能修复材料的修复、基于设备化的快速场地修复，土壤修复决策支持系统及修复后评估等技术。在土壤污染机制研究和实际修复案例集成分析的基础上，逐步形成重金属、农药、POPs、放射性核素、生物性污染物、新兴污染物及其复合污染土壤的修复技术体系，建立土壤修复技术规范、评价标准和管理政策，以推动土壤环境修复技术的市场化和产业化发展，提升我国这一新兴产业在国际环境修复市场中的竞争力。

思考题

1. 污染土壤修复的概念与分类是什么？
2. 不同修复技术选择的原则是什么？
3. 物理修复技术有哪些，主要原理是什么？
4. 化学修复技术有哪些，主要原理是什么？
5. 生物修复技术有哪些，主要原理是什么？
6. 微生物修复效果的影响因素有哪些？
7. 植物修复技术怎样分类？
8. 常见的修复植物有哪些，分别针对哪种污染物？
9. 土壤动物对不同污染物处理的机理是什么？
10. 各个修复技术各有哪些优缺点？
11. 试论述土壤污染修复技术的发展趋势与研究展望。

拓展思考题

1. 请举例谈谈我国的污染土壤修复实践有哪些？
2. 请通过资料检索深入分析一个土壤污染修复的实际案例，给出修复方法、修复效果等具体信息。

实验教学模块

实验一　土壤样品的采集与制备

1　目的和意义

为开展土壤科学实验，合理用土和改土，除了野外调查和鉴定土壤基础性状外，还需进行必要的室内常规分析测定。而要获得可靠的科学分析数据，必须从正确地进行土壤样品（简称土样）的采集和制备做起。一般土样分析误差来自采样、分样和分析 3 个方面，而采样误差往往大于分析误差，如果采样缺乏代表性，那么即使室内分析人员的测定技术非常熟练、分析仪器非常精密、测定数据相当准确，也难以真实反映客观情况。故土样采集和制备是一项十分细致而重要的工作。

2　实验用具

铁铲、锄头、土壤刀、土壤袋、木槌、研钵、土壤筛（0.25 mm、1 mm、2 mm）、卷尺、广口瓶、标签纸等。

3　方法步骤

3.1　土样采集

采样方法因测定目的而异。剖面土样或盐碱土样品要分层采集，为了解土壤肥力状况需要采集混合土样。混合土样多用于耕层土壤的化学分析，一般根据不同的土壤类型和土壤肥力状况，按地块分别采集混合土样。一般要求是：

（1）采样点应避免田边、路旁、沟侧、粪堆旁以及一些特殊的地形部位。

（2）采样面积一般在 1.33～3.33 hm^2（20～50 亩）的地块采集一个混合样，可根据实际情况酌情增加样品数。

（3）采样深度一般以耕层（0～20 cm）的表土为宜，取样点不少于 5 个点。可用土钻或铁铲取样，特殊的微量元素分析，如铁元素需改用竹片或塑料工具取样以防污染。

（4）每点取样深度和数量应相当，集中放入一土袋中，最后充分混匀碾碎，用四分法取对角二组，其余淘汰掉。取样数量约 1 kg 为宜。

（5）混合土样通常采用对角线布点法、棋盘式布点法和蛇形布点法（图 1）。

对角线布点法：该法适用于面积小、地势平坦的污水灌溉或受污染河水灌溉的田块。布点方法是由田块进水口向对角线引一斜线，将此对角线三等分，在每等分的中间设一采样点，即每一田块设三个采样点。根据调查目的、田块面积和地形等条件可做变动，多划分几个等分段，适当增加采样点。图中记号“×”即为采样点。

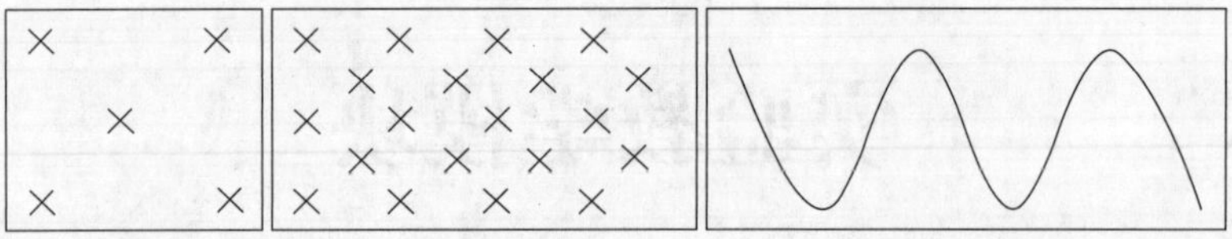

图 1 混合土样布点方法

棋盘式布点法：该法适用于中等面积、地势平坦、地形完整开阔但土壤较不均匀的田块，一般设 10 个左右采样点。此法也适用于受固体废物污染的土壤，因为固体废物分布不均匀，应设 20 个以上采样点。

蛇形布点法：该法适用于面积较大、地势不很平坦、土壤不够均匀的田块，布设采样点数目较多。

（6）采样方法：在确定的采样点上，先用小土铲去掉表层 3 mm 左右的土壤，然后倾斜向下切取一片片的土壤（图 2）。将各采样点土样集中一起混合均匀，按需要量装入袋中。

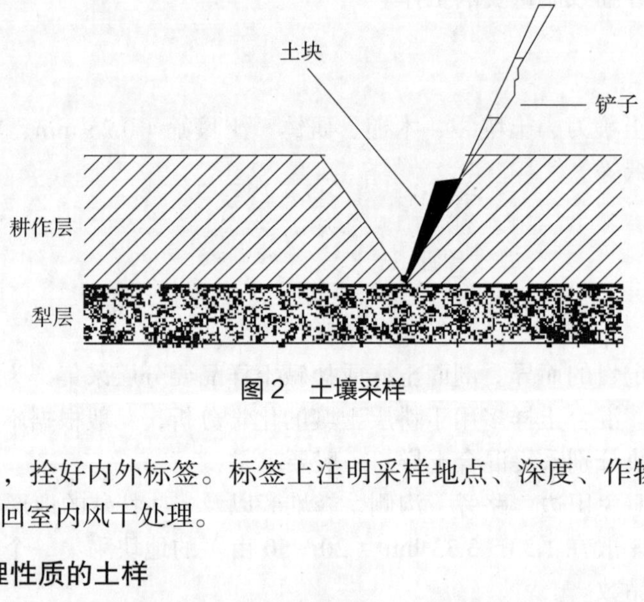

图 2 土壤采样

（7）装好袋后，拴好内外标签。标签上注明采样地点、深度、作物前茬、施肥水平、采集人和日期，带回室内风干处理。

3.2 研究土壤物理性质的土样

为了测定土壤的某些物理性质，采样时应注意一些事项。例如，土壤容重和孔隙度等的测定，须采原状土样；对于研究土壤结构性质的样品，采样时须注意湿度，最好用不黏铲采取。此外，在取样过程中，须保持土块不受挤压，以免变形。

3.3 研究土壤障碍因素的土样

为查明植株生长失常的原因，所采土壤要根据植物的生长情况确定，大面积危害者应取根际附近的土壤，多点采样混合；局部危害者，可根据植株生长情况，按好、中、差分别取样（土壤与植株同时取样），单独测定，以保持各自的典型性。

3.4 土样制备

土样制备过程中的要求：

（1）土样处理过程中不能发生任何物理和化学变化，以免造成分析误差。

（2）土样要均一化，使测定结果能代表整个样品和田间状态。

（3）土样制备过程包括：风干—分选—去杂—磨碎—过筛—混匀—装瓶—保存—登记。

风干——野外取回的土样，除田间水分、硝态氮、亚铁等需用新鲜土样测定外，一般分析项目都用风干土样。方法是将新鲜湿土样平铺于干净的纸或塑料布上，弄成碎块，摊成薄层（厚约 2 cm），放在室内阴凉通风处自行干燥。切忌阳光直接暴晒和酸、碱、蒸气以及尘埃等污染，并在风干过程中拣去粗大的植物残体、石块、结核等。

分选——若取的土样太多，可在土样匀摊开后，用“四分法”去掉一部分，留下 300～500 g 供分析用。

去杂、磨碎、过筛——将风干后土样先用台秤称出总重量，然后将土样倒在橡皮垫上，碾碎土块，并用镊子尽可能挑出样品中的石砾、新生体、侵入体、植物根等杂质，分别放入表面皿或其他容器中；将土样铺平，用木棒轻轻碾压，将碾碎的土壤用带有筛底和筛盖的 1 mm 筛孔的土筛过筛，并盖好盖，防止细土飞扬。不能过筛的部分，再行去杂，余下的土壤铺开再次碾压过筛，直至所有的土壤全部过筛，只剩下石砾为止。一般化学分析常用通过 1 mm 筛孔的样品，样品通过多大筛孔应依不同分析要求而定。

将＜1 mm 土样和挑选出的石砾、新生体分别称重、记载样品处理结果填入表 1。

表 1　样品处理结果

项目	风干土样 总重	＞1 mm 石砾、粗砂量	＜1 mm 土粒重	新生体重	植物根重	其他
质量 /g						
占风干土样 比例 /%						

混匀、装瓶——将过筛的土壤全部倒在干净的纸上，充分混匀后装入 500～1000 mL 磨口瓶中保存。每个样品瓶上应贴两个标签，大标签贴在瓶盖上。书写标签用 HB 铅笔或黑墨水自来水笔填写，并在外面涂上一薄层石蜡，以供长期保存。

保存、登记——大量样品必须编号，建立样品总账，放在干燥的地方，按一定顺序排列保存。样品登记总账时，应记好剖面号数、采样详细地点、采样人、处理日期以及石砾、新生体含量等详细信息，以便随时查看。

思考题

（1）在采集土样过程中，为什么要强调代表性，它与室内分析数据可靠性有何关系？

（2）采集与处理土样的基本要求是什么？

（3）处理通过孔径 1 mm 及 0.25 mm 土筛的两种土样，能否将两种筛套在一起过筛，分别收集两种土筛下的土样进行分析测定？为什么？

（4）根据土样处理结果，计算土壤石砾百分率。

$$石砾含量（\%）=\frac{石砾重量}{土壤总重量}\times 100\%$$

附：常用标准筛孔、筛号对照

筛号	筛孔直径 /mm	筛号	筛孔直径 /mm
2.5	8.00	35	0.50
3	6.72	40	0.42
3.5	5.66	45	0.35
4	4.76	50	0.30
5	4.00	60	0.25
6	3.36	70	0.21
7	2.83	80	0.177
8	2.38	100	0.149
10	2.00	120	0.125
12	1.68	140	0.105
14	1.41	170	0.088
16	1.18	200	0.074
18	1.00	230	0.062
20	0.84	270	0.053
25	0.71	325	0.044
30	0.59		

注：筛号即为每平方英寸面积内的孔（目）数，如 100 号（目）即为一平方英寸面积内有 100 孔（目）。

实验二　土壤容重的测定及孔隙度的计算

1　目的和意义

土壤容重是指单位容积（包括孔隙在内）的原状土壤的干重，用 g/mL 来表示。土壤容重的大小与土壤质地、结构、有机质含量和土壤紧实度等有关。

土壤容重除用来计算土壤总孔隙度外，还可用于估计土壤的松紧和结构状况。容重与土壤松紧度及孔隙度有如下关系（表 1）：

表 1 容重与土壤松紧及孔隙度的关系

松紧度	容重 /（g/mL）	孔隙度 /%
最松	＜1.00	＞60
松	1.00～1.14	60～56
合适	1.14～1.26	56～52
稍紧	1.26～1.30	52～50
紧	＞1.30	＜50

测定土壤容重最常用的方法是环刀法。该方法简便，但需多次重复才能得出较正确的数值。

2 测定原理

用一定容积的钢制环刀，切割自然状态下的土壤，使土壤恰好充满环刀内，称量后测定土壤含水量，根据含水量计算单位容积土壤的烘干土质量，即可计算土壤容重。测得容重后，土壤密度取 2.65 g/cm^3，可计算土壤孔隙度。

3 仪器设备

3.1 容积为 100 cm^3 的钢制环刀。

3.2 削土刀及小铁铲各一把。

3.3 天平（感量为 0.1 g、0.01 g）。

3.4 恒温干燥箱、干燥器及小铝盒等。

4 操作步骤

4.1 称量环刀、铝盒的质量

在室内将环刀擦净，记下环刀编号，确认环刀容积（V），称量环刀质量（G，连同底盘、垫底滤纸和顶盖，精确至 0.1 g），同时称量已洗净烘干的铝盒质量（精确至 0.01 g）。

4.2 采取原状土样

在田间选择有代表性的地点，先用小铁铲铲平地表。将环刀托套在环刀无刃口的一端，环刀刃口向下，均衡地用力压环刀托把，将环刀垂直压入土中，切忌摇晃或倾斜，以免改变土壤的自然状态。当土壤较硬，不易插入时，可用木槌轻轻敲打环刀托把，待环刀全部插入土壤中，而且土面即将触及环刀的顶部（可由环刀托盖上的小孔窥见）时，停止下压。用铁铲把环刀周围的土壤挖去，取出充满土壤的环刀（在整个操作中，如发现环刀内土壤亏缺或松动，应弃掉重取）。

将环刀翻转过来，刃口向上，用削土刀迅速刮去黏附在环刀外壁上的土壤，然后用削土刀在刃口一端从边缘向中部削平土面，使之恰与刃口齐平，在环刀刃口一端垫上滤纸，并盖上底盖。再次翻转环刀，使刃口端向下，取下环刀托，削平无刃口端的土面，并盖上顶盖。

4.3 称量土壤，测定含水量

将采取土样的环刀带回室内，将环刀外壁彻底擦净，称量环刀及湿土质量（*M*）。

取环刀内土样 20 g 左右，置于已知质量的铝盒中，称量其质量，放入（105±2）℃恒温干燥箱内，烘至恒重（6～8 h），称量质量，测定土壤含水量。在操作过程中，有关测定数据应及时按表 2 记载。

表 2　土壤容重测定相关数据记录

重　复	Ⅰ	Ⅱ	Ⅲ
铝盒号			
铝盒质量 /g			
铝盒质量 /g+ 湿土质量 /g			
铝盒质量 /g+ 烘干土质量 /g			
环刀质量 /g			
环刀质量 /g+ 湿土质量 /g			
容重 /（g/cm^3）			
容重平均值 /（g/cm^3）			

5 结果计算

$$土壤含水量（\%）=\frac{水分质量}{烘干土质量}\times100\%$$

$$=\frac{（铝盒质量+湿土质量）-（铝盒质量+烘干土质量）}{（铝盒质量+烘干土质量）-铝盒质量}\times100\%$$

$$土壤容重=\frac{M-G}{V(1+W)}$$

式中，*M*——环刀及湿土合计质量，g；

G——环刀质量，g；

V——环刀容积，cm^3；

W——土壤含水量。

$$土壤孔隙度=(1-\frac{土壤容重}{土壤密度})\times100\%$$

思考题

（1）根据表 2 记录的数据计算出土壤容重平均值。

（2）假设一土壤密度为 2.65 g/cm^3，用你所测的土壤容重值计算土壤孔隙度。

（3）在田间用容重采土器取样过程中应注意哪些问题？

（4）简述测定土壤容重的意义。

实验三　土壤干物质和水分的测定（烘干法）

1　实验目的

烘干法是测定土壤干物质含量与质量含水量的经典方法。本实验目的是学会用烘干法测定土壤中干物质和水分含量。

2　实验原理

将土样放在（105±5）℃烘至恒重，以烘干前后的土样质量差值计算干物质和水分的含量，用质量百分比表示。

注 1：恒重指在样品烘干后，再以 4 h 烘干时间间隔对冷却后的样品进行两次连续称重，前后差值不超过最终测定质量的 0.1%，此时的重量即为恒重。

3　仪器和设备

3.1　鼓风干燥箱：（105±5）℃。

3.2　干燥器：装有无水变色硅胶。

3.3　分析天平：精度为 0.01 g。

3.4　具盖容器（铝盒）：防水材质且不吸附水分。用于烘干风干土壤时容积应为 25～100 mL，用于烘干新鲜潮湿土壤时容积应至少为 100 mL。

3.5　样品勺。

3.6　样品筛：2 mm。

3.7　一般实验室常用仪器和设备。

4　样品

4.1　样品采集和保存

按照实验一中的相关规定完成土样的采集与保存。在田间用土钻钻取有代表性的土样，用小刀刮去土钻中的浮土，挖取土钻中部土样适量，放在自封袋或布袋中。

4.2　试样制备

4.2.1　风干土壤试样

取适量新鲜土壤样品平铺在干净的搪瓷盘或玻璃板上，避免阳光直射，且环境温度不超过 40℃，自然风干，去除石块、树枝等杂质，过 2 mm 样品筛。将＞2 mm 的土块粉碎后过 2 mm 样品筛，混匀，待测。

4.2.2　新鲜土壤试样

取适量新鲜土壤样品撒在干净、不吸收水分的玻璃板上，充分混匀，去除直径大于 2 mm 的石块、树枝等杂质，待测。

注 2：测定样品中的微量有机污染物不能去除石块、树枝等杂质。因此，测定其干物质含量时不剔除石块、树枝等杂质。

5 分析步骤

5.1 风干土壤试样的测定

具盖容器和盖子于（105±5）℃下烘干 1 h，稍冷，盖好盖子，然后置于干燥器中至少冷却 45 min，测定带盖容器的质量 m_0，精确至 0.01 g。用样品勺将 10～15 g 风干土壤试样（4.2.1）转移至已称重的具盖容器中，盖上容器盖，测定总质量 m_1，精确至 0.01 g。取下容器盖，将容器和风干土壤试样一并放入烘箱中，在（105±5）℃下烘干至恒重，同时烘干容器盖。盖上容器盖，置于干燥器中至少冷却 45 min，取出后立即测定带盖容器和烘干土壤的总质量 m_2，精确至 0.01 g。将各数据填至表 1 中。

表 1 土壤干物质含量测定记录

<table>
<tr><th rowspan="2">重复</th><th rowspan="2">铝盒质量（m_0）/g</th><th rowspan="2">铝盒质量＋风干质量（m_1）/g</th><th colspan="2">铝盒质量＋烘干土质量（m_2）/g</th><th rowspan="2">干土质量（m_2-m_0）/g</th><th rowspan="2">风干质量（m_1-m_0）/g</th><th rowspan="2">干物质含量 /%</th><th rowspan="2">平均干物质含量 /%</th></tr>
<tr><th>第一次</th><th>第二次</th></tr>
<tr><td>Ⅰ</td><td></td><td></td><td></td><td></td><td></td><td></td><td></td><td rowspan="2"></td></tr>
<tr><td>Ⅱ</td><td></td><td></td><td></td><td></td><td></td><td></td><td></td></tr>
</table>

5.2 新鲜土壤试样的测定

具盖容器和盖子于（105±5）℃下烘干 1 h，稍冷，盖好盖子，然后置于干燥器中至少冷却 45 min，测定带盖容器的质量 m_0，精确至 0.01 g。用样品勺将 30～40 g 新鲜土壤试样（4.2.2）转移至已称重的具盖容器中，盖上容器盖，测定总质量 m_1，精确至 0.01 g。取下容器盖，将容器和新鲜土壤试样一并放入烘箱中，在（105±5）℃下烘干至恒重，同时烘干容器盖。盖上容器盖，置于干燥器中至少冷却 45 min，取出后立即测定带盖容器和烘干土壤的总质量 m_2，精确至 0.01 g。将各数据填至表 2 中。

注意：应尽快分析待测试样，以减少其水分的蒸发。

表 2 土壤水分含量测定记录

<table>
<tr><th rowspan="2">重复</th><th rowspan="2">铝盒质量（m_0）/g</th><th rowspan="2">铝盒质量＋湿土质量（m_1）/g</th><th colspan="2">铝盒质量＋烘干土质量（m_2）/g</th><th rowspan="2">干土质量（m_2-m_0）/g</th><th rowspan="2">水分质量（m_1-m_2）/g</th><th rowspan="2">含水量 /%</th><th rowspan="2">平均含水量 /%</th></tr>
<tr><th>第一次</th><th>第二次</th></tr>
<tr><td>Ⅰ</td><td></td><td></td><td></td><td></td><td></td><td></td><td></td><td rowspan="2"></td></tr>
<tr><td>Ⅱ</td><td></td><td></td><td></td><td></td><td></td><td></td><td></td></tr>
</table>

6 结果计算与表示

土样中的干物质含量 W_{dm} 和水分含量 W_{H_2O}，分别按照式（1）和式（2）进行计算。

$$W_{dm}=\frac{(m_2-m_0)}{(m_1-m_0)}\times 100\% \quad (1)$$

$$W_{H_2O}=\frac{(m_1-m_2)}{(m_2-m_0)}\times 100\% \quad (2)$$

式中，W_{dm}——土样中的干物质含量，%；

W_{H_2O}——土样中的水分含量，%；

m_0——带盖容器（铝盒）的质量，g；

m_1——带盖容器及风干土壤试样或带盖容器及新鲜土壤试样的总质量，g；

m_2——带盖容器及烘干土壤的总质量，g。

测定结果精确至 0.1%。

7 注意事项

（1） 测定风干土样，当干物质含量＞96%，水分含量≤4% 时，两次测定结果之差的绝对值应≤0.2%；当干物质含量≤96%，水分含量＞4% 时，两次测定结果的相对偏差应≤0.5%。

（2）测定新鲜土样，当水分含量≤30% 时，两次测定结果之差的绝对值应≤1.5%；当水分含量＞30% 时，两次测定结果的相对偏差应≤5%。

（3）一般情况下，在（105±5）℃下有机物的分解可以忽略。但是对于有机质含量＞10% 的土样（如泥炭土），应将干燥温度改为 50℃，然后干燥至恒重，必要时，可抽真空，以缩短干燥时间。

思考题

（1）根据测定数据计算土样含水量。

（2）在烘干土样时，为什么温度不能超过 110℃？

（3）为什么计算含水量时需要用烘干土质量做分母？

实验四 土壤粒径测定与质地分析——比重计法

1 实验目的

土壤是由不同比例、粒径粗细不一、形状和组成各异的颗粒（土粒）组成的，一般分为石砾、砂粒、粉粒和黏粒四级。将土壤中各种粒径的颗粒百分比组成，作为土壤分类的标准，叫作土壤质地分类，又名土壤机械组成分类。

测定土壤机械组成，就是测定不同直径土壤颗粒的组成，进而确定土壤的质地。土壤机械组成在土壤形成和土壤的农业利用中具有重要意义。土壤质地直接影响着土壤的水、肥、气、热的保持和运动，并与作物的生长发育有着密切的关系。

土壤机械组成测定方法很多。在野外因仪器、药品携带不方便，所以常用揉条法。在室内则采用吸管法或比重计法，前者较繁琐，耗时久，但精确度高；后者操作较简便，结果比较准确。

本次实验要求学会用比重计法进行土壤机械组成分析。

2　实验原理

土壤机械组成分析原理，就是把土粒按其粒径大小分成若干级，并定出各级的量，从而得出土壤的机械组成。田间土壤往往是许多大小不同的土粒相互胶结在一起形成团聚体存在的，因此必须加以分散处理，使其成单粒状态，才能进行测定。

对于粒径＞0.25 mm 砂粒，一般采用过筛的方法，将土样逐级过筛并称重。粒径＜0.25 mm 的土粒则制成一定容积的悬液进行沉降分离。静置悬液中各级土粒以不同的速度沉降，从而悬液的密度也随之不断改变，经不同时间将土壤比重计放入悬液，测其密度，再由悬液密度计算出各级土粒的质量，悬液密度与土粒质量的关系如下：

$$d_s = d_1 + \frac{w}{v}\left(1 - \frac{d_1}{d_2}\right)$$

式中，d_s——悬液密度；

d_1——水的密度（20℃时为 0.993 8 g/cm^3）；

d_2——土粒的密度（假定为 2.65 g/cm^3）；

w——悬液中土粒质量；

v——悬液的容积（1 000 mL）。

测出悬液密度后，可用上式计算出悬浮土粒的质量。土壤比重计就是据此关系，使每刻度表示每升悬液中有 1 g 土粒悬浮。因此可直接读出土粒质量，不必再经过计算。

土壤比重计的刻度是以 20℃为准的，但测定时悬液温度不一定是 20℃。温度的不同影响土粒的沉降速度，因此每次测定悬液密度后，还必须测定悬液的温度，由表 1 查出相应的温度校正值，即可计算出实测数值。

表 1　土壤比重计温度校正值

温度 /℃	校正值	温度 /℃	校正值	温度 /℃	校正值
6.0～8.5	−2.2	18.5	−0.4	26.5	+2.2
9.0～9.5	−2.1	19.0	−0.3	27.0	+2.5
10.0～10.5	−2.0	19.5	−0.1	27.5	+2.6
11	−1.9	20.0	0	28.0	+2.9
11.5～12.0	−1.8	20.5	+0.15	28.5	+3.1
12.5	−1.7	21.0	+0.3	29.0	+3.3
13.0	−1.6	21.5	+0.45	29.5	+3.5

续表

温度 /℃	校正值	温度 /℃	校正值	温度 /℃	校正值
13.5	−1.5	22.0	+0.6	30.0	+3.7
14.0～14.5	−1.4	22.5	+0.8	30.5	+3.8
15.0	−1.2	23.0	+0.9	31.0	+4.0
15.5	−1.1	23.5	+1.1	31.5	+4.2
16.0	−1.0	24.0	+1.3	32.0	+4.6
16.5	−0.9	24.5	+1.5	32.5	+4.9
17.0	−0.8	25.0	+1.7	33.0	+5.2
17.5	−0.7	25.5	+1.9	33.5	+5.5
18.0	−0.5	26.0	+2.1	34.0	+5.8

3 仪器与试剂

3.1 试剂

（1）10% HCl：取相对密度 1.19 的 HCl 230 mL，稀释至 1 000 mL。

（2）0.5 mol/L 氢氧化钠溶液。

（3）0.25 mol/L 草酸钠溶液。

（4）1 mol/L 1/6 六偏磷酸钠（$(NaPO_3)_6$）溶液：将 NaH_2PO_4 结晶放在蒸发皿中，在马弗炉上加热至 650℃，保持 15 min，取出后倒入另一蒸发皿中，使迅速冷却成玻璃状固体，再称取此固体（$(NaPO_3)_6$）51 g，溶于 500 mL 水中，再加 Na_2CO_3 固体调节其酸度至 pH 为 8～9。

（5）过氧化氢溶液（6%）：200 mL 过氧化氢（30%）稀释至 1 L。

（6）异戊醇。

3.2 仪器设备

台秤、500 mL 三角瓶 2 个、1 000 mL 量筒 2 个、土壤比重计、温度计、0.25 mm 土筛、大漏斗、洗瓶、搅拌器、小铝匙、水分皿或小烧杯 2 个、热源（附三脚架、石棉网）、干燥器、表面皿 2 个、烘箱。

4 实验步骤

4.1 用小铝匙取待测土样少许，放在表面皿上，滴加 10% HCl 数滴，以测试土壤中有无碳酸钙盐类。

4.2 用台秤称出相当于无水干土 50 g 的风干土两份，分别放入两个 500 mL 三角瓶中，并加蒸馏水 200 mL。

4.3 非碳酸盐土壤按土壤代换量加入当量的 0. 5 mol/L 1/2 $Na_2C_2O_4$。若为碳酸盐土壤则应加入 1 mol/L 1/6（$NaPO_3$）$_6$ 15～30 mL。

4.4 将三角瓶内的土样摇匀，煮沸半小时，应注意随时摇动，以免土液溢出；防止土粒沉积瓶底结成硬块或烧焦，既影响分散，又可能使瓶底受热不匀而发生破裂。

4.5 在 1 L 量筒上架置漏斗，漏斗上放 0. 25 mm 筛孔的小筛，把分散的土液倒入，然后再用水冲洗筛上土粒，使所有<0. 25 mm 土粒通过筛孔进入量筒。每次用水不宜太多，以免最后水量超过 1 000 mL。

4.6 用洗瓶将留在筛上的沙粒，洗入已知质量的水分皿或扁铝盒中，倾出过多的水，放入 105～110℃烘箱中烘至恒重。

4.7 用搅拌器在悬液全部深度内上下搅动各 15 次，将量筒中土液搅匀。分别在搅拌后 45 s、25 min、2 h 和 48 h 用比重计测其读数，该读数分别为<0.05 mm、<0.01 mm、<0.005 mm，<0.001 mm 的各级土粒质量。测读数时应在搅拌一开始立即记下时间。在测定前 20 s 将比重计徐徐放入土液中，待稳定后再放开手，否则土液被搅动而读数不准。读完后取出比重计洗净擦干、保存。

4.8 读完读数后，立即测定土液温度，然后再用搅拌器搅拌土液至第二次应测时间，再行测定土液的密度和温度。

5 结果计算

将比重计读数和温度测定的结果，记入表 2～表 4 并计算出各级土粒的含量。

表 2 1～0.25 mm 土粒百分数

重复	水分皿或铝盒号	（1）水分皿或铝盒质量 /g	（2）铝盒 + 土粒质量 /g	（3）1～0.25 mm 土粒质量 /g（2）-（1）	土粒含量 = $\frac{(3)}{\text{无水土样质量}}$ ×100%（记为①）

表 3 <0.25 mm 各级土粒的含量

项目	（一）		（二）		（三）		（四）	
粒径 /mm	<0.05		<0.01		<0.005		<0.001	
重复	Ⅰ	Ⅱ	Ⅰ	Ⅱ	Ⅰ	Ⅱ	Ⅰ	Ⅱ
读数								
温度 /℃								
读度（△γ）/℃								
含量 /%								

注：△γ 为温度校正值。

表4　各级土粒含量

粒径 /mm	1～0.25	0.25～0.05	0.05～0.01	0.01～0.005	0.005～0.001	<0.001
Ⅰ						
Ⅱ						
平均						
计算方法	同①	100-①-（一）	（一）-（二）	（二）-（三）	（三）-（四）	（四）

6　注意事项

（1）土壤分散要彻底，如果分散不彻底，将导致土壤颗粒不能分散成单个土壤颗粒，导致测定结果出现较大的误差。

（2）测定过程最好保持室内温度恒定，昼夜温差较小，因为土壤温度影响土壤溶液的黏滞系数，影响土壤颗粒的下沉速度，从而影响测定结果的准确性。

（3）在测定前一定将悬液搅拌均匀，并在搅拌结束时立刻计时；在中间其他粒级的测定过程中不要移动沉降筒和扰动土壤溶液。

（4）对于表层土壤有机质含量较高的土壤，一定要除去土壤有机质再进行分散测定，方能得到较好的结果。

思考题

（1）用比重计测定土壤颗粒含量的原理是什么？

（2）每次测定悬液密度必须同时测定其温度，计算温度校正值，为什么？

（3）根据测定结果，请判定供试土样的质地类型。

实验五　土壤有机质的测定

1　实验目的

（1）了解土壤有机质测定对于农业生产的意义；

（2）掌握有机质含量的测定方法。

2　实验原理和方法

土壤有机碳的测定方法有很多，可根据不同的目的要求和实验室条件选用。

2.1　经典方法（干烧法或湿烧法）：结果准确，作为标准方法校核；费时且仪器设备要求高，一般不用。

2.2　容器分析法：操作简便、快速，适用于大量样品分析。

2.3　比色法：作为土壤有机碳的速测法。

2.4　重铬酸钾容量法－稀释热法。本实验采用此方法。此外常用的还有外加热法。用过量的、已知的重铬酸钾硫酸溶液作氧化剂，氧化土壤有机质，有机质中的有机碳在一定温度下被重铬酸钾氧化成 CO_2，反应式如下：

$$\text{氧化过程}\ K_2Cr_2O_7+C+H_2SO_4 \longrightarrow K_2SO_4+Cr_2(SO_4)_3+CO_2+H_2O$$

剩余的重铬酸钾，用硫酸亚铁标准溶液滴定，滴定过程反应式如下：

$$K_2Cr_2O_7+6FeSO_4+7H_2SO_4 \longrightarrow K_2SO_4+Cr_2(SO_4)_3+3Fe_2(SO_4)_3+7H_2O$$

用硫酸亚铁滴定剩余的重铬酸钾时，以邻菲啰啉为指示剂，在滴定过程中，开始时溶液以六价铬的橙色为主，此时指示剂在氧化条件下，呈淡蓝色，被六价铬的橙色所掩盖，随着六价铬被还原为三价铬，三价铬的绿色逐渐呈现出来，使溶液逐渐变为绿色。至接近终点时变为灰绿色。当二价铁溶液过量半滴时，溶液突变为棕红色，即为滴定终点。

通过空白氧化剂滴定消耗亚铁的量与土样消耗硫酸亚铁的量之差，计算土壤有机碳的含量，再乘以 1.724 换算系数，即为土壤有机质的含量。本方法并不能完全氧化土壤中的有机碳，所以结果计算时，还应乘以氧化校正系数 1.33。

3 仪器材料与试剂配制

3.1 仪器、土壤样品

3.1.1 仪器

250 mL 三角瓶（2 个），100 mL 量筒，10 mL 量筒，5 mL 移液管，石棉板，酸式滴定管。

3.1.2 土样

分别采集校园内不同植被下的土样，风干研细后过 0.25 mm 的土壤筛，备用。

3.2 试剂配制

3.2.1 0.800 0 mol/L（1/6 $K_2Cr_2O_7$）标准溶液：将 $K_2Cr_2O_7$（分析纯）先在 130℃烘干 3～4 h，称取 39.225 0 g，在烧杯中加蒸馏水 400 mL 溶解（必要时加热促进溶解），冷却后，稀释定容到 1 L。

3.2.2 0.2 mol/L $FeSO_4$ 溶液：称取化学纯 $FeSO_4 \cdot 7H_2O$ 56 g 或 $(NH_4)_2SO_4 \cdot FeSO_4 \cdot 6H_2O$ 78.4 g，加 3 mol/L 硫酸 30 mL 溶解，加水稀释定容到 1 L，摇匀备用。

3.2.3 邻菲啰啉指示剂：称取硫酸亚铁 0.695 g 和邻菲啰啉 1.485 g 溶于 100 mL 水中，此时试剂与硫酸亚铁形成棕红色络合物 $[Fe(C_{12}H_8N_3)_3]^{2+}$。

4 操作方法与实验步骤

4.1 准确称取通过 0.25 mm 筛孔的风干土样 0.25 g（精确至 0.000 1 g），倒入 150 mL 三角瓶中，加入 0.800 0 mol/L（1/6 $K_2Cr_2O_7$）5.00 mL 混匀，再用注射器注入 5 mL 浓硫酸旋摇 1 min，管口放一小漏斗，以冷凝蒸出的水汽，静置 30 min。

4.2 用蒸馏水冲洗小漏斗和三角瓶内壁，洗入液的总体积应控制在 50 mL 左右，之后滴入邻菲啰啉指示剂 3 滴，摇匀。

4.3 样品的滴定。用 0.2 mol/L $FeSO_4$ 溶液滴定，溶液颜色先由橙色（或黄绿色）经绿色、灰绿色，再突变到棕红色时即为滴定终点。

4.4 空白试验。在测定样品的同时，做两个空白试验，取其平均值。空白试验可用石英砂代替土样，其余步骤同土样测定。

5 结果计算

根据下列公式计算有机质含量，判断校园土壤有机质的丰缺程度。

$$土壤有机碳（g/kg）= \frac{C(V_0 - V) \times 0.001 \times 3.0 \times 1.33}{m} \times 1\,000$$

$$土壤有机质 = 土壤有机碳（g/kg）\times 1.724$$

式中，1.33——氧化校正系数，此法为 1.33；

3.0——1/4 碳原子的摩尔质量，g/mol；

C——0.2 mol/L $FeSO_4$ 标准溶液的浓度；

V_0——空白所用 $FeSO_4$ 标准溶液的体积，mL；

V——样品所用 $FeSO_4$ 标准溶液的体积，mL；

1.724——有机质含碳量平均为 58%，故测出的碳转化为有机质时的系数为 100/58≈1.724；

m——烘干土质量，g。

思考题

（1）根据测定数值，据表 1 判断校园土壤有机质的丰缺程度。

（2）有机质对土壤肥力有哪些贡献？

（3）生产实践中可采用哪些措施提高土壤的有机质含量？

表 1　土壤有机质含量参考指标

土壤有机质含量 /%	丰缺程度	土壤有机质含量 /%	丰缺程度
≤1.5	极低	3.5～5.0	高
1.5～2.5	低	＞5	极高
2.5～3.5	中		

实验六　腐殖质组成测定

1 实验目的

腐殖质是土壤有机质的核心组成部分，对土壤有机质的功能起决定作用，分析腐殖质的组成及含量可了解土壤腐殖质的特性及土壤腐殖质的差异。

2 实验原理

土壤腐殖质由胡敏酸、富啡酸和存在于残渣中的胡敏酸素等组成。采用 0.1 mol/L $Na_4P_2O_7$ 和 0.1 mol/L NaOH 混合溶液提取土壤腐殖酸的方法。

土壤在 $Na_4P_2O_7$-NaOH 混合溶液的强碱和络合剂的双重作用下，能使土壤中游离态和络合态的腐殖酸形成易溶于碱的腐殖酸钠盐，从而较完全地将腐殖酸溶解出来，可省去脱钙步骤，从溶液中直接测定腐殖酸总碳量，并从腐殖酸中分离富啡酸后测定胡敏酸碳量，以两项的差值求得富啡酸碳量，其残渣中的碳即总称为胡敏素碳量，其量按腐殖质全碳量与腐殖酸总碳量的差值求得。

3 仪器与试剂

3.1 仪器

恒温烘箱、恒温水浴锅、振荡机、电炉等。

3.2 试剂

3.2.1 H_2SO_4：分析纯。
3.2.2 0.1 mol/L $Na_4P_2O_7$-0.1 mol/L NaOH 混合提取液：称取焦磷酸钠（$Na_4P_2O_7 \cdot 10H_2O$，分析纯）44.6 g 和氢氧化钠（NaOH，分析纯）4.0 g，加水后加热溶解定容到 1 L。
3.2.3 0.05 mol/L NaOH 溶液：称取 2 g 氢氧化钠（NaOH，分析纯），用水溶解定容到 1 L。
3.2.4 0.05 mol/L1/2 H_2SO_4 溶液：量取 2.8 mL 1∶1 H_2SO_4 溶液，用水稀释至 1 L。
3.2.5 1 mol/L1/2 H_2SO_4 溶液：量取 56 mL 1∶1 H_2SO_4 溶液，用水稀释至 1 L。
3.2.6 0.800 0 mol/L 1/6 $K_2Cr_2O_7$ 标准溶液。
3.2.7 0.2 mol/L $FeSO_4$ 溶液。
3.2.8 邻菲啰啉指示剂。
3.2.9 植物油或石蜡（固体）。

4 测定步骤

4.1 样品待测液制备

称 10.00 g 通过 0.25 mm 筛孔的风干土样于 200 mL 三角瓶中，加入 100 mL $Na_4P_2O_7$ 和 NaOH 混合提取液（土液比 1∶10），加塞后在振荡机上振荡 10 min，使土液充分混合，在 20～25℃烘箱中，放置 14～16 h，取出三角瓶后再次摇匀溶液，用离心机离心（4 000 r/min，5 min）得到上清液，溶液中如有漂浮物应立即用快速滤纸过滤。将清液收集于三角瓶中待测。

4.2 腐殖酸总碳量（胡敏酸和富啡酸）的测定

吸取样品待测液 2～15 mL（视溶液颜色深浅而定），移入管壁厚度一致（20 cm×2 cm）的硬质试管中，用 1 mol/L 1/2 H_2SO_4 溶液中和到颜色突然变浅，此溶液 pH 应为 7.0（用 pH 试纸检验），将试管置于 80～90℃恒温水浴锅中加热蒸到干为止。然后按土壤有机质的测定方法（实验五中的稀释热法）测定含碳量，即得腐殖酸总碳量。

4.3 胡敏酸的分离及其含碳量的测定

4.3.1 吸取样品待测液 10～50 mL（视溶液颜色而定），移入 100 mL 烧杯中，在电炉上微微加热的情况下，逐滴加入 1 mol/L1/2 H_2SO_4 溶液，并用玻璃棒搅动，使溶液的 pH 调至 1.5 左右（用 pH 试纸检验），此时出现胡敏酸絮状沉淀，在 80℃左右保温 30 min，然后将溶液放置过夜，使胡敏酸与富啡酸充分分离。

4.3.2 将浸提液转移至离心管中，用离心机将胡敏酸与富啡酸分离（4 000 r/min，15 min），弃去上部富啡酸清液。再将离心管中的沉淀物用 0.05 mol/L NaOH 热溶液溶解，溶解后的胡敏酸溶液用 25～100 mL 容量瓶接收并定容，即得胡敏酸的待测液。

4.3.3 吸取此待测液 10～20 mL（视溶液颜色深浅而定），置于硬质试管中，用 1 mol/L 1/2 H_2SO_4 溶液中和至 pH=7.0（pH 试纸检验），再将试管置于 80～90℃恒温水浴锅中加热蒸到近干为止，然后按土壤有机质方法测定胡敏酸含碳量。

5 结果计算

（1）腐殖质全碳（g/kg）：参照土壤有机质测定。

（2）腐殖酸总碳（g/kg）= $$\frac{\frac{0.800\,0\times 5}{V_{01}}\times (V_{01}-V_1)\times 0.001\times 3.0\times 1.3}{W_1}\times 1\,000$$

（3）胡敏酸总碳（g/kg）$$\frac{\frac{0.800\,0\times 5}{V_{02}}\times (V_{02}-V_2)\times 0.001\times 3.0\times 1.3}{W_2}\times 1\,000$$

式中，0.800 0——1/6 $K_2Cr_2O_7$ 标准溶液的浓度，mol/L；

5——消化时加入 $K_2Cr_2O_7$ 标准溶液量，mL；

V_{01}——测定腐殖酸总碳时空白消耗的 $FeSO_4$ 量，mL；

V_1——测定腐殖酸总碳时待测液消耗的 $FeSO_4$ 量，mL；

0.001——将 mL 换算成 L；

3.0——1/4 碳原子的摩尔质量，g/mol；

1.3——为经验校正常数；

W_1——测定腐殖酸总碳时的体积相当土重，g；

V_{02}——测定胡敏酸时空白消耗的 $FeSO_4$ 量，mL；

V_2——测定胡敏酸时待测液消耗的 $FeSO_4$ 量，mL；

W_2——测定胡敏酸碳时的体积相当土重，g；

1 000——换算成每千克含量。

（4）富啡酸碳（g/kg）= 腐殖酸总碳 - 胡敏酸碳

（5）胡敏素碳（g/kg）= 腐殖质全碳 - 腐殖酸总碳

6 注意事项

（1）吸取待测液进行蒸干时，应视颜色深浅吸取适宜的体积，应在 $K_2Cr_2O_7$ 的氧化当量范围内，一般以 3～9 mg（C）为宜。

（2）在试管中蒸干前，用 pH 1～14 试纸检验 pH 的方法：用玻棒蘸一滴溶液于试纸上观察 pH，应尽量减少使用量。

（3）原方法（中国科学院南京土壤研究所，1978）中沉淀胡敏酸的 pH 为 3，现改为 pH 1.5 的目的是更有利于新形成的分子量较小的胡敏酸沉淀完全。

（4）用本法所提取的腐殖酸，只能提取胡敏酸和富啡酸的绝大部分，因此，存在于残渣中的碳量，除包括胡敏素外，实际上还有极少量的紧结合态腐殖酸和部分未经分解的粗有机质等，会增大胡敏素碳的测定值。

思考题

（1）土壤有机质与土壤腐殖质的含义有何区别？腐殖质组分包括哪几部分？其中哪种有价值？

（2）快速测定土壤腐殖质各组分的原理是什么？它与测定土壤有机质有何异同？

实验七　土壤阳离子交换量的测定
（三氯化六氨合钴浸提－分光光度法）

1　实验目的

土壤阳离子交换量（cation exchange capacity，CEC）是指土壤胶体所能吸附各种阳离子的总量，其数值以每千克土壤的厘摩尔数表示（cmol/kg）。土壤中阳离子的交换作用使土壤具有供应和保蓄养分的能力和缓冲性能，对污染物有一定的净化能力。因此，土壤阳离子交换量的大小可反映土壤缓冲能力的大小，也是评价土壤保肥能力、改良土壤与合理施肥的重要依据。

CEC 的大小由土壤胶体所带的电荷数量决定，受土壤有机质含量、黏土矿物类型、pH、质地等因素影响。

2　实验原理

在（20±2）℃条件下，用三氯化六氨合钴溶液作为浸提液浸提土壤，土壤中的阳离子被三氯化六氨合钴交换下来进入溶液。三氯化六氨合钴在 475 nm 处有特征吸收，吸光度与浓度成正比，根据浸提前后浸提液吸光度差值，计算土壤阳离子交换量。

3　干扰和消除

当试样中溶解的有机质较多时，有机质在 475 nm 处也有吸收，影响阳离子交换量的测定结果。可同时在 380 nm 处测量试样吸光度，用来校正可溶有机质的干扰。

假设 A_1 和 A_2 分别为试样在 475 nm 和 380 nm 处测量所得的吸光度，则试样校正吸光度（A）为：$A=1.025A_1-0.205A_2$。

4　试剂和材料

除非另有说明，分析时均使用符合国家标准的分析纯试剂（实验用水为电导率小于

0.5μS/cm 的蒸馏水或去离子水）。

4.1 三氯化六氨合钴 [$Co(NH_3)_6Cl_3$]：优级纯。

4.2 三氯化六氨合钴溶液：$c[Co(NH_3)_6Cl_3]$=1.66 cmol/L。

准确称取 4.458 g 优级纯三氯化六氨合钴溶于水中，定容至 1 000 mL，4℃低温保存。

5 仪器和设备

5.1 分光光度计：配备 10 mm 光程比色皿。

5.2 振荡器：振荡频率可控制在 150～200 次 /min。

5.3 离心机：转速可达 4 000 r/min，配备 100 mL 圆底塑料离心管（具密封盖）。

5.4 分析天平：感量为 0.001 g 和 0.01 g。

5.5 尼龙筛：孔径 1.7 mm（10 目）。

5.6 一般实验室常用仪器和设备。

6 样品

6.1 样品采集和保存

按实验一完成土样的采集和制备。采集土样时，应使用木刀、木片或聚乙烯采样工具，土壤样品用布袋或塑料袋贮存。

6.2 试样的制备

将风干样品过尼龙筛（5.5），充分混匀。称取 3.5 g 混匀后的样品，置于 100 mL 离心管中，加入 50.0 mL 三氯化六氨合钴溶液（4.2），旋紧离心管密封盖，置于振荡器（5.2）上，在（20±2）℃条件下振荡（60±5）min，调节振荡频率，使土壤浸提液混合物在振荡过程中保持悬浮状态。以 4 000 r/min 离心 10 min，收集上清液于比色管中，24 h 内完成分析。

6.3 空白试样的制备

用实验用水代替土壤，按照与试样的制备（6.2）相同步骤进行实验室空白试样的制备。

7 分析步骤

7.1 标准曲线的建立

分别量取 0.00 mL、1.00 mL、3.00 mL、5.00 mL、7.00 mL、9.00 mL 三氯化六氨合钴溶液（4.2）于 6 个 10 mL 比色管中，分别用水稀释至标线，三氯化六氨合钴的浓度分别为 0.000 cmol/L、0.166 cmol/L、0.498 cmol/L、0.830 cmol/L、1.16 cmol/L 和 1.49 cmol/L。用 10 mm 比色皿在波长 475nm 处，以水为参比，分别测量吸光度。以标准系列溶液中三氯化六氨合钴溶液的浓度（cmol/L ）为横坐标，以其对应吸光度为纵坐标，建立标准曲线。

7.2 试样测定

按照与标准曲线的建立（7.1）相同的步骤进行试样（6.2）的测定。

7.3 空白试验

按照与试样测定（7.2）相同的步骤进行空白试样（6.3）的测定。

8 结果计算与表示

8.1 结果计算

样品中，按式（1）进行计算。

$$\text{CEC}=\frac{(A_0-A)\times V\times 3}{b\times m\times w_{dm}} \tag{1}$$

式中：CEC——土样阳离子交换量，cmol/kg；

A_0——空白试样吸光度；

A——试样吸光度或校正吸光度；

V——浸提液体积，mL；

3——$[Co(NH_3)_6]^{3+}$ 的电荷数；

b——标准曲线斜率；

m——取样量，g；

w_{dm}——土样干物质含量，%。

8.2 结果表示

当测定结果小于 10 cmol/kg 时，保留小数点后一位；当测定结果大于等于 10 cmol/kg 时，保留三位有效数字。

思考题

（1）土壤阳离子交换作用有哪些特点？

（2）影响阳离子交换量大小的因素有哪些？

实验八　土壤 pH 的测定——电位法

土壤 pH 是土壤酸碱度的强度指标，是土壤的基本性质和肥力的重要影响因素之一。它直接影响土壤养分的存在状态、转化和有效性，从而影响植物的生长发育。土壤 pH 易于测定，常用作土壤分类、利用、管理和改良的重要参考。同时在土壤理化分析中，土壤 pH 与很多项目的分析方法和分析结果有密切关系，因而是审查其他项目结果的一个依据。

1 方法原理

以水为浸提剂，水土比为 2.5 : 1，将指示电极和参比电极（或 pH 复合电极）浸入土壤悬浊液时，构成一原电池，在一定的温度下，其电动势与悬浊液的pH值有关，通过测定原电池的电动势即可得到土壤的pH。

2 试剂和材料

2.1 实验用水：去除二氧化碳的新制备的蒸馏水或纯水。

将水注入烧瓶中，煮沸10 min，放置冷却。临用现制。

2.2 邻苯二甲酸氢钾（$C_8H_5KO_4$）。

使用前110～120℃烘干2 h。

2.3 磷酸二氢钾（KH_2PO_4）。

使用前110～120℃烘干2 h。

2.4 无水磷酸氢二钠（Na_2HPO_4）。

使用前110～120℃烘干2 h。

2.5 四硼酸钠（$Na_2B_4O_7 \cdot 10H_2O$）。

与饱和溴化钠（或氯化钠加蔗糖）溶液（室温）共同放置在干燥器中48 h，使四硼酸钠晶体保持稳定。

2.6 pH 4.01（25℃）标准缓冲溶液：c（$C_8H_5KO_4$）=0.05 mol/L。

称取10.12 g邻苯二甲酸氢钾（2.2），溶于水中，于25℃下在容量瓶中稀释至1 L。也可直接采用符合国家标准的标准溶液。

2.7 pH 6.86（25℃）标准缓冲溶液：c（KH_2PO_4）=0.025 mol/L，c（Na_2HPO_4）=0.025 mol/L。

分别称取3.387 g磷酸二氢钾（4.3）和3.533 g无水磷酸氢二钠（4.4），溶于水中，于25℃下在容量瓶中稀释至1 L。也可直接采用符合国家标准的标准溶液。

2.8 pH 9.18（25℃）标准缓冲溶液：c（$Na_2B_4O_7$）=0.01 mol/L。

称取3.80 g四硼酸钠（2.5），溶于水中，于25℃下在容量瓶中稀释至1 L，在聚乙烯瓶中密封保存。也可直接采用符合国家标准的标准溶液。

注：上述pH标准缓冲溶液于冰箱中4℃冷藏可保存2～3个月。发现有混浊、发霉或沉淀等现象时，不能继续使用。

3 仪器和设备

3.1 pH计：精度为0.01个pH单位，具有温度补偿功能。

3.2 电极：玻璃电极和饱和甘汞电极，或pH复合电极。

3.3 磁力搅拌器或水平振荡器：具有温控功能。

3.4 土壤筛：孔径2 mm（10目）。

3.5 一般实验室常用仪器和设备。

4 样品

4.1 按照实验一进行土样的采集与保存及制备。

4.2 试样的制备

称取10.0 g土样置于50 mL的高型烧杯或其他适宜的容器中，加入25 mL水（2.1）。将容器用封口膜或保鲜膜密封后，用磁力搅拌器（3.3）剧烈搅拌2 min或用水平振荡器

（3.3）剧烈振荡 2 min。静置 30 min，在 1 h 内完成测定。

5 分析步骤

5.1 校准

至少使用两种 pH 标准缓冲溶液对 pH 计进行校准。先用 pH 6.86（25℃）标准缓冲溶液（2.7），再用 pH 4.01（25℃）标准缓冲溶液（2.6）或 pH 9.18（25℃）标准缓冲溶液（2.8）校准。校准步骤如下：

（1）将盛有标准缓冲溶液并内置搅拌子的烧杯置于磁力搅拌器（3.3）上，开启磁力搅拌器。

（2）控制标准缓冲溶液的温度在（25±1）℃，用温度计测量标准缓冲溶液的温度，并将 pH 计的温度补偿旋钮调节到该温度上。有自动温度补偿功能的仪器，可省略此步骤。

（3）将电极插入标准缓冲溶液中，待读数稳定后，调节仪器示值与标准缓冲溶液的 pH 一致。重复步骤（1）和（2），用另一种标准缓冲溶液校准 pH 计，仪器示值与该标准缓冲溶液的 pH 之差应≤0.02 个 pH 单位。否则应重新校准。

5.2 测定

控制试样（4.2）的温度为（25±1）℃，与标准缓冲溶液的温度之差不应超过 2℃。将电极插入试样的悬浊液，电极探头浸入液面下悬浊液垂直深度的 1/3～2/3 处，轻轻摇动试样。待读数稳定后，记录 pH。每个试样测完后，立刻用水冲洗电极，并用滤纸将电极外部水吸干，再测定下一个试样。

6 结果表示

测定结果保留至小数点后 2 位。当读数小于 2.00 或大于 12.00 时，结果分别表示为 pH＜2.00 或 pH＞12.00。

7 注意事项

（1）pH 计应参照仪器说明书使用和维护。

（2）电极应参照电极说明书使用和维护。

（3）温度对土壤 pH 的测定具有一定影响，在测定时，应按要求控制温度。

（4）在测定时，将电极插入试样的悬浊液，应注意去除电极表面气泡。

思考题

根据土壤酸碱度的分级，判断校园土壤酸碱度的级别，举例说明适合种植的植物类型。

实验九　土壤全氮的测定

1　实验目的

土壤全氮是土壤有机态氮与土壤无机态氮之和，单位为g/kg。土壤中的氮素绝大部分为有机态氮，无机态氮一般占全氮的1%～5%。无机态氮主要是以NH_4^+、NO_3^-和NO_2^-形态存在的氮。土壤全氮量通常用于衡量氮素的基础肥力。

土壤全氮量的测定结果，为评价土壤基础肥力，为经济合理施用氮肥，以及采取各种农业措施以促进有机氮矿化过程等提供科学依据。测定土壤全氮的方法主要有杜氏法和凯氏法。凯氏法自提出以来，经过大量的研究改进，由于仪器设备简单、操作简便省时、结果可靠、再现性好，所以迄今仍为土壤农化实验中测定全氮的常用方法。

2　方法原理

土壤中的全氮在硫代硫酸钠、浓硫酸、高氯酸和催化剂的作用下，经氧化还原反应全部转化为铵态氮。消解后的溶液碱化蒸馏出的氨被硼酸吸收，用标准盐酸溶液滴定，根据标准盐酸溶液的用量来计算土壤中的全氮含量。

3　试剂和材料

3.1　无氨水。

每升水中加入0.10 mL浓硫酸（2.2）蒸馏，收集馏出液于具塞玻璃容器中，也可使用新制备的去离子水。

3.2　浓硫酸：ρ（H_2SO_4）=1 .84 g/mL，优级纯。

3.3　浓盐酸：ρ（HCl）=1.19 g/mL。

3.4　高氯酸：ρ（$HC1O_4$）=1.768 g/mL。

3.5　无水乙醇：ρ（C_2H_6O）=0.79 g/ml。

3.6　硫酸钾（K_2SO_4）。

3.7　五水合硫酸铜（$CuSO_4 \cdot 5H_2O$）。

3.8　二氧化钛（TiO_2）：优级纯。

3.9　五水合硫代硫酸钠（$Na_2S_2O_3 \cdot 5H_2O$）。

3.10　氢氧化钠（NaOH）：优级纯。

3.11　硼酸（H_3BO_3）：优级纯。

3.12　无水碳酸钠（Na_2CO_3）：基准试剂。

3.13　催化剂：200 g硫酸钾（3.6）、6 g五水合硫酸铜（3.7）和6 g二氧化钛（3.8）于玻璃研钵（4.2）中充分混匀，研细，贮于试剂瓶中保存。

3.14　还原剂：将五水合硫代硫酸钠（3.9）研磨后过0.25 mm（60目）筛（4.3），临用现配。

3.15　氢氧化钠溶液：ρ（NaOH）=400 g/L。

称取 400 g 氢氧化钠（3.10）溶于 500 mL 水中，冷却至室温后稀释至 1 000 mL。

3.16 硼酸溶液：ρ（H_3BO_3）=20 g/L。

称取 20 g 硼酸（3.11）溶于水中，稀释至 1 000 mL。

3.17 碳酸钠标准溶液：c（$1/2Na_2CO_3$）=0.050 0 mol/L。

称取 2.649 8 g（于 250℃烘干 4 h 并置干燥器中冷却至室温）无水碳酸钠（3.12），溶于少量水中，移入 1 000 mL 容量瓶中，用水稀释至标线，摇匀。贮于聚乙烯瓶中，保存时间不得超过一周。

3.18 甲基橙指示液：ρ=0.5 g/L。

称取 0.1 g 甲基橙溶于水中，稀释至 200 mL。

3.19 盐酸标准贮备溶液：c（HCl）≈ 0.05 mol/L。

用分度吸管吸取 4.20 mL 浓盐酸（3.3），并用水稀释至 1 000 mL，此溶液浓度约为 0.05 mol/L。其准确浓度按下述方法标定。

用无分度吸管吸取 25.00 mL 碳酸钠标准溶液（3.17）于 250 mL 锥形瓶中，加水稀释至约 100 mL，加入 3 滴甲基橙指示液（3.18），用盐酸标准贮备溶液滴定至颜色由橘黄色刚变成橘红色，记录此时的盐酸标准溶液用量。按式（1）计算其准确浓度：

$$c=\frac{25.00\times 0.050\,0}{V} \quad (1)$$

式中，c——盐酸标准溶液浓度，mol/L；

V——盐酸标准溶液用量，mL。

3.20 盐酸标准溶液：c（HCl）≈0.01 mol/L。

吸取 50.00 mL 盐酸标准贮备潜液（3.19）于 250 mL 容量瓶中，用水稀释至标线。

3.21 混合指示剂：将 0.1 g 溴甲酚绿和 0.02 g 甲基红溶解于 100 mL 无水乙醇（3.5）中。

4 仪器设备

4.1 研磨机。

4.2 玻璃研体。

4.3 土壤筛：孔径 2 mm（10 目）、025 mm（60 目）。

4.4 分析天平：精度为 0.000 1 g 和 0.001 g。

4.5 带孔专用消解器或电热板（温度可达 400℃）。

4.6 凯氏氮蒸馏装置（图 1）。

4.7 凯氏氮消解瓶：容积 50 mL 或 100 mL。

4.8 酸式滴定管（最小刻度≤0.1 mL）：25 mL 或 50 mL。

4.9 锥形瓶：容积 250 mL。

4.10 一般实验室常用仪器设备。

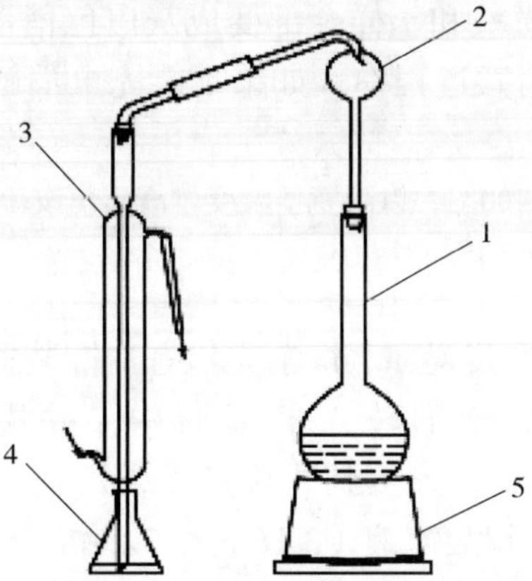

1—凯氏氮消解瓶　2—定氮球　3—直形冷凝管　4—接收瓶　5—加热装置

图 1　凯氏氮蒸馏装置

5　样品

5.1　样品的采集和保存

土样的采集、保存按照实验一进行。

5.2　试样的制备

将土样置于风干盘中，平摊成 2～3 cm 厚的薄层，先剔除植物、昆虫、石块等残体，用铁锤或瓷质研磨棒压碎土块，每天翻动几次，自然风干。

充分混匀风干土壤，采用四分法，取其两份，一份留存，一份用研磨机（4.1）研磨至全部通过 2 mm（10 目）土壤筛（4.3）。取 10～20 g 过筛后的土壤样品，研磨至全部通过 0.25 mm（60 目）土壤筛（4.3），装于样品袋或样品瓶中。

5.3　干物质含量的测定

称取过 2 mm（10 目）筛（4.3）后的土壤样品，参照实验三中的要求测定土壤的干物质含量。

6　分析步骤

6.1　消解

称取适量试样（5.2）0.200～1.000 g（含氮约 1 mg），精确到 0.1 mg，放入凯氏氮消解瓶（4.7）中，用少量水（0.5～1 mL）润湿，再加入 4 mL 浓硫酸（3.2），瓶口上盖小漏斗，转动凯氏氮消解瓶（4.7）使其混合均匀，浸泡 8 h 以上。

使用干燥的长颈漏斗将 0.5 g 还原剂（3.14）加到凯氏氮消解瓶（4.7）底部，置于消解器（或电热板）（4.5）上加热，待冒烟后停止加热。冷却后，加入 1.1 g 催化剂（3.13），摇匀，继续在消解器（或电热板）（4.5）上消煮。消煮时保持微沸状态，使白烟到达瓶颈 1/3 处回旋，待消煮液和土样全部变成灰白色稍带绿色后，表明消解完全，再继续消煮 1 h，冷却。在土样消煮过程中，如果不能完全消解，可以冷却后加几滴高氯酸后再消煮。

注 1：消解时温度不能超过 400℃，以防瓶壁温度过高而使铵盐受热分解，导致氮的损失。

6.2 蒸馏

6.2.1 按照图 1 连接蒸馏装置，蒸馏前先检查蒸馏装置的气密性，并将管道洗净。

6.2.2 把消解液（6.1）全部转入蒸馏瓶中，并用水洗涤凯氏氮消解瓶（4.7）4～5 次，总用量不超过 80 mL，连接到凯氏氮（或氨氮）蒸馏装置上（4.6）。在 250 mL 锥形瓶（4.9）中加入 20 mL 硼酸溶液（3.16）和 3 滴混合指示剂（3.21）吸收馏出液，导管管尖伸入吸收液液面以下。将蒸馏瓶成 45° 斜置，缓缓沿壁加入 20 mL 氢氧化钠溶液（3.15），使其在瓶底形成碱液层。迅速连接定氮球和冷凝管，摇动蒸馏瓶使溶液充分混匀，开始蒸馏，待馏出液体积约 100 mL 时，蒸馏完毕。用少量已调节至 pH=4.5 的水洗涤冷凝管的末端。

注 2：如果消解后消解瓶中的沉淀物附着在瓶壁上，可加入少量水后使用超声波据荡器将其液于水中，再完全转移至蒸馏瓶中。

6.3 滴定

用盐酸标准溶液（3.20）滴定蒸馏后的馏出液（6.2.2），溶液颜色由蓝绿色变为红紫色，记录所用盐酸标准溶液体积。

注 3：如果样品含量大于 10^4 mg/kg，可以改用浓度为 0.050 0 mol/L 的盐酸标准贮备液（3.19）滴定；

注 4：如果使用全自动凯氏定氮仪，按说明书要求进行样品的消解、蒸馏和滴定。

6.4 空白试验

凯氏氮消解瓶（4.7）中不加入试样，按照步骤 6.1～6.3 测定，记录所用盐酸标准溶液体积。

7 结果计算与表示

数据记录于表 1 中，土壤中全氮的含量（mg/kg）按式（2）计算：

$$w_{\mathrm{N}}=\frac{(V_1-V_0)\times C_{\mathrm{HCl}}\times 14.0\times 100\,0}{m\times W_{\mathrm{dm}}} \tag{2}$$

式中，w_{N}—— 土壤中全氮的含量，mg/kg；

V_1——样品消耗盐酸标准溶液的体积，mL；

V_0——空白消耗盐酸标准溶液的体积，mL；

C_{HCl}——盐酸标准溶液的浓度，mol/L；

14.0——氮的摩尔质量，g/mol；

W_{dm}——土样的干物质含量，%；

m——称取土样的质量，g。

结果保留三位有效数字，用科学计数法表示。

表 1　土壤全氮测定数据记录

重复	I	II	III
凯氏瓶号			
称取土样质量①			
土样的干物质含量②			
滴定试液时所用酸标准溶液的体积③			
滴定空白时所用酸标准溶液的体积④			
0.01 mol/L HCl 标准溶液的浓度⑤			
全氮（mg/kg）=（③ - ④）× ⑤ × 14.0 × 1000/（① × ②）			
全氮平均值 /（mg/kg）			

8　注意事项

（1）土壤全氮含量在 1 g/kg 以下，称土样 1～1.5 g，含氮在 1～2 g/kg 应称样 0.5～1 g，含氮在 2 g/kg 以上称样 0.5 g 以下。

（2）消煮时凯氏瓶加热的部位，不得超过瓶中的液面，以防瓶壁温度过高而使铵盐受热分解，导致氮素损失。

思考题

（1）土壤全氮包括哪几部分？作物吸收利用的是哪几种氮素形态？

（2）在测定过程中如何防止氮素流失？

实验十　土壤碱解氮的测定

1　目的意义

碱解 - 扩散法是近年来较为广泛应用的一种测定有效氮的方法，该法是用一定浓度的碱溶液，在一定的温度条件下，使土壤中易水解的有机态氮水解，生成氮时所测得的水解性氮也称碱解氮。土壤中碱解氮的含量与土壤有机质和全氮含量以及土壤的水热条件、微生物活动情况密切相关。碱解氮含量的高低，能大致反映出近期内土壤氮素的供应情况，与作物生长和产量有一定的相关性，可作为土壤有效氮的指标。碱解 - 扩散法测定土壤有效氮，不受土壤中 $CaCO_3$ 的影响，操作简便，结果的精密度较高，适于大批样品的分析，但此法测得的有效氮不包括 NO_3^--N，且水解和扩散时间较长。

2　实验原理

在扩散皿中，利用 1 mol/LNaOH 与土样在一定条件下作用，使土壤中容易水解的有机

态氮转化成 NH_3，连同土壤中原有的 NH_4^+-N 一起扩散后为 H_3BO_3 所吸收。再用标准酸滴定 H_3BO_3 吸收液中的 NH_3，由此计算土壤中碱解氮的含量。

3 主要仪器设备及试剂配制

3.1 仪器设备与材料用具

扩散皿、半微量滴定管（5 mL）、恒温箱、天平、容量瓶、玻璃棒、橡皮筋、供试土样等。

3.2 试剂

3.2.1 1 mol/L NaOH：称取 40 g NaOH 溶于水中，冷却后稀释至 1 L。

3.2.2 2% H_3BO_3 指示剂溶液：称取 H_3BO_3 20 g 加水 900 mL，稍稍加热溶解，冷却后，加入混合指示剂 20 mL（0.099 g 溴甲酚绿和 0.066 g 甲基红溶于 100 mL 乙醇中）。然后以 0.1 mol/LNaOH 调节溶液至红紫色（pH 约为 5）最后加水稀释至 1 000 mL，混合均匀贮于瓶中。

3.2.3 0.01 mol/L H_2SO_4 标准溶液：先配成 0.1 mol/L 的硫酸溶液，再用碳酸钠标定，再准确稀释 10 倍。

3.2.4 碱性甘油：加 40 g 阿拉伯胶和 50 mL 水于烧杯中，温热至 70～80℃搅拌促溶，冷却约 1 h，加入 20 mL 甘油和 30 mL 饱和 K_2CO_3 水溶液，搅匀放冷，离心除去泡沫及不溶物，将清液贮于玻璃瓶中备用。

3.2.5 硫酸亚铁粉：$FeSO_4 \cdot 7H_2O$ 磨细，装入玻璃瓶中，存于阴凉处。

4 操作步骤

4.1 称取试样

称取通过 1 mm 筛的风干土样 2 g（精确到 0.01 g）和硫酸亚铁粉剂 0.2 g（3.2.5）均匀铺在扩散皿外室，水平地轻轻旋转扩散皿，使土样铺平。

4.2 样品处理

在扩散皿的内室中，加入 2 mL 2% 含指示剂的硼酸溶液（3.2.2），然后在扩散皿的外室边缘涂上碱性甘油（3.2.4），盖上毛玻片，旋转数次，使毛玻片与扩散皿边缘完全黏合，再慢慢转开毛玻片的一边，使扩散皿露出一条狭缝，迅速加入 10.0 mL 1 mol/L NaOH（3.2.1）于扩散皿的外室中，立即将毛玻璃旋转盖严，在实验台上水平地轻轻旋转扩散皿，使溶液与土壤充分混匀，并用橡皮筋固定；随后小心放入（40±1）℃的恒温箱中，碱解扩散（24±0.5）h 后取出。

4.3 滴定

取出扩散皿，取下毛玻片，用 0.01 mol/L 的 H_2SO_4 标准液滴定扩散皿内室 H_3BO_3 液吸收的 NH_3，边滴边用小玻棒轻轻搅动，直至溶液由蓝绿色突变为紫红色。

上述土样测定做两个平行。

在测定土样的同时，必须做两个空白试验，取其平均值，校正试剂和滴定误差。空白试验不加土壤，其余步骤与上述土样测定同步进行。

5 结果计算

数据记录于表 1 中并计算。

$$土壤中水解氮（mg/kg）= \frac{(V-V_0)\times 14.0\times c}{m}\times 1\,000$$

式中，V——样品测定时消耗的 H_2SO_4 标准液的体积，mL；

V_0——空白测定时消耗的 H_2SO_4 标准液的体积，mL；

14.0——氮的摩尔质量，g/mol；

c——H_2SO_4 标准液的浓度，mol/L；

1 000——换算系数；

m——风干土样质量，g。

表 1　碱解氮测定数据记录

重复	I	II	III
扩散皿号			
风干土样质量①			
测定试液时所用酸标准溶液体积②			
测定空白时所用酸标准溶液体积③			
酸标准溶液的浓度④			
碱解氮（mg/kg）=（②－③）×14×1000×④/①			
碱解氮平均值（mg/kg）			

6 注意事项

（1）扩散皿使用前必须彻底清洗。

（2）在硝态氮还原为铵态氮时，硫酸亚铁本身要消耗部分氢氧化钠，所以测定时所用氢氧化钠溶液浓度必须提高或适当增加用量。例如，2 g 土加 11.5 mL 氢氧化钠溶液。

（3）由于碱性胶液的碱性很强，在涂胶液时必须特别细心，慎防污染内室，致使造成误差。

（4）打开扩散皿时一定要小心，平放推开毛玻片，以防外室氢氧化钠溶液进入内室。

（5）滴定时要用玻璃棒小心搅动吸收液，切不可摇动扩散皿。

思考题

（1）何谓碱解氮？为什么要严格控制水解时的温度和时间？

（2）说明土壤氮素的来源，速效氮包括哪些形态的氮。

（3）用碱解－扩散法测定出来的氮素包括哪几个氮素形态？对作物有效性如何？

附表 水解性（碱解氮）测定允许差

水解性氮量 /（mg/kg）	允许差 /（mg/kg）
＞200	＞10
50～100	2.5～10
＜50	＜2.5

实验十一 土壤全磷的测定
（H_2SO_4–$HClO_4$ 消煮 – 钼锑抗比色法）

1 实验目的

土壤全磷是指土壤中各种形态磷素的总和，单位为 g/kg。土壤全磷含量的高低，受土壤母质、成土作用和耕作施肥的影响很大。土壤中的磷可分为有机态磷和无机态磷两大类，有机态磷占土壤全磷量的 20%～50%。测定土壤全磷的含量，对于了解土壤磷素的供应状况有一定帮助，但全磷量只能说明土壤中磷的总贮量。

土壤中的磷素大部分以迟效性状态存在，故土壤全磷含量并不能作为土壤磷素供应的指标，全磷含量高时并不意味着磷素供应充足，而全磷含量低于某一水平时，却可能意味着磷素供应不足。

2 实验原理

本实验采用 H_2SO_4–$HClO_4$ 消煮 – 钼锑抗比色法。其方法与原理是：在高温条件下，土壤中含磷矿物和有机磷化合物与高沸点的 H_2SO_4 和强氧化剂 $HC1O_4$ 作用，使之完全分解，全部转化为正磷酸盐而进入溶液，然后用钼锑抗比色法测定。

3 仪器

消煮炉（消化炉）（图 1）、分光光度计。

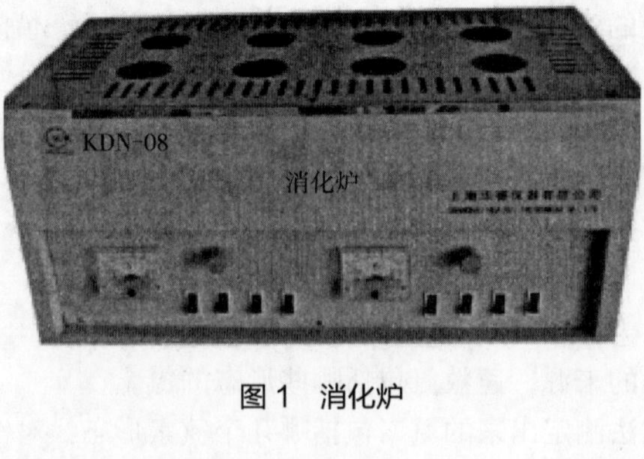

图 1 消化炉

4 试剂

4.1 浓 H_2SO_4 ρ=1.84 g/mL，分析纯。

4.2 $HClO_4$ 70%～72%，分析纯。

4.3 2,6- 二硝基酚（2,4- 二硝基酚指示剂）。

称取 0.25 g 2,6- 二硝基酚或 2,4- 二硝基酚溶于 100 mL 水中。

4.4 4 mol/L NaOH 溶液。

称取 16 g 化学纯 NaOH 溶于 100 mL 水中。

4.5 2 mol/L 1/2 H_2SO_4 溶液。

吸取 6 mL 浓 H_2SO_4，缓缓加入 80 mL 水中，边加边搅拌，冷却后加水至 100 mL。

4.6 钼锑抗试剂。

0.5 g 酒石酸锑钾溶于 100 mL 水中，配制成 5 g/L 酒石酸锑钾溶液。另将 10 g 钼酸铵溶于 450 mL 水中，缓慢加入 153 mL 浓 H_2SO_4，边加边搅动，配制钼酸铵－浓 H_2SO_4 溶液。再将上述 5 g/L 酒石酸锑钾溶液加入钼酸铵－浓 H_2SO_4 溶液，最后加水至 1 L，充分摇匀，贮于棕色瓶中，此为钼锑混合液。

临用前（当天），称取左旋抗坏血酸（维生素 C，化学纯）1.5 g，溶于 100 mL 钼锑混合液中，混匀，此即钼锑抗试剂。有效期 24 h，若藏于冰箱中则有效期较长。此试剂中 H_2SO_4 为 5. 5 mo1/L（H^+），钼酸铵为 l0 g/L，酒石酸氧锑钾为 0.5 g/L，抗坏血酸为 15 g/L。

4.7 磷标准贮备溶液（以 P 计）：ρ=50.0 mg/L。

准确称取经在 105℃下烘干的磷酸二氢钾（分析纯）0.219 7 g 溶于 400 mL 水中，加入 5 mL 浓硫酸溶液（防止生长霉菌，可使溶液长期保存）转入 1 L 容量瓶中，用水定容。

4.8 磷标准工作溶液（以 P 计）：ρ=5.00 mg/L。

量取 25.00 mL 磷标准贮备溶液（4.7）于 250 mL 容量瓶中，加水至标线，混匀。该溶液临用时现配。

5 测定步骤

5.1 样品分解

称取风干土样（0. 25 mm）1～2 g（含磷约 1 mg），置于 50 mL 凯氏瓶（或 100 mL 消化管）中，以少量水湿润后，加入 8 mL 浓 H_2SO_4，摇动后，再加入 10 滴 70%～72% 的 $HClO_4$，摇匀，再加热消煮。缓慢升温，待 $HClO_4$ 烟雾消失后，再提高温度，使浓 H_2SO_4 发烟回流，待瓶内溶液开始转白后继续消煮 20 min，全部消煮时间为 40～60 min。在样品消煮的同时，做空白实验，操作同上，但不加土样。

将冷却后的消煮液用水小心地冲入 100 mL 容量瓶中，冲洗时用水应量少次多，轻轻摇动容量瓶，待完全冷却后，以水定容，静置过夜。次日小心吸取上层澄清液进行磷的测定。或者用干的定量滤纸过滤，将滤液接收在干燥的三角瓶中待测定。

5.2 磷的测定

吸取澄清的待测液 2. 00 mL（含磷 5～25 μg）于 50 mL 容量瓶中，用水稀释至约 30 mL，加二硝基酚指示剂 1 滴，滴加 4 mo1/L NaOH 溶液直至溶液刚转为黄色。再加入 2 mo1/L 1/2 H_2SO_4 溶液 1 滴，使溶液的黄色刚刚退去。然后加入钼锑抗试剂 5 mL，摇匀，用水定容。放置 30 min 后，在分光光度计上用波长 700 nm 比色，以空白实验溶液为参比液调零点，读取测定液的透光度或吸收值。

5.3 标准曲线

吸取 5 mg/L 磷标准溶液 0 mL、0.5 mL、1.0 mL、2.0 mL、4.0 mL、6.0 mL、8.0 mL，分别放入 50 mL 容量瓶中，加水稀释至约 30 mL，再分别加入空白实验定容后的消煮液 2 mL。调节溶液的 pH 为 4.4 左右，显色处理同上。各瓶比色液的磷质量浓度分别为 0 mg/L、0.05 mg/L、0.1 mg/L、0.2 mg/L、0.4 mg/L、0.6 mg/L、0.8 mg/L。比色测定后绘制标准曲线。

6 结果计算

数据记录于表 1 中并计算。

$$w\text{（P）}=\frac{\rho\times V\times \mathrm{ts}}{m}\times 0.001$$

式中：w（P）——土壤全磷的质量分数，g/kg；

ρ——待测液中磷的质量浓度，mg/L；

V——显色液体积，50 mL；

m——烘干土样质量，g；

ts——分取倍数（消煮液定容体积 / 吸取消煮液体积）；

0.001——换算系数。

表 1　土壤全磷数据记录

重复	I	II	III
凯氏瓶号			
烘干土样质量①			
待测液中磷的质量浓度②			
显色液体积③（50 mL）			
分取倍数④			
全磷（mg/kg）= ② × ③ × ④ / ①			
全磷平均值 /（mg/kg）			

7 注意事项

（1）如果待测液中磷质量浓度过高或过低，可减少或增加待测液的吸取量，以使待测

与待测液相近 [在配制标准系列溶液时应各加 0.4 g NaOH 和 H_2SO_4(1 : 3) 溶液 1 mL]，用水定容到 100 mL。此为含钾浓度分别为 2 mg/L、5 mg/L、10 mg/L、20 mg/L、40 mg/L、60 mg/L 的 K 系列标准溶液。

5 测定步骤

5.1 待测液制备

称取烘干土样（0.15 mm）约 0.250 0 g 于坩埚（银坩埚或镍坩埚或聚四氟乙烯坩埚）底部，加几滴无水酒精湿润样品，然后加入 2.0 g 固体 NaOH，平铺于土样的表面，暂放在干燥器中，以防吸湿。

将坩埚加盖留一小缝放在高温电炉内，先以低温加热，然后逐渐升高温度至 450℃（这样可以避免坩埚内的 NaOH 和样品溢出），保持此温度 15 min，熔融完毕。如在普遍电炉上加热，则待熔融物全部熔成流体时，摇动坩埚然后开始计算时间，15 min 后熔融物呈均匀流体时，即可停止加热，转动坩埚，使熔融物均匀地附在坩埚壁上。

将坩埚冷却后，加入 10 mL 水，加热至 80℃左右，待熔块溶解后，再煮 5 min，转入 50 mL 容量瓶中，然后用少量 0.2 mol/L H_2SO_4 溶液清洗数次，一起倒入容量瓶内，使总体积至约 40 mL，再加 HCl（1 : 1）溶液 5 滴和 H_2SO_4（1 : 3）溶液 5 mL，用水定容，过滤。此待测液可供磷和钾的测定用。

5.2 测定

吸取待测液 5.00 mL 或 10.00 mL 于 50 mL 容量瓶中（K 的质量浓度控制在 10～30 mg/L），用水定容，直接在火焰光度计上测定，记录检流计的读数，然后从工作曲线上查得待测液的 K 质量浓度（mg/L）。注意在测定完毕之后，用喷雾器中的蒸馏水继续喷雾 5 min，洗去多余的盐或酸，使喷雾器保持良好的使用状态。

5.3 标准曲线的绘制

将配制的 K 系列标准溶液，以浓度最大的一个定到火焰光度计上检流计的满度（100），然后从稀到浓依序进行测定，记录检流计的读数。以检流计读数为纵坐标，K 质量浓度（mg/L）为横坐标，绘制标准曲线，或计算两个变量的直线回归方程。

5.4 结果计算

数据记录于表 1 并计算。

$$w(\mathrm{K})=\frac{\rho\times V\times \mathrm{ts}}{m}\times 0.001$$

式中，w（K）——土壤全钾的质量分数，g/kg；

ρ——待测液中的钾的质量浓度，mg/L；

V——测定液定容体积，50 mL；

m——烘干土样质量，g；

ts——分取倍数（试液总体积 50 mL/ 吸取试液体积 5.00 mL 或 10.00 mL）；

0.001——换算系数。

表 1 土壤全钾测定数据记录

重复	Ⅰ	Ⅱ	Ⅲ
坩埚号			
烘干土样质量①			
待测液中钾的质量浓度②			
测定液定容体积③（50 mL）			
分取倍数④			
全钾（g/kg）= ② × ③ × ④ × 0.001/ ①			
全钾平均值 /（g/kg）			

6 注意事项

（1）土壤与 NaOH 的比例为 1：8，当土样用量增加时，NaOH 用量也需相应增加。

（2）熔块冷却后应凝结成淡蓝色或蓝绿色，如熔块呈棕黑色则表示还没有熔好，必须再熔一次。

（3）如在熔块还未完全冷却时加水，可不必再在电炉上加热至 80℃，放置过夜自溶解。

（4）加入 H_2SO_4 的量视 NaOH 用量的多少而定，目的是中和多余的 NaOH，使溶液呈酸性（H_2SO_4 的浓度约为 0.15 mol/L），硅得以沉淀下来。

思考题

（1）土壤中钾的形态有哪几种？

（2）简述测定土壤全钾的意义何在？

实验十四 土壤有效钾的测定

1 实验目的

土壤有效钾是土壤水溶性钾和交换性钾两部分之和，单位为 mg/kg。土壤有效钾能直接反映土壤供钾能力，对判断土壤钾供应情况以及确定钾肥的施用量有很重要的意义。

土壤有效钾的 95% 左右是交换性钾，水溶性钾仅占极少部分。由于土壤交换性钾的浸出量依浸提剂的阳离子种类而异，因此用不同浸提剂测定土壤有效钾的结果也不一致，而且稳定性也不同。目前，国内外广泛采用的浸提剂是 1 mol/L NH_4OAc 溶液。

2 方法与原理

本实验采用 1 mol/L NH_4OAc 浸提 – 火焰光度法。其方法与原理是：用中性的 1 mol/L NH_4OAc 溶液浸提土壤时，NH_4^+ 与土壤胶体表面的 K^+ 进行交换，连同水溶性 K^+ 一起进入溶液，浸出液中的 K^+ 可直接用火焰光度法测定。

3 仪器与工具

往复振荡器、火焰光度计。

4 试剂

4.1 1 mol/L NH_4OAc 溶液

称取化学纯 NH_4OAc 77.09 g 加水稀释，定容至近 1 L。用 HOAc 或 NH_4OH 调至 pH=7.0，然后稀释至 1 L。具体方法如下：取出 1 mol/L NH_4OAc 溶液 50 mL，用溴百里酚蓝作指示剂，以 1∶1 NH_4OH 或稀 HOAc 调至绿色即 pH=7.0（也可以在酸度计上调节）。根据所用 NH_4OH 或稀 HOAc 的体积，估算出所配溶液大概需要量，最后调至 pH 7.0。

4.2 K 系列标准溶液

称取 KCl（分析纯，110℃烘干 2 h）0.190 7 g 溶于 1 mol/L NH_4OAc 溶液中，定容至 1 L，即为含 K 100 mg/L 的 NH_4OAc 溶液。同时分别准确吸取此标准液 0 mL、2.5 mL、5.0 mL、10.0 mL、15.0 mL、20.0 mL、40.0 mL 放入 100 mL 容量瓶中，用 1 mol/L NH_4OAc 溶液定容，即得含 K 为 0 mg/L、2.5 mg/L、5.0 mg/L、10.0 mg/L、15.0 mg/L、20.0 mg/L、40.0 mg/L 的系列标准溶液。

5 测定步骤

5.1 称量

称取通过 1 mm 筛孔的风干土 5.00 g，置于 100 mL 三角瓶或大试管中，加入 1 mol/L NH_4OAc 溶液 50 mL，塞紧橡皮塞，振荡 30 min，用干的普通定性滤纸过滤，将滤液盛于小三角瓶中待用。

5.2 测定

将盛于小三角瓶中的滤液，同钾标准系列溶液一起在火焰光度计上测定。记录检流计上的读数，然后从标准曲线上（或利用直线回归方程）求得其浓度。

5.3 标准曲线的绘制

将配制的 K 系列标准溶液，以浓度最大的一个定到火焰光度计上检流计为满度（100），然后从稀到浓依序进行测定，记录检流计上的读数。以检流计读数为纵坐标，K 的质量浓度（mg/L）为横坐标，绘制标准曲线，或计算两个变量的直线回归方程。

6 结果计算

$$w(\mathrm{K})=\frac{\rho\times V}{m}$$

式中：w（K）——土壤有效钾的质量分数，mg/kg；

ρ——待测液中的钾的质量浓度，mg/L；
V——加入浸提剂的体积，50 mL；
m——烘干土样质量，g。

7 注意事项

（1）含 NH_4OAc 的 K 标准溶液配制后不能放置过久，以免长霉，影响测定结果。

（2）若浸出液中钾的浓度超过测定范围，应用 11 mol/L NH_4OAc 溶液稀释后再测定。

（3）1 mol/L NH_4OAc 浸提－火焰光度法测定结果的评价标准如下：K＜30 mg/kg 为供钾水平极低；30～60 mg/kg 为低；60～100 mg/kg 为中；100～160 mg/kg 为高；＞160 mg/kg 为极高。

思考题

（1）影响土壤有效钾含量的因素有哪些？

（2）采用土壤有效钾作为钾素指标时应注意哪些问题？

实验十五　土壤微生物数量测定

1 实验目的

通过稀释平板计数法测定土壤中三大类微生物的数量，掌握微生物活菌计数的基本原理和方法。

微生物的稀释平板法反映出土壤中可培养的微生物类群的数量，利用不同的培养基能够测定土壤细菌、真菌和放线菌等不同类群的微生物数量。

2 方法与原理

土壤微生物数量测定主要分为两大类：一类是培养计数法，根据在培养基上生长的菌落数（稀释平板法）或微生物的反应活性（最大或然数法）来计数；另一类是直接镜检法，将土壤微生物染色后，在显微镜下观察计数，主要有土壤涂片法、土壤切片法、土壤埋片法和琼脂薄片法等。

土壤微生物数量测定通常采用稀释平板法，是根据在固体培养基上所形成的一个菌落是由一个单细胞繁殖而成，且肉眼可见的子细胞群体这一生理及培养特征进行的。也就是说一个菌落即代表一个单细胞。计数时，先将待测样品作一系列稀释，再取一定量的稀释菌液接种到培养皿中，使其均匀分布于平皿中的培养基内，经培养后，由单个细胞生长繁殖形成菌落，统计菌落数目，即可换算出样品中的含菌数（图 1）。

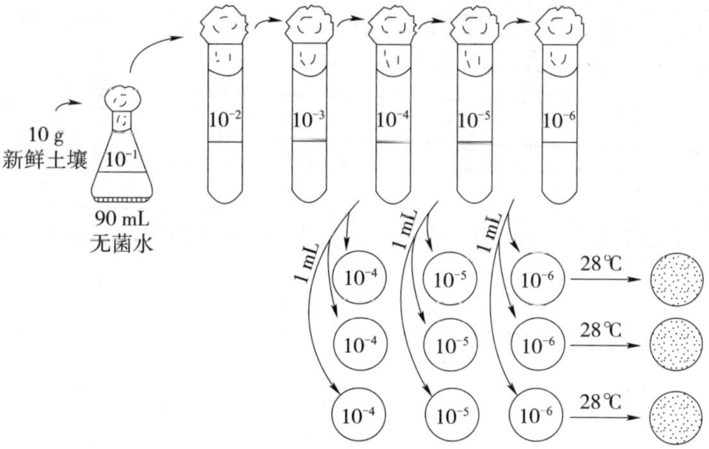

图 1 稀释倾注平板法

3 仪器与试剂

3.1 培养基。

牛肉膏蛋白胨培养基（细菌）、马丁培养基（真菌）、高氏一号培养基（放线菌）。

3.2 试剂 1% $K_2Cr_2O_7$ 水溶液。

3.3 仪器工具。

天平、摇床、培养箱、可调电炉、高压蒸汽灭菌锅、培养皿、10 mL 吸管、1 mL 吸管、记号笔、试管架、酒精灯、称量纸、称量匙、棉塞、250 mL 锥形瓶、试管、胶帽、棉花。

4 测定步骤

4.1 土壤稀释液悬液的制备

准确称取过 2 mm 筛的新鲜土壤 10 g，放入装有 90 mL 无菌水的锥形瓶中，置摇床上振荡（200 r/min）20 min，使微生物细胞分散，静置 2 min，即成 10^{-1} 土壤稀释悬液；再用 1 mL 无菌吸管，吸取 10^{-1} 土壤稀释悬液 1 mL，并将其移入装有 9 mL 无菌水的试管中，吹吸 3 次，让悬液混合均匀，即成 10^{-2} 稀释液。以此类推制成 10^{-3}、10^{-4}、10^{-5}、10^{-6} 各种稀释度的土壤悬液。

4.2 平板制备和培养

分别从三个连续稀释倍数（细菌和放线菌通常用 10^{-4}～10^{-6}，真菌用 10^{-1}～10^{-3}）的土壤悬液中精确吸取 1.00 mL 注入无菌培养皿中，然后加入融化后冷却至 45～50℃的培养基 10～15 mL，迅速旋动混匀。待凝固后，将平板倒置于培养箱中培养。细菌 28℃培养 2～3 d，真菌和放线菌培养 5～7 d，至长出菌落后即可计数。

4.3 计数

从接种后的三个稀释度中，选择一个合适的稀释度（细菌、放线菌以每皿 30～300 个菌落为宜，真菌以每皿 10～100 个菌落为宜）进行计数。用肉眼或放大镜观察菌落的形态和颜色，从菌落的特征来区分细菌、放线菌和真菌。

5 结果计算

数据记录于表 1 并计算。

菌数（CFU/g）= 同一稀释度几次重复的菌落平均数 × 稀释倍数

表 1 数据记录

稀释度	10^{-4}				10^{-5}				10^{-6}			
重复	1	2	3	平均	1	2	3	平均	1	2	3	平均
菌落数												
细菌数 /（CFU/g）												
菌落数												
放线菌数 /（CFU/g）												

稀释度	10^{-1}				10^{-2}				10^{-3}			
重复	1	2	3	平均	1	2	3	平均	1	2	3	平均
菌落数												
真菌数 /（CFU/g）												

6 注意事项

（1）全部操作过程均需按无菌操作手续规定操作。

（2）选择适当的稀释比进行培养计数是关键，稀释倍数太低时，观测不准，稀释倍数太高时可能观察不到。

（3）注皿时培养基温度应在 45～50℃，高于 60℃易将微生物烫死，低于 45℃培养基易凝固，影响混匀，使用前用水浴保温效果较好。

（4）制备成的土壤悬液应尽快稀释、注皿。久置可使微生物细胞受损、致死或增殖，一般稀释后应在 1 h 内操作完毕。

思考题

（1）为什么熔化后的培养基要冷至约 50℃才能注皿？

（2）要使平板菌落计数准确，需要掌握哪几个关键点？为什么？

（3）为什么要将培养皿倒置培养？

实验十六　土壤蔗糖酶活性的测定（比色法）

1　实验目的

蔗糖酶是由于其酶促基质－蔗糖而得名，又叫转化酶或β-呋喃果糖苷酶，对增加土壤中易溶性营养物质起着重要作用。蔗糖酶能够酶促土壤中高分子量的蔗糖分子水解成能够被植物和土壤微生物吸收利用的葡萄糖和果糖，为生物提供充分能源。研究表明，蔗糖酶与土壤中许多因子有相关性，如土壤有机质，氮、磷含量，微生物数量及土壤呼吸强度。一般情况下，土壤肥力越高，蔗糖酶活性越强。它不仅能够表征土壤生物学活性强度，也是评价土壤熟化程度和土壤肥力水平的一个重要指标。

2　实验原理

蔗糖酶活性的测定方法有多种，3,5-二硝基水杨酸比色法重现性较好，且操作较简便，适于成批样品测定。 蔗糖酶酶解所生成的还原糖与3,5-二硝基水杨酸反应而生成橙色的3-氨基-5-硝基水杨酸。颜色深度与还原糖量相关，因而可用测定还原糖量来表示蔗糖酶的活性。

测定土壤蔗糖酶活性时，均以蔗糖为基质，蔗糖液浓度范围为5%～20%。在酸性介质中，蔗糖酶活性最大。为保持该酶最适pH，多使用下列缓冲液：醋酸盐缓冲液（pH为4.5～5.5），磷酸盐缓冲液（pH为4.9～5.5），醋酸盐－磷酸盐缓冲液（pH为5.5）。

3　仪器设备

3.1　电子天平：感量0.000 1 g和0.01 g。

3.2　恒温培养箱（37℃ ±1℃）。

3.3　分光光度计（540 nm）。

3.4　水浴锅。

4　试剂配制

4.1　3,5-二硝基水杨酸溶液（DNS试剂）：称0.5 g二硝基水杨酸，溶于20 mL 2 mol/L NaOH和50 mL水中，再加30 g酒石酸钾钠，用水稀释定容至100 mL（保存期不超过7 d）。

4.2　NaOH溶液（2 mol/L）：称取16 g氢氧化钠溶于蒸馏水，用200 mL容量瓶定容。

4.3　pH=5.5的磷酸缓冲液：1/15 mol/L磷酸氢二钠（11.867 g $Na_2HPO_4 \cdot 2H_2O$溶于蒸馏水，定容至1 L）50 mL加1/15 mol/L磷酸二氢钾（9.078 g KH_2PO_4溶于蒸馏水，定容至1 L）950 mL即成。

4.4　8%蔗糖溶液（80 g蔗糖+920 mL蒸馏水）。

4.5　甲苯。

4.6　葡萄糖标准液（5 mg/mL）：预先将分析纯葡萄糖置于80℃烘箱内约12 h，然后取

500 mg 溶于蒸馏水中，定容至 100 mL，即成标准葡萄糖溶液（冰箱中 4℃保存期约一星期）。再用标准液制成 1 mL 含 0.01～0.5 mg 葡萄糖的工作溶液。

5 标准曲线绘制

取 0 mL、0.2 mL、0.4 mL、0.6 mL、0.8 mL、1 mL 的标准葡萄糖溶液到 50 mL 容量瓶中，加 3 mL 3,5- 二硝基水杨酸，并在沸腾的水浴锅中加热 5 min，随即将容量瓶移至自来水水流下冷却 3 min。然后用蒸馏水稀释至 50 mL，这样就得到质量浓度 0 mg/mL、0.02 mg/mL、0.04 mg/mL、0.06 mg/mL、0.08 mg/mL、0.1 mg/mL 的葡萄糖溶液，以空白调零，在分光光度计上比色（表 1）。波长 540 nm 处比色，以吸光值为纵坐标，以葡萄糖质量浓度为横坐标绘制标准曲线。

表 1 标准曲线测定结果

试剂 \ 管号	0	1	2	3	4	5
标准葡萄糖溶液 /mL	0	0.2	0.4	0.6	0.8	1.0
蒸馏水 /mL	1	0.8	0.6	0.4	0.2	0.0
DNS 试剂 /mL	3	3	3	3	3	3
沸水浴中加热 5 min						
蒸馏水 /mL	定容至 50 mL					
葡萄糖质量浓度 /（mg/mL）	0	1.0	2.0	3.0	4.0	5.0
吸光值（OD 值）						

6 操作步骤

称 5 g 风干土，置于 50 mL 三角瓶中，注入 15 mL 8% 蔗糖溶液，5 mL pH=5.5 的磷酸缓冲液和 5 滴甲苯。摇匀混合物后，放入恒温箱，在 37℃下培养 24 h。到时取出，迅速过滤。从中吸取滤液 1 mL，注入 50 mL 容量瓶中，加 3 mL 3,5- 二硝基水杨酸，并在沸腾的水浴锅中加热 5 min，随即将容量瓶移至自来水流下冷却 3 min。

溶液因生成 3- 氨基 -5- 硝基水杨酸而呈棕红色，最后用蒸馏水稀释至 50 mL，并在分光光度计上于波长 540nm 处进行比色。

注：①每一个样品应该做一个无基质对照，以等体积的水代替基质（80 g/L 蔗糖水溶液），其他操作与样品实验相同，以排除土样中原有的蔗糖、葡萄糖对实验结果的影响。②整个实验设置一个无土对照，不加土样，其他操作与样品实验相同，以检验试剂纯度和基质自身分解，即空白试验。③如果样品吸光值超过标准曲线的最大值，则应该增加分取倍数或减少培养的土样。

7 结果计算

蔗糖酶活性以 24 h，1 g 风干土可水解生成葡萄糖的量表示，按下式计算：

$$X=\frac{(C_1-C_2)\times V\times N}{m}$$

式中，X——样品中蔗糖酶的含量，mg/（g·24 h）；

C_1——加基质样品由标准曲线求得的葡萄糖的含量，mg/mL；

C_2——未加基质样品由标准曲线求得的葡萄糖的含量，mg/mL；

V——显色定容体积，mL；

N——分取倍数，即浸出液体积（mL）/ 吸取滤液体积（mL）；

m——风干土质量，g。

结果保留三位有效数字。

思考题

土壤蔗糖酶的作用与分析意义。

实验十七　土壤蛋白酶活性测定

1　实验目的

蛋白酶参与蛋白质等有机化合物的转化，在土壤氮素循环中起着重要作用。土壤蛋白酶活性通常根据蛋白质分解产物来测定，常用基质为精胶、酪素和某些肽类。

土壤蛋白酶活性与土壤中有机氮化物的分解相关，因而在一定程度上反映了土壤氮素营养状况，是评价土壤氮素转化、循环常用的参数之一。

2　方法原理

茚三酮比色法是以酪素为基质，酶解后释放的酪氨基酸与茚三酮试剂反应形成蓝色化合物。用比色法测定颜色深度，计算出氨基酸含量，来度量蛋白酶的活性。

3　仪器

分光光度计、可调式恒温水浴、摇床、离心机。

4　试剂

4.1　0.2 mol/L 磷酸盐缓冲液（pH=7.4）。

0.2 mol/L 磷酸二氢钠溶液：称取 27.6 g $NaH_2PO_4\cdot H_2O$ 溶于 1L 去离子水中。

0.2 mol/L 磷酸氢二钠溶液：称取 53.65 g $Na_2HPO_4\cdot 7H_2O$ 或 71.7 g $Na_2HPO_4\cdot 12H_2O$ 溶于 1 L 去离子水中。

取 95 mL 0.2 mol/L 磷酸二氢钠溶液，加入 405 mL 0.2 mol/L 磷酸氢二钠溶液，稀释至 1 L。

4.2　1% 酪素溶液：称取 1 g 酪素用 0.2 mol/L 磷酸盐缓冲液（pH=7.4）定容至 100 mL。

4.3　0.05 mol/L H_2SO_4：将 1 mL 浓硫酸稀释至 360 mL。

4.4 20% 硫酸钠溶液：称取 100 g 硫酸钠溶于 500 mL 水中。

4.5 2% 茚三酮溶液：2 g 茚三酮溶于 100 mL 丙酮中。

4.6 甘氨酸标准溶液：称取 100 mg 甘氨酸溶于 1 L 蒸馏水中，稀释 10 倍制成工作溶液。

5 测定步骤

5.1 称取 4.00 g 风干土样（<0. 02 mm）于 50 mL 离心管中，加入 20 mL 1% 酪素和 1 mL 甲苯，混合均匀。另取一个离心管做不加土样的无土壤对照，同上加入 20 mL 1% 酪素，无基质对照以 20 mL 蒸馏水代替酪素溶液，置于 30℃下放置 24 h。

5.2 培养结束后，于混合物中加入 2 mL 0.05 mol/L H_2SO_4 和 12 mL 20% Na_2SO_4，以沉淀蛋白质，6 000 r/min 离心 15 min。

5.3 取上清液 2 mL，置于 50 mL 容量瓶中，加入 1 mL 茚三酮溶液，冲洗瓶颈后在沸水浴上加热 10 min，将显色溶液用蒸馏水稀释至刻度。

5.4 标准工作曲线制作：分别吸取 0 mL、1 mL、2 mL、5 mL、6 mL、8 mL、10 mL 甘氨酸标准工作溶液（10 μg/mL）于 50 mL 容量瓶中，加入 1 mL 茚三酮溶液，冲洗瓶颈后在沸水浴上加热 10 min，将显色溶液用蒸馏水稀释至刻度。在分光光度计上于 500 nm 处进行比色测定。以吸光值（OD）为纵坐标，以甘氨酸质量浓度为横坐标，绘制标准曲线。

6 结果计算

数据记录于表 1 并计算。

$$土壤蛋白酶活性 [甘氨酸，\mu g/（g \cdot 24\ h）]=CV/W$$

式中：C——测定的上清液中甘氨酸的质量浓度，μg/mL；

V——最终加入到土壤中的溶液体积，mL；

W——风干土样质量，g。

表 1 数据记录

稀释度	吸光值（500 nm）				甘氨酸质量浓度 /（μg/mL）				样品中甘氨酸量 /μg			
重复	1	2	3	平均	1	2	3	平均	1	2	3	平均
4 g 土壤 + 基质												
无土壤对照												
无基质对照												
土壤蛋白酶活性（甘氨酸）/（μg/g）												

7 注意事项

（1）对不同土壤的蛋白酶活性，可在不同 pH 和温度时测定，以找出测定的最适条件。

（2）每个土样均需做无基质对照，以除掉土壤原来含有的氨基酸而引起的误差。

（3）离心后的上清液应立即测定，在4℃时最多可存放5 h。

思考题

（1）土壤蛋白酶测定过程中为什么需同时做无土对照和无基质对照？
（2）测定土壤蛋白酶活性有什么意义？

实验十八　土壤过氧化氢酶活性的测定（滴定法）

1　实验目的

过氧化氢酶广泛存在于土壤中及生物体内。土壤中的过氧化氢酶能促进过氧化氢的分解，防止其对生物体的毒害作用。过氧化氢酶是过氧化物酶体的标志酶，约占过氧化物酶体酶总量的40%。其活性与微生物的数量和活性有关，也与土壤有机质含量、植物根系等有关，在一定程度上反映了土壤微生物学过程的强度，其强度可表征土壤腐殖化强度大小和有机质积累程度。

2　实验原理

在4℃条件下，土壤过氧化氢酶酶促分解过氧化氢，用高锰酸钾标准溶液滴定反应剩余过氧化氢，所消耗的高锰酸钾标准溶液体积数来表示过氧化氢酶的活性。反应方程式如下：

$$2KMnO_4+5H_2O_2+3H_2SO_4 = 2MnSO_4+K_2SO_4+8H_2O+5O_2\uparrow$$

3　仪器设备与试剂

3.1　仪器设备

电子天平（感量0.000 1 g）、冰箱（4℃）、酸式滴定管等。

3.2　试剂

3.2.1　甲苯（$C7H_8$）

3.2.2　浓硫酸（H_2SO_4）

3.2.3　30% 过氧化氢（H_2O_2）

3.2.4　高锰酸钾（$KMnO_4$）

3.2.5　硫酸溶液（0.2 mol/L）

准确移取5.43 mL 浓 H_2SO_4，缓缓注入4 00 mL 水中，冷却后用水定容至500 mL。置于4℃冰箱贮存。

3.2.6　高锰酸钾标准溶液 c（$1/5KMnO_4$）=0.1 mol/L

（1）配制

称取3.3 g（精确至0.0001 g）高锰酸钾，溶于1 050 mL 水中，缓缓煮沸15 min，冷却，于暗处放置2周，用4号玻璃滤埚（在同样浓度的高锰酸钾溶液中缓缓煮沸5 min）过滤。贮存于棕色瓶中。

（2）标定

称取 0.25 g 已于 105～110℃电烘箱中干燥至恒量的工作基准试剂草酸钠，溶于 100 mL H_2SO_4 溶液（8+92）中，用配制的高锰酸钾溶液滴定，近终点时加热至 65℃，继续滴定至溶液呈粉红色，并保持 30 s。同时做空白试验。

相关数据记录于表 1，高锰酸钾标准滴定溶液的浓度 [c（1/5$KMnO_4$）]，按下式计算：

$$c\,(1/5\mathrm{KMnO_4}) = \frac{m \times 1\,000}{(V_1 - V_2) \times M}$$

式中：m——草酸钠质量，g；

V_1——高锰酸钾溶液体积，mL；

V_2——空白试验消耗高锰酸钾溶液体积，mL；

M——草酸钠的摩尔质量，g/mol，M（1/2$Na_2C_2O_4$）=66.999 g/mol。

3.2.7　3% 的 H_2O_2 水溶液

准确量取 30% 过氧化氢溶液 25 mL，用水定容至 250 mL，配成 3% 过氧化氢水溶液，置于 4℃冰箱贮存，临用时用 0.1 mol/L 高锰酸钾标准溶液（3.2.6）标定。准确吸取 1.00 mL 3% 过氧化氢溶液于 50 mL 三角瓶中，加入 5 mL 水和 5 mL 0.2 mol/L 的硫酸溶液（3.2.5），用 0.1 mol/L 的高锰酸钾标准溶液（3.2.6）标定，所消耗的体积数为 16.51 mL。

注：由于不同批次的过氧化氢浓度存在差异，因此需要每次滴定前标定，若消耗高锰酸钾标准溶液（3.2.6）的体积大于或小于 16.51 mL，说明过氧化氢的实际浓度大于或小于 3%，这种情况就要重新配制过氧化氢溶液重新标定，直到过氧化氢实际浓度等于 3% 时才能使用。

表 1　$KMnO_4$ 浓度标定结果

项目	1	2	3
$Na_2C_2O_4$ 质量			
滴定管终读数 V_1			
滴定管初读数 V_2			
$KMnO_4$ 标准溶液体积			
$KMnO_4$ 标准溶液浓度			
$KMnO_4$ 标准溶液平均浓度			
相对偏差			
相对平均偏差			

4　实验步骤

分别称取 5 g（精确至 0.000 1 g）风干土壤（如含量高可适当减少称样量）样品于具塞三角瓶中（用不加土样作空白对照），加入 0.5 mL 甲苯（3.2.1），摇匀，于 4℃冰箱中放置 30 min。取出，立刻加入 25 mL 4℃冰箱贮存的 3% H_2O_2 水溶液（3.2.7），充分混匀后，再置于 4℃冰箱中放置 1 h。取出，迅速加入 25 mL 贮存于 4℃冰箱的 0.2 mol/L 硫酸溶液（3.2.5），摇匀后过滤。准确吸取 1.00 mL 滤液于 50 mL 三角瓶中，加入 5 mL 水和

5 mL 0.2 mol/L 硫酸溶液（3.2.5），用 0.1 mol/L 高锰酸钾标准溶液（3.2.6）滴定，滴定至紫色褪去出现浅粉色为终点。根据空白和样品的滴定差，求出相当于分解过氧化氢的量所消耗的高锰酸钾标准溶液（3.2.6）。

5 结果计算

过氧化氢酶活性以 1 小时 1 g 风干土壤所消耗 0.1 mol/L 高锰酸钾标准溶液的体积数来表示，按式（1）计算：

$$X=\frac{(V_0-V)\times T}{m} \tag{1}$$

$$T=\frac{c(1/5KMnO_4)}{0.02\times 5} \tag{2}$$

式中，X——过氧化氢酶活性，mL/（g · h）；

V_0——空白所消耗的高锰酸钾标准溶液的滴定体积，mL；

V——样品所消耗的高锰酸钾标准溶液的滴定体积，mL；

T——高锰酸钾滴定度的矫正值；

m——风干土壤质量，g。

结果保留三位有效数字。

思考题

土壤过氧化氢酶的作用与分析意义。

实验十九　土壤　总铬的测定　火焰原子吸收分光光度法

1 实验目的

1.1 掌握测定铬土壤样品的预处理方法。

1.2 掌握火焰原子吸收分光光度测定土壤中总铬的方法。

2 实验原理

采用盐酸－硝酸－氢氟酸－高氯酸全分解的方法，破坏土壤的矿物晶格，使试样中的待测元素全部进入试液，并且，在消解过程中，所有铬都被氧化成 $Cr_2O_7^{2-}$。然后，将消解液喷入富燃性空气——乙炔火焰中。在火焰的高温下，形成铬基态原子，并对铬空心阴极灯发射的特征谱线 357.9 nm 产生选择性吸收。在选择的最佳测定条件下，测定铬的吸光度。

3 试剂和材料

3.1 盐酸（HCl）：ρ=1.19 g/mL，优级纯。

3.2 盐酸溶液（1+1）：用（3.1）配制。

3.3 硝酸（HNO_3）：ρ=1.42 g/mL，优级纯。

3.4 氢氟酸（HF）：ρ=1.49 g/mL。

3.5 10% 氯化铵水溶液：准确称取 10 g 氯化铵（NH_4Cl），用少量水溶解后全量转移入 100 mL 容量瓶中，用水定容至标线，摇匀。

3.6 铬标准储备液，ρ=1.000 mg/mL：准确称取 0.282 9 g 基准重铬酸钾（$K_2Cr_2O_7$），用少量水溶解后全量转移入 100 mL 容量瓶中，用水定容至标线，摇匀，冰箱中 2～8℃保存，可稳定 6 个月。

3.7 铬标准使用液，ρ=50 mg/L：移取铬标准储备液（3.6）5.00 mL 于 100 mL 容量瓶中，加水定容至标线，摇匀，临用时现配。

3.8 高氯酸（$HClO_4$）：ρ=1.68 g/ml，优级纯。

4 仪器和设备

4.1 仪器设备

原子吸收分光光度计、带铬空心阴极灯、微波消解仪、玛瑙研磨机等。

4.2 仪器参数

不同型号仪器的最佳测定条件不同，可根据仪器使用说明书自行选择。通常采用表 1 中的测量条件，微波消解仪采用表 2 中的升温程序。

表 1 仪器测量条件

元素	Cr
测定波长 /nm	357.9
通带宽度 /nm	0.7
火焰性质	还原性
次灵敏线 /nm	359.0；360.5；425.4
燃烧器高度	8 mm（使空心阴极灯光斑通过火焰亮蓝色部分）

表 2 微波消解仪升温程序

升温时间 /min	消解温度 /℃	保持时间 /min
5.0	120	1.0
3.0	150	5.0
4.0	180	10.0
6.0	210	30.0

5 干扰及消除

5.1 铬易形成耐高温的氧化物，其原子化效率受火焰状态和燃烧器高度的影响较大，需使用富燃烧性（还原性）火焰。

5.2 加入氯化铵可以抑制铁、钴、镍、钒、铝、镁、铅等共存离子的干扰。

6 样品

6.1 采集与保存

将采集的土壤样品（一般不少于 500 g）混匀后用四分法缩分至约 100 g。缩分后的土样经风干（自然风干或冷冻干燥）后，除去土样中石子和动植物残体等异物，用木棒（或玛瑙棒）研压，通过 2 mm 尼龙筛（除去 2 mm 以上的沙砾），混匀。用玛瑙研钵将通过 2 mm 尼龙筛的土样研磨至全部通过 100 目（孔径 0.149 mm）尼龙筛，混匀后备用。

6.2 试样的制备

6.2.1 全消解方法

准确称取 0.2～0.5 g（精确至 0.000 2 g）试样于 50 mL 聚四氟乙烯坩埚中，用水润湿后加入 10 mL 盐酸（3.1），于通风橱内的电热板上低温加热，使样品初步分解，待蒸发至约剩 3 mL 时，取下稍冷，然后加入 5 mL 硝酸（3.3）、5 mL 氢氟酸（3.4）、3 mL 高氯酸（3.8），加盖后于电热板上中温加热 1 h 左右，然后开盖，电热板温度控制在 150℃，继续加热除硅，为了达到良好的飞硅效果，应经常摇动坩埚。当加热至冒浓厚高氯酸白烟时，加盖，使黑色有机碳化物分解。待坩埚壁上的黑色有机物消失后，开盖，驱赶白烟并蒸至内容物呈黏稠状。视消解情况，可再补加 3 mL 硝酸（3.3）、3 mL 氢氟酸（3.4）、1 mL 高氯酸（3.8），重复以上消解过程。取下坩埚稍冷，加入 3 mL 盐酸溶液（3.2），温热溶解可溶性残渣，全量转移至 50 mL 容量瓶中，加入 5 mL 氯化铵水溶液（3.5），冷却后用水定容至标线，摇匀。

6.2.2 微波消解法

准确称取 0.2 g（精确至 0.000 2 g）试样于微波消解罐中，用少量水润湿后加入 6 mL 硝酸（3.3）、2 mL 氢氟酸（3.4），按照一定升温程序进行消解，冷却后将溶液转移至 50 mL 聚四氟乙烯坩埚中，加入 2 mL 高氯酸（3.8），电热板温度控制在 150℃，驱赶白烟并蒸至内容物呈黏稠状。取下坩埚稍冷，加入盐酸溶液（3.2）3 mL，温热溶解可溶性残渣，全量转移至 50 mL 容量瓶中，加入 5 mL 氯化铵水溶液（3.5），冷却后定容至标线，摇匀。

由于土壤种类较多，所含有机质差异较大，在消解时，应注意观察，各种酸的用量可视消解情况酌情增减；电热板温度不宜太高，否则会使聚四氟乙烯坩埚变形；样品消解时，在蒸至近干过程中需特别小心，防止蒸干，否则待测元素会有损失。

7 分析步骤

7.1 校准曲线

准确移取铬标准使用液（3.7）0.00 mL、0.50 mL、1.00 mL、2.00 mL、3.00 mL、4.00 mL

于 50 mL 容量瓶中，然后，分别加入 5 mL 氯化铵水溶液（3.5），3 mL 盐酸溶液（3.2），用水定容至标线，摇匀，其铬的质量浓度分别为 0.50 mg/L、1.00 mg/L、2.00 mg/L、3.00 mg/L、4.00 mg/L。此质量浓度范围应包括试液中铬的质量浓度。按 4.2 中的仪器测量条件由低到高质量浓度的顺序测定标准溶液的吸光度。

用减去空白的吸光度与相对应的铬的质量浓度绘制校准曲线。

7.2 空白试验

用去离子水代替试样，采用和试液制备相同的步骤和试剂，制备全程序空白溶液，并按与 7.1 相同条件进行测定。每批样品至少制备 2 个以上的空白溶液。

7.3 测定

取适量试液，并按与 7.1 相同条件测定试液的吸光度。由吸光度值在校准曲线上查得铬质量浓度。每测定约 10 个样品要进行一次仪器零点校正，并吸入 1.00 mg/L 的标准溶液检查灵敏度是否发生了变化。

8 结果计算

土样中铬的含量 w（mg/kg）按下式计算：

$$w=\frac{\rho\times V}{m\times(1-f)}$$

式中：ρ——试液的吸光度减去空白溶液的吸光度，然后在校准曲线上查得铬的质量浓度，mg/L；

V——试液定容的体积，mL；

m——称取试样的质量，g；

f——试样中水分的含量，%。

附：试样中水分含量的测定方法

（1）称取通过 100 目筛的风干土样 5～10 g（精确至 0.01 g），置于铝盒或称量瓶中，在 105℃烘箱中烘 4～5 h，烘干至恒重。

（2）以百分数表示的风干土样水分含量 f 按下式计算。

$$f(\%)=\frac{W_1-W_2}{W_1}\times 100\%$$

式中：f——土样水分含量，%；

W_1——烘干前土样质量，g；

W_2——烘干后土样质量，g。

思考题

现要了解校园土壤总铬含量的基本情况，请设计一份完整的实验方案。

实验二十　土壤有机氯农药的测定（气相色谱法）

1　适用范围

适用于土壤和沉积物中 α- 六六六、六氯苯、γ- 六六六、β- 六六六、δ- 六六六、硫丹 I、艾氏剂、硫丹Ⅱ、环氧七氯、外环氧七氯、o,p'- 滴滴伊、γ- 氯丹、α- 氯丹、反式 - 九氯、p,p'- 滴滴伊、o,p'- 滴滴滴、狄氏剂、异狄氏剂、o,p'- 滴滴涕、p,p'- 滴滴滴、顺式 - 九氯、p,p'- 滴滴涕、灭蚁灵等 23 种有机氯农药的测定。其他有机氯农药若通过验证，也可采用本方法。

2　实验目的

有机氯农药（organic chlorine pesticides，OCPs）是一种对环境构成严重威胁的有毒有机化合物，其对生态系统的危害以及给人类的经济活动带来的损失尤为严重。OCPs 是一种广谱杀虫剂，使用历史长，具有性质稳定、不易分解等特性。我国虽禁止生产，但在土壤中仍可检测出。因此，为顺利开展有机氯农药的研究与检测工作，需掌握其测定方法。

3　方法原理

土壤中的有机氯农药经提取、净化、浓缩、定容后，用具电子捕获检测器的气相色谱检测。根据保留时间定性，外标法定量。

4　试剂和材料

4.1　正己烷（C_6H_{14}）：色谱纯。

4.2　丙酮（CH_3COCH_3）：色谱纯。

4.3　二氯甲烷（CH_2Cl_2）：色谱纯。

4.4　无水硫酸钠（Na_2SO_4）：优级纯。

在马弗炉中 450℃烘烤 4 h，冷却后置于具磨口塞的玻璃瓶中，并放干燥器内保存。

4.5　丙酮 - 正己烷混合溶剂 I：1+1。

用丙酮（4.2）和正己烷（4.1）按 1∶1 的体积比混合。

4.6　丙酮 - 正己烷混合溶剂Ⅱ：1+9。

用丙酮（4.2）和正己烷（4.1）按 1∶9 的体积比混合。

4.7　有机氯农药标准贮备液：ρ=10～100 mg/L。

购买市售有证标准溶液，在 4℃下避光密闭冷藏保存，或参照标准溶液证书进行保存。使用前应恢复至室温并摇匀。

4.8　有机氯农药标准使用液：ρ=1.0 mg/L。

用正己烷（4.1）稀释有机氯农药标准贮备液（4.7）。在 4℃下避光密闭冷藏，保存期为半年。

4.9 硅酸镁固相萃取柱：市售，1 000 mg/6 mL。

4.10 石英砂：270～830 μm（50～20 目）。

在马弗炉中 450℃烘烤 4 h，冷却后置于具磨口塞的玻璃瓶中，并放干燥器内保存。

4.11 硅藻土：37～150 μm（400～100 目）。

在马弗炉中 450℃烘烤 4 h，冷却后置于具磨口塞的玻璃瓶中，并放干燥器内保存。

4.12 玻璃棉或玻璃纤维滤膜。

在马弗炉中 400℃烘烤 1 h，冷却后置于具磨口塞的玻璃瓶中密封保存。

4.13 高纯氮气：纯度≥99.999%。

4.14 异狄氏剂和 p,p'- 滴滴涕混合标准溶液：ρ=1.0 mg/L。

购买市售有证异狄氏剂和 p,p'- 滴滴涕标准溶液，用正己烷（4.1）稀释。在 4℃下避光密闭冷藏。

5 仪器和设备

5.1 气相色谱仪：具有电子捕获检测器（ECD），具分流 / 不分流进样口，可程序升温。

5.2 色谱柱

5.2.1 色谱柱 1：柱长 30 m，内径 0.32 mm，膜厚 0.25 μm，固定相为 5% 聚二苯基硅氧烷和 95% 聚二甲基硅氧烷，或其他等效的色谱柱。

5.2.2 色谱柱 2：柱长 30 m，内径 0.32 mm，膜厚 0.25 μm，固定相为 14% 聚苯基氰丙基硅氧烷和 86% 聚二甲基硅氧烷，或其他等效的色谱柱。

5.3 提取装置：微波萃取装置、索氏提取装置、加压流体萃取装置或具有相当功能的设备，所有接口处严禁使用油脂润滑剂。

5.4 浓缩装置：氮吹仪、旋转蒸发仪、K-D 浓缩仪或具有相当功能的设备。

5.5 采样瓶：广口棕色玻璃瓶或聚四氟乙烯衬垫螺口玻璃瓶。

6 样品

6.1 土样采集和保存

土样按照实验一的相关要求采集和保存。样品保存在预先清洗洁净的采样瓶（5.5）中，尽快运回实验室分析，运输过程中应密封避光。如暂不能分析，应在 4℃以下冷藏保存，保存时间为 14 d。样品提取液（6.4.1）4℃以下避光冷藏保存，保存时间为 40 d。

6.2 土样的制备

除去样品中的异物（石子、叶片等），称取两份约 10 g（精确到 0.01 g）的土样。一份用于测定干物质含量；另一份加入适量无水硫酸钠（4.4），研磨均化成流砂状脱水；如果使用加压流体萃取法提取，则用硅藻土（4.11）脱水。

6.3 水分的测定

土样干物质含量的测定按照实验三执行。

6.4 试样的制备

6.4.1 提取

6.4.1.1 微波萃取

将样品（6.2）全部转移至萃取罐中，加入 30 mL 丙酮－正己烷混合溶剂Ⅰ（4.5），设置萃取温度为 110℃，微波萃取 10 min。离心或过滤后收集提取液。

6.4.1.2 索氏提取

将样品（6.2）全部转移至索氏提取器纸质套筒中，加入 100 mL 丙酮－正己烷混合溶剂Ⅰ（4.5），提取 16～18 h，回流速度 3～4 次 /h。离心或过滤后收集提取液。

6.4.1.3 加压流体萃取

按照 HJ 783 的要求进行萃取。

注：若经过验证也可使用其他等效提取方法。

6.4.2 脱水

在玻璃漏斗上垫一层玻璃棉或玻璃纤维滤膜（4.12），铺加约 5 g 无水硫酸钠（4.4），然后将提取液（6.4.1）经漏斗直接过滤到浓缩装置（5.4）中，再用 5～10 mL 丙酮－正己烷混合溶剂Ⅰ（4.5）充分洗涤盛装提取液的容器，经漏斗过滤到上述浓缩装置中。

6.4.3 浓缩

在 45℃以下将脱水后的提取液（6.4.2）浓缩到 1 mL，待净化。

如需更换溶剂体系，则将提取液浓缩至 1.5～2.0 mL 后，用 5～10 mL 正己烷（4.1）置换，再将提取液浓缩到 1 mL，待净化。

6.4.4 净化

用约 8 mL 正己烷（4.1）洗涤硅酸镁固相萃取柱（4.9），保持硅酸镁固相萃取柱内吸附剂表面浸润。用吸管将浓缩后的提取液（6.4.3）转移到硅酸镁固相萃取柱上停留 1 min 后，弃去流出液。加入 2 mL 丙酮－正己烷混合溶剂Ⅱ（4.6）并停留 1 min，用 10 mL 小型浓缩管接收洗脱液，继续用丙酮－正己烷混合溶剂Ⅱ（4.6）洗涤小柱，至接收的洗脱液体积到 10 mL 为止。

6.4.5 浓缩定容

将净化后的洗脱液（6.4.4）按 6.4.3 的步骤浓缩并定容至 1.0 mL，再转移至 2 mL 样品瓶中，待分析。

6.5 空白试样制备

用石英砂（4.10）代替实际样品，按与试样制备（6.4）的相同步骤制备空白试样。

7 分析步骤

7.1 气相色谱仪参考条件

进样口温度：220℃；

进样方式：不分流进样至 0.75 min 后打开分流，分流出口流量为 60 mL/min；

载气：高纯氮气（4.13），2.0 mL/min，恒流；

尾吹气：高纯氮气（4.13），20 mL/min；

柱温升温程序：初始温度 100℃，以 15℃ /min 升温至 220℃，保持 5 min，以 15℃ /min 升温至 260℃，保持 20 min；

检测器温度：280℃；

进样量：1.0 μL。

7.2 校准

7.2.1 标准曲线的建立

分别量取适量的有机氯农药标准使用液（4.8），用正己烷（4.1）稀释，配制标准系列，有机氯农药的质量浓度分别为 5.0 μg/L、10.0 μg/L、20.0 μg/L、50.0 μg/L、100 μg/L、200 μg/L 和 500 μg/L（此为参考质量浓度）。

按仪器条件（7.1）质量浓度由低到高依次对标准系列溶液进行进样、检测，记录目标物的保留时间、峰高或峰面积。以标准系列溶液中目标物质量浓度为横坐标，以其对应的峰高或峰面积为纵坐标，建立标准曲线。

7.2.2 标准样品的色谱图

在推荐的仪器参考条件下，建立目标物在色谱柱 1 和色谱柱 2 的色谱图。

7.3 试样的测定

按照与标准曲线建立（7.2.1）相同的仪器分析条件进行试样（6.4）的测定。

7.4 空白试样的测定

按照与试样测定（7.3）相同的仪器分析条件进行空白试样（6.5）的测定。

8 结果计算与表示

8.1 定性分析

根据目标物的保留时间定性。样品分析前，应建立保留时间窗口 $t \pm 3S$，t 为 72 h 内标准系列溶液中某目标物保留时间的平均值，S 为标准系列溶液中某目标物保留时间平均值的标准偏差。当分析样品时，目标物保留时间应在保留时间窗口内。

当分析色谱柱上有目标物检出时，须用另一根极性不同的色谱柱辅助定性。目标物在双柱上均检出时，视为检出，否则视为未检出。

8.2 定量分析

根据建立的标准曲线（7.2.1），按照目标物的峰面积或峰高，采用外标法定量。

8.3 结果计算

8.3.1 土壤样品的结果计算

土壤中的目标物含量 w_1（μg/kg）按照下式计算。

$$w_1 = \frac{\rho \times v}{m \times w_{dm}}$$

式中，w_1——土样中的目标物含量，μg/kg；

ρ——由标准曲线计算所得试样中目标物的质量浓度，μg/L；

V——试样的定容体积，mL；

m——称取样品的质量，g；

w_{dm}——样品中的干物质含量，%。

9 自评表

实验结束后，请完成下面的自评表 1。

表 1 学生自我评价表

<table>
<tr><td colspan="9">学生自评表</td></tr>
<tr><td colspan="9">项目名称：土壤有机氯农药的测定</td></tr>
<tr><td>姓名</td><td></td><td>学号</td><td></td><td>班级</td><td></td><td colspan="2">日期</td><td></td></tr>
<tr><td rowspan="8">准备
步骤</td><td colspan="5">操作内容</td><td>系数</td><td>分值</td><td>得分</td></tr>
<tr><td colspan="5">1. 正己烷（或石油醚）的制备</td><td></td><td></td><td></td></tr>
<tr><td colspan="5">2. 硫酸 ρ = 1.42 g/mL 的制备</td><td></td><td></td><td></td></tr>
<tr><td colspan="5">3. 氢氧化钾优级纯溶液的制备</td><td></td><td></td><td></td></tr>
<tr><td colspan="5">4. 无水硫酸钠溶液的制备</td><td></td><td></td><td></td></tr>
<tr><td colspan="5">5. 有机氯农药标准溶液的制备</td><td></td><td></td><td></td></tr>
<tr><td colspan="5">6. 多氯联苯（PCB）标准溶液的制备</td><td></td><td></td><td></td></tr>
<tr><td colspan="5">7. 仪器和试剂一览表</td><td></td><td></td><td></td></tr>
<tr><td rowspan="4">操作
步骤</td><td colspan="5">1. 碱解与蒸馏</td><td></td><td></td><td></td></tr>
<tr><td colspan="5">2. 定量测定</td><td></td><td></td><td></td></tr>
<tr><td colspan="5">3. 数据处理</td><td></td><td></td><td></td></tr>
<tr><td colspan="5">4. 注意事项</td><td></td><td></td><td></td></tr>
<tr><td>个人
操作
时间</td><td colspan="6"></td><td colspan="2">提前完成：
准时完成：
超时完成：</td></tr>
<tr><td>自我
评价</td><td colspan="8">操作失误：
较好方面：
注意事项：</td></tr>
</table>

附表：气相色谱法分析原始记录

采样地点：　　　　　　　　　测定项目：　　　　　　　　　分析日期：

色谱仪型号			检测器			色谱柱	
测试条件							
校准曲线						质控样	
编号	质量浓度 /（mg/m^3）	峰高（峰面积）				质控样编号	
		H_1	H_2	H_3	平均值		
1						标准浓度	
2						峰高（峰面积）	
3						测定值	
4						校准曲线评价	
5							
6							
回归方程		a		b		r	
计算公式							
样品编号	定容体积 / mL	取样体积 / mL	峰高（峰面积）	溶液浓度 /（mg/L）	采样体积 /L	样品质量浓度 /（mg/L）	

实践教学模块

任务一　理解土壤污染调查、监测、评价有关的法律法规

请在互联网上进行资料检索，找到与土壤污染调查、监测、评价有关的法律法规资料，给出资料清单，并选择其中的1～2项进行详细阅读，写出读书笔记。

参考清单：

1　法律法规和政策文件

（1）《中华人民共和国环境保护法》（2015年1月1日起实施）；

（2）《中华人民共和国固体废物污染环境防治法》（2020年4月29日第十三届全国人民代表大会常务委员会第十七次会议第二次修订，2020年9月1日起实施，）；

（3）《土壤污染防治行动计划》（国发〔2016〕31号，2016年5月28日起实施）；

（4）《中华人民共和国土壤污染防治法》（2019年1月1日实施）；

（5）《关于切实做好企业搬迁过程中环境污染防治工作的通知》（环办〔2004〕47号）；

（6）《关于加强土壤污染防治工作的意见》（环发〔2008〕48号）；

（7）《关于保障工业企业场地再开发利用环境安全的通知》（环发〔2012〕140号）；

（8）《国务院办公厅关于印发近期土壤环境保护和综合治理工作安排的通知》（国办发〔2013〕7号）；

（9）《关于加强工业企业关停、搬迁及原址场地再开发利用过程中污染防治工作的通知》（环发〔2014〕66号）；

（10）《国务院办公厅关于推进城区老工业区搬迁改造的指导意见》（国办发〔2014〕9号）；

（11）《污染地块土壤环境管理办法（试行）》（环境保护部令第42号，2017年7月1日起施行）；

（12）《关于部署应用全国污染地块土壤环境管理信息系统的通知》（环办土壤〔2017〕55号）；

（13）《企业拆除活动污染防治技术规范（试行）》（环境保护部公告2017年第78号）；

（14）《工矿用地土壤环境管理办法（试行）》（生态环境部令第3号）；

（15）《建设用地土壤环境调查评估技术指南》（2018年）；

（16）《河北省人民政府关于印发河北省“净土行动”土壤污染防治工作方案的通知》（冀政发〔2017〕3号，2017年2月26日起施行）；

（17）河北省生态环境厅等四部门关于印发《河北省污染地块土壤环境联动监管程序》

的通知（冀环土函〔2018〕238号）。

2 技术导则和标准规范

（1）《建设用地土壤污染状况调查技术导则》（HJ 25.1—2019）；

（2）《建设用地土壤污染风险管控和修复监测技术导则》（HJ 25.2—2019）；

（3）《环境影响评价技术导则　地下水环境》（HJ 610—2016）；

（4）《工业企业场地环境调查评估与修复工作指南（试行）》（环境保护部公告2014年第78号）；

（5）《重点行业企业用地调查信息采集技术规定（试行）》（2017年）；

（6）《重点行业企业用地调查疑似污染地块布点技术规定（试行）》（2017年）；

（7）《重点行业企业用地调查样品采集保存和流转技术规定（试行）》（2017年）；

（8）《全国土壤污染状况详查土壤样品分析测试方法技术规定》；

（9）《重点行业企业用地土壤污染状况调查质量保证与质量控制技术规定》；

（10）《土壤环境监测技术规范》（HJ/T 166—2004）；

（11）《场地土壤环境风险评价筛选值》（DB11/T 811—2011）；

（12）《建设用地土壤污染状况调查与风险评估技术导则》（DB11/T 656—2019）；

（13）《场地土壤环境风险评价筛选值》（DB11/T 811—2011）；

（14）《地下水环境监测技术规范》（HJ 164—2020）；

（15）《地下水质量标准》（GB/T 14848—2017）；

（16）《生活饮用水卫生标准》（GB 5749—2006）；

（17）《土壤环境质量　建设用地土壤污染风险管控标准（试行）》（GB 36600—2018）；

（18）《一般工业固体废物贮存和填埋污染控制标准》（GB 18599—2020）。

任务二　土壤修复技术应用现状的具体分析

请在中国知网上进行资料检索，结合所学过的课程中的内容，列举出目前国内外所使用的土壤污染修复的方法名称、原理、优缺点等，并将上述内容做成一览表。

任务三　土壤修复技术案例分享

在网上进行详细的资料检索，找到一个土壤污染的案例，结合自己所学的专业知识，做一个案例分析的PPT，包括污染事件的起因、由来、产生的危害与影响，进行处理处置的对策及得到的启示等。

任务四　土壤修复技术方案初步设计

上网查阅土壤污染修复类研究报告，结合你所查找的案例报告回答下列问题：

（1）归纳总结土壤污染修复研究报告中包括的主要内容。（写出每章的标题）

（2）给出此类报告编制的依据。

（3）给出场地调查中土壤污染的评价标准。

（4）给出污染场地调查的土壤监测指标。

（5）给出污染场地调查中采样点布设的原则和数目。

参考文献